Hermann Weissenborn

Grundzüge der analytischen Geometrie der Ebene für orthogonale und homogene Punkt- und Linienkoordinaten

Hermann Weissenborn

Grundzüge der analytischen Geometrie der Ebene für orthogonale und homogene Punkt- und Linienkoordinaten

ISBN/EAN: 9783955621636

Auflage: 1

Erscheinungsjahr: 2013

Erscheinungsort: Bremen, Deutschland

@ Bremen-university-press in Access Verlag GmbH, Fahrenheitstr. 1, 28359 Bremen. Alle Rechte beim Verlag und bei den jeweiligen Lizenzgebern.

GRUNDZÜGE

DER

ANALYTISCHEN GEOMETRIE

DER EBENE

FÜR

ORTHOGONALE UND HOMOGENE

PUNKT- UND LINIEN-COORDINATEN

VON

DR. HERMANN WEISSENBORN,

PROFESSOR AM GROSSHERZOGLICHEN REALGYMNASIUM ZU EISENACH.

LEIPZIG,
DRUCK UND VERLAG VON B. G. TEUBNER.
1876.

Neuer Verlag von B. G. Teubner in Leipzig.

Burmester, Dr. **L.**, Professor am königl. Polytechnikum zu Dresden, **Theorie und Darstellung der Beleuchtung gesetzmässig gestalteter Flächen**, mit besonderer Rücksicht auf die Bedürfnisse technischer Hochschulen. Mit einem Atlas von vierzehn lithographirten Tafeln (in qu. Folio in Mappe). Zweite Ausgabe. gr. 8. geh. n. $\mathscr{M}$ 8. —

Cantor, Dr. **Moritz**, **die römischen Agrimensoren und ihre Stellung in der Geschichte der Feldmesskunst**. Eine historisch-mathematische Untersuchung. Mit 5 lith. Tafeln. gr. 8. geh. n. $\mathscr{M}$ 6. —

Clebsch, Alfred, Vorlesungen über Geometrie. Bearbeitet und herausgegeben von Dr. Ferdinand Lindemann. Mit einem Vorwort von Felix Klein. Ersten Bandes, erster Theil. gr. 8. geh. n. $\mathscr{M}$ 11. 20.

Fiedler, Dr. **Wilh.**, Prof. am eidgenöss. Polytechnikum zu Zürich, **die darstellende Geometrie in organischer Verbindung mit der Geometrie der Lage.** Für Vorlesungen an technischen Hochschulen und zum Selbstudium. Zweite Auflage. Mit 260 Holzschnitten und 12 lithogr. Tafeln. gr. 8. geh. n. $\mathscr{M}$ 18. —

Gordan, Dr. **Paul**, ord. Professor der Mathematik an der Universität zu Erlangen, **über das Formensystem binärer Formen**. gr. 8. geh. n. $\mathscr{M}$ 2. —

Günther, Dr. **Siegmund**, **vermischte Untersuchungen zur Geschichte der mathematischen Wissenschaften**. Mit in den Text gedruckten Holzschnitten und 4 lithogr. Tafeln. gr. 8. 1876. geh. n. $\mathscr{M}$ 9. —

Hankel, Dr. **H.**, **zur Geschichte der Mathematik im Alterthum und Mittelalter**. gr. 8. geh. $\mathscr{M}$ 9. —

———— **Vorlesungen über die Elemente der projektivischen Geometrie in synthetischer Behandlung**. gr. 8. geh. n. $\mathscr{M}$ 7. —

Hesse, Otto, Vorlesungen über analytische Geometrie des Raumes, insbesondere über Oberflächen zweiter Ordnung. Revidirt und mit Zusätzen versehen von Dr. S. Gundelfinger, Professor in Tübingen. Dritte Aufl. gr. 8. geh. n. $\mathscr{M}$ 13. —

Kahl, Dr. **Emil, mathematische Aufgaben aus der Physik nebst Auflösungen**. Zum Gebrauch in höheren Lehranstalten und zum Selbstunterrichte bearbeitet. Mit in den Text gedruckten Holzschnitten. Zweite gänzlich umgearbeitete, vermehrte und verbesserte Auflage mit allseitiger Berücksichtigung des metrischen Maasssystems. gr. 8. geh. n. $\mathscr{M}$ 5. —

Kirchhoff, Dr. **Gustav**, Professor an der Universität in Heidelberg, **Vorlesungen über mathematische Physik. Mechanik.** I.—III. Lieferung. gr. 8. geh. n. $\mathscr{M}$ 13. —

Königsberger, Dr. **L.**, Professor in Heidelberg, **Vorlesungen über die Theorie der elliptischen Funktionen** nebst einer Einleitung in die allgemeine Funktionenlehre. 2 Bände. gr. 8. geh. n. $\mathscr{M}$ 21. 60.

Vorrede.

Nachdem schon früher Möbius und Plücker sich trimetrischer Coordinaten bedient hatten, wurde in neuerer Zeit namentlich durch Salmon-Fiedler's „Analytische Geometrie der Kegelschnitte" die Aufmerksamkeit wieder auf diese Methode gelenkt, durch die es möglich wird, die Gleichungen geometrischer Gebilde in homogener Form darzustellen. Der augenscheinliche Vortheil, welchen letztere für viele Untersuchungen gewährt, liess es wünschenswerth erscheinen, dass die Theorie der homogenen Punkt- und Linien-Coordinaten im Zusammenhange entwickelt und zu einem abgerundeten Ganzen verarbeitet würde. Dies bezwecken denn auch zwei in den letzten Jahren erschienene Werke: die „Elemente der analytischen Geometrie in homogenen Coordinaten, von R. Heger. Braunschweig. Vieweg und Sohn. 1872" und die „Elemente der analytischen Geometrie der Ebene in trilinearen Coordinaten, von L. Schendel. Jena. Costenoble. 1874". Ersteres umfasst nicht nur die Geometrie der Ebene, sondern auch die des Raumes, und nimmt zugleich Bezug auf die von Plücker angewandten Linien-Coordinaten, jedoch mit der Modification, dass als solche nicht die Abstände einer Geraden von den drei Ecken eines Fundamentaldreiecks, sondern die Quotienten dieser Abstände und der Entfernung der Geraden vom Coordinaten-Anfangspunkt angenommen werden, wodurch bewirkt wird, dass durch die drei Coordinaten die Lage einer Geraden eindeutig bestimmt ist; letzteres schliesst sich mehr an die Darstellung Fiedler's an, betrachtet aber als Coordinaten eines Punktes nicht die Abstände desselben von den drei Seiten eines Fundamentaldreiecks, sondern die von ihm und den Eckpunkten dieses Dreiecks bestimmten Flächen. Die vorliegende Schrift nun verfolgt zwar ein ähnliches Ziel, wie die beiden letztgenannten, unterscheidet sich aber gleichwohl von denselben in mehrfacher Beziehung.

Hinsichtlich der Darstellung nämlich schien es mir zweckmässig, die Theorie der homogenen Coordinaten nicht, wie Heger und Schendel, für sich allein zu geben, sondern, wie in dem Salmon-Fiedler'schen Werke geschehen, an die bekanntere orthogonale Geometrie anzuknüpfen, jedoch so, dass diejenigen Sätze über orthogonale Coordinaten, auf welche später Bezug genommen wird, zu einem Ganzen zusammengefasst vorausgeschickt wurden. Dabei musste ich, theils wegen des Folgenden, theils um auch im ersten Abschnitt das durchgehends festgehaltene Princip der Dualität zu wahren, die orthogonalen Linien-Coordinaten mit in Betracht ziehen. Ferner bediene ich mich im zweiten Abschnitt, der Lehre von den trimetrischen oder homogenen Coordinaten, nach Heger's Vorgang der modificirten Plücker'schen Linien-Coordinaten, da ich dies als einen besonderen Vorzug des Heger'schen Werkes ansehe; ich gehe aber noch einen Schritt weiter, und nehme auch bei den trimetrischen Punkt-Coordinaten nicht die linearen Entfernungen eines Punktes von den Seiten eines Dreiecks zu Coordinaten, sondern die Quotienten aus diesen und den Entfernungen des Coordinaten-Anfangspunktes von den Dreiecksseiten. Denn ich hielt mich im Voraus überzeugt, und die weitere Untersuchung bestätigte es, dass eine Uebereinstimmung der Gesetze über Punkt- und Linien-Coordinaten nicht erzielt werden kann, wenn unter ersteren Linien, unter letzteren aber Verhältnisse zweier Linien verstanden werden.

Hinsichtlich des Inhalts unterscheidet sich die vorliegende Schrift von den oben genannten dadurch, dass ich den Gegenstand in einer anderen Richtung behandele. Es lag nämlich nicht in meiner Absicht, auf das Einzelne einzugehen, sondern nur den Leser bekannt zu machen mit dem Gebrauche der verschiedenen hier angewandten Coordinaten, und ihn in den Stand zu setzen, die speziellen Lehren der ebenen analytischen Geometrie selbst abzuleiten, falls er sich hiezu angeregt fühlen sollte. Die folgenden Bogen sollen daher nur die „Grundzüge" dieser Disciplin, oder die wichtigsten allgemeinen Sätze enthalten. Zu diesen rechne ich einmal diejenigen, welche dazu dienen, die bei analytisch-geometrischen Untersuchungen auftretenden nächsten Fragen zu beantworten. Eine der ersten derselben schien mir die zu sein, ob und unter welchen Umständen eine Gleichung 2ten Grades einen Kegelschnitt, und wann sie den einen oder anderen repräsentirt. Aus diesem Grunde habe ich, unter besonderer Berücksichtigung der Discriminante und ihrer Partial-Determinanten, die Classification der Kegelschnitte ausführlich behandelt, wobei ich in dem Falle, dass ihre Gleichung in orthogonalen Linien-Coordinaten gegeben ist, um die Analogie mit dem bei orthogonalen Punkt-Coordinaten befolgten Verfahren aufrecht zu erhalten, einen anderen Weg betreten musste, als Plücker im 2ten Theile seiner „Analytisch-geometrischen Entwickelungen" eingeschlagen hat. Als ebenfalls wichtige allgemeine Sätze erschienen mir ferner diejenigen, welche die harmonischen und anharmonischen Verhältnisse betreffen, da sie den Ausgangspunkt für die Lehre von den polaren und collinearen Eigenschaften bilden. [Eine ausführliche Erörterung der collinearen, affinen, etc. Verwandtschaft in synthetischer Darstellung findet sich in meinem Lehrbuche der neueren ebenen Geometrie: „Die Projection in der Ebene. Berlin. Weidmannsche Buchhandlung. 1862".] Endlich glaubte ich auch, da von den hier in Betracht gezogenen vier Coordinaten-Systemen, orthogonale und homogene Punkt- und Linien-Coordinaten, das eine leichter zur Auffindung der einen, das andere leichter zur Auffindung der anderen Eigenschaft führt, den Weg angeben zu sollen, wie man von dem einen System zu einem anderen übergeht. Ich habe deshalb der Transformation der Gleichungen besondere Aufmerksamkeit geschenkt. Zugleich gedachte ich dem Leser gewissermassen einen praktischen Dienst zu erweisen dadurch, dass er in den Stand gesetzt wird, ohne Weiteres, mag es in einem speziellen Falle oder bei allgemeinen Untersuchungen wünschenswerth erscheinen, von einem System auf ein anderes überzugehen, indem er Alles, was in diesem Falle zu wissen nöthig ist, gegeben vorfindet, so dass er der Mühe des Transformirens überhoben ist und das vorliegende Buch gleichsam zum Nachschlagen benutzen kann. Vielleicht auch darf ich hoffen, dass die in Art. 29, I) — VII) aufgestellten gegenseitigen Beziehungen der dort behandelten Determinanten, deren Bedeutung bei der Transformation hauptsächlich hervortritt, auch für andere Untersuchungen nicht ganz ohne Interesse, und dass die Resultate der Transformationen als Beispiele für die Gesetze der linearen Substitution nicht unwillkommen sein werden, obschon sie ohne Anwendung dieser Theorie gewonnen worden sind.

Ich bin nämlich besonders bemüht gewesen, die vorliegende Schrift leicht verständlich zu machen, und habe deshalb keine anderen Vorkenntnisse vorausgesetzt, als die ersten Begriffe der Cartesischen Geometrie und die Elemente der Lehre von den Determinanten; zugleich glaube ich den Stoff so naturgemäss und ungezwungen angeordnet zu haben, dass auch in dieser Hinsicht Schwierigkeiten nicht vorhanden sein dürften. Wenn es daher, wie ich hoffe, möglich sein wird, den Inhalt im Ganzen rasch zu überblicken, so wird doch der, welcher tiefer eingeht und die Untersuchungen im Einzelnen verfolgt, bald bemerken, welche Mühe die Durchführung eines so einfachen Planes verursacht hat. Reichlich aber würde ich mich für dieselbe belohnt fühlen, wenn es mir gelungen sein sollte, zur weiteren Ausbildung des hier befolgten Verfahrens angeregt, und etwas beigetragen zu haben zur Förderung analytisch-geometrischer Forschungen.

Indem ich noch die angenehme Pflicht erfülle, vor Allen der oben erwähnten Werke von Heger und Fiedler, und ausserdem des „Lehrbuchs der analytischen Geometrie der Ebene von Stammer. München. Lindauer. 1863", sowie der Werke über die Theorie der Determinanten von Baltzer und Günther als derjenigen Schriften zu gedenken, welche mir bei meiner Arbeit von Nutzen gewesen sind, überlasse ich die Entscheidung darüber, ob und in wie weit ich das Ziel, welches ich mir gesteckt, erreicht habe, gern dem freundlichen Leser.

Eisenach, im Juli 1876.

H. Weissenborn.

Inhalt.

Erster Abschnitt. Orthogonale Coordinaten.
Kap. I. Punkt und Gerade.

Artikel 1. Punkt- und Linien-Coordinaten. Art. 2. Gleichungen 1ten Grades in Punkt- und Linien-Coordinaten, und ihre geometrische Bedeutung. Art. 3. Symmetrische Gleichung der Geraden in Punkt-, und des Punktes in Linien-Coordinaten. Art. 4. Bedingung dafür, dass 2 Gerade parallel sind, und dass 2 Punkte auf einer durch den Coordinaten-Anfangspunkt gehenden Geraden liegen. Art. 5. Gleichung einer Geraden, die durch einen gegebenen Punkt geht und zu einer gegebenen Geraden parallel läuft; Gleichung eines Punktes, der auf einer gegebenen Geraden liegt, und dessen Verbindungslinie mit einem gegebenen Punkte durch den Coordinaten-Anfangspunkt geht. Art. 6. Entfernung eines Punktes von einer Geraden oder einer Geraden von einem Punkte. Art. 7. Coordinaten des Durchschnittspunktes zweier Geraden; Coordinaten der Verbindungsgeraden zweier Punkte. Art. 8. Bedingung dafür, dass 3 Gerade durch denselben Punkt gehen, und dass 3 Punkte auf derselben Geraden liegen. Art. 9. Anharmonische und harmonische Theilung einer Strecke und eines Winkels.

Kap. II. Die Kegelschnitte.

Art. 10. Allgemeine Gleichung 2ten Grades, oder eines Kegelschnittes, in Punkt-Coordinaten $F(x, y) = 0$, und in Linien-Coordinaten $\mathfrak{F}(\mathfrak{x}, \mathfrak{y}) = 0$. Art. 11. Bestimmung eines Kegelschnittes durch 5 Punkte und durch 5 Tangenten. Art. 12. Die Discriminante der Kegelschnittsgleichung, und ihre Partial-Determinanten. Art. 13. Discussion der Gleichungen $F = 0$, $\mathfrak{F} = 0$, wenn die Discriminante Null ist; F stellt dann 2 Gerade, $\mathfrak{F}$ 2 Punkte dar. Art. 14. Discussion der Gleichungen $F = 0$, $\mathfrak{F} = 0$, wenn die Discriminante von Null verschieden ist. Art. 15. Zusammenstellung der in Art. 13 und 14 gefundenen Resultate. Classification der Kegelschnitte. Art. 16. Transformationen der Gleichungen $F = 0$, $\mathfrak{F} = 0$ auf ein anderes orthogonales Coordinaten-System, dessen Axen den ursprünglichen parallel sind. Art. 17. Transformation von F in $\mathfrak{F}$, und von $\mathfrak{F}$ in F. Art. 18. Gleichung der Polaren eines Punktes in Punkt-, und des Poles einer Geraden in Linien-Coordinaten. Art. 19. Gleichung des Poles einer Geraden in Punkt-, und der Polaren eines Punktes in Linien-Coordinaten. Art. 20. Die Verbindungsgeraden je zweier entsprechender Punkte zweier conjectivisch liegenden conformen Punktreihen berühren einen Kegelschnitt; die Durchschnittspunkte je zweier entsprechender Strahlen zweier conjectivisch liegenden conformen Strahlbüschel liegen auf einem Kegelschnitt.

Zweiter Abschnitt. Homogene Coordinaten.
Kap. I. Punkt und Gerade.

Art. 21. Das Fundamentaldreiseit und Fundamentaldreieck. Art. 22. Bestimmung eines Punktes durch seine Entfernungen von den Seiten eines Dreiseits; Bestimmung einer Geraden durch ihre Entfernungen von den Ecken eines Dreiecks. Zweideutigkeit der letzteren Bestimmung. Art. 23. Modificirte trimetrische oder homogene Punkt- und Linien-Coordinaten. Die Substitutions-Determinanten $\mathfrak{D}$, D. Art. 24. Geometrische Bestimmung eines Punktes, dessen Gleichung in trimetrischen Punkt-Coordinaten, einer Geraden, deren Gleichung in trimetrischen Linien-Coordinaten gegeben ist. Art. 25. Besondere Fälle. Art. 26.

Wiederholung einiger Sätze über die Determinanten $\mathfrak{D}, D$, und ihre Unter-Determinanten unter Anwendung einer abgekürzten Bezeichnung. Art. 27. Fernere Sätze über $\mathfrak{D}, D$, ihre Unter-Determinanten und ihre Elemente. Art. 28. Transformation auf ein neues Fundamentaldreiseit und Fundamentaldreieck. Art. 29. Gegenseitige Beziehung der Determinanten $\mathfrak{D}, \mathfrak{D}'$; D, D'; $\mathfrak{D}_{mn}, \mathfrak{D}'_{mn}$; D_{mn}, D'_{mn}. Art. 30. Homogene Gleichung der Geraden und des Punktes. Normalform derselben. Art. 31. Transformation der homogenen Gleichung der Geraden und des Punktes auf ein neues Dreiseit oder Dreieck. Art. 32. Gleichung der Verbindungsgeraden zweier Punkte; Gleichung des Durchschnittspunktes zweier Geraden. Art. 33. Coordinaten des Durchschnittspunktes zweier Geraden, der Verbindungsgeraden zweier Punkte. Art. 34. Gleichung eines unendlich entfernten Punktes und der unendlich entfernten Geraden; Gleichung einer durch den Coordinaten-Anfangspunkt gehenden Geraden und des Coordinaten-Anfangspunktes. Art. 35. Bedingung dafür, dass ein Punkt mit zwei anderen auf derselben Geraden liegt, dass eine Gerade mit zwei anderen durch denselben Punkt geht. Art. 36. Unveränderlichkeit dieser Bedingung bei der Transformation auf ein neues Dreiseit oder Dreieck. Art. 37. Bestimmung der Lage eines Punktes mit den Coordinaten $z_k = q_1 z'_{k2} \pm q_2 z'_{k1}$, $q_1 \pm q_2 = 1$; Bestimmung der Lage einer Geraden mit den Coordinaten $\mathfrak{z}_k = q_1 \mathfrak{z}_{k2} \pm q_2 \mathfrak{z}'_{k1}$, $q_1 \pm q_2 = 1$. Art. 38. Coordinaten eines Punktes, welcher die Strecke zwischen zwei anderen, Coordinaten einer Geraden, welche den Winkel zwischen zwei anderen innerlich oder äusserlich in vorgeschriebenem Verhältniss theilt. Art. 39. Coordinaten zweier Punkte, welche die Strecke zwischen zwei anderen, Coordinaten zweier Geraden, welche den Winkel zwischen zwei anderen harmonisch theilen. Gleichungen von vier harmonischen Punkten und von vier harmonischen Strahlen. Art. 40. Ein Strahlbüschel, dessen Strahlen durch die Punkte einer harmonischen Punktreihe gehen, ist harmonisch; eine Gerade, welche die Strahlen eines harmonischen Strahlbüschels schneidet, wird in den Durchschnittspunkten harmonisch getheilt. Art. 41. Harmonische Eigenschaften des vollständigen Vierecks und Vierseits.

Kap. II. Die Kegelschnitte.

Art. 42. Gleichung $f(z_1, z_2, z_3) = 0$ eines Kegelschnitts in homogenen Punkt-Coordinaten; Gleichung $\mathfrak{f}(\mathfrak{z}_1, \mathfrak{z}_2, \mathfrak{z}_3) = 0$ eines Kegelschnitts in homogenen Linien-Coordinaten. Art. 43. Die Discriminante der Kegelschnittsgleichung, und ihre Partial-Determinanten. Art. 44. Gleichung der Tangente und des Berührungspunktes. Art. 45. Gleichung der Polaren und des Pols. Art. 46. Liegt ein Punkt auf der Polaren eines anderen, so liegt auch letzterer auf der Polaren des ersteren; geht eine Gerade durch den Pol einer anderen, so geht auch letztere durch den Pol der ersteren. Das sich selbst-conjugirte Dreiseit und Dreieck. Art. 47. Transformation von F in f, und von $\mathfrak{F}$ in $\mathfrak{f}$. Art. 48. Transformation von f in F, und von $\mathfrak{f}$ in $\mathfrak{F}$. Art. 49. Discussion der Gleichungen $f = 0$, $\mathfrak{f} = 0$. Classification der Kegelschnitte. Art. 50. Transformation von f in $\mathfrak{f}$, und von $\mathfrak{f}$ in f. Art. 51. Zusammenstellung der bisherigen Transformationen. Art. 52. Beispiele. Art. 53. Transformation der Gleichungen $f = 0$, $\mathfrak{f} = 0$ auf ein neues Dreiseit und Dreieck. Art. 54. Unveränderlichkeit der Coefficienten-Summe. Art. 55. Rückblick. Der Modulus der Substitution. Art. 56. Bei der Transformation von $f = 0$, $\mathfrak{f} = 0$ auf ein sich selbst conjugirtes Dreiseit oder Dreieck verschwinden die Glieder mit $z_1 z_2$, $z_1 z_3$, $z_2 z_3$; $\mathfrak{z}_1 \mathfrak{z}_2$, $\mathfrak{z}_1 \mathfrak{z}_3$, $\mathfrak{z}_2 \mathfrak{z}_3$. Art. 57. Ausführung der Transformation auf ein sich selbst conjugirtes Dreiseit oder Dreieck. Art. 58. Pascal's Sechseck und Brianchon's Sechsseit.

Erster Abschnitt.
Orthogonale Coordinaten.

Kap. I.
Punkt und Gerade.

Artikel 1. Es seien im Folgenden durchgängig zwei sich orthogonal oder rechtwinklig schneidende Gerade als Axen angenommen; ihr Durchschnittspunkt heisse stets O, und es sei OA der positive, OA' der negative Theil der einen, OB der positive, OB' der negative Theil der anderen Axe. Schneidet man nun auf dem positiven oder negativen Theil der einen Axe ein Stück $x = OM$, und ebenso auf dem positiven oder negativen Theil der anderen Axe ein Stück $y = ON$ ab, und zieht durch M und N je eine Parallele zur anderen Axe, so bestimmt der Durchschnitt dieser beiden Parallelen einen Punkt P der Ebene; und umgekehrt wird die Lage eines Punktes P der Ebene durch die Abstände OM und ON, unter Berücksichtigung der Vorzeichen, unzweideutig bestimmt. Diese Grössen

$$x = OM,\ y = ON\ (\text{oder } y = MP)$$

heissen Punkt-Coordinaten, und zwar erstere die Abscisse, letztere die Ordinate des Punktes P (Fig. 1).

Es bestimmen ferner zwei zusammengehörige Punkte $\mathfrak{M}, \mathfrak{N}$ der Axen offenbar eine Gerade p der Richtung nach, und man könnte daher die Strecken $O\mathfrak{M}, O\mathfrak{N}$, mit Berücksichtigung der Vorzeichen, als Bestimmungsstücke der Geraden p ansehen. Aus Gründen, welche sich aus Art. 3 ergeben werden, empfiehlt es sich jedoch, nicht diese Stücke selbst, sondern ihre reciproken Werthe anzuwenden, was offenbar auch möglich ist, denn aus $\mathfrak{x} = \dfrac{1}{O\mathfrak{M}}$, $\mathfrak{y} = \dfrac{1}{O\mathfrak{N}}$ ergiebt sich sogleich $\quad O\mathfrak{M} = \dfrac{1}{\mathfrak{x}}$, $O\mathfrak{N} = \dfrac{1}{\mathfrak{y}}$;

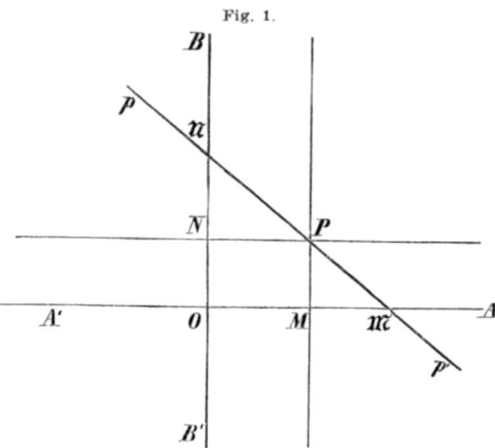

Fig. 1.

also mit Berücksichtigung der Vorzeichen die Lage von $\mathfrak{M}$ und $\mathfrak{N}$, und daher auch die Richtung der Geraden p. Diese Grössen
$$x = \frac{1}{O\mathfrak{M}},\; y = \frac{1}{O\mathfrak{N}}$$
heissen Linien-Coordinaten, und zwar erstere die Abscisse, letztere die Ordinate der Geraden p.

In dem Umstande, dass ein Punkt durch den Durchschnitt zweier Geraden, und eine Gerade durch die Verbindung zweier Punkte bestimmt wird, liegt der Keim der Reciprocität der für beide Arten von Gebilden geltenden Sätze.

2. In Punkt-Coordinaten bezeichnen daher zwei zusammengehörige Gleichungen $x = a$, $y = b$ einen Punkt mit den Coordinaten a, b, nämlich den Durchschnittspunkt der in den Entfernungen a, b zu den Coordinaten-Axen gezogenen Parallelen; insbesondere bezeichnen die zusammengehörigen Gleichungen $x = 0$, $y = 0$ den Coordinaten-Anfangspunkt O, und $x = \infty$, $y = \infty$ einen unendlich entfernten, sonst in beliebiger Lage, zu denkenden Punkt. Eine Gleichung von der Form $x = a$, bei beliebigem y, bezeichnet den Inbegriff aller unendlich vielen Punkte, welche von der Ordinaten-Axe um die Strecke

a entfernt sind, also eigentlich eine **Punktreihe**. Da jedoch alle diese Punkte auf einer in der Entfernung a zur Ordinaten-Axe parallel laufenden Geraden liegen, so bezeichnet $x = a$ eine in der Entfernung a zur Ordinaten-Axe parallel laufende Gerade; ebenso $y = b$, bei beliebigem x, eine in der Entfernung b zur Abscissen-Axe parallel laufende Gerade. Eine Gleichung von der Form $ay + bx + c = 0$ bezeichnet den Inbegriff aller aus den veränderlichen Coordinaten $x, y = -\frac{bx+c}{a}$ entstehenden Punkte P. Alle diese Punkte aber liegen auf einer Geraden. Denn ist $x = 0$, so ist $y = -\frac{c}{a}$, ist $y = 0$, so ist $x = -\frac{c}{b}$. Es ist also, Fig. 1, $O\mathfrak{N} = -\frac{c}{a}$, $O\mathfrak{M} = -\frac{c}{b}$. Es verhält sich also $O\mathfrak{M} : O\mathfrak{N} = a : b$. Ist x ein beliebiger Werth OM, also die zugehörige Ordinate $y = MP = -\frac{bx+c}{a}$, so ist $M\mathfrak{M} = O\mathfrak{M} - x = -\frac{c}{b} - x = -\frac{bx+c}{b}$, und es verhält sich daher $M\mathfrak{M} : MP = -\frac{bx+c}{b} : -\frac{bx+c}{a}$, oder $M\mathfrak{M} : MP = a : b$, oder $M\mathfrak{M} : MP = O\mathfrak{M} : O\mathfrak{N}$; es liegt also P auf der durch $\mathfrak{M}$ und $\mathfrak{N}$ gehenden Geraden p. Umgekehrt erfüllen die Coordinaten $x = OM$, $y = MP$ irgend eines Punktes P der Geraden p die obige Gleichung, denn es verhält sich $y : O\mathfrak{M} - OM = O\mathfrak{N} : O\mathfrak{M}$, oder $y : -\frac{c}{b} - x = -\frac{c}{a} : -\frac{c}{b}$, oder $by : -(bx+c) = b : a$, oder $y : -(bx+c) = 1 : a$, woraus folgt $ay + bx + c = 0$. Es bezeichnet also diese Gleichung eine Gerade p mit den Linien-Coordinaten $\mathfrak{y} = -\frac{a}{c}$, $\mathfrak{x} = -\frac{b}{c}$ (nach Art. 1). Ist $c = 0$, lautet also die Gleichung $ay + bx = 0$, so geht die Gerade durch O. Zwei Gleichungen von der Form $m'ay + m'bx + c' = 0$, $m''ay + m''bx + c'' = 0$ bezeichnen nach dem Bisherigen, die erstere eine die Coordinaten-Axen in den Entfernungen $O\mathfrak{N}' = -\frac{c'}{m'a}$, $O\mathfrak{M}' = -\frac{c'}{m'b}$, die letztere eine die Coordinaten-Axen in in den Entfernungen $O\mathfrak{N}'' = -\frac{c''}{m''a}$, $O\mathfrak{M}'' = -\frac{c''}{m''b}$ schneidende Gerade; da nun offenbar $O\mathfrak{N}' : O\mathfrak{M}' = O\mathfrak{N}'' : O\mathfrak{M}''$ ist, so sind die beiden Geraden parallel. Es bezeichnen also zwei Gleichungen von der angegebenen Form, insbesondere auch zwei Gleichungen von der Form $ay + bx + c' = 0$, $ay + bx + c'' = 0$ zwei parallele Gerade. Man sieht also: Es bezeichnet in Punkt-Coordinaten:

$x = a$, $y = b$ einen Punkt.

$x = 0$, $y = 0$ den Coordinaten-Anfangspunkt O.

$x = \infty$, $y = \infty$ einen unendlich entfernten, sonst beliebig zu denkenden, Punkt.

$x = a$, bei beliebigem y, eine Parallele zur Ordinaten-Axe.

$y = b$, bei beliebigem x, eine Parallele zur Abscissen-Axe.

$ay + bx + c = 0$ eine Gerade, mit den Linien-Coordinaten
$$\mathfrak{y} = -\frac{a}{c},\ \mathfrak{x} = -\frac{b}{c}.$$

$ay + bx = 0$ eine durch den Coordinaten-Anfangspunkt gehende Gerade.

$\left.\begin{array}{l}m'ay + m'bx + c' = 0;\\ m''ay + m''bx + c'' = 0;\end{array}\right\}$, ebenso $\left.\begin{array}{l}ay + bx + c' = 0\\ ay + bx + c'' = 0\end{array}\right\}$ zwei parallele Gerade.

In Linien-Coordinaten bezeichnen zwei zusammengehörige Gleichungen $\mathfrak{x} = \mathfrak{a}$, $\mathfrak{y} = \mathfrak{b}$ eine Gerade mit den Coordinaten $\mathfrak{a}$, $\mathfrak{b}$, nämlich die Verbindungs-Gerade der beiden Punkte, deren einer auf der Abscissen-Axe in der Entfernung $O\mathfrak{M} = \frac{1}{\mathfrak{a}}$, deren anderer auf der Ordinaten-Axe in der Entfernung $O\mathfrak{N} = \frac{1}{\mathfrak{b}}$ liegt; insbesondere bezeichnen $\mathfrak{x} = 0$, $\mathfrak{y} = 0$ eine unendlich entfernte Gerade, $\mathfrak{x} = \infty$, $\mathfrak{y} = \infty$ eine durch den Coordinaten-Anfangspunkt gehende, sonst beliebige, Gerade. Eine Gleichung von der Form $\mathfrak{x} = \mathfrak{a}$, bei beliebigem $\mathfrak{y}$, bezeichnet den Inbegriff aller unendlich vielen Geraden, welche durch den Punkt $O\mathfrak{M} = \frac{1}{\mathfrak{a}}$ der Abscissen-Axe gehen, eine Gleichung von der Form $\mathfrak{y} = \mathfrak{b}$, bei beliebigem $\mathfrak{x}$, bezeichnet den Inbegriff aller unendlich vielen Geraden, welche durch den Punkt $O\mathfrak{N} = \frac{1}{\mathfrak{b}}$ der Ordinaten-Axe geben. Es bezeichnen also Gleichungen von den drei zuletzt genannten Formen

[Art. 2.]

eigentlich Strahlbüschel. Da jedoch alle Strahlen eines solchen durch einen und denselben Punkt gehen, so bezeichnen sie **Punkte**, und zwar $\mathfrak{x} = \infty$, $\mathfrak{y} = \infty$ den Coordinaten-Anfangspunkt, $\mathfrak{x} = \mathfrak{a}$ einen Punkt der Abscissen-, $\mathfrak{y} = \mathfrak{b}$ einen Punkt der Ordinaten-Axe. Ebenso bezeichnet eine Gleichung von der Form $\mathfrak{ay} + \mathfrak{bx} + \mathfrak{c} = 0$ den Inbegriff aller aus den veränderlichen Coordinaten $\mathfrak{x}, \mathfrak{y} = -\frac{\mathfrak{bx} + \mathfrak{c}}{\mathfrak{a}}$ entstehenden Geraden p. Alle diese Geraden aber gehen durch einen und denselben Punkt. Denn ist $\mathfrak{x} = 0$, so ist $\mathfrak{y} = -\frac{\mathfrak{c}}{\mathfrak{a}}$, ist $\mathfrak{y} = 0$, so ist $\mathfrak{x} = -\frac{\mathfrak{c}}{\mathfrak{b}}$. Es ist also, Fig. 1, $ON = -\frac{\mathfrak{a}}{\mathfrak{c}}$, $OM = -\frac{\mathfrak{b}}{\mathfrak{c}}$, oder $MP = -\frac{\mathfrak{a}}{\mathfrak{c}}$, $OM = -\frac{\mathfrak{b}}{\mathfrak{c}}$. Ist $\mathfrak{x}$ ein beliebiger Werth $\frac{1}{O\mathfrak{N}}$, also die zugehörige Ordinate $\mathfrak{y} = \frac{1}{O\mathfrak{N}} = -\frac{\mathfrak{bx} + \mathfrak{c}}{\mathfrak{a}}$, also $O\mathfrak{N} = -\frac{\mathfrak{a}}{\mathfrak{bx} + \mathfrak{c}}$, $O\mathfrak{M} = \frac{1}{\mathfrak{x}}$, so ist $M\mathfrak{M} = O\mathfrak{M} - OM = \frac{1}{\mathfrak{x}} + \frac{\mathfrak{b}}{\mathfrak{c}} = \frac{\mathfrak{bx} + \mathfrak{c}}{\mathfrak{cx}}$. Es verhält sich also $O\mathfrak{N} : O\mathfrak{M} = -\frac{\mathfrak{a}}{\mathfrak{bx} + \mathfrak{c}} : \frac{1}{\mathfrak{x}} = -\mathfrak{ax} : \mathfrak{bx} + \mathfrak{c}$, und $MP : M\mathfrak{M} = -\frac{\mathfrak{a}}{\mathfrak{c}} : \frac{\mathfrak{bx} + \mathfrak{c}}{\mathfrak{cx}} = -\mathfrak{ax} : \mathfrak{bx} + \mathfrak{c}$, also verhält sich $O\mathfrak{N} : O\mathfrak{M} = MP : M\mathfrak{M}$, und folglich geht jede Gerade mit den Coordinaten $\mathfrak{x}, \mathfrak{y}$ durch den Punkt P. Umgekehrt erfüllen die Coordinaten $\mathfrak{x}, \mathfrak{y}$ irgend eines Strahles des Büschels P die Gleichung $\mathfrak{ay} + \mathfrak{bx} + \mathfrak{c} = 0$. Denn es verhält sich $O\mathfrak{N} : O\mathfrak{M} = MP : M\mathfrak{M}$, oder $\frac{1}{\mathfrak{y}} : \frac{1}{\mathfrak{x}} = ON : O\mathfrak{M} - OM$, oder $\frac{1}{\mathfrak{y}} : \frac{1}{\mathfrak{x}} = -\frac{\mathfrak{a}}{\mathfrak{c}} : \frac{1}{\mathfrak{x}} + \frac{\mathfrak{b}}{\mathfrak{c}}$, oder $1 : \mathfrak{y} = -\mathfrak{a} : \mathfrak{bx} + \mathfrak{c}$, woraus folgt $\mathfrak{ay} + \mathfrak{bx} + \mathfrak{c} = 0$. Es bezeichnet daher diese Gleichung (einen Strahlbüschel, d. h.) einen Punkt P mit den Punkt-Coordinaten $y = -\frac{\mathfrak{a}}{\mathfrak{c}}, x = -\frac{\mathfrak{b}}{\mathfrak{c}}$. Ist $\mathfrak{c} = 0$, lautet also die Gleichung $\mathfrak{ay} + \mathfrak{bx} = 0$, so ist P unendlich entfernt. Zwei Gleichungen von der Form $\mathfrak{m'ay} + \mathfrak{m'bx} + \mathfrak{c'} = 0$, $\mathfrak{m''ay} + \mathfrak{m''bx} + \mathfrak{c''} = 0$ bezeichnen daher, die erstere einen Punkt mit den Coordinaten $ON' = M'P' = -\frac{\mathfrak{m'a}}{\mathfrak{c'}}$, $OM' = -\frac{\mathfrak{m'b}}{\mathfrak{c'}}$, die letztere einen Punkt mit den Coordinaten $ON'' = M''P'' = -\frac{\mathfrak{m''a}}{\mathfrak{c''}}$, $OM'' = -\frac{\mathfrak{m''b}}{\mathfrak{c''}}$; da nun offenbar $M'P' : OM' = M''P'' : OM''$ ist, geht die Verbindungs-Gerade der beiden Punkte P', P'' durch O. Es bezeichnen daher zwei Gleichungen von der angegebenen Form, insbesondere auch zwei Gleichungen von der Form $\mathfrak{ay} + \mathfrak{bx} + c' = 0$, $\mathfrak{ay} + \mathfrak{bx} + c'' = 0$, zwei Punkte, deren Verbindungs-Gerade durch O geht. Man sieht also: Es bezeichnet in Linien-Coordinaten

$\mathfrak{x} = \mathfrak{a}$, $\mathfrak{y} = \mathfrak{b}$ eine Gerade.

$\mathfrak{x} = 0$, $\mathfrak{y} = 0$ eine unendlich entfernte, sonst beliebig zu denkende, Gerade.

$\mathfrak{x} = \infty$, $\mathfrak{y} = \infty$ den Coordinaten-Anfangspunkt O.

$\mathfrak{x} = \mathfrak{a}$, bei beliebigem $\mathfrak{y}$, einen Punkt der Abscissen-Axe.

$\mathfrak{y} = \mathfrak{b}$, bei beliebigem $\mathfrak{x}$, einen Punkt der Ordinaten-Axe.

$\mathfrak{ay} + \mathfrak{bx} + \mathfrak{c} = 0$ einen Punkt, mit den Punkt-Coordinaten
$$y = -\frac{\mathfrak{a}}{\mathfrak{c}},\ x = -\frac{\mathfrak{b}}{\mathfrak{c}};$$

$\mathfrak{ay} + \mathfrak{bx} = 0$ einen unendlich entfernten, sonst beliebig zu denkenden, Punkt.

$\left.\begin{array}{l}\mathfrak{m'ay} + \mathfrak{m'bx} + c' = 0, \\ \mathfrak{m''ay} + \mathfrak{m''bx} + c'' = 0,\end{array}\right\}$, ebenso $\left.\begin{array}{l}\mathfrak{ay} + \mathfrak{bx} + c' = 0, \\ \mathfrak{ay} + \mathfrak{bx} + c'' = 0,\end{array}\right\}$ zwei Punkte, deren Verbindungs-Gerade durch den Coordinaten-Anfangspunkt O geht.

3. Nach Art. 2 ist daher eine Gleichung von der Form $\mathfrak{y}y + \mathfrak{x}x + \mathfrak{z}z = 0$, wenn man in ihr nur x, y als veränderlich, die übrigen Grössen als constant ansieht, in Punkt-Coordinaten die Gleichung einer Geraden mit den Linien-Coordinaten $-\frac{\mathfrak{y}}{\mathfrak{z}z}$, $-\frac{\mathfrak{x}}{\mathfrak{z}z}$; wenn man aber in ihr nur $\mathfrak{x}, \mathfrak{y}$ als veränderlich, die übrigen Grössen als constant ansieht, in Linien-Coordinaten die Gleichung eines Punktes mit den Punkt-Coordinaten $-\frac{y}{\mathfrak{z}z}$, $-\frac{x}{\mathfrak{z}z}$. Bei weitem einfacher aber gestaltet sich Alles, wenn man, was ohne Beeinträchtigung der Allgemeinheit möglich ist, von der zwar nicht homogenen, aber doch für x, y; $\mathfrak{x}, \mathfrak{y}$ symmetrischen Form ausgeht
$$\mathfrak{y}y + \mathfrak{x}x - 1 = 0.$$
Sieht man hier x, y als die Veränderlichen, $\mathfrak{x}, \mathfrak{y}$ als die Constanten an, so hat man in Punkt-Coordinaten die Gleichung

einer Geraden p mit den Linien-Coordinaten $\mathfrak{x}$, $\mathfrak{y}$; sieht man aber $\mathfrak{x}$, $\mathfrak{y}$ als die Veränderlichen, x, y als die Constanten an, so hat man in Linien-Coordinaten die Gleichung eines Punktes P mit den Punkt-Coordinaten x, y. Im Folgenden soll daher diese Form meistens angewandt, und es sollen diejenigen Buchstaben, welche die **Veränderlichen** bezeichnen, an die **zweite Stelle** gesetzt werden, so dass also $\mathfrak{y}y + \mathfrak{x}x - 1 = 0$ die Gleichung einer Geraden in Punkt-Coordinaten, hingegen $y\mathfrak{y} + x\mathfrak{x} - 1 = 0$ die Gleichung eines Punktes in Linien-Coordinaten darstellt.

Nennt man die Felder AOB, $A'OB$, $A'OB'$, AOB', Fig. 1, in welche die Ebene durch das Axen-Kreuz getheilt wird, bezüglich den 1ten, 2ten, 3ten, 4ten Quadranten, sagt man ferner von einem Punkte: er liege in dem 1ten, 2ten, etc. Quadranten, wenn er sich in diesem befindet, von einer Geraden: sie **gehe durch** den 1ten, 2ten, etc. Quadranten, wenn dieser ein **endliches** Stück der Geraden abschneidet, so sieht man sogleich:

Geht eine Gerade $p \equiv y\mathfrak{y} + \mathfrak{x}x - 1 = 0$ durch den

	1ten,	2ten,	3ten	4ten Quadranten,
so ist	$\mathfrak{y}$ positiv;	$\mathfrak{y}$ positiv;	$\mathfrak{y}$ negativ;	$\mathfrak{y}$ negativ;
	$\mathfrak{x}$ positiv;	$\mathfrak{x}$ negativ;	$\mathfrak{x}$ negativ;	$\mathfrak{x}$ positiv.

Liegt ein Punkt $P \equiv y\mathfrak{y} + x\mathfrak{x} - 1 = 0$ in dem

	1ten,	2ten,	3ten,	4ten Quadranten,
so ist	y positiv;	y positiv;	y negativ;	y negativ;
	x positiv;	x negativ;	x negativ;	x positiv.

Denn es sind $\mathfrak{y}$, $\mathfrak{x}$ die Linien-Coordinaten von p, also $\mathfrak{y} = \frac{1}{O\mathfrak{N}}$, $\mathfrak{x} = \frac{1}{O\mathfrak{M}}$; geht nun die Linie durch den 1ten Quadranten, so sind $O\mathfrak{N}$, $O\mathfrak{M}$, also auch ihre reciproken Werthe, und daher auch $\mathfrak{y}$, $\mathfrak{x}$ positiv, etc. Ferner sind y, x die Punkt-Coordinaten von P, also $y = ON$, $x = OM$; liegt nun der Punkt im 1ten Quadranten, so sind ON, OM also auch y, x positiv, etc.

4. Die Bedingung, dass zwei Gerade, $p_1 \equiv \mathfrak{y}_1 y + \mathfrak{x}_1 x - 1 = 0$, $p_2 \equiv \mathfrak{y}_2 y + \mathfrak{x}_2 x - 1 = 0$ einander parallel sind, lautet

$$\mathfrak{x}_1 \mathfrak{y}_2 - \mathfrak{x}_2 \mathfrak{y}_1 = 0; \qquad 1a)$$

die Bedingung, dass zwei Punkte $P_1 \equiv y_1\mathfrak{y} + x_1\mathfrak{x} - 1 = 0$, $P_2 \equiv y_2\mathfrak{y} + x_2\mathfrak{x} - 1 = 0$ auf einer durch den Coordinaten-Anfangspunkt gehenden Geraden liegen, lautet

$$x_1 y_2 - x_2 y_1 = 0. \qquad 1b)$$

Denn im ersteren Falle hat man die Proportion $\dfrac{1}{\mathfrak{y}_1} : \dfrac{1}{\mathfrak{x}_1} = \dfrac{1}{\mathfrak{y}_2} : \dfrac{1}{\mathfrak{x}_2}$, oder $\mathfrak{x}_1 : \mathfrak{y}_1 = \mathfrak{x}_2 : \mathfrak{y}_2$, aus welcher 1a) sogleich folgt; im letzteren Falle muss sich verhalten $y_1 : x_1 = y_2 : x_2$, aus welcher Proportion sich 1b) ergiebt.

5. Die Gleichung einer Geraden p', die durch einen gegebenen Punkt P oder x', y' geht, und zu einer gegebenen Geraden $p \equiv \mathfrak{y}y + \mathfrak{x}x - 1$ parallel läuft, ist

$$\frac{\mathfrak{y}}{\mathfrak{y}y' + \mathfrak{x}x'} y + \frac{\mathfrak{x}}{\mathfrak{y}y' + \mathfrak{x}x'} x - 1 = 0. \qquad 1a)$$

Die Gleichung eines Punktes P', der auf einer gegebenen Geraden p oder $\mathfrak{x}'$, $\mathfrak{y}'$, und auf der Verbindungs-Geraden eines gegebenen Punktes $P \equiv y\mathfrak{y} + x\mathfrak{x} - 1 = 0$ mit dem Coordinaten-Anfangspunkte liegt, ist

$$\frac{y}{y\mathfrak{y}' + x\mathfrak{x}'} \mathfrak{y} + \frac{x}{y\mathfrak{y}' + x\mathfrak{x}'} \mathfrak{x} - 1 = 0; \qquad 1b)$$

Denn, sind im ersteren Falle $\mathfrak{x}'$, $\mathfrak{y}'$ die Linien-Coordinaten von p', so muss, da $p' \parallel p$ sein soll, nach Art. 4 die Gleichung gelten $\mathfrak{y}\mathfrak{x}' - \mathfrak{y}'\mathfrak{x} = 0$, und da der Punkt x', y' auf ihr liegen soll, muss auch sein $\mathfrak{y}'y' + \mathfrak{x}'x' - 1 = 0$, oder $\mathfrak{y}'y' + \mathfrak{x}'x' = 1$. Aus diesen zwei Bedingungen ergiebt sich

$$\mathfrak{y}' = \frac{\mathfrak{y}}{\mathfrak{y}y' + \mathfrak{x}x'}, \quad \mathfrak{x}' = \frac{\mathfrak{x}}{\mathfrak{y}y' + \mathfrak{x}x'}$$

und mithin die Gleichung 1a). Sind im letzteren Falle x', y' die Punkt-Coordinaten von P', so muss, da $P'P$ durch O gehen soll, nach Art. 4 die Gleichung gelten $yx' - xy' = 0$, und da die Gerade $\mathfrak{x}'$, $\mathfrak{y}'$ durch P' gehen soll, muss auch sein $y'\mathfrak{y}' + x'\mathfrak{x}' - 1 = 0$, oder $y'\mathfrak{y}' + x'\mathfrak{x}' = 1$. Aus beiden Bedingungen ergiebt sich

$$y' = \frac{y}{y\mathfrak{y}' + x\mathfrak{x}'}; \quad x' = \frac{x}{y\mathfrak{y}' + x\mathfrak{x}'}$$

und daher die Gleichung 1b).

Geht ferner in der ersten Aufgabe p durch den 1ten

Art. 5.] — 9 —

Quadranten, und liegt P im 1ten, 2ten oder 4ten Quadranten, in den beiden letzten Fällen jedoch so, dass auch p' durch den 1ten geht, oder mit anderen Worten: Liegt O ausserhalb des von p und p' begrenzten Flächenstreifens, so müssen nach Art. 3 die Linien-Coordinaten von p', also $\frac{\mathfrak{y}}{\mathfrak{y}y' + \mathfrak{x}x'}$, $\frac{\mathfrak{x}}{\mathfrak{y}y' + \mathfrak{x}x'}$ positiv sein, und da dann die Linien-Coordinaten $\mathfrak{y}$, $\mathfrak{x}$ von p positiv sind, muss $\mathfrak{y}y' + \mathfrak{x}x'$ positiv sein. Liegt aber P im 3ten, 2ten oder 4ten Quadranten, in den beiden letzten Fällen jedoch so, dass p' durch den 3ten geht, oder mit anderen Worten: Liegt O innerhalb des von p und p' begrenzten Flächenstreifens, so müssen nach Art. 3 die Linien-Coordinaten von p', also $\frac{\mathfrak{y}}{\mathfrak{y}y' + \mathfrak{x}x'}$, $\frac{\mathfrak{x}}{\mathfrak{y}y' + \mathfrak{x}x'}$ negativ, und also, da $\mathfrak{y}$, $\mathfrak{x}$ positiv sind, $\mathfrak{y}y' + \mathfrak{x}x'$ negativ sein. Liegt in der letzteren Aufgabe P im 1ten Quadranten, und geht p durch den 1ten, 2ten, oder 4ten Quadranten, in den beiden letzten Fällen jedoch so, dass auch P' im 1ten liegt, oder mit anderen Worten: Liegt O ausserhalb der von P und P' begrenzten Strecke, so müssen nach Art. 3 die Punkt-Coordinaten von P', also $\frac{y}{y\mathfrak{y}' + x\mathfrak{x}'}$, $\frac{x}{y\mathfrak{y}' + x\mathfrak{x}'}$ positiv sein, und da dann die Punkt-Coordinaten y, x von P positiv sind, muss $y\mathfrak{y}' + x\mathfrak{x}'$ positiv sein. Geht aber p durch den 3ten, 2ten oder 4ten Quadranten, in den beiden letzten Fällen jedoch so, dass P' im 3ten liegt, oder mit andern Worten: Liegt O innerhalb der von P und P' begrenzten Strecke, so müssen nach Art. 3 die Punkt-Coordinaten von P', also $\frac{y}{y\mathfrak{y}' + x\mathfrak{x}'}$, $\frac{x}{y\mathfrak{y}' + x\mathfrak{x}'}$ negativ, und also, da y, x positiv sind, $y\mathfrak{y}' + x\mathfrak{x}'$ negativ sein. Geht in der ersten Aufgabe p durch einen andern als den 1ten, und liegt in der letzteren P in einem anderen als dem 1ten Quadranten, so bleiben, wie man sich leicht überzeugt, diese Sätze ungeändert, und man hat daher die Regel:

Liegt in der ersten Aufgabe O ausserhalb des von den Geraden p und p' begrenzten Flächenstreifens, so ist in 1a) $\mathfrak{y}y' + \mathfrak{x}x' > 0$, liegt O innerhalb dieses Flächenstreifens, so ist $\mathfrak{y}y' + \mathfrak{x}x' < 0$.

Liegt in der letzteren Aufgabe O ausserhalb der von

den Punkten P und P' begrenzten Strecke, so ist in 1b) $y\mathfrak{y}' + x\mathfrak{x}' > 0$, liegt O innerhalb dieser Strecke, so ist $y\mathfrak{y}' + x\mathfrak{x}' < 0$.

6. Bestimmung der Entfernung 1a) des Coordinaten-Anfangspunktes, 2a) eines Punktes P oder x', y' von einer Geraden $p \equiv \mathfrak{y}y + \mathfrak{x}x - 1 = 0$; und Bestimmung der Entfernung 1b) des Coordinaten-Anfangspunktes, 2b) einer Geraden p oder $\mathfrak{x}'$, $\mathfrak{y}'$ von einem Punkte $P \equiv y\mathfrak{y} + x\mathfrak{x} - 1 = 0$.

In 1a) heisse die gesuchte Entfernung r, der Fusspunkt der von O auf p gefällten Senkrechten heisse Q, im Uebrigen bleibe Alles wie in Fig. 1. Dann ist $\triangle \mathfrak{M} O \mathfrak{R} \sim \triangle \mathfrak{M} Q O$, also $\mathfrak{M}\mathfrak{R} : O\mathfrak{R} = O\mathfrak{M} : OQ$, oder $\sqrt{O\mathfrak{R}^2 + O\mathfrak{M}^2} : O\mathfrak{R} = O\mathfrak{M} : r$; also
$$r = \frac{O\mathfrak{R} \cdot O\mathfrak{M}}{\sqrt{O\mathfrak{R}^2 + O\mathfrak{M}^2}};$$
oder, da $O\mathfrak{R} = \frac{1}{\mathfrak{y}}$, $O\mathfrak{M} = \frac{1}{\mathfrak{x}}$ ist,
$$r = \frac{1}{\sqrt{\mathfrak{x}^2 + \mathfrak{y}^2}};$$
Da es sich hier, wie bei allen übrigen Aufgaben dieser Art, um absolute Werthe handelt, ist das Wurzelzeichen eindeutig, und zwar positiv zu nehmen.

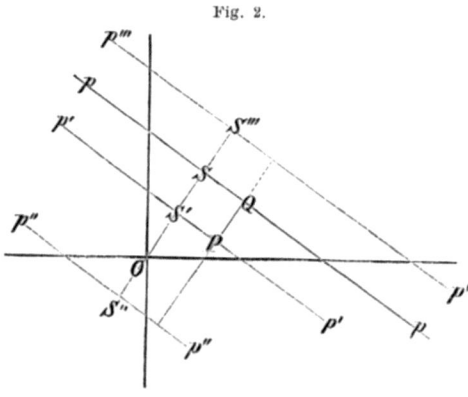

Fig. 2.

Im Falle 2a) ziehe man, um die gesuchte Entfernung R zu finden, durch P eine Gerade $p' \parallel p$, und fälle von P und O auf p die Senkrechten PQ, OS, welche letztere die p' in S' trifft. Dann ist nach Art. 5 1a) die Gleichung von p'

$$\frac{\mathfrak{y}}{\mathfrak{y}y' + \mathfrak{x}x'} y + \frac{\mathfrak{x}}{\mathfrak{y}y' + \mathfrak{x}x'} x - 1 = 0$$

Nun ist $R = PQ = S'S = OS - OS'$. Nach 1a) aber hat man

Art. 6.] — 11 —

$$OS = \frac{1}{\sqrt{\mathfrak{x}^2 + \mathfrak{y}^2}}$$

$$OS' = \frac{1}{\sqrt{\left(\frac{\mathfrak{y}}{\mathfrak{y}y' + \mathfrak{x}x'}\right)^2 + \left(\frac{\mathfrak{x}}{\mathfrak{y}y' + \mathfrak{x}x'}\right)^2}} = \frac{\mathfrak{y}y' + \mathfrak{x}x'}{\sqrt{\mathfrak{x}^2 + \mathfrak{y}^2}}$$

und nach der in Art. 5 aufgestellten Regel ist $\mathfrak{y}y' + \mathfrak{x}x'$ hier positiv, also
$$R = \frac{1 - \mathfrak{y}y' - \mathfrak{x}x'}{\sqrt{\mathfrak{x}^2 + \mathfrak{y}^2}}.$$

Liegt aber P so, dass die durch diesen Punkt zu p gezogene Parallele die Lage p'' hat, dass also O innerhalb des von p und p'' begrenzten Flächenstreifens liegt, so ist dann $R = OS + OS''$. In dem Werthe
$$OS'' = \frac{\mathfrak{y}y' + \mathfrak{x}x'}{\sqrt{\mathfrak{x}^2 + \mathfrak{y}^2}}$$
ist aber dann nach Art. 5 der Zähler $\mathfrak{y}y' + \mathfrak{x}x'$ negativ, also, um für OS'' einen positiven Werth zu erhalten, $OS'' = -\frac{\mathfrak{y}y' + \mathfrak{x}x'}{\sqrt{\mathfrak{x}^2 + \mathfrak{y}^2}}$ zu setzen. Also ist auch hier
$$R = \frac{1 - \mathfrak{y}y' - \mathfrak{x}x'}{\sqrt{\mathfrak{x}^2 + \mathfrak{y}^2}}.$$

Liegt endlich P so, dass die durch diesen Punkt zu p gezogene Parallele die Lage p''' hat, dass also O ausserhalb des von p und p''' begrenzten Flächenstreifens liegt, so ist $R = OS''' - OS$. In dem Werthe
$$OS''' = \frac{\mathfrak{y}y' + \mathfrak{x}x'}{\sqrt{\mathfrak{x}^2 + \mathfrak{y}^2}}$$
ist zugleich nach Art. 5 der Zähler wieder positiv, also erhält man
$$R = \frac{\mathfrak{y}y' + \mathfrak{x}x' - 1}{\sqrt{\mathfrak{x}^2 + \mathfrak{y}^2}}$$
oder
$$R = -\frac{1 - \mathfrak{y}y' - \mathfrak{x}x'}{\sqrt{\mathfrak{x}^2 + \mathfrak{y}^2}}.$$

Man sieht also: Es ist $R = \pm \frac{1 - \mathfrak{y}y' - \mathfrak{x}x'}{\sqrt{\mathfrak{x}^2 + \mathfrak{y}^2}}$
und zwar ist, um für R einen positiven Werth zu erhalten, das $+$ Zeichen zu nehmen, wenn P und O auf derselben Seite von p liegen, das $-$ Zeichen aber, wenn P und O auf verschiedenen Seiten von p liegen. Bisher war angenommen, p gehe durch den 1ten Quadranten; mit Hilfe der in Art. 5 über das Vorzeichen von $\mathfrak{y}y' + \mathfrak{x}x'$ gegebenen Regel aber

überzeugt man sich leicht, dass dieses Gesetz ungeändert bleibt, wenn p durch einen der übrigen Quadranten geht.

Im Falle 1*b*) hat man, wenn man sich in Fig. 1 noch OP gezogen denkt, als Länge $\mathfrak{r}$ derselben
$$\mathfrak{r} = \sqrt{OM^2 + MP^2}$$
oder
$$\mathfrak{r} = \sqrt{x^2 + y^2}.$$

Im Falle 2*b*) bestimme man auf p den Punkt P' so, dass O, P, P' auf derselben Geraden liegen, und ziehe von O und P auf p die Senkrechten OS, PQ, so ist nach Art. 5 die Gleichung des Punktes P'
$$\frac{y}{y\mathfrak{y}' + x\mathfrak{x}'}\,\mathfrak{y} + \frac{x}{y\mathfrak{y}' + x\mathfrak{x}'}\,\mathfrak{x} - 1 = 0$$

Fig. 3.

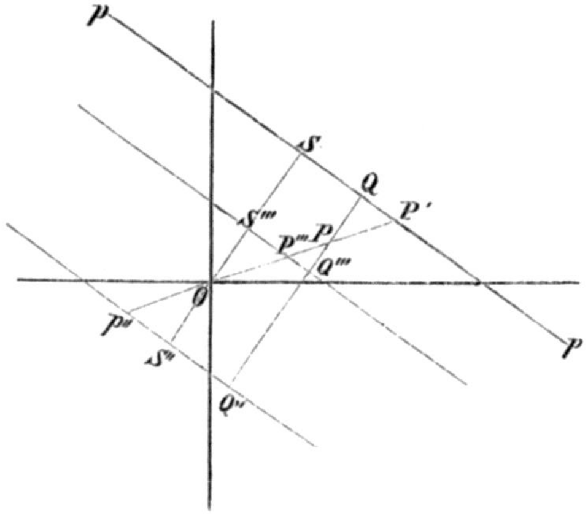

Nun ist die gesuchte Entfernung $\mathfrak{R} = PQ$, und es verhält sich offenbar $\quad OP' : OS = PP' : PQ$
oder $\quad OP' : OS = PP' : \mathfrak{R}$
Nach 1*b*) aber ist
$$OP' = \frac{1}{\sqrt{\left(\frac{y}{y\mathfrak{y}' + x\mathfrak{x}'}\right)^2 + \left(\frac{x}{y\mathfrak{y}' + x\mathfrak{x}'}\right)^2}} = \frac{\sqrt{x^2 + y^2}}{y\mathfrak{y}' + x\mathfrak{x}'}$$
und zwar ist nach Art. 5, da O ausserhalb der Strecke PP' liegt, $y\mathfrak{y}' + x\mathfrak{x}'$ positiv. Ferner ist $PP' = OP' - OP$, also vermöge des Werthes von OP', und da $OP = \sqrt{x^2 + y^2}$ ist,
$$PP' = \frac{1 - y\mathfrak{y}' - x\mathfrak{x}'}{y\mathfrak{y}' + x\mathfrak{x}'}\,\sqrt{x^2 + y^2}.$$

Art. 6.] — 13 —

Endlich ist nach dem Falle 1a) $OS = \dfrac{1}{\sqrt{\mathfrak{x}'^2 + \mathfrak{y}'^2}}$. Es lautet also die Proportion $OP' : OS = PP' : \mathfrak{R}$

$$\frac{\sqrt{x^2 + y^2}}{y\mathfrak{y}' + x\mathfrak{x}'} : \frac{1}{\sqrt{\mathfrak{x}'^2 + \mathfrak{y}'^2}} = \frac{1 - y\mathfrak{y}' - x\mathfrak{x}'}{y\mathfrak{y}' + x\mathfrak{x}'} \cdot \sqrt{x^2 + y^2} : \mathfrak{R},$$

woraus sich ergiebt $\mathfrak{R} = \dfrac{1 - y\mathfrak{y}' - x\mathfrak{x}'}{\sqrt{\mathfrak{x}'^2 + \mathfrak{y}'^2}}.$

Liegt die Gerade p so, dass die Verlängerung von OP sie in P'' trifft, dass also O innerhalb der Strecke PP'' sich befindet, so ist nach Art. 5 $y\mathfrak{y}' + x\mathfrak{x}'$ negativ, also ist der absolute Werth von OP''

$$OP'' = -\frac{\sqrt{x^2 + y^2}}{y\mathfrak{y}' + x\mathfrak{x}'}$$

zugleich ist aber dann $PP'' = OP'' + OP$, also

$$PP'' = -\frac{\sqrt{x^2 + y^2}}{y\mathfrak{y}' + x\mathfrak{x}'} + \sqrt{x^2 + y^2} = -\frac{1 - y\mathfrak{y}' - x\mathfrak{x}'}{y\mathfrak{y}' + x\mathfrak{x}'}\sqrt{x^2 + y^2}$$

und die Proportion $OP'' : OS'' = PP'' : PQ''$ lautet, da jetzt $OS'' = \dfrac{1}{\sqrt{\mathfrak{x}'^2 + \mathfrak{y}'^2}}$, und $PQ'' = \mathfrak{R}$ ist,

$$-\frac{\sqrt{x^2 + y^2}}{y\mathfrak{y}' + x\mathfrak{x}'} : \frac{1}{\sqrt{\mathfrak{x}'^2 + \mathfrak{y}'^2}} = -\frac{1 - y\mathfrak{y}' - x\mathfrak{x}'}{y\mathfrak{y}' + x\mathfrak{x}'}\sqrt{x^2 + y^2} : \mathfrak{R},$$

woraus folgt $\mathfrak{R} = \dfrac{1 - y\mathfrak{y}' - x\mathfrak{x}'}{\sqrt{\mathfrak{x}'^2 + \mathfrak{y}'^2}}.$

Liegt endlich p so, dass der Durchschnittspunkt dieser Geraden mit OP zwischen O und P nach P''' fällt, so ist

$$OP''' = \frac{\sqrt{x^2 + y^2}}{y\mathfrak{y}' + x\mathfrak{x}'}$$

und da O ausserhalb der Strecke PP''' liegt, ist der Nenner positiv nach Art. 5. Ferner ist $PP''' = OP - OP'''$, also

$$PP''' = \sqrt{x^2 + y^2} - \frac{\sqrt{x^2 + y^2}}{y\mathfrak{y}' + x\mathfrak{x}'} = -\frac{1 - y\mathfrak{y}' - x\mathfrak{x}'}{y\mathfrak{y}' + x\mathfrak{x}'}\sqrt{x^2 + y^2}.$$

Da ferner jetzt $OS''' = \dfrac{1}{\sqrt{\mathfrak{x}'^2 + \mathfrak{y}'^2}}$, und $PQ''' = \mathfrak{R}$ ist, so lautet die Proportion

$$OP''' : OS''' = PP''' : PQ'''$$

$$\frac{\sqrt{x^2 + y^2}}{y\mathfrak{y}' + x\mathfrak{x}'} : \frac{1}{\sqrt{\mathfrak{x}'^2 + \mathfrak{y}'^2}} = -\frac{1 - y\mathfrak{y}' - x\mathfrak{x}'}{y\mathfrak{y}' + x\mathfrak{x}'}\sqrt{x^2 + y^2} : \mathfrak{R}.$$

woraus folgt $\mathfrak{R} = -\dfrac{1 - y\mathfrak{y}' - x\mathfrak{x}'}{\sqrt{\mathfrak{x}'^2 + \mathfrak{y}'^2}}.$

Man sieht also: Es ist $\mathfrak{R} = \pm \dfrac{1 - y\mathfrak{y}' - x\mathfrak{x}'}{\sqrt{\mathfrak{x}'^2 + \mathfrak{y}'^2}}$

und zwar ist, um für $\mathfrak{R}$ einen positiven Werth zu erhalten, das $+$ Zeichen zu nehmen, wenn P und O auf derselben Seite von p liegen, das $-$ Zeichen aber, wenn P und O auf verschiedenen Seiten von p liegen. Bisher war angenommen, P liege im 1ten Quadranten; mit Hilfe der Regel in Art. 5 über das Vorzeichen von $y\mathfrak{y}' + x\mathfrak{x}'$ überzeugt man sich jedoch leicht, dass dieses Gesetz unverändert bleibt, wenn P in einem der übrigen Quadranten liegt. Man erhält also den Satz:

Die Entfernung des Coordinaten-Anfangspunktes O von einer Geraden $p = \mathfrak{y}y + \mathfrak{x}x - 1 = 0$ ist

$$r = \frac{1}{\sqrt{\mathfrak{x}^2 + \mathfrak{y}^2}} \qquad\qquad 1a).$$

Die Entfernung eines Punktes P oder x', y' von einer Geraden $p = \mathfrak{y}y + \mathfrak{x}x - 1 = 0$ ist

$$\mathfrak{R} = \pm\frac{1 - \mathfrak{x}x' - \mathfrak{y}y'}{\sqrt{\mathfrak{x}^2 + \mathfrak{y}^2}}, \qquad\qquad 2a)$$

wobei das $+$ oder $-$ Zeichen zu nehmen ist, je nachdem P und O auf derselben, oder auf verschiedenen Seiten von p liegen.

Die Entfernung des Coordinaten-Anfangspunktes O von einem Punkte $P = y\mathfrak{y} + x\mathfrak{x} - 1 = 0$ ist

$$\mathfrak{r} = \sqrt{x^2 + y^2} \qquad\qquad 1b).$$

Die Entfernung einer Geraden p oder $\mathfrak{x}', \mathfrak{y}'$ von einem Punkte $P = y\mathfrak{y} + x\mathfrak{x} - 1 = 0$ ist

$$\mathfrak{R} = \pm\frac{1 - x\mathfrak{x}' - y\mathfrak{y}'}{\sqrt{\mathfrak{x}'^2 + \mathfrak{y}'^2}}, \qquad\qquad 2b)$$

wobei das $+$ oder $-$ Zeichen zu nehmen ist, je nachdem P und O auf derselben, oder auf verschiedenen Seiten von p liegen.

Die Quadratwurzeln sind überall eindeutig, und positiv zu nehmen.

Liegt im Falle 2a) der Punkt P so, dass p' durch O geht, so muss $-(x' : y') = \dfrac{1}{\mathfrak{x}} : \dfrac{1}{\mathfrak{y}}$, also $\mathfrak{y}y' + \mathfrak{x}x' = 0$ sein, und die Regel 2a) geht dann in 1a) über. Ist im Fall 2a) $\mathfrak{y}y' + \mathfrak{x}x' - 1 = 0$, so erfüllen die Coordinaten des Punktes

Art. 7. 8. 9.]   — 15 —

P die Gleichung der Geraden p, P liegt also auf derselben, und daher muss die Entfernung $\Re = 0$ sein. Ist im Falle 2b) $y\mathfrak{y}' + x\mathfrak{x}' - 1 = 0$, so erfüllen die Coordinaten der Geraden p die Gleichung des Punktes P, p geht also durch denselben, und mithin muss $\Re = 0$ sein.

7. Die Coordinaten x', y' des Durchschnittspunktes zweier Geraden $p_1 \equiv \mathfrak{y}_1 y + \mathfrak{x}_1 x - 1 = 0$, $p_2 \equiv \mathfrak{y}_2 y + \mathfrak{x}_2 x - 1 = 0$, sind, wie sich aus den Gleichungen $\mathfrak{y}_1 y' + \mathfrak{x}_1 x' - 1 = 0$, $\mathfrak{y}_2 y' + \mathfrak{x}_2 x' - 1 = 0$ ergiebt,

$$x' = -\frac{\mathfrak{y}_1 - \mathfrak{y}_2}{\mathfrak{x}_1 \mathfrak{y}_2 - \mathfrak{x}_2 \mathfrak{y}_1}; \quad y' = \frac{\mathfrak{x}_1 - \mathfrak{x}_2}{\mathfrak{x}_1 \mathfrak{y}_2 - \mathfrak{x}_2 \mathfrak{y}_1}. \qquad 1a)$$

Die Coordinaten $\mathfrak{x}'$, $\mathfrak{y}'$ der Verbindungs-Geraden zweier Punkte $P_1 \equiv y_1 \mathfrak{y} + x_1 \mathfrak{x} - 1 = 0$, $P_2 \equiv y_2 \mathfrak{y} + x_2 \mathfrak{x} - 1 = 0$, sind, wie aus den Gleichungen $y_1 \mathfrak{y}' + x_1 \mathfrak{x}' - 1 = 0$; $y_2 \mathfrak{y}' + x_2 \mathfrak{x}' - 1 = 0$ folgt,

$$\mathfrak{x}' = -\frac{y_1 - y_2}{x_1 y_2 - x_2 y_1}; \quad \mathfrak{y}' = \frac{x_1 - x_2}{x_1 y_2 - x_2 y_1}. \qquad 1b)$$

8. Die Bedingung, dass drei Gerade $p_1 \equiv \mathfrak{y}_1 y + \mathfrak{x}_1 x - 1 = 0$, $p_2 \equiv \mathfrak{y}_2 y + \mathfrak{x}_2 x - 1 = 0$, $p_3 \equiv \mathfrak{y}_3 y + \mathfrak{x}_3 x - 1 = 0$ durch einen und denselben Punkt gehen, ist

$$(\mathfrak{x}_1 \mathfrak{y}_2 - \mathfrak{x}_2 \mathfrak{y}_1) + (\mathfrak{x}_2 \mathfrak{y}_3 - \mathfrak{x}_3 \mathfrak{y}_2) + (\mathfrak{x}_3 \mathfrak{y}_1 - \mathfrak{x}_1 \mathfrak{y}_3) = 0. \qquad 1a)$$

Denn heisst der gemeinschaftliche Durchschnittspunkt x', y', so hat man die drei Gleichungen $\mathfrak{y}_1 y' + \mathfrak{x}_2 x' - 1 = 0$, $\mathfrak{y}_2 y' + \mathfrak{x}_2 x' - 1 = 0$, $\mathfrak{y}_3 y' + \mathfrak{x}_3 x' - 1 = 0$; folglich muss die Determinante

$$\begin{vmatrix} \mathfrak{y}_1 & \mathfrak{x}_1 & -1 \\ \mathfrak{y}_2 & \mathfrak{x}_2 & -1 \\ \mathfrak{y}_3 & \mathfrak{x}_3 & -1 \end{vmatrix} = 0, \text{ oder } \begin{vmatrix} \mathfrak{y}_1 & \mathfrak{x}_1 & 1 \\ \mathfrak{y}_2 & \mathfrak{x}_2 & 1 \\ \mathfrak{y}_3 & \mathfrak{x}_3 & 1 \end{vmatrix} = 0 \text{ sein.} \qquad 2a)$$

Die Bedingung, dass drei Punkte $P_1 \equiv y_1 \mathfrak{y} + x_1 \mathfrak{x} - 1 = 0$, $P_2 \equiv y_2 \mathfrak{y} + x_2 \mathfrak{x} - 1 = 0$, $P_3 \equiv y_3 \mathfrak{y} + x_3 \mathfrak{x} - 1 = 0$ auf einer und derselben Geraden liegen, ist

$$(x_1 y_2 - x_2 y_1) + (x_2 y_3 - x_3 y_2) + (x_3 y_1 - x_1 y_3) = 0. \qquad 1b)$$

Denn, heisst die gemeinschaftliche Gerade $\mathfrak{x}'$, $\mathfrak{y}'$, so hat man die drei Gleichungen $y_1 \mathfrak{y}' + x_1 \mathfrak{x}' - 1 = 0$, $y_2 \mathfrak{y}' + x_2 \mathfrak{x}' - 1 = 0$, $y_3 \mathfrak{y}' + x_3 \mathfrak{x}' - 1 = 0$; also muss die Determinante

$$\begin{vmatrix} y_1 & x_1 & -1 \\ y_2 & x_2 & -1 \\ y_3 & x_3 & -1 \end{vmatrix} = 0, \text{ oder } \begin{vmatrix} y_1 & x_1 & 1 \\ y_2 & x_2 & 1 \\ y_3 & x_3 & 1 \end{vmatrix} = 0 \text{ sein.} \qquad 2b)$$

9. Liegen vier Punkte P_1, P_3, P_2, P_4 mit den Coordi-

naten bezüglich x_1, y_1; x_3, y_3; x_2, y_2; x_4, y_4 auf einer und derselben Geraden p, und zwar P_3 auf der endlichen Strecke $P_1 P_2$, P_4 ausserhalb derselben, so ist die Bedingung dafür, dass
$$\frac{P_1 P_3}{P_2 P_3} : \frac{P_1 P_4}{P_2 P_4} = k \text{ ist}$$
$$\frac{x_3 - x_1}{x_2 - x_3} : \frac{x_4 - x_1}{x_4 - x_2} = k; \text{ oder } \frac{y_3 - y_1}{y_2 - y_3} : \frac{y_4 - y_1}{y_4 - y_2} = k. \quad 1a)$$
Ist insbesondere $k = 1$, sollen also die vier Punkte harmonisch sein, so muss sein
$$x_3 - x_1 : x_2 - x_3 = x_4 - x_1 : x_4 - x_2;$$
oder $\quad y_3 - y_1 : y_2 - y_3 = y_4 - y_1 : y_4 - y_2.$

Gehen vier Strahlen p_1, p_3, p_2, p_4 mit den Coordinaten bezüglich $\mathfrak{x}_1, \mathfrak{y}_1$; $\mathfrak{x}_3, \mathfrak{y}_3$; $\mathfrak{x}_2, \mathfrak{y}_2$; $\mathfrak{x}_4, \mathfrak{y}_4$ durch einen und denselben Punkt P, und liegt p_3 innerhalb des Winkels $p_1 p_2$, welcher den Coordinaten-Anfangspunkt O einschliesst, p_4 ausserhalb desselben, so ist die Bedingung dafür, dass $\dfrac{\sin p_1 p_3}{\sin p_2 p_3} : \dfrac{\sin p_1 p_4}{\sin p_2 p_4} = k$ ist, $\dfrac{\mathfrak{x}_1 - \mathfrak{x}_2}{\mathfrak{x}_3 - \mathfrak{x}_2} : \dfrac{\mathfrak{x}_1 - \mathfrak{x}_4}{\mathfrak{x}_2 - \mathfrak{x}_4} = k$, oder $\dfrac{\mathfrak{y}_1 - \mathfrak{y}_3}{\mathfrak{y}_3 - \mathfrak{y}_2} : \dfrac{\mathfrak{y}_1 - \mathfrak{y}_4}{\mathfrak{y}_2 - \mathfrak{y}_4} = k. \quad 1b)$

Ist insbesondere $k = 1$, sollen also die vier Strahlen harmonisch sein, so muss sein
$$\mathfrak{x}_1 - \mathfrak{x}_3 : \mathfrak{x}_3 - \mathfrak{x}_2 = \mathfrak{x}_1 - \mathfrak{x}_4 : \mathfrak{x}_2 - \mathfrak{x}_4;$$
oder $\quad \mathfrak{y}_1 - \mathfrak{y}_3 : \mathfrak{y}_3 - \mathfrak{y}_2 = \mathfrak{y}_1 - \mathfrak{y}_4 : \mathfrak{y}_2 - \mathfrak{y}_4. \quad 2b)$

Die erste Bedingung des ersten Satzes lautet nämlich
$$\frac{\sqrt{(x_3 - x_1)^2 + (y_3 - y_1)^2}}{\sqrt{(x_2 - x_3)^2 + (y_2 - y_3)^2}} : \frac{\sqrt{(x_4 - x_1)^2 + (y_4 - y_1)^2}}{\sqrt{(x_4 - x_2)^2 + (y_4 - y_2)^2}} = k. \quad +)$$

Fig. 4.

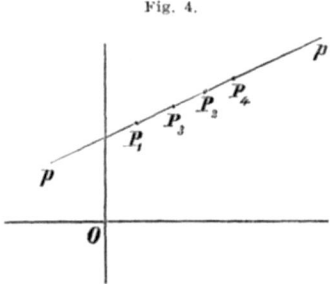

Da nun die Punkte P_1, P_3, P_2, P_4 auf derselben Geraden liegen, müssen die Gleichungen gelten $\mathfrak{y} y_1 + \mathfrak{x} x_1 - 1 = 0$, $\mathfrak{y} y_3 + \mathfrak{x} x_3 - 1 = 0$; $\mathfrak{y} y_2 + \mathfrak{x} x_2 - 1 = 0$; $\mathfrak{y} y_4 + \mathfrak{x} x_4 - 1 = 0$. Drückt man mit Hilfe derselben die y durch die x aus, so hat man
$$y_3 - y_1 = -\frac{\mathfrak{x}}{\mathfrak{y}}(x_3 - x_1);$$
$$y_2 - y_3 = -\frac{\mathfrak{x}}{\mathfrak{y}}(x_2 - x_3); \; y_4 - y_1 = -\frac{\mathfrak{x}}{\mathfrak{y}}(x_4 - x_1);$$
$$y_4 - y_2 = -\frac{\mathfrak{x}}{\mathfrak{y}}(x_4 - x_2).$$

[Art. 9.]

Setzt man diese Werthe in †) ein, so erhält man den Satz 1a) links, drückt man aber die x durch die y aus, den Satz rechts. Für $k = 1$ ergiebt sich dann sogleich 2a).

Der zweite Satz beweist sich so: Es ist offenbar

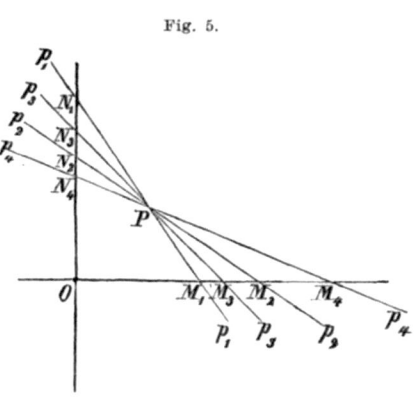

Fig. 5.

$\sin p_1 p_3 = \sin M_1 P M_3$
$= \dfrac{M_1 M_3}{M_1 P} \cdot \sin M_1 M_3 P$;

$\sin p_2 p_3 = \sin M_2 P M_3$
$= \dfrac{M_2 M_3}{M_2 P} \cdot \sin M_2 M_3 P$;

Da nun $\sin M_1 M_3 P = \sin M_2 M_3 P$ ist, so hat man

$\dfrac{\sin p_1 p_2}{\sin p_2 p_3} = \dfrac{M_1 M_3}{M_2 M_3} \cdot \dfrac{M_2 P}{M_1 P}.$

Ebenso ist $\sin p_1 p_4 = \sin M_1 P M_4 = \dfrac{M_1 M_4}{M_1 P} \cdot \sin M_1 M_4 P$;

$\sin p_2 p_4 = \sin M_2 P M_4 = \dfrac{M_2 M_4}{M_2 P} \cdot \sin M_2 M_4 P$

also, da $\sin M_1 M_4 P = \sin M_2 M_4 P$ ist,

$\dfrac{\sin p_1 p_4}{\sin p_2 p_4} = \dfrac{M_1 M_4}{M_2 M_4} \cdot \dfrac{M_2 P}{M_1 P}$

also $\dfrac{\sin p_1 p_3}{\sin p_2 p_3} : \dfrac{\sin p_1 p_4}{\sin p_2 p_4} = \dfrac{M_1 M_3}{M_2 M_3} : \dfrac{M_1 M_4}{M_2 M_4} = k.$ ††)

Setzt man hier die Werthe $\sin M_1 M_3 = \dfrac{1}{\mathfrak{x}_3} - \dfrac{1}{\mathfrak{x}_1}$; $M_2 M_3 = \dfrac{1}{\mathfrak{x}_2} - \dfrac{1}{\mathfrak{x}_3}$; $M_1 M_4 = \dfrac{1}{\mathfrak{x}_4} - \dfrac{1}{\mathfrak{x}_1}$; $M_2 M_4 = \dfrac{1}{\mathfrak{x}_4} - \dfrac{1}{\mathfrak{x}_2}$, so erhält man die Gleichung 1b) links; und ebenso die Gleichung rechts; also auch für $k = 1$, die Regeln 2b).

Zugleich bemerkt man Folgendes: Der Gleichung ††) zufolge theilen die Strahlen des Büschels P die Strecke $M_1 M_2$ der Abscissen-Axe, und ebenso die Strecke $N_1 N_2$ der Ordinaten-Axe innerlich und äusserlich im Doppelschnittsverhältniss k. Da nun jede Gerade als Abscissen- oder als Ordinaten-Axe angenommen werden kann, so findet ein Gleiches auf jeder Geraden derselben Ebene statt. Ferner lassen sich offenbar alle bisherigen Schlüsse umkehren, und man kann leicht zeigen,

dass, wenn man durch vier Punkte M_1, M_3, M_2, M_4, welche so liegen, dass
$$\frac{M_1 M_3}{M_2 M_3} : \frac{M_1 M_4}{M_2 M_4} = k$$
ist, einen Strahlbüschel $P, p_1 p_3 p_2 p_4$ legt, auch $\frac{\sin p_1 p_3}{\sin p_2 p_3} : \frac{\sin p_1 p_4}{\sin p_2 p_4}$ $= k$ sein muss. Man sieht daher:

Jeder Strahlbüschel $P, p_1 p_3 p_2 p_4$, dessen Sinus-Doppelverhältniss den Werth k hat, theilt jede Gerade p derselben Ebene in einer Punktreihe $p, P_1 P_3 P_2 P_4$, deren Doppelschnittsverhältniss ebenfalls den Werth k hat, und umgekehrt: jeder durch die Punkte einer Punktreihe $p, P_1 P_3 P_2 P_4$, deren Doppelschnittsverhältniss $= k$ ist, gehende Strahlbüschel $P, p_1 p_3 p_2 p_4$ besitzt das Sinus-Doppelverhältniss k.

Insbesondere theilt jeder harmonische Strahlbüschel jede Gerade derselben Ebene harmonisch, und umgekehrt: Jeder durch vier harmonische Punkte gehende Strahlbüschel ist harmonisch.

Kap. II.

Die Kegelschnitte.

10. Bekanntlich heisst eine Linie, deren Gleichung in Punkt-Coordinaten, oder in Linien-Coordinaten vom $n$ten Grade ist, eine Linie beziehungsweise der $n$ten Ordnung oder $n$ten Classe; (im letzteren Falle enthält also die Gleichung das Gesetz der Abhängigkeit der Coordinaten der die Linie einhüllenden Tangenten). Während nun im Allgemeinen eine Linie $n$ter Ordnung nicht zugleich eine Linie $n$ter Classe, und eine Linie $n$ter Classe nicht zugleich eine Linie $n$ter Ordnung ist, findet dies für $n = 2$ statt. Es ist also eine Linie 2ter Ordnung auch zugleich eine Linie 2ter Classe, und umgekehrt. Im Art. 17 wird dieses übrigens auch noch bewiesen werden. Es bezeichnet daher eine Gleichung 2ten Grades sowohl für x, y, als für $\mathfrak{x}, \mathfrak{y}$ einen Kegelschnitt.

Die allgemeine Gleichung eines Kegelschnitts in Punkt-Coordinaten sei nun
$$F(x, y) = a_{11} y^2 + 2 a_{12} xy + 2 a_{13} y + a_{22} x^2 + 2 a_{23} x + a_{33} = 0; \qquad 1a)$$

Die allgemeine Gleichung eines Kegelschnitts in Linien-Coordinaten sei

$$\mathfrak{F}(\mathfrak{x}, \mathfrak{y}) = \mathfrak{a}_{11}\mathfrak{y}^2 + 2\mathfrak{a}_{12}\mathfrak{x}\mathfrak{y} + 2\mathfrak{a}_{13}\mathfrak{y} + \mathfrak{a}_{22}\mathfrak{x}^2 + 2\mathfrak{a}_{23}\mathfrak{x} + \mathfrak{a}_{33} = 0. \quad 1b)$$

Dabei soll a_{mn} als identisch mit a_{nm}, $\mathfrak{a}_{mn}$ als identisch mit $\mathfrak{a}_{nm}$ betrachtet werden, so dass je nach den Umständen a_{12} oder a_{21}, $\mathfrak{a}_{12}$ oder $\mathfrak{a}_{21}$, etc. gesetzt werden wird. Die Gleichungen 1a), 1b) können noch in der Gestalt geschrieben werden:

$$F(x, y) = (a_{11}y + a_{12}x + a_{13})y + (a_{12}y + a_{22}x + a_{23})x$$
$$+ (a_{13}y + a_{23}x + a_{33}) = 0; \quad 2a)$$

$$\mathfrak{F}(\mathfrak{x}, \mathfrak{y}) = (\mathfrak{a}_{11}\mathfrak{y} + \mathfrak{a}_{12}\mathfrak{x} + \mathfrak{a}_{13})\mathfrak{y} + (\mathfrak{a}_{12}\mathfrak{y} + \mathfrak{a}_{22}\mathfrak{x} + \mathfrak{a}_{23})\mathfrak{x}$$
$$+ (\mathfrak{a}_{13}\mathfrak{y} + \mathfrak{a}_{23}\mathfrak{x} + \mathfrak{a}_{33}) = 0. \quad 2b)$$

Es versteht sich ferner, dass die Coefficienten a und $\mathfrak{a}$ mit einem und demselben Factor multiplicirt werden können. Es soll, wenn nichts Besonderes bemerkt wird, im Folgenden stets angenommen werden, dass ein solcher sich etwa vorfindender Factor durch Division der ganzen Gleichung beseitigt sei.

11. Dividirt man die Gleichungen Art. 10 1a), 1b) bezüglich durch a_{33}, $\mathfrak{a}_{33}$, und sieht die Quotienten $\frac{a_{11}}{a_{33}}$ etc., $\frac{\mathfrak{a}_{11}}{\mathfrak{a}_{33}}$ etc. als Coefficienten an, so wird das constante Glied 1. Sind nun 5 zusammengehörige Paare $x_1, y_1;\ x_2, y_2;\ \ldots x_5, y_5;$ gegeben, und ist verlangt, einen Kegelschnitt zu finden, der durch die 5 durch x_1, y_1 etc. bestimmten Punkte geht, so hat man die 5 Gleichungen

$$\frac{a_{11}}{a_{33}}y_1^2 + 2\frac{a_{12}}{a_{33}}x_1y_1 + 2\frac{a_{13}}{a_{33}}y_1 + \frac{a_{22}}{a_{33}}x_1^2 + 2\frac{a_{23}}{a_{33}}x_1 + 1 = 0,$$

$$\frac{a_{11}}{a_{33}}y_2^2 + 2\frac{a_{12}}{a_{33}}x_2y_2 + 2\frac{a_{13}}{a_{33}}y_2 + \frac{a_{22}}{a_{33}}x_2^2 + 2\frac{a_{23}}{a_{33}}x_2 + 1 = 0,$$

etc.

Diese 5 Gleichungen sind für die Grössen $\frac{a_{11}}{a_{33}}, \frac{a_{12}}{a_{33}}, \ldots \frac{a_{23}}{a_{33}}$ als Unbekannte linear; es lassen sich daher diese 5 Grössen stets und eindeutig bestimmen. Man sieht daher:

Durch fünf Punkte ist ein Kegelschnitt vollständig bestimmt,

und ebenso:

Durch fünf Tangenten ist ein Kegelschnitt vollständig bestimmt.

12. Lässt sich die linke Seite der Gleichung 1a) Art. 10 in ein Produkt von zwei linearen Factoren $m_1 y + m_2 x + m_3$, $n_1 y + n_2 x + n_3$ zerlegen, ist also $a_{11} y^2 + 2 a_{12} xy + 2 a_{13} y + a_{22} x^2 + 2 a_{23} x + a_{33} = (m_1 y + m_2 x + m_3)(n_1 y + n_2 x + n_3)$, so ist sie Null, wenn

$$m_1 y + m_2 x + m_3 = 0, \text{ oder } n_1 y + n_2 x + n_3 = 0$$

ist. Letzteres aber sind die Gleichungen zweier gerader Linien. Da die Coordinaten ihres Durchschnittspunktes beiden genügen müssen, so muss also dann die Gleichung 1a) Art. 10 für x und y gleiche Wurzeln haben; und umgekehrt ist das Auftreten zweier gleicher Wurzeln für x und y ein Beweis, dass die Kegelschnittsgleichung 1a) Art. 10 in ein Produkt von zwei Gleichungen gerader Linien zerfällt. Soll nun eine Gleichung für y und x zwei gleiche Wurzeln besitzen, so muss bekanntlich der Differenzialquotient nach y und nach x Null sein. Es muss also, wenn sich 1a) in ein solches Produkt zerlegen lassen soll, sein: 1) $a_{11} y + a_{12} x + a_{13} = 0$; 2) $a_{12} y + a_{22} x + a_{23} = 0$; 3) $a_{11} y^2 + 2 a_{12} xy + 2 a_{13} y + a_{22} x^2 + 2 a_{23} x + a_{33} = 0$. Vermöge der Gleichung 2a) Art. 10 aber reducirt sich, wenn 1) und 2) erfüllt sind, die Bedingung, dass auch 3) eintritt auf die, dass $a_{13} y + a_{23} x + a_{33} = 0$ sein muss. Man sieht also:

Die Bedingung dafür, dass die Kegelschnittsgleichung 1a) in ein Produkt zweier Gleichungen je einer Geraden, und dass die Kegelschnittsgleichung 1b) in ein Produkt zweier Gleichungen je eines Punktes zerfällt, ist das gleichzeitige Bestehen der drei Gleichungen, bezüglich:

$a_{11} y + a_{12} x + a_{13} = 0$; $\mathfrak{a}_{11} \mathfrak{y} + \mathfrak{a}_{12} \mathfrak{x} + \mathfrak{a}_{13} = 0$;
$a_{12} y + a_{22} x + a_{23} = 0$; $\mathfrak{a}_{12} \mathfrak{y} + \mathfrak{a}_{22} \mathfrak{x} + \mathfrak{a}_{23} = 0$;
$a_{13} y + a_{23} x + a_{33} = 0$; $\mathfrak{a}_{13} \mathfrak{y} + \mathfrak{a}_{23} \mathfrak{x} + \mathfrak{a}_{33} = 0$.

Es muss demnach die Determinante Null sein, also muss sein, bezüglich

$$\begin{vmatrix} a_{11} & a_{12} & a_{13} \\ a_{12} & a_{22} & a_{23} \\ a_{13} & a_{23} & a_{33} \end{vmatrix} = 0; \quad 1a) \qquad \begin{vmatrix} \mathfrak{a}_{11} & \mathfrak{a}_{12} & \mathfrak{a}_{13} \\ \mathfrak{a}_{12} & \mathfrak{a}_{22} & \mathfrak{a}_{23} \\ \mathfrak{a}_{13} & \mathfrak{a}_{23} & \mathfrak{a}_{33} \end{vmatrix} = 0. \quad 1b)$$

Eine jede dieser symmetrischen Determinanten heisst: Discriminante. Dieselbe soll für 1a) mit A, für 1b) mit $\mathfrak{A}$ bezeichnet werden. Es soll also gesetzt werden:

$$\begin{vmatrix} a_{11} & a_{12} & a_{13} \\ a_{12} & a_{22} & a_{23} \\ a_{13} & a_{23} & a_{33} \end{vmatrix} = A, \quad 2a) \qquad \begin{vmatrix} \mathfrak{a}_{11} & \mathfrak{a}_{12} & \mathfrak{a}_{13} \\ \mathfrak{a}_{12} & \mathfrak{a}_{22} & \mathfrak{a}_{23} \\ \mathfrak{a}_{13} & \mathfrak{a}_{23} & \mathfrak{a}_{33} \end{vmatrix} = \mathfrak{A}, \quad 2b)$$

oder, ausgerechnet, und mit Beziehung auf Art. 10, nach welchem $a_{mn} = a_{nm}$, $\mathfrak{a}_{mn} = \mathfrak{a}_{nm}$ ist, cyklisch geordnet,

$a_{11}a_{22}a_{33} + 2a_{12}a_{23}a_{31} - a_{11}a_{23}^2 - a_{22}a_{31}^2 - a_{33}a_{12}^2 = A,\ 3a)$
$\mathfrak{a}_{11}\mathfrak{a}_{22}\mathfrak{a}_{33} + 2\mathfrak{a}_{12}\mathfrak{a}_{22}\mathfrak{a}_{31} - \mathfrak{a}_{11}\mathfrak{a}_{23}^2 - \mathfrak{a}_{22}\mathfrak{a}_{31}^2 - \mathfrak{a}_{33}\mathfrak{a}_{12}^2 = \mathfrak{A},\ 3b)$

oder, durch Zerlegung in Partial-Determinanten:

$(a_{22}a_{33} - a_{23}^2)a_{11} + (a_{13}a_{23} - a_{12}a_{33})a_{12} + (a_{32}a_{12} - a_{31}a_{22})a_{13} = A, 4a)$
oder
$(a_{13}a_{23} - a_{12}a_{33})a_{21} + (a_{33}a_{11} - a_{31}^2)a_{22} + (a_{21}a_{31} - a_{23}a_{11})a_{23} = A, 5a)$
oder
$(a_{32}a_{12} - a_{31}a_{22})a_{31} + (a_{21}a_{31} - a_{23}a_{11})a_{32} + (a_{11}a_{22} - a_{12}^2)a_{33} = A; 6a)$

und ebenso:

$(\mathfrak{a}_{22}\mathfrak{a}_{33} - \mathfrak{a}_{23}^2)\mathfrak{a}_{11} + (\mathfrak{a}_{13}\mathfrak{a}_{23} - \mathfrak{a}_{12}\mathfrak{a}_{33})\mathfrak{a}_{12} + (\mathfrak{a}_{32}\mathfrak{a}_{12} - \mathfrak{a}_{31}\mathfrak{a}_{22})\mathfrak{a}_{13} = \mathfrak{A}, 4b)$
oder
$(\mathfrak{a}_{13}\mathfrak{a}_{23} - \mathfrak{a}_{12}\mathfrak{a}_{33})\mathfrak{a}_{21} + (\mathfrak{a}_{33}\mathfrak{a}_{11} - \mathfrak{a}_{31}^2)\mathfrak{a}_{22} + (\mathfrak{a}_{21}\mathfrak{a}_{31} - \mathfrak{a}_{23}\mathfrak{a}_{11})\mathfrak{a}_{23} = \mathfrak{A}, 5b)$
oder
$(\mathfrak{a}_{32}\mathfrak{a}_{12} - \mathfrak{a}_{31}\mathfrak{a}_{22})\mathfrak{a}_{31} + (\mathfrak{a}_{21}\mathfrak{a}_{31} - \mathfrak{a}_{23}\mathfrak{a}_{11})\mathfrak{a}_{32} + (\mathfrak{a}_{11}\mathfrak{a}_{22} - \mathfrak{a}_{12}^2)\mathfrak{a}_{33} = \mathfrak{A}. 6b)$

Bezeichnet man nun die Partial-Determinaten, welche den Coefficienten a_{mn}, $\mathfrak{a}_{mn}$ bilden, bezüglich mit A_{mn}, $\mathfrak{A}_{mn}$, wobei, da a_{mn} und a_{nm}, $\mathfrak{a}_{mn}$ und $\mathfrak{a}_{nm}$ als gleich betrachtet werden, auch $A_{mn} = A_{nm}$, $\mathfrak{A}_{mn} = \mathfrak{A}_{nm}$ sein muss, so hat man folgende Beziehungen:

$$\left.\begin{array}{l} a_{22}a_{33} - a_{23}^2 = A_{11}, \\ a_{33}a_{11} - a_{31}^2 = A_{22}, \\ a_{11}a_{22} - a_{12}^2 = A_{33}, \end{array}\right\} 7a); \qquad \left.\begin{array}{l} \mathfrak{a}_{22}\mathfrak{a}_{33} - \mathfrak{a}_{23}^2 = \mathfrak{A}_{11}, \\ \mathfrak{a}_{33}\mathfrak{a}_{11} - \mathfrak{a}_{31}^2 = \mathfrak{A}_{22}, \\ \mathfrak{a}_{11}\mathfrak{a}_{22} - \mathfrak{a}_{12}^2 = \mathfrak{A}_{33}, \end{array}\right\} 7b).$$

$$\left.\begin{array}{l} a_{13}a_{23} - a_{12}a_{33} = A_{12}, \\ a_{21}a_{31} - a_{23}a_{11} = A_{23}, \\ a_{32}a_{12} - a_{31}a_{22} = A_{31}, \end{array}\right\} 8a); \qquad \left.\begin{array}{l} \mathfrak{a}_{13}\mathfrak{a}_{23} - \mathfrak{a}_{12}\mathfrak{a}_{33} = \mathfrak{A}_{12}, \\ \mathfrak{a}_{21}\mathfrak{a}_{31} - \mathfrak{a}_{23}\mathfrak{a}_{11} = \mathfrak{A}_{23}, \\ \mathfrak{a}_{32}\mathfrak{a}_{12} - \mathfrak{a}_{31}\mathfrak{a}_{22} = \mathfrak{A}_{31}, \end{array}\right\} 8b);$$

und man sieht, dass in 7a) wie die Grössen A_{11}, A_{22}, A_{23} durch cyklische Vertauschung ihrer Indices entstehen, so auch die Werthe links durch cyklisches Fortrücken der Indices an den a erhalten werden, dass ferner in 8a) die Grössen A_{12},

A_{23}, A_{31} und ihre links stehenden Werthe durch cyklisches Fortrücken der Indices an den a aus einander entstehen. Gleiches findet in 7b), 8b) statt. Ferner überzeugt man sich auch sogleich von der Richtigkeit der Gleichungen, welche im Folgenden öfter zur Anwendung kommen werden:

$$\left.\begin{array}{l}(a_{33}a_{11}-a_{31}{}^2)(a_{11}a_{22}-a_{12}{}^2)-(a_{21}a_{31}-a_{23}a_{11})^2=a_{11}A,\\ (a_{11}a_{22}-a_{12}{}^2)(a_{22}a_{33}-a_{23}{}^2)-(a_{32}a_{12}-a_{31}a_{22})^2=a_{22}A,\\ (a_{22}a_{33}-a_{23}{}^2)(a_{33}a_{11}-a_{31}{}^2)-(a_{13}a_{23}-a_{12}a_{33})^2=a_{33}A,\\ (a_{21}a_{31}-a_{23}a_{11})(a_{32}a_{12}-a_{31}a_{22})-(a_{13}a_{23}-a_{12}a_{33})(a_{11}a_{22}-a_{12}{}^2)=a_{12}A,\\ (a_{32}a_{12}-a_{31}a_{22})(a_{13}a_{23}-a_{12}a_{33})-(a_{21}a_{31}-a_{23}a_{11})(a_{22}a_{33}-a_{23}{}^2)=a_{23}A,\\ (a_{13}a_{23}-a_{12}a_{33})(a_{21}a_{31}-a_{23}a_{11})-(a_{32}a_{12}-a_{31}a_{22})(a_{33}a_{11}-a_{31}{}^2)=a_{31}A,\end{array}\right\} 9a)$$

und ebenso:

$$\left.\begin{array}{l}(\mathfrak{a}_{33}\mathfrak{a}_{11}-\mathfrak{a}_{31}{}^2)(\mathfrak{a}_{11}\mathfrak{a}_{22}-\mathfrak{a}_{12}{}^2)-(\mathfrak{a}_{21}\mathfrak{a}_{31}-\mathfrak{a}_{23}\mathfrak{a}_{11})^2=\mathfrak{a}_{11}\mathfrak{A},\\ (\mathfrak{a}_{11}\mathfrak{a}_{22}-\mathfrak{a}_{12}{}^2)(\mathfrak{a}_{22}\mathfrak{a}_{33}-\mathfrak{a}_{23}{}^2)-(\mathfrak{a}_{32}\mathfrak{a}_{12}-\mathfrak{a}_{31}\mathfrak{a}_{22})^2=\mathfrak{a}_{22}\mathfrak{A},\\ (\mathfrak{a}_{22}\mathfrak{a}_{33}-\mathfrak{a}_{23}{}^2)(\mathfrak{a}_{33}\mathfrak{a}_{11}-\mathfrak{a}_{31}{}^2)-(\mathfrak{a}_{13}\mathfrak{a}_{23}-\mathfrak{a}_{12}\mathfrak{a}_{33})^2=\mathfrak{a}_{33}\mathfrak{A},\\ (\mathfrak{a}_{21}\mathfrak{a}_{31}-\mathfrak{a}_{23}\mathfrak{a}_{11})(\mathfrak{a}_{32}\mathfrak{a}_{12}-\mathfrak{a}_{31}\mathfrak{a}_{22})-(\mathfrak{a}_{13}\mathfrak{a}_{23}-\mathfrak{a}_{12}\mathfrak{a}_{33})(\mathfrak{a}_{11}\mathfrak{a}_{22}-\mathfrak{a}_{12}{}^2)=\mathfrak{a}_{12}\mathfrak{A},\\ (\mathfrak{a}_{32}\mathfrak{a}_{12}-\mathfrak{a}_{31}\mathfrak{a}_{22})(\mathfrak{a}_{13}\mathfrak{a}_{23}-\mathfrak{a}_{12}\mathfrak{a}_{33})-(\mathfrak{a}_{21}\mathfrak{a}_{31}-\mathfrak{a}_{23}\mathfrak{a}_{11})(\mathfrak{a}_{22}\mathfrak{a}_{33}-\mathfrak{a}_{23}{}^2)=\mathfrak{a}_{23}\mathfrak{A},\\ (\mathfrak{a}_{13}\mathfrak{a}_{23}-\mathfrak{a}_{12}\mathfrak{a}_{33})(\mathfrak{a}_{21}\mathfrak{a}_{31}-\mathfrak{a}_{23}\mathfrak{a}_{11})-(\mathfrak{a}_{32}\mathfrak{a}_{12}-\mathfrak{a}_{31}\mathfrak{a}_{22})(\mathfrak{a}_{33}\mathfrak{a}_{11}-\mathfrak{a}_{31}{}^2)=\mathfrak{a}_{31}\mathfrak{A},\end{array}\right\} 9b)$$

oder nach 7) und 8):

$$\left.\begin{array}{l}A_{22}A_{33}-A_{23}{}^2=a_{11}A,\\ A_{33}A_{11}-A_{31}{}^2=a_{22}A,\\ A_{11}A_{22}-A_{12}{}^2=a_{33}A,\\ A_{23}A_{31}-A_{12}A_{33}=a_{12}A,\\ A_{31}A_{12}-A_{23}A_{11}=a_{23}A,\\ A_{12}A_{23}-A_{31}A_{22}=a_{31}A,\end{array}\right\} 10a) \qquad \left.\begin{array}{l}\mathfrak{A}_{22}\mathfrak{A}_{33}-\mathfrak{A}_{23}{}^2=\mathfrak{a}_{11}\mathfrak{A},\\ \mathfrak{A}_{33}\mathfrak{A}_{11}-\mathfrak{A}_{31}{}^2=\mathfrak{a}_{22}\mathfrak{A},\\ \mathfrak{A}_{11}\mathfrak{A}_{22}-\mathfrak{A}_{12}{}^2=\mathfrak{a}_{33}\mathfrak{A},\\ \mathfrak{A}_{23}\mathfrak{A}_{31}-\mathfrak{A}_{12}\mathfrak{A}_{33}=\mathfrak{a}_{12}\mathfrak{A},\\ \mathfrak{A}_{31}\mathfrak{A}_{12}-\mathfrak{A}_{23}\mathfrak{A}_{11}=\mathfrak{a}_{23}\mathfrak{A},\\ \mathfrak{A}_{12}\mathfrak{A}_{23}-\mathfrak{A}_{31}\mathfrak{A}_{22}=\mathfrak{a}_{31}\mathfrak{A}.\end{array}\right\} 10b)$$

13. Ist die Discriminante

$$A=a_{11}a_{22}a_{33}+2a_{12}a_{23}a_{31}-a_{11}a_{23}{}^2-a_{22}a_{31}{}^2-a_{33}a_{12}{}^2=0,$$

so lässt sich $F(x, y)$ in Art. 12, 1a) in ein Produkt zerlegen, und zwar auf verschiedene Arten. Man überzeugt sich nämlich sogleich, dass

$$F(x,y) = \left[y + \frac{a_{12} \pm \sqrt{-A_{33}}}{a_{11}} x + \frac{a_{13}\sqrt{-A_{33}} \pm A_{23}}{a_{11}\sqrt{-A_{33}}}\right]$$
$$\left[a_{11}y + (a_{12} \mp \sqrt{-A_{33}})x + \frac{a_{13}\sqrt{-A_{33}} \mp A_{23}}{\sqrt{-A_{33}}}\right] \qquad a)$$

und

Art. 13.] — 23 —

$$F(x,y) = \left[\frac{a_{12} \pm \sqrt{-A_{33}}}{a_{22}} y + x + \frac{a_{23}\sqrt{-A_{33}} \pm A_{31}}{a_{22}\sqrt{-A_{33}}}\right]$$
$$\left[(a_{12} \mp \sqrt{-A_{33}}) y + a_{22} x + \frac{a_{23}\sqrt{-A_{33}} \mp A_{31}}{\sqrt{-A_{33}}}\right] \quad b)$$

ist. Denn durch Ausführung der Multiplication erhält man die Coefficienten a_{11}, a_{12}, a_{13}, a_{22}, a_{23} theils unmittelbar, theils aber dadurch, dass man für A_{33} und A_{23} ihre Werthe (Art. 12, 7a) und 8a)) setzt, und bei a_{33} noch bedenkt, dass aus obiger Gleichung $A = 0$ folgt $2a_{12}a_{23}a_{31} - a_{11}a_{23}^2 - a_{22}a_{31}^2 = a_{33}(a_{12}^2 - a_{11}a_{22})$. Ebenso überzeugt man sich, indem man die aus der Bedingung $A = 0$ folgenden Beziehungen $2a_{12}a_{23}a_{31} - a_{11}a_{23}^2 - a_{33}a_{12}^2 = a_{22}(a_{13}^2 - a_{11}a_{33})$, und $2a_{12}a_{23}a_{31} - a_{22}a_{31}^2 - a_{33}a_{12}^2 = a_{11}(a_{23}^2 - a_{22}a_{33})$ bezüglich auf die Coefficienten von x^2 und y^2 anwendet, dass auch

$$F(x,y) = \left[y + \frac{a_{12}\sqrt{-A_{22}} \pm A_{23}}{a_{11}\sqrt{-A_{22}}} x + \frac{a_{13} \pm \sqrt{-A_{22}}}{a_{11}}\right]$$
$$\cdot \left[a_{11}y + \frac{a_{12}\sqrt{-A_{22}} \mp A_{23}}{\sqrt{-A_{22}}} x + (a_{13} \mp \sqrt{-A_{22}})\right] \quad c)$$

und

$$F(x,y) = \left[\frac{a_{12}\sqrt{-A_{11}} \pm A_{31}}{a_{22}\sqrt{-A_{11}}} y + x + \frac{a_{23} \pm \sqrt{-A_{11}}}{a_{22}}\right]$$
$$\cdot \left[\frac{a_{12}\sqrt{-A_{11}} \mp A_{31}}{\sqrt{-A_{11}}} y + a_{22}x + (a_{23} \mp \sqrt{-A_{11}})\right] \quad d)$$

ist. Es lässt sich daher die Gleichung $F(x,y) = 0$ in ein Produkt von zwei Gleichungen zerlegen, indem man jeden Factor in a) — d) gleich Null setzt. Man erhält so, indem man zugleich die Nenner wegschafft, und bei a) und b) vermöge Art. 12, 8a)

$$a_{13}\sqrt{-A_{33}} \pm A_{23} = a_{13}\sqrt{-A_{33}} \pm (a_{12}a_{13} - a_{23}a_{11}) =$$
$$+ [a_{11}a_{23} - (a_{12} \pm \sqrt{-A_{33}})a_{13}]$$

$$a_{23}\sqrt{-A_{33}} \pm A_{31} = a_{23}\sqrt{-A_{33}} \pm (a_{12}a_{23} - a_{13}a_{22}) =$$
$$+ [a_{13}a_{22} - (a_{12} \pm \sqrt{-A_{33}})a_{23}]$$

schreibt, als Gleichungen, in welche $F(x,y) = 0$ zerfällt,

$$a_{11}\sqrt{-A_{33}}\,y + [a_{12} + \sqrt{-A_{33}}]\sqrt{-A_{33}}\,x$$
$$- [a_{11}a_{23} - (a_{12} + \sqrt{-A_{33}})a_{13}] = 0;$$

[Art. 13.

$$a_{11}\sqrt{-A_{33}}\,y + [a_{12} - \sqrt{-A_{33}}]\sqrt{-A_{33}}\,x$$
$$+ [a_{11}a_{23} - (a_{12} - \sqrt{-A_{33}})a_{13}] = 0, \qquad 1)$$

oder

$$[a_{12} + \sqrt{-A_{33}}]\sqrt{-A_{33}}\,y + a_{22}\sqrt{-A_{33}}\,x$$
$$- [a_{13}a_{22} - (a_{12} + \sqrt{-A_{33}})a_{23}] = 0,$$
$$[a_{12} - \sqrt{-A_{33}}]\sqrt{-A_{33}}\,y + a_{22}\sqrt{-A_{33}}\,x$$
$$+ [a_{13}a_{22} - (a_{12} - \sqrt{-A_{33}})a_{23}] = 0, \qquad 2)$$

oder

$$a_{11}\sqrt{-A_{22}}\,y + [a_{12}\sqrt{-A_{22}} + A_{23}]x + [a_{13} + \sqrt{-A_{22}}]\sqrt{-A_{22}} = 0,$$
$$a_{11}\sqrt{-A_{22}}\,y + [a_{12}\sqrt{-A_{22}} - A_{23}]x + [a_{13} - \sqrt{-A_{22}}]\sqrt{-A_{22}} = 0, \quad 3)$$

oder

$$[a_{12}\sqrt{-A_{11}} + A_{31}]y + a_{22}\sqrt{-A_{11}}\,x + [a_{23} + \sqrt{-A_{11}}]\sqrt{-A_{11}} = 0,$$
$$[a_{12}\sqrt{-A_{11}} - A_{31}]y + a_{22}\sqrt{-A_{11}}\,x + [a_{23} - \sqrt{-A_{11}}]\sqrt{-A_{11}} = 0. \quad 4)$$

Alle diese vier Paare von Gleichungen sind identisch. Denn dividirt man die erste Gleichung in 1) mit $a_{12} - \sqrt{-A_{33}}$, die zweite mit $a_{12} + \sqrt{-A_{33}}$, so erhält man bezüglich die zweite und erste Gleichung von 2) wieder. Löst man die Gleichung $A = 0$ nach a_{22} und a_{11} auf, so dass man erhält

$$a_{22} = \frac{2a_{12}a_{23}a_{31} - a_{11}a_{23}^2 - a_{33}a_{12}^2}{a_{31}^2 - a_{33}a_{11}}, \quad a_{11} = \frac{2a_{12}a_{23}a_{31} - a_{22}a_{31}^2 - a_{33}a_{12}^2}{a_{23}^2 - a_{22}a_{33}}$$

und also

$$a_{12}^2 - a_{11}a_{22} = \frac{(a_{21}a_{31} - a_{23}a_{11})^2}{a_{31}^2 - a_{33}a_{11}},\; a_{12}^2 - a_{11}a_{22} = \frac{(a_{32}a_{12} - a_{31}a_{22})^2}{a_{23}^2 - a_{22}a_{33}},$$

und daher $\sqrt{-A_{33}} = \dfrac{A_{23}}{\sqrt{-A_{22}}}, \; \sqrt{-A_{33}} = \dfrac{A_{31}}{\sqrt{-A_{11}}}$ \hfill e)

und setzt diese Werthe in die Gleichungen 1) ein, so erhält man im ersteren Falle die Gleichungen 3), im letzteren die Gleichungen 4) wieder. Es gelten jedoch offenbar die Gleichungen a), folglich auch 1); b), folglich auch 2); c), folglich auch 3); d), folglich auch 4) nur dann, wenn bezüglich a_{11} und A_{33}, a_{22} und A_{33}, a_{11} und A_{22}, a_{22} und A_{11} von Null verschieden sind. Da nun 1)—4) gerade Linien darstellen (Art. 2), so sieht man:

Ist $A = 0$, so enthält die Gleichung $F(x, y) = 0$ die Gleichungen zweier Geraden. Ist nun

I. $A_{33} < 0$, und zwar 1) $a_{11} \gtreqless 0$, $a_{22} \gtreqless 0$, so hat man zwei

[Art. 13.]

reelle, sich schneidende, Geraden nach 1)—4). Ebenso wenn
2) $a_{11} \gtreqless 0$, $a_{22} = 0$ ist, und zwar, wenn $A_{11} \gtreqless 0$, $A_{22} \gtreqless 0$ ist,
nach 1) und 3), wenn $A_{11} \gtreqless 0$, $A_{22} = 0$ ist, nach 1); wenn
$A_{11} = 0$ (also auch $a_{23} = 0$), und $A_{22} \gtreqless 0$ ist, nach 1) und 3),
wenn $A_{11} = 0$ (also auch $a_{23} = 0$) und $A_{22} = 0$ ist, nach 1), u. s. w.
Ist $a_{11} = 0$, $a_{22} = 0$, so lautet die Gleichung $A = 0$
$$2a_{12}a_{23}a_{31} - a_{33}a_{12}{}^2 = 0$$
woraus folgt $\qquad a_{33} = 2\dfrac{a_{23}a_{31}}{a_{12}}$.

Es lautet also die Curvengleichung
$$F(x,y) = 2a_{12}xy + 2a_{13}y + 2a_{23}x + a_{33} = 0$$
oder vermöge des Werthes von a_{33}
$$a_{12}{}^2 xy + a_{12}a_{13}y + a_{12}a_{23}x + a_{13}a_{23} = 0$$
oder $\qquad (a_{12}y + a_{23})(a_{12}x + a_{13}) = 0$.

Man hat also dann die Geraden
$$a_{12}y + a_{23} = 0, \quad a_{12}x + a_{13} = 0.$$

Die Gleichung $F(x,y) = 0$ bezeichnet also auch dann zwei
reelle, sich schneidende, und zwar in diesem Falle zwei zu
den Coordinaten-Axen parallele Gerade. Ist

II. $A_{33} = 0$, also die Discriminante $A = 2a_{12}a_{23}a_{31} - a_{11}a_{23}{}^2 - a_{22}a_{31}{}^2$, so kann nicht zugleich $a_{11} = 0$, $a_{12} = 0$ sein,
weil sonst aus $A = 0$ sogleich folgen würde, dass entweder
a_{22} oder a_{13} Null wäre, welche Fälle beide unmöglich sind,
ersterer weil sonst $F(x,y)$ nicht mehr vom 2ten Grade sein
würde, letzterer, weil sonst in der Gleichung $F(x,y) = 0$
alle y enthaltenden Glieder wegfielen; ebenso wenig kann
zugleich $a_{22} = 0$, $a_{12} = 0$ sein. Ferner muss, wenn $A_{33} = 0$,
und $A_{22} = 0$ ist, auch $A_{11} = 0$ sein; denn aus $a_{33}a_{11} - a_{31}{}^2 = 0$,
$a_{11}a_{22} - a_{12}{}^2 = 0$ folgt $a_{11} = \dfrac{a_{31}{}^2}{a_{33}}$; $a_{12} = a_{31}\sqrt{\dfrac{a_{22}}{a_{33}}}$. Werden
diese Werthe in die Gleichung $A = 0$, oder $2a_{12}a_{23}a_{31} - a_{11}a_{23}{}^2 - a_{22}a_{31}{}^2 = 0$ eingesetzt, so erhält man $(\sqrt{a_{22}a_{33}} - a_{23})^2 = 0$,
also $a_{22}a_{33} = a_{23}{}^2$, oder $a_{22}a_{33} - a_{23}{}^2 = 0$, d. h. $A_{11} = 0$. Ebenso
muss, wenn $A_{33} = 0$ und $A_{11} = 0$ ist, auch $A_{22} = 0$ sein.
Endlich ist, wenn $A_{33} = 0$ ist, auch $A_{31} = 0$ und $A_{23} = 0$;
denn aus $a_{11}a_{22} - a_{12}{}^2 = 0$ folgt $a_{11} = \dfrac{a_{12}{}^2}{a_{22}}$, und wenn dieser

Werth in die Bedingungsgleichung $A = 0$ eingesetzt wird, ergiebt sich $(a_{32}a_{12} - a_{31}a_{22})^2 = 0$, also $A_{31} = 0$. Analog folgt durch Substitution des aus $A_{33} = 0$ hervorgehenden Werthes $a_{22} = \dfrac{a_{12}^2}{a_{11}}$ in die Gleichung $A = 0$, dass auch $A_{23} = 0$ ist. Es lauten daher die Gleichungen 3) und 4), wenn $A_{11} \gtreqless 0$ und also auch $A_{22} \gtreqless 0$ ist,

$$\left. \begin{aligned} a_{11}y + a_{12}x + (a_{13} + \sqrt{-A_{22}}) = 0, \quad a_{11}y + a_{12}x + (a_{13} - \sqrt{-A_{22}}) = 0, \\ a_{12}y + a_{22}x + (a_{23} + \sqrt{-A_{11}}) = 0, \quad a_{12}y + a_{22}x + (a_{23} - \sqrt{-A_{11}}) = 0, \end{aligned} \right\} 5)$$

Beide Formen sind identisch, wovon man sich sogleich überzeugt, wenn man die aus $A_{31} = 0$, $A_{33} = 0$ sich ergebenden Werthe $\dfrac{a_{12}a_{23}}{a_{22}}$ für a_{13}, $\dfrac{a_{12}^2}{a_{22}}$ für a_{11} in 4) einsetzt; und beide Gleichungen 5) bezeichnen reelle, parallele Gerade (Art. 2). Sind jedoch ausser $A_{33} = 0$ auch $A_{11} = 0$ und daher auch $A_{22} = 0$, so ergeben sich aus diesen Bedingungen $a_{11}a_{22} - a_{12}^2 = 0$, $a_{22}a_{33} - a_{23}^2 = 0$, $a_{33}a_{11} - a_{31}^2 = 0$ die Werthe $a_{11} = \dfrac{a_{12}a_{13}}{a_{23}}$, $a_{22} = \dfrac{a_{12}a_{23}}{a_{13}}$, $a_{33} = \dfrac{a_{13}a_{23}}{a_{12}}$. Werden diese Werthe in die Gleichung $F(x, y) = 0$ eingesetzt, so lautet sie:

$$(a_{12}a_{13}y + a_{12}a_{23}x + a_{13}a_{23})^2 = 0.$$

Es stellt also dann die Gleichung $F(x, y) = 0$ zwei reelle, zusammenfallende Gerade dar, deren jede die Gleichung hat

$$a_{21}a_{31}y + a_{32}a_{12}x + a_{13}a_{23} = 0. \qquad 6)$$

Ist III. $A_{33} > 0$, also $\sqrt{-A_{33}}$, folglich nach e) auch $\sqrt{-A_{11}}$ und $\sqrt{-A_{22}}$ imaginär, so erhält man die Gleichungen eines Paares imaginärer Geraden. Bringt man dieselben, z. B. die Gleichungen 1) auf die Form $\mathfrak{y}y + \mathfrak{x}x - 1 = 0$, so erhält man, wenn man berücksichtigt, dass nach Art. 12, 6a), in Verbindung mit 7a), 8a) $a_{13}A_{13} + a_{23}A_{23} + a_{33}A_{33} = A$, also für $A = 0$, $a_{13}A_{13} + a_{23}A_{23} = -a_{33}A_{33} = a_{33}\sqrt{-A_{33}}^2$ ist,

$$\frac{A_{23} - a_{13}\sqrt{-A_{33}}}{a_{33}\sqrt{-A_{33}}} \cdot y - \frac{A_{31} + a_{23}\sqrt{-A_{33}}}{a_{33}\sqrt{-A_{33}}} x - 1 = 0,$$

$$-\frac{A_{23} + a_{13}\sqrt{-A_{33}}}{a_{33}\sqrt{-A_{33}}} \cdot y + \frac{A_{31} - a_{23}\sqrt{-A_{33}}}{a_{33}\sqrt{-A_{33}}} x - 1 = 0.$$

Sucht man nun nach Art. 7, 1a) die Coordinaten des Durch-

schnittspunktes dieser beiden Geraden, so erhält man, unter Berücksichtigung der soeben gemachten Bemerkung
$$x' = \frac{A_{23}}{A_{33}}; \; y' = \frac{A_{31}}{A_{33}}. \qquad 7)$$
Der Durchschnittspunkt ist also reell.

Ganz analog sind die Schlüsse in Bezug auf die Gleichung $F(\mathfrak{x}, \mathfrak{y}) = 0$. Man hat in den hier aufgestellten Gleichungen nur die lateinischen durch deutsche Buchstaben zu ersetzen, und die Resultate nach Art. 2 zu interpretiren. Man erhält demnach die Sätze:

Die Gleichung
$$F(x, y) = a_{11}y^2 + 2a_{12}xy + 2a_{13}y + a_{22}x^2 + 2a_{23}x + a_{33} = 0$$
bezeichnet,

wenn $A = 0$ und $A_{33} < 0$ ist, zwei reelle, sich schneidende Gerade [1)—4)],

wenn $A = 0$, $A_{33} = 0$, aber $A_{11} \gtreqless 0$, folglich auch $A_{22} \gtreqless 0$ ist, zwei reelle, parallele Gerade [5)],

wenn $A = 0$, $A_{33} = 0$, $A_{11} = 0$, folglich auch $A_{22} = 0$ ist, zwei reelle, zusammenfallende Gerade [6)],

wenn $A = 0$, $A_{33} > 0$ ist, zwei imaginäre, sich in einem reellen Punkte schneidende, Gerade [7)].

Die Gleichung
$$\mathfrak{F}(\mathfrak{x}, \mathfrak{y}) = \mathfrak{a}_{11}\mathfrak{y}^2 + 2\mathfrak{a}_{12}\mathfrak{x}\mathfrak{y} + 2\mathfrak{a}_{13}\mathfrak{y} + \mathfrak{a}_{22}\mathfrak{x}^2 + 2\mathfrak{a}_{23}\mathfrak{x} + \mathfrak{a}_{33} = 0$$
bezeichnet,

wenn $\mathfrak{A} = 0$, und $\mathfrak{A}_{33} < 0$ ist, zwei reelle, verschieden gelegene Punkte [analog 1)—4)],

wenn $\mathfrak{A} = 0$, $\mathfrak{A}_{33} = 0$, aber $\mathfrak{A}_{11} \gtreqless 0$, folglich auch $\mathfrak{A}_{22} \gtreqless 0$ ist, zwei reelle Punkte, deren Verbindungsgerade durch den Coordinaten-Anfangspunkt geht [analog 5)],

wenn $\mathfrak{A} = 0$, $\mathfrak{A}_{33} = 0$, $\mathfrak{A}_{11} = 0$, folglich auch $\mathfrak{A}_{22} = 0$ ist, zwei reelle, zusammenfallende Punkte [analog 6)],

wenn $\mathfrak{A} = 0$, $\mathfrak{A}_{33} > 0$ ist, zwei imaginäre, auf einer reellen Geraden liegende Punkte [analog 7)].

14. Ist die Discriminante A der Gleichung $F(x, y) = 0$, und die Discriminante $\mathfrak{A}$ der Gleichung $\mathfrak{F}(\mathfrak{x}, \mathfrak{y}) = 0$ von Null verschieden, so bezeichnen beide einen Kegelschnitt. In Bezug auf die Beurtheilung der Gestalt desselben hat man Folgendes zu beachten:

Bei Punkt-Coordinaten.

Hat die Curve zwei reelle Punkte im Unendlichen, so ist sie eine Hyperbel, hat sie einen reellen Punkt im Unendlichen, eine Parabel, hat sie keinen reellen Punkt im Unendlichen, eine Ellipse. Liefert also die Gleichung für $x = \infty$ zwei reelle unendliche y, und umgekehrt für $y = \infty$ zwei reelle unendliche x, so hat man eine Hyperbel; liefert sie für $x = \infty$ ein reelles unendliches y, oder für $y = \infty$ ein reelles unendliches x, so hat man eine Parabel; liefert sie weder für $x = \infty$ reelle y, noch für $y = \infty$ reelle x, so hat man eine Ellipse.

Insbesondere können bei der Hyperbel noch folgende Fälle stattfinden: Nennt man den spitzen Winkel einer Asymptote mit der reellen Hyperbel-Axe u, den spitzen Winkel der Abscissen-Axe mit der reellen Hyperbel-Axe v, den spitzen Winkel der Ordinaten-Axe mit der reellen Hyperbel-Axe w, so dass also stets $v + w = 90^0$ ist, so können folgende verschiedene Fälle eintreten.:

1. $u < 45^0$,
   a. $v < u$, $w > u$,
   b. $v = u$, $w > u$, dann ist die Abscissen-Axe parallel einer Asymptote,
   c. $v > u$, $w > u$.
   d. $v > u$, $w = u$, dann ist die Ordinaten-Axe parallel einer Asymptote.
2. $u = 45^0$,
   a. $v < u$, $w > u$,
   b. $v = u$, $w = u$, dann ist sowohl die Abscissen- als die Ordinaten-Axe parallel je einer Asymptote,
   c. $v > u$, $w < u$,
3. $u > 45^0$,
   a. $v < u$, $w > u$,
   b. $v < u$, $w = u$, dann ist die Ordinaten-Axe parallel einer Asymptote,
   c. $v < u$, $w < u$,
   d. $v = u$, $w < u$, dann ist die Abscissen-Axe parallel einer Asymptote,
   e. $v > u$, $w < u$.

Zugleich bemerkt man sogleich Folgendes:

Im Falle 1. *a.* giebt es nicht zu jedem reellen x reelle y;
aber zu jedem reellen y giebt es reelle x.

1. *b.* giebt es nicht zu jedem reellen x reelle y;
aber zu jedem reellen y giebt es ein, aber nur 1 reelles x.

1. *c.* giebt es nicht zu jedem reellen x reelle y;
und nicht zu jedem reellen y reelle x.

1. *d.* giebt es zu jedem reellen x ein, aber nur 1 reelles y;
aber nicht zu jedem reellen y giebt es reelle x.

1. *e.* giebt es zu jedem reellen x reelle y;
aber nicht zu jedem reellen y giebt es reelle x.

Im Falle 2. *a.* giebt es nicht zu jedem reellen x reelle y;
aber zu jedem reellen y giebt es reelle x.

2. *b.* giebt es zu jedem reellen x ein, aber nur 1 reelles x;
zu jedem reellen y giebt es ein, aber nur 1 reelles x.

2. *c.* giebt es zu jedem reellen x reelle y;
aber nicht zu jedem reellen y giebt es reelle x.

Im Falle 3. *a.* giebt es nicht zu jedem reellen x reelle y;
aber zu jedem reellen y giebt es reelle x.

3. *b.* giebt es zu jedem reellen x ein, aber nur 1 reelles y;
zu jedem reellen y giebt es reelle x.

3. *c.* giebt es zu jedem reellen x reelle y;
zu jedem reellen y giebt es reelle x.

3. *d.* giebt es zu jedem reellen x reelle y;
zu jedem reellen y giebt es ein, aber nur 1 reelles x.

3. *e.* giebt es zu jedem reellen x reelle y;
aber nicht zu jedem reellen y giebt es reelle x,

und umgekehrt, giebt es z. B. nicht zu jedem reellen x reelle y, aber zu jedem reellen y reelle x, so hat man bei einer Hyperbel den Fall 1. *a.* u. s. w.

Bei Linien-Coordinaten

gestaltet sich die Beurtheilung der Natur der Curve minder einfach. Man hat hier folgende Fälle zu unterscheiden:

I. Der Coordinaten-Anfangspunkt O liegt innerhalb der Curve.

II. O liegt auf dem Umfange der Curve.

1. Eine Coordinaten-Axe berührt, die andere schneidet die Curve.
    a. Die Abscissen-Axe berührt, die Ordinaten-Axe schneidet.
    b. Die Abscissen-Axe schneidet, die Ordinaten-Axe berührt.
2. Beide Coordinaten-Axen schneiden die Curve.

III. O liegt ausserhalb der Curve.
1. Beide Coordinaten-Axen berühren die Curve.
2. Eine Coordinaten-Axe berührt, die andere schneidet die Curve.
    a. Die Abscissen-Axe berührt, die Ordinaten-Axe schneidet.
    b. Die Abscissen-Axe schneidet, die Ordinaten-Axe berührt.
3. Eine Coordinaten-Axe berührt die Curve, die andere berührt nicht und schneidet nicht.
    a. Die Abscissen-Axe berührt, die Ordinaten-Axe berührt nicht und schneidet nicht.
    b. Die Abscissen-Axe berührt nicht und schneidet nicht, die Ordinaten-Axe berührt.
4. Beide Coordinaten-Axen schneiden die Curve.
5. Eine Coordinaten-Axe schneidet die Curve, die andere berührt nicht und schneidet nicht.
    a. Die Abscissen-Axe schneidet, die Ordinaten-Axe berührt nicht und schneidet nicht.
    b. Die Abscissen-Axe berührt nicht und schneidet nicht, die Ordinaten-Axe schneidet.
6. Beide Coordinaten-Axen berühren die Curve nicht, und schneiden sie nicht.

Zugleich sieht man, wenn man bedenkt, dass $\mathfrak{x} = \infty$, $\mathfrak{y} = \infty$ die Coordinaten von O sind,

Im Falle I. giebt es nicht zu jedem reellen $\mathfrak{x}$ reelle $\mathfrak{y}$, und nicht zu jedem reellen $\mathfrak{y}$ reelle $\mathfrak{x}$; zugleich ist für $\mathfrak{x} = \infty$ $\mathfrak{y}$ imaginär, und für $\mathfrak{y} = \infty$ ist $\mathfrak{x}$ imaginär.

Im Falle II. 1.*a* giebt es zu jedem reellen $\mathfrak{x}$ ein, aber nur 1 reelles $\mathfrak{y}$, aber nicht zu jedem reellen $\mathfrak{y}$ reelle $\mathfrak{x}$; zugleich ist für $\mathfrak{x} = \infty$ auch $\mathfrak{y} = \infty$ und für $\mathfrak{y} = \infty$ auch $\mathfrak{x} = \infty$.

Im Falle II. 1.b giebt es nicht zu jedem reellen $\mathfrak{x}$ reelle $\mathfrak{y}$; aber zu jedem reellen $\mathfrak{y}$ giebt es ein, aber nur 1 reelles $\mathfrak{x}$; zugleich ist für $\mathfrak{x} = \infty$ auch $\mathfrak{y} = \infty$ und für $\mathfrak{y} = \infty$ auch $\mathfrak{x} = \infty$.

Im Falle II. 2. giebt es nicht zu jedem reellen $\mathfrak{x}$ reelle $\mathfrak{y}$, und nicht zu jedem rellen $\mathfrak{y}$ reelle $\mathfrak{x}$; zugleich ist für $\mathfrak{x} = \infty$ auch $\mathfrak{y} = \infty$ und für $\mathfrak{y} = \infty$ auch $\mathfrak{x} = \infty$.

Im Falle III. 1. giebt es zu jedem reellen $\mathfrak{x}$ ein, aber nur 1 reelles $\mathfrak{y}$, und zu jedem reellen $\mathfrak{y}$ ein, aber nur 1 reelles $\mathfrak{x}$.

Im Falle III. 2.a giebt es zu jedem reellen $\mathfrak{x}$ ein, aber nur 1 reelles $\mathfrak{y}$; aber nicht zu jedem reellen $\mathfrak{y}$ reelle $\mathfrak{x}$.

Im Falle III. 2.b giebt es nicht zu jedem reellen $\mathfrak{x}$ reelle $\mathfrak{y}$; aber zu jedem reellen $\mathfrak{y}$ ein, aber nur 1 reelles $\mathfrak{x}$.

Im Falle III. 3.a giebt es zu jedem reellen $\mathfrak{x}$ ein, aber nur 1 reelles $\mathfrak{y}$; aber zu jedem reellen $\mathfrak{y}$ giebt es reelle $\mathfrak{x}$.

Im Falle III.3.b. giebt es zu jedem reellen $\mathfrak{x}$ reelle $\mathfrak{y}$; aber zu jedem reellen $\mathfrak{y}$ ein, aber nur 1 reelles $\mathfrak{x}$.

Im Falle III. 4. giebt es nicht zu jedem reellen $\mathfrak{x}$ reelle $\mathfrak{y}$, und nicht zu jedem reellen $\mathfrak{y}$ reelle $\mathfrak{x}$; zugleich ist für $\mathfrak{x} = \infty$ $\mathfrak{y}$ nicht ∞, aber reell, und für $\mathfrak{y} = \infty$ ist $\mathfrak{x}$ nicht ∞, aber reell.

Im Falle III.5.a. giebt es nicht zu jedem reellen $\mathfrak{x}$ reelle $\mathfrak{y}$, aber zu jedem reellen $\mathfrak{y}$ giebt es reelle $\mathfrak{x}$.

Im Falle III.5.b. giebt es zu jedem reellen $\mathfrak{x}$ reelle $\mathfrak{y}$; aber es giebt nicht zu jedem reellen $\mathfrak{y}$ reelle $\mathfrak{x}$.

Im Falle III. 6. giebt es zu jedem reellen $\mathfrak{x}$ reelle $\mathfrak{y}$, und zu jedem reellen $\mathfrak{y}$ reelle $\mathfrak{x}$.

Umgekehrt, liefert die Gleichung $\mathfrak{F}(\mathfrak{x}, \mathfrak{y}) = 0$ nicht zu jedem reellen $\mathfrak{x}$ reelle $\mathfrak{y}$, und nicht zu jedem reellen $\mathfrak{y}$ reelle $\mathfrak{x}$; ist ferner für $\mathfrak{x} = \infty$ $\mathfrak{y}$ imaginär, und für $\mathfrak{y} = \infty$ $\mathfrak{x}$ imaginär, so hat man den Fall I, etc.

Die Unterscheidung, ob die Gleichung eine Hyperbel, Ellipse, Parabel darstelle, ergiebt sich dann in jedem einzelnen Falle durch die Untersuchung, ob die zur Abscissen-Axe parallelen Tangenten die Ordinaten-Axe beide auf der positiven oder beide auf der negativen Seite schneiden, oder aber ob die eine die Ordinaten-Axe auf der positiven, die andere auf der negativen Seite schneidet; ob ferner die zur Ordinaten-Axe parallelen Tangenten die Abscissen-Axe beide auf derselben, oder ob sie dieselbe auf verschiedenen Seiten schneiden; ob ferner eine zu einer Coordinaten-Axe parallele Tangente im Unendlichen liegt, oder nicht. Nur der obige Fall III. 1. erfordert eine eigene Untersuchung. Zugleich bemerkt man hinsichtlich der Hyperbel, welche überhaupt die grösste Mannichfaltigkeit der Erscheinungen darbietet, in Bezug auf die oben erwähnte Lage der Coordinaten-Axen gegen dieselbe, Folgendes, wobei die Lage des Coordinaten-Anfangspunktes O, ob inner- oder ausserhalb der Curve, u. s. w. nicht in Betracht kommt:

Im Falle 1. *a*. giebt es keine Tangente parallel der Abscissen-, zwei Tangenten parallel der Ordinaten-Axe.

1. *b*. giebt es 1 Tangente, eine Asymptote, parallel der Abscissen-, zwei Tangenten parallel der Ordinaten-Axe.

1. *c*. giebt es zwei Tangenten parallel der Abscissen-, und zwei Tangenten parallel der Ordinaten-Axe.

1. *d*. giebt es zwei Tangenten parallel der Abscissen-, und 1 Tangente, eine Asymptote, parallel der Ordinaten-Axe.

1. *e*. giebt es zwei Tangenten parallel der Abscissen-, keine Tangente parallel der Ordinaten-Axe.

Im Falle 2. *a*. giebt es keine Tangente parallel der Abscissen-, zwei Tangenten parallel der Ordinaten-Axe.

2. *b*. giebt es 1 Tangente, eine Asymptote, parallel der Abscissen-, und 1 Tangente, eine Asymptote, parallel der Ordinaten-Axe.

2. *c*. giebt es zwei Tangenten parallel der Abscissen-, keine Tangente parallel der Ordinaten-Axe.

Art. 14.]

Im Falle 3.*a*. giebt es keine Tangente parallel der Abscissen-, zwei Tangenten parallel der Ordinaten-Axe.

3.*b*. giebt es keine Tangente parallel der Abscissen-, 1 Tangente, eine Asymptote, parallel der Ordinaten-Axe.

3.*c*. giebt es keine Tangente parallel der Abscissen-, und keine Tangente parallel der Ordinaten-Axe.

3.*d*. giebt es 1 Tangente, eine Asymptote, parallel der Abscissen-, und keine Tangente parallel der Ordinaten-Axe.

3.*e*. giebt es zwei Tangenten parallel der Abscissen-, und keine Tangente parallel der Ordinaten-Axe.

Löst man nun die Gleichungen $F(x,y) = 0$, $\mathfrak{F}(\mathfrak{x}, \mathfrak{y}) = 0$ nach $y, x, \mathfrak{y}, \mathfrak{x}$ auf, so erhält man:

$$y = \frac{1}{a_{11}}\left[-a_{12}x - a_{13} \pm \sqrt{-(a_{11}a_{22} - a_{12}^2)x^2 + 2(a_{21}a_{31} - a_{23}a_{11})x - (a_{33}a_{11} - a_{31}^2)}\right],$$

$$x = \frac{1}{a_{22}}\left[-a_{12}y - a_{23} \pm \sqrt{-(a_{11}a_{22} - a_{12}^2)y^2 + 2(a_{32}a_{12} - a_{31}a_{22})y - (a_{22}a_{33} - a_{23}^2)}\right],$$

$$\mathfrak{y} = \frac{1}{\mathfrak{a}_{11}}\left[-\mathfrak{a}_{12}\mathfrak{x} - \mathfrak{a}_{13} \pm \sqrt{-(\mathfrak{a}_{11}\mathfrak{a}_{22} - \mathfrak{a}_{12}^2)\mathfrak{x}^2 + 2(\mathfrak{a}_{21}\mathfrak{a}_{31} - \mathfrak{a}_{23}\mathfrak{a}_{11})\mathfrak{x} - (\mathfrak{a}_{33}\mathfrak{a}_{11} - \mathfrak{a}_{31}^2)}\right],$$

$$\mathfrak{x} = \frac{1}{\mathfrak{a}_{22}}\left[-\mathfrak{a}_{12}\mathfrak{y} - \mathfrak{a}_{23} \pm \sqrt{-(\mathfrak{a}_{11}\mathfrak{a}_{22} - \mathfrak{a}_{12}^2)\mathfrak{y}^2 + 2(\mathfrak{a}_{32}\mathfrak{a}_{12} - \mathfrak{a}_{31}\mathfrak{a}_{22})\mathfrak{y} - (\mathfrak{a}_{22}\mathfrak{a}_{33} - \mathfrak{a}_{23}^2)}\right],$$

oder

$$y = \frac{1}{a_{11}}\left[-a_{12}x - a_{13} \pm \sqrt{-A_{33}x^2 + 2A_{23}x - A_{22}}\right], \qquad 1a)$$

$$x = \frac{1}{a_{22}}\left[-a_{12}y - a_{23} \pm \sqrt{-A_{33}y^2 + 2A_{31}y - A_{11}}\right], \qquad 2a)$$

$$\mathfrak{y} = \frac{1}{\mathfrak{a}_{11}}\left[-\mathfrak{a}_{12}\mathfrak{x} - \mathfrak{a}_{13} \pm \sqrt{-\mathfrak{A}_{33}\mathfrak{x}^2 + 2\mathfrak{A}_{23}\mathfrak{x} - \mathfrak{A}_{22}}\right], \qquad 1b)$$

$$\mathfrak{x} = \frac{1}{\mathfrak{a}_{22}}\left[-\mathfrak{a}_{12}\mathfrak{y} - \mathfrak{a}_{23} \pm \sqrt{-\mathfrak{A}_{33}\mathfrak{y}^2 + 2\mathfrak{A}_{31}\mathfrak{y} - \mathfrak{A}_{11}}\right]. \qquad 2b)$$

In 1*a*) und 2*a*) sind offenbar die Ausdrücke unter dem Wurzelzeichen für bezüglich $x = +\infty$, $y = +\infty$ positiv oder negativ, je nachdem A_{33} negativ oder positiv ist. Im ersteren Falle sind die Ausdrücke in 1*a*), 2*a*) reell, im zweiten imaginär. Dies bleibt so, bis die Radicanden Null werden. Dann werden sie, wenn $A_{33} < 0$ ist, imaginär, wenn $A_{33} > 0$ ist, reell. Dies bleibt abermals so, bis die Radicanden abermals Null werden, wo dann die Ausdrücke für $A_{33} < 0$ wieder reell, für $A_{33} > 0$

imaginär werden; dies bleiben sie bis zu bezüglich $x = -\infty$, $y = -\infty$. Um die Werthe für x zu finden, für welche der Radicand in 1a) Null wird, und die Werthe für y zu finden, für welche der Radicand in 2a) Null wird, hat man nur diese Radicanden $= 0$ zu setzen, und die so entstehenden Gleichungen nach x, y aufzulösen. Heissen die Wurzeln dieser Gleichungen bezüglich x_1, x_2, y_1, y_2, so findet man unter Anwendung der Beziehungen Art. 12, 10a).

$$x_1 = \frac{A_{23} + \sqrt{-a_{11}A}}{A_{33}}, \quad x_2 = \frac{A_{23} - \sqrt{-a_{11}A}}{A_{33}}; \qquad 3a)$$

$$y_1 = \frac{A_{31} + \sqrt{-a_{22}A}}{A_{33}}, \quad y_2 = \frac{A_{31} - \sqrt{-a_{22}A}}{A_{33}}. \qquad 4a)$$

Ebenso ergeben sich aus 1b), 2b) die Werthe

$$\mathfrak{x}_1 = \frac{\mathfrak{A}_{23} + \sqrt{-\mathfrak{a}_{11}\mathfrak{A}}}{\mathfrak{A}_{33}}, \quad \mathfrak{x}_2 = \frac{\mathfrak{A}_{23} - \sqrt{-\mathfrak{a}_{11}\mathfrak{A}}}{\mathfrak{A}_{33}}; \qquad 3b)$$

$$\mathfrak{y}_1 = \frac{\mathfrak{A}_{31} + \sqrt{-\mathfrak{a}_{22}\mathfrak{A}}}{\mathfrak{A}_{33}}, \quad \mathfrak{y}_2 = \frac{\mathfrak{A}_{31} - \sqrt{-\mathfrak{a}_{22}\mathfrak{A}}}{\mathfrak{A}_{33}}. \qquad 4b)$$

Sind nun x_1, x_2 imaginär, so giebt es also für $A_{33} < 0$ keinen reellen Werth von x, für welchen y imaginär würde, es ist also dann y für jedes reelle x auch reell; für $A_{33} > 0$ giebt es keinen reellen Werth x, für welchen y reell würde, es ist also dann y für jedes reelle x imaginär. Sind x_1, x_2 reell, so giebt es für $A_{33} < 0$ reelle Werthe von x, für welche y imaginär wird, und für $A_{33} > 0$ reelle Werthe von x, für welche y auch reell wird. Ebenso ist, wenn y_1, y_2 imaginär sind, für $A_{33} < 0$ x für jedes reelle y auch reell, für $A_{33} > 0$ für jedes reelle y imaginär. Sind y_1, y_2 reell, so giebt es für $A_{33} < 0$ reelle Werthe von y, für welche x imaginär wird, und für $A_{33} > 0$ reelle Werthe von y, für welche x reell wird.

Ist nun   I. $A_{33} < 0$, $\mathfrak{A}_{33} < 0$,

und ist, da $A_{33} = a_{11}a_{22} - a_{12}^2$, $\mathfrak{A}_{33} = \mathfrak{a}_{11}\mathfrak{a}_{22} - \mathfrak{a}_{12}^2$ ist,

1. $a_{11} \gtreqless 0, a_{22} \gtreqless 0, \mathfrak{a}_{11} \gtreqless 0, \mathfrak{a}_{12} \gtreqless 0$,

so können a_{11} und a_{22}, $\mathfrak{a}_{11}$ und $\mathfrak{a}_{22}$ verschiedene, oder gleiche Vorzeichen haben. Ist nun ersteres der Fall, ist also

A) $a_{11}a_{22} < 0$, $\mathfrak{a}_{11}\mathfrak{a}_{22} < 0$,

und ist $\mathfrak{A}$) $a_{11}A < 0$, $\mathfrak{a}_{11}\mathfrak{A} < 0$,

Art. 14.] — 35 —

also $\qquad a_{22}A > 0, \qquad \mathfrak{a}_{22}\mathfrak{A} > 0,$

so sind die Werthe in 3a), 3b) reell, in 4a), 4b) imaginär. Es giebt also dann reelle Abscissen, für welche es keine reelle Ordinate giebt, dagegen gehören zu jeder reellen Ordinate reelle Abscissen. Bei Punkt-Coordinaten sieht man daher sogleich, dass dann die Gleichung eine Hyperbel bezeichnet, und zwar in einem der Fälle 1. a, 2. a, 3. a. Bei Linien-Coordinaten hat man, da es nicht zu jedem reellen $\mathfrak{x}$ reelle $\mathfrak{y}$, wohl aber zu jedem reellen $\mathfrak{y}$ reelle $\mathfrak{x}$ giebt, den Fall III. 5. a; O ausserhalb der Curve, die Abscissen-Axe schneidet die Curve, die Ordinaten-Axe schneidet nicht und berührt nicht. Nach dem Früheren können nun bei der Hyperbel nur die Fälle 1. a, 1. b, 1. c, 2. a, 3. a in Betracht kommen, weil nur in ihnen Tangenten existiren, welche parallel den Coordinaten-Axen verlaufen. Und zwar müssen beide zur Ordinaten-($\mathfrak{y}$-)Axe parallele die Abscissen-($\mathfrak{x}$-)Axe auf verschiedenen Seiten, die eine auf der positiven, die andere auf der negativen schneiden, und es muss stets zwei solche zur Ordinaten-Axe parallele Tangenten geben. Dagegen giebt es in den Fällen 1.a, 2.a, 3.a keine zur Abscissen-Axe parallele Tangente, im Falle 1.b nur 1 solche Tangente, eine Asymptote, und nur im Falle 1.c zwei solche Tangenten, und diese müssen die Ordinaten-Axe auf derselben Seite, beide auf der positiven, oder beide auf der negativen Seite schneiden. Bei der Ellipse aber muss es stets zwei zur Ordinaten-Axe parallele Tangenten geben, und zwar müssen diese die Abscissen-Axe auf derselben Seite schneiden, zugleich aber auch muss es stets zwei zur Abscissen-Axe parallele Tangenten geben, und diese müssen die Ordinaten-Axe auf verschiedenen Seiten, die eine auf der positiven, die andere auf der negativen Seite schneiden. Bei der Parabel kann es, wenn die Abscissen-Axe der Parabel-Haupt-Axe nicht parallel ist, nur eine im Endlichen liegende zur Ordinaten-Axe, und eine im Endlichen liegende zur Abscissen-Axe parallele Tangente geben. Ist aber die Abscissen-Axe der Parabel-Haupt-Axe parallel, so kann es nur eine im Endlichen liegende zur Ordinaten-Axe, aber keine im Endlichen liegende zur Abscissen-Axe parallele Tangente geben. Die zur Ordinaten- und

Abscissen-Axe parallelen Tangenten haben nun offenbar bezüglich die Ordinate $\mathfrak{y} = 0$, die Abscisse $\mathfrak{x} = 0$. Setzt man nun in 1b) $\mathfrak{x} = 0$, so erhält man die beiden Werthe von $\mathfrak{y}$, in welchen die zur Abscissen-Axe parallelen Tangenten die Ordinaten-Axe schneiden, sie sollen stets $\mathfrak{y}', \mathfrak{y}''$ heissen; setzt man in 2b) $\mathfrak{y} = 0$, so erhält man die beiden Werthe von $\mathfrak{x}$, in welchen die zur Ordinaten-Axe parallelen Tangenten die Abscissen-Axe schneiden, sie sollen stets $\mathfrak{x}', \mathfrak{x}''$ heissen. Man hat also

$$\mathfrak{y}' = \frac{-\mathfrak{a}_{13} + \sqrt{-\mathfrak{A}_{22}}}{\mathfrak{a}_{11}}, \quad \mathfrak{y}'' = \frac{-\mathfrak{a}_{13} - \sqrt{-\mathfrak{A}_{22}}}{\mathfrak{a}_{11}}; \qquad 5)$$

$$\mathfrak{x}' = \frac{-\mathfrak{a}_{23} + \sqrt{-\mathfrak{A}_{11}}}{\mathfrak{a}_{22}}, \quad \mathfrak{x}'' = \frac{-\mathfrak{a}_{23} - \sqrt{-\mathfrak{A}_{11}}}{\mathfrak{a}_{22}}. \qquad 6)$$

Soll also die Curve eine Hyperbel sein, so müssen $\mathfrak{x}', \mathfrak{x}''$ reell und verschiedenen Zeichens sein. Dazu ist erforderlich, dass $\mathfrak{A}_{11} < 0$, oder $\mathfrak{a}_{22}\mathfrak{a}_{33} - \mathfrak{a}_{23}^2 < 0$ ist, und dass $\mathfrak{a}_{22}\mathfrak{a}_{33} < 0$ ist, dass also $\mathfrak{a}_{22}$ und $\mathfrak{a}_{33}$ verschiedene Vorzeichen haben. Da $\mathfrak{a}_{22}\mathfrak{A} > 0$ sein sollte, muss sein

$$\mathfrak{a}_{33}\mathfrak{A} < 0.$$

Soll die Curve eine Ellipse sein, so müssen $\mathfrak{y}', \mathfrak{y}'', \mathfrak{x}', \mathfrak{x}''$ reell, und zwar $\mathfrak{x}', \mathfrak{x}''$ gleichen, $\mathfrak{y}', \mathfrak{y}''$ verschiedenen Zeichens sein. Damit nun $\mathfrak{x}', \mathfrak{x}'', \mathfrak{y}', \mathfrak{y}''$ reell sind, muss $\mathfrak{A}_{11} < 0$, $\mathfrak{A}_{22} < 0$, oder $\mathfrak{a}_{22}\mathfrak{a}_{33} - \mathfrak{a}_{23}^2 < 0$, $\mathfrak{a}_{33}\mathfrak{a}_{11} - \mathfrak{a}_{13}^2 < 0$ sein. Damit $\mathfrak{x}', \mathfrak{x}''$ gleiches, $\mathfrak{y}', \mathfrak{y}''$ verschiedenes Vorzeichen haben, muss $\mathfrak{a}_{22}\mathfrak{a}_{33} > 0$, $\mathfrak{a}_{33}\mathfrak{a}_{11} < 0$ sein. Es muss also $\mathfrak{a}_{33}$ mit $\mathfrak{a}_{22}$ gleiches, mit $\mathfrak{a}_{11}$ entgegengesetztes Vorzeichen haben; es müssen daher die Bedingungen zugleich erfüllt sein:

$$\mathfrak{a}_{33}\mathfrak{A} > 0, \; \mathfrak{A}_{11} < 0, \; \mathfrak{A}_{22} < 0.$$

Soll die Curve eine Parabel sein, so muss $\mathfrak{x}'$ oder $\mathfrak{x}''$ gleich Null, ebenso $\mathfrak{y}'$ oder $\mathfrak{y}''$ gleich Null, oder beide Null sein. Beide Bedingungen sind offenbar erfüllt, wenn $\mathfrak{a}_{33} = 0$ ist, sollen beide $\mathfrak{y}', \mathfrak{y}''$ Null sein, so muss speziell auch $\mathfrak{a}_{13} = 0$ sein. Die Bedingung für die Parabel ist also

$$\mathfrak{a}_{33} = 0.$$

Ist $\qquad\mathfrak{B})\; a_{11}A > 0, \qquad \mathfrak{a}_{11}\mathfrak{A} > 0,$

also $\qquad\qquad\quad a_{22}A < 0, \qquad \mathfrak{a}_{22}\mathfrak{A} < 0,$

so sieht man: Zu jeder Abscisse gehören reelle Ordinaten,

[Art. 14.]

aber es giebt reelle Ordinaten, zu welchen es keine reelle Abscisse giebt. Bei Punkt-Coordinaten hat man also eine Hyperbel, und zwar einen der Fälle 1.c, 2.c, 3.e. Bei Linien-Coordinaten hat man die Lage III. 5.b des Axen-Systems. Bei der Hyperbel kommen hier nur die Fälle 1.c, 1.d, 1.e, 2.c, 3.e in Betracht. Wie bisher überzeugt man sich, dass dann die Gleichung eine Hyperbel, Ellipse, Parabel bezeichnet, wenn bezüglich
$$\mathfrak{a}_{33}\mathfrak{A} < 0,$$
$$\mathfrak{a}_{33}\mathfrak{A} > 0, \quad \mathfrak{A}_{11} < 0, \quad \mathfrak{A}_{22} < 0,$$
$$\mathfrak{a}_{33} = 0$$
ist.

Ist $\quad B)\ a_{11}a_{22} > 0, \qquad \mathfrak{a}_{11}\mathfrak{a}_{22} > 0,$
haben also a_{11}, a_{22}; $\mathfrak{a}_{11}, \mathfrak{a}_{22}$ gleiches Zeichen, und ist
$$\mathfrak{A})\ a_{11}A < 0, \qquad \mathfrak{a}_{11}\mathfrak{A} < 0,$$
also auch $\quad a_{22}A < 0, \qquad \mathfrak{a}_{22}\mathfrak{A} < 0;$

so sind die Werthe in 3a), 4a), 3b), 4b) sämmtlich reell. Man sieht also, es giebt reelle Abscissen, für welche es keine reellen Ordinaten, und reelle Ordinaten, für welche es keine reellen Abscissen giebt. Bei Punkt-Coordinaten sieht man sogleich, dass man eine Hyperbel, und zwar den Fall 1.c hat. Bei Linien-Coordinaten sieht man hingegen, da nach 1b), 2b) für $\mathfrak{x} = \infty$ auch $\mathfrak{y} = \infty$, und für $\mathfrak{y} = \infty$ auch $\mathfrak{x} = \infty$ wird, dass man den Fall III. 4 vor sich hat. Bei der Hyperbel können hier alle Fälle von 1.a bis 3.e statt haben. Man sieht nun sogleich, dass, wenn die Curve eine Hyperbel sein soll, $\mathfrak{y}', \mathfrak{y}'', \mathfrak{x}', \mathfrak{x}''$ reell oder imaginär sein können, dass aber, wenn das eine oder andere Paar, oder beide Paare reell sind, $\mathfrak{y}'$ und $\mathfrak{y}''$, $\mathfrak{x}'$ und $\mathfrak{x}''$ gleiches Zeichen haben müssen; ferner dass, wenn die Curve eine Ellipse sein soll, $\mathfrak{y}', \mathfrak{y}'', \mathfrak{x}', \mathfrak{x}''$ reell, aber verschiedenen Zeichens sein müssen; dass, wenn die Curve eine Parabel sein soll, $\mathfrak{y}'$ oder $\mathfrak{y}''$, und zugleich $\mathfrak{x}'$ oder $\mathfrak{x}''$ Null, der andere Werth reell, oder dass drei dieser vier Grössen Null, die vierte reell sein muss. Die Bedingung für die Hyperbel beschränkt sich offenbar darauf, dass $\mathfrak{a}_{33}\mathfrak{a}_{11} > 0$, $\mathfrak{a}_{22}\mathfrak{a}_{33} > 0$ ist, dass also auch
$$\mathfrak{a}_{33}\mathfrak{A} < 0$$
ist. Die Bedingung für die Ellipse reducirt sich darauf, dass

[Art. 14.

$\mathfrak{a}_{33}\mathfrak{a}_{11} < 0$, $\mathfrak{a}_{22}\mathfrak{a}_{33} < 0$, also $\mathfrak{a}_{33}\mathfrak{A} > 0$ sein muss. Die anderen Bedingungen, dass $\mathfrak{A}_{11} < 0$, $\mathfrak{A}_{22} < 0$ ist, folgen aus $\mathfrak{a}_{33}\mathfrak{a}_{11} < 0$, $\mathfrak{a}_{22}\mathfrak{a}_{33} < 0$ von selbst. Man hat also eine Ellipse, wenn
$$\mathfrak{a}_{33}\mathfrak{A} > 0, \quad \mathfrak{A}_{11} < 0, \quad \mathfrak{A}_{22} < 0$$
ist. Die allgemeine Bedingung für das Auftreten der Parabel, abgesehen von speziellen Fällen, $\mathfrak{a}_{13} = 0$, $\mathfrak{a}_{23} = 0$, lautet wie früher
$$\mathfrak{a}_{33} = 0.$$

Ist $\quad\quad$ B) $a_{11}A > 0,\quad\quad \mathfrak{a}_{11}\mathfrak{A} > 0,$
also auch $\quad\quad a_{22}A > 0,\quad\quad \mathfrak{a}_{22}\mathfrak{A} > 0,$

so sind die Werthe in 3a), 4a), 3b), 4b) imaginär. Es giebt also zu allen reellen Abscissen reelle Ordinaten, und umgekehrt. Bei Punkt-Coordinaten folgt daraus, dass man dann eine Hyperbel, und zwar den Fall 3.c hat. Bei Linien-Coordinaten hat man den Fall III. 6. Bei der Hyperbel, bei welcher hier nur der Fall 1.c eintreten kann, müssen $\mathfrak{x}', \mathfrak{x}'', \mathfrak{y}', \mathfrak{y}''$ stets reell und verschiedenen Zeichens, bei der Ellipse dieselben Grössen auch reell, aber gleiches Zeichens sein; bei der Parabel $\mathfrak{x}'$ oder $\mathfrak{x}''$, $\mathfrak{y}'$ oder $\mathfrak{y}''$ Null sein. Man hat also offenbar eine Hyperbel, wenn $\mathfrak{a}_{33}\mathfrak{a}_{11} < 0$, $\mathfrak{a}_{22}\mathfrak{a}_{33} < 0$ ist, wenn also das Vorzeichen von $\mathfrak{a}_{33}$ das entgegensetzte des Vorzeichens von $\mathfrak{a}_{11}$, $\mathfrak{a}_{22}$ ist, und wenn daher
$$\mathfrak{a}_{33}\,\mathfrak{A} < 0$$
ist. Für die Ellipse hat man die Bedingung $\mathfrak{a}_{22}\mathfrak{a}_{33} > 0$, $\mathfrak{a}_{33}\mathfrak{a}_{11} > 0$, aber $\mathfrak{A}_{11} < 0$, $\mathfrak{A}_{22} < 0$, oder
$$\mathfrak{a}_{33}\mathfrak{A} > 0, \quad \mathfrak{A}_{11} < 0, \quad \mathfrak{A}_{22} < 0.$$
Für die Parabel gilt die Bedingung
$$\mathfrak{a}_{33} = 0.$$

Ist ferner $\quad$ 2. $a_{11} \gtrless 0$, $a_{22} = 0$, $\quad \mathfrak{a}_{11} \gtrless 0$, $\mathfrak{a}_{22} = 0$,
in welchem Falle, da $A_{33} = a_{11}a_{22} - a_{12}^2 < 0$, $\mathfrak{A}_{33} = \mathfrak{a}_{11}\mathfrak{a}_{22} - \mathfrak{a}_{12}^2 < 0$ sein soll, weder a_{12} noch $\mathfrak{a}_{12}$ Null sein kann, so gehen die Gleichungen 1a), 1b), $F(x,y) = 0$, $\mathfrak{F}(\mathfrak{x}, \mathfrak{y}) = 0$ für $a_{22} = 0$, $\mathfrak{a}_{22} = 0$ über in

$$y = \frac{1}{a_{11}}\left[-a_{12}x - a_{13} \pm \sqrt{a_{12}^2 x^2 + 2A_{23}x - A_{22}}\right], \quad 7a)$$

$$x = -\frac{a_{11}y^2 + 2a_{13}y + a_{33}}{2(a_{12}y + a_{23})}, \quad 8a)$$

Art. 14.]   — 39 —

$$\mathfrak{y} = \frac{1}{\mathfrak{a}_{11}}\left[-\mathfrak{a}_{12}\mathfrak{x} - \mathfrak{a}_{13} \pm \sqrt{\mathfrak{a}_{12}{}^2\mathfrak{x}^2 + 2\mathfrak{A}_{23}\mathfrak{x} - \mathfrak{A}_{22}}\right], \qquad 7b)$$

$$\mathfrak{x} = -\frac{\mathfrak{a}_{11}\mathfrak{y}^2 + 2\mathfrak{a}_{13}\mathfrak{y} + \mathfrak{a}_{33}}{2(\mathfrak{a}_{12}\mathfrak{y} + \mathfrak{a}_{23})}. \qquad 8b)$$

Wie 2a), 2b) unbrauchbar werden, weil sie den Nenner Null enthalten würden, so gelten auch die auf 2a), 2b) basirten Gleichungen 4a), 4b) nicht mehr, während 3a), 3b) in Kraft bleiben. Ist nun

$$\mathfrak{A})\quad \mathfrak{a}_{11}A < 0, \qquad \mathfrak{a}_{11}\mathfrak{A} < 0,$$

so sind die Ausdrücke in 3a), 3b) reell. Aus ihnen und aus 8a), 8b) ersieht man: Es giebt reelle Abscissen, für welche keine reellen Ordinaten existiren, dagegen gehört zu jeder reellen Ordinate eine, aber nur eine einzige, Abscisse. Bei Punkt-Coordinaten hat man also hier eine Hyperbel, nämlich den Fall 1.b. Bei Linien-Coordinaten sieht man aus 7b), dass für $\mathfrak{x} = \infty$ auch $\mathfrak{y} = \infty$ ist, aber aus 8b) ist ersichtlich, dass für $\mathfrak{y} = \infty$ $\mathfrak{x}$ nicht nothwendig den Werth ∞, sondern den unbestimmten Werth $\frac{\infty}{\infty}$ erhält. Man hat also den Fall III.2.b. Die Gleichungen 5) bleiben, da sie aus 1b) hervorgingen, unverändert, an die Stelle der aus 2b) hervorgegangenen Gleichungen 6) tritt aber die eine aus 8b) für $\mathfrak{y} = 0$ fliessende:

$$\mathfrak{x}' = -\frac{\mathfrak{a}_{33}}{2\mathfrak{a}_{23}}, \qquad 9)$$

wie es auch sein muss, da es zur Ordinaten-Axe, die selbst Tangente ist, nur noch eine einzige parallele Tangente geben kann. Dieser Werth $\mathfrak{x}'$ ist stets reell, kann aber auch $= 0$, oder $= \infty$ sein, in welchem letzteren Falle die zweite Tangente mit der ersten, also mit der Ordinaten-Axe zusammenfällt. Bei der Hyperbel sind hier nur die Fälle 1.a, 1.b, 1.c, 1.d, 2.a, 2.b, 3.a, 3.b möglich. Soll nun die Curve eine Hyperbel sein, so können $\mathfrak{y}', \mathfrak{y}''$ imaginär oder reell sein, im letzteren Falle aber müssen sie gleiches Zeichens sein. Soll die Curve eine Ellipse sein, so müssen $\mathfrak{y}', \mathfrak{y}''$ stets reell, aber verschiedenen Zeichens sein. Die Curve ist eine Parabel, wenn $\mathfrak{x}' = 0$, und $\mathfrak{y}', \mathfrak{y}''$ beide gleich Null, oder eins Null ist. Man hat also eine Hyperbel, wenn $\mathfrak{a}_{33}\mathfrak{a}_{11} > 0$ ist, wenn also $\mathfrak{a}_{33}$ und $\mathfrak{a}_{11}$ gleiches Zeichen haben, und also

$$\mathfrak{a}_{33}\mathfrak{A} < 0$$

ist. Wenn ausser $\mathfrak{a}_{22}$ auch $\mathfrak{a}_{23}$, also auch $\mathfrak{A}_{11}$ Null ist, so fallen in der Ordinaten-Axe zwei Tangenten zusammen; so in den Fällen 1.d, 2.b, 3.b; in 3.b fallen auch die beiden zur Abscissen-Axe parallelen Tangenten in eine einzige, eine Asymptote (die andere ist die Ordinaten-Axe) zusammen. Man hat ferner eine Ellipse, wenn $\mathfrak{a}_{33}\mathfrak{a}_{11} < 0$, also $\mathfrak{a}_{33}\mathfrak{A} > 0$, und $\mathfrak{a}_{33}\mathfrak{a}_{11} - \mathfrak{a}_{13}^2 < 0$, oder $\mathfrak{A}_{22} < 0$ ist; wegen $\mathfrak{a}_{22} = 0$ ist zugleich auch $\mathfrak{a}_{22}\mathfrak{a}_{33} - \mathfrak{a}_{23}^2$ oder $\mathfrak{A}_{11} < 0$. Man hat also auch hier die Bedingungen

$$\mathfrak{a}_{33}\mathfrak{A} > 0, \quad \mathfrak{A}_{11} < 0, \quad \mathfrak{A}_{22} < 0.$$

Die Curve ist eine Parabel, wenn

$$\mathfrak{a}_{33} = 0$$

ist.

Ist $\quad\quad$ $\mathfrak{B}$) $\;a_{11}A > 0, \quad a_{11}\mathfrak{A} > 0,$

so sind die Werthe 3a), 3b) imaginär. Aus ihnen und aus 8a), 8b) folgt, dass dann zu jeder reellen Abscisse reelle Ordinaten, zu jeder reellen Ordinate eine, aber nur eine einzige, Abscisse gehört. Bei Punkt-Coordinaten erkennt man sogleich, dass man dann eine Hyperbel, und zwar im Falle 3.b, vor sich hat. Bei Linien-Coordinaten hat man den Fall III. 3.b. Soll hier die Curve eine Hyperbel, für welche nur die Fälle 1.c, 1.d eintreten können, sein, so müssen $\mathfrak{y}'$, $\mathfrak{y}''$ reell, und verschiedenen Zeichens sein; bei der Ellipse müssen sie reell und von gleichem Vorzeichen sein. Man sieht daher sogleich, dass man eine Hyperbel hat, wenn

$$\mathfrak{a}_{33}\mathfrak{A} < 0$$

eine Ellipse, wenn $\quad \mathfrak{a}_{33}\mathfrak{A} > 0, \; \mathfrak{A}_{11} < 0, \; \mathfrak{A}_{22} < 0$

ist, wobei, wegen $\mathfrak{a}_{22} = 0$ von selbst $\mathfrak{A}_{11} < 0$ ist. Endlich hat man eine Parabel, wenn

$$\mathfrak{a}_{33} = 0$$

ist.

Ist $\quad$ 3. $a_{11} = 0, \; a_{22} \gtreqless 0, \; \mathfrak{a}_{11} = 0, \; \mathfrak{a}_{22} \gtreqless 0,$

so gelten die Gleichungen 1a), 1b), und in Folge dessen 3a), 3b) nicht mehr. Die den Gleichungen 1a), 1b) entsprechenden sind dann aus $F(x, y) = 0$, $\mathfrak{F}(\mathfrak{x}, \mathfrak{y}) = 0$ abzuleiten.

Art. 14.]

Man hat dann nach diesen, sowie nach 4a), 4b) für $a_{11} = 0$, $\mathfrak{a}_{11} = 0$

$$y = -\frac{a_{22}x^2 + 2a_{12}x + a_{33}}{2(a_{12}x + a_{13})}, \qquad 10a)$$

$$x = \frac{1}{a_{22}}\left[-a_{12}y - a_{23} \pm \sqrt{a_{12}^2 y^2 + 2A_{31}y - A_{11}}\right]; \quad 11a)$$

$$\mathfrak{y} = -\frac{\mathfrak{a}_{22}\mathfrak{x}^2 + 2\mathfrak{a}_{12}\mathfrak{x} + \mathfrak{a}_{33}}{2(\mathfrak{a}_{12}\mathfrak{x} + \mathfrak{a}_{13})}, \qquad 10b)$$

$$\mathfrak{x} = \frac{1}{\mathfrak{a}_{22}}\left[-\mathfrak{a}_{12}\mathfrak{y} - \mathfrak{a}_{23} \pm \sqrt{\mathfrak{a}_{12}^2\mathfrak{y}^2 + 2\mathfrak{A}_{31}\mathfrak{y} - \mathfrak{A}_{11}}\right]. \quad 11b)$$

Ist nun $\qquad \mathfrak{A}$) $a_{22}A < 0, \qquad \mathfrak{a}_{22}\mathfrak{A} < 0,$

so hat man bei Punkt-Coordinaten eine Hyperbel, im Falle 1. d. Bei Linien-Coordinaten liegt offenbar III. 2. a vor. Statt der Gleichungen 5) erhält man aus 10b)

$$\mathfrak{y}' = -\frac{\mathfrak{a}_{33}}{2\mathfrak{a}_{13}} \qquad 12)$$

und man überzeugt sich, wie bisher, leicht, dass man eine Hyperbel hat, wenn $\mathfrak{x}'$, $\mathfrak{x}''$ imaginär oder reell, im letztern Falle gleichen Zeichens, also

$$\mathfrak{a}_{33}\mathfrak{A} < 0,$$

eine Ellipse, wenn $\mathfrak{x}'$, $\mathfrak{x}''$ reell und verschiedenen Zeichens, also

$$\mathfrak{a}_{33}\mathfrak{A} > 0, \ \mathfrak{A}_{11} < 0, \ \mathfrak{A}_{22} < 0,$$

eine Parabel, wenn $\qquad \mathfrak{a}_{33} = 0$

ist. Bei der Hyperbel hat man die Fälle 1. b, 1. c, 1. d, 1. e, 2. b, 2. c, 3. d, 3. e. Ist ausser $\mathfrak{a}_{11}$ auch $\mathfrak{a}_{31} = 0$, also $\mathfrak{A}_{22} = 0$, so fallen, wie im Falle 1. b, 2. b, 3. d in der Abscissen-Axe zwei Tangenten zusammen, in 2. b auch die beiden zur Ordinaten-Axe parallelen Tangenten.

Ist $\qquad \mathfrak{B}$) $a_{22}A > 0, \qquad \mathfrak{a}_{22}\mathfrak{A} > 0,$

so sind 4a), 4b) imaginär. Hieraus und aus 10a), 10b) erkennt man bei Punkt-Coordinaten sogleich die Hyperbel im Falle 3. b. Bei Linien-Coordinaten hat man den Fall III. 3. a, und sieht auch hier, dass man eine Hyperbel, und zwar im Falle 1. b oder 1. c hat, wenn

$$\mathfrak{a}_{33}\mathfrak{A} < 0,$$

eine Ellipse, wenn $\qquad \mathfrak{a}_{33}\mathfrak{A} > 0, \ \mathfrak{A}_{11} < 0, \ \mathfrak{A}_{22} < 0$

eine Parabel, wenn $\qquad \mathfrak{a}_{33} = 0$

ist.

Ist 4. $a_{11} = 0$, $a_{22} = 0$, $\mathfrak{a}_{11} = 0$, $\mathfrak{a}_{22} = 0$,
wobei also, da A_{33}, $\mathfrak{A}_{33}$ von Null verschieden sein soll, nicht zugleich a_{12}, $\mathfrak{a}_{12}$ Null sein kann, so treten an die Stelle der Gleichungen 1a), 2a), 1b), 2b) die aus $F(x,y) = 0$, $\mathfrak{F}(\mathfrak{x},\mathfrak{y}) = 0$ für $a_{11} = a_{22} = 0$, $\mathfrak{a}_{11} = \mathfrak{a}_{22} = 0$ folgenden

$$y = -\frac{2a_{23}x + a_{33}}{2(a_{12}x + a_{13})}, \qquad 13a)$$

$$x = -\frac{2a_{13}y + a_{33}}{2(a_{12}y + a_{23})}; \qquad 14a)$$

$$\mathfrak{y} = -\frac{2\mathfrak{a}_{23}\mathfrak{x} + \mathfrak{a}_{33}}{2(\mathfrak{a}_{12}\mathfrak{x} + \mathfrak{a}_{13})}, \qquad 13b)$$

$$\mathfrak{x} = -\frac{2\mathfrak{a}_{13}\mathfrak{y} + \mathfrak{a}_{33}}{2(\mathfrak{a}_{12}\mathfrak{y} + \mathfrak{a}_{23})}. \qquad 14b)$$

Man sieht daher: Es giebt zu jeder reellen Abscisse eine, aber nur eine einzige Ordinate, zu jeder reellen Ordinate eine, aber nur eine einzige Abscisse. Bei Punkt-Coordinaten erkennt man daher sogleich, dass die Gleichung eine Hyperbel, und zwar eine gleichseitige, nämlich den Fall 2.b darstellt, indem beide Coordinaten-Axen den Asymptoten parallel sind. Man sieht dies noch deutlicher, wenn man

$$x = x' - \frac{a_{13}}{a_{12}}, \; y = y' - \frac{a_{23}}{a_{12}}$$

setzt, durch welche Substitution die Gleichung die Gestalt erhält

$$x'y' = \frac{2a_{13}a_{23} - a_{12}a_{33}}{2a_{12}^2}.$$

Bei Linien-Coordinaten hat man offenbar den Fall III.1, welcher, wie schon früher erwähnt ward, eine besondere Untersuchung erfordert. Da es in diesem Falle zu jeder Axe nur eine einzige parallele Tangente giebt, ist eine Entscheidung mit Hilfe der Vorzeichen von $\mathfrak{x}'$, $\mathfrak{x}''$, $\mathfrak{y}'$, $\mathfrak{y}''$ nicht mehr möglich. Man muss daher folgenden Weg einschlagen: Man entwerfe eine Zeichnung dieses Falles, insbesondere für Ellipse und Hyperbel. Die (positive Seite der) Abscissen-Axe berühre die Curve in P, die (positive Seite der) Ordinaten-Axe berühre in L, die zur Ordinaten-Axe parallel laufende Tangente berühre in K und schneide die Abscissen-Axe in S; die zur Abscissen-Axe parallele Tangente schneide die zur Ordinaten-Axe parallele Tangente in Q, die Ordinaten-Axe in R. Bei der Hyperbel

[Art. 14.] — 43 —

sind hier zwei Fälle möglich: entweder nämlich berühren die Coordinaten-Axen die eine den einen, die andere den anderen Ast, oder beide berühren denselben Ast der Hyperbel. Stets aber liegen bei der Ellipse L und K auf derselben, bei der Hyperbel aber auf verschiedenen Seiten der Abscissen-Axe. Bei der Ellipse also müssen die Strecken OL, SK gleiches, bei der Hyperbel verschiedenes Vorzeichen besitzen; und umgekehrt: besitzen OL, SK gleiches Vorzeichen, so ist die Curve eine Ellipse, besitzen sie verschiedenes Vorzeichen eine Hyperbel. Bezeichnet nun, wie bisher, $\mathfrak{x}', \mathfrak{y}'$ den reciproken Werth bezüglich von OS, OR, ist also $\mathfrak{x}'$ der aus 14b) für $\mathfrak{y} = 0$, $\mathfrak{y}'$ der aus 13b) für $\mathfrak{x} = 0$ sich ergebende Werth, und sucht man ferner den aus 14b) für $\mathfrak{y} = \infty$ folgenden Werth $\mathfrak{x}_1$ von $\mathfrak{x}$, und den aus 13b) für $\mathfrak{x} = \infty$ folgenden Werth $\mathfrak{y}_1$ von $\mathfrak{y}$, so hat man sogleich

$$\mathfrak{x}' = -\frac{a_{33}}{2a_{23}},\quad \mathfrak{y}' = -\frac{a_{33}}{2a_{13}},$$

und da offenbar

$$\mathfrak{x} = -\frac{2a_{13} + \frac{a_{33}}{\mathfrak{y}}}{2\left(a_{12} + \frac{a_{23}}{\mathfrak{y}}\right)},\quad \mathfrak{y} = -\frac{2a_{23} + \frac{a_{33}}{\mathfrak{x}}}{2\left(a_{12} + \frac{a_{13}}{\mathfrak{x}}\right)}$$

ist, für $\mathfrak{y} = \infty$, $\mathfrak{x} = \infty$

$$\mathfrak{x}_1 = -\frac{a_{13}}{a_{12}},\quad \mathfrak{y}_1 = -\frac{a_{23}}{a_{12}}.$$

Da es nun auf der Abscissen-Axe keinen anderen Punkt als P geben kann, für welchen das zugehörige $\mathfrak{y}$ unendlich ist, und da es auf der Ordinaten-Axe keinen anderen Punkt als L geben kann, für welchen das zugehörige $\mathfrak{x}$ unendlich ist, muss $\mathfrak{x}_1$ der reciproke Werth von OP, $\mathfrak{y}_1$ der reciproke Werth von OL sein. Man hat daher

$$\frac{1}{OP} = -\frac{a_{13}}{a_{12}},\quad \frac{1}{OL} = -\frac{a_{23}}{a_{12}},\quad \frac{1}{OS} = -\frac{a_{33}}{2a_{23}},$$

$$\frac{1}{OR} = -\frac{a_{33}}{2a_{13}},$$

oder

$$OP = -\frac{a_{12}}{a_{13}},\quad OL = -\frac{a_{12}}{a_{23}},\quad OS = -\frac{2a_{23}}{a_{33}},$$

$$OR = -\frac{2a_{13}}{a_{33}}. \qquad\qquad\text{†)}$$

Es wird also OL erhalten, indem man in der Gleichung der Curve, welche (wegen $\mathfrak{a}_{11} = 0$, $\mathfrak{a}_{22} = 0$) lautet
$$2\mathfrak{a}_{12}\mathfrak{x}\mathfrak{y} + 2\mathfrak{a}_{13}\mathfrak{y} + 2\mathfrak{a}_{23}\mathfrak{x} + \mathfrak{a}_{33} = 0$$
den negativen Quotienten aus dem Coefficienten von $\mathfrak{x}\mathfrak{y}$ und $\mathfrak{x}$ bildet. Verlegt man nun den Coordinaten-Anfangspunkt nach S, nimmt die frühere Abscissen-Axe auch als die neue, die zur früheren Ordinaten-Axe parallele Tangente als neue Ordinaten-Axe, und behält die positiven und negativen Richtungen derselben bei, so muss auch für das neue System die Gleichung der Curve die Gestalt haben

$$2\mathfrak{a}'_{12}\mathfrak{x}\mathfrak{y} + 2\mathfrak{a}'_{13}\mathfrak{y} + 2\mathfrak{a}'_{23}\mathfrak{x} + \mathfrak{a}'_{33} = 0, \qquad *)$$

oder $\qquad 2\dfrac{\mathfrak{a}'_{12}}{\mathfrak{a}'_{33}}\mathfrak{x}\mathfrak{y} + 2\dfrac{\mathfrak{a}'_{13}}{\mathfrak{a}'_{33}}\mathfrak{y} + 2\dfrac{\mathfrak{a}'_{23}}{\mathfrak{a}'_{33}}\mathfrak{x} + 1 = 0. \qquad **)$

Man hat dann analog dem 1ten, 3ten, 4ten Werth in †),

$$SP = -\frac{\mathfrak{a}'_{12}}{\mathfrak{a}'_{13}}, \quad SO = -\frac{2\mathfrak{a}'_{23}}{\mathfrak{a}'_{33}}, \quad SQ = -\frac{2\mathfrak{a}'_{13}}{\mathfrak{a}'_{33}}, \qquad ††)$$

wobei, wie in †) die Quotienten rechts von den Gleichheitszeichen sowohl die absolute Länge als das Vorzeichen der Strecken angeben. Nun ist, wenn der Einfachheit wegen der Fall der Ellipse zu Grunde gelegt wird, an absolutem Werth $SP = OS - OP$; also da in ††) SP einen negativen Werth bezeichnet, während OS und OP in †) positiv sein müssen,

$$\frac{\mathfrak{a}'_{12}}{\mathfrak{a}'_{13}} = -\frac{2\mathfrak{a}_{23}}{\mathfrak{a}_{33}} + \frac{\mathfrak{a}_{12}}{\mathfrak{a}_{13}}.$$

Ferner ist an absolutem Werth SO in ††) gleich OS in †), da aber ersterer negativ, letzterer positiv ist, hat man

$$\frac{2\mathfrak{a}'_{23}}{\mathfrak{a}'_{33}} = -\frac{2\mathfrak{a}_{23}}{\mathfrak{a}_{33}}.$$

Endlich ist an absolutem Werthe SQ gleich OR; und da beide in ††) und in †) das gleiche Zeichen haben,

$$-\frac{2\mathfrak{a}'_{13}}{\mathfrak{a}'_{33}} = -\frac{2\mathfrak{a}_{13}}{\mathfrak{a}_{33}}.$$

Man hat also die drei Gleichungen

$$\frac{\mathfrak{a}'_{12}}{\mathfrak{a}'_{13}} = -2\frac{\mathfrak{a}_{23}}{\mathfrak{a}_{33}} + \frac{\mathfrak{a}_{12}}{\mathfrak{a}_{13}}, \quad \frac{\mathfrak{a}'_{23}}{\mathfrak{a}'_{33}} = -\frac{\mathfrak{a}_{23}}{\mathfrak{a}_{33}}, \quad \frac{\mathfrak{a}'_{13}}{\mathfrak{a}'_{33}} = \frac{\mathfrak{a}_{13}}{\mathfrak{a}_{33}}.$$

Die erste derselben lässt sich schreiben

Art. 14.]

$$\frac{\frac{a'_{12}}{a'_{33}}}{\frac{a'_{13}}{a'_{33}}} = -2\frac{a_{23}}{a_{33}} + \frac{\frac{a_{12}}{a_{33}}}{\frac{a_{13}}{a_{33}}}$$

oder, der dritten Gleichung zufolge

$$\frac{\frac{a'_{12}}{a'_{33}}}{\frac{a_{13}}{a_{33}}} = -2\frac{a_{23}}{a_{33}} + \frac{\frac{a_{12}}{a_{33}}}{\frac{a_{13}}{a_{33}}}$$

woraus folgt $\quad \dfrac{a'_{12}}{a'_{33}} = -\dfrac{2a_{13}a_{23} - a_{12}a_{33}}{a_{33}^2}.$

Man hat also

$$\frac{a'_{12}}{a'_{33}} = -\frac{2a_{13}a_{23} - a_{12}a_{33}}{a_{33}^2}, \; \frac{a'_{13}}{a'_{33}} = \frac{a_{13}}{a_{33}}, \; \frac{a'_{23}}{a'_{33}} = -\frac{a_{23}}{a_{33}};$$

werden diese Werthe in die Gleichung **) eingesetzt, und wird dieselbe dann auf die Form *) gebracht, so lautet sie

$$-2(2a_{13}a_{23} - a_{12}a_{33})\mathfrak{x}\mathfrak{y} + 2a_{13}a_{33}\mathfrak{y} - 2a_{23}a_{33}\mathfrak{x} + a_{33}^2 = 0.$$

Durch dieselbe Betrachtung mit Berücksichtigung der Vorzeichen ergiebt sich diese Gleichung auch bei der Hyperbel. Wie daher, bei Voraussetzung der Gleichung $2a_{12}\mathfrak{x}\mathfrak{y} + 2a_{13}\mathfrak{y} + 2a_{23}\mathfrak{x} + a_{33} = 0$, $OL = -\dfrac{a_{12}}{a_{23}}$ war, muss jetzt sein

$$SK = -\frac{-(2a_{13}a_{23} - a_{12}a_{33})}{-a_{23}a_{33}}$$

oder $\quad SK = -\dfrac{2a_{13}a_{23} - a_{12}a_{33}}{a_{23}a_{33}}.$

Haben nun OL und SK verschiedene Zeichen, so ist die Curve eine Hyperbel, haben sie gleiche, eine Ellipse. Es kommt daher darauf an, ob $-\dfrac{a_{12}}{a_{23}}$ und $-\dfrac{2a_{13}a_{23} - a_{12}a_{33}}{a_{23}a_{33}},$

oder, ob $\quad a_{12}$ und $\dfrac{2a_{13}a_{23} - a_{12}a_{33}}{a_{33}},$

oder ob $\quad a_{12}a_{33}$ und $2a_{13}a_{23} - a_{12}a_{33}$

gleiche oder verschiedene Vorzeichen haben. Nach Art. 12, 4b) ist aber für $\mathfrak{a}_{11} = \mathfrak{a}_{22} = 0$ die Discriminante

$$\mathfrak{A} = \mathfrak{a}_{12}(2\mathfrak{a}_{13}\mathfrak{a}_{23} - \mathfrak{a}_{12}\mathfrak{a}_{33})$$

also $\quad 2\mathfrak{a}_{13}\mathfrak{a}_{23} - \mathfrak{a}_{12}\mathfrak{a}_{33} = \dfrac{\mathfrak{A}}{\mathfrak{a}_{12}}.$

Es fragt sich also, ob $\mathfrak{a}_{12}\mathfrak{a}_{33}$ und $\dfrac{\mathfrak{A}}{\mathfrak{a}_{12}}$

gleiche oder verschiedene Vorzeichen besitzen, oder ob, da $\dfrac{\mathfrak{A}}{a_{12}}$ dasselbe Vorzeichen hat wie $a_{12}\mathfrak{A}$, ob
$$a_{12}a_{33} \text{ und } a_{12}\mathfrak{A}$$
oder endlich ob a_{33} und $\mathfrak{A}$
gleiche oder verschiedene Vorzeichen haben. Man sieht daher auch hier wieder: Die Curve ist eine Hyperbel, wenn
$$a_{33}\mathfrak{A} < 0$$
ist, eine Ellipse, wenn $a_{33}\mathfrak{A} > 0$
ist, wobei die Bedingungen
$$\mathfrak{A}_{11} < 0,\ \mathfrak{A}_{22} < 0$$
wegen $a_{11} = 0$, $a_{22} = 0$ von selbst erfüllt sind; sie ist eine Parabel, wenn
$$a_{33} = 0$$
ist. Dabei hat man bei der Hyperbel offenbar nur die Fälle 1.b, 1.c, 1.d, 2.b. Letzterer insbesondere, also die Mittelpunktsgleichung der gleichseitigen Hyperbel für Linien-Coordinaten, und die Asymptoten als Axen tritt ein, wenn $a_{13} = 0$, $a_{23} = 0$, also
$$\mathfrak{A}_{11} = 0,\ \mathfrak{A}_{22} = 0$$
ist.

Ist   II. $A_{33} = 0$, $\mathfrak{A}_{33} = 0$,
und zwar 1. $a_{11} \gtreqless 0$, $a_{22} \gtreqless 0$, $\mathfrak{a}_{11} \gtreqless 0$, $\mathfrak{a}_{22} \gtreqless 0$,
also auch, da $A_{33} = 0$, $\mathfrak{A}_{33} = 0$ sein soll,
$$a_{12} \gtreqless 0, \qquad \mathfrak{a}_{12} \gtreqless 0,$$
so kann keine der beiden Partial-Determinanten $A_{23} = a_{21}a_{31} - a_{23}a_{11}$, $A_{31} = a_{32}a_{12} - a_{31}a_{22}$ Null sein. Denn aus $A_{33} = 0$, oder $a_{11}a_{22} - a_{12}^2 = 0$ folgt $a_{11} = \dfrac{a_{12}^2}{a_{22}}$, also ist
$$A_{23} = a_{21}a_{31} - a_{23} \cdot \dfrac{a_{12}^2}{a_{22}} = \dfrac{a_{12}}{a_{22}}(a_{31}a_{22} - a_{32}a_{12})$$
$$= -\dfrac{a_{12}}{a_{22}} A_{31}.$$
Wäre also A_{23} Null, so müsste, da $a_{12} \gtreqless 0$, $a_{22} \gtreqless 0$ ist, auch A_{31} Null sein, was unmöglich ist, da dann nach Art. 12, 6a) die Discriminante A Null sein würde. Es kann also keine der Partial-Determinanten A_{23}, A_{31}, $\mathfrak{A}_{23}$, $\mathfrak{A}_{31}$ Null sein. Es gehen nun, wenn $A_{33} = 0$ ist, die Gleichungen 1a), 2a), 1b), 2b) über in

[Art. 14.]

$$y = \frac{1}{a_{11}} \cdot \left[-a_{12}x - a_{13} \pm \sqrt{2A_{23}x - A_{22}} \right], \quad 15a)$$

$$x = \frac{1}{a_{22}} \cdot \left[-a_{12}y - a_{23} \pm \sqrt{2A_{31}y - A_{11}} \right]; \quad 16a)$$

$$\mathfrak{y} = \frac{1}{\mathfrak{a}_{11}} \cdot \left[-\mathfrak{a}_{12}\mathfrak{x} - \mathfrak{a}_{13} \pm \sqrt{2\mathfrak{A}_{23}\mathfrak{x} - \mathfrak{A}_{22}} \right], \quad 15b)$$

$$\mathfrak{x} = \frac{1}{\mathfrak{a}_{22}} \cdot \left[-\mathfrak{a}_{12}\mathfrak{y} - \mathfrak{a}_{23} \pm \sqrt{2\mathfrak{A}_{31}\mathfrak{y} - \mathfrak{A}_{11}} \right]. \quad 16b)$$

Bei Punkt-Coordinaten sieht man nun sogleich, dass die Curve eine Parabel sein muss, denn nach 15a) erhält man, je nachdem A_{23} positiv oder negativ ist, für y zwei reelle Werthe von $x = +\infty$ oder $x = -\infty$ bis zu dem Werthe, wo der Radicand Null wird, also bis

$$x' = \frac{A_{22}}{2A_{23}},$$

für welchen Werth man nur 1 y erhält. Ebenso sieht man aus 16a), dass man für x reelle Werthe erhält von $y = +\infty$ oder $y = -\infty$ bis
$$y' = \frac{A_{11}}{2A_{31}},$$

für welchen Werth nur 1 x existirt. Da man nun für $x = \infty$ auch $y = \infty$ erhält, und umgekehrt, und die Curve also mit einem Aste in das Unendliche geht, kann sie nur eine Parabel sein. Bei Linien-Coordinaten erkennt man sogleich daraus, dass für $\mathfrak{x} = \infty$ auch $\mathfrak{y} = \infty$ ist, und umgekehrt, und dass es nach 15b), 16b) reelle Werthe von $\mathfrak{x}$ giebt, für welche $\mathfrak{y}$, und reelle Werthe von $\mathfrak{y}$, für welche $\mathfrak{x}$ imaginär wird, dass man den Fall II.2 hat. Haben nun $\mathfrak{x}', \mathfrak{x}'', \mathfrak{y}', \mathfrak{y}''$ dieselbe Bedeutung wie in 3b), 4b), so sieht man, dass bei der Hyperbel beide Paare $\mathfrak{x}', \mathfrak{x}'', \mathfrak{y}', \mathfrak{y}''$, oder nur ein Paar imaginär oder reell sein kann, dass aber, wenn sie reell sind, $\mathfrak{x}'$ und $\mathfrak{x}''$, $\mathfrak{y}'$ und $\mathfrak{y}''$ gleiche Vorzeichen haben müssen, dass bei der Ellipse beide Paare, $\mathfrak{x}', \mathfrak{x}''$ $\mathfrak{y}', \mathfrak{y}''$ reell und verschiedenen Zeichens, und dass endlich bei der Parabel einer der beiden Werthe $\mathfrak{x}', \mathfrak{x}''$, und zugleich einer der beiden Werthe $\mathfrak{y}', \mathfrak{y}''$ Null sein muss. Soll also die Curve eine Hyperbel sein, so muss $\mathfrak{a}_{33}\mathfrak{a}_{11} > 0$, $\mathfrak{a}_{22}\mathfrak{a}_{33} > 0$ sein, es müssen also $\mathfrak{a}_{11}, \mathfrak{a}_{22}, \mathfrak{a}_{33}$ gleiches Zeichen haben, und daher ebenfalls $\mathfrak{a}_{11}\mathfrak{A}$, $\mathfrak{a}_{22}\mathfrak{A}$, $\mathfrak{a}_{33}\mathfrak{A}$ gleiches Zeichen haben.

Nun ist, da $\mathfrak{A}_{33} = 0$ ist, nach Art. 12, 10b) $\mathfrak{a}_{11}\mathfrak{A}$ und $\mathfrak{a}_{22}\mathfrak{A}$ negativ, also muss auch sein
$$\mathfrak{a}_{33}\mathfrak{A} < 0.$$
Zugleich bemerkt man, dass hier bei der Hyperbel alle Fälle von 1.a bis 3.e eintreten können. Soll die Curve eine Ellipse sein, so muss offenbar $a_{33}a_{11} < 0$, $a_{22}a_{33} < 0$ sein. Da nun $\mathfrak{a}_{11}$ und $\mathfrak{a}_{22}$ wegen der Bedingung $\mathfrak{A}_{33} = \mathfrak{a}_{11}\mathfrak{a}_{22} - \mathfrak{a}_{12}{}^2 = 0$, gleiches Zeichen besitzen müssen, so muss $\mathfrak{a}_{33}$ das entgegengesetzte haben, es muss also, da $\mathfrak{a}_{11}\mathfrak{A}$ und $\mathfrak{a}_{22}\mathfrak{A}$ negativ sind, sein
$$\mathfrak{a}_{33}\mathfrak{A} > 0,$$
wobei die Bedingungen $\mathfrak{A}_{11} < 0$, $\mathfrak{A}_{22} < 0$, wegen $a_{33}a_{11} < 0$, $a_{22}a_{33} < 0$ von selbst erfüllt sind. Endlich ist die Curve eine Parabel, wenn
$$a_{33} = 0$$
ist.

Ist 2. $a_{11} \gtrless 0$, $a_{22} = 0$, $\mathfrak{a}_{11} \gtrless 0$, $\mathfrak{a}_{22} = 0$,
also, da $A_{33} = 0$, $\mathfrak{A}_{33} = 0$ sein soll, auch
$$a_{12} = 0, \qquad \mathfrak{a}_{12} = 0,$$
so sind 16a) und 16b) nicht mehr anzuwenden, da sie Null im Nenner hätten, vielmehr muss man dann wieder auf die ursprünglichen Gleichungen $F(x,y) = 0$, $\mathfrak{F}(\mathfrak{x},\mathfrak{y}) = 0$ zurückgehen. Setzt man in diesen und in 15a), 15b) $a_{12} = a_{22} = 0$, $\mathfrak{a}_{12} = \mathfrak{a}_{22} = 0$, so hat man

$$y = \frac{1}{a_{11}}\left[-a_{13} \pm \sqrt{-2a_{11}a_{23}x - A_{22}}\right], \qquad 17a)$$

$$x = -\frac{a_{11}y^2 + 2a_{13}y + a_{33}}{2a_{23}}; \qquad 18a)$$

$$\mathfrak{y} = \frac{1}{\mathfrak{a}_{11}}\left[-\mathfrak{a}_{13} \pm \sqrt{-2\mathfrak{a}_{11}\mathfrak{a}_{23}\mathfrak{x} - \mathfrak{A}_{22}}\right], \qquad 17b)$$

$$\mathfrak{x} = -\frac{\mathfrak{a}_{11}\mathfrak{y}^2 + 2\mathfrak{a}_{13}\mathfrak{y} + \mathfrak{a}_{33}}{2\mathfrak{a}_{23}}. \qquad 18b)$$

Bei Punkt-Coordinaten überzeugt man sich sogleich, dass die Curve, da sie mit einem Aste in das Unendliche verläuft, eine Parabel sein muss. Bei Linien-Coordinaten ersieht man sogleich aus 17b), dass es reelle Werthe von $\mathfrak{x}$ giebt, zu welchen kein reelles $\mathfrak{y}$ existirt, und aus 18b), dass zu jedem reellen $\mathfrak{y}$ ein, aber nur 1 reelles $\mathfrak{x}$ existirt; ferner ersieht man aus 17b), 18b), dass für $\mathfrak{x} = \infty$ auch $\mathfrak{y} = \infty$, und für $\mathfrak{y} = \infty$ auch $\mathfrak{x} = \infty$ wird. Man hat also den Fall II. 1. b. Nun bleiben die Gleichungen 5) unverändert, an die Stelle von 6) tritt aber die aus 18b) für $\mathfrak{y} = 0$ folgende

$$\mathfrak{x}' = - \frac{\mathfrak{a}_{33}}{2 \mathfrak{a}_{23}}. \qquad 19)$$

Es giebt daher nur eine einzige zur Ordinaten-Axe parallele Tangente. Ferner überzeugt man sich leicht, dass, wenn die Curve eine Hyperbel sein soll, $\mathfrak{y}'$, $\mathfrak{y}''$ imaginär oder reell, im letzteren Falle aber gleichbezeichnet sein müssen, dass, wenn sie eine Ellipse sein soll, $\mathfrak{y}'$, $\mathfrak{y}''$ reell und verschieden bezeichnet sein müssen, dass endlich, wenn sie eine Parabel sein soll, $\mathfrak{x}'$, und eine der beiden Grössen $\mathfrak{y}'$, $\mathfrak{y}''$ oder beide Null sein müssen. Die Curve ist daher offenbar eine Hyperbel, wenn $\mathfrak{a}_{33} \mathfrak{a}_{11} > 0$ ist, wenn also $\mathfrak{a}_{33}$ und $\mathfrak{a}_{11}$, und also auch $\mathfrak{a}_{33} \mathfrak{A}$ und $\mathfrak{a}_{11} \mathfrak{A}$ gleiches Vorzeichen haben. Nun ist nach Art. 12, 10b) wegen $\mathfrak{A}_{33} = 0$, $\mathfrak{a}_{11} \mathfrak{A} < 0$, also muss dann sein

$$\mathfrak{a}_{33} \mathfrak{A} < 0.$$

Dabei können nur die Fälle 1. a, 1. b, 1. c, 2. a, 3. a stattfinden. Die Curve ist eine Ellipse, wenn $\mathfrak{a}_{33} \mathfrak{a}_{11} < 0$ ist, wenn also

$$\mathfrak{a}_{33} \mathfrak{A} > 0$$

ist, womit zugleich die Bedingung

$$\mathfrak{A}_{22} < 0$$

erfüllt ist, während aus $\mathfrak{a}_{22} = 0$ die andere Bedingung

$$\mathfrak{A}_{11} < 0$$

folgt. Die Curve ist endlich eine Parabel, wenn

$$\mathfrak{a}_{33} = 0$$

ist.

Ist 3. $a_{11} = 0$, $a_{22} \gtreqless 0$, $\mathfrak{a}_{11} = 0$, $\mathfrak{a}_{22} \gtreqless 0$, also auch $a_{12} = 0$, $\mathfrak{a}_{12} = 0$, so treten an die Stelle von 15a) bis 16b) folgende:

$$y = - \frac{a_{22} x^2 + 2 a_{23} x + a_{33}}{2 a_{13}}, \qquad 20a)$$

$$x = \frac{1}{a_{22}} \left[- a_{23} \pm \sqrt{- 2 a_{13} a_{22} y - A_{11}} \right]; \qquad 21a)$$

$$y = -\frac{a_{22}\mathfrak{x}^2 + 2a_{23}\mathfrak{x} + a_{33}}{2a_{13}}, \qquad 20b)$$

$$\mathfrak{x} = \frac{1}{a_{22}}\left[-a_{23} \pm \sqrt{-2a_{13}a_{22}\mathfrak{y} - \mathfrak{A}_{11}}\right]. \qquad 21b)$$

Bei Punkt-Coordinaten überzeugt man sich sogleich, dass die Gleichung eine Parabel darstellt. Bei Linien-Coordinaten erkennt man daraus, dass für $\mathfrak{x} = \infty$ auch $\mathfrak{y} = \infty$, und umgekehrt, ist, und dass es zu jedem reellen $\mathfrak{x}$ ein, aber nur 1 reelles $\mathfrak{y}$, aber nicht zu jedem reellen $\mathfrak{y}$ ein reelles $\mathfrak{x}$ giebt, dass man den Fall II. 1. a hat. Die Gleichungen 6) bleiben bestehen, an die Stelle von 5) aber tritt die aus 20b) für $\mathfrak{x} = 0$ folgende

$$\mathfrak{y}' = -\frac{a_{33}}{2a_{13}}. \qquad 22)$$

Soll die Curve eine Hyperbel sein, so müssen $\mathfrak{x}', \mathfrak{x}''$ imaginär oder reell, im letzteren Falle aber gleich bezeichnet sein, soll sie eine Ellipse sein, so müssen sie reell und verschiedenen Zeichens sein. Wie früher, so sieht man auch jetzt, dass man eine Hyperbel hat, wenn

$$a_{33}\mathfrak{A} < 0$$

ist. Dabei können die Fälle 1. c, 1. d, 1. e, 2. c, 3. e stattfinden. Soll die Curve eine Ellipse sein, so muss sein

$$a_{33}\mathfrak{A} > 0.$$

Die Bedingungen $\qquad \mathfrak{A}_{11} < 0, \; \mathfrak{A}_{22} < 0$

sind dann zugleich mit erfüllt. Soll die Curve eine Parabel sein, so muss sein
$$a_{33} = 0.$$

Ist $\qquad$ III. $A_{33} > 0, \; \mathfrak{A}_{33} > 0,$

so kann keine der Grössen $a_{11}, a_{22}, \mathfrak{a}_{11}, \mathfrak{a}_{22}$ Null sein, ferner müssen stets a_{11} und a_{22}, $\mathfrak{a}_{11}$ und $\mathfrak{a}_{22}$ gleiches Vorzeichen haben. Hier bleiben nun wieder die Gleichungen 1a)—4b) in Kraft. Da jedoch hier $A_{33} > 0$ ist, so überzeugt man sich sogleich, dass $x, y, \mathfrak{x}, \mathfrak{y}$ nur innerhalb des Intervalls bezüglich x_1 bis x_2, y_1 bis y_2, $\mathfrak{x}_1$ bis $\mathfrak{x}_2$, $\mathfrak{y}_1$ bis $\mathfrak{y}_2$ reelle Werthe haben können.

Ist nun

$\mathfrak{A}$) $a_{11}A < 0$, also auch $a_{22}A < 0$, $\quad \mathfrak{a}_{11}\mathfrak{A} < 0$, also auch $\mathfrak{a}_{22}\mathfrak{A} < 0$,

so sind die Werthe $x_1, x_2, y_1, y_2, \mathfrak{x}_1, \mathfrak{x}_2, \mathfrak{y}_1, \mathfrak{y}_2$ reell. Es giebt

daher innerhalb dieses beschränkten Intervalls zu jedem reellen x zwei reelle y, und umgekehrt, an den Grenzen nur ein y oder ein $\dot{x}$; und für jedes reelle $\mathfrak{x}$ zwei reelle $\mathfrak{y}$, und umgekehrt, an den Grenzen nur ein $\mathfrak{y}$ oder ein $\mathfrak{x}$. Bei Punkt-Coordinaten ist daher sofort ersichtlich, dass die Curve eine geschlossene, also eine Ellipse sein muss. Bei Linien-Coordinaten erkennt man, da $\mathfrak{y}$ für $\mathfrak{x} = \infty$, und $\mathfrak{x}$ für $\mathfrak{y} = \infty$ imaginär wird, und, da zu jedem $\mathfrak{x}$ zwei $\mathfrak{y}$, und umgekehrt, gehören, den Fall I. Zugleich erkennt man sofort, dass die Curve eine Hyperbel sein muss, wenn entweder beide Paare, oder ein Paar der Werthe $\mathfrak{x}'$, $\mathfrak{x}''$, $\mathfrak{y}'$, $\mathfrak{y}''$ in 5) und 6) imaginär, oder reell sind, dass aber im letzteren Falle $\mathfrak{x}'$ und $\mathfrak{x}''$, $\mathfrak{y}'$ und $\mathfrak{y}''$ gleich bezeichnet sein müssen; dass ferner die Curve eine Ellipse sein muss, wenn beide Paare, $\mathfrak{x}'$, $\mathfrak{x}''$, $\mathfrak{y}'$, $\mathfrak{y}''$ reell, und $\mathfrak{x}'$ und $\mathfrak{x}''$, $\mathfrak{y}'$ und $\mathfrak{y}''$ verschieden bezeichnet sind; dass die Curve eine Parabel sein muss, wenn wenigstens einer der beiden Werthe $\mathfrak{x}'$, $\mathfrak{x}''$, und einer der beiden Werthe $\mathfrak{y}'$, $\mathfrak{y}''$ Null ist. Wie man sieht, ist die Curve eine Hyperbel, wenn $\mathfrak{a}_{33}\mathfrak{a}_{11} > 0$, $\mathfrak{a}_{22}\mathfrak{a}_{33} > 0$, wenn also, da $\mathfrak{a}_{11}$, $\mathfrak{a}_{22}$ gleiches Vorzeichen haben, $\mathfrak{a}_{11}$, $\mathfrak{a}_{22}$, $\mathfrak{a}_{33}$, und mithin auch $\mathfrak{a}_{11}\mathfrak{A}$, $\mathfrak{a}_{22}\mathfrak{A}$, $\mathfrak{a}_{33}\mathfrak{A}$ gleiches Zeichen haben. Sie ist daher, da der Voraussetzung $\mathfrak{A}$) nach $\mathfrak{a}_{11}\mathfrak{A} < 0$, $\mathfrak{a}_{22}\mathfrak{A} < 0$ ist, eine Hyperbel, wenn
$$\mathfrak{a}_{33}\mathfrak{A} < 0$$
ist. Sie ist ferner eine Ellipse, wenn $\mathfrak{a}_{33}\mathfrak{a}_{11} < 0$, $\mathfrak{a}_{22}\mathfrak{a}_{33} < 0$ ist, wenn also
$$\mathfrak{a}_{33}\mathfrak{A} < 0$$
ist, womit die Bedingungen
$$\mathfrak{A}_{11} < 0, \ \mathfrak{A}_{22} < 0$$
zugleich erfüllt sind. Die Curve ist endlich eine Parabel, wenn
$$\mathfrak{a}_{33} = 0$$
ist. Bei der Hyperbel hat man wieder sämmtliche Fälle von 1. a bis 3. e

Ist endlich

$\mathfrak{B}$) $a_{11}A > 0$, also auch $a_{22}A > 0$, $\mathfrak{a}_{11}\mathfrak{A} > 0$, also auch $\mathfrak{a}_{22}\mathfrak{A} > 0$, so sind die Werthe $x_1, x_2, y_1, y_2, \mathfrak{x}_1, \mathfrak{x}_2, \mathfrak{y}_1, \mathfrak{y}_2$ in $3a)$—$4b)$ sämmtlich imaginär. Bei Punkt Coordinaten, wie bei Linien-Coordinaten überzeugt man sich daher, dass man etwas Imaginäres erhält. Bei letzteren lässt sich diese Bedingung noch anders ausdrücken: Soll nämlich $\mathfrak{a}_{11}\mathfrak{A} > 0$, $\mathfrak{a}_{22}\mathfrak{A} > 0$ sein, so muss, da $\mathfrak{A}_{33} > 0$ vorausgesetzt ist, nach Art. 12, 10b) auch $\mathfrak{A}_{11} > 0$, $\mathfrak{A}_{22} > 0$ sein. Dies ist aber nur dann möglich, wenn $\mathfrak{a}_{11}$ und $\mathfrak{a}_{33}$, $\mathfrak{a}_{22}$ und $\mathfrak{a}_{33}$ gleiches Zeichen haben, und da nun $\mathfrak{a}_{11}\mathfrak{A} > 0$, $\mathfrak{a}_{22}\mathfrak{A} > 0$ sein sollten, muss auch $\mathfrak{a}_{33}\mathfrak{A} > 0$ sein. Umgekehrt müssen, wenn $\mathfrak{a}_{33}\mathfrak{A} > 0$, $\mathfrak{A}_{22} = \mathfrak{a}_{33}\mathfrak{a}_{11} - \mathfrak{a}_{31}^2 > 0$, $\mathfrak{A}_{11} = a_{22}a_{33} - a_{23}^2 > 0$ ist, auch die Bedingungen $\mathfrak{A}_{33} = \mathfrak{a}_{11}\mathfrak{a}_{22} - \mathfrak{a}_{12}^2 > 0$, $\mathfrak{a}_{11}\mathfrak{A} > 0$, $\mathfrak{a}_{22}\mathfrak{A} > 0$ erfüllt sein. Denn soll $\mathfrak{a}_{33}\mathfrak{a}_{11} - \mathfrak{a}_{31}^2 > 0$, $\mathfrak{a}_{22}\mathfrak{a}_{33} - \mathfrak{a}_{23}^2 > 0$ sein, so müssen $\mathfrak{a}_{33}$, $\mathfrak{a}_{11}$, $\mathfrak{a}_{33}$, $\mathfrak{a}_{22}$ gleiches Zeichen besitzen. Ist also $\mathfrak{a}_{33}\mathfrak{A} > 0$, so muss auch $\mathfrak{a}_{11}\mathfrak{A} > 0$, $\mathfrak{a}_{22}\mathfrak{A} > 0$ sein. Soll dies aber stattfinden, so muss nach Art. 12, 10b) auch $\mathfrak{A}_{33}$ und $\mathfrak{A}_{11}$, sowie $\mathfrak{A}_{33}$ und $\mathfrak{A}_{22}$ gleiches Zeichen haben. Da nun $\mathfrak{A}_{11} > 0$, $\mathfrak{A}_{22} > 0$, muss auch $\mathfrak{A}_{33} > 0$ sein. Man kann daher die Bedingung, dass die Gleichung in Linien-Coordinaten $\mathfrak{F}(\mathfrak{x}, \mathfrak{y}) = 0$ etwas Imaginäres bezeichnet, analog dem Uebrigen so ausdrücken: Es findet dieses statt, wenn

$$\mathfrak{a}_{33}\mathfrak{A} > 0, \text{ und zugleich } \mathfrak{A}_{11} > 0, \mathfrak{A}_{22} > 0$$

ist.

Es mögen dieser allgemeinen Classification der Curven 2ten Grades noch die Bedingungen beigefügt werden, unter welchen die Gleichungen $F(x, y) = 0$, $\mathfrak{F}(\mathfrak{x}, \mathfrak{y}) = 0$ einen Kreis darstellen. Bei Punkt-Coordinaten ist sofort ersichtlich, dass, ausser den Bedingungen für das Bestehen einer Ellipse, noch, je nach der Lage des Axen-Systems, die Summe der absoluten Werthe von x_1, x_2 in 3a) gleich der Summe oder der Differenz der absoluten Werthe von y_1, y_2 in 4a), oder die Summe der absoluten Werthe von y_1, y_2 gleich der Summe oder der Differenz der absoluten Werthe von x_1, x_2, oder endlich die Differenz der absoluten Werthe von x_1, x_2 gleich der Differenz der absoluten Werthe von y_1, y_2 sein muss. Alle diese Fälle kommen dahin überein, dass die Differenz der in 3a) aufgestellten algebraischen Werthe von x_1, x_2 gleich sein muss der Differenz der in 4a) gegebenen algebraischen Werthe von y_1, y_2. Es muss also

$$a_{11} = a_{22}$$

sein. Bei Linien-Coordinaten sieht man sofort, dass ein Gleiches wie soeben von x_1, x_2, y_1, y_2 jetzt von den reciproken Werthen der in 5) und 6) aufgestellten Werthe von $\mathfrak{x}', \mathfrak{x}'', \mathfrak{y}', \mathfrak{y}''$ gelten muss. Es muss daher

$$\mathfrak{A}_{11} = \mathfrak{A}_{22}$$

sein, während natürlich die übrigen für das Bestehen einer Ellipse nothwendigen Erfordernisse zugleich mit erfüllt sein müssen.

Ueberblickt man die bisherige Betrachtung, so erkennt man, dass bei Punkt-Coordinaten der Werth von $a_{11}a_{22} - a_{12}^2$ oder von A_{33} die Natur der Curve bestimmt, dass aber aus demselben über die Lage des Anfangs-Punktes, sowie darüber, ob die Coordinaten-Axen die Curve berühren, nichts geschlossen werden kann. Hierüber erhält man, wie man sich sogleich überzeugt, erst durch die Werthe Aufschluss, welche y für $x = 0$, und x für $y = 0$ annimmt, also durch die in 5) und 6) aufgestellten Werthe

$$y' = \frac{-a_{13} + \sqrt{-A_{22}}}{a_{11}}, \; y'' = \frac{-a_{13} - \sqrt{-A_{22}}}{a_{11}}; \qquad 20)$$

$$x' = \frac{-a_{23} + \sqrt{-A_{11}}}{a_{22}}, \; x'' = \frac{-a_{23} - \sqrt{-A_{11}}}{a_{22}}. \qquad 21)$$

Es sind also in Bezug auf diese Frage die Werthe von A_{11}, A_{22} massgebend. Dagegen bestimmt bei Linien-Coordinaten die Partial-Determinante $\mathfrak{A}_{33}$ nur die Lage des Coordinaten-Systems, die Natur der Curve aber wird wesentlich durch den Werth von $\mathfrak{a}_{33}\mathfrak{A}$ bedingt.

15. Fasst man die Resultate von Art. 13 und 14 zusammen, und bedenkt, dass bei Linien-Coordinaten die Bedingung $\mathfrak{a}_{33} = 0$ für das Bestehen einer Parabel auch durch $\mathfrak{a}_{33}\mathfrak{A}$ ersetzt werden kann, wenn $\mathfrak{A}$ nicht Null ist, so erhält man als geometrische Gebilde, welche dargestellt werden von der Gleichung

[Art. 15.

Ia. $F(x,y) = a_{11}y^2 + 2a_{12}xy + 2a_{13}y + a_{22}x^2 + 2a_{23}x + a_{33} = 0$:

$A = 0,$	$A_{33} < 0,$	2 reelle, sich schneidende Gerade.
	$A_{33} = 0, A_{11} \lessgtr 0, A_{22} \lessgtr 0$	2 reelle, parallele Gerade.
	$A_{33} = 0, A_{11} = 0, A_{22} = 0$	2 reelle, zusammenfallende Gerade.
	$A_{33} > 0$	2 imaginäre, sich in einem reellen Punkte schneidende Gerade.
$A \lessgtr 0,$	$A_{33} < 0,$	eine Hyperbel.
	$A_{33} = 0,$	eine Parabel.
	$A_{33} > 0, a_{11}A < 0, a_{22}A < 0$	eine Ellipse. (Bei $a_{11} = a_{22}$ einen Kreis.)
	$A_{33} > 0, a_{11}A > 0, a_{22}A > 0$	etwas Imaginäres.

Ib. $\mathfrak{F}(\mathfrak{x}, \mathfrak{y}) = \mathfrak{a}_{11}\mathfrak{y}^2 + 2\mathfrak{a}_{12}\mathfrak{x}\mathfrak{y} + 2\mathfrak{a}_{13}\mathfrak{y} + \mathfrak{a}_{22}\mathfrak{x}^2 + 2\mathfrak{a}_{23}\mathfrak{x} + \mathfrak{a}_{33} = 0$:

$\mathfrak{A} = 0,$	$\mathfrak{A}_{33} < 0$	2 reelle, verschiedene Punkte.
	$\mathfrak{A}_{33} = 0, \mathfrak{A}_{11} \gtreqless 0, \mathfrak{A}_{22} \gtreqless 0$	2 reelle Punkte auf einer durch O gehenden Geraden.
	$\mathfrak{A}_{33} = 0, \mathfrak{A}_{11} = 0, \mathfrak{A}_{22} = 0$	2 reelle, zusammenfallende Punkte.
	$\mathfrak{A}_{33} > 0$	2 imaginäre, auf einer reellen Geraden liegende Punkte.
$\mathfrak{A} \lessgtr 0,$	$\mathfrak{a}_{33}\mathfrak{A} < 0$	eine Hyperbel.
	$\mathfrak{a}_{33}\mathfrak{A} = 0,$ also $\mathfrak{a}_{33} = 0,$	eine Parabel.
	$\mathfrak{a}_{33}\mathfrak{A} > 0, \mathfrak{A}_{11} < 0, \mathfrak{A}_{22} < 0$	eine Ellipse. (Bei $\mathfrak{A}_{11} = \mathfrak{A}_{22}$ einen Kreis).
	$\mathfrak{a}_{33}\mathfrak{A} > 0, \mathfrak{A}_{11} > 0, \mathfrak{A}_{22} > 0$	etwas Imaginäres.

Ferner sieht man, Bezug nehmend auf die in Art. 14 aufgestellten möglichen Lagen des Axen-Systems zur Curve, und bei $F(x,y) = 0$ auf Art. 14, 20), 21): Es findet statt je nachdem die Gleichung ist:

Die Lage	$F(x,y) = 0$	$\mathfrak{F}(\mathfrak{x}, \mathfrak{y}) = 0$
I.	$A_{11} < 0, A_{22} < 0$	$\mathfrak{A}_{33} > 0, \mathfrak{a}_{11}\mathfrak{A} < 0, \mathfrak{a}_{22}\mathfrak{A} < 0.$
II. 1.a	$a_{13} \lessgtr 0, a_{23} = 0, a_{33} = 0$	$\mathfrak{A}_{33} = 0, \mathfrak{a}_{11} = 0, \mathfrak{a}_{22} \gtreqless 0.$
II. 1.b	$a_{13} = 0, a_{23} \gtreqless 0, a_{33} = 0$	$\mathfrak{A}_{33} = 0, \mathfrak{a}_{11} \gtreqless 0, \mathfrak{a}_{22} = 0.$
II. 2.	$a_{13} \gtreqless 0, a_{23} \gtreqless 0, a_{33} = 0$	$\mathfrak{A}_{33} = 0, \mathfrak{a}_{11} \gtreqless 0, \mathfrak{a}_{22} \gtreqless 0.$
III. 1.	$A_{11} = 0, A_{22} = 0$	$\mathfrak{A}_{33} < 0, \mathfrak{a}_{11} = 0, \mathfrak{a}_{22} = 0.$

Die Lage	$F(x,y) = 0$	$\mathfrak{F}(\mathfrak{x}, \mathfrak{y}) = 0$
III. 2. a	$A_{11} = 0,\ A_{22} < 0$	$\mathfrak{A}_{33} < 0,\ \mathfrak{a}_{11} = 0,\ \mathfrak{a}_{22}\mathfrak{A} < 0.$
III. 2. b	$A_{11} < 0,\ A_{22} = 0$	$\mathfrak{A}_{33} < 0,\ \mathfrak{a}_{22} = 0,\ \mathfrak{a}_{11}\mathfrak{A} < 0.$
III. 3. a	$A_{11} = 0,\ A_{22} > 0$	$\mathfrak{A}_{33} < 0,\ \mathfrak{a}_{11} = 0,\ \mathfrak{a}_{22}\mathfrak{A} > 0.$
III. 3. b	$A_{11} > 0,\ A_{22} = 0$	$\mathfrak{A}_{33} < 0,\ \mathfrak{a}_{22} = 0,\ \mathfrak{a}_{11}\mathfrak{A} > 0.$
III. 4.	$A_{11} < 0,\ A_{22} < 0$	$\mathfrak{A}_{33} < 0,\ \mathfrak{a}_{11}\mathfrak{a}_{22} > 0,\ \mathfrak{a}_{11}\mathfrak{A} < 0,\ \mathfrak{a}_{22}\mathfrak{A} < 0.$
III. 5. a	$A_{11} < 0,\ A_{22} > 0$	$\mathfrak{A}_{33} < 0,\ \mathfrak{a}_{11}\mathfrak{a}_{22} < 0,\ \mathfrak{a}_{11}\mathfrak{A} < 0,\ \mathfrak{a}_{22}\mathfrak{A} > 0.$
III. 5. b	$A_{11} > 0,\ A_{22} < 0$	$\mathfrak{A}_{33} < 0,\ \mathfrak{a}_{11}\mathfrak{a}_{22} < 0,\ \mathfrak{a}_{11}\mathfrak{A} > 0,\ \mathfrak{a}_{22}\mathfrak{A} < 0.$
III. 6.	$A_{11} > 0,\ A_{22} > 0$	$\mathfrak{A}_{33} < 0,\ \mathfrak{a}_{11}\mathfrak{a}_{22} > 0,\ \mathfrak{a}_{11}\mathfrak{A} > 0,\ \mathfrak{a}_{22}\mathfrak{A} > 0.$

16. Soll die Gleichung eines Kegelschnitts in Punkt-Coordinaten

$$a_{11}y^2 + 2a_{12}xy + 2a_{13}y + a_{22}x^2 + 2a_{23}x + a_{33} = 0$$

auf ein anderes Coordinaten-System transformirt werden, dessen Axen denen des ursprünglichen parallel laufen, und dessen Anfangspunkt O' bezogen auf das ursprüngliche die Abscisse m, die Ordinate n hat, so hat die neue Gleichung jedenfalls die Form

$$a'_{11}y'^2 + 2a'_{12}x'y' + 2a'_{13}y' + a'_{22}x'^2 + 2a'_{23}x' + a'_{33} = 0.$$

Nun ist $x = m + x'$, $y = n + y'$. Substituirt man diese Werthe in die ursprüngliche Gleichung, so erhält man die gesuchte neue, und zwar erhält man als neue Coefficienten:

$$\left.\begin{aligned}&a'_{11} = a_{11},\ a'_{12} = a_{12},\ a'_{13} = a_{11}n + a_{12}m + a_{13},\ a'_{22} = a_{22}\\&a'_{23} = a_{12}n + a_{22}m + a_{23},\ a'_{33} = a_{11}n^2 + 2a_{12}mn + 2a_{13}n\\&\qquad\qquad + a_{22}m^2 + 2a_{23}m + a_{33}.\end{aligned}\right\}\ 1a)$$

Man sieht daher, dass die neuen Coefficienten a'_{11}, a'_{12}, a'_{22} dieselben sind, wie die ursprünglichen, oder, dass sich die ursprünglichen a_{11}, a_{12}, a_{22} durch die Transformation nicht ändern. Es bleibt daher auch der die Gestalt der Curve bestimmende Ausdruck $a_{11}a_{22} - a_{12}^2$ ungeändert, wie es sein muss, da die Natur der Curve nicht von der willkürlichen Wahl des Coordinatensystems abhängen kann. Bezeichnet man die neue Discriminante und ihre Unter-Determinanten ebenso wie in der ursprünglichen, Art. 12, 1a)—8a), und unterscheidet sie nur durch beigesetzte Striche, so überzeugt man sich leicht, dass man die Beziehungen erhält:

$$\begin{aligned}&A'_{11}=A_{11}-2A_{13}n+A_{33}n^2, A'_{12}=A_{12}-A_{13}m-A_{23}n+A_{33}mn, A'_{13}=A_{13}-A_{33}n\\&A'_{22}=A_{22}-2A_{23}m+A_{33}m^2, \qquad A'_{23}=A_{23}-A_{33}m,\\&\qquad\qquad\qquad\qquad\qquad\qquad\qquad A'_{33}=A_{33}.\end{aligned} \quad 2a)$$

Wendet man zur Ermittelung der neuen Discriminante A' eine der Regeln Art. 12, 4a)—6a), z. B. 4a) an, nach welcher

$$A' = A'_{11}a'_{11} + A'_{12}a'_{12} + A'_{13}a'_{13}$$

ist, so ergiebt sich aus 1a) und 2a)

$$A' = A_{11}a_{11} + A_{12}a_{12} + A_{13}a_{13} - (A_{31}a_{11} + A_{32}a_{12} + A_{33}a_{13})n,$$

oder, da $A_{31}a_{11} + A_{32}a_{12} + A_{33}a_{13} = 0$ ist,

$$A' = A_{11}a_{11} + A_{12}a_{12} + A_{13}a_{13},$$

also $\qquad\qquad A' = A. \qquad\qquad 3a)$

Es bleibt daher auch die Discriminante unverändert. Endlich findet sich aus 1a) und 3a) sogleich

$$a'_{11}A' = a_{11}A, \; a'_{22}A' = a_{22}A. \qquad 4a)$$

Es bleiben daher alle die Natur der Curve bestimmenden Stücke unverändert.

Soll die Gleichung eines Kegelschnitts in Linien-Coordinaten $\mathfrak{a}_{11}\mathfrak{y}^2 + 2\mathfrak{a}_{12}\mathfrak{x}\mathfrak{y} + 2\mathfrak{a}_{13}\mathfrak{y} + \mathfrak{a}_{22}\mathfrak{x}^2 + 2\mathfrak{a}_{23}\mathfrak{x} + \mathfrak{a}_{33} = 0$ auf ein anderes Coordinaten-System transformirt werden, dessen Axen wieder den ursprünglichen parallel laufen, so hat man folgende Ueberlegung: Die neue Abscissen-Axe schneide die ursprüngliche Ordinaten-Axe in N, die neue Ordinaten-Axe schneide die ursprüngliche Abscissen-Axe in M, und es sei $\frac{1}{OM} = \mathfrak{m}$, $\frac{1}{ON} = \mathfrak{n}$. Eine Gerade schneide die ursprüngliche Abscissen- und Ordinaten-Axe bezüglich in $\mathfrak{M}$, $\mathfrak{N}$, die neue Abscissen- und Ordinaten-Axe bezüglich in $\mathfrak{M}'$, $\mathfrak{N}'$, so hat man die Proportionen

$$O\mathfrak{M} - OM : O'\mathfrak{M}' = ON + O'\mathfrak{N}' : O'\mathfrak{N}',$$
$$O\mathfrak{N} - ON : O'\mathfrak{N}' = OM + O'\mathfrak{M}' : O'\mathfrak{M}',$$

oder, wenn man die neuen Coordinaten $\frac{1}{O\mathfrak{M}'} = \mathfrak{x}'$, $\frac{1}{O\mathfrak{N}'} = \mathfrak{y}'$ setzt

$$\frac{1}{\mathfrak{x}} - \frac{1}{\mathfrak{m}} : \frac{1}{\mathfrak{x}'} = \frac{1}{\mathfrak{n}} + \frac{1}{\mathfrak{y}'} : \frac{1}{\mathfrak{y}'},$$
$$\frac{1}{\mathfrak{y}} - \frac{1}{\mathfrak{n}} : \frac{1}{\mathfrak{y}'} = \frac{1}{\mathfrak{m}} + \frac{1}{\mathfrak{x}'} : \frac{1}{\mathfrak{x}'}.$$

Art. 16. 17.]

Aus diesen Gleichungen folgt:
$$\mathfrak{x} = \frac{mn}{m\mathfrak{y}' + n\mathfrak{x}' + mn} \cdot \mathfrak{x}'; \quad \mathfrak{y} = \frac{mn}{m\mathfrak{y}' + n\mathfrak{x}' + mn} \cdot \mathfrak{y}'.$$

Setzt man diese Werthe in die ursprüngliche Gleichung ein, so erhält man eine neue von der Form
$$a'_{11}\mathfrak{y}'^2 + 2a'_{12}\mathfrak{x}'\mathfrak{y}' + 2a'_{13}\mathfrak{y}' + a'_{22}\mathfrak{x}'^2 + 2a'_{23}\mathfrak{x}' + a'_{33} = 0,$$
und zwar ergiebt sich

$$\left.\begin{array}{l} a'_{11} = (a_{11}n^2 + 2a_{13}n + a_{33})m^2, \quad a'_{12} = (a_{12}mn + a_{13}n + a_{23}m + a_{33})mn, \\ a'_{13} = (a_{13}n + a_{33})m^2n, \quad a'_{22} = (a_{22}m^2 + 2a_{23}m + a_{33})n^2, \\ a'_{23} = (a_{23}m + a_{33})mn^2, \quad a'_{33} = a_{33}m^2n^2. \end{array}\right\} \quad 1b)$$

Bezeichnet man auch hier die neue Discriminante und ihre Unter-Determinanten wie früher, nur durch Beisetzung eines Striches, so erhält man nach Art. 12, 1b)—8b):

$$\left.\begin{array}{l} \mathfrak{A}'_{11} = \mathfrak{A}_{11}m^4n^4, \quad \mathfrak{A}'_{12} = \mathfrak{A}_{12}m^4n^4, \quad \mathfrak{A}'_{13} = (\mathfrak{A}_{13}mn - \mathfrak{A}_{12}n - \mathfrak{A}_{11}m)m^3n^3, \\ \mathfrak{A}'_{22} = \mathfrak{A}_{22}m^4n^4, \quad \mathfrak{A}'_{23} = (\mathfrak{A}_{23}mn - \mathfrak{A}_{12}m - \mathfrak{A}_{22}n)m^3n^3, \\ \mathfrak{A}'_{33} = (\mathfrak{A}_{33}m^2n^2 - 2\mathfrak{A}_{23}mn^2 - 2\mathfrak{A}_{13}m^2n + 2\mathfrak{A}_{12}mn + \mathfrak{A}_{22}n^2 \\ \qquad\qquad + \mathfrak{A}_{11}m^2)m^2n^2. \end{array}\right\} \quad 2b)$$

Es bleiben daher die, die Gestalt der Curve mit bestimmenden, Vorzeichen von $\mathfrak{A}_{11}$, $\mathfrak{A}_{22}$ unverändert. Ferner hat man nach 1b), 2b), und Art. 12, 4b):

$$\mathfrak{A}' = [(\mathfrak{A}_{11}a_{11} + \mathfrak{A}_{12}a_{12} + \mathfrak{A}_{13}a_{13})m^2n^2 + (\mathfrak{A}_{11}a_{31} + \mathfrak{A}_{12}a_{32} + \mathfrak{A}_{13}a_{33})m^2n]m^4n^4,$$

oder, da der Coefficient von m^2n^2 gleich $\mathfrak{A}$, der von m^2n Null ist,
$$\mathfrak{A}' = \mathfrak{A} \cdot m^6n^6. \qquad 3b)$$

Es hat also auch die neue Discriminante dasselbe Vorzeichen wie die ursprüngliche. Endlich folgt aus 1b), 3b):
$$a'_{33}\mathfrak{A}' = a_{33}\mathfrak{A} \cdot m^8n^8.$$

Es hat daher der Ausdruck $a'_{33}\mathfrak{A}'$ dasselbe Vorzeichen wie $a_{33}\mathfrak{A}$, wie es sein muss, da dieses die Gestalt der Curve wesentlich bestimmt.

17. Soll die Gleichung einer Linie 2ter Ordnung
$$F(x, y) = a_{11}y^2 + 2a_{12}xy + 2a_{13}y + a_{22}x^2 + 2a_{23}x + a_{33} = 0 \qquad 1a)$$
in eine Gleichung für Linien-Coordinaten transformirt werden, so sucht man die Durchschnittspunkte einer Geraden
$$\mathfrak{y}y + \mathfrak{x}x - 1 = 0$$
mit der Curve. Man erhält, je nachdem man aus letzterer

Gleichung y durch x, oder x durch y ausdrückt, und die sich ergebenden Werthe

$$y = \frac{1-\mathfrak{x}x}{\mathfrak{y}}, \;\;\dagger) \quad x = \frac{1-\mathfrak{y}y}{\mathfrak{x}}, \;\;\dagger\dagger)$$

in $F(x,y) = 0$ einsetzt, als Coordinaten des Durchschnittspunktes, wenn man kurz setzt:

$$-(a_{11}+2a_{13}\mathfrak{y}+a_{33}\mathfrak{y}^2)(a_{11}\mathfrak{x}^2-2a_{12}\mathfrak{x}\mathfrak{y}+a_{22}\mathfrak{y}^2)+(a_{11}-a_{12}\mathfrak{y}+a_{13}\mathfrak{x}\mathfrak{y}-a_{23}\mathfrak{y}^2)^2 = w_1;$$
$$-(a_{22}+2a_{23}\mathfrak{x}+a_{33}\mathfrak{x}^2)(a_{22}\mathfrak{y}^2-2a_{12}\mathfrak{x}\mathfrak{y}+a_{11}\mathfrak{x}^2)+(a_{22}\mathfrak{y}-a_{12}\mathfrak{x}+a_{23}\mathfrak{x}\mathfrak{y}-a_{13}\mathfrak{x}^2)^2 = w_2;$$

$$\left.\begin{aligned} x &= \frac{a_{11}\mathfrak{x}-a_{12}\mathfrak{y}+a_{13}\mathfrak{x}\mathfrak{y}-a_{23}\mathfrak{y}^2 \pm \sqrt{w_1}}{a_{11}\mathfrak{x}^2-2a_{12}\mathfrak{x}\mathfrak{y}+a_{22}\mathfrak{y}^2}; \\ y &= \frac{a_{22}\mathfrak{y}-a_{12}\mathfrak{x}+a_{23}\mathfrak{x}\mathfrak{y}-a_{13}\mathfrak{x}^2 \pm \sqrt{w_2}}{a_{22}\mathfrak{y}^2-2a_{12}\mathfrak{x}\mathfrak{y}+a_{11}\mathfrak{x}^2}; \end{aligned}\right\} \quad 2a)$$

Es giebt demnach zwei Werthe für x und zwei Werthe für y. Soll nun die Gerade die Linie 2ter Ordnung berühren, so kann sie nur einen einzigen Punkt mit derselben gemein haben, es müssen daher die Ausdrücke unter dem Wurzelzeichen Null sein. Setzt man daher den im Werthe von x und den im Werthe für y erscheinenden Wurzelausdruck gleich Null, so erhält man nach gehöriger Vereinfachung, und indem man den sich herausstellenden Factor, bezüglich $\mathfrak{y}^2$ und $\mathfrak{x}^2$, hinwegdividirt, in beiden Fällen die Gleichung

$$\left.\begin{aligned}&(a_{22}a_{33}-a_{23}{}^2)\mathfrak{y}^2+2(a_{13}a_{23}-a_{12}a_{33})\mathfrak{x}\mathfrak{y}-2(a_{32}a_{12}-a_{31}a_{22})\mathfrak{y} \\ &+(a_{33}a_{11}-a_{31}{}^2)\mathfrak{x}^2-2(a_{21}a_{31}-a_{23}a_{11})\mathfrak{x}+(a_{11}a_{22}-a_{12}{}^2) = 0,\end{aligned}\right] \; 3a)$$

oder, wie man aus Art. 12, 7a), 8a) sogleich sieht,

$$A_{11}\mathfrak{y}^2 + 2A_{12}\mathfrak{x}\mathfrak{y} - 2A_{13}\mathfrak{y} + A_{22}\mathfrak{x}^2 - 2A_{23}\mathfrak{x} + A_{33} = 0. \quad 4a)$$

Soll die Gleichung einer Linie 2ter Klasse

$$\mathfrak{F}(\mathfrak{x},\mathfrak{y}) = \mathfrak{a}_{11}\mathfrak{y}^2 + 2\mathfrak{a}_{12}\mathfrak{x}\mathfrak{y} + 2\mathfrak{a}_{13}\mathfrak{y} + \mathfrak{a}_{22}\mathfrak{x}^2 + 2\mathfrak{a}_{23}\mathfrak{x} + \mathfrak{a}_{33} = 0 \quad 1b)$$

in eine Gleichung für Punkt-Coordinaten transformirt werden, so sucht man, wenn

$$y\mathfrak{y} + x\mathfrak{x} - 1 = 0$$

die Gleichung eines Punktes, d. h. also eigentlich eines Strahlbüschels ist, die Coordinaten $\mathfrak{x}$, $\mathfrak{y}$ desjenigen Strahles, welcher die Curve berührt. Diese müssen auch die Gleichung $\mathfrak{F}(\mathfrak{x},\mathfrak{y}) = 0$ erfüllen. Man erhält, indem man aus $y\mathfrak{y} + x\mathfrak{x} - 1 = 0$ $\mathfrak{y}$ durch $\mathfrak{x}$, oder $\mathfrak{x}$ durch $\mathfrak{y}$ ausdrückt, und die sich ergebenden Werthe

$$\mathfrak{y} = \frac{1-x\mathfrak{x}}{y}, \;\;\dagger) \quad \mathfrak{x} = \frac{1-y\mathfrak{y}}{x}, \;\;\dagger\dagger)$$

Art. 17.]

in $\mathfrak{F}(\mathfrak{x}, \mathfrak{y}) = 0$ einsetzt, als Coordinaten der Berührungsgeraden für

$$-(a_{11}+2a_{13}y+a_{33}y^2)(a_{11}x^2-2a_{12}xy+a_{22}y^2)+(a_{11}x-a_{12}y+a_{13}xy-a_{23}y^2)^2 = \mathfrak{w}_1;$$
$$-(a_{22}+2a_{23}x+a_{33}x^2)(a_{22}y^2-2a_{12}xy+a_{11}x^2)+(a_{22}y-a_{12}x+a_{23}xy-a_{13}x^2)^2 = \mathfrak{w}_2;$$

$$\left.\begin{array}{l}\mathfrak{x} = \dfrac{a_{11}x - a_{12}y + a_{13}xy - a_{23}y^2 \pm \sqrt{\mathfrak{w}_1}}{a_{11}x^2 - 2a_{12}xy + a_{22}y^2}; \\[6pt] \mathfrak{y} = \dfrac{a_{22}y - a_{12}x + a_{23}xy - a_{13}x^2 \pm \sqrt{\mathfrak{w}_2}}{a_{22}y^2 - 2a_{12}xy + a_{11}x^2};\end{array}\right\} \quad 2b)$$

Es giebt demnach zwei Werthe für $\mathfrak{x}$ und $\mathfrak{y}$. Soll nun der durch die Gleichung $y\mathfrak{y} + x\mathfrak{x} - 1 = 0$ bezeichnete Punkt auf der Curve selbst liegen, so kann sich von ihm aus nur eine einzige Tangente an dieselbe ziehen lassen; es müssen daher die Ausdrücke unter dem Wurzelzeichen Null sein. Setzt man dieselben gleich Null, und hebt bezüglich mit y^2, x^2, so erhält man

$$\left.\begin{array}{l}(a_{22}a_{33}-a_{23}^2)y^2 + 2(a_{13}a_{23}-a_{12}a_{33})xy - 2(a_{32}a_{12}-a_{31}a_{22})y \\ + (a_{33}a_{11}-a_{31}^2)x^2 - 2(a_{21}a_{31}-a_{23}a_{11})x + (a_{11}a_{22}-a_{12}^2) = 0,\end{array}\right\} 3b)$$

oder, nach Art. 12, 7b), 8b)

$$\mathfrak{A}_{11}y^2 + 2\mathfrak{A}_{12}xy - 2\mathfrak{A}_{13}y + \mathfrak{A}_{22}x^2 - 2\mathfrak{A}_{23}x + \mathfrak{A}_{33} = 0. \quad 4b)$$

Es ist daher 3a) oder 4a) in Linien-Coordinaten die Gleichung derjenigen Curve, welche in Punkt-Coordinaten durch 1a) ausgedrückt wird, und 3b) oder 4b) ist in Punkt-Coordinaten die Gleichung derjenigen Curve, welche in Linien-Coordinaten durch 1b) ausgedrückt wird. Nun bezeichnet aber 3a) oder 4a) eine Linie 2ter Klasse, 3b) oder 4b) eine Linie 2ter Ordnung. Man sieht daher: Eine Linie 2ter Ordnung ist zugleich eine Linie 2ter Klasse, und eine Linie 2ter Klasse ist zugleich eine Linie 2ter Ordnung (vergl. Art. 10). Wie man sieht, werden die Coefficienten der transformirten Gleichungen 4a), 4b) von den Partial-Determinanten der Discriminante der Gleichungen 1a), 1b) gebildet.

Transformirt man die Gleichung 4a) in Linien-Coordinaten nach der Regel 3b) auf Punkt-Coordinaten, und die Gleichung 4b) in Punkt-Coordinaten nach 4a) auf Linien-Coordinaten zurück, so erhält man bezüglich

$$(A_{22}A_{33}-A_{23}^2)y^2 + 2(A_{13}A_{23}-A_{12}A_{33})xy + 2(A_{32}A_{12}-A_{31}A_{22})y$$
$$+ (A_{33}A_{11}-A_{31}^2)x^2 + 2(A_{21}A_{31}-A_{23}A_{11})x + (A_{11}A_{22}-A_{12}^2) = 0,$$

$(\mathfrak{A}_{22}\mathfrak{A}_{33}-\mathfrak{A}_{23}{}^2)\mathfrak{y}^2+2(\mathfrak{A}_{13}\mathfrak{A}_{23}-\mathfrak{A}_{12}\mathfrak{A}_{33})\mathfrak{x}\mathfrak{y}+2(\mathfrak{A}_{32}\mathfrak{A}_{12}-\mathfrak{A}_{31}\mathfrak{A}_{22})\mathfrak{y}$
$+(\mathfrak{A}_{33}\mathfrak{A}_{11}-\mathfrak{A}_{31}{}^2)\mathfrak{x}^2+2(\mathfrak{A}_{21}\mathfrak{A}_{31}-\mathfrak{A}_{23}\mathfrak{A}_{11})\mathfrak{x}+(\mathfrak{A}_{11}\mathfrak{A}_{22}-\mathfrak{A}_{12}{}^2)=0$,
oder nach Art. 12, 10a), 10b)

$a_{11}Ay^2 + 2a_{12}Axy + 2a_{13}Ay + a_{22}Ax^2 + 2a_{23}Ax + a_{33}A = 0,$
$a_{11}\mathfrak{A}\mathfrak{y}^2 + 2a_{12}\mathfrak{A}\mathfrak{x}\mathfrak{y} + 2a_{13}\mathfrak{A}\mathfrak{y} + a_{22}\mathfrak{A}\mathfrak{x}^2 + 2a_{23}\mathfrak{A}\mathfrak{x} + a_{33}\mathfrak{A} = 0,$
oder $\quad A[a_{11}y^2 + 2a_{12}xy + 2a_{13}y + a_{22}x^2 + 2a_{23}x + a_{33}] = 0,$
$\mathfrak{A}[a_{11}\mathfrak{y}^2 + 2a_{12}\mathfrak{x}\mathfrak{y} + 2a_{13}\mathfrak{y} + a_{22}\mathfrak{x}^2 + 2a_{23}\mathfrak{x} + a_{33}] = 0.$

Offenbar müsste man durch dieses Rückwärts-Transformiren die ursprünglichen Gleichungen 1a), 1b) wieder erhalten. Wie man sieht, erhält man aber die linke Seite dieser Gleichungen zwar wieder, aber noch multiplicirt mit der Discriminante der ursprünglichen Gleichung. Ist diese nun von Null verschieden, so muss der Ausdruck in Parenthese Null sein, und man hat in der That die Gleichungen 1a), 1b) wieder; ist aber die Discriminante selbst Null, so erhält man das nichts sagende Resultat $0 = 0$. Man sieht daher:

Eine Gleichung 1a) in Punkt-Coordinaten, und eine Gleichung in Linien-Coordinaten 1b), lässt sich in eine solche Gleichung für bezüglich Linien- und Punkt-Coordinaten transformiren, dass beim Rückwärts-Transformiren die ursprüngliche Gleichung wieder erscheint; jedoch nur dann, wenn die Discriminante der ursprünglichen Gleichung von Null verschieden ist.

Sind aber die Discriminanten von 1a), 1b) von Null verschieden, stellen also diese Gleichungen in der That Kegelschnitte, und nicht Gerade und Punkte dar, so müssen die für Punkt-Coordinaten in Art. 15 gegebenen Bedingungen, dass 1a) den einen oder anderen Kegelschnitt bezeichnet, mit den für Linien-Coordinaten in Art. 15 aufgestellten Bedingungen, wenn man dieselben auf 4a) anwendet, übereinstimmen; und ebenso müssen die für Linien-Coordinaten geltenden Bedingungen, dass 1b) den einen oder anderen Kegelschnitt darstellt, mit den für Punkt-Coordinaten geltenden, wenn man sie auf 4b) anwendet, übereinstimmen. Dies ist nun in der That der Fall. Heisst nämlich die Discriminante von 4a) $\mathfrak{A}'$, die von 4b) A', so ist nach Art. 12, 6b), indem

Art. 17.] — 61 —

man $\mathfrak{a}_{11} = A_{11}$, $\mathfrak{a}_{12} = A_{12}$, $\mathfrak{a}_{13} = -A_{13}$, $\mathfrak{a}_{22} = A_{22}$, $\mathfrak{a}_{23} = -A_{23}$, $\mathfrak{a}_{33} = A_{33}$ setzt,

$$\mathfrak{A}' = -(-A_{23}A_{12}+A_{13}A_{22})A_{13}-(-A_{12}A_{13}+A_{23}A_{11})A_{23}+(A_{11}A_{22}-A_{12}{}^2)A_{33}$$
$$= (A_{12}A_{23}-A_{31}A_{22})A_{13} + (A_{31}A_{21}-A_{32}A_{11})A_{23} + (A_{11}A_{22}-A_{12}{}^2)A_{33}$$

oder nach Art. 12, 10a)

$$\mathfrak{A}' = a_{31}A \cdot A_{13} + a_{23}A \cdot A_{23} + a_{33}A \cdot A_{33}$$
$$= A(A_{13}a_{13} + A_{23}a_{23} + A_{33}a_{33}),$$

oder also $\qquad\mathfrak{A}' = A^2;$ \hfill 5a)

ebenso erhält man $\qquad A' = \mathfrak{A}^2.$ \hfill 5b)

Bezeichnet man ferner die Partial-Determinanten in 4a), 4b) mit $\mathfrak{A}'_{11}$, $\mathfrak{A}'_{22}$ etc., A'_{11}, A'_{22} etc., so hat man offenbar

$$\left.\begin{array}{l}\mathfrak{A}'_{11} = A_{22}A_{33}-A_{23}{}^2, \quad \mathfrak{A}'_{22} = A_{33}A_{11}-A_{31}{}^2, \quad \mathfrak{A}'_{33} = A_{11}A_{22}-A_{12}{}^2, \\ \mathfrak{A}'_{12} = A_{13}A_{23}-A_{12}A_{33}, \quad \mathfrak{A}'_{23} = -(A_{21}A_{31}-A_{23}A_{11}), \\ \qquad\qquad \mathfrak{A}'_{31} = -(A_{32}A_{12}-A_{31}A_{22});\end{array}\right\} \text{6a)}$$

$$\left.\begin{array}{l}A'_{11} = \mathfrak{A}_{22}\mathfrak{A}_{33}-\mathfrak{A}_{23}{}^2, \quad A'_{22} = \mathfrak{A}_{33}\mathfrak{A}_{11}-\mathfrak{A}_{31}{}^2, \quad A'_{33} = \mathfrak{A}_{11}\mathfrak{A}_{22}-\mathfrak{A}_{12}{}^2, \\ A'_{12} = \mathfrak{A}_{13}\mathfrak{A}_{23}-\mathfrak{A}_{12}\mathfrak{A}_{33}, \quad A'_{23} = -(\mathfrak{A}_{21}\mathfrak{A}_{31}-\mathfrak{A}_{23}\mathfrak{A}_{11}), \\ \qquad\qquad A'_{31} = -(\mathfrak{A}_{32}\mathfrak{A}_{12}-\mathfrak{A}_{31}\mathfrak{A}_{22});\end{array}\right\} \text{6b)}$$

oder, nach Art. 12, 10a), 10b):

$$\left.\begin{array}{l}\mathfrak{A}'_{11} = a_{11}A, \quad \mathfrak{A}'_{22} = a_{22}A, \quad \mathfrak{A}'_{33} = a_{33}A \\ \mathfrak{A}'_{12} = a_{12}A, \quad \mathfrak{A}'_{23} = -a_{23}A, \quad \mathfrak{A}'_{31} = -a_{31}A;\end{array}\right\} \text{7a)}$$

$$\left.\begin{array}{l}A'_{11} = \mathfrak{a}_{11}\mathfrak{A}, \quad A'_{22} = \mathfrak{a}_{22}\mathfrak{A}, \quad A'_{33} = \mathfrak{a}_{33}\mathfrak{A}, \\ A'_{12} = \mathfrak{a}_{12}\mathfrak{A}, \quad A'_{23} = -\mathfrak{a}_{23}\mathfrak{A}, \quad A'_{31} = -\mathfrak{a}_{31}\mathfrak{A}.\end{array}\right\} \text{7b)}$$

Bezeichnet man endlich in den Gleichungen 4a), 4b)

$$A_{11} = \mathfrak{a}'_{11}, \; A_{12} = \mathfrak{a}'_{12}, \; -A_{13} = \mathfrak{a}'_{13}, \; A_{22} = \mathfrak{a}'_{22}, \; -A_{23} = \mathfrak{a}'_{23}, \; A_{33} = \mathfrak{a}'_{33}, \quad \text{8a)}$$
$$\mathfrak{A}_{11} = a'_{11}, \; \mathfrak{A}_{12} = a'_{12}, \; -\mathfrak{A}_{13} = a'_{13}, \; \mathfrak{A}_{22} = a'_{22}, \; -\mathfrak{A}_{23} = a'_{23}, \; \mathfrak{A}_{33} = a'_{33}, \quad \text{8b)}$$

so sieht man Folgendes: Nach Art. 15, I. a. bezeichnet 1a) eine Hyperbel, Parabel, Ellipse, etwas Imaginäres, je nachdem $A_{33} \lesseqgtr 0$. Soll aber $A_{33} \lesseqgtr 0$ sein, so muss auch $A_{33} \cdot A^2 \lesseqgtr 0$ sein, oder nach 5a), 8a), es muss sein $\mathfrak{a}'_{33}\mathfrak{A}' \lesseqgtr 0$. Ferner unterscheiden sich Ellipse und Fall des Imaginären dadurch, dass $a_{11}A, a_{22}A \lessgtr 0$ ist; nach 7a) aber heisst dies $\mathfrak{A}'_{11} \lessgtr 0$, $\mathfrak{A}'_{22} \lessgtr 0$. Die Bedingungen $\mathfrak{a}'_{33}\mathfrak{A}' \lesseqgtr 0$, $\mathfrak{A}'_{11} \lessgtr 0$, $\mathfrak{A}'_{22} \lessgtr 0$ aber sind nach Art. 15, I. b die Kriterien für die

Gestalt des Kegelschnittes bei Linien-Coordinaten. Umgekehrt drückt die Gleichung 4a) den einen oder anderen Kegelschnitt aus, nach Art. 15, I. b, je nachdem $\mathfrak{a}'_{33}\mathfrak{A}' \lessgtr 0$, oder, nach 5a), je nachdem $\mathfrak{a}'_{33}A^2 \lessgtr 0$, oder also, je nachdem $\mathfrak{a}'_{33} \lessgtr 0$ ist. Nach 8a) aber ist $\mathfrak{a}'_{33} = A_{33}$; also lautet diese Bedingung auch: $A_{33} \lessgtr 0$. Ferner kommt nach I. b. noch in Betracht, ob $\mathfrak{A}'_{11} \lessgtr 0$, $\mathfrak{A}'_{22} \lessgtr 0$ ist, d. h. nach 7a), ob $a_{11}A \lessgtr 0$, $a_{22}A \lessgtr 0$ ist. Die Bedingungen $A_{33} \lessgtr 0$, $a_{11}A \lessgtr 0$, $a_{22}A \lessgtr 0$ aber sind die Kriterien für die Gestalt des Kegelschnittes 1a). Es befinden sich daher 1a) und 4a) in völliger Uebereinstimmung. Ebenso lauten nach Art. 15, I. b die Bedingungen für die Existenz des einen oder anderen Kegelschnittes bei der Gleichung 1b) $\mathfrak{a}_{33}\mathfrak{A} \lessgtr 0$; $\mathfrak{A}_{11} \lessgtr 0$, $\mathfrak{A}_{22} \lessgtr 0$; oder, nach 7b), 8b), $A'_{33} \lessgtr 0$, $\mathfrak{a}'_{11} \lessgtr 0$, $\mathfrak{a}'_{22} \lessgtr 0$. Die letzteren beiden Bedingungen sind aber auch erfüllt, wenn $\mathfrak{a}'_{11}\mathfrak{A}^2 \lessgtr 0$, $\mathfrak{a}'_{22}\mathfrak{A}^2 \lessgtr 0$ ist, d. h. nach 5b), wenn $\mathfrak{a}'_{11}A' \lessgtr 0$, $\mathfrak{a}'_{22}A' \lessgtr 0$. Es sind also die Bedingungen $\mathfrak{a}_{33}\mathfrak{A} \lessgtr 0$, $\mathfrak{A}_{11} \lessgtr 0$, $\mathfrak{A}_{22} \lessgtr 0$ in 1b) identisch mit den Bedingungen $A'_{33} \lessgtr 0$, $\mathfrak{a}'_{11}A' \lessgtr 0$, $\mathfrak{a}'_{22}A' \lessgtr 0$ in 4b), welche mit den in Art. 15, I. a aufgestellten übereinkommen. Endlich liegt umgekehrt das Kriterium für die Gestalt des durch 4b) dargestellten Kegelschnittes darin, dass $A'_{33} \lessgtr 0$, $\mathfrak{a}'_{11}A' \lessgtr 0$, $\mathfrak{a}'_{22}A' \lessgtr 0$ ist. Nach 7b) ist aber $A'_{33} = \mathfrak{a}_{33}\mathfrak{A}$, also lautet die Bedingung $A'_{33} \lessgtr 0$ auch $\mathfrak{a}_{33}\mathfrak{A} \lessgtr 0$. Ferner lauten nach 7b) die beiden letzten Ungleichungen: $\mathfrak{A}_{11}A' \lessgtr 0$, $\mathfrak{A}_{22}A' \lessgtr 0$, oder, nach 5b). $\mathfrak{A}_{11}\mathfrak{A}^2 \lessgtr 0$, $\mathfrak{A}_{22}\mathfrak{A}^2 \lessgtr 0$, welche sich auf $\mathfrak{A}_{11} \lessgtr 0$, $\mathfrak{A}_{22} \lessgtr 0$ reduciren. Es stimmen also die Bedingungen für 4b) und 1b) auch überein. Man sieht also: Die Gleichungen 1a) und 4a), sowie 1b) und 4b) bezeichnen stets einen und denselben Kegelschnitt.

18. Es seien x, y die Coordinaten eines Punktes P und durch ihn sei eine Gerade r durch den Kegelschnitt $F(x, y) = 0$

[Art. 18.]

gezogen, welche denselben in den Punkten S_1, S_2 mit den Coordinaten x_1, y_1, x_2, y_2 schneide; gesucht sollen die Coordinaten x, y des Punktes Q sein, welcher dem Punkte P harmonisch zugeordnet ist, so dass sich also verhält $PS_1:QS_1 = PS_2:QS_2$. Nach Art. 9, 1a) muss sich nun verhalten
$$x_1-x':x-x_1 = x_2-x':x_2-x; \quad y_1-y':y-y_1 = y_2-y':y_2-y;$$
woraus folgt
$$x = \frac{2x_1x_2 - (x_1+x_2)x'}{(x_1+x_2) - 2x'}, \quad y = \frac{2y_1y_1 - (y_1+y_2)y'}{(y_1+y_2) - 2y'}.$$
Sind nun $\mathfrak{x}, \mathfrak{y}$ die Linien-Coordinaten der durch P, S_1, Q, S_2 gehenden Geraden, so muss nach Art. 17, 2a), wenn man die Radicanden in dieser Gleichung kurz mit w_1, w_2 bezeichnet, sein
$$x_1 = \frac{a_{11}\mathfrak{x} - a_{12}\mathfrak{y} + a_{13}\mathfrak{x}\mathfrak{y} - a_{23}\mathfrak{y}^2 + \sqrt{w_1}}{a_{11}\mathfrak{x}^2 - 2a_{12}\mathfrak{x}\mathfrak{y} + a_{22}\mathfrak{y}^2},$$
$$x_2 = \frac{a_{11}\mathfrak{x} - a_{12}\mathfrak{y} + a_{13}\mathfrak{x}y - a_{23}\mathfrak{y}^2 - \sqrt{w_1}}{a_{11}\mathfrak{x}^2 - 2a_{12}\mathfrak{x}\mathfrak{y} + a_{22}\mathfrak{y}^2};$$
$$y_1 = \frac{a_{22}\mathfrak{y} - a_{12}\mathfrak{x} + a_{23}\mathfrak{x}\mathfrak{y} - a_{13}\mathfrak{x}^2 - \sqrt{w_2}}{a_{22}\mathfrak{y}^2 - 2a_{12}\mathfrak{x}\mathfrak{y} + a_{11}\mathfrak{x}^2},$$
$$y_2 = \frac{a_{22}\mathfrak{y} - a_{12}\mathfrak{x} + a_{23}\mathfrak{x}\mathfrak{y} - a_{13}\mathfrak{x}^2 + \sqrt{w_2}}{a_{22}\mathfrak{y}^2 - 2a_{12}\mathfrak{x}\mathfrak{y} + a_{11}\mathfrak{x}^2};$$
also vermöge der Werthe von w_1, w_2
$$x_1 + x_2 = 2 \cdot \frac{a_{11}\mathfrak{x} - a_{12}\mathfrak{y} + a_{13}\mathfrak{x}\mathfrak{y} - a_{23}\mathfrak{y}^2}{a_{11}\mathfrak{x}^2 - 2a_{12}\mathfrak{x}\mathfrak{y} + a_{22}\mathfrak{y}^2},$$
$$y_1 + y_2 = 2 \cdot \frac{a_{22}\mathfrak{y} - a_{12}\mathfrak{x} + a_{23}\mathfrak{x}\mathfrak{y} - a_{13}\mathfrak{x}^2}{a_{22}\mathfrak{y}^2 - 2a_{12}\mathfrak{x}\mathfrak{y} + a_{11}\mathfrak{x}^2};$$
$$x_1 x_2 = \frac{a_{11} + 2a_{13}\mathfrak{y} + a_{33}\mathfrak{y}^2}{a_{11}\mathfrak{x}^2 - 2a_{12}\mathfrak{x}\mathfrak{y} + a_{22}\mathfrak{y}^2}, \quad y_1 y_2 = \frac{a_{22} + 2a_{23}\mathfrak{x} + a_{33}\mathfrak{x}^2}{a_{22}\mathfrak{y}^2 - 2a_{12}\mathfrak{x}\mathfrak{y} + a_{11}\mathfrak{x}^2}.$$
Setzt man diese Werthe in die obigen Ausdrücke für x und y ein, so erhält man
$$x = \frac{(a_{11} + 2a_{13}\mathfrak{y} + a_{33}\mathfrak{y}^2) - (a_{11}\mathfrak{x} - a_{12}\mathfrak{y} + a_{13}\mathfrak{x}\mathfrak{y} - a_{23}\mathfrak{y}^2)x'}{(a_{11}\mathfrak{x} - a_{12}\mathfrak{y} + a_{13}\mathfrak{x}\mathfrak{y} - a_{23}\mathfrak{y}^2) - (a_{11}\mathfrak{x}^2 - 2a_{12}\mathfrak{x}\mathfrak{y} + a_{22}\mathfrak{y}^2)x'},$$
$$y = \frac{(a_{22} + 2a_{23}\mathfrak{x} + a_{33}\mathfrak{x}^2) - (a_{22}\mathfrak{y} - a_{12}\mathfrak{x} + a_{23}\mathfrak{x}\mathfrak{y} - a_{13}\mathfrak{x}^2)y'}{(a_{22}\mathfrak{y} - a_{12}\mathfrak{x} + a_{23}\mathfrak{x}\mathfrak{y} - a_{13}\mathfrak{x}^2) - (a_{22}\mathfrak{y}^2 - 2a_{12}\mathfrak{x}\mathfrak{y} + a_{11}\mathfrak{x}^2)y'}.$$
Entwickelt man aus jeder dieser beiden Gleichungen $a_{11}\mathfrak{x}^2 - 2a_{12}\mathfrak{x}\mathfrak{y} + a_{22}\mathfrak{y}^2$, und setzt beide so entstehenden Werthe einander gleich, so erhält man die Gleichung:

$(a_{11}\mathfrak{x} - a_{12}\mathfrak{y} + a_{13}\mathfrak{x}\mathfrak{y} - a_{23}\mathfrak{y}^2)(x+x')y'y - (a_{11} + 2a_{13}\mathfrak{y} + a_{33}\mathfrak{y}^2)y'y$
$- (a_{22}\mathfrak{y} - a_{12}\mathfrak{x} + a_{23}\mathfrak{x}\mathfrak{y} - a_{13}\mathfrak{x}^2)(y+y')x'x + (a_{22} + 2a_{23}\mathfrak{x} + a_{33}\mathfrak{x}^2)x'x = 0.$

Da nun sowohl P als Q auf der durch die Linien-Coordinaten $\mathfrak{x}, \mathfrak{y}$ bestimmten Geraden liegen, müssen die Gleichungen gelten: $\mathfrak{y}y' + \mathfrak{x}x' - 1 = 0$ und $\mathfrak{y}y + \mathfrak{x}x - 1 = 0$, oder $\mathfrak{y}y' + \mathfrak{x}x' = 1$, $\mathfrak{y}y + \mathfrak{x}x = 1$, aus welchen beiden folgt

$$\mathfrak{x} = \frac{y-y'}{yx'-xy'}, \quad \mathfrak{y} = -\frac{x-x'}{yx'-xy'}.$$

Werden diese Werthe in die letzte Gleichung eingesetzt, so nimmt sie nach gehöriger Umformung die Gestalt an:
$(yx'-xy')(xy-x'y')[(a_{11}y' + a_{12}x' + a_{13})y + (a_{12}y' + a_{22}x' + a_{23})x$
$\qquad\qquad + (a_{13}y' + a_{23}x' + a_{33})] = 0,$
oder also
$(a_{11}y' + a_{12}x' + a_{13})y + (a_{21}y' + a_{22}x' + a_{23})x + (a_{31}y' + a_{32}x' + a_{33})$
$\qquad\qquad\qquad = 0.$ \hfill 1a)

Dies ist aber die Gleichung einer Geraden nach Art. 3. Es liegen also, wenn man durch P oder x', y' beliebig viele Gerade zieht, und auf jeder den dem P zugeordneten harmonischen Punkt Q sucht, alle diese Punkte auf einer und derselben Geraden p. Diese Gerade p heisst die Polare des Punktes P, und ihre Gleichung ist die in 1a) aufgestellte. Liegt P ausserhalb der Curve, so liegen die Berührungspunkte der von P an den Kegelschnitt gelegten Tangenten auf p. Ist nämlich B einer dieser Berührungspunkte, sind x'', y'' seine Punkt-Coordinaten, und sind $\mathfrak{x}', \mathfrak{y}'$ die Linien-Coordinaten der Tangente, auf welcher er sich befindet, so muss nach Art. 17, 2a) für x'', y'' der Radicand in der dortigen Gleichung verschwinden, es muss also sein

$$x'' = \frac{a_{11}\mathfrak{x}' - a_{12}\mathfrak{y}' + a_{13}\mathfrak{x}'\mathfrak{y}' - a_{23}\mathfrak{y}'^2}{a_{11}\mathfrak{x}'^2 - 2a_{12}\mathfrak{x}'\mathfrak{y}' + a_{22}\mathfrak{y}'^2}, \quad y'' = \frac{a_{22}\mathfrak{y}' - a_{12}\mathfrak{x}' + a_{23}\mathfrak{x}'\mathfrak{y}' - a_{13}\mathfrak{x}'^2}{a_{22}\mathfrak{y}'^2 - 2a_{12}\mathfrak{x}'\mathfrak{y}' + a_{11}\mathfrak{x}'^2}. \quad 2a)$$

und da der Radicand sich annulliren muss, nach Art. 17, 4a)

$$A_{11}\mathfrak{y}'^2 + 2A_{12}\mathfrak{x}'\mathfrak{y}' - 2A_{13}\mathfrak{y}' + A_{22}\mathfrak{x}'^2 - 2A_{23}\mathfrak{x}' + A_{33} = 0. \quad 3a)$$

Setzt man nun die Werthe aus 2a) in der linken Seite der Gleichung 1a) für x, y ein, so erhält man:
$(a_{11}y' + a_{12}x' + a_{13})y'' + (a_{21}y' + a_{22}x' + a_{23})x'' + (a_{31}y' + a_{32}x' + a_{33}) =$
$$\frac{(A_{11}\mathfrak{y}'^2 + 2A_{12}\mathfrak{x}'\mathfrak{y}' - A_{13}\mathfrak{y}' + A_{22}\mathfrak{x}'^2 - A_{23}\mathfrak{x}') - (A_{13}\mathfrak{y}' + A_{23}\mathfrak{x}' - A_{33})(\mathfrak{y}'y' + \mathfrak{x}'x')}{a_{11}\mathfrak{x}'^2 - 2a_{12}\mathfrak{x}'\mathfrak{y}' + a_{22}\mathfrak{y}'^2}$$

Da nun aber die Tangente auch durch P gehen soll, muss $\mathfrak{y}'y' + \mathfrak{x}'x' - 1 = 0$, also
$$\mathfrak{y}'y' + \mathfrak{x}'x' = 1$$
sein. Es lautet daher die letzte Gleichung:
$(a_{11}y' + a_{12}x' + a_{13})y'' + (a_{21}y' + a_{22}x' + a_{23})x'' + (a_{31}y' + a_{32}x' + a_{33})$
$$= \frac{A_{11}\mathfrak{y}'^2 + 2A_{12}\mathfrak{x}'\mathfrak{y}' - 2A_{13}\mathfrak{y}' + A_{22}\mathfrak{x}'^2 - 2A_{23}\mathfrak{x}' + A_{33}}{a_{11}\mathfrak{x}'^2 - 2a_{12}\mathfrak{x}'\mathfrak{y}' + a_{22}\mathfrak{y}'^2}$$
oder, nach 3a)
$(a_{11}y' + a_{12}x' + a_{13})y'' + (a_{21}y' + a_{22}x' + a_{23})x'' + (a_{31}y' + a_{32}x' + a_{33})$
$$= 0.$$

Es erfüllen also x'', y'' die Gleichung 1a) der Polaren p; folglich liegt der Berührungspunkt B auf der Polaren p des Punktes P.

Der Gleichung 1a) der Polaren lässt sich offenbar auch die Gestalt geben
$(a_{11}y + a_{12}x + a_{13})y' + (a_{21}y + a_{22}x + a_{23})x' + (a_{31}y + a_{32}x + a_{33})$
$$= 0.$$
Man sieht daher sofort, dass die Coordinaten y', x' des Punktes P die Gleichung der Polaren eines beliebigen Punktes x, y der Polaren p erfüllen. Man erhält so den Satz: Ist p die Polare eines Punktes P, so geht die Polare eines jeden Punktes von p durch P.

Zieht man ferner durch P ausser der Geraden r, welche den Kegelschnitt in den Punkten S_1, S_2 schneidet, eine zweite Gerade r', welche denselben in S'_1, S'_2 trifft, verbindet man ferner S_1 und S'_1 durch eine Gerade m, welche die p in P' trifft, und sucht die Polare von P', so muss dieselbe nach dem eben Bewiesenen auch durch P gehen. Zieht man nun die Gerade $P'S'_2$ oder n, so muss dieselbe auch durch S_2 gehen. Denn, verbindet man noch P' mit P durch eine Gerade l, so bilden, wenn der Durchschnittspunkt der von P nach S'_1 und S'_2 gezogenen Linie mit p durch Q' bezeichnet wird, die Punkte P, S'_1, Q', S'_2 eine harmonische Punktreihe; folglich ist auch nach Art. 9 der Strahlbüschel $P', lmpn$ harmonisch. Er muss daher, ebenfalls nach Art. 9, auch auf der Geraden r, welche die p in Q trifft, eine harmonische Punktreihe erzeugen. Der dem Punkt S_1 zugeordnete harmonische ist aber S_2; es muss daher der Strahl n oder PS'_2 durch S_2 gehen. Man hat sonach den Satz: Zieht man durch einen Punkt P zwei Gerade r, r', welche durch ihre Durchschnittspunkte S_1, S_2, S'_1, S'_2 ein dem Kegelschnitt eingeschrienes Viereck bilden, so liegen die Durchschnittspunkte der Gegenseiten $S_1 S'_1$, $S_2 S'_2$, und ebenso von $S_1 S'_2$, $S'_1 S_2$ auf der Polaren p des Punktes P.

Es sei ferner ein Kegelschnitt $\mathfrak{F}(\mathfrak{x}, \mathfrak{y}) = 0$, und eine durch die Linien-Coordinaten $\mathfrak{x}'$, $\mathfrak{y}'$ bestimmte Gerade p gegeben, von einem Punkte R der p zwei Tangenten s_1 oder $\mathfrak{x}_1$, $\mathfrak{y}_1$ und s_2 oder $\mathfrak{x}_2$, $\mathfrak{y}_2$ an den Kegelschnitt gelegt, und die Coordinaten $\mathfrak{x}$, $\mathfrak{y}$ eines vierten, durch denselben Punkt gehenden Strahles q gesucht, welcher in dem so entstehenden Strahlbüschel dem Strahle p harmonisch zugeordnet ist. Nach Art. 9 muss sich nun verhalten

$$\mathfrak{x}' - \mathfrak{x}_1 : \mathfrak{x}_1 - \mathfrak{x} = \mathfrak{x}' - \mathfrak{x}_2 : \mathfrak{x} - \mathfrak{x}_2, \quad \mathfrak{y}' - \mathfrak{y}_1 : \mathfrak{y}_1 - \mathfrak{y} = \mathfrak{y}' - \mathfrak{y}_2 : \mathfrak{y} - \mathfrak{y}_2$$

woraus folgt

$$\mathfrak{x} = \frac{2\mathfrak{x}_1 \mathfrak{x}_2 - (\mathfrak{x}_1 + \mathfrak{x}_2)\mathfrak{x}'}{(\mathfrak{x}_1 + \mathfrak{x}_2) - 2\mathfrak{x}'}, \quad \mathfrak{y} = \frac{2\mathfrak{y}_1 \mathfrak{y}_2 - (\mathfrak{y}_1 + \mathfrak{y}_2)\mathfrak{y}'}{(\mathfrak{y}_1 + \mathfrak{y}_2) - 2\mathfrak{y}'}.$$

Sind nun x, y die Punkt-Coordinaten des Scheitels des von p, s_1, q, s_2 gebildeten Strahlbüschels, so müssen nach Art. 17, 2b), wenn man die dortigen Radicanden mit $\mathfrak{w}_1$, $\mathfrak{w}_2$ bezeichnet, die Gleichungen gelten:

$$\mathfrak{x}_1 = \frac{a_{11} x - a_{12} y + a_{13} xy - a_{23} y^2 + \sqrt{\mathfrak{w}_1}}{a_{11} x^2 - 2 a_{12} xy + a_{22} y^2},$$

$$\mathfrak{x}_2 = \frac{a_{11} x - a_{12} y + a_{13} xy - a_{23} y^2 - \sqrt{\mathfrak{w}_1}}{a_{11} x^2 - 2 a_{12} xy + a_{22} y^2};$$

$$\mathfrak{y}_1 = \frac{a_{22} y - a_{12} x + a_{23} xy - a_{13} x^2 - \sqrt{\mathfrak{w}_2}}{a_{22} y^2 - 2 a_{12} xy + a_{11} x^2},$$

$$\mathfrak{y}_2 = \frac{a_{22} y - a_{12} x + a_{23} xy - a_{13} x^2 + \sqrt{\mathfrak{w}_2}}{a_{22} y^2 - 2 a_{12} xy + a_{11} x^2};$$

Es ist also $\mathfrak{x}_1 + \mathfrak{x}_2 = 2 \cdot \dfrac{a_{11} x - a_{12} y + a_{13} xy - a_{23} y^2}{a_{11} x^2 - 2 a_{12} xy + a_{22} y^2}.$

$$\mathfrak{y}_1 + \mathfrak{y}_2 = 2 \cdot \frac{a_{22} y - a_{12} x + a_{23} xy - a_{13} x^2}{a_{22} y^2 - 2 a_{12} xy + a_{11} x^2};$$

$$\mathfrak{x}_1 \mathfrak{x}_2 = \frac{a_{11} + 2 a_{13} y + a_{33} y^2}{a_{11} x^2 - 2 a_{12} xy + a_{22} y^2}, \quad \mathfrak{y}_1 \mathfrak{y}_2 = \frac{a_{22} + 2 a_{23} x + a_{33} x^2}{a_{22} y^2 - 2 a_{12} xy + a_{11} x^2}.$$

Werden diese Werthe in die obigen Ausdrücke für $\mathfrak{x}$, $\mathfrak{y}$ eingesetzt, wird ferner aus jeder der beiden so entstehenden Gleichungen der Werth von $\mathfrak{a}_{11}x^2 - 2\mathfrak{a}_{12}xy + \mathfrak{a}_{22}y^2$ entwickelt, werden diese beiden Werthe einander gleich gesetzt, und in der so entstehenden Gleichung die Factoren $\mathfrak{y}\mathfrak{x}' - \mathfrak{x}\mathfrak{y}'$, $\mathfrak{x}\mathfrak{y} - \mathfrak{x}'\mathfrak{y}'$ abgesondert, so erhält man die Gleichung

$$(\mathfrak{a}_{11}\mathfrak{y}' + \mathfrak{a}_{12}\mathfrak{x}' + \mathfrak{a}_{13})\mathfrak{y} + (\mathfrak{a}_{21}\mathfrak{y}' + \mathfrak{a}_{22}\mathfrak{x}' + \mathfrak{a}_{23})\mathfrak{x} + (\mathfrak{a}_{31}\mathfrak{y}' + \mathfrak{a}_{32}\mathfrak{x}' + \mathfrak{a}_{33}) = 0. \quad 1b)$$

Dies ist aber nach Art. 3 die Gleichung eines Punktes. Es gehen also, wenn man von irgend einem Punkte der Geraden p oder $\mathfrak{x}'$, $\mathfrak{y}'$ Tangenten zieht, und in jedem so entstehenden Strahlbüschel den der Geraden p zugeordneten harmonischen Strahl q sucht, alle diese Strahlen durch einen und denselben Punkt P. Dieser Punkt heisst der Pol der Geraden p, und seine Gleichung ist die in 1b) aufgestellte. Schneidet p die Curve, so gehen die in den Durchschnittspunkten von p mit dem Kegelschnitt an diesen gelegten Tangenten durch P. Ist nämlich t eine dieser Tangenten, sind $\mathfrak{x}''$, $\mathfrak{y}''$ ihre Linien-Coordinaten, und x', y' die Punkt-Coordinaten ihres Berührungspunktes, so muss nach Art. 17, 2b) für $\mathfrak{x}''$, $\mathfrak{y}''$ der Radicand in der dortigen Gleichung sich annulliren, es muss also sein

$$\mathfrak{x}'' = \frac{\mathfrak{a}_{11}x' - \mathfrak{a}_{12}y' + \mathfrak{a}_{13}x'y' - \mathfrak{a}_{33}y'^2}{\mathfrak{a}_{11}x'^2 - 2\mathfrak{a}_{12}x'y' + \mathfrak{a}_{22}y'^2}, \quad \mathfrak{y}'' = \frac{\mathfrak{a}_{22}y' - \mathfrak{a}_{12}x' + \mathfrak{a}_{23}x'y' - \mathfrak{a}_{13}x'}{\mathfrak{a}_{22}y'^2 - 2\mathfrak{a}_{12}x'y' + \mathfrak{a}_{11}x'^2}, \quad 2b)$$

und da der Radicand sich annullirt, muss sein nach Art. 17, 4b)

$$\mathfrak{A}_{11}y'^2 + 2\mathfrak{A}_{12}x'y' - 2\mathfrak{A}_{13}y' + \mathfrak{A}_{22}x'^2 - 2\mathfrak{A}_{23}x' + \mathfrak{A}_{33} = 0. \quad 3b)$$

Setzt man die Werthe aus 2b) in der linken Seite der Gleichung 1b) für $\mathfrak{x}$, $\mathfrak{y}$ ein, so erhält man

$$(\mathfrak{a}_{11}\mathfrak{y}' + \mathfrak{a}_{12}\mathfrak{x}' + \mathfrak{a}_{13})\mathfrak{y}'' + (\mathfrak{a}_{21}\mathfrak{y}' + \mathfrak{a}_{22}\mathfrak{x}' + \mathfrak{a}_{23})\mathfrak{x}'' + (\mathfrak{a}_{31}\mathfrak{y}' + \mathfrak{a}_{32}\mathfrak{x}' + \mathfrak{a}_{33}) =$$
$$\frac{(\mathfrak{A}_{11}y'^2 + 2\mathfrak{A}_{12}x'y' - \mathfrak{A}_{13}y' + \mathfrak{A}_{22}x'^2 - \mathfrak{A}_{23}x') - (\mathfrak{A}_{13}y' + \mathfrak{A}_{23}x' - \mathfrak{A}_{33})(y'\mathfrak{y}' + x'\mathfrak{x}')}{\mathfrak{a}_{11}x'^2 - 2\mathfrak{a}_{12}x'y' + \mathfrak{a}_{22}y'^2}.$$

Da nun aber der Berührungspunkt auch auf p liegen soll, muss $y'\mathfrak{y}' + x'\mathfrak{x}' - 1 = 0$, also

$$y'\mathfrak{y}' + x'\mathfrak{x}' = 1$$

sein. Es lautet daher die letzte Gleichung:

$$(\mathfrak{a}_{11}\mathfrak{y}' + \mathfrak{a}_{12}\mathfrak{x}' + \mathfrak{a}_{13})\mathfrak{y}'' + (\mathfrak{a}_{21}\mathfrak{y}' + \mathfrak{a}_{22}\mathfrak{x}' + \mathfrak{a}_{23})\mathfrak{x}'' + (\mathfrak{a}_{31}\mathfrak{y}' + \mathfrak{a}_{32}\mathfrak{x}' + \mathfrak{a}_{33}) =$$
$$\frac{\mathfrak{A}_{11}y'^2 + 2\mathfrak{A}_{12}x'y' - 2\mathfrak{A}_{13}y' + \mathfrak{A}_{22}x'^2 - 2\mathfrak{A}_{23}x' + \mathfrak{A}_{33}}{\mathfrak{a}_{11}x'^2 - 2\mathfrak{a}_{12}x'y' + \mathfrak{a}_{22}y'^2},$$

oder nach 3b)
$$(\mathfrak{a}_{11}\mathfrak{y}'+\mathfrak{a}_{12}\mathfrak{x}'+\mathfrak{a}_{13})\mathfrak{y}''+(\mathfrak{a}_{21}\mathfrak{y}'+\mathfrak{a}_{22}\mathfrak{x}'+\mathfrak{a}_{23})\mathfrak{x}''+(\mathfrak{a}_{31}\mathfrak{y}'+\mathfrak{a}_{32}\mathfrak{x}'+\mathfrak{a}_{33})$$
$$= 0.$$

Es erfüllen also $\mathfrak{x}''$, $\mathfrak{y}''$ die Gleichung des Poles P, folglich geht die Berührungslinie t durch den Pol P der Geraden p; und ebenso die Tangente im zweiten Durchschnittspunkte von p mit dem Kegelschnitt.

Die Gleichung 1b) des Poles lässt sich nun auch in folgender Form schreiben:
$$(\mathfrak{a}_{11}\mathfrak{y}+\mathfrak{a}_{12}\mathfrak{x}+\mathfrak{a}_{13})\mathfrak{y}'+(\mathfrak{a}_{21}\mathfrak{y}+\mathfrak{a}_{22}\mathfrak{x}+\mathfrak{a}_{23})\mathfrak{x}'+(\mathfrak{a}_{31}\mathfrak{y}+\mathfrak{a}_{32}\mathfrak{x}+\mathfrak{a}_{33}) = 0.$$
Man sieht daher sogleich, dass die Coordinaten $\mathfrak{y}'$, $\mathfrak{x}'$ der Geraden p die Gleichung des Pols eines beliebigen Strahles $\mathfrak{x}$, $\mathfrak{y}$ des Poles P erfüllen, und erhält so den Satz: Ist P der Pol einer Geraden p, so liegt der Pol eines jeden durch P gehenden Strahles auf p.

Zieht man ausser demjenigen Punkte R der p, von welchem die Tangenten s_1, s_2 ausgehen, noch von einem zweiten Punkte R' der p die Tangenten s'_1, s'_2, und verbindet den Durchschnittspunkt M der Strahlen s_1, s'_1 mit P durch die Gerade p', so muss nach dem eben Bewiesenen der Pol von p' auf p liegen. Heisst nun der Durchschnittspunkt von s'_2 und p' N, so muss derselbe auch auf s_2 liegen. Denn, schneidet die Gerade p' die p in L, und nennt man die von P nach R' gezogene Gerade q', so bilden p, s'_1, q', s'_2 einen harmonischen Strahlbüschel, folglich bilden nach Art. 9 die auf p' liegenden Punkte L, M, P, N eine harmonische Punktreihe, und daher müssen, ebenfalls nach Art. 9, in dem Strahlbüschel R die durch L, M, P, N gehenden Strahlen harmonisch sein. Der dem Strahle s_1 zugeordnete harmonische ist aber s_2, also muss auch s_2 durch N gehen, oder p' muss durch den Durchschnittspunkt N von s_2 und s'_2 gehen. Man hat daher den Satz: Legt man von zwei Punkten R, R' einer Geraden p an einen Kegelschnitt die Tangenten bezüglich s_1, s_2, s'_1, s'_2, welche ein dem Kegelschnitt umgeschriebenes Vierseit bilden, so gehen die Verbindungslinien der Gegenecken desselben, also die Verbindungslinie der Durchschnittspunkte von s_1, s'_1; s_2, s'_2, und ebenso die Verbindungslinie der

[Art. 19.]

Durchschnittspunkte von s_1, s'_2; s'_1, s_2, durch den Pol P der Geraden p.

19. Ist eine Gerade p mit der Gleichung
$$\mathfrak{y}y + \mathfrak{x}x - 1 = 0$$
gegeben, und es sollen die Coordinaten x', y' ihres Poles P für einen Kegelschnitt $F(x, y) = 0$ gesucht werden, so muss nach Art. 18, 1a) die Polare von P die Gleichung haben:
$$(a_{11}y' + a_{12}x' + a_{13})y + (a_{21}y' + a_{22}x' + a_{23})x + (a_{31}y' + a_{32}x' + a_{33}) = 0,$$
oder $\quad -\dfrac{a_{11}y' + a_{12}x' + a_{13}}{a_{31}y' + a_{32}x' + a_{33}} y - \dfrac{a_{21}y' + a_{22}x' + a_{23}}{a_{31}y' + a_{32}x' + a_{33}} x - 1 = 0.$

Man erhält also zur Bestimmung von y' und x' die Gleichungen:
$$-\frac{a_{11}y' + a_{12}x' + a_{13}}{a_{31}y' + a_{32}x' + a_{33}} = \mathfrak{y}, \quad -\frac{a_{21}y' + a_{22}x' + a_{23}}{a_{31}y' + a_{32}x' + a_{33}} = \mathfrak{x}.$$

Aus diesen beiden Gleichungen folgt aber
$$y' = \frac{(a_{32}a_{12} - a_{31}a_{22}) - (a_{22}a_{33} - a_{23}{}^2)\mathfrak{y} - (a_{13}a_{23} - a_{12}a_{33})\mathfrak{x}}{(a_{11}a_{22} - a_{12}{}^2) - (a_{32}a_{12} - a_{31}a_{22})\mathfrak{y} - (a_{21}a_{31} - a_{23}a_{11})\mathfrak{x}},$$
$$x' = \frac{(a_{21}a_{31} - a_{23}a_{11}) - (a_{13}a_{23} - a_{12}a_{33})\mathfrak{y} - (a_{33}a_{11} - a_{31}{}^2)\mathfrak{x}}{(a_{11}a_{22} - a_{12}{}^2) - (a_{32}a_{12} - a_{31}a_{22})\mathfrak{y} - (a_{21}a_{31} - a_{23}a_{11})\mathfrak{x}},$$
oder nach Art. 12, 7a), 8a)
$$y' = \frac{A_{31} - A_{11}\mathfrak{y} - A_{12}\mathfrak{x}}{A_{33} - A_{31}\mathfrak{y} - A_{23}\mathfrak{x}}, \quad x' = \frac{A_{23} - A_{12}\mathfrak{y} - A_{22}\mathfrak{x}}{A_{33} - A_{31}\mathfrak{y} - A_{23}\mathfrak{x}},$$
oder endlich
$$y' = \frac{A_{11}\mathfrak{y} + A_{12}\mathfrak{x} - A_{13}}{A_{31}\mathfrak{y} + A_{32}\mathfrak{x} - A_{33}}, \; x' = \frac{A_{21}\mathfrak{y} + A_{22}\mathfrak{x} - A_{23}}{A_{31}\mathfrak{y} + A_{32}\mathfrak{x} - A_{33}} \quad 1a)$$

Ist ferner ein Punkt P mit der Gleichung
$$y\mathfrak{y} + x\mathfrak{x} - 1 = 0$$
gegeben, und sollen die Coordinaten $\mathfrak{x}', \mathfrak{y}'$ seiner Polaren p für einen Kegelschnitt $\mathfrak{F}(\mathfrak{x}, \mathfrak{y}) = 0$ bestimmt werden, so muss nach Art. 18, 1b) die Gleichung des Pols von p die Form haben
$$(\mathfrak{a}_{11}\mathfrak{y}' + \mathfrak{a}_{12}\mathfrak{x}' + \mathfrak{a}_{13})\mathfrak{y} + (\mathfrak{a}_{21}\mathfrak{y}' + \mathfrak{a}_{22}\mathfrak{x}' + \mathfrak{a}_{23})\mathfrak{x} + (\mathfrak{a}_{31}\mathfrak{y}' + \mathfrak{a}_{32}\mathfrak{x}' + \mathfrak{a}_{33}) = 0,$$
oder $\; -\dfrac{\mathfrak{a}_{11}\mathfrak{y}' + \mathfrak{a}_{12}\mathfrak{x}' + \mathfrak{a}_{13}}{\mathfrak{a}_{31}\mathfrak{y}' + \mathfrak{a}_{32}\mathfrak{x}' + \mathfrak{a}_{33}} \mathfrak{y} - \dfrac{\mathfrak{a}_{21}\mathfrak{y}' + \mathfrak{a}_{22}\mathfrak{x}' + \mathfrak{a}_{23}}{\mathfrak{a}_{31}\mathfrak{y}' + \mathfrak{a}_{32}\mathfrak{x}' + \mathfrak{a}_{33}} \mathfrak{x} - 1 = 0.$

Man erhält also zur Bestimmung von $\mathfrak{y}', \mathfrak{x}'$ die Gleichungen:

$$-\frac{\mathfrak{a}_{11}\mathfrak{y}' + \mathfrak{a}_{12}\mathfrak{x}' + \mathfrak{a}_{13}}{\mathfrak{a}_{31}\mathfrak{y}' + \mathfrak{a}_{32}\mathfrak{x}' + \mathfrak{a}_{33}} = y, \quad -\frac{\mathfrak{a}_{21}\mathfrak{y}' + \mathfrak{a}_{22}\mathfrak{x}' + \mathfrak{a}_{23}}{\mathfrak{a}_{31}\mathfrak{y}' + \mathfrak{a}_{32}\mathfrak{x}' + \mathfrak{a}_{33}} = x,$$

aus welchen ebenso wie in 1a) folgt:

$$\mathfrak{y}' = \frac{\mathfrak{A}_{11} y + \mathfrak{A}_{12} x - \mathfrak{A}_{13}}{\mathfrak{A}_{31} y + \mathfrak{A}_{32} x - \mathfrak{A}_{33}}, \quad \mathfrak{x}' = \frac{\mathfrak{A}_{21} y + \mathfrak{A}_{22} x - \mathfrak{A}_{23}}{\mathfrak{A}_{31} y + \mathfrak{A}_{32} x - \mathfrak{A}_{33}}. \quad 1b)$$

20. In einer Ebene liegen zwei Gerade s, s', und auf jeder drei Punkte, bezüglich $P_1, P_3, P_2, P'_1, P'_3, P'_2$. Auf s werden beliebig viele andere Punkte P_4 als vierte Punkte angenommen, und zu jedem auf s' ein solcher Punkt P'_4 gesucht, dass die Punktreihen $s, P_1 P_3 P_2 P_4$ und $s', P'_1 P'_3 P'_2 P'_4$ conform (collinear) sind. Werden die Projectionsstrahlen $P_1 P'_1$, $P_3 P'_3, P_2 P'_2, P_4 P'_4$ oder p_1, p_3, p_2, p_4 gezogen, so hüllen letztere, p_4, eine Curve ein. Die Natur dieser Curve wird gesucht. Der Aufgabe zufolge soll sein

$$\frac{P_1 P_3}{P_2 P_3} : \frac{P_1 P_4}{P_2 P_4} = \frac{P'_1 P'_3}{P'_2 P'_3} : \frac{P'_1 P'_4}{P'_2 P'_4}.$$

Heissen nun die Coordinaten von P_k x_k, y_k, die von P'_k x'_k, y'_k, so muss nach Art. 9, 1a) sein:

$$\left. \begin{array}{l} \dfrac{x_3 - x_1}{x_2 - x_3} : \dfrac{x_4 - x_1}{x_4 - x_2} = \dfrac{x'_3 - x'_1}{x'_2 - x'_3} : \dfrac{x'_4 - x'_1}{x'_4 - x'_2}, \\[6pt] \dfrac{y_3 - y_1}{y_2 - y_3} : \dfrac{y_4 - y_1}{y_4 - y_2} = \dfrac{y'_3 - y'_1}{y'_2 - y'_3} : \dfrac{y'_4 - y'_1}{y'_4 - y'_2}. \end{array} \right\} \quad \dagger)$$

Sind nun $\mathfrak{x}_k, \mathfrak{y}_k$ die Coordinaten von $\dot{p}_k$, und $\mathfrak{x}, \mathfrak{y}, \mathfrak{x}', \mathfrak{y}'$ die Linien-Coordinaten bezüglich von s, s', so sind nach Art. 7, 1a) die Coordinaten des Durchschnittspunktes von s mit p_k

$$-\frac{\mathfrak{y} - \mathfrak{y}_k}{\mathfrak{x}\mathfrak{y}_k - \mathfrak{x}_k\mathfrak{y}}, \quad \frac{\mathfrak{x} - \mathfrak{x}_k}{\mathfrak{x}\mathfrak{y}_k - \mathfrak{x}_k\mathfrak{y}}.$$

Der Durchschnittspunkt von p_k mit s ist aber P_k; es sind also dies die Coordinaten x_k, y_k von P_k. Man hat daher die Gleichungen:

$$x_k = -\frac{\mathfrak{y} - \mathfrak{y}_k}{\mathfrak{x}\mathfrak{y}_k - \mathfrak{x}_k\mathfrak{y}}, \quad y_k = \frac{\mathfrak{x} - \mathfrak{x}_k}{\mathfrak{x}\mathfrak{y}_k - \mathfrak{x}_k\mathfrak{y}};$$

$$x'_k = -\frac{\mathfrak{y}' - \mathfrak{y}_k}{\mathfrak{x}'\mathfrak{y}_k - \mathfrak{x}_k\mathfrak{y}'}, \quad y'_k = \frac{\mathfrak{x}' - \mathfrak{x}_k}{\mathfrak{x}'\mathfrak{y}_k - \mathfrak{x}_k\mathfrak{y}'}.$$

Von diesen Werthen sind also entweder die von x_k, x'_k in die erstere, oder die von y_k, y'_k in die letztere der Proportionen †) einzusetzen; beides führt zu demselben Resultate. Setzt man die Werthe von x_k, x'_k in die erstere Proportion †) ein, so **erhält man**

Art. 20.] — 71 —

$$x_3 - x_1 = \frac{(\xi\eta_3 - \xi_3\eta)(\eta - \eta_1) - (\xi\eta_1 - \xi_1\eta)(\eta - \eta_3)}{(\xi\eta_1 - \xi_1\eta)(\xi\eta_3 - \xi_3\eta)}$$

$$= -\frac{\xi\eta_1 - \xi_1\eta + \xi_1\eta_3 - \xi_3\eta_1 + \xi_3\eta - \xi\eta_3}{(\xi\eta_1 - \xi_1\eta)(\xi\eta_3 - \xi_3\eta)} \cdot \eta,$$

$$x_2 - x_3 = \frac{(\xi\eta_2 - \xi_2\eta)(\eta - \eta_3) - (\xi\eta_3 - \xi_3\eta)(\eta - \eta_2)}{(\xi\eta_2 - \xi_2\eta)(\xi\eta_3 - \xi_3\eta)}$$

$$= -\frac{\xi\eta_3 - \xi_3\eta + \xi_3\eta_2 - \xi_2\eta_3 + \xi_2\eta - \xi\eta_2}{(\xi\eta_2 - \xi_2\eta)(\xi\eta_3 - \xi_3\eta)} \cdot \eta,$$

$$x_4 - x_1 = \frac{(\xi\eta_4 - \xi_4\eta)(\eta - \eta_1) - (\xi\eta_1 - \xi_1\eta)(\eta - \eta_4)}{(\xi\eta_4 - \xi_4\eta)(\xi\eta_1 - \xi_1\eta)}$$

$$= -\frac{\xi\eta_1 - \xi_1\eta + \xi_1\eta_4 - \xi_4\eta_1 + \xi_4\eta - \xi\eta_4}{(\xi\eta_4 - \xi_4\eta)(\xi\eta_1 - \xi_1\eta)} \cdot \eta,$$

$$x_4 - x_2 = \frac{(\xi\eta_4 - \xi_4\eta)(\eta - \eta_2) - (\xi\eta_2 - \xi_2\eta)(\eta - \eta_4)}{(\xi\eta_4 - \xi_4\eta)(\xi\eta_2 - \xi_2\eta)}$$

$$= -\frac{\xi\eta_2 - \xi_2\eta + \xi_2\eta_4 - \xi_4\eta_2 + \xi_4\eta - \xi\eta_4}{(\xi\eta_4 - \xi_4\eta)(\xi\eta_2 - \xi_2\eta)} \cdot \eta.$$

Setzt man diese Werthe also in †) ein, wobei sich alle Partial-Nenner heben, so erhält man die Gleichung:

$$\left.\begin{array}{l}(\xi\eta_1 - \xi_1\eta + \xi_1\eta_3 - \xi_3\eta_1 + \xi_3\eta - \xi\eta_3)(\xi\eta_2 - \xi_2\eta + \xi_2\eta_4 - \xi_4\eta_2 + \xi_4\eta - \xi\eta_4) \\ \cdot (\xi'\eta_3 - \xi_3\eta' + \xi_3\eta_2 - \xi_2\eta_3 + \xi_2\eta' - \xi'\eta_2)(\xi'\eta_1 - \xi_1\eta' + \xi_1\eta_4 - \xi_4\eta_1 + \xi_4\eta' - \xi'\eta_4) \\ - (\xi'\eta_1 - \xi_1\eta' + \xi_1\eta_3 - \xi_3\eta_1 + \xi_3\eta' - \xi'\eta_3)(\xi\eta_2 - \xi_2\eta + \xi_2\eta_4 - \xi_4\eta_2 + \xi_4\eta - \xi'\eta_4) \\ \cdot (\xi\eta_3 - \xi_3\eta + \xi_3\eta_2 - \xi_2\eta_3 + \xi_2\eta - \xi\eta_2)(\xi\eta_1 - \xi_1\eta + \xi_1\eta_4 - \xi_4\eta_1 + \xi_4\eta - \xi\eta_4) \\ = 0. \end{array}\right\} 1a)$$

Aus Vergleichung mit Art. 8, 1a) erkennt man sogleich, dass die einzelnen Factoren, aus welchen die linke Seite dieser Gleichung besteht, diejenigen Ausdrücke sind, welche, gleich Null gesetzt, die Bedingung enthalten, dass die Geraden s, p_1, p_3 etc. durch einen und denselben Punkt gehen. Die Gleichung 1a) ist offenbar für die Linien-Coordinaten ξ_4, η_4 vom 2ten Grade, und ist also nach Art. 14 im Allgemeinen die Gleichung eines Kegelschnitts. Es hüllen also im Allgemeinen alle Projectionsstrahlen p_4 einen Kegelschnitt ein. Die linke Seite in 1a) annullirt sich nun, wenn $\eta_4 = \eta$, $\xi_4 = \xi$ ist, denn dann werden der zweite Factor des Minuenden und der vierte des Subtrahenden Null; es berührt also auch die Gerade s denselben Kegelschnitt. Die linke Seite in 1a) wird ferner Null, wenn $\eta_4 = \eta'$, $\xi_4 = \xi'$ ist, denn dann wird der vierte Factor des Minuenden und der zweite des Subtrahenden Null; es berührt also auch s' den Kegelschnitt. Weiter wird 1a) Null, wenn $\eta_4 = \eta_1$, $\xi_4 = \xi_1$ ist, denn dann ist der letzte Factor im Minuenden und Subtrahenden Null, und ebenso, wenn $\mathfrak{y}_4 = \mathfrak{y}_2$, $\mathfrak{x}_4 = \mathfrak{x}_2$ ist, denn dann ist der zweite Factor im Minuenden und Subtrahenden Null; es berühren daher auch p_1 und p_2 den Kegelschnitt. Endlich wird die Gleichung 1a) erfüllt durch $\mathfrak{y}_4 = \mathfrak{y}_3$, $\mathfrak{x}_4 = \mathfrak{x}_3$, denn dann ist der letzte Factor im Minuenden gleich dem ersten im Subtrahenden und umgekehrt, der zweite Factor im Minuenden gleich dem negativen dritten im Subtrahenden, und umgekehrt; es berührt also auch p_3 denselben Kegelschnitt. Mit anderen Worten: Der durch p_4 erzeugte Kegelschnitt ist der durch die fünf Geraden s, s', p_1, p_2, p_3 als Tangenten bestimmte (Art. 11).

Bis jetzt war stillschweigend vorausgesetzt, dass die conformen Punktreihen s, s' mit keinem Paare entsprechender Punkte zusammenfallen. Findet dieses aber statt, fallen also im Durchschnittspunkte von s, s' zwei entsprechende Punkte z. B. P_3, P'_3 zusammen, so sind für x_3, y_3, x'_3, y'_3 die Coordinaten des Durchschnittspunktes von s und s' zu setzen. Es ist also dann nach Art. 7, 3a)

$$x_3 = -\frac{\mathfrak{y}-\mathfrak{y}'}{\mathfrak{x}\mathfrak{y}'-\mathfrak{x}'\mathfrak{y}},\ y_3 = \frac{\mathfrak{x}-\mathfrak{x}'}{\mathfrak{x}\mathfrak{y}'-\mathfrak{x}'\mathfrak{y}};\ x'_3 = -\frac{\mathfrak{y}'-\mathfrak{y}}{\mathfrak{x}'\mathfrak{y}-\mathfrak{x}\mathfrak{y}'},\ y'_3 = \frac{\mathfrak{x}'-\mathfrak{x}}{\mathfrak{x}'\mathfrak{y}-\mathfrak{x}\mathfrak{y}'}.$$

Man hat daher im Vorigen im Werthe von x_3, y_3 nur $\mathfrak{y}', \mathfrak{x}'$ für $\mathfrak{y}_3, \mathfrak{x}_3$, und im Werthe von x'_3, y'_3 nur $\mathfrak{y}, \mathfrak{x}$ für $\mathfrak{y}_3, \mathfrak{x}_3$ zu setzen. In der Gleichung 1a) wird sodann der erste Factor des Minuenden gleich dem negativen ersten Factor des Subtrahenden, ebenso der dritte Factor des Minuenden gleich dem negativen dritten des Subtrahenden. Beide Factoren heben sich also, und man erhält

$$(\mathfrak{x}\mathfrak{y}_2-\mathfrak{x}_2\mathfrak{y}+\mathfrak{x}_2\mathfrak{y}_4-\mathfrak{x}_4\mathfrak{y}_2+\mathfrak{x}_4\mathfrak{y}'-\mathfrak{x}'\mathfrak{y}_4)(\mathfrak{x}'\mathfrak{y}_1-\mathfrak{x}_1\mathfrak{y}'+\mathfrak{x}_1\mathfrak{y}_4-\mathfrak{x}_4\mathfrak{y}_1+\mathfrak{x}_4\mathfrak{y}'-\mathfrak{x}'\mathfrak{y}_4)$$
$$-(\mathfrak{x}'\mathfrak{y}_2-\mathfrak{x}_2\mathfrak{y}'+\mathfrak{x}_2\mathfrak{y}_4-\mathfrak{x}_4\mathfrak{y}_2+\mathfrak{x}_4\mathfrak{y}'-\mathfrak{x}'\mathfrak{y}_1)(\mathfrak{x}\mathfrak{y}_1-\mathfrak{x}_1\mathfrak{y}+\mathfrak{x}_1\mathfrak{y}_4-\mathfrak{x}_4\mathfrak{y}_1+\mathfrak{x}_4\mathfrak{y}-\mathfrak{x}\mathfrak{y}_4) = 0.$$

Dieser Gleichung lässt sich die Form geben:

$$(\mathfrak{x}\mathfrak{y}'-\mathfrak{x}'\mathfrak{y}+\mathfrak{x}'\mathfrak{y}_4-\mathfrak{x}_4\mathfrak{y}'+\mathfrak{x}_4\mathfrak{y}-\mathfrak{x}\mathfrak{y}_4)(\mathfrak{x}_1\mathfrak{y}_2-\mathfrak{x}_2\mathfrak{y}_1+\mathfrak{x}_2\mathfrak{y}_4-\mathfrak{x}_4\mathfrak{y}_2+\mathfrak{x}_4\mathfrak{y}_1-\mathfrak{x}_1\mathfrak{y}_4)$$
$$= 0.$$

Nun kann der erste Factor nicht Null sein, denn sonst würden nach Art. 8, 1a) die Geraden s, s', p_4 sich in einem und demselben Punkte schneiden, was nicht möglich ist, da p_4 der Projectionsstrahl zweier von P_3, P'_3 verschiedener Punkte sein

soll. Es muss also der zweite Factor Null sein, und die Gleichung gelten:
$$\mathfrak{x}_1\mathfrak{y}_2 - \mathfrak{x}_2\mathfrak{y}_1 + \mathfrak{x}_2\mathfrak{y}_4 - \mathfrak{x}_4\mathfrak{y}_2 + \mathfrak{x}_4\mathfrak{y}_1 - \mathfrak{x}_1\mathfrak{y}_4 = 0. \qquad 2a)$$
Es müssen also nach Art. 8, 1a) sich p_1, p_2, p_4 in einem und demselben Punkte schneiden, oder: es muss p_4 durch den Durchschnittspunkt von p_1 und p_2 gehen. Man erhält also den Satz: Befinden sich in einer Ebene auf zwei Geraden s, s' zwei conforme Punktreihen, deren Conformität durch drei Paare entsprechender Punkte $P_1, P'_1, P_3, P'_3, P_2, P'_2$ bestimmt ist, wird zu jedem vierten Punkte P_4 der einen Reihe der entsprechende P'_4 der anderen gesucht, und werden je zwei entsprechende Punkte durch die Projectionsstrahlen p_1, p_3, p_2, p_4 verbunden, so umhüllen, wenn die Punktreihen conjectivisch liegen, d. h. wenn in ihrem Durchschnittspunkte zwei nicht entsprechende Punkte vereinigt sind, die Projectionsstrahlen p_4 den von s, s', p_1, p_3, p_2 als Tangenten bestimmten Kegelschnitt; wenn aber die Punktreihen perspectivisch liegen, d. h. wenn in ihrem Durchschnittspunkte zwei entsprechende Punkte P_3, P'_3 vereinigt sind, gehen alle vierten Projectionsstrahlen durch einen und denselben Punkt, nämlich durch den Durchschnittspunkt von p_1 und p_2.

In einer Ebene liegen zwei Strahlbüschel mit den Scheiteln S, S'; den Strahlen p_1, p_3, p_2 des ersteren mögen die Strahlen p'_1, p'_3, p'_2 des letzteren entsprechen. Im ersteren werden beliebig viele andere Strahlen, p_4, als vierte angenommen, und zu jedem ein solcher Strahl p'_4 des letzteren gesucht, dass die Strahlbüschel $S, p_1 p_3 p_2 p_4$ und $S', p'_1 p'_3 p'_2 p'_4$ conform (collinear) sind. Werden nun die Durchschnittspunkte P_1, P_3, P_2, P_4 der Strahlen p_1 und p'_1, p_3 und p'_3, p_2 und p'_2, p_4 und p'_4 bestimmt, so liegen alle P_4 auf einer Curve, deren Natur gesucht wird. Der Aufgabe zufolge soll nun sein:
$$\frac{\sin p_1 p_3}{\sin p_2 p_3} : \frac{\sin p_1 p_4}{\sin p_2 p_4} = \frac{\sin p'_1 p'_3}{\sin p'_2 p'_3} : \frac{\sin p'_1 p'_4}{\sin p'_2 p'_4}.$$
Heissen nun die Coordinaten von P_k x_k, y_k, so muss nach Art. 9, 1b) sein:
$$\left.\begin{aligned}\frac{\mathfrak{x}_1 - \mathfrak{x}_3}{\mathfrak{x}_3 - \mathfrak{x}_2} : \frac{\mathfrak{x}_1 - \mathfrak{x}_4}{\mathfrak{x}_2 - \mathfrak{x}_4} &= \frac{\mathfrak{x}'_1 - \mathfrak{x}'_3}{\mathfrak{x}'_3 - \mathfrak{x}'_2} : \frac{\mathfrak{x}'_1 - \mathfrak{x}'_4}{\mathfrak{x}'_2 - \mathfrak{x}'_4}, \\ \frac{\mathfrak{y}_1 - \mathfrak{y}_3}{\mathfrak{y}_3 - \mathfrak{y}_2} : \frac{\mathfrak{y}_1 - \mathfrak{y}_4}{\mathfrak{y}_2 - \mathfrak{y}_4} &= \frac{\mathfrak{y}'_1 - \mathfrak{y}'_3}{\mathfrak{y}'_3 - \mathfrak{y}'_2} : \frac{\mathfrak{y}'_1 - \mathfrak{y}'_4}{\mathfrak{y}'_2 - \mathfrak{y}'_4}.\end{aligned}\right\} \quad *)$$

Sind ferner x_k, y_k die Punkt-Coordinaten von P_k, und x, y, x', y' die von S, S', so hat man nach Art, 7, 1b)

$$\mathfrak{x}_k = -\frac{y-y_k}{xy_k-x_ky}, \quad \mathfrak{y}_k = \frac{x-x_k}{xy_k-x_ky},$$

$$\mathfrak{x}'_k = -\frac{y'-y_k}{x'y_k-x_ky'}, \quad \mathfrak{y}'_k = \frac{x'-x_k}{x'y_k-x_ky'}.$$

Man findet ferner

$$\mathfrak{x}_1 - \mathfrak{x}_3 = \frac{xy_1-x_1y+x_1y_3-x_3y_1+x_3y-xy_3}{(xy_1-x_1y)(xy_3-x_3y)} \cdot y,$$

$$\mathfrak{x}_3 - \mathfrak{x}_2 = \frac{xy_3-x_3y+x_3y_2-x_2y_3+x_2y-xy_2}{(xy_2-x_2y)(xy_3-x_3y)} \cdot y,$$

$$\mathfrak{x}_1 - \mathfrak{x}_4 = \frac{xy_1-x_1y+x_1y_4-x_4y_1+x_4y-xy_4}{(xy_4-x_4y)(xy_1-x_1y)} \cdot y,$$

$$\mathfrak{x}_2 - \mathfrak{x}_4 = \frac{xy_2-x_2y+x_2y_4-x_4y_2+x_4y-xy_4}{(xy_4-x_4y)(xy_2-x_2y)} \cdot y.$$

Analoges erhält man für die Werthe von $\mathfrak{x}'_1-\mathfrak{x}'_3$ etc. Setzt man diese Werthe in die erste Proportion *) ein, so erhält man die Gleichung:

$$\left.\begin{array}{l}(xy_1-x_1y+x_1y_3-x_3y_1+x_3y-xy_3)(xy_2-x_2y+x_2y_4-x_4y_2+x_4y-xy_4)\\ \cdot(x'y_3-x_3y'+x_3y_2-x_2y_3+x_2y'-x'y_2)(x'y_1-x_1y'+x_1y_4-x_4y_1+x_4y'-x'y_4)\\ -(x'y_1-x_1y'+x_1y_3-x_3y_1+x_3y'-x'y_3)(x'y_2-x_2y'+x_2y_4-x_4y_2+x_4y'-x'y_4)\\ \cdot(xy_3-x_3y+x_3y_2-x_2y_3+x_2y-xy_2)(xy_1-x_1y+x_1y_4-x_4y_1+x_4y-xy_4)\\ =0.\end{array}\right\} \quad 1b)$$

Aus Vergleichung mit Art. 8, 1b) erkennt man, dass die einzelnen Factoren der linken Seite die Ausdrücke sind, welche, gleich Null gesetzt, die Bedingung enthalten, dass die Punkte S, P_1, P_3 etc. auf einer und derselben Geraden liegen. Ferner sieht man, dass die Gleichung 1b) für die Punkt-Coordinaten y_4, x_4 vom 2ten Grade ist, und also nach Art. 14 im Allgemeinen einen Kegelschnitt bezeichnet. Wie oben überzeugt man sich auch hier, dass dies der durch die fünf Punkte S, S', P_1, P_2, P_3 bestimmte Kegelschnitt ist.

Bisher war angenommen, dass die conformen Strahlbüschel S, S' mit keinem Paare entsprechender Strahlen zusammenfallen. Findet dieses aber statt, fallen also in der Verbindungs-Geraden von S und S' zwei entsprechende Strahlen, z. B. p_3, p'_3, zusammen, so erhält man wie oben die Gleichung:

$$x_1y_2-x_2y_1+x_2y_4-x_4y_2+x_4y_1-x_1y_4=0. \quad 2b)$$

Es müssen also dann nach Art. 8, 1b) P_1, P_2, P_4 auf einer

Art. 20.]   — 75 —

und derselben Geraden liegen, oder, es muss P_4 auf der Geraden $P_1 P_2$ liegen. Man hat daher den Satz: Befinden sich in einer Ebene zwei conforme Strahlbüschel S, S', deren Conformität durch drei Paar entsprechender Strahlen, $p_1, p'_1, p_3, p'_3, p_2, p'_2$ bestimmt ist, wird zu jedem vierten Strahle p_4 des einen Büschels der entsprechende, p'_4, des andern gesucht, und werden die Durchschnittspunkte P_1, P_3, P_2, P_4 je zweier entsprechenden Strahlen bestimmt, so befinden sich, wenn die Strahlbüschel conjectivisch liegen, d. h. wenn in ihrer Verbindungs-Geraden zwei nicht entsprechende Strahlen zusammenfallen, die Durchschnittspunkte P_4 auf dem von den Punkten S, S', P_1, P_3, P_2 bestimmten Kegelschnitt; wenn aber die Strahlbüschel perspectivisch liegen, d. h., wenn in ihrer Verbindungs-Geraden zwei entsprechende Strahlen, p_3, p'_3, zusammenfallen, so liegen alle vierten Durchschnittspunkte P_4 auf einer und derselben Geraden, nämlich auf der Verbindungs-Geraden von P_1 und P_2.

Zweiter Abschnitt.

Homogene Coordinaten.

Kap. I.
Punkt und Gerade.

21. Sind die Gleichungen dreier Geraden g_1, g_2, g_3, von denen keine zwei parallel sind, die also ein Dreieck mit den Ecken G_1, G_2, G_3 bilden, gegeben, nämlich

$$g_1 \equiv \mathfrak{y}_1 y + \mathfrak{x}_1 x - 1 = 0, \quad g_2 \equiv \mathfrak{y}_2 y + \mathfrak{x}_2 x - 1 = 0, \quad 1a)$$
$$g \equiv \mathfrak{y}_3 y + \mathfrak{x}_3 x - 1 = 0,$$

so hat man als Coordinaten $x_1, y_1, x_2, y_2, x_3, y_3$, von G_1, G_2, G_3 nach Art. 7, 1a)

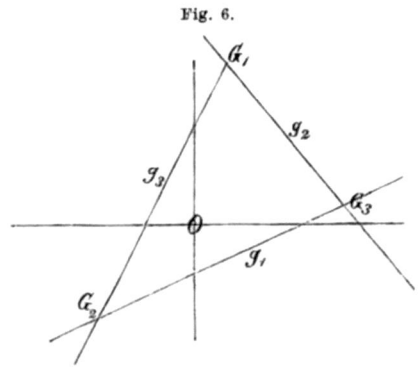

Fig. 6.

$$\left. \begin{array}{l} x_1 = -\dfrac{\mathfrak{y}_2 - \mathfrak{y}_3}{\mathfrak{x}_2 \mathfrak{y}_3 - \mathfrak{x}_3 \mathfrak{y}_2}, \\ y_1 = \dfrac{\mathfrak{x}_2 - \mathfrak{x}_3}{\mathfrak{x}_2 \mathfrak{y}_3 - \mathfrak{x}_3 \mathfrak{y}_2}; \\ x_2 = -\dfrac{\mathfrak{y}_3 - \mathfrak{y}_1}{\mathfrak{x}_3 \mathfrak{y}_1 - \mathfrak{x}_1 \mathfrak{y}_3}, \\ y_2 = \dfrac{\mathfrak{x}_3 - \mathfrak{x}_1}{\mathfrak{x}_3 \mathfrak{y}_1 - \mathfrak{x}_1 \mathfrak{y}_3}; \\ x_3 = -\dfrac{\mathfrak{y}_1 - \mathfrak{y}_2}{\mathfrak{x}_1 \mathfrak{y}_2 - \mathfrak{x}_2 \mathfrak{y}_1}, \\ y_3 = \dfrac{\mathfrak{x}_1 - \mathfrak{x}_2}{\mathfrak{x}_1 \mathfrak{y}_2 - \mathfrak{x}_2 \mathfrak{y}_1}. \end{array} \right\} 2a)$$

Die Entfernungen r_k des Coordinaten-Anfangspunktes O von den Geraden g_k sind nach Art. 6, 1a):

$$r_1 = \frac{1}{\sqrt{\mathfrak{x}_1^2 + \mathfrak{y}_1^2}}, \quad r_2 = \frac{1}{\sqrt{\mathfrak{x}_2^2 + \mathfrak{y}_2^2}}, \quad r_3 = \frac{1}{\sqrt{\mathfrak{x}_3^2 + \mathfrak{y}_3^2}}. \quad 3a)$$

Als Länge der Strecken $g_1 = G_2 G_3$ etc. ergiebt sich ferner:

Art. 21.]

$$g_1 = \frac{(\mathfrak{x}_1\mathfrak{y}_2 - \mathfrak{x}_2\mathfrak{y}_1) + (\mathfrak{x}_2\mathfrak{y}_3 - \mathfrak{x}_3\mathfrak{y}_2) + (\mathfrak{x}_3\mathfrak{y}_1 - \mathfrak{x}_1\mathfrak{y}_3)}{(\mathfrak{x}_3\mathfrak{y}_1 - \mathfrak{x}_1\mathfrak{y}_3)(\mathfrak{x}_1\mathfrak{y}_2 - \mathfrak{x}_2\mathfrak{y}_1)} \cdot \sqrt{\mathfrak{x}_1^2 + \mathfrak{y}_1^2},$$
$$g_2 = \frac{(\mathfrak{x}_1\mathfrak{y}_2 - \mathfrak{x}_2\mathfrak{y}_1) + (\mathfrak{x}_2\mathfrak{y}_3 - \mathfrak{x}_3\mathfrak{y}_2) + (\mathfrak{x}_3\mathfrak{y}_1 - \mathfrak{x}_1\mathfrak{y}_3)}{(\mathfrak{x}_1\mathfrak{y}_2 - \mathfrak{x}_2\mathfrak{y}_1)(\mathfrak{x}_2\mathfrak{y}_3 - \mathfrak{x}_3\mathfrak{y}_2)} \cdot \sqrt{\mathfrak{x}_2^2 + \mathfrak{y}_2^2}, \quad 4a)$$
$$g_3 = \frac{(\mathfrak{x}_1\mathfrak{y}_2 - \mathfrak{x}_2\mathfrak{y}_1) + (\mathfrak{x}_2\mathfrak{y}_3 - \mathfrak{x}_3\mathfrak{y}_2) + (\mathfrak{x}_3\mathfrak{y}_1 - \mathfrak{x}_1\mathfrak{y}_3)}{(\mathfrak{x}_2\mathfrak{y}_3 - \mathfrak{x}_3\mathfrak{y}_2)(\mathfrak{x}_3\mathfrak{y}_1 - \mathfrak{x}_1\mathfrak{y}_3)} \cdot \sqrt{\mathfrak{x}_3^2 + \mathfrak{y}_3^2}.$$

Als Höhen h_k, welche den Seiten g_k zugehören, ergiebt sich nach 2a) und Art. 6, 2a):

$$h_1 = \frac{(\mathfrak{x}_1\mathfrak{y}_2 - \mathfrak{x}_2\mathfrak{y}_1) + (\mathfrak{x}_2\mathfrak{y}_3 - \mathfrak{x}_3\mathfrak{y}_2) + (\mathfrak{x}_3\mathfrak{y}_1 - \mathfrak{x}_1\mathfrak{y}_3)}{\mathfrak{x}_2\mathfrak{y}_3 - \mathfrak{x}_3\mathfrak{y}_2} \cdot \frac{1}{\sqrt{\mathfrak{x}_1^2 + \mathfrak{y}_1^2}},$$
$$h_2 = \frac{(\mathfrak{x}_1\mathfrak{y}_2 - \mathfrak{x}_2\mathfrak{y}_1) + (\mathfrak{x}_2\mathfrak{y}_3 - \mathfrak{x}_3\mathfrak{y}_2) + (\mathfrak{x}_3\mathfrak{y}_1 - \mathfrak{x}_1\mathfrak{y}_3)}{\mathfrak{x}_3\mathfrak{y}_1 - \mathfrak{x}_1\mathfrak{y}_3} \cdot \frac{1}{\sqrt{\mathfrak{x}_2^2 + \mathfrak{y}_2^2}}, \quad 5a)$$
$$h_3 = \frac{(\mathfrak{x}_1\mathfrak{y}_2 - \mathfrak{x}_2\mathfrak{y}_1) + (\mathfrak{x}_2\mathfrak{y}_3 - \mathfrak{x}_3\mathfrak{y}_2) + (\mathfrak{x}_3\mathfrak{y}_1 - \mathfrak{x}_1\mathfrak{y}_3)}{\mathfrak{x}_1\mathfrak{y}_2 - \mathfrak{x}_2\mathfrak{y}_1} \cdot \frac{1}{\sqrt{\mathfrak{x}_3^2 + \mathfrak{y}_3^2}}.$$

Heisst ferner die doppelte Fläche des Dreiecks $G_1 G_2 G_3$ D, so hat man, da $D = g_k h_k$ ist, nach 4a) und 5a)

$$D = \frac{[(\mathfrak{x}_1\mathfrak{y}_2 - \mathfrak{x}_2\mathfrak{y}_1) + (\mathfrak{x}_2\mathfrak{y}_3 - \mathfrak{x}_3\mathfrak{y}_2) + (\mathfrak{x}_3\mathfrak{y}_1 - \mathfrak{x}_1\mathfrak{y}_3)]^2}{(\mathfrak{x}_1\mathfrak{y}_2 - \mathfrak{x}_2\mathfrak{y}_1)(\mathfrak{x}_2\mathfrak{y}_3 - \mathfrak{x}_3\mathfrak{y}_2)(\mathfrak{x}_3\mathfrak{y}_1 - \mathfrak{x}_1\mathfrak{y}_3)}. \quad 6a)$$

Endlich hat man nach 3a), 4a) folgende Beziehungen, von denen später mehrfach Gebrauch gemacht werden wird,

$$g_1 r_1 = \frac{(\mathfrak{x}_1\mathfrak{y}_2 - \mathfrak{x}_2\mathfrak{y}_1) + (\mathfrak{x}_2\mathfrak{y}_3 - \mathfrak{x}_3\mathfrak{y}_2) + (\mathfrak{x}_3\mathfrak{y}_1 - \mathfrak{x}_1\mathfrak{y}_3)}{(\mathfrak{x}_3\mathfrak{y}_1 - \mathfrak{x}_1\mathfrak{y}_3)(\mathfrak{x}_1\mathfrak{y}_2 - \mathfrak{x}_2\mathfrak{y}_1)},$$
$$g_2 r_2 = \frac{(\mathfrak{x}_1\mathfrak{y}_2 - \mathfrak{x}_2\mathfrak{y}_1) + (\mathfrak{x}_2\mathfrak{y}_3 - \mathfrak{x}_3\mathfrak{y}_2) + (\mathfrak{x}_3\mathfrak{y}_1 - \mathfrak{x}_1\mathfrak{y}_3)}{(\mathfrak{x}_1\mathfrak{y}_2 - \mathfrak{x}_2\mathfrak{y}_1)(\mathfrak{x}_2\mathfrak{y}_3 - \mathfrak{x}_3\mathfrak{y}_2)}, \quad 7a)$$
$$g_3 r_3 = \frac{(\mathfrak{x}_1\mathfrak{y}_2 - \mathfrak{x}_2\mathfrak{y}_1) + (\mathfrak{x}_2\mathfrak{y}_3 - \mathfrak{x}_3\mathfrak{y}_2) + (\mathfrak{x}_3\mathfrak{y}_1 - \mathfrak{x}_1\mathfrak{y}_3)}{(\mathfrak{x}_2\mathfrak{y}_3 - \mathfrak{x}_3\mathfrak{y}_2)(\mathfrak{x}_3\mathfrak{y}_1 - \mathfrak{x}_1\mathfrak{y}_3)}.$$

Sind ferner die Gleichungen dreier Punkte G_1, G_2, G_3 gegeben, welche nicht auf einer und derselben Geraden liegen, sondern ein Dreieck bilden, ist nämlich

$$G_1 \equiv y_1\mathfrak{y} + x_1\mathfrak{x} - 1 = 0, \; G_2 \equiv y_2\mathfrak{y} + x_2\mathfrak{x} - 1 = 0, \quad 1b)$$
$$G_3 \equiv y_3\mathfrak{y} + x_3\mathfrak{x} - 1 = 0,$$

so hat man als Coordinaten der Gegenseiten g_1, g_2, g_3 nach Art. 7, 1b)

$$\mathfrak{x}_1 = -\frac{y_2 - y_3}{x_2 y_3 - x_3 y_2}, \quad \mathfrak{y}_1 = \frac{x_2 - x_3}{x_2 y_3 - x_3 y_2},$$
$$\mathfrak{x}_2 = -\frac{y_3 - y_1}{x_3 y_1 - x_1 y_3}, \quad \mathfrak{y}_2 = \frac{x_3 - x_1}{x_3 y_1 - x_1 y_3}, \quad 2b)$$
$$\mathfrak{x}_3 = -\frac{y_1 - y_2}{x_1 y_2 - x_2 y_1}, \quad \mathfrak{y}_3 = \frac{x_1 - x_2}{x_1 y_2 - x_2 y_1}.$$

Vermittelst dieser Werthe findet sich nach Art. 6, 1a) als Entfernung der Seiten g_1, g_2, g_3 von O

$$\left. \begin{aligned} r_1 &= \frac{x_2 y_3 - x_3 y_2}{\sqrt{(x_2-x_3)^2+(y_2-y_3)^2}}, \quad r_2 = \frac{x_3 y_1 - x_1 y_3}{\sqrt{(x_3-x_1)^2+(y_3-y_1)^2}}, \\ r_3 &= \frac{x_1 y_2 - x_2 y_1}{\sqrt{(x_1-x_2)^2+(y_1-y_2)^2}}. \end{aligned} \right\} \quad 3b)$$

Die Länge der Dreiecksseiten g_k ist ferner:

$$\left. \begin{aligned} g_1 &= \sqrt{(x_2-x_3)^2+(y_2-y_3)^2}, \\ g_2 &= \sqrt{(x_3-x_1)^2+(y_3-y_1)^2}, \\ g_3 &= \sqrt{(x_1-x_2)^2+(y_1-y_2)^2}. \end{aligned} \right\} \quad 4b)$$

Als Entfernungen der Ecken G_k von den gegenüberliegenden Seiten g_k, d. h. als Höhen h_k, welche diesen Seiten g_k zugehören, hat man nach 2b) und Art. 6, 2b)

$$\left. \begin{aligned} h_1 &= \frac{(x_1 y_2 - x_2 y_1) + (x_2 y_3 - x_3 y_2) + (x_3 y_1 - x_1 y_3)}{\sqrt{(x_2-x_3)^2+(y_2-y_3)^2}}, \\ h_2 &= \frac{(x_1 y_2 - x_2 y_1) + (x_2 y_3 - x_3 y_2) + (x_3 y_1 - x_1 y_3)}{\sqrt{(x_3-x_1)^2+(y_3-y_1)^2}}, \\ h_3 &= \frac{(x_1 y_2 - x_2 y_1) + (x_2 y_3 - x_3 y_2) + (x_3 y_1 - x_1 y_3)}{\sqrt{(x_1-x_2)^2+(y_1-y_2)^2}}. \end{aligned} \right\} \quad 5b)$$

Als doppelte Fläche D des Dreiecks $G_1 G_2 G_3$ findet sich aus $D = g_k h_k$ sogleich

$$D = (x_1 y_2 - x_2 y_1) + (x_2 y_3 - x_3 y_2) + (x_3 y_1 - x_1 y_3). \quad 6b)$$

Endlich hat man nach 3b) und 4b) noch die Beziehungen

$$\left. \begin{aligned} g_1 r_1 &= x_2 y_3 - x_3 y_2, \\ g_2 r_2 &= x_3 y_1 - x_1 y_3, \\ g_3 r_3 &= x_1 y_2 - x_2 y_1. \end{aligned} \right\} \quad 7b)$$

22. Die Lage eines Punktes P würde nun offenbar bestimmt sein durch seine Entfernungen w_k von den Seiten g_k eines Dreiseits $g_1 g_2 g_3$. Liegen nämlich die Seiten g_k des Dreiseits, deren Gleichung ist

$$g_k \equiv \mathfrak{y}_k y + \mathfrak{x}_k x - 1 = 0,$$

so, dass O innerhalb der Dreiecksfläche fällt, und sind x, y die Coordinaten des Punktes P, so hat man nach Art. 6, 2a) die Gleichungen

Art. 22.] — 79 —

$$w_1 = \frac{1-\xi_1 x - \eta_1 y}{\sqrt{\xi_1^2 + \eta_1^2}},\ w_2 = \frac{1-\xi_2 x - \eta_2 y}{\sqrt{\xi_2^2 + \eta_2^2}},\ w_3 = \frac{1-\xi_3 x - \eta_3 y}{\sqrt{\xi_3^2 + \eta_3^2}}.\quad 1a)$$

oder

$$1 - \xi_1 x - \eta_1 y = w_1 \sqrt{\xi_1^2 + \eta_1^2},$$
$$1 - \xi_2 x - \eta_2 y = w_2 \sqrt{\xi_2^2 + \eta_2^2},$$
$$1 - \xi_3 x - \eta_3 y = w_3 \sqrt{\xi_3^2 + \eta_3^2},$$

Fig. 7.

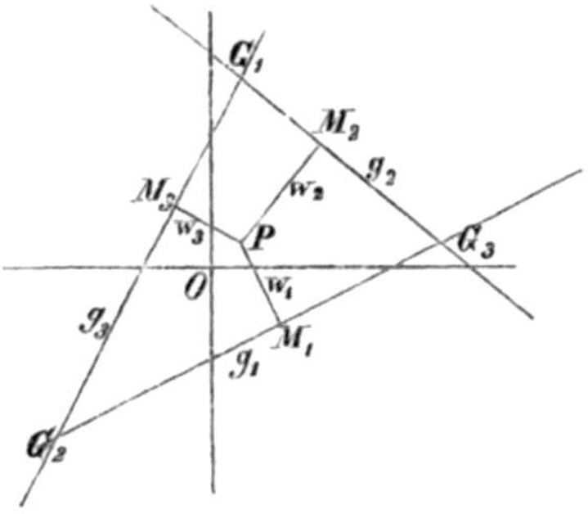

Diese drei Gleichungen können nur dann mit einander bestehen, wenn

$$\begin{vmatrix} 1 & \xi_1 & \eta_1 \\ 1 & \xi_2 & \eta_2 \\ 1 & \xi_3 & \eta_3 \end{vmatrix} = \begin{vmatrix} w_1\sqrt{\xi_1^2+\eta_1^2} & \xi_1 & \eta_1 \\ w_2\sqrt{\xi_2^2+\eta_2^2} & \xi_2 & \eta_2 \\ w_3\sqrt{\xi_3^2+\eta_3^2} & \xi_3 & \eta_3 \end{vmatrix}$$

ist, d. h. wenn die Gleichung gilt

$$1 = \frac{w_1(\xi_2\eta_3-\xi_3\eta_2)\sqrt{\xi_1^2+\eta_1^2}+w_2(\xi_3\eta_1-\xi_1\eta_3)\sqrt{\xi_2^2+\eta_2^2}+w_3(\xi_1\eta_2-\xi_2\eta_1)\sqrt{\xi_3^2+\eta_3^2}}{(\xi_1\eta_2-\xi_2\eta_1)+(\xi_2\eta_3-\xi_3\eta_2)+(\xi_3\eta_1-\xi_1\eta_3)}.$$

Nach Art. 21, 5a) lässt sich dieselbe kürzer so schreiben:

$$1 = \frac{w_1}{h_1} + \frac{w_2}{h_2} + \frac{w_3}{h_3},$$

oder
$$1 = \frac{g_1 w_1}{g_1 h_1} + \frac{g_2 w_2}{g_2 h_2} + \frac{g_3 w_3}{g_3 h_3},$$

oder, da $g_k h_k$ die doppelte Dreiecksfläche D ist, wenn die Gleichung besteht

$$g_1 w_1 + g_2 w_2 + g_3 w_3 = D. \quad 2a)$$

Hier ist also, da diese Gleichung vom 1ten Grade ist, zu jedem w_2, w_3 nur ein einziges w_1 möglich. Drei w also, welche dieser Gleichung genügen, bestimmen einen Punkt P unzweideutig.

Es könnte nur scheinen, als sei die Lage einer Geraden p auch bestimmt durch ihre Entfernungen $\mathfrak{w}_k$ von den Ecken G_k eines Dreiecks $G_1 G_2 G_3$. Liegen wieder die Ecken G_k des Dreiecks, deren Gleichung ist

$$G_k \equiv y_k \mathfrak{y} + x_k \mathfrak{x} - 1 = 0,$$

so, dass O innerhalb der Dreiecksfläche fällt, und sind $\mathfrak{x}$, $\mathfrak{y}$ die Coordinaten der Geraden p, so hat man nach Art. 6, 2b) die Gleichungen:

$$\mathfrak{w}_1 = \frac{1 - x_1\mathfrak{x} - y_1\mathfrak{y}}{\sqrt{\mathfrak{x}^2 + \mathfrak{y}^2}}, \quad \mathfrak{w}_2 = \frac{1 - x_2\mathfrak{x} - y_2\mathfrak{y}}{\sqrt{\mathfrak{x}^2 + \mathfrak{y}^2}}, \quad \mathfrak{w}_3 = \frac{1 - x_3\mathfrak{x} - y_3\mathfrak{y}}{\sqrt{\mathfrak{x}^2 + \mathfrak{y}^2}}. \quad 1b)$$

Fig. 8.

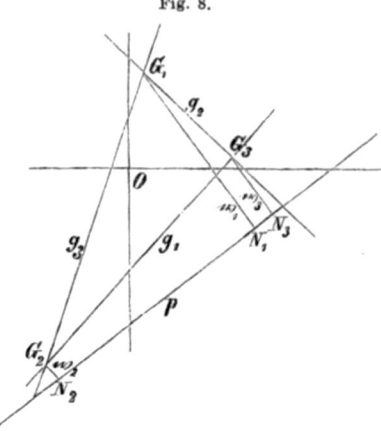

Entwickelt man aus diesen drei Gleichungen die Grössen $\dfrac{1}{\sqrt{\mathfrak{x}^2 + \mathfrak{y}^2}}$, $\dfrac{\mathfrak{x}}{\sqrt{\mathfrak{x}^2 + \mathfrak{y}^2}}$, $\dfrac{\mathfrak{y}}{\sqrt{\mathfrak{x}^2 + \mathfrak{y}^2}}$, so erhält man, mit Berücksichtigung von Art. 21, 6b):

$$\frac{1}{\sqrt{\mathfrak{x}^2 + \mathfrak{y}^2}} = \frac{(x_2 y_3 - x_3 y_2)\mathfrak{w}_1 + (x_3 y_1 - x_1 y_3)\mathfrak{w}_2 + (x_1 y_2 - x_2 y_1)\mathfrak{w}_3}{D},$$

$$\frac{\mathfrak{x}}{\sqrt{\mathfrak{x}^2 + \mathfrak{y}^2}} = -\frac{(y_2 - y_3)\mathfrak{w}_1 + (y_3 - y_1)\mathfrak{w}_2 + (y_1 - y_2)\mathfrak{w}_3}{D},$$

$$\frac{\mathfrak{y}}{\sqrt{\mathfrak{x}^2 + \mathfrak{y}^2}} = \frac{(x_2 - x_3)\mathfrak{w}_1 + (x_3 - x_1)\mathfrak{w}_2 + (x_1 - x_2)\mathfrak{w}_3}{D}.$$

Wird in den beiden letzten Gleichungen $\sqrt{\mathfrak{x}^2 + \mathfrak{y}^2}$ auf die andere Seite gebracht, beide Gleichungen sodann quadrirt und addirt, wobei sich $\mathfrak{x}^2 + \mathfrak{y}^2$ hebt, so erhält man

$$[(x_2 - x_3)\mathfrak{w}_1 + (x_3 - x_1)\mathfrak{w}_2 + (x_1 - x_2)\mathfrak{w}_3]^2$$
$$+ [(y_2 - y_3)\mathfrak{w}_1 + (y_3 - y_1)\mathfrak{w}_2 + (y_1 - y_2)\mathfrak{w}_3]^2 = D^2.$$

Werden hier die Quadrirungen ausgeführt, so erhält man mit Berücksichtigung von Art. 21, 4b)

$$g_1{}^2 \mathfrak{w}_1{}^2 + g_2{}^2 \mathfrak{w}_2{}^2 + g_3{}^2 \mathfrak{w}_3{}^2 - (g_1{}^2 + g_2{}^2 - g_3{}^2)\mathfrak{w}_1 \mathfrak{w}_2$$
$$- (g_2{}^2 + g_3{}^2 - g_1{}^2)\mathfrak{w}_2 \mathfrak{w}_3 - (g_3{}^2 + g_1{}^2 - g_2{}^2)\mathfrak{w}_3 \mathfrak{w}_1 = D^2, \quad 2b)$$

oder, wenn der Winkel an der Ecke G_k des Dreiecks mit G_k bezeichnet wird,

Art. 22.]

$$g_1{}^2\mathfrak{w}_1{}^2 + g_2{}^2\mathfrak{w}_2{}^2 + g_3{}^2\mathfrak{w}_3{}^2 - 2g_1g_2\cos G_3\,\mathfrak{w}_1\mathfrak{w}_2 - 2g_2g_3\cos G_1\,\mathfrak{w}_2\mathfrak{w}_3$$
$$- 2g_3g_1\cos G_2\,\mathfrak{w}_3\mathfrak{w}_1 = D^2. \qquad 2c)$$

Dieselbe Gleichung hätte man auch so gefunden: Es ist, wie aus der Figur 8 erhellt,
$$N_2N_3 = N_1N_3 + N_1N_2 \text{ oder}$$
$$\sqrt{g_1{}^2 - (\mathfrak{w}_2 - \mathfrak{w}_3)^2} = \sqrt{g_2{}^2 - (\mathfrak{w}_3 - \mathfrak{w}_1)^2} + \sqrt{g_3{}^2 - (\mathfrak{w}_1 - \mathfrak{w}_2)^2}.$$
Werden in dieser Gleichung die Wurzeln hinweggeschafft, so erhält man
$$-(g_1+g_2+g_3)(-g_1+g_2+g_3)(g_1-g_2+g_3)(g_1+g_2-g_3) + 4g_1{}^2(\mathfrak{w}_1-\mathfrak{w}_2)$$
$$(\mathfrak{w}_1-\mathfrak{w}_3) + 4g_2{}^2(\mathfrak{w}_2-\mathfrak{w}_1)(\mathfrak{w}_2-\mathfrak{w}_3) + 4g_3{}^2(\mathfrak{w}_3-\mathfrak{w}_1)(\mathfrak{w}_3-\mathfrak{w}_2) = 0,$$
oder, da das erste Produkt links gleich $4D^2$ ist,
$$g_1{}^2(\mathfrak{w}_1-\mathfrak{w}_2)(\mathfrak{w}_1-\mathfrak{w}_3) + g_2{}^2(\mathfrak{w}_2-\mathfrak{w}_1)(\mathfrak{w}_2-\mathfrak{w}_3) + g_3{}^2(\mathfrak{w}_3-\mathfrak{w}_1)(\mathfrak{w}_3-\mathfrak{w}_2)$$
$$= D^2. \qquad 2d)$$

Dies ist aber dieselbe Gleichung wie die obige 2b), wovon man sich durch Ausführung der Multiplicationen überzeugt. Die Gleichung ist also für alle $\mathfrak{w}$ vom 2ten Grade; mithin giebt es zu jedem Paar $\mathfrak{w}_2, \mathfrak{w}_3$ zwei verschiedene $\mathfrak{w}_1$. Es wird dies auch durch folgende Betrachtung bestätigt: Sind z. B.

Fig. 9.

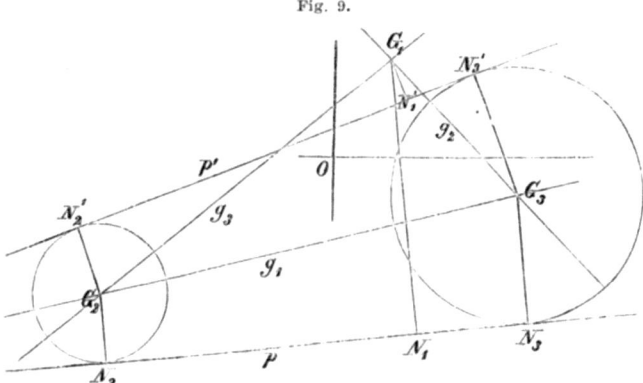

$\mathfrak{w}_2$ und $\mathfrak{w}_3$ beide positiv, was nach Art. 6, 2b) der Fall ist, wenn O und G_2, O und G_3 auf derselben Seite der Geraden p liegen, beschreibt man um G_2, G_3 bezüglich mit $\mathfrak{w}_2, \mathfrak{w}_3$ Kreise, und legt an beide die gemeinschaftlichen Tangenten p, p', so sind die Entfernungen derselben von G_2, G_3 an absoluter Grösse, und an Vorzeichen einander gleich, denn es liegen G_2 und O, G_3 und O auf derselben Seite sowohl von p als von p'. Dagegen ist die Entfernung der Geraden p von der Ecke G_1 sowohl an Grösse als an Vorzeichen verschieden von der Entfernung der Geraden p' von G_1. Es werden also die Gleichungen $2b)—2d)$ erfüllt sowohl von

$$w_1 = + G_1 N_1, \quad w_2 = + G_2 N_2, \quad w_3 = + G_3 N_3,$$

als von

$$w_1 = - G_1 N'_1, \quad w_2 = + G_2 N'_2, \quad w_3 = + G_3 N'_3,$$

und drei Grössen w, für welche eine dieser Gleichungen gilt, bestimmen also im Allgemeinen zwei Gerade, p und p'. Wegen dieser Zweideutigkeit eignen sich daher diese linearen Abstände einer Geraden von den Ecken des Dreiecks nicht zur Bestimmung einer Geraden. Diese Unbestimmtheit ward offenbar hervorgerufen durch den Divisor oder Factor $\sqrt{\mathfrak{x}^2+\mathfrak{y}^2}$. Es ist daher eine solche Weise, die Lage einer Geraden zu bezeichnen, anzuwenden, dass derselbe seinen Einfluss verliert. Zugleich aber auch ist, um eine Uebereinstimmung zwischen den Gleichungen, welche die Lage eines Punktes mit denen, welche die einer Geraden angeben, herbeizuführen, die bisherige Art, einen Punkt festzulegen, abzuändern, und durch eine analoge zu ersetzen, obschon dies sonst nicht nöthig wäre, da, wie man sah, durch die Grössen w ein Punkt eindeutig bestimmt wird. Es soll daher im Folgenden eine andere Bezeichnungsweise zu Grunde gelegt werden.

23. Sind g_k die Seiten eines Dreiseits, ist ferner P ein Punkt in der Ebene desselben, bezeichnet man mit w_k die Entfernung des Punktes P von g_k, und setzt, wenn $\mathfrak{x}_k, \mathfrak{y}_k$ die Coordinaten von g_k und x, y die von P bezeichnen

$$w_k = \frac{1 - \mathfrak{x}_k x - \mathfrak{y}_k y}{\sqrt{\mathfrak{x}_k^2 + \mathfrak{y}_k^2}},$$

so erhält man nach Art. 6, $2a)$ für w_k positive Werthe, wenn P und O auf derselben Seite von g_k liegen. Nun soll O stets im Inneren der Dreiecksfläche sich befinden. Es sind also alle drei Werthe w_1, w_2, w_3 positiv, wenn P im Inneren des Dreiseits liegt. Liegen dagegen P und O auf verschiedenen Seiten von g_k, so wäre nach Art. 6, $2a)$, um für w_k einen

[Art. 23.]

positiven Werth zu erhalten, der Ausdruck für w_k mit dem Minus-Zeichen zu versehen, und da dieses nicht geschehen ist, liefert obiger Ausdruck für w_k etwas Negatives; und umgekehrt, ist w_k negativ, so ist dies ein Zeichen, dass P ausserhalb des Dreiseits, und zwar so liegt, dass g_k zwischen P und O hindurchgeht. Da nun die Ausdrücke für die Entfernungen r_k des Anfangspunktes O von g_k stets positiv sind, nach Art. 6, 1a), und mithin keinen Einfluss auf das Vorzeichen ausüben, so ist offenbar die Lage eines Punktes P auch bestimmt durch den Quotienten $\frac{w_k}{r_k}$. Setzt man nun

$$z_1 = \frac{w_1}{r_1}, \quad z_2 = \frac{w_2}{r_2}, \quad z_3 = \frac{w_3}{r_3}, \qquad 1a)$$

woraus umgekehrt folgt

$$w_1 = r_1 z_1, \quad w_2 = r_2 z_2, \quad w_3 = r_3 z_3, \qquad 2a)$$

so ist ein Punkt der Lage nach auch durch z_k bestimmt. Nach Art. 21, 3a) hat man also

$$z_k = w_k \sqrt{\mathfrak{x}_k^2 + \mathfrak{y}_k^2}.$$

Ist nun die Gleichung einer Seite des Dreiseits

$$g_k = \mathfrak{y}_k y + \mathfrak{x}_k x - 1 = 0,$$

und sind x, y die Coordinaten eines Punktes P, so folgt aus den Gleichungen Art. 22, 1a):

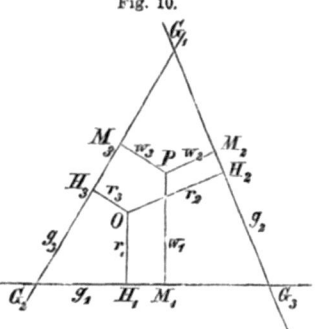

Fig. 10.

$$1 - \mathfrak{x}_1 x - \mathfrak{y}_1 y = w_1 \sqrt{\mathfrak{x}_1^2 + \mathfrak{y}_1^2}, \quad 1 - \mathfrak{x}_2 x - \mathfrak{y}_2 y = w_2 \sqrt{\mathfrak{x}_2^2 + \mathfrak{y}_2^2},$$
$$1 - \mathfrak{x}_3 x - \mathfrak{y}_3 y = w_3 \sqrt{\mathfrak{x}_3^2 + \mathfrak{y}_3^2},$$

oder also

$$1 - \mathfrak{x}_1 x - \mathfrak{y}_1 y = z_1, \quad 1 - \mathfrak{x}_2 x - \mathfrak{y}_2 y = z_2, \quad 1 - \mathfrak{x}_3 x - \mathfrak{y}_3 y = z_3. \quad 3a)$$

Löst man diese Gleichungen nach $1, x, y$ auf, so erhält man Brüche, deren Nenner die Determinante

$$\begin{vmatrix} 1 & \mathfrak{x}_1 & \mathfrak{y}_1 \\ 1 & \mathfrak{x}_2 & \mathfrak{y}_2 \\ 1 & \mathfrak{x}_3 & \mathfrak{y}_3 \end{vmatrix} = (\mathfrak{x}_1 \mathfrak{y}_2 - \mathfrak{x}_2 \mathfrak{y}_1) + (\mathfrak{x}_2 \mathfrak{y}_3 - \mathfrak{x}_3 \mathfrak{y}_2) + (\mathfrak{x}_3 \mathfrak{y}_1 - \mathfrak{x}_1 \mathfrak{y}_3)$$

ist. Bezeichnet man dieselbe kurz mit $\mathfrak{D}$, so dass also

$$\begin{vmatrix} 1 & \mathfrak{x}_1 & \mathfrak{y}_1 \\ 1 & \mathfrak{x}_2 & \mathfrak{y}_2 \\ 1 & \mathfrak{x}_3 & \mathfrak{y}_3 \end{vmatrix} = (\mathfrak{x}_1\mathfrak{y}_2 - \mathfrak{x}_2\mathfrak{y}_1) + (\mathfrak{x}_2\mathfrak{y}_3 - \mathfrak{x}_3\mathfrak{y}_2) + (\mathfrak{x}_3\mathfrak{y}_1 - \mathfrak{x}_1\mathfrak{y}_3) = \mathfrak{D}, \quad 4a)$$

und ihre Partial-Determinanten folgendermassen

$$\mathfrak{x}_1\mathfrak{y}_2 - \mathfrak{x}_2\mathfrak{y}_1 = \mathfrak{X}_1\mathfrak{Y}_2, \quad \mathfrak{x}_2\mathfrak{y}_3 - \mathfrak{x}_3\mathfrak{y}_2 = \mathfrak{X}_2\mathfrak{Y}_3, \quad \mathfrak{x}_3\mathfrak{y}_1 - \mathfrak{x}_1\mathfrak{y}_3 = \mathfrak{X}_3\mathfrak{Y}_1 \quad 5a)$$

so dass also
$$\mathfrak{X}_1\mathfrak{Y}_2 + \mathfrak{X}_2\mathfrak{Y}_3 + \mathfrak{X}_3\mathfrak{Y}_1 = \mathfrak{D} \quad 6a)$$

ist, so erhält man aus den drei Gleichungen 3a)

$$1 = \frac{\mathfrak{X}_2\mathfrak{Y}_3 z_1 + \mathfrak{X}_3\mathfrak{Y}_1 z_2 + \mathfrak{X}_1\mathfrak{Y}_2 z_3}{\mathfrak{D}}; \quad 7a)$$

$$\left.\begin{array}{l} x = -\dfrac{(\mathfrak{y}_2 - \mathfrak{y}_3)z_1 + (\mathfrak{y}_3 - \mathfrak{y}_1)z_2 + (\mathfrak{y}_1 - \mathfrak{y}_2)z_3}{\mathfrak{D}}, \\[4pt] y = \dfrac{(\mathfrak{x}_2 - \mathfrak{x}_3)z_1 + (\mathfrak{x}_3 - \mathfrak{x}_1)z_2 + (\mathfrak{x}_1 - \mathfrak{x}_2)z_3}{\mathfrak{D}}. \end{array}\right\} \quad 8a)$$

Die Gleichung 7a) lässt sich offenbar ebenso umformen, wie in Art. 22 geschehen ist, oder man hat in der dortigen Gleichung 2a) nur die obigen Werthe aus 2a) für w_k einzusetzen, und erhält so die Gleichung

$$g_1 r_1 z_1 + g_2 r_2 z_2 + g_3 r_3 z_3 = D. \quad 9a)$$

Dieses ist die Gleichung des Punktes P für z_1, z_2, z_3 als Coordinaten. Man nennt diese Werthe **trimetrische**, oder, aus Gründen, die sich später ergeben werden, **homogene Punkt-Coordinaten**. Die Gleichungen 8a) dienen dazu, orthogonale Punkt-Coordinaten in trimetrische oder homogene zu transformiren.

Sind G_k die Ecken eines Dreiecks, ist p eine Gerade in der Ebene desselben, bezeichnet man mit $\mathfrak{w}_k$ die Entfernung der Geraden p von G_k und setzt, wenn x_k, y_k die Coordinaten von G_k, und $\mathfrak{x}, \mathfrak{y}$ die von p sind,

$$\mathfrak{w}_k = \frac{1 - x_k\mathfrak{x} - y_k\mathfrak{y}}{\sqrt{\mathfrak{x}^2 + \mathfrak{y}^2}},$$

so erhält man nach Art. 6, 2b) für $\mathfrak{w}_k$ positive Werthe, wenn O und G_k auf derselben Seite von p liegen. Nun soll O stets im Inneren der Dreiecksfläche sich befinden; es sind also alle drei Werthe von $\mathfrak{w}_1, \mathfrak{w}_2, \mathfrak{w}_3$ positiv, wenn p die Dreiecksfläche nicht durchschneidet. Schnitte p das Dreieck, und lägen G_k und O auf verschiedenen Seiten von p, so wäre nach Art. 6, 2b), um für w_k einen positiven Werth zu erhalten, der Ausdruck für w_k mit dem Minus-Zeichen zu versehen, und da dieses nicht geschehen ist, liefert obiger Ausdruck für w_k etwas Negatives; und umgekehrt, ist w_k negativ, so ist dies ein Zeichen, dass p das Dreieck schneidet, und zwar so, dass O und G_k auf verschiedenen Seiten von p sich befinden. Da nun der Ausdruck für die Entfernung r des Anfangspunktes O von p

$$r = \frac{1}{\sqrt{\mathfrak{x}^2 + \mathfrak{y}^2}}$$

stets positiv ist, nach Art. 6, 1a), und daher keinen Einfluss auf das Vorzeichen ausübt, so ist offenbar die Lage einer

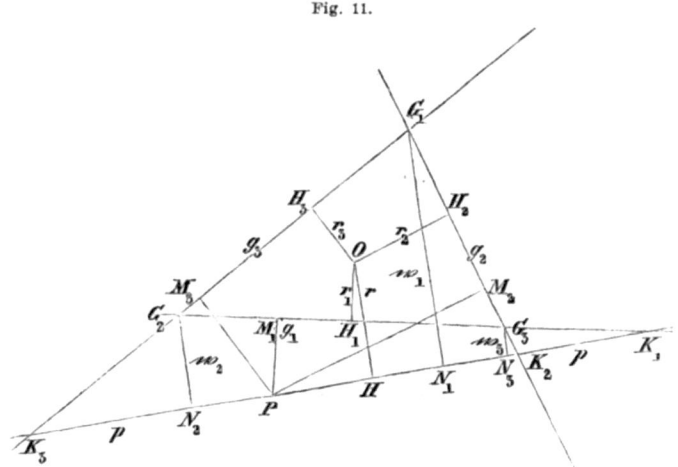

Fig. 11.

Geraden p auch bestimmt durch den Quotienten $\frac{w_k}{r}$. Setzt man nun

$$\mathfrak{z}_1 = \frac{w_1}{r}, \quad \mathfrak{z}_2 = \frac{w_2}{r}, \quad \mathfrak{z}_3 = \frac{w_3}{r}, \qquad 1b)$$

woraus umgekehrt folgt

$$w_1 = r\mathfrak{z}_1, \quad w_2 = r\mathfrak{z}_2, \quad w_3 = r\mathfrak{z}_3, \qquad 2b)$$

so ist eine Gerade der Lage nach durch $\mathfrak{z}_k$ bestimmt. Man hat also

$$\mathfrak{z}_k = w_k \sqrt{\mathfrak{x}^2 + \mathfrak{y}^2}.$$

Ist nun die Gleichung einer Ecke des Dreiecks

$$G_k \equiv y_k \mathfrak{y} + x_k \mathfrak{x} - 1 = 0,$$

und sind $\mathfrak{x}, \mathfrak{y}$ die Coordinaten einer Geraden p, so folgt aus den Gleichungen Art. 22, 1b)

$$1 - x_1\mathfrak{x} - y_1\mathfrak{y} = \mathfrak{z}_1, \quad 1 - x_2\mathfrak{x} - y_2\mathfrak{y} = \mathfrak{z}_2, \quad 1 - x_3\mathfrak{x} - y_3\mathfrak{y} = \mathfrak{z}_3. \quad 3b)$$

Löst man diese Gleichungen nach $1, \mathfrak{x}, \mathfrak{y}$ auf, so erhält man Brüche, deren Nenner die Determinante

$$\begin{vmatrix} 1 & x_1 & y_1 \\ 1 & x_2 & y_2 \\ 1 & x_3 & y_3 \end{vmatrix} = (x_1 y_2 - x_2 y_1) + (x_2 y_3 - x_3 y_2) + (x_3 y_1 - x_1 y_3)$$

ist. Bezeichnet man dieselbe, welche nach Art. 21, 6b) die doppelte Dreiecksfläche bedeutet, mit D, setzt also

$$\begin{vmatrix} 1 & x_1 & y_1 \\ 1 & x_2 & y_2 \\ 1 & x_3 & y_3 \end{vmatrix} = (x_1 y_2 - x_2 y_1) + (x_2 y_3 - x_3 y_2) + (x_3 y_1 - x_1 y_3) = D, \quad 4b)$$

während die Partial-Determinanten folgendermassen bezeichnet werden:

$$x_1 y_2 - x_2 y_1 = X_1 Y_2, \quad x_2 y_3 - x_3 y_2 = X_2 Y_3, \quad x_3 y_1 - x_1 y_3 = X_3 Y_1, \quad 5b)$$

so dass
$$X_1 Y_2 + X_2 Y_3 + X_3 Y_1 = D \quad 6b)$$

ist, so erhält man die Gleichungen

$$1 = \frac{X_2 Y_3 \mathfrak{z}_1 + X_3 Y_1 \mathfrak{z}_2 + X_1 Y_2 \mathfrak{z}_3}{D}; \quad 7b)$$

$$\left.\begin{array}{l} \mathfrak{x} = -\dfrac{(y_2 - y_3)\mathfrak{z}_1 + (y_3 - y_1)\mathfrak{z}_2 + (y_1 - y_2)\mathfrak{z}_3}{D}, \\[2mm] \mathfrak{y} = \dfrac{(x_2 - x_3)\mathfrak{z}_1 + (x_3 - x_1)\mathfrak{z}_2 + (x_1 - x_2)\mathfrak{z}_3}{D}. \end{array}\right\} \quad 8b)$$

Vermöge der Werthe $X_1 Y_2, X_2 Y_3, X_3 Y_1$ und der Beziehungen Art. 21, 7b) kann man die Gleichung 7b) auch schreiben

$$1 = \frac{g_1 r_1 \mathfrak{z}_1 + g_2 r_2 \mathfrak{z}_2 + g_3 r_3 \mathfrak{z}_3}{D},$$

woraus folgt
$$g_1 r_1 \mathfrak{z}_1 + g_2 r_2 \mathfrak{z}_2 + g_3 r_3 \mathfrak{z}_3 = D, \quad 9b)$$

in welcher Gleichung r_k dieselbe Bedeutung hat, wie in 9a). Diese Gleichung 9b) ist die der Geraden p für $\mathfrak{z}_1, \mathfrak{z}_2, \mathfrak{z}_3$ als Coordinaten. Man nennt diese Werthe trimetrische oder homogene Linien-Coordinaten. Die Gleichungen 8b) dienen dazu, orthogonale Linien-Coordinaten in trimetrische oder homogene zu transformiren.

Stets aber wird wie im Bisherigen vorausgesetzt, dass der Coordinaten-Anfangspunkt O im Inneren des Fundamental- oder Axen-Dreiseits oder Dreiecks liege, also auch nicht auf einer Seite g_k oder in einer Ecke G_k desselben.

24. Soll ein durch die Gleichung in trimetrischen Punkt-Coordinaten
$$g_1 r_1 z_1 + g_2 r_2 z_2 + g_3 r_3 z_3 = D \qquad 1a)$$
bestimmter Punkt P construirt werden, so verfährt man auf folgende Weise: Sind alle z positiv, so ziehe man in den Entfernungen $w_1 = r_1 z_1$, $w_2 = r_2 z_2$, $w_3 = r_3 z_3$ zu den drei Seiten g_1, g_2, g_3 des Fundamental-Dreiseits parallele Gerade, und zwar alle auf der Seite nach dem Inneren der Dreiecksfläche zu, so schneiden sich diese drei Parallelen in einem und demselben Punkte, nämlich in P; man braucht daher nur zwei dieser Parallelen zu ziehen. Ist eine der Grössen z, z. B. z_1 negativ, die beiden anderen positiv, so ziehe man zu g_1 in der Entfernung $w_1 = r_1 z_1$ eine Parallele ausserhalb des Dreiseits, die Parallelen zu g_2 und g_3 aber wie früher nach Innen, so erhält man P. Der Punkt P liegt dann in einem äusseren Felde, nämlich in demjenigen Theile der Ebene, welcher von g_1, und den Verlängerungen von g_2 und g_3 gebildet wird. Sind zwei der Grössen z, z. B. z_1, z_2 negativ, z_3 aber positiv, so ziehe man die Parallelen zu g_1 und g_2 ausserhalb des Dreiseits, die Parallele zu g_3 auch ausserhalb des Dreiseits, aber so, dass G_3 zwischen g_3 und der Parallelen sich befindet. Der Punkt P liegt dann in dem vom Scheitelwinkel des Winkels $G_1 G_3 G_2$ gebildeten Winkelraum.

Soll eine durch die Gleichung in trimetrischen Linien-Coordinaten
$$g_1 r_1 \mathfrak{z}_1 + g_2 r_2 \mathfrak{z}_2 + g_3 r_3 \mathfrak{z}_3 = D \qquad 1b)$$
bestimmte Gerade p construirt werden, so verfährt man folgendermassen: Es verhält sich (vgl. Fig. 11) offenbar $G_1 K_3 : G_2 K_3 = \mathfrak{w}_1 : \mathfrak{w}_2$ oder $G_1 K_3 : G_2 K_3 = r\mathfrak{z}_1 : r\mathfrak{z}_2$ oder $G_1 K_3 : G_2 K_3 = \mathfrak{z}_1 : \mathfrak{z}_2$ u. s. w. Sind also alle $\mathfrak{z}$ positiv, so theile man die drei Dreieckseiten g_3, g_2, g_1 in solchen äusseren Punkten K_3, K_2, K_1, dass sich verhält $G_1 K_3 : G_2 K_3 = \mathfrak{z}_1 : \mathfrak{z}_2$, $G_1 K_2 : G_3 K_2 = \mathfrak{z}_1 : \mathfrak{z}_3$, $G_2 K_1 : G_3 K_1 = \mathfrak{z}_2 : \mathfrak{z}_3$, so liegen die drei so erhaltenen Punkte K_1, K_2, K_3 auf einer und derselben Geraden, nämlich auf der Geraden p. Es versteht sich, dass,

wenn z. B. $\mathfrak{z}_1 > \mathfrak{z}_2$ ist, der Punkt K_3 ausserhalb der Strecke $G_1 G_2$ über G_2 hinaus, wenn $\mathfrak{z}_2 > \mathfrak{z}_1$ ist, über G_1 hinaus fällt. Ist eine der Grössen $\mathfrak{z}$, z. B. $\mathfrak{z}_1$ negativ, die anderen beiden positiv, so theile man die beiden den Winkel G_1 einschliessenden Dreiecksseiten g_2 und g_3 in inneren Punkten K_2, K_3 so, dass sich verhält $G_1 K_2 : G_3 K_2 = \mathfrak{z}_1 : \mathfrak{z}_3$, $G_1 K_3 : G_2 K_3 = \mathfrak{z}_1 : \mathfrak{z}_2$, die dritte Seite g_3 in einem äusseren Punkte K_1 so, dass sich verhält $G_2 K_1 : G_3 K_1 = \mathfrak{z}_2 : \mathfrak{z}_3$. Die Gerade p schneidet alsdann die Dreiecksfläche, und zwar liegt sie so, dass G_1 und O auf verschiedenen, G_2 und O, G_3 und O auf derselben Seite von p sich befinden. Sind zwei Grössen $\mathfrak{z}$, z. B. $\mathfrak{z}_1, \mathfrak{z}_2$ negativ, $\mathfrak{z}_3$ positiv, so theile man die beiden den Dreieckswinkel G_3 einschliessenden Seiten g_1, g_2 in solchen inneren Punkten K_1, K_2, dass sich verhält $G_2 K_1 : G_3 K_1 = \mathfrak{z}_2 : \mathfrak{z}_3$, $G_1 K_2 : G_3 K_2 = \mathfrak{z}_1 : \mathfrak{z}_3$, die dritte Dreiecksseite g_3 aber in einem solchen äusseren Punkte K_3, dass $G_1 K_3 : G_2 K_3 = \mathfrak{z}_1 : \mathfrak{z}_3$ ist. Die Gerade p durchschneidet alsdann auch die Dreiecksfläche, liegt aber so, dass G_3 und O auf derselben, hingegen sowohl G_1 und O, als G_2 und O auf verschiedenen Seiten von p sich befinden.

Es versteht sich, dass nicht alle drei Coordinaten z, und ebenso wenig alle drei Coordinaten $\mathfrak{z}$ negativ sein können, weil sowohl g_k, als r_k positiv sind, und die Dreiecksfläche nach 1a), 1b) sonst negativ würde, was unmöglich ist.

25. Von besonderen Fällen der trimetrischen Punkt-Coordinaten sind folgende zu nennen: Liegt P in G_1, so ist offenbar $z_1 = \dfrac{h_1}{r_1}$, $z_2 = 0$, $z_3 = 0$, und die Gleichung Art. 23, 9a) geht dann über in die offenbar richtige $g_1 h_1 = D$. Man hat also als

$$\left.\begin{array}{l}\text{Punkt-Coordinaten von } G_1 \ z_1 = \dfrac{h_1}{r_1},\ z_2 = 0,\ z_3 = 0,\\ \text{\textit{„}} \quad \text{\textit{„}} \quad \text{\textit{„}} \ G_2 \ z_1 = 0,\ z_2 = \dfrac{h_2}{r_2},\ z_3 = 0,\\ \text{\textit{„}} \quad \text{\textit{„}} \quad \text{\textit{„}} \ G_3 \ z_1 = 0,\ z_2 = 0,\ z_3 = \dfrac{h_3}{r_3},\end{array}\right\} \ 1a)$$

Ferner hat man sogleich als

Punkt-Coordinaten von O $z_1 = 1$, $z_2 = 1$, $z_3 = 1$. 2a)

Die Gleichung Art. 23, 9a) lautet dann $g_1 r_1 + g_2 r_2 + g_3 r_3 = D$.

Denkt man sich nun die Ecken G_1, G_2, G_3 durch Gerade mit O verbunden, und bezeichnet den doppelten Inhalt der Dreiecke $G_2OG_3, G_3OG_1, G_1OG_2$ bezüglich mit D_1, D_2, D_3, so bezeichnet die Gleichung

$$g_1 r_1 + g_2 r_2 + g_3 r_3 = D$$

nichts anderes als $\quad D_1 + D_2 + D_3 = D.$

Ueberhaupt ist die geometrische Bedeutung der Gleichung Art. 23, 9a) eine sehr einfache. Denkt man sich nämlich den Punkt P mit den Ecken G_1, G_2, G_3 durch Gerade verbunden, so bedeutet, wenn unter G_1PG_2 der doppelte Inhalt des gleichnamigen Dreiecks verstanden wird, u. s. w., die genannte Gleichung, wenn z_1, z_2, z_3 positiv sind, und also P im Inneren des Dreiecks liegt, nichts anderes als

$$G_1PG_2 + G_2PG_3 + G_3PG_1 = D.$$

Ist z_1 negativ, z_2, z_3 positiv, liegt also P in dem von g_1 und den Verlängerungen von G_1G_2, G_1G_3 gebildeten Felde, so bedeutet sie

$$G_2PG_1 + G_1PG_3 - G_3PG_2 = D.$$

Ist z_1 und z_2 negativ, z_3 positiv, liegt also P im Winkelraume des Scheitelwinkels von $G_1G_3G_2$, so bedeutet sie

$$G_1PG_2 - G_2PG_3 - G_3PG_1 = D.$$

Stellt man sich vor, P liege in unendlicher Entfernung, so werden die doppelten Flächen $G_1PG_2, G_2PG_3, G_3PG_1$ unendlich gross, die doppelte Fläche D des endlichen Dreiecks $G_1G_2G_3$ ist im Vergleich mit ihnen verschwindend klein, und daher das negative, oder die Summe der negativen Glieder, der Summe der positiven, oder dem positiven als gleich zu erachten, mithin die Differenz als Null anzusehen. Es ist daher

$$g_1 r_1 z_1 + g_2 r_2 z_2 + g_3 r_3 z_3 = 0 \qquad 3a)$$

die Gleichung eines unendlich entfernten Punktes.

Fällt p mit einer Seite, z. B. g_1, des Dreiecks $G_1G_2G_3$ zusammen, so ist offenbar $r = r_1$, $\mathfrak{w}_1 = h_1$, also $\mathfrak{z}_1 = \dfrac{h_1}{r_1}$, $\mathfrak{w}_2 = 0$, $\mathfrak{w}_3 = 0$, also $\mathfrak{z}_2 = 0$, $\mathfrak{z}_3 = 0$ u. s. w., und man hat als

Linien-Coordinaten von g_1 $\mathfrak{z}_1 = \dfrac{h_1}{r_1}$, $\mathfrak{z}_2 = 0$, $\mathfrak{z}_3 = 0$,

,, ,, ,, g_2 $\mathfrak{z}_1 = 0$, $\mathfrak{z}_2 = \dfrac{h_2}{r_2}$, $\mathfrak{z}_3 = 0$, $\quad$ 1b)

,, ,, ,, g_3 $\mathfrak{z}_1 = 0$, $\mathfrak{z}_2 = 0$, $\mathfrak{z}_3 = \dfrac{h_3}{r_3}$.

Liegt p in unendlicher Entfernung, so ist die Differenz zwischen r und $\mathfrak{w}_1, \mathfrak{w}_2, \mathfrak{w}_3$ verschwindend klein, also $\mathfrak{z}_1 = \mathfrak{z}_2 = \mathfrak{z}_3 = 1$. Man hat daher als

Linien-Coordinaten der unendlich entfernten Geraden
$$\mathfrak{z}_1 = 1, \; \mathfrak{z}_2 = 1, \; \mathfrak{z}_3 = 1. \qquad 2b)$$

Die Gleichung Art. 23, 9b) lautet dann: $g_1 r_1 + g_2 r_2 + g_3 r_3 = D$, d. h. die Summe der doppelten Flächen der Dreiecke $G_2 O G_3$, $G_3 O G_1$, $G_1 O G_2$ ist gleich der doppelten Fläche des Dreiecks $G_1 G_2 G_3$. Ueberhaupt bedeutet die genannte Gleichung nichts anderes, als dass, da $\mathfrak{z}_1, \mathfrak{z}_2, \mathfrak{z}_3$ ächte oder unächte Brüche sind, der doppelte Inhalt von $G_2 O G_3$ mit $\mathfrak{z}_1$ multiplicirt, plus dem doppelten Inhalt von $G_3 O G_1$ mit $\mathfrak{z}_2$ multiplicirt, plus dem doppelten Inhalt von $G_1 O G_2$ mit $\mathfrak{z}_3$ multiplicirt, gleich D sein muss. Geht nun p durch O, so ist $r = 0$, also werden die absoluten Werthe der $\mathfrak{z}$ unendlich gross; da jedoch die Gerade dann das Dreieck $G_1 G_2 G_3$ schneidet, ist ein oder zwei $\mathfrak{z}$ negativ. Es sind daher auch $G_2 O G_3 \cdot \mathfrak{z}_1$, $G_3 O G_1 \cdot \mathfrak{z}_2$, $G_1 O G_2 \cdot \mathfrak{z}_3$ an absolutem Werthe unendlich gross; die Fläche D ist im Verhältniss zu ihnen verschwindend klein, und daher das negative, oder die Summe der negativen Glieder, der Summe der positiven, oder dem positiven gleich zu erachten, mithin die Differenz als Null anzusehen. Es ist daher

$$g_1 r_1 \mathfrak{z}_1 + g_2 r_2 \mathfrak{z}_2 + g_3 r_3 \mathfrak{z}_3 = 0 \qquad 3b)$$

die Gleichung einer durch den Coordinaten-Anfangspunkt O gehenden Geraden.

26. Von besonderer Wichtigkeit sind die in Art. 23, 5a), 5b) mit $\mathfrak{X}_1 \mathfrak{Y}_2$ etc., $X_1 Y_2$ etc. bezeichneten Partial-Determinanten, sowie die in 4a), 4b) mit $\mathfrak{D}$, D bezeichnete Determinante. Zunächst ist zu bemerken, dass, so lange von einem Dreiseit oder Dreieck die Rede sein kann, weder eine der Grössen $\mathfrak{X}_1 \mathfrak{Y}_2$, $\mathfrak{X}_2 \mathfrak{Y}_3$, $\mathfrak{X}_3 \mathfrak{Y}_1$, noch eine der Grössen $X_1 Y_2$, $X_2 Y_3$,

Art. 26.]   — 91 —

$X_3 Y_1$ Null sein kann. Denn wäre z. B. $\mathfrak{X}_1 \mathfrak{Y}_2 = 0$, so müssten nach Art. 4, 1a) g_1 und g_2 des Dreiseits parallel sein, u. s. w., was nicht möglich ist; wäre $X_1 Y_2 = 0$, so müssten nach Art. 4, 1b) G_1 und G_2 auf einer durch O gehenden Geraden liegen, oder es müsste O auf der Dreiecksseite g_3 liegen, ein Fall, welcher in Art. 23 ausgeschlossen worden ist. Ebenso wenig kann die Determinante $\mathfrak{D}$ und D, oder $\mathfrak{X}_1 \mathfrak{Y}_2 + \mathfrak{X}_2 \mathfrak{Y}_3 + \mathfrak{X}_3 \mathfrak{Y}_1$, $X_1 Y_2 + X_2 Y_3 + X_3 Y_1$ Null sein. Denn wäre ersteres der Fall, so gingen nach Art. 8, 1a) g_1, g_2, g_3 durch einen und denselben Punkt, und es wäre kein Dreiseit möglich; fände letzteres statt, so lägen nach Art. 8, 1b) G_1, G_2, G_2 auf einer und derselben Geraden, und es wäre kein Dreieck denkbar.

Es sollen ferner die am häufigsten vorkommenden der in Art. 21 aufgestellten Sätze mit Anwendung der in Art. 23, 4a)—6a), 4b)—6b) aufgestellten Bezeichnung wiederholt werden. Es lautet nämlich die Regel 6a) daselbst

$$D = \frac{\mathfrak{D}^2}{\mathfrak{X}_1 \mathfrak{Y}_2 \cdot \mathfrak{X}_2 \mathfrak{Y}_3 \cdot \mathfrak{X}_3 \mathfrak{Y}_1}; \qquad 1a)$$

ferner 7a)
$$\left.\begin{array}{l} g_1 r_1 = \dfrac{\mathfrak{D}}{\mathfrak{X}_3 \mathfrak{Y}_1 \cdot \mathfrak{X}_1 \mathfrak{Y}_2}, \\[4pt] g_2 r_2 = \dfrac{\mathfrak{D}}{\mathfrak{X}_1 \mathfrak{Y}_2 \cdot \mathfrak{X}_2 \mathfrak{Y}_3}, \\[4pt] g_3 r_3 = \dfrac{\mathfrak{D}}{\mathfrak{X}_2 \mathfrak{Y}_3 \cdot \mathfrak{X}_3 \mathfrak{Y}_1}. \end{array}\right\} \qquad 2a)$$

Die Formel 6b) giebt die identische Gleichung

$$D = D, \qquad 1b)$$

während 7b) jetzt lauten

$$\left.\begin{array}{l} g_1 r_1 = X_2 Y_3, \\ g_2 r_2 = X_3 Y_1, \\ g_3 r_3 = X_1 Y_2, \end{array}\right\} \qquad 2b)$$

Man hat daher den wohl zu beachtenden Unterschied, dass in Art. 23 die Determinante 4a) nicht die doppelte Fläche des Dreiseits bezeichnet, während dieses mit der Determinante 4b) der Fall ist. Es hat daher bei trimetrischen Linien-Coordinaten D eine doppelte Bedeutung, es bezeichnet nämlich sowohl die Determinante 4b), als die doppelte Fläche;

bei trimetrischen Punkt-Coordinaten bezeichnet es nur die doppelte Fläche.

Die Gleichung Art. 23, 9a) lautet ferner mit Anwendung obiger Gleichungen 1a), 2a)

$$\frac{\mathfrak{D}}{\mathfrak{X}_3\mathfrak{Y}_1 \cdot \mathfrak{X}_1\mathfrak{Y}_2} \cdot z_1 + \frac{\mathfrak{D}}{\mathfrak{X}_1\mathfrak{Y}_2 \cdot \mathfrak{X}_2\mathfrak{Y}_3} \cdot z_2 + \frac{\mathfrak{D}}{\mathfrak{X}_2\mathfrak{Y}_3 \cdot \mathfrak{X}_3\mathfrak{Y}_1} \cdot z_3 = \frac{\mathfrak{D}^2}{\mathfrak{X}_1\mathfrak{Y}_2 \cdot \mathfrak{X}_2\mathfrak{Y}_3 \cdot \mathfrak{X}_3\mathfrak{Y}_1},$$

oder $\quad \mathfrak{X}_2\mathfrak{Y}_3 \cdot z_1 + \mathfrak{X}_3\mathfrak{Y}_1 \cdot z_2 + \mathfrak{X}_1\mathfrak{Y}_2 \cdot z_3 = \mathfrak{D}.\quad$ 3a)

Die Gleichung 9b) in Art. 23 nimmt mit Anwendung obiger Beziehungen 2b) die Gestalt an

$$X_2 Y_3 \cdot \mathfrak{z}_1 + X_3 Y_1 \cdot \mathfrak{z}_2 + X_1 Y_2 \cdot \mathfrak{z}_3 = D, \quad 3b)$$

und diese Gleichungen 3a), 3b) könnte man ebenfalls als die des Punktes, und der Geraden ansehen; doch sollen die früheren beibehalten werden.

27. Bezeichnen r und s zwei cyklisch auf einander folgende der drei Zahlen 1, 2, 3, also entweder 1 und 2, oder 2 und 3, oder 3 und 1, so hat man zunächst das Gesetz:

$$\mathfrak{X}_s\mathfrak{Y}_r = -\mathfrak{X}_r\mathfrak{Y}_s, \quad 1a) \qquad X_s Y_r = -X_r Y_s. \quad 1b)$$

Denn nach der Definition in Art. 23, 5a) ist $\mathfrak{X}_s\mathfrak{Y}_r = \mathfrak{x}_s\mathfrak{y}_r - \mathfrak{x}_r\mathfrak{y}_s$, aber $\mathfrak{X}_r\mathfrak{Y}_s = \mathfrak{x}_r\mathfrak{y}_s - \mathfrak{x}_s\mathfrak{y}_r$, also $\mathfrak{X}_s\mathfrak{Y}_r = -\mathfrak{X}_r\mathfrak{Y}_s$, und ebenso in der Regel 1b). Ferner hat man folgende, wesentlich zur Abkürzung vorkommender Rechnungen dienende Regeln, von deren Richtigkeit man sich sogleich überzeugt. Sind r, s, t die drei Zahlen 1, 2, 3 in cyklischer Aufeinanderfolge, bezeichnen also r, s, t entweder 1, 2, 3, oder 2, 3, 1, oder 3, 1, 2, so hat man:

$$\left.\begin{array}{l} a)\quad (\mathfrak{x}_r - \mathfrak{x}_s) + (\mathfrak{x}_s - \mathfrak{x}_t) + (\mathfrak{x}_t - \mathfrak{x}_r) = 0, \\ b)\quad (\mathfrak{y}_r - \mathfrak{y}_s) + (\mathfrak{y}_s - \mathfrak{y}_t) + (\mathfrak{y}_t - \mathfrak{y}_r) = 0; \end{array}\right\} \quad 2a)$$

$$\left.\begin{array}{l} a)\quad (x_r - x_s) + (x_s - x_t) + (x_t - x_r) = 0, \\ b)\quad (y_r - y_s) + (y_s - y_t) + (y_t - y_r) = 0; \end{array}\right\} \quad 2b)$$

$$\left.\begin{array}{l} a)\quad (\mathfrak{x}_r - \mathfrak{x}_s)\mathfrak{x}_t + (\mathfrak{x}_s - \mathfrak{x}_t)\mathfrak{x}_r + (\mathfrak{x}_t - \mathfrak{x}_r)\mathfrak{x}_s = 0, \\ b)\quad (\mathfrak{y}_r - \mathfrak{y}_s)\mathfrak{y}_t + (\mathfrak{y}_s - \mathfrak{y}_t)\mathfrak{y}_r + (\mathfrak{y}_t - \mathfrak{y}_r)\mathfrak{y}_s = 0; \end{array}\right\} \quad 3a)$$

$$\left.\begin{array}{l} a)\quad (x_r - x_s)x_t + (x_s - x_t)x_r + (x_t - x_r)x_s = 0, \\ b)\quad (y_r - y_s)y_t + (y_s - y_t)y_r + (y_t - y_r)y_s = 0; \end{array}\right\} \quad 3b)$$

Art. 27. 28.]   — 93 —

$$\begin{aligned}
&a)\ (\mathfrak{x}_r - \mathfrak{x}_s)\mathfrak{y}_t + (\mathfrak{x}_s - \mathfrak{x}_t)\mathfrak{y}_r + (\mathfrak{x}_t - \mathfrak{x}_r)\mathfrak{y}_s = -\mathfrak{D},\\
&b)\ (\mathfrak{y}_r - \mathfrak{x}_s)\mathfrak{x}_t + (\mathfrak{y}_s - \mathfrak{y}_t)\mathfrak{x}_r + (\mathfrak{y}_t - \mathfrak{y}_r)\mathfrak{x}_s = \mathfrak{D};
\end{aligned} \quad 4a)$$

$$\begin{aligned}
&a)\ (x_r - x_s)y_t + (x_s - x_t)y_r + (x_t - x_r)y_s = -D,\\
&b)\ (y_r - y_s)x_t + (y_s - y_t)x_r + (y_t - y_r)x_s = D;
\end{aligned} \quad 4b)$$

$$(\mathfrak{x}_r - \mathfrak{x}_s)\mathfrak{y}_r - (\mathfrak{y}_r - \mathfrak{y}_s)\mathfrak{x}_r = \mathfrak{X}_r\mathfrak{Y}_s; \qquad 5a)$$

$$(x_r - x_s)y_r - (y_r - y_s)x_r = X_r Y_s; \qquad 5b)$$

$$(\mathfrak{x}_r - \mathfrak{x}_s)\mathfrak{y}_s - (\mathfrak{y}_r - \mathfrak{y}_s)\mathfrak{x}_s = \mathfrak{X}_r\mathfrak{Y}_s; \qquad 6a)$$

$$(x_r - x_s)y_s - (y_r - y_s)x_s = X_r^1 Y_s; \qquad 6b)$$

$$(\mathfrak{y}_r - \mathfrak{y}_s)\mathfrak{x}_t - (\mathfrak{x}_r - \mathfrak{x}_s)\mathfrak{y}_t = \mathfrak{X}_s\mathfrak{Y}_t + \mathfrak{X}_t\mathfrak{Y}_r; \qquad 7a)$$

$$(y_r - y_s)x_t - (x_r - x_s)y_t = X_s Y_t + X_t Y_r; \qquad 7b)$$

$$(\mathfrak{x}_r - \mathfrak{x}_s)(\mathfrak{y}_s - \mathfrak{y}_t) - (\mathfrak{x}_s - \mathfrak{x}_t)(\mathfrak{y}_r - \mathfrak{y}_s) = \mathfrak{D}; \qquad 8a)$$

$$(x_r - x_s)(y_s - y_t) - (x_s - x_t)(y_r - y_s) = D; \qquad 8b)$$

$$\begin{aligned}
&a)\ \mathfrak{X}_r\mathfrak{Y}_s(\mathfrak{x}_s - \mathfrak{x}_t) - \mathfrak{X}_s\mathfrak{Y}_t(\mathfrak{x}_r - \mathfrak{x}_s) = \mathfrak{D}\cdot\mathfrak{x}_s,\\
&b)\ \mathfrak{X}_r\mathfrak{Y}_s(\mathfrak{y}_s - \mathfrak{y}_t) - \mathfrak{X}_s\mathfrak{Y}_t(\mathfrak{y}_r - \mathfrak{y}_s) = \mathfrak{D}\cdot\mathfrak{y}_s;
\end{aligned} \quad 9a)$$

$$\begin{aligned}
&a)\ X_r Y_s(x_s - x_t) - X_s Y_t(x_r - x_s) = D\cdot x_s,\\
&b)\ X_r Y_s(y_s - y_t) - X_s Y_t(y_r - y_s) = D\cdot y_s;
\end{aligned} \quad 9b)$$

$$\begin{aligned}
&a)\ \mathfrak{X}_r\mathfrak{Y}_s\cdot\mathfrak{x}_t + \mathfrak{X}_s\mathfrak{Y}_t\cdot\mathfrak{x}_r + \mathfrak{X}_t\mathfrak{Y}_r\cdot\mathfrak{x}_s = 0,\\
&b)\ \mathfrak{X}_r\mathfrak{Y}_s\cdot\mathfrak{y}_t + \mathfrak{X}_s\mathfrak{Y}_t\cdot\mathfrak{y}_r + \mathfrak{X}_t\mathfrak{Y}_r\cdot\mathfrak{y}_s = 0;
\end{aligned} \quad 10a)$$

$$\begin{aligned}
&a)\ X_r Y_s\cdot x_t + X_s Y_t\cdot x_r + X_t Y_r\cdot x_s = 0,\\
&b)\ X_r Y_s\cdot y_t + X_s Y_t\cdot y_r + X_t Y_r\cdot y_s = 0.
\end{aligned} \quad 10b)$$

28. Es sollen trimetrische Punkt- oder Linien-Coordinaten in eben solche, jedoch für ein anderes Fundamental-Dreiseit oder -Dreieck transformirt werden, jedoch soll das zu Grunde liegende orthogonale Axen-System, also auch der Anfangspunkt O unverändert bleiben, und im Inneren auch der neuen Dreiecksfläche liegen. Die Seiten g'_k des neuen Dreiseits seien bestimmt durch die Gleichungen

$$g'_k = \mathfrak{y}'_k y + \mathfrak{x}'_k x - 1 = 0;$$

die neuen trimetrischen Linien-Coordinaten heissen z'_k, und es wurde auch für das neue Dreiseit die Art. 23, 4a)—6a) angegebene Abkürzung eingeführt, so dass also

$$\mathfrak{x}'_r\mathfrak{y}'_s - \mathfrak{x}'_s\mathfrak{y}'_r = \mathfrak{X}'_r\mathfrak{Y}'_s, \qquad 1a)$$

und

$$\mathfrak{X}'_r\mathfrak{Y}'_s + \mathfrak{X}'_s\mathfrak{Y}'_t + \mathfrak{X}'_t\mathfrak{Y}'_r = \mathfrak{D}' \qquad 2a)$$

ist. Dann hat man, um z_k durch z'_k auszudrücken, da die

[Art. 28.

orthogonalen Coordinaten x, y des betreffenden Punktes P dieselben bleiben, auch die den in Art. 23, 7a), 8a) gegebenen entsprechenden Gleichungen

$$1 = \frac{\mathfrak{X}'_2 \mathfrak{Y}'_3 z'_1 + \mathfrak{X}'_3 \mathfrak{Y}'_1 z'_2 + \mathfrak{X}'_1 \mathfrak{Y}'_2 z'_3}{\mathfrak{D}'},$$

$$x = -\frac{(\mathfrak{y}'_2 - \mathfrak{y}'_3) z'_1 + (\mathfrak{y}'_3 - \mathfrak{y}'_1) z'_2 + (\mathfrak{y}'_1 - \mathfrak{y}'_2) z'_3}{\mathfrak{D}'}$$

$$y = \frac{(\mathfrak{x}'_2 - \mathfrak{x}'_3) z'_1 + (\mathfrak{x}'_3 - \mathfrak{x}'_1) z'_2 + (\mathfrak{x}'_1 - \mathfrak{x}'_2) z'_3}{\mathfrak{D}'}.$$

Setzt man diese Werthe den in Art. 23, 7a), 8a) gegebenen gleich, so hat man die drei Gleichungen

$$\frac{\mathfrak{X}_2 \mathfrak{Y}_3}{\mathfrak{D}} \cdot z_1 + \frac{\mathfrak{X}_3 \mathfrak{Y}_1}{\mathfrak{D}} \cdot z_2 + \frac{\mathfrak{X}_1 \mathfrak{Y}_2}{\mathfrak{D}} \cdot z_3 = \frac{\mathfrak{X}'_2 \mathfrak{Y}'_3}{\mathfrak{D}'} \cdot z'_1 + \frac{\mathfrak{X}'_3 \mathfrak{Y}'_1}{\mathfrak{D}'} \cdot z'_2 + \frac{\mathfrak{X}'_1 \mathfrak{Y}'_2}{\mathfrak{D}'} \cdot z'_3;$$

$$\frac{\mathfrak{y}_2 - \mathfrak{y}_3}{\mathfrak{D}} z_1 + \frac{\mathfrak{y}_3 - \mathfrak{y}_1}{\mathfrak{D}} z_2 + \frac{\mathfrak{y}_1 - \mathfrak{y}_2}{\mathfrak{D}} z_3 = \frac{\mathfrak{y}'_2 - \mathfrak{y}'_3}{\mathfrak{D}'} z'_1 + \frac{\mathfrak{y}'_3 - \mathfrak{y}'_1}{\mathfrak{D}'} z'_2 + \frac{\mathfrak{y}'_1 - \mathfrak{y}'_2}{\mathfrak{D}'} z'_3;$$

$$\frac{\mathfrak{x}_2 - \mathfrak{x}_3}{\mathfrak{D}} z_1 + \frac{\mathfrak{x}_3 - \mathfrak{x}_1}{\mathfrak{D}} z_2 + \frac{\mathfrak{x}_1 - \mathfrak{x}_2}{\mathfrak{D}} z_3 = \frac{\mathfrak{x}'_2 - \mathfrak{x}'_3}{\mathfrak{D}'} z'_1 + \frac{\mathfrak{x}'_3 - \mathfrak{x}'_1}{\mathfrak{D}'} z'_2 + \frac{\mathfrak{x}'_1 - \mathfrak{x}'_2}{\mathfrak{D}'} z'_3.$$

Man erhält daher zur Bestimmung z. B. von z_1 die Gleichung

$$\frac{1}{\mathfrak{D}^3} \begin{vmatrix} \mathfrak{X}_2 \mathfrak{Y}_3 & \mathfrak{X}_3 \mathfrak{Y}_1 & \mathfrak{X}_1 \mathfrak{Y}_2 \\ \mathfrak{y}_2 - \mathfrak{y}_3 & \mathfrak{y}_3 - \mathfrak{y}_1 & \mathfrak{y}_1 - \mathfrak{y}_2 \\ \mathfrak{x}_2 - \mathfrak{x}_3 & \mathfrak{x}_3 - \mathfrak{x}_1 & \mathfrak{x}_1 - \mathfrak{x}_2 \end{vmatrix} z_1 =$$

$$\frac{1}{\mathfrak{D}^2 \mathfrak{D}'} \begin{vmatrix} \mathfrak{X}'_2 \mathfrak{Y}'_3 z'_1 + \mathfrak{X}'_3 \mathfrak{Y}'_1 z'_2 + \mathfrak{X}'_1 \mathfrak{Y}'_2 z'_3 & \mathfrak{X}_3 \mathfrak{Y}_1 & \mathfrak{X}_1 \mathfrak{Y}_2 \\ (\mathfrak{y}'_2 - \mathfrak{y}'_3) z'_1 + (\mathfrak{y}'_3 - \mathfrak{y}'_1) z'_2 + (\mathfrak{y}'_1 - \mathfrak{y}'_2) z'_3 & \mathfrak{y}_3 - \mathfrak{y}_1 & \mathfrak{y}_1 - \mathfrak{y}_2 \\ (\mathfrak{x}'_2 - \mathfrak{x}'_3) z'_1 + (\mathfrak{x}'_3 - \mathfrak{x}'_1) z'_2 + (\mathfrak{x}'_1 - \mathfrak{x}'_2) z'_3 & \mathfrak{x}_3 - \mathfrak{x}_1 & \mathfrak{x}_1 - \mathfrak{x}_2 \end{vmatrix}$$

oder, indem man beiderseits mit $\mathfrak{D}^2$ kürzt, und die Determinante rechts in die Summe von drei Determinanten umformt,

$$\frac{1}{\mathfrak{D}} \begin{vmatrix} \mathfrak{X}_2 \mathfrak{Y}_3 & \mathfrak{X}_3 \mathfrak{Y}_1 & \mathfrak{X}_1 \mathfrak{Y}_2 \\ \mathfrak{y}_2 - \mathfrak{y}_3 & \mathfrak{y}_3 - \mathfrak{y}_1 & \mathfrak{y}_1 - \mathfrak{y}_2 \\ \mathfrak{x}_2 - \mathfrak{x}_3 & \mathfrak{x}_3 - \mathfrak{x}_1 & \mathfrak{x}_1 - \mathfrak{x}_2 \end{vmatrix} \cdot z_1 =$$

$$\frac{1}{\mathfrak{D}'} \left\{ \begin{vmatrix} \mathfrak{X}'_2 \mathfrak{Y}'_3 & \mathfrak{X}_3 \mathfrak{Y}_1 & \mathfrak{X}_1 \mathfrak{Y}_2 \\ \mathfrak{y}'_2 - \mathfrak{y}'_3 & \mathfrak{y}_3 - \mathfrak{y}_1 & \mathfrak{y}_1 - \mathfrak{y}_2 \\ \mathfrak{x}'_2 - \mathfrak{x}'_3 & \mathfrak{x}_3 - \mathfrak{x}_1 & \mathfrak{x}_1 - \mathfrak{x}_2 \end{vmatrix} z'_1 + \begin{vmatrix} \mathfrak{X}'_3 \mathfrak{Y}'_1 & \mathfrak{X}_3 \mathfrak{Y}_1 & \mathfrak{X}_1 \mathfrak{Y}_2 \\ \mathfrak{y}'_3 - \mathfrak{y}'_1 & \mathfrak{y}_3 - \mathfrak{y}_1 & \mathfrak{y}_1 - \mathfrak{y}_2 \\ \mathfrak{x}'_3 - \mathfrak{x}'_1 & \mathfrak{x}_3 - \mathfrak{x}_1 & \mathfrak{x}_1 - \mathfrak{x}_2 \end{vmatrix} z'_2 \right.$$

$$\left. + \begin{vmatrix} \mathfrak{X}'_1 \mathfrak{Y}'_2 & \mathfrak{X}_3 \mathfrak{Y}_1 & \mathfrak{X}_1 \mathfrak{Y}_2 \\ \mathfrak{y}'_1 - \mathfrak{y}'_2 & \mathfrak{y}_3 - \mathfrak{y}_1 & \mathfrak{y}_1 - \mathfrak{y}_2 \\ \mathfrak{x}'_1 - \mathfrak{x}'_2 & \mathfrak{x}_3 - \mathfrak{x}_1 & \mathfrak{x}_1 - \mathfrak{x}_2 \end{vmatrix} z'_3 \right\}.$$

Setzt man bei der Entwickelung der Determinante links

$\mathfrak{X}_2\mathfrak{Y}_3$, $\mathfrak{X}_3\mathfrak{Y}_1$, $\mathfrak{X}_1\mathfrak{Y}_2$ heraus, und wendet die Regel Art. 27, 8a) an, so erhält man sogleich als Werth der Determinante links $-\mathfrak{D}^2$; es lautet daher die linke Seite dieser Gleichung $-\mathfrak{D}z_1$. Setzt man rechts in der den Coefficienten von z'_1 bildenden Determinante, welche einstweilen kurz $\mathfrak{C}'$ heissen mag, $\mathfrak{X}'_2\mathfrak{Y}'_3$, $\mathfrak{y}'_2-\mathfrak{y}'_3$, $\mathfrak{x}'_2-\mathfrak{x}'_3$ heraus, so erhält man

$$\mathfrak{C}' = \mathfrak{X}'_2\mathfrak{Y}'_3\left[(\mathfrak{x}_1-\mathfrak{x}_2)(\mathfrak{y}_3-\mathfrak{y}_1)-(\mathfrak{x}_3-\mathfrak{x}_1)(\mathfrak{y}_1-\mathfrak{y}_2)\right]$$
$$+ (\mathfrak{y}'_2-\mathfrak{y}'_3)\left[\mathfrak{X}_1\mathfrak{Y}_2(\mathfrak{x}_3-\mathfrak{x}_1)-\mathfrak{X}_3\mathfrak{Y}_1(\mathfrak{x}_1-\mathfrak{x}_2)\right]$$
$$+ (\mathfrak{x}'_2-\mathfrak{x}'_3)\left[\mathfrak{X}_3\mathfrak{Y}_1(\mathfrak{y}_1-\mathfrak{y}_2)-\mathfrak{X}_1\mathfrak{Y}_2(\mathfrak{y}_3-\mathfrak{y}_1)\right]$$

oder $\mathfrak{C}' = -\mathfrak{X}'_2\mathfrak{Y}'_3\left[(\mathfrak{x}_3-\mathfrak{x}_1)(\mathfrak{y}_1-\mathfrak{y}_2)-(\mathfrak{x}_1-\mathfrak{x}_2)(\mathfrak{y}_3-\mathfrak{y}_1)\right]$
$$- (\mathfrak{y}'_2-\mathfrak{y}'_3)\left[\mathfrak{X}_3\mathfrak{Y}'_1(\mathfrak{x}_1-\mathfrak{x}_2)-\mathfrak{X}_1\mathfrak{Y}_2(\mathfrak{x}_3-\mathfrak{x}_1)\right]$$
$$+ (\mathfrak{x}'_2-\mathfrak{x}'_3)\left[\mathfrak{X}_3\mathfrak{Y}_1(\mathfrak{y}_1-\mathfrak{y}_2)-\mathfrak{X}_1\mathfrak{Y}_2(\mathfrak{y}_3-\mathfrak{y}_1)\right]$$

oder nach Art. 27, 8a), 9a)

$$\mathfrak{C}' = -\mathfrak{D}\cdot\mathfrak{X}'_2\mathfrak{Y}'_3 - (\mathfrak{y}'_2-\mathfrak{y}'_3)\cdot\mathfrak{D}\mathfrak{x}_1 + (\mathfrak{x}'_2-\mathfrak{x}'_3)\cdot\mathfrak{D}\cdot\mathfrak{y}_1$$
$$= -\mathfrak{D}[\mathfrak{X}'_2\mathfrak{Y}'_3 + (\mathfrak{x}_1\mathfrak{y}'_2-\mathfrak{x}'_2\mathfrak{y}_1) + (\mathfrak{x}'_3\mathfrak{y}_1-\mathfrak{x}_1\mathfrak{y}'_3)].$$

Ebenso findet man den Coefficienten von z'_2 und von z'_3, und hat somit z_1, ausgedrückt durch z'_1, z'_2, z'_3. Auf gleiche Weise erhält man z_2 und z_3, durch die neuen Coordinaten ausgedrückt.

Genau auf dieselbe Weise transformirt man die Coordinaten $\mathfrak{z}_k$ einer Geraden p auf ein neues Dreieck, dessen Ecken G'_k durch die Gleichungen bestimmt sind

$$G'_k \equiv y'_k\mathfrak{y} + x'_k\mathfrak{x} - 1 = 0.$$

Auch hier heisse $x'_r y'_s - x'_s y'_r = X'_r Y'_s,$ \hfill 1b)

und es sei $X'_r Y'_s + X'_s Y'_t + X'_t Y'_r = D'.$ \hfill 2b)

Die neuen Coordinaten von p heissen $\mathfrak{z}'_k$.

Setzt man zur Abkürzung, analog Art. 23, 5a), 5b)

$$\mathfrak{x}_r\mathfrak{y}'_s - \mathfrak{x}'_s\mathfrak{y}_r = \mathfrak{X}_r\mathfrak{Y}'_s, \quad \mathfrak{x}'_s\mathfrak{y}_r - \mathfrak{x}_r\mathfrak{y}'_s = \mathfrak{X}'_s\mathfrak{Y}_r \quad 3a)$$
$$x_r y'_s - x'_s y_r = X_r Y'_s, \quad x'_s y_r - x_r y'_s = X'_s Y_r, \quad 3b)$$

so dass, analog Art. 27, 1a), 1b)

$$\mathfrak{X}'_s\mathfrak{Y}_r = -\mathfrak{X}_r\mathfrak{Y}'_s, \quad 4a) \qquad X'_s Y_r = -X_r Y'_s \quad 4b)$$

ist, so hat man daher die Transformations-Gleichungen:

$$z_1 = \frac{1}{\mathfrak{D}'} \cdot \left[(\mathfrak{X}'_2 \mathfrak{Y}'_3 + \mathfrak{X}_1 \mathfrak{Y}'_2 - \mathfrak{X}_1 \mathfrak{Y}'_3) z'_1 + (\mathfrak{X}'_3 \mathfrak{Y}'_1 + \mathfrak{X}_1 \mathfrak{Y}'_3 - \mathfrak{X}_1 \mathfrak{Y}'_1) z'_2 \right.$$
$$\left. + (\mathfrak{X}'_1 \mathfrak{Y}'_2 + \mathfrak{X}_1 \mathfrak{Y}'_1 - \mathfrak{X}_1 \mathfrak{Y}'_2) z'_3 \right];$$
$$z_2 = \frac{1}{\mathfrak{D}'} \cdot \left[(\mathfrak{X}'_2 \mathfrak{Y}'_3 + \mathfrak{X}_2 \mathfrak{Y}'_2 - \mathfrak{X}_2 \mathfrak{Y}'_3) z'_1 + (\mathfrak{X}'_3 \mathfrak{Y}'_1 + \mathfrak{X}_2 \mathfrak{Y}'_3 - \mathfrak{X}_2 \mathfrak{Y}'_1) z'_2 \right.$$
$$\left. + (\mathfrak{X}'_1 \mathfrak{Y}'_2 + \mathfrak{X}_2 \mathfrak{Y}'_1 - \mathfrak{X}_2 \mathfrak{Y}'_2) z'_3 \right];$$
$$z_3 = \frac{1}{\mathfrak{D}'} \cdot \left[(\mathfrak{X}'_2 \mathfrak{Y}'_3 + \mathfrak{X}_3 \mathfrak{Y}'_2 - \mathfrak{X}_3 \mathfrak{Y}'_3) z'_1 + (\mathfrak{X}'_3 \mathfrak{Y}'_1 + \mathfrak{X}_3 \mathfrak{Y}'_3 - \mathfrak{X}_3 \mathfrak{Y}'_1) z'_2 \right.$$
$$\left. + (\mathfrak{X}'_1 \mathfrak{Y}'_2 + \mathfrak{X}_3 \mathfrak{Y}'_1 - \mathfrak{X}_3 \mathfrak{Y}'_2) z'_3 \right];$$

5a)

$$\mathfrak{z}_1 = \frac{1}{D'} \cdot \left[(X'_2 Y'_3 + X_1 Y'_2 - X_1 Y'_3) \mathfrak{z}'_1 + (X'_3 Y'_1 + X_1 Y'_3 - X_1 Y'_1) \mathfrak{z}'_2 \right.$$
$$\left. + (X'_1 Y'_2 + X_1 Y'_1 - X_1 Y'_2) \mathfrak{z}'_3 \right];$$
$$\mathfrak{z}_2 = \frac{1}{D'} \cdot \left[(X'_2 Y'_3 + X_2 Y'_2 - X_2 Y'_3) \mathfrak{z}'_1 + (X'_3 Y'_1 + X_2 Y'_3 - X_2 Y'_1) \mathfrak{z}'_2 \right.$$
$$\left. + (X'_1 Y'_2 + X_2 Y'_1 - X_2 Y'_2) \mathfrak{z}'_3 \right];$$
$$\mathfrak{z}_3 = \frac{1}{D'} \cdot \left[(X'_2 Y'_3 + X_3 Y'_2 - X_3 Y'_3) \mathfrak{z}'_1 + (X'_3 Y'_1 + X_3 Y'_3 - X_3 Y'_1) \mathfrak{z}'_2 \right.$$
$$\left. + (X'_1 Y'_2 + X_3 Y'_1 - X_3 Y'_2) \mathfrak{z}'_3 \right];$$

5b)

Transformirt man umgekehrt von dem neuen Dreiseit $g'_1 g'_2 g'_3$ oder dem neuen Dreieck $G'_1 G'_2 G'_3$ auf das ursprüngliche, so erhält man ebenso die Transformations-Gleichungen:

$$z'_1 = \frac{1}{\mathfrak{D}} \cdot \left[(\mathfrak{X}_2 \mathfrak{Y}_3 + \mathfrak{X}_3 \mathfrak{Y}'_1 - \mathfrak{X}_2 \mathfrak{Y}'_1) z_1 + (\mathfrak{X}_3 \mathfrak{Y}_1 + \mathfrak{X}_1 \mathfrak{Y}'_1 - \mathfrak{X}_3 \mathfrak{Y}'_1) z_2 \right.$$
$$\left. + (\mathfrak{X}_1 \mathfrak{Y}_2 + \mathfrak{X}_2 \mathfrak{Y}'_1 - \mathfrak{X}_1 \mathfrak{Y}'_1) z_3 \right];$$
$$z'_2 = \frac{1}{\mathfrak{D}} \cdot \left[(\mathfrak{X}_2 \mathfrak{Y}_3 + \mathfrak{X}_3 \mathfrak{Y}'_2 - \mathfrak{X}_2 \mathfrak{Y}'_2) z_1 + (\mathfrak{X}_3 \mathfrak{Y}_1 + \mathfrak{X}_1 \mathfrak{Y}'_2 - \mathfrak{X}_3 \mathfrak{Y}'_2) z_2 \right.$$
$$\left. + (\mathfrak{X}_1 \mathfrak{Y}_2 + \mathfrak{X}_2 \mathfrak{Y}'_2 - \mathfrak{X}_1 \mathfrak{Y}'_2) z_3 \right];$$
$$z'_3 = \frac{1}{\mathfrak{D}} \cdot \left[(\mathfrak{X}_2 \mathfrak{Y}_3 + \mathfrak{X}_3 \mathfrak{Y}'_3 - \mathfrak{X}_2 \mathfrak{Y}'_3) z_1 + (\mathfrak{X}_3 \mathfrak{Y}_1 + \mathfrak{X}_1 \mathfrak{Y}'_3 - \mathfrak{X}_3 \mathfrak{Y}'_3) z_2 \right.$$
$$\left. + (\mathfrak{X}_1 \mathfrak{Y}_2 + \mathfrak{X}_2 \mathfrak{Y}'_3 - \mathfrak{X}_1 \mathfrak{Y}'_3) z_3 \right];$$

6a)

$$\mathfrak{z}'_1 = \frac{1}{D} \cdot \left[(X_2 Y_3 + X_3 Y'_1 - X_2 Y'_1) \mathfrak{z}_1 + (X_3 Y_1 + X_1 Y'_1 - X_3 Y'_1) \mathfrak{z}_2 \right.$$
$$\left. + (X_1 Y_2 + X_2 Y'_1 - X_1 Y'_1) \mathfrak{z}_3 \right];$$
$$\mathfrak{z}'_2 = \frac{1}{D} \cdot \left[(X_2 Y_3 + X_3 Y'_2 - X_2 Y'_2) \mathfrak{z}_1 + (X_3 Y_1 + X_1 Y'_2 - X_3 Y'_2) \mathfrak{z}_2 \right.$$
$$\left. + (X_1 Y_2 + X_2 Y'_2 - X_1 Y'_2) \mathfrak{z}_3 \right];$$
$$\mathfrak{z}'_3 = \frac{1}{D} \cdot \left[(X_2 Y_3 + X_3 Y'_3 - X_2 Y'_3) \mathfrak{z}_1 + (X_3 Y_1 + X_1 Y'_3 - X_3 Y'_3) \mathfrak{z}_2 \right.$$
$$\left. + (X_1 Y_2 + X_2 Y'_3 - X_1 Y'_3) \mathfrak{z}_3 \right].$$

6b)

Man erkennt sofort folgendes Bildungsgesetz: In den Werthen von z_k, $\mathfrak{z}_k$, 5a), 5b) erhält man den Coefficienten eines z'_k, $\mathfrak{z}'_k$ aus dem Coefficienten des vorhergehenden z'_k, $\mathfrak{z}'_k$, indem man die Indices der gestrichenen $\mathfrak{X}$, $\mathfrak{Y}$, X, Y in cyklischer Folge

Art. 28.] — 97 —

um 1 weiter rückt, die ungestrichenen $\mathfrak{X}, \mathfrak{Y}$, X, Y aber unverändert lässt; man erhält ferner den Coefficienten eines $z'_k, \mathfrak{z}'_k$ in einem $z_k, \mathfrak{z}_k$, indem man in dem Ausdrucke für das vorhergehende $z_k, \mathfrak{z}_k$ in dem Coefficienten desselben $z'_k, \mathfrak{z}'_k$ die Indices der ungestrichenen $\mathfrak{X}, \mathfrak{Y}$, X, Y in cyklischer Folge um 1 weiter rückt, die gestrichenen $\mathfrak{X}, \mathfrak{Y}$, X, Y aber unverändert lässt. In 6a), 6b) findet das Umgekehrte statt.

In 5a), 5b) haben ferner alle Coefficienten von $z'_k, \mathfrak{z}'_k$ die Form $\mathfrak{X}'_r \mathfrak{Y}_s + \mathfrak{X}_p \mathfrak{Y}'_r - \mathfrak{X}_p \mathfrak{Y}'_s$, $X'_r Y'_s + X_p Y'_r - X_p Y'_s$, wo r, s zwei cyklisch auf einander folgende der drei Zahlen 1, 2, 3, und p eine beliebige derselben Zahlen, welche also auch dieselbe sein kann, wie r oder s, bezeichnet. In 6a), 6b) haben unter gleicher Annahme alle Coefficienten die Form $\mathfrak{X}_r \mathfrak{Y}_s + \mathfrak{X}_s \mathfrak{Y}'_p - \mathfrak{X}_r \mathfrak{Y}'_p$, $X_r Y_s + X_s Y'_p - X_r Y'_p$. Nun entsteht ein Ausdruck von der Form $\mathfrak{X}'_r \mathfrak{Y}'_s + \mathfrak{X}_p \mathfrak{Y}'_r - \mathfrak{X}_p \mathfrak{Y}'_r$, $X'_r Y'_s + X_p Y'_r - X_p Y'_s$ offenbar dadurch, dass in der Determinante $\mathfrak{D}', D'$ die Elemente $\mathfrak{x}'_t, \mathfrak{y}'_t, x'_t, y'_t$, wenn t die dritte auf s cyklisch folgende Zahl ist, mit $\mathfrak{x}_p, \mathfrak{y}_p, x_p, y_p$ vertauscht werden, und ein Ausdruck von der Form $\mathfrak{X}_r \mathfrak{Y}_s + \mathfrak{X}_s \mathfrak{Y}'_p - \mathfrak{X}_r \mathfrak{Y}'_p$, $X_r Y_s + X_s Y'_p - X_r Y'_p$ entsteht dadurch, dass in der Determinante $\mathfrak{D}, D$ die Elemente $\mathfrak{x}_t, \mathfrak{y}_t, x_t, y_t$ mit $\mathfrak{x}'_p, \mathfrak{y}'_p, x'_p, y'_p$ vertauscht werden. Setzt man nun, um dies zu bezeichnen, zur Abkürzung:

$\mathfrak{X}'_r \mathfrak{Y}'_s + \mathfrak{X}_p \mathfrak{Y}'_r - \mathfrak{X}_p \mathfrak{Y}'_s = \mathfrak{D}'_{tp}$, 7a) $X'_r Y'_s + X_p Y'_r - X_p Y'_s = D'_{tp}$, 7b)

$\mathfrak{X}_r \mathfrak{Y}_s + \mathfrak{X}_s \mathfrak{Y}'_p - \mathfrak{X}_r \mathfrak{Y}'_p = \mathfrak{D}_{tp}$, 8a) $X_r Y_s + X_s Y'_p - X_r Y'_p = D_{tp}$, 8b)

so lauten die Transformationsformeln 5a), 5b), 6a), 6b):

$$\left.\begin{aligned}z_1 &= \frac{1}{\mathfrak{D}'}\left[\mathfrak{D}'_{11} z'_1 + \mathfrak{D}'_{21} z'_2 + \mathfrak{D}'_{31} z'_3\right]; \\ z_2 &= \frac{1}{\mathfrak{D}'}\left[\mathfrak{D}'_{12} z'_1 + \mathfrak{D}'_{22} z'_2 + \mathfrak{D}'_{32} z'_3\right]; \\ z_3 &= \frac{1}{\mathfrak{D}'}\left[\mathfrak{D}'_{13} z'_1 + \mathfrak{D}'_{23} z'_2 + \mathfrak{D}'_{33} z'_3\right];\end{aligned}\right\} \quad 9a)$$

$$\left.\begin{aligned}\mathfrak{z}_1 &= \frac{1}{D'}\left[D'_{11} \mathfrak{z}'_1 + D'_{21} \mathfrak{z}'_2 + D'_{31} \mathfrak{z}'_3\right]; \\ \mathfrak{z}_2 &= \frac{1}{D'}\left[D'_{12} \mathfrak{z}'_1 + D'_{22} \mathfrak{z}'_2 + D'_{32} \mathfrak{z}'_3\right]; \\ \mathfrak{z}_3 &= \frac{1}{D'}\left[D'_{13} \mathfrak{z}'_1 + D'_{23} \mathfrak{z}'_2 + D'_{33} \mathfrak{z}'_3\right];\end{aligned}\right\} \quad 9b)$$

$$z'_1 = \frac{1}{\mathfrak{D}} \cdot [\mathfrak{D}_{11} z_1 + \mathfrak{D}_{21} z_2 + \mathfrak{D}_{31} z_3];$$
$$z'_2 = \frac{1}{\mathfrak{D}} \cdot [\mathfrak{D}_{12} z_1 + \mathfrak{D}_{22} z_2 + \mathfrak{D}_{32} z_3]; \qquad 10a)$$
$$z'_3 = \frac{1}{\mathfrak{D}} \cdot [\mathfrak{D}_{13} z_1 + \mathfrak{D}_{23} z_2 + \mathfrak{D}_{33} z_3];$$

$$\mathfrak{z}'_1 = \frac{1}{D} \cdot [D_{11} \mathfrak{z}_1 + D_{21} \mathfrak{z}_2 + D_{31} \mathfrak{z}_3];$$
$$\mathfrak{z}'_2 = \frac{1}{D} \cdot [D_{12} \mathfrak{z}_1 + D_{22} \mathfrak{z}_2 + D_{32} \mathfrak{z}_3]; \qquad 10b)$$
$$\mathfrak{z}'_3 = \frac{1}{D} \cdot [D_{13} \mathfrak{z}_1 + D_{23} \mathfrak{z}_2 + D_{33} \mathfrak{z}_3];$$

wo also $\mathfrak{D}'_{21}$, D'_{21} u. s. w. nicht identisch ist mit $\mathfrak{D}'_{12}$, D'_{12}, und $\mathfrak{D}_{21}$, D_{21} u. s. w. nicht identisch ist mit $\mathfrak{D}_{12}$, D_{12} u. s. w.

29. Zwischen den Ausdrücken $\mathfrak{D}_{tp}$, $\mathfrak{D}'_{tp}$, D_{tp}, D'_{tp} finden nun eine Anzahl bemerkenswerther Beziehungen statt; man hat nämlich folgende Gesetze: Wenn r, s, t je eine der Zahlen 1, 2, 3 bezeichnet, ist:

$$\mathfrak{D}_{rr} + \mathfrak{D}_{sr} + \mathfrak{D}_{tr} = \mathfrak{D}; \qquad 1a)$$
$$\mathfrak{D}'_{rr} + \mathfrak{D}'_{sr} + \mathfrak{D}'_{tr} = \mathfrak{D}'; \qquad 1a')$$
$$D_{rr} + D_{sr} + D_{tr} = D; \qquad 1b)$$
$$D'_{rr} + D'_{sr} + D'_{tr} = D'; \qquad 1b')$$

$$\begin{aligned}\mathfrak{a})\ & \mathfrak{D}_{rs} - \mathfrak{D}_{rt} = \mathfrak{D}'_{rt} - \mathfrak{D}'_{rs}; \\ \mathfrak{b})\ & \mathfrak{D}_{rr} - \mathfrak{D}_{rs} = \mathfrak{D}'_{tt} - \mathfrak{D}'_{ts};\end{aligned} \qquad 2a)$$

$$\begin{aligned}\mathfrak{a})\ & \mathfrak{D}'_{rs} - \mathfrak{D}'_{rt} = \mathfrak{D}_{rt} - \mathfrak{D}_{rs}; \\ \mathfrak{b})\ & \mathfrak{D}'_{rr} - \mathfrak{D}'_{rs} = \mathfrak{D}_{tt} - \mathfrak{D}_{ts};\end{aligned} \qquad 2a')$$

$$\begin{aligned}\mathfrak{a})\ & D_{rs} - D_{rt} = D'_{rt} - D'_{rs}; \\ \mathfrak{b})\ & D_{rr} - D_{rs} = D'_{tt} - D'_{ts};\end{aligned} \qquad 2b)$$

$$\begin{aligned}\mathfrak{a})\ & D'_{rs} - D'_{rt} = D_{rt} - D_{rs}; \\ \mathfrak{b})\ & D'_{rr} - D'_{rs} = D_{tt} - D_{ts};\end{aligned} \qquad 2b')$$

$$\begin{aligned}\mathfrak{a})\ & \mathfrak{D}_{rs} \cdot \mathfrak{D}_{st} - \mathfrak{D}_{rt} \cdot \mathfrak{D}_{ss} = \mathfrak{D} \cdot \mathfrak{D}'_{rt}; \\ \mathfrak{b})\ & \mathfrak{D}_{rr} \cdot \mathfrak{D}_{ss} - \mathfrak{D}_{rs} \cdot \mathfrak{D}_{sr} = \mathfrak{D} \cdot \mathfrak{D}'_{tt};\end{aligned} \qquad 3a)$$

$$\begin{aligned}\mathfrak{a})\ & \mathfrak{D}'_{rs} \cdot \mathfrak{D}'_{st} - \mathfrak{D}'_{rt} \cdot \mathfrak{D}'_{ss} = \mathfrak{D}' \cdot \mathfrak{D}_{rt}; \\ \mathfrak{b})\ & \mathfrak{D}'_{rr} \cdot \mathfrak{D}'_{ss} - \mathfrak{D}'_{rs} \cdot \mathfrak{D}'_{sr} = \mathfrak{D}' \cdot \mathfrak{D}_{tt};\end{aligned} \qquad 3a')$$

$$\begin{aligned}\mathfrak{a})\ & D_{rs} \cdot D_{st} - D_{rt} \cdot D_{ss} = D \cdot D'_{rt}; \\ \mathfrak{b})\ & D_{rr} \cdot D_{ss} - D_{rs} \cdot D_{sr} = D \cdot D'_{tt};\end{aligned} \qquad 3b)$$

$$\begin{aligned}\mathfrak{a})\ & D'_{rs} \cdot D'_{st} - D'_{rt} \cdot D'_{ss} = D' \cdot D_{rt}; \\ \mathfrak{b})\ & D'_{rr} \cdot D'_{ss} - D'_{rs} \cdot D'_{sr} = D' \cdot D_{tt};\end{aligned} \qquad 3b')$$

Art. 29.]   — 99 —

a) $\mathfrak{D}_{rr} \cdot \mathfrak{D}'_{rs} + \mathfrak{D}_{rs} \cdot \mathfrak{D}'_{ss} + \mathfrak{D}_{rt} \cdot \mathfrak{D}'_{ts} = 0;$
b) $\mathfrak{D}_{rr} \cdot \mathfrak{D}'_{rr} + \mathfrak{D}_{rs} \cdot \mathfrak{D}'_{sr} + \mathfrak{D}_{rt} \cdot \mathfrak{D}'_{tr} = \mathfrak{D} \cdot \mathfrak{D}';$ $4a)$

a) $\mathfrak{D}'_{rr} \cdot \mathfrak{D}_{rs} + \mathfrak{D}'_{rs} \cdot \mathfrak{D}_{ss} + \mathfrak{D}'_{rt} \cdot \mathfrak{D}_{ts} = 0;$
b) $\mathfrak{D}'_{rr} \cdot \mathfrak{D}_{rr} + \mathfrak{D}'_{rs} \cdot \mathfrak{D}_{sr} + \mathfrak{D}'_{rt} \cdot \mathfrak{D}_{tr} = \mathfrak{D}' \cdot \mathfrak{D};$ $4a')$

a) $D_{rr} \cdot D'_{rs} + D_{rs} \cdot D'_{ss} + D_{rt} \cdot D'_{ts} = 0;$
b) $D_{rr} \cdot D'_{rr} + D_{rs} \cdot D'_{sr} + D_{rt} \cdot D'_{tr} = D \cdot D';$ $4b)$

a) $D'_{rr} \cdot D_{rs} + D'_{rs} \cdot D_{ss} + D'_{rt} \cdot D_{ts} = 0;$
b) $D'_{rr} \cdot D_{rr} + D'_{rs} \cdot D_{sr} + D'_{rt} \cdot D_{tr} = D' \cdot D;$ $4b')$

a) $\mathfrak{x}_1 \mathfrak{D}_{1r} + \mathfrak{x}_2 \mathfrak{D}_{2r} + \mathfrak{x}_3 \mathfrak{D}_{3r} = \mathfrak{x}'_r \mathfrak{D};$
b) $\mathfrak{y}_1 \mathfrak{D}_{1r} + \mathfrak{y}_2 \mathfrak{D}_{2r} + \mathfrak{y}_3 \mathfrak{D}_{3r} = \mathfrak{y}'_r \mathfrak{D};$ $5a)$

a) $\mathfrak{x}'_1 \mathfrak{D}'_{1r} + \mathfrak{x}'_2 \mathfrak{D}'_{2r} + \mathfrak{x}'_3 \mathfrak{D}'_{3r} = \mathfrak{x}_r \mathfrak{D}';$
b) $\mathfrak{y}'_1 \mathfrak{D}'_{1r} + \mathfrak{y}'_2 \mathfrak{D}'_{2r} + \mathfrak{y}'_3 \mathfrak{D}'_{3r} = \mathfrak{y}_r \mathfrak{D}';$ $5a')$

a) $x_1 D_{1r} + x_2 D_{2r} + x_3 D_{3r} = x'_r D;$
b) $y_1 D_{1r} + y_2 D_{2r} + y_3 D_{3r} = y'_r D;$ $5b)$

a) $x'_1 D'_{1r} + x'_2 D'_{2r} + x'_3 D'_{3r} = x_r D';$
b) $y'_1 D'_{1r} + y'_2 D'_{2r} + y'_3 D'_{3r} = y_3 D';$ $5b')$

Wenn ferner r, s, t, bezüglich eine der Zahlen 1, 2, 3, in cyklischer Reihenfolge bezeichnen, so ist

$$\mathfrak{X}_2 \mathfrak{Y}_3 \mathfrak{D}_{r1} + \mathfrak{X}_3 \mathfrak{Y}_1 \mathfrak{D}_{r2} + \mathfrak{X}_1 \mathfrak{Y}_2 \mathfrak{D}_{r3} = \mathfrak{X}_s \mathfrak{Y}_t \cdot \mathfrak{D}; \quad 6a)$$
$$\mathfrak{X}'_2 \mathfrak{Y}'_3 \mathfrak{D}'_{r1} + \mathfrak{X}'_3 \mathfrak{Y}'_1 \mathfrak{D}'_{r2} + \mathfrak{X}'_1 \mathfrak{Y}'_2 \mathfrak{D}'_{r3} = \mathfrak{X}_s \mathfrak{Y}_t \cdot \mathfrak{D}'; \quad 6a')$$
$$X_2 Y_3 D_{r1} + X_3 Y_1 D_{r2} + X_1 Y_2 D_{r3} = X'_s Y'_t \cdot D; \quad 6b)$$
$$X'_2 Y'_3 D_{r1} + X'_3 Y'_1 D_{r2} + X'_1 Y'_2 D_{r3} = X_s Y_t \cdot D'; \quad 6b')$$

und

a) $(\mathfrak{x}_2 - \mathfrak{x}_3) \mathfrak{D}'_{r1} + (\mathfrak{x}_3 - \mathfrak{x}_1) \mathfrak{D}'_{r2} + (\mathfrak{x}_1 - \mathfrak{x}_2) \mathfrak{D}'_{r3} = (\mathfrak{x}'_s - \mathfrak{x}'_t) \mathfrak{D};$
b) $(\mathfrak{y}_2 - \mathfrak{y}_3) \mathfrak{D}'_{r1} + (\mathfrak{y}_3 - \mathfrak{y}_1) \mathfrak{D}'_{r2} + (\mathfrak{y}_1 - \mathfrak{y}_2) \mathfrak{D}'_{r3} = (\mathfrak{y}'_s - \mathfrak{y}'_t) \mathfrak{D};$ $7a)$

a) $(\mathfrak{x}'_2 - \mathfrak{x}'_3) \mathfrak{D}_{r1} + (\mathfrak{x}'_3 - \mathfrak{x}'_1) \mathfrak{D}_{r2} + (\mathfrak{x}'_1 - \mathfrak{x}'_2) \mathfrak{D}_{r3} = (\mathfrak{x}_s - \mathfrak{x}_t) \mathfrak{D}';$
b) $(\mathfrak{y}'_2 - \mathfrak{y}'_3) \mathfrak{D}_{r1} + (\mathfrak{y}'_3 - \mathfrak{y}'_1) \mathfrak{D}_{r2} + (\mathfrak{y}'_1 - \mathfrak{y}'_2) \mathfrak{D}_{r3} = (\mathfrak{y}_s - \mathfrak{y}_t) \mathfrak{D}';$ $7a')$

a) $(x_2 - x_3) D'_{r1} + (x_3 - x_1) D'_{r2} + (x_1 - x_2) D'_{r3} = (x'_s - x'_t) D;$
b) $(y_2 - y_3) D'_{r1} + (y_3 - y_1) D'_{r2} + (y_1 - y_2) D'_{r3} = (y'_s - y'_t) D;$ $7b)$

a) $(x'_2 - x'_3) D_{r1} + (x'_3 - x'_1) D_{r2} + (x'_1 - x'_2) D_{r3} = (x_s - x_t) D';$
b) $(y'_2 - y'_3) D_{r1} + (y'_3 - y'_1) D_{r2} + (y'_1 - y'_2) D_{r3} = (y_s - y_t) D';$ $7b')$

Die Beweise sind folgende:

Zu 1a). Nach der Art. 28, 8a) gegebenen Definition ist

7*

$$\mathfrak{D}_{rr} + \mathfrak{D}_{sr} + \mathfrak{D}_{tr} = \mathfrak{X}_s \mathfrak{Y}_t + \mathfrak{X}_t \mathfrak{Y}'_r - \mathfrak{X}_s \mathfrak{Y}'_r$$
$$+ \mathfrak{X}_t \mathfrak{Y}_r + \mathfrak{X}_r \mathfrak{Y}'_r - \mathfrak{X}_t \mathfrak{Y}'_r$$
$$+ \mathfrak{X}_r \mathfrak{Y}_s + \mathfrak{X}_s \mathfrak{Y}'_r - \mathfrak{X}_r \mathfrak{Y}'_r$$
$$= \mathfrak{X}_s \mathfrak{Y}_t + \mathfrak{X}_t \mathfrak{Y}_s + \mathfrak{X}_r \mathfrak{Y}_s = \mathfrak{D}.$$

Man sieht also, dass $\mathfrak{D}_{11} + \mathfrak{D}_{21} + \mathfrak{D}_{31} = \mathfrak{D}$, $\mathfrak{D}_{12} + \mathfrak{D}_{22} + \mathfrak{D}_{32} = \mathfrak{D}$; $\mathfrak{D}_{13} + \mathfrak{D}_{23} + \mathfrak{D}_{33} = \mathfrak{D}$ ist. Ebenso ergiebt sich die Beziehung 1a') unter Anwendung von Art. 28, 7a), und 1b), 1b') aus 8b), 7b).

Zu 2a) $\mathfrak{a}$). Nach 8a) in Art. 28 ist
$$\mathfrak{D}_{rs} - \mathfrak{D}_{rt} = (\mathfrak{X}_s \mathfrak{Y}_t + \mathfrak{X}_t \mathfrak{Y}'_s - \mathfrak{X}_s \mathfrak{Y}'_s) - (\mathfrak{X}_s \mathfrak{Y}_t + \mathfrak{X}_t \mathfrak{Y}'_t - \mathfrak{X}_s \mathfrak{Y}'_t)$$
$$= \mathfrak{X}_t \mathfrak{Y}'_s - \mathfrak{X}_s \mathfrak{Y}'_s - \mathfrak{X}_t \mathfrak{Y}'_t + \mathfrak{X}_s \mathfrak{Y}'_t.$$

Nach 7a) und 4a) daselbst ist
$$\mathfrak{D}'_{rt} - \mathfrak{D}'_{rs} = (\mathfrak{X}'_s \mathfrak{Y}_t + \mathfrak{X}'_t \mathfrak{Y}_r - \mathfrak{X}'_s \mathfrak{Y}_t) - (\mathfrak{X}'_s \mathfrak{Y}_t + \mathfrak{X}'_t \mathfrak{Y}_s - \mathfrak{X}'_s \mathfrak{Y}_s)$$
$$= \mathfrak{X}'_t \mathfrak{Y}_t - \mathfrak{X}'_s \mathfrak{Y}_t - \mathfrak{X}'_t \mathfrak{Y}_s + \mathfrak{X}'_s \mathfrak{Y}_s$$

oder nach Art. 28, 4a)
$$\mathfrak{D}'_{rt} - \mathfrak{D}'_{rs} = - \mathfrak{X}_t \mathfrak{Y}'_t + \mathfrak{X}_t \mathfrak{Y}'_s + \mathfrak{X}_s \mathfrak{Y}'_t - \mathfrak{X}_s \mathfrak{Y}'_s.$$

Es ist also $\quad \mathfrak{D}_{rs} - \mathfrak{D}_{rt} = \mathfrak{D}'_{rt} - \mathfrak{D}'_{rs}.$

Man hat also die Sätze: $\mathfrak{D}_{12} - \mathfrak{D}_{13} = \mathfrak{D}'_{13} - \mathfrak{D}'_{12}$, $\mathfrak{D}_{23} - \mathfrak{D}_{21} = \mathfrak{D}'_{21} - \mathfrak{D}'_{23}$, $\mathfrak{D}_{31} - \mathfrak{D}_{32} = \mathfrak{D}'_{32} - \mathfrak{D}'_{31}$. Ebenso erhält man 2$a'$) $\mathfrak{a}$) aus Art. 28, 7a), und mit Benutzung von 8b), 7b) die Beziehungen 2b) $\mathfrak{a}$), 2b') $\mathfrak{a}$).

Zu 2a) $\mathfrak{b}$). Nach Art. 28, 8a) ist
$$\mathfrak{D}_{rr} - \mathfrak{D}_{rs} = (\mathfrak{X}_s \mathfrak{Y}_t + \mathfrak{X}_t \mathfrak{Y}'_r - \mathfrak{X}_s \mathfrak{Y}'_r) - (\mathfrak{X}_s \mathfrak{Y}_t + \mathfrak{X}_t \mathfrak{Y}'_s - \mathfrak{X}_s \mathfrak{Y}'_s)$$
$$= \mathfrak{X}_t \mathfrak{Y}'_r - \mathfrak{X}_s \mathfrak{Y}'_r - \mathfrak{X}_t \mathfrak{Y}'_s + \mathfrak{X}_s \mathfrak{Y}'_s$$

und nach 7a), 4a)
$$\mathfrak{D}'_{tt} - \mathfrak{D}'_{ts} = (\mathfrak{X}'_r \mathfrak{Y}_s + \mathfrak{X}'_s \mathfrak{Y}_t - \mathfrak{X}'_r \mathfrak{Y}_t) - (\mathfrak{X}'_r \mathfrak{Y}_s + \mathfrak{X}'_s \mathfrak{Y}_s - \mathfrak{X}'_r \mathfrak{Y}_s)$$
$$= \mathfrak{X}'_s \mathfrak{Y}_t - \mathfrak{X}'_r \mathfrak{Y}_t - \mathfrak{X}'_s \mathfrak{Y}_s + \mathfrak{X}'_r \mathfrak{Y}_s$$

oder nach Art. 28, 4a)
$$\mathfrak{D}'_{tt} - \mathfrak{D}'_{ts} = - \mathfrak{X}_t \mathfrak{Y}'_s + \mathfrak{X}_t \mathfrak{Y}'_r + \mathfrak{X}_s \mathfrak{Y}'_s - \mathfrak{X}_s \mathfrak{Y}'_r$$

also $\quad \mathfrak{D}_{rr} - \mathfrak{D}_{rs} = \mathfrak{D}'_{tt} - \mathfrak{D}'_{ts}.$

Es ist mithin: $\mathfrak{D}_{11} - \mathfrak{D}_{12} = \mathfrak{D}'_{33} - \mathfrak{D}'_{32}$, $\mathfrak{D}_{11} - \mathfrak{D}_{13} = \mathfrak{D}'_{22} - \mathfrak{D}'_{23}$, $\mathfrak{D}_{22} - \mathfrak{D}_{21} = \mathfrak{D}'_{33} - \mathfrak{D}'_{31}$, $\mathfrak{D}_{22} - \mathfrak{D}_{23} = \mathfrak{D}'_{11} - \mathfrak{D}'_{13}$, $\mathfrak{D}_{33} - \mathfrak{D}_{31} = \mathfrak{D}'_{22} - \mathfrak{D}'_{21}$, $\mathfrak{D}_{33} - \mathfrak{D}_{32} = \mathfrak{D}'_{11} - \mathfrak{D}'_{12}$. Auf analoge Weise erhält man 2a') $\mathfrak{b}$), 2b) $\mathfrak{b}$), 2b') $\mathfrak{b}$).

Art. 29.]

Zu 3a) a). Es ist

$$\mathfrak{D}_{rs}\cdot\mathfrak{D}_{st}-\mathfrak{D}_{rt}\cdot\mathfrak{D}_{ss}=\begin{vmatrix}1 & \mathfrak{x}'_s & \mathfrak{y}'_s\\1 & \mathfrak{x}_s & \mathfrak{y}_s\\1 & \mathfrak{x}_t & \mathfrak{y}_t\end{vmatrix}\cdot\begin{vmatrix}1 & \mathfrak{x}_r & \mathfrak{y}_r\\1 & \mathfrak{x}'_t & \mathfrak{y}'_t\\1 & \mathfrak{x}_t & \mathfrak{y}_t\end{vmatrix}-\begin{vmatrix}1 & \mathfrak{x}'_t & \mathfrak{y}'_t\\1 & \mathfrak{x}_s & \mathfrak{y}_s\\1 & \mathfrak{x}_t & \mathfrak{y}_t\end{vmatrix}\cdot\begin{vmatrix}1 & \mathfrak{x}_r & \mathfrak{y}_r\\1 & \mathfrak{x}'_s & \mathfrak{y}'_s\\1 & \mathfrak{x}_t & \mathfrak{y}_t\end{vmatrix}$$

oder, nach der Multiplications-Regel der Determinanten

$$\mathfrak{D}_{rs}\mathfrak{D}_{st}-\mathfrak{D}_{rt}\mathfrak{D}_{ss}=\begin{vmatrix}1+\mathfrak{x}_r\mathfrak{x}'_s+\mathfrak{y}_r\mathfrak{y}'_s & 1+\mathfrak{x}'_t\mathfrak{x}'_t+\mathfrak{y}'_s\mathfrak{y}'_t & 1+\mathfrak{x}'_s\mathfrak{x}_t+\mathfrak{y}'_s\mathfrak{y}_t\\1+\mathfrak{x}_r\mathfrak{x}_s+\mathfrak{y}_r\mathfrak{y}_s & 1+\mathfrak{x}_s\mathfrak{x}'_t+\mathfrak{y}_s\mathfrak{y}'_t & 1+\mathfrak{x}_s\mathfrak{x}_t+\mathfrak{y}_s\mathfrak{y}_t\\1+\mathfrak{x}_r\mathfrak{x}_t+\mathfrak{y}_r\mathfrak{y}_t & 1+\mathfrak{x}_t\mathfrak{x}'_t+\mathfrak{y}_t\mathfrak{y}'_t & 1+\mathfrak{x}_t^2+\mathfrak{y}_t^2\end{vmatrix}$$

$$-\begin{vmatrix}1+\mathfrak{x}_r\mathfrak{x}'_t+\mathfrak{y}_r\mathfrak{y}'_t & 1+\mathfrak{x}'_s\mathfrak{x}'_t+\mathfrak{y}'_s\mathfrak{y}'_t & 1+\mathfrak{x}'_t\mathfrak{x}_t+\mathfrak{y}'_t\mathfrak{y}_t\\1+\mathfrak{x}_r\mathfrak{x}_s+\mathfrak{y}_r\mathfrak{y}_s & 1+\mathfrak{x}_s\mathfrak{x}'_s+\mathfrak{y}_s\mathfrak{y}'_s & 1+\mathfrak{x}_s\mathfrak{x}_t+\mathfrak{y}_s\mathfrak{y}_t\\1+\mathfrak{x}_r\mathfrak{x}_t+\mathfrak{y}_r\mathfrak{y}_t & 1+\mathfrak{x}'_s\mathfrak{x}_t+\mathfrak{y}'_s\mathfrak{y}_t & 1+\mathfrak{x}_t^2+\mathfrak{y}_t^2\end{vmatrix}$$

Entwickelt man diese Determinanten, so hebt sich die Hälfte der Glieder, und es bleibt:

$$\mathfrak{D}_{rs}\mathfrak{D}_{st}-\mathfrak{D}_{rt}\mathfrak{D}_{ss}=(1+\mathfrak{x}_r\mathfrak{x}_t+\mathfrak{y}_r\mathfrak{y}_t)[(1+\mathfrak{x}'_s\mathfrak{x}'_t+\mathfrak{y}'_s\mathfrak{y}'_t)(1+\mathfrak{x}_s\mathfrak{x}'_t+\mathfrak{y}_s\mathfrak{y}'_s)$$
$$-(1+\mathfrak{x}'_s\mathfrak{x}_t+\mathfrak{y}'_s\mathfrak{y}_t)(1+\mathfrak{x}_s\mathfrak{x}'_t+\mathfrak{y}_s\mathfrak{y}'_t)]$$
$$+(1+\mathfrak{x}_s\mathfrak{x}_t+\mathfrak{y}_s\mathfrak{y}_t)[(1+\mathfrak{x}'_s\mathfrak{x}_t+\mathfrak{y}'_s\mathfrak{y}_t)(1+\mathfrak{x}_r\mathfrak{x}'_t+\mathfrak{y}_r\mathfrak{y}'_t)$$
$$-(1+\mathfrak{x}_r\mathfrak{x}_t+\mathfrak{y}_r\mathfrak{y}_t)(1+\mathfrak{x}_r\mathfrak{x}'_s+\mathfrak{y}_r\mathfrak{y}'_s)]$$
$$+(1+\mathfrak{x}_t^2+\mathfrak{y}_t^2)[(1+\mathfrak{x}_r\mathfrak{x}'_s+\mathfrak{y}_r\mathfrak{y}'_s)(1+\mathfrak{x}_s\mathfrak{x}'_t+\mathfrak{y}_s\mathfrak{y}'_t)$$
$$-(1+\mathfrak{x}_r\mathfrak{x}'_t+\mathfrak{y}_r\mathfrak{y}'_t)(1+\mathfrak{x}_s\mathfrak{x}'_s+\mathfrak{y}_s\mathfrak{y}'_s)]$$

$$=\begin{vmatrix}1+\mathfrak{x}_r\mathfrak{x}_t+\mathfrak{y}_r\mathfrak{y}_t & 1+\mathfrak{x}_r\mathfrak{x}'_s+\mathfrak{y}_r\mathfrak{y}'_s & 1+\mathfrak{x}_r\mathfrak{x}'_t+\mathfrak{y}_r\mathfrak{y}'_t\\1+\mathfrak{x}_s\mathfrak{x}_t+\mathfrak{y}_s\mathfrak{y}_t & 1+\mathfrak{x}_s\mathfrak{x}'_s+\mathfrak{y}_s\mathfrak{y}'_s & 1+\mathfrak{x}_s\mathfrak{x}'_t+\mathfrak{y}_s\mathfrak{y}'_t\\1+\mathfrak{x}_t^2+\mathfrak{y}_t^2 & 1+\mathfrak{x}_t\mathfrak{x}'_s+\mathfrak{y}_t\mathfrak{y}'_s & 1+\mathfrak{x}_t\mathfrak{x}'_t+\mathfrak{y}_t\mathfrak{y}'_t\end{vmatrix}$$

$$=\begin{vmatrix}1 & \mathfrak{x}_r & \mathfrak{y}_r\\1 & \mathfrak{x}_s & \mathfrak{y}_s\\1 & \mathfrak{x}_t & \mathfrak{y}_t\end{vmatrix}\cdot\begin{vmatrix}1 & \mathfrak{x}_t & \mathfrak{y}_t\\1 & \mathfrak{x}'_s & \mathfrak{y}'_s\\1 & \mathfrak{x}'_t & \mathfrak{y}'_t\end{vmatrix}$$

$$=\mathfrak{D}\cdot\mathfrak{D}'_{rt}.$$

Man hat so die Sätze: $\mathfrak{D}_{12}\cdot\mathfrak{D}_{23}-\mathfrak{D}_{13}\mathfrak{D}_{22}=\mathfrak{D}\cdot\mathfrak{D}'_{13}$, $\mathfrak{D}_{21}\mathfrak{D}_{13}-\mathfrak{D}_{23}\mathfrak{D}_{11}=\mathfrak{D}\cdot\mathfrak{D}'_{23}$, $\mathfrak{D}_{32}\mathfrak{D}_{21}-\mathfrak{D}_{31}\mathfrak{D}_{22}=\mathfrak{D}\cdot\mathfrak{D}'_{31}$, $\mathfrak{D}_{23}\mathfrak{D}_{31}-\mathfrak{D}_{21}\mathfrak{D}_{33}=\mathfrak{D}\cdot\mathfrak{D}'_{21}$, $\mathfrak{D}_{31}\mathfrak{D}_{12}-\mathfrak{D}_{32}\mathfrak{D}_{11}=\mathfrak{D}\cdot\mathfrak{D}'_{32}$, $\mathfrak{D}_{13}\mathfrak{D}_{32}-\mathfrak{D}_{12}\mathfrak{D}_{33}=\mathfrak{D}\cdot\mathfrak{D}'_{12}$. Die analogen Sätze ergeben sich auf entsprechende Weise.

Zu 3a) b). Es ist

$$\mathfrak{D}_{rr}\mathfrak{D}_{ss}-\mathfrak{D}_{rs}\mathfrak{D}_{sr}=\begin{vmatrix}1 & \mathfrak{x}'_r & \mathfrak{y}'_r\\1 & \mathfrak{x}_s & \mathfrak{y}_s\\1 & \mathfrak{x}_t & \mathfrak{y}_t\end{vmatrix}\cdot\begin{vmatrix}1 & \mathfrak{x}_r & \mathfrak{y}_r\\1 & \mathfrak{x}'_s & \mathfrak{y}'_s\\1 & \mathfrak{x}_t & \mathfrak{y}_t\end{vmatrix}-\begin{vmatrix}1 & \mathfrak{x}'_s & \mathfrak{y}'_s\\1 & \mathfrak{x}_s & \mathfrak{y}_s\\1 & \mathfrak{x}_t & \mathfrak{y}_t\end{vmatrix}\cdot\begin{vmatrix}1 & \mathfrak{x}_r & \mathfrak{y}_r\\1 & \mathfrak{x}'_r & \mathfrak{y}'_r\\1 & \mathfrak{x}_t & \mathfrak{y}_t\end{vmatrix}$$

oder nach der ausgeführten Multiplication der Determinanten

$$\mathfrak{D}_{rr}\mathfrak{D}_{ss}-\mathfrak{D}_{rs}\mathfrak{D}_{sr}=\begin{vmatrix} 1+\mathfrak{x}_r\mathfrak{x}'_r+\mathfrak{y}_r\mathfrak{y}'_r & 1+\mathfrak{x}'_r\mathfrak{x}_s+\mathfrak{y}'_r\mathfrak{y}_s & 1+\mathfrak{x}'_r\mathfrak{x}_t+\mathfrak{y}'_r\mathfrak{y}_t \\ 1+\mathfrak{x}_r\mathfrak{x}_s+\mathfrak{y}_r\mathfrak{y}_s & 1+\mathfrak{x}_s\mathfrak{x}'_s+\mathfrak{y}_s\mathfrak{y}'_s & 1+\mathfrak{x}_s\mathfrak{x}_t+\mathfrak{y}_s\mathfrak{y}_t \\ 1+\mathfrak{x}_r\mathfrak{x}_t+\mathfrak{y}_r\mathfrak{y}_t & 1+\mathfrak{x}'_s\mathfrak{x}_t+\mathfrak{y}'_s\mathfrak{y}_t & 1+\mathfrak{x}_t^2+\mathfrak{y}_t^2 \end{vmatrix}$$

$$-\begin{vmatrix} 1+\mathfrak{x}_r\mathfrak{x}'_s+\mathfrak{y}_r\mathfrak{y}'_s & 1+\mathfrak{x}'_r\mathfrak{x}'_s+\mathfrak{y}'_r\mathfrak{y}'_s & 1+\mathfrak{x}'_s\mathfrak{x}_t+\mathfrak{y}'_s\mathfrak{y}_t \\ 1+\mathfrak{x}_r\mathfrak{x}_s+\mathfrak{y}_r\mathfrak{y}_s & 1+\mathfrak{x}'_r\mathfrak{x}_s+\mathfrak{y}'_r\mathfrak{y}_s & 1+\mathfrak{x}_s\mathfrak{x}_t+\mathfrak{y}_s\mathfrak{y}_t \\ 1+\mathfrak{x}_r\mathfrak{x}_t+\mathfrak{y}_r\mathfrak{y}_t & 1+\mathfrak{x}'_r\mathfrak{x}_t+\mathfrak{y}'_r\mathfrak{y}_t & 1+\mathfrak{x}_t^2+\mathfrak{y}_t^2 \end{vmatrix}$$

Entwickelt man die Determinanten, so hebt sich auch hier die Hälfte der Glieder, und es bleibt

$$\mathfrak{D}_{rr}\mathfrak{D}_{ss}-\mathfrak{D}_{rs}\mathfrak{D}_{sr}=(1+\mathfrak{x}_r\mathfrak{x}_t+\mathfrak{y}_r\mathfrak{y}_t)[(1+\mathfrak{x}'_r\mathfrak{x}_t+\mathfrak{y}'_r\mathfrak{y}_t)(1+\mathfrak{x}'_r\mathfrak{x}_s+\mathfrak{y}'_r\mathfrak{y}_s)$$
$$-(1+\mathfrak{x}'_r\mathfrak{x}_t+\mathfrak{y}'_r\mathfrak{y}_t)(1+\mathfrak{x}'_s\mathfrak{x}_s+\mathfrak{y}'_s\mathfrak{y}_s)]$$
$$+(1+\mathfrak{x}_s\mathfrak{x}_t+\mathfrak{y}_s\mathfrak{y}_t)[(1+\mathfrak{x}'_r\mathfrak{x}_t+\mathfrak{y}''_r\mathfrak{y}_t)(1+\mathfrak{x}_r\mathfrak{x}'_s+\mathfrak{y}_r\mathfrak{y}'_s)$$
$$-(1+\mathfrak{x}'_s\mathfrak{x}_t+\mathfrak{y}'_s\mathfrak{y}_t)(1+\mathfrak{x}_r\mathfrak{x}''_r+\mathfrak{y}_r\mathfrak{y}'_r)]$$
$$+(1+\mathfrak{x}_t^2+\mathfrak{y}_t^2)[(1+\mathfrak{x}_r\mathfrak{x}'_r+\mathfrak{y}_r\mathfrak{y}'_r)(1+\mathfrak{x}_s\mathfrak{x}'_s+\mathfrak{y}_s\mathfrak{y}'_s)$$
$$-(1+\mathfrak{x}'_r\mathfrak{x}_s+\mathfrak{y}'_r\mathfrak{y}_s)(1+\mathfrak{x}'_r\mathfrak{x}_s+\mathfrak{y}'_r\mathfrak{y}_s)]$$

$$=\begin{vmatrix} 1+\mathfrak{x}_r\mathfrak{x}'_r+\mathfrak{y}_r\mathfrak{y}'_r & 1+\mathfrak{x}_r\mathfrak{x}'_s+\mathfrak{y}_r\mathfrak{y}'_s & 1+\mathfrak{x}_r\mathfrak{x}_t+\mathfrak{y}_r\mathfrak{y}_t \\ 1+\mathfrak{x}_s\mathfrak{x}'_r+\mathfrak{y}_s\mathfrak{y}'_r & 1+\mathfrak{x}_s\mathfrak{x}'_s+\mathfrak{y}_s\mathfrak{y}'_s & 1+\mathfrak{x}_s\mathfrak{x}_t+\mathfrak{y}_s\mathfrak{y}_t \\ 1+\mathfrak{x}_t\mathfrak{x}'_r+\mathfrak{y}_t\mathfrak{y}'_r & 1+\mathfrak{x}_t\mathfrak{x}'_s+\mathfrak{y}_t\mathfrak{y}'_s & 1+\mathfrak{x}_t^2+\mathfrak{y}_t^2 \end{vmatrix}$$

$$=\begin{vmatrix} 1 & \mathfrak{x}_r & \mathfrak{y}_r \\ 1 & \mathfrak{x}_s & \mathfrak{y}_s \\ 1 & \mathfrak{x}_t & \mathfrak{y}_t \end{vmatrix} \cdot \begin{vmatrix} 1 & \mathfrak{x}'_r & \mathfrak{y}'_r \\ 1 & \mathfrak{x}'_s & \mathfrak{y}'_s \\ 1 & \mathfrak{x}_t & \mathfrak{y}_t \end{vmatrix}$$

$$=\mathfrak{D}\cdot\mathfrak{D}'_{tt}.$$

Es ist also $\mathfrak{D}_{11}\mathfrak{D}_{22}-\mathfrak{D}_{12}\mathfrak{D}_{21}=\mathfrak{D}\cdot\mathfrak{D}'_{33}$, $\mathfrak{D}_{22}\mathfrak{D}_{33}-\mathfrak{D}_{23}\mathfrak{D}_{32}=\mathfrak{D}\cdot\mathfrak{D}'_{11}$, $\mathfrak{D}_{33}\mathfrak{D}_{11}-\mathfrak{D}_{31}\mathfrak{D}_{13}=\mathfrak{D}\cdot\mathfrak{D}'_{22}$. Die analogen Sätze $3a')$ b), $3b)$ b), $3b')$ b) ergeben sich ebenso.

Zu $4a)$ a). Diese Regel ergiebt sich am einfachsten auf folgende Weise: Nach $3a)$ a) hat man die beiden Gleichungen:
$$\mathfrak{D}_{rt}\mathfrak{D}_{ts}-\mathfrak{D}_{rs}\mathfrak{D}_{tt}=\mathfrak{D}\cdot\mathfrak{D}'_{rs};$$
$$\mathfrak{D}_{tr}\mathfrak{D}_{rs}-\mathfrak{D}_{ts}\mathfrak{D}_{rr}=\mathfrak{D}\cdot\mathfrak{D}'_{ts};$$

Eliminirt man aus derselben $\mathfrak{D}_{ts}$, indem man die obere mit $\mathfrak{D}_{rr}$, die untere mit $\mathfrak{D}_{rt}$ multiplicirt, und beide addirt, so erhält man
$$-\mathfrak{D}_{rs}(\mathfrak{D}_{tt}\mathfrak{D}_{rr}-\mathfrak{D}_{tr}\mathfrak{D}_{rt})=\mathfrak{D}(\mathfrak{D}_{rr}\mathfrak{D}'_{rs}+\mathfrak{D}_{rt}\mathfrak{D}'_{ts}).$$

Nach $3a)$ b) ist aber $\mathfrak{D}_{tt}\mathfrak{D}_{rr}-\mathfrak{D}_{tr}\mathfrak{D}_{rt}=\mathfrak{D}\cdot\mathfrak{D}'_{ss}$; also lautet die Gleichung

Art. 29.]

$$-\mathfrak{D}\cdot\mathfrak{D}_{rs}\cdot\mathfrak{D}'_{ss} = \mathfrak{D}\cdot(\mathfrak{D}_{rr}\mathfrak{D}'_{rs} + \mathfrak{D}_{rt}\mathfrak{D}'_{ts}),$$

oder, da $\mathfrak{D}$ nicht Null ist,

$$\mathfrak{D}_{rr}\mathfrak{D}'_{rs} + \mathfrak{D}_{rs}\mathfrak{D}'_{ss} + \mathfrak{D}_{rt}\mathfrak{D}'_{ts} = 0.$$

Es ist demnach $\mathfrak{D}_{11}\mathfrak{D}'_{12} + \mathfrak{D}_{12}\mathfrak{D}'_{22} + \mathfrak{D}_{13}\mathfrak{D}'_{32} = 0$, $\mathfrak{D}_{11}\mathfrak{D}'_{13} + \mathfrak{D}_{13}\mathfrak{D}'_{33} + \mathfrak{D}_{12}\mathfrak{D}'_{23} = 0$, $\mathfrak{D}_{22}\mathfrak{D}'_{21} + \mathfrak{D}_{21}\mathfrak{D}'_{11} + \mathfrak{D}_{23}\mathfrak{D}'_{31} = 0$, $\mathfrak{D}_{22}\mathfrak{D}'_{23} + \mathfrak{D}_{23}\mathfrak{D}'_{33} + \mathfrak{D}_{21}\mathfrak{D}'_{13} = 0$, $\mathfrak{D}_{33}\mathfrak{D}'_{31} + \mathfrak{D}_{31}\mathfrak{D}'_{11} + \mathfrak{D}_{32}\mathfrak{D}'_{21} = 0$, $\mathfrak{D}_{33}\mathfrak{D}'_{32} + \mathfrak{D}_{32}\mathfrak{D}'_{22} + \mathfrak{D}_{31}\mathfrak{D}'_{12} = 0$. Ebenso erhält man die Sätze 4a') a), 4b) a), 4b') a).

Zu 4a) b). Nach 4a) a) ist auch

$$\mathfrak{D}_{ss}\mathfrak{D}'_{sr} + \mathfrak{D}_{sr}\mathfrak{D}'_{rr} + \mathfrak{D}_{st}\mathfrak{D}'_{tr} = 0;$$
$$\mathfrak{D}_{tt}\mathfrak{D}'_{tr} + \mathfrak{D}_{tr}\mathfrak{D}'_{rr} + \mathfrak{D}_{ts}\mathfrak{D}'_{sr} = 0;$$

also ist

$$\begin{aligned}\mathfrak{D}_{rr}\mathfrak{D}'_{rr} + \mathfrak{D}_{rs}\mathfrak{D}'_{sr} + \mathfrak{D}_{rt}\mathfrak{D}'_{tr} &= \mathfrak{D}_{rr}\mathfrak{D}'_{rr} + \mathfrak{D}_{rs}\mathfrak{D}'_{sr} + \mathfrak{D}_{rt}\mathfrak{D}'_{tr}\\ &+ \mathfrak{D}_{ss}\mathfrak{D}'_{sr} + \mathfrak{D}_{sr}\mathfrak{D}'_{rr} + \mathfrak{D}_{st}\mathfrak{D}'_{tr}\\ &+ \mathfrak{D}_{tt}\mathfrak{D}'_{tr} + \mathfrak{D}_{tr}\mathfrak{D}'_{rr} + \mathfrak{D}_{ts}\mathfrak{D}'_{sr}\\ &= (\mathfrak{D}_{rr} + \mathfrak{D}_{sr} + \mathfrak{D}_{tr})\mathfrak{D}'_{rr} + (\mathfrak{D}_{rs}\\ &+ \mathfrak{D}_{ss} + \mathfrak{D}_{ts})\mathfrak{D}'_{sr} + (\mathfrak{D}_{rt} + \mathfrak{D}_{st}\\ &+ \mathfrak{D}_{tt})\mathfrak{D}'_{tr}.\end{aligned}$$

Nach 1a) ist aber $\mathfrak{D}_{rr} + \mathfrak{D}_{sr} + \mathfrak{D}_{tr} = \mathfrak{D}$, und ebenso $\mathfrak{D}_{rs} + \mathfrak{D}_{ss} + \mathfrak{D}_{ts} = \mathfrak{D}$, $\mathfrak{D}_{rt} + \mathfrak{D}_{st} + \mathfrak{D}_{tt} = \mathfrak{D}$, also ist

$$\mathfrak{D}_{rr}\mathfrak{D}'_{rr} + \mathfrak{D}_{rs}\mathfrak{D}'_{sr} + \mathfrak{D}_{rt}\mathfrak{D}'_{tr} = \mathfrak{D}(\mathfrak{D}'_{rr} + \mathfrak{D}'_{sr} + \mathfrak{D}'_{tr})$$

oder nach 1a')

$$\mathfrak{D}_{rr}\mathfrak{D}'_{rr} + \mathfrak{D}_{rs}\mathfrak{D}'_{sr} + \mathfrak{D}_{rt}\mathfrak{D}'_{tr} = \mathfrak{D}\cdot\mathfrak{D}'.$$

Es ist demnach $\mathfrak{D}_{11}\mathfrak{D}'_{11} + \mathfrak{D}_{12}\mathfrak{D}'_{21} + \mathfrak{D}_{13}\mathfrak{D}'_{31} = \mathfrak{D}\mathfrak{D}'$; $\mathfrak{D}_{22}\mathfrak{D}'_{22} + \mathfrak{D}_{23}\mathfrak{D}'_{32} + \mathfrak{D}_{21}\mathfrak{D}'_{12} = \mathfrak{D}\mathfrak{D}'$; $\mathfrak{D}_{33}\mathfrak{D}'_{33} + \mathfrak{D}_{31}\mathfrak{D}'_{13} + \mathfrak{D}_{32}\mathfrak{D}'_{23} = \mathfrak{D}\cdot\mathfrak{D}'$. Ebenso ergeben sich 4$a'$) b), 4$b$) b), 4$b'$) b).

Zu 5a) a). Es ist

$$\begin{aligned}\mathfrak{x}_1\mathfrak{D}_{1r} + \mathfrak{x}_2\mathfrak{D}_{2r} + \mathfrak{x}_3\mathfrak{D}_{3r} &= \mathfrak{x}_1(\mathfrak{X}_2\mathfrak{Y}_3 + \mathfrak{X}_3\mathfrak{Y}'_r - \mathfrak{X}_2\mathfrak{Y}'_r) + \mathfrak{x}_2(\mathfrak{X}_3\mathfrak{Y}_1 + \mathfrak{X}_1\mathfrak{Y}'_r\\ &\quad - \mathfrak{X}_3\mathfrak{Y}'_r) + \mathfrak{x}_3(\mathfrak{X}_1\mathfrak{Y}_2 + \mathfrak{X}_2\mathfrak{Y}'_r - \mathfrak{X}_1\mathfrak{Y}'_r)\\ &= \mathfrak{X}_2\mathfrak{Y}_3\mathfrak{x}_1 + \mathfrak{X}_3\mathfrak{Y}_1\mathfrak{x}_2 + \mathfrak{X}_1\mathfrak{Y}_2\mathfrak{x}_3 + \mathfrak{x}_1(\mathfrak{X}_3\mathfrak{Y}'_r - \mathfrak{X}_2\mathfrak{Y}'_r) + \mathfrak{x}_2(\mathfrak{X}_1\mathfrak{Y}'_r - \mathfrak{X}_3\mathfrak{Y}'_r)\\ &\quad + \mathfrak{x}_3(\mathfrak{X}_2\mathfrak{Y}'_r - \mathfrak{X}_1\mathfrak{Y}'_r)\end{aligned}$$

oder nach Art. 27, 10a) a)

$$\mathfrak{x}_1\mathfrak{D}_{1r}+\mathfrak{x}_2\mathfrak{D}_{2r}+\mathfrak{x}_3\mathfrak{D}_{3r}=\mathfrak{x}_1(\mathfrak{X}_3\mathfrak{Y}'_r-\mathfrak{X}_2\mathfrak{Y}'_r)+\mathfrak{x}_2(\mathfrak{X}_1\mathfrak{Y}'_r-\mathfrak{X}_3\mathfrak{Y}'_r)$$
$$+\mathfrak{x}_3(\mathfrak{X}_2\mathfrak{Y}'_r-\mathfrak{X}_1\mathfrak{Y}'_r)$$
$$=\mathfrak{x}_1(\mathfrak{x}_3\mathfrak{y}'_r-\mathfrak{x}'_r\mathfrak{y}_3-\mathfrak{x}_2\mathfrak{y}'_r+\mathfrak{x}'_r\mathfrak{y}_2)+\mathfrak{x}_2(\mathfrak{x}_1\mathfrak{y}'_r-\mathfrak{x}'_r\mathfrak{y}_1$$
$$-\mathfrak{x}_3\mathfrak{y}'_r+\mathfrak{x}'_r\mathfrak{y}_3)+\mathfrak{x}_3(\mathfrak{x}_2\mathfrak{y}'_r-\mathfrak{x}'_r\mathfrak{y}_2-\mathfrak{x}_1\mathfrak{y}'_r+\mathfrak{x}'_r\mathfrak{y}_1)$$
$$=\mathfrak{x}'_r[(\mathfrak{x}_1\mathfrak{y}_2-\mathfrak{x}_2\mathfrak{y}_1)+(\mathfrak{x}_2\mathfrak{y}_3-\mathfrak{x}_3\mathfrak{y}_2)+(\mathfrak{x}_3\mathfrak{y}_1-\mathfrak{x}_1\mathfrak{y}_3)]$$
$$=\mathfrak{x}'_r\cdot\mathfrak{D}$$

Es ist also $\mathfrak{x}_1\mathfrak{D}_{11}+\mathfrak{x}_2\mathfrak{D}_{21}+\mathfrak{x}_3\mathfrak{D}_{31}=\mathfrak{x}'_1\mathfrak{D}$, $\mathfrak{x}_1\mathfrak{D}_{12}+\mathfrak{x}_2\mathfrak{D}_{22}+\mathfrak{x}_3\mathfrak{D}_{32}=\mathfrak{x}'_2\mathfrak{D}$, $\mathfrak{x}_1\mathfrak{D}_{13}+\mathfrak{x}_2\mathfrak{D}_{23}+\mathfrak{x}_3\mathfrak{D}_{33}=\mathfrak{x}'_3\mathfrak{D}$. Ebenso erhält man $5a')\mathfrak{a})$, $5b)\mathfrak{a})$, $5b')\mathfrak{a})$, und desgleichen $5a)\mathfrak{b})$, $5a')\mathfrak{b})$, $5b)\mathfrak{b})$, $5b')\mathfrak{b})$.

Zu $6a)\mathfrak{a})$. Es ist nach Art. 28, $7a)$, $4a)$
$$\mathfrak{X}_2\mathfrak{Y}_3\mathfrak{D}'_{r1}+\mathfrak{X}_3\mathfrak{Y}_1\mathfrak{D}'_{r2}+\mathfrak{X}_1\mathfrak{Y}_2\mathfrak{D}'_{r3}$$
$$=\mathfrak{X}_2\mathfrak{Y}_3(\mathfrak{X}'_s\mathfrak{Y}'_t+\mathfrak{X}'_t\mathfrak{Y}_1-\mathfrak{X}'_s\mathfrak{Y}_1)+\mathfrak{X}_3\mathfrak{Y}_1(\mathfrak{X}'_s\mathfrak{Y}'_t+\mathfrak{X}'_t\mathfrak{Y}_2-\mathfrak{X}'_s\mathfrak{Y}_2)$$
$$+\mathfrak{X}_1\mathfrak{Y}_2(\mathfrak{X}'_s\mathfrak{Y}'_t+\mathfrak{X}'_t\mathfrak{Y}_3-\mathfrak{X}'_s\mathfrak{Y}_3)$$
$$=\mathfrak{X}'_s\mathfrak{Y}'_t(\mathfrak{X}_2\mathfrak{Y}_3+\mathfrak{X}_3\mathfrak{Y}_1+\mathfrak{X}_1\mathfrak{Y}_2)+\mathfrak{X}_2\mathfrak{Y}_3(\mathfrak{X}'_t\mathfrak{Y}_1-\mathfrak{X}'_s\mathfrak{Y}_1)+\mathfrak{X}_3\mathfrak{Y}_1(\mathfrak{X}'_t\mathfrak{Y}_2$$
$$-\mathfrak{X}'_s\mathfrak{Y}_2)+\mathfrak{X}_1\mathfrak{Y}_2(\mathfrak{X}'_t\mathfrak{Y}_3-\mathfrak{X}'_s\mathfrak{Y}_3)$$

oder
$$\mathfrak{X}_2\mathfrak{Y}_3\mathfrak{D}'_{r1}+\mathfrak{X}_3\mathfrak{Y}_1\mathfrak{D}'_{r2}+\mathfrak{X}_1\mathfrak{Y}_2\mathfrak{D}'_{r3}$$
$$=\mathfrak{X}'_s\mathfrak{Y}'_t\cdot\mathfrak{D}+\mathfrak{X}_2\mathfrak{Y}_3(\mathfrak{X}'_t\mathfrak{Y}_1-\mathfrak{X}'_s\mathfrak{Y}_1)+\mathfrak{X}_3\mathfrak{Y}_1(\mathfrak{X}'_t\mathfrak{Y}_2-\mathfrak{X}'_s\mathfrak{Y}_2)$$
$$+\mathfrak{X}_1\mathfrak{Y}_2(\mathfrak{X}'_t\mathfrak{Y}_3-\mathfrak{X}'_s\mathfrak{Y}_3)$$
$$=\mathfrak{X}'_s\mathfrak{Y}'_t\cdot\mathfrak{D}+\mathfrak{X}_2\mathfrak{Y}_3(\mathfrak{x}'_t\mathfrak{y}_1-\mathfrak{x}_1\mathfrak{y}'_t-\mathfrak{x}'_s\mathfrak{y}_1+\mathfrak{x}_1\mathfrak{y}'_s)$$
$$+\mathfrak{X}_3\mathfrak{Y}_1(\mathfrak{x}'_t\mathfrak{y}_2-\mathfrak{x}_2\mathfrak{y}'_t-\mathfrak{x}'_s\mathfrak{y}_2+\mathfrak{x}_2\mathfrak{y}'_s)+\mathfrak{X}_1\mathfrak{Y}_2(\mathfrak{x}'_t\mathfrak{y}_3-\mathfrak{x}_3\mathfrak{y}'_t-\mathfrak{x}'_s\mathfrak{y}_3+\mathfrak{x}_3\mathfrak{y}'_s)$$
$$=\mathfrak{X}'_s\mathfrak{Y}'_t\cdot\mathfrak{D}-(\mathfrak{x}'_s-\mathfrak{x}'_t)(\mathfrak{X}_2\mathfrak{Y}_3\mathfrak{y}_1+\mathfrak{X}_3\mathfrak{Y}_1\mathfrak{y}_2+\mathfrak{X}_1\mathfrak{Y}_2\mathfrak{y}_3)+(\mathfrak{y}'_s-\mathfrak{y}'_t)(\mathfrak{X}_2\mathfrak{Y}_3\mathfrak{x}_1$$
$$+\mathfrak{X}_3\mathfrak{Y}_1\mathfrak{x}_2+\mathfrak{X}_1\mathfrak{Y}_2\mathfrak{x}_3)$$

oder nach Art. 27, $10a)$
$$\mathfrak{X}_2\mathfrak{Y}_3\mathfrak{D}'_{r1}+\mathfrak{X}_3\mathfrak{Y}_1\mathfrak{D}'_{r2}+\mathfrak{X}_1\mathfrak{Y}_2\mathfrak{D}'_{r3}=\mathfrak{X}'_s\mathfrak{Y}'_t\cdot\mathfrak{D}.$$

Es ist also $\mathfrak{X}_2\mathfrak{Y}_3\mathfrak{D}'_{11}+\mathfrak{X}_3\mathfrak{Y}_1\mathfrak{D}'_{12}+\mathfrak{X}_1\mathfrak{Y}_2\mathfrak{D}'_{13}=\mathfrak{X}'_2\mathfrak{Y}'_3\cdot\mathfrak{D}$, $\mathfrak{X}_2\mathfrak{Y}_3\mathfrak{D}'_{21}+\mathfrak{X}_3\mathfrak{Y}_1\mathfrak{D}'_{22}+\mathfrak{X}_1\mathfrak{Y}_2\mathfrak{D}'_{23}=\mathfrak{X}'_3\mathfrak{Y}'_1\cdot\mathfrak{D}$, $\mathfrak{X}_2\mathfrak{Y}_3\mathfrak{D}'_{31}+\mathfrak{X}_3\mathfrak{Y}_1\mathfrak{D}'_{32}+\mathfrak{X}_1\mathfrak{Y}_2\mathfrak{D}'_{33}=\mathfrak{X}'_1\mathfrak{Y}'_2\cdot\mathfrak{D}$.

Ebenso ergeben sich die übrigen Sätze 6).

Zu $7a)\mathfrak{a})$. Es ist nach Art. 28 $7a)$, $4a)$
$$(\mathfrak{x}_2-\mathfrak{x}_3)\mathfrak{D}'_{r1}+(\mathfrak{x}_3-\mathfrak{x}_1)\mathfrak{D}'_{r2}+(\mathfrak{x}_1-\mathfrak{x}_2)\mathfrak{D}'_{r3}=(\mathfrak{x}_2-\mathfrak{x}_3)(\mathfrak{X}'_s\mathfrak{Y}'_t$$
$$+\mathfrak{X}'_t\mathfrak{Y}_1-\mathfrak{X}'_s\mathfrak{Y}_1)+(\mathfrak{x}_3-\mathfrak{x}_1)(\mathfrak{X}'_s\mathfrak{Y}'_t+\mathfrak{X}'_t\mathfrak{Y}_2-\mathfrak{X}'_s\mathfrak{Y}_2)+(\mathfrak{x}_1-\mathfrak{x}_2)(\mathfrak{X}'_s\mathfrak{Y}'_t$$
$$+\mathfrak{X}'_t\mathfrak{Y}_3-\mathfrak{X}'_s\mathfrak{Y}_3)$$

oder, da sich die Glieder mit $\mathfrak{X}'_s\mathfrak{Y}'_t$ annulliren,
$$(\mathfrak{x}_2-\mathfrak{x}_3)\mathfrak{D}'_{r1}+(\mathfrak{x}_3-\mathfrak{x}_1)\mathfrak{D}'_{r2}+(\mathfrak{x}_1-\mathfrak{x}_2)\mathfrak{D}'_{r3}$$
$$=(\mathfrak{x}_2-\mathfrak{x}_3)(\mathfrak{X}'_t\mathfrak{Y}_1-\mathfrak{X}'_s\mathfrak{Y}_1)+(\mathfrak{x}_3-\mathfrak{x}_1)(\mathfrak{X}'_t\mathfrak{Y}_2-\mathfrak{X}'_s\mathfrak{Y}_2)+(\mathfrak{x}_1-\mathfrak{x}_2)$$
$$(\mathfrak{X}'_t\mathfrak{Y}_3-\mathfrak{X}'_s\mathfrak{Y}_3)$$

Art. 29.] — 105 —

$$= -(\mathfrak{x}'_s - \mathfrak{x}'_t)[(\mathfrak{x}_2 - \mathfrak{x}_3)\mathfrak{y}_1 + (\mathfrak{x}_3 - \mathfrak{x}_1)\mathfrak{y}_2 + (\mathfrak{x}_1 - \mathfrak{x}_2)\mathfrak{y}_3]$$
$$+ (\mathfrak{y}'_s - \mathfrak{y}'_t)[(\mathfrak{x}_2 - \mathfrak{x}_3)\mathfrak{x}_1 + (\mathfrak{x}_3 - \mathfrak{x}_1)\mathfrak{x}_2 + (\mathfrak{x}_1 - \mathfrak{x}_2)\mathfrak{x}_3]$$

oder nach Art. 27, 4a) α), 3a) α)

$$(\mathfrak{x}_2 - \mathfrak{x}_3)\mathfrak{D}'_{r1} + (\mathfrak{x}_3 - \mathfrak{x}_1)\mathfrak{D}'_{r2} + (\mathfrak{x}_1 - \mathfrak{x}_2)\mathfrak{D}'_{r3} = (\mathfrak{x}'_s - \mathfrak{x}'_t)\mathfrak{D}.$$

Ebenso ergeben sich die übrigen mit α) bezeichneten Regeln in 7); die mit b) bezeichneten unter Benutzung von Art. 27, 4a) b), 3a) b). Es ist also $(\mathfrak{x}_2 - \mathfrak{x}_3)\mathfrak{D}'_{11} + (\mathfrak{x}_3 - \mathfrak{x}_1)\mathfrak{D}'_{12} + (\mathfrak{x}_1 - \mathfrak{x}_2)\mathfrak{D}'_{13}$
$= (\mathfrak{x}'_2 - \mathfrak{x}'_3)\mathfrak{D}$, $(\mathfrak{x}_2 - \mathfrak{x}_3)\mathfrak{D}'_{21} + (\mathfrak{x}_3 - \mathfrak{x}_1)\mathfrak{D}'_{22} + (\mathfrak{x}_1 - \mathfrak{x}_2)\mathfrak{D}'_{23}$
$= (\mathfrak{x}'_3 - \mathfrak{x}'_1)\mathfrak{D}$, $(\mathfrak{x}_2 - \mathfrak{x}_3)\mathfrak{D}'_{31} + (\mathfrak{x}_3 - \mathfrak{x}_1)\mathfrak{D}'_{32} + (\mathfrak{x}_1 - \mathfrak{x}_2)\mathfrak{D}'_{33}$
$= (\mathfrak{x}'_1 - \mathfrak{x}'_2)\mathfrak{D}$.

Stellt man die bewiesenen Regeln zu einer Tabelle zusammen, so lautet dieselbe folgendermassen: Es ist

$$\left.\begin{array}{ll} a_1 \ \mathfrak{D}_{11} + \mathfrak{D}_{21} + \mathfrak{D}_{31} = \mathfrak{D}; & a'_1 \ \mathfrak{D}'_{11} + \mathfrak{D}'_{21} + \mathfrak{D}'_{31} = \mathfrak{D}'; \\ b_1 \ \mathfrak{D}_{12} + \mathfrak{D}_{22} + \mathfrak{D}_{32} = \mathfrak{D}; & b'_1 \ \mathfrak{D}'_{12} + \mathfrak{D}'_{22} + \mathfrak{D}'_{32} = \mathfrak{D}'; \\ c_1 \ \mathfrak{D}_{13} + \mathfrak{D}_{23} + \mathfrak{D}_{33} = \mathfrak{D}; & c'_1 \ \mathfrak{D}'_{13} + \mathfrak{D}'_{23} + \mathfrak{D}'_{33} = \mathfrak{D}'; \end{array}\right\} \text{I)}$$

$$\left.\begin{array}{ll} a_1 \ \mathfrak{D}_{11} - \mathfrak{D}_{12} = \mathfrak{D}'_{33} - \mathfrak{D}'_{32}; & a'_1 \ \mathfrak{D}'_{11} - \mathfrak{D}'_{12} = \mathfrak{D}_{33} - \mathfrak{D}_{32}; \\ b_1 \ \mathfrak{D}_{12} - \mathfrak{D}_{13} = \mathfrak{D}'_{13} - \mathfrak{D}'_{12}; & b'_1 \ \mathfrak{D}'_{12} - \mathfrak{D}'_{13} = \mathfrak{D}_{13} - \mathfrak{D}_{12}; \\ c_1 \ \mathfrak{D}_{13} - \mathfrak{D}_{11} = \mathfrak{D}'_{23} - \mathfrak{D}'_{22}; & c'_1 \ \mathfrak{D}'_{13} - \mathfrak{D}'_{11} = \mathfrak{D}_{23} - \mathfrak{D}_{22}; \\ a_2 \ \mathfrak{D}_{21} - \mathfrak{D}_{22} = \mathfrak{D}'_{31} - \mathfrak{D}'_{33}; & a'_2 \ \mathfrak{D}'_{21} - \mathfrak{D}'_{22} = \mathfrak{D}_{31} - \mathfrak{D}_{33}; \\ b_2 \ \mathfrak{D}_{22} - \mathfrak{D}_{23} = \mathfrak{D}'_{11} - \mathfrak{D}'_{13}; & b'_2 \ \mathfrak{D}'_{22} - \mathfrak{D}'_{23} = \mathfrak{D}_{11} - \mathfrak{D}_{13}; \\ c_2 \ \mathfrak{D}_{23} - \mathfrak{D}_{21} = \mathfrak{D}'_{21} - \mathfrak{D}'_{23}; & c'_2 \ \mathfrak{D}'_{23} - \mathfrak{D}'_{21} = \mathfrak{D}_{21} - \mathfrak{D}_{23}; \\ a_3 \ \mathfrak{D}_{31} - \mathfrak{D}_{32} = \mathfrak{D}'_{32} - \mathfrak{D}'_{31}; & a'_3 \ \mathfrak{D}'_{31} - \mathfrak{D}'_{32} = \mathfrak{D}_{32} - \mathfrak{D}_{31}; \\ b_3 \ \mathfrak{D}_{32} - \mathfrak{D}_{33} = \mathfrak{D}'_{12} - \mathfrak{D}'_{11}; & b'_3 \ \mathfrak{D}'_{32} - \mathfrak{D}'_{33} = \mathfrak{D}_{12} - \mathfrak{D}_{11}; \\ c_3 \ \mathfrak{D}_{33} - \mathfrak{D}_{31} = \mathfrak{D}'_{22} - \mathfrak{D}'_{21}; & c'_3 \ \mathfrak{D}'_{33} - \mathfrak{D}'_{31} = \mathfrak{D}_{22} - \mathfrak{D}_{21}; \end{array}\right\} \text{II)}$$

$$\left.\begin{array}{ll} a_1 \ \mathfrak{D}_{11}\mathfrak{D}_{22} - \mathfrak{D}_{12}\mathfrak{D}_{21} = \mathfrak{D}\cdot\mathfrak{D}'_{33}; & a'_1 \ \mathfrak{D}'_{11}\mathfrak{D}'_{22} - \mathfrak{D}'_{12}\mathfrak{D}'_{21} = \mathfrak{D}'\cdot\mathfrak{D}_{33}; \\ b_1 \ \mathfrak{D}_{12}\mathfrak{D}_{23} - \mathfrak{D}_{13}\mathfrak{D}_{22} = \mathfrak{D}\cdot\mathfrak{D}'_{13}; & b'_1 \ \mathfrak{D}'_{12}\mathfrak{D}'_{23} - \mathfrak{D}'_{13}\mathfrak{D}'_{22} = \mathfrak{D}'\cdot\mathfrak{D}_{13}; \\ c_1 \ \mathfrak{D}_{13}\mathfrak{D}_{21} - \mathfrak{D}_{11}\mathfrak{D}_{23} = \mathfrak{D}\cdot\mathfrak{D}'_{23}; & c'_1 \ \mathfrak{D}'_{13}\mathfrak{D}'_{21} - \mathfrak{D}'_{11}\mathfrak{D}'_{23} = \mathfrak{D}'\cdot\mathfrak{D}_{23}; \\ a_2 \ \mathfrak{D}_{21}\mathfrak{D}_{32} - \mathfrak{D}_{22}\mathfrak{D}_{31} = \mathfrak{D}\cdot\mathfrak{D}'_{31}; & a'_2 \ \mathfrak{D}'_{21}\mathfrak{D}'_{32} - \mathfrak{D}'_{22}\mathfrak{D}'_{31} = \mathfrak{D}'\cdot\mathfrak{D}_{31}; \\ b_2 \ \mathfrak{D}_{22}\mathfrak{D}_{33} - \mathfrak{D}_{23}\mathfrak{D}_{32} = \mathfrak{D}\cdot\mathfrak{D}'_{11}; & b'_2 \ \mathfrak{D}'_{22}\mathfrak{D}'_{33} - \mathfrak{D}'_{23}\mathfrak{D}'_{32} = \mathfrak{D}'\cdot\mathfrak{D}_{11}; \\ c_2 \ \mathfrak{D}_{23}\mathfrak{D}_{31} - \mathfrak{D}_{21}\mathfrak{D}_{33} = \mathfrak{D}\cdot\mathfrak{D}'_{21}; & c'_2 \ \mathfrak{D}'_{23}\mathfrak{D}'_{31} - \mathfrak{D}'_{21}\mathfrak{D}'_{33} = \mathfrak{D}'\cdot\mathfrak{D}_{21}; \\ a_3 \ \mathfrak{D}_{31}\mathfrak{D}_{12} - \mathfrak{D}_{32}\mathfrak{D}_{11} = \mathfrak{D}\cdot\mathfrak{D}'_{32}; & a'_3 \ \mathfrak{D}'_{31}\mathfrak{D}'_{12} - \mathfrak{D}'_{32}\mathfrak{D}'_{11} = \mathfrak{D}'\cdot\mathfrak{D}_{32}; \\ b_3 \ \mathfrak{D}_{32}\mathfrak{D}_{13} - \mathfrak{D}_{33}\mathfrak{D}_{12} = \mathfrak{D}\cdot\mathfrak{D}'_{12}; & b'_3 \ \mathfrak{D}'_{32}\mathfrak{D}'_{13} - \mathfrak{D}'_{33}\mathfrak{D}'_{12} = \mathfrak{D}'\cdot\mathfrak{D}_{12}; \\ c_3 \ \mathfrak{D}_{33}\mathfrak{D}_{11} - \mathfrak{D}_{31}\mathfrak{D}_{13} = \mathfrak{D}\cdot\mathfrak{D}'_{22}; & c'_3 \ \mathfrak{D}'_{33}\mathfrak{D}'_{11} - \mathfrak{D}'_{31}\mathfrak{D}'_{13} = \mathfrak{D}'\cdot\mathfrak{D}_{22}; \end{array}\right\} \text{III)}$$

$$\left.\begin{array}{l} a_1 \ \mathfrak{D}_{11}\mathfrak{D}'_{11} + \mathfrak{D}_{12}\mathfrak{D}'_{21} + \mathfrak{D}_{13}\mathfrak{D}'_{31} = \mathfrak{D}\cdot\mathfrak{D}'; \\ b_1 \ \mathfrak{D}_{21}\mathfrak{D}'_{11} + \mathfrak{D}_{22}\mathfrak{D}'_{21} + \mathfrak{D}_{23}\mathfrak{D}'_{31} = 0; \\ c_1 \ \mathfrak{D}_{31}\mathfrak{D}'_{11} + \mathfrak{D}_{32}\mathfrak{D}'_{21} + \mathfrak{D}_{33}\mathfrak{D}'_{31} = 0; \end{array}\right.$$

$$\begin{aligned}
a_2 &\quad \mathfrak{D}_{11}\mathfrak{D}'_{12} + \mathfrak{D}_{12}\mathfrak{D}'_{22} + \mathfrak{D}_{13}\mathfrak{D}'_{32} = 0; \\
b_2 &\quad \mathfrak{D}_{21}\mathfrak{D}'_{12} + \mathfrak{D}_{22}\mathfrak{D}'_{22} + \mathfrak{D}_{23}\mathfrak{D}'_{32} = \mathfrak{D}\cdot\mathfrak{D}'; \\
c_2 &\quad \mathfrak{D}_{31}\mathfrak{D}'_{12} + \mathfrak{D}_{32}\mathfrak{D}'_{22} + \mathfrak{D}_{33}\mathfrak{D}'_{32} = 0; \\
a_3 &\quad \mathfrak{D}_{11}\mathfrak{D}'_{13} + \mathfrak{D}_{12}\mathfrak{D}'_{23} + \mathfrak{D}_{13}\mathfrak{D}'_{33} = 0; \\
b_3 &\quad \mathfrak{D}_{21}\mathfrak{D}'_{13} + \mathfrak{D}_{22}\mathfrak{D}'_{23} + \mathfrak{D}_{23}\mathfrak{D}'_{33} = 0; \\
c_3 &\quad \mathfrak{D}_{31}\mathfrak{D}'_{13} + \mathfrak{D}_{32}\mathfrak{D}'_{23} + \mathfrak{D}_{33}\mathfrak{D}'_{33} = \mathfrak{D}\mathfrak{D}'; \\
a'_1 &\quad \mathfrak{D}'_{11}\mathfrak{D}_{11} + \mathfrak{D}'_{12}\mathfrak{D}_{21} + \mathfrak{D}'_{13}\mathfrak{D}_{31} = \mathfrak{D}'\mathfrak{D}; \\
b'_1 &\quad \mathfrak{D}'_{21}\mathfrak{D}_{11} + \mathfrak{D}'_{22}\mathfrak{D}_{21} + \mathfrak{D}'_{23}\mathfrak{D}_{31} = 0; \\
c'_1 &\quad \mathfrak{D}'_{31}\mathfrak{D}_{11} + \mathfrak{D}'_{32}\mathfrak{D}_{21} + \mathfrak{D}'_{33}\mathfrak{D}_{31} = 0; \\
a'_2 &\quad \mathfrak{D}'_{11}\mathfrak{D}_{12} + \mathfrak{D}'_{12}\mathfrak{D}_{22} + \mathfrak{D}'_{13}\mathfrak{D}_{32} = 0; \\
b'_2 &\quad \mathfrak{D}'_{21}\mathfrak{D}_{12} + \mathfrak{D}'_{22}\mathfrak{D}_{22} + \mathfrak{D}'_{23}\mathfrak{D}_{32} = \mathfrak{D}'\mathfrak{D}; \\
c'_2 &\quad \mathfrak{D}'_{31}\mathfrak{D}_{12} + \mathfrak{D}'_{32}\mathfrak{D}_{22} + \mathfrak{D}'_{33}\mathfrak{D}_{32} = 0; \\
a'_3 &\quad \mathfrak{D}'_{11}\mathfrak{D}_{13} + \mathfrak{D}'_{12}\mathfrak{D}_{23} + \mathfrak{D}'_{13}\mathfrak{D}_{33} = 0; \\
b'_3 &\quad \mathfrak{D}'_{21}\mathfrak{D}_{13} + \mathfrak{D}'_{22}\mathfrak{D}_{23} + \mathfrak{D}'_{23}\mathfrak{D}_{33} = 0; \\
c'_3 &\quad \mathfrak{D}'_{31}\mathfrak{D}_{13} + \mathfrak{D}'_{32}\mathfrak{D}_{23} + \mathfrak{D}'_{33}\mathfrak{D}_{33} = \mathfrak{D}'\mathfrak{D}.
\end{aligned} \right\} \text{IV)}$$

$$\begin{aligned}
a_1 &\quad \mathfrak{x}_1\mathfrak{D}_{11} + \mathfrak{x}_2\mathfrak{D}_{21} + \mathfrak{x}_3\mathfrak{D}_{31} = \mathfrak{x}'_1\mathfrak{D}; \\
b_1 &\quad \mathfrak{x}_1\mathfrak{D}_{12} + \mathfrak{x}_2\mathfrak{D}_{22} + \mathfrak{x}_3\mathfrak{D}_{32} = \mathfrak{x}'_2\mathfrak{D}; \\
c_1 &\quad \mathfrak{x}_1\mathfrak{D}_{13} + \mathfrak{x}_2\mathfrak{D}_{23} + \mathfrak{x}_3\mathfrak{D}_{33} = \mathfrak{x}'_3\mathfrak{D}; \\
a_2 &\quad \mathfrak{y}_1\mathfrak{D}_{11} + \mathfrak{y}_2\mathfrak{D}_{21} + \mathfrak{y}_3\mathfrak{D}_{31} = \mathfrak{y}'_1\mathfrak{D}; \\
b_2 &\quad \mathfrak{y}_1\mathfrak{D}_{12} + \mathfrak{y}_2\mathfrak{D}_{22} + \mathfrak{y}_3\mathfrak{D}_{32} = \mathfrak{y}'_2\mathfrak{D}; \\
c_2 &\quad \mathfrak{y}_1\mathfrak{D}_{13} + \mathfrak{y}_2\mathfrak{D}_{23} + \mathfrak{y}_3\mathfrak{D}_{33} = \mathfrak{y}'_3\mathfrak{D}; \\
a'_1 &\quad \mathfrak{x}'_1\mathfrak{D}'_{11} + \mathfrak{x}'_2\mathfrak{D}'_{21} + \mathfrak{x}'_3\mathfrak{D}'_{31} = \mathfrak{x}_1\mathfrak{D}'; \\
b'_1 &\quad \mathfrak{x}'_1\mathfrak{D}'_{12} + \mathfrak{x}'_2\mathfrak{D}'_{22} + \mathfrak{x}'_3\mathfrak{D}'_{32} = \mathfrak{x}_2\mathfrak{D}'; \\
c'_1 &\quad \mathfrak{x}'_1\mathfrak{D}'_{13} + \mathfrak{x}'_2\mathfrak{D}'_{23} + \mathfrak{x}'_3\mathfrak{D}'_{33} = \mathfrak{x}_3\mathfrak{D}'; \\
a'_2 &\quad \mathfrak{y}'_1\mathfrak{D}'_{11} + \mathfrak{y}'_2\mathfrak{D}'_{21} + \mathfrak{y}'_3\mathfrak{D}'_{31} = \mathfrak{y}_1\mathfrak{D}'; \\
b'_2 &\quad \mathfrak{y}'_1\mathfrak{D}'_{12} + \mathfrak{y}'_2\mathfrak{D}'_{22} + \mathfrak{y}'_3\mathfrak{D}'_{32} = \mathfrak{y}_2\mathfrak{D}'; \\
c'_2 &\quad \mathfrak{y}'_1\mathfrak{D}'_{13} + \mathfrak{y}'_2\mathfrak{D}'_{23} + \mathfrak{y}'_3\mathfrak{D}'_{33} = \mathfrak{y}_3\mathfrak{D}';
\end{aligned} \right\} \text{V)}$$

$$\begin{aligned}
a &\quad \mathfrak{x}_2\mathfrak{y}_3\mathfrak{D}'_{11} + \mathfrak{x}_3\mathfrak{y}_1\mathfrak{D}'_{12} + \mathfrak{x}_1\mathfrak{y}_2\mathfrak{D}'_{13} = \mathfrak{x}'_2\mathfrak{y}'_3\mathfrak{D}; \\
b &\quad \mathfrak{x}_2\mathfrak{y}_3\mathfrak{D}'_{21} + \mathfrak{x}_3\mathfrak{y}_1\mathfrak{D}'_{22} + \mathfrak{x}_1\mathfrak{y}_2\mathfrak{D}'_{23} = \mathfrak{x}'_3\mathfrak{y}'_1\mathfrak{D}; \\
c &\quad \mathfrak{x}_2\mathfrak{y}_3\mathfrak{D}'_{31} + \mathfrak{x}_3\mathfrak{y}_1\mathfrak{D}'_{32} + \mathfrak{x}_1\mathfrak{y}_2\mathfrak{D}'_{33} = \mathfrak{x}'_1\mathfrak{y}'_2\mathfrak{D}; \\
a' &\quad \mathfrak{x}'_2\mathfrak{y}'_3\mathfrak{D}_{11} + \mathfrak{x}'_3\mathfrak{y}'_1\mathfrak{D}_{12} + \mathfrak{x}'_1\mathfrak{y}'_2\mathfrak{D}_{13} = \mathfrak{x}_2\mathfrak{y}_3\mathfrak{D}'; \\
b' &\quad \mathfrak{x}'_2\mathfrak{y}'_3\mathfrak{D}_{21} + \mathfrak{x}'_3\mathfrak{y}'_1\mathfrak{D}_{22} + \mathfrak{x}'_1\mathfrak{y}'_2\mathfrak{D}_{23} = \mathfrak{x}_3\mathfrak{y}_1\mathfrak{D}'; \\
c' &\quad \mathfrak{x}'_2\mathfrak{y}'_3\mathfrak{D}_{31} + \mathfrak{x}'_3\mathfrak{y}'_1\mathfrak{D}_{32} + \mathfrak{x}'_1\mathfrak{y}'_2\mathfrak{D}_{33} = \mathfrak{x}_1\mathfrak{y}_2\mathfrak{D}'.
\end{aligned} \right\} \text{VI)}$$

Art. 29. 30.]   — 107 —

$$\left.\begin{array}{l}a_1\ (\mathfrak{x}_2-\mathfrak{x}_3)\mathfrak{D}'_{11} + (\mathfrak{x}_3-\mathfrak{x}_1)\mathfrak{D}'_{12} + (\mathfrak{x}_1-\mathfrak{x}_2)\mathfrak{D}'_{13} = (\mathfrak{x}'_2-\mathfrak{x}'_3)\mathfrak{D};\\ b_1\ (\mathfrak{x}_2-\mathfrak{x}_3)\mathfrak{D}'_{21} + (\mathfrak{x}_3-\mathfrak{x}_1)\mathfrak{D}'_{22} + (\mathfrak{x}_1-\mathfrak{x}_2)\mathfrak{D}'_{23} = (\mathfrak{x}'_3-\mathfrak{x}'_1)\mathfrak{D};\\ c_1\ (\mathfrak{x}_2-\mathfrak{x}_3)\mathfrak{D}'_{31} + (\mathfrak{x}_3-\mathfrak{x}_1)\mathfrak{D}'_{32} + (\mathfrak{x}_1-\mathfrak{x}_2)\mathfrak{D}'_{33} = (\mathfrak{x}'_1-\mathfrak{x}'_2)\mathfrak{D};\\ a_2\ (\mathfrak{y}_2-\mathfrak{y}_3)\mathfrak{D}'_{11} + (\mathfrak{y}_3-\mathfrak{y}_1)\mathfrak{D}'_{12} + (\mathfrak{y}_1-\mathfrak{y}_2)\mathfrak{D}'_{13} = (\mathfrak{y}'_2-\mathfrak{y}'_3)\mathfrak{D};\\ b_2\ (\mathfrak{y}_2-\mathfrak{y}_3)\mathfrak{D}'_{21} + (\mathfrak{y}_3-\mathfrak{y}_1)\mathfrak{D}'_{22} + (\mathfrak{y}_1-\mathfrak{y}_2)\mathfrak{D}'_{23} = (\mathfrak{y}'_3-\mathfrak{y}'_1)\mathfrak{D};\\ c_2\ (\mathfrak{y}_2-\mathfrak{y}_3)\mathfrak{D}'_{31} + (\mathfrak{y}_3-\mathfrak{y}_1)\mathfrak{D}'_{32} + (\mathfrak{y}_1-\mathfrak{y}_2)\mathfrak{D}'_{33} = (\mathfrak{y}'_1-\mathfrak{y}'_2)\mathfrak{D};\\ a_1'\ (\mathfrak{x}'_2-\mathfrak{x}'_3)\mathfrak{D}_{11} + (\mathfrak{x}'_3-\mathfrak{x}'_1)\mathfrak{D}_{12} + (\mathfrak{x}'_1-\mathfrak{x}'_2)\mathfrak{D}_{13} = (\mathfrak{x}_2-\mathfrak{x}_3)\mathfrak{D}';\\ b_1'\ (\mathfrak{x}'_2-\mathfrak{x}'_3)\mathfrak{D}_{21} + (\mathfrak{x}'_3-\mathfrak{x}'_1)\mathfrak{D}_{22} + (\mathfrak{x}'_1-\mathfrak{x}'_2)\mathfrak{D}_{23} = (\mathfrak{x}_3-\mathfrak{x}_1)\mathfrak{D}';\\ c_1'\ (\mathfrak{x}'_2-\mathfrak{x}'_3)\mathfrak{D}_{31} + (\mathfrak{x}'_3-\mathfrak{x}'_1)\mathfrak{D}_{32} + (\mathfrak{x}'_1-\mathfrak{x}'_2)\mathfrak{D}_{33} = (\mathfrak{x}_1-\mathfrak{x}_2)\mathfrak{D}';\\ a_2'\ (\mathfrak{y}'_2-\mathfrak{y}'_3)\mathfrak{D}_{11} + (\mathfrak{y}'_3-\mathfrak{y}'_1)\mathfrak{D}_{12} + (\mathfrak{y}'_1-\mathfrak{y}'_2)\mathfrak{D}_{13} = (\mathfrak{y}_2-\mathfrak{y}_3)\mathfrak{D}';\\ b_2'\ (\mathfrak{y}'_2-\mathfrak{y}'_3)\mathfrak{D}_{21} + (\mathfrak{y}'_3-\mathfrak{y}'_1)\mathfrak{D}_{22} + (\mathfrak{y}'_1-\mathfrak{y}'_2)\mathfrak{D}_{23} = (\mathfrak{y}_3-\mathfrak{y}_1)\mathfrak{D}';\\ c_2'\ (\mathfrak{y}'_2-\mathfrak{y}'_3)\mathfrak{D}_{31} + (\mathfrak{y}'_3-\mathfrak{y}'_1)\mathfrak{D}_{32} + (\mathfrak{y}'_1-\mathfrak{y}'_2)\mathfrak{D}_{33} = (\mathfrak{y}_1-\mathfrak{y}_2)\mathfrak{D}'.\end{array}\right\}\text{VII)}$$

Genau ebenso, nur mit lateinischen Buchstaben, lauten die entsprechenden Regeln für trimetrische Linien-Coordinaten.

30. Während die in Art. 23, 9a), 9b) aufgestellten Gleichungen des Punktes in Punkt-, und der Geraden in Linien-Coordinaten offenbar nicht homogen sind, lässt sich umgekehrt mit Hilfe der dort aufgestellten Sätze 7a), 8a), 7b), 8b) der Gleichung der Geraden und des Punktes eine homogene Gestalt geben, wenn man sich bei ersterer der Punkt-, bei letzterer der Linien-Coordinaten bedient. Es sei nämlich die Gleichung einer Geraden
$$p \equiv \mathfrak{y}y + \mathfrak{x}x - 1 = 0,$$
so erhält man, indem man für $y, x, 1$ die Werthe Art. 23, 7a), 8a) einsetzt, die Gleichung

$$\left.\begin{array}{l}[(\mathfrak{x}\mathfrak{y}_2-\mathfrak{x}_2\mathfrak{y}) + (\mathfrak{x}_2\mathfrak{y}_3-\mathfrak{x}_3\mathfrak{y}_2) + (\mathfrak{x}_3\mathfrak{y}-\mathfrak{x}\mathfrak{y}_3)]z_1\\ +\ [(\mathfrak{x}_1\mathfrak{y}-\mathfrak{x}\mathfrak{y}_1) + (\mathfrak{x}\mathfrak{y}_3-\mathfrak{x}_3\mathfrak{y}) + (\mathfrak{x}_3\mathfrak{y}_1-\mathfrak{x}_1\mathfrak{y}_3)]z_2\\ +\ [(\mathfrak{x}_1\mathfrak{y}_2-\mathfrak{x}_2\mathfrak{y}_1) + (\mathfrak{x}_2\mathfrak{y}-\mathfrak{x}\mathfrak{y}_2) + (\mathfrak{x}\mathfrak{y}_1-\mathfrak{x}_1\mathfrak{y})]z_3 = 0.\end{array}\right\}\text{1a)}$$

Man bemerkt sogleich, dass der Coefficient von z_1 dadurch entsteht, dass in der Determinante $\mathfrak{D}$) Art. 23, 4a$\mathfrak{x}_1, \mathfrak{y}_1$ mit $\mathfrak{x}, \mathfrak{y}$ vertauscht sind, dass ferner die Coefficienten von z_2, z_3 aus derselben Determinante hervorgehen, wenn man $\mathfrak{x}, \mathfrak{y}$ an die Stelle von bezüglich $\mathfrak{x}_2, \mathfrak{y}_2, \mathfrak{x}_3, \mathfrak{y}_3$ setzt. Multiplicirt und dividirt man den Coefficienten von z_1 mit $(\mathfrak{x}_2\mathfrak{y}_3-\mathfrak{x}_3\mathfrak{y}_2)\sqrt{\mathfrak{x}^2+\mathfrak{y}^2}$, und entsprechend die Coefficienten von z_2, z_3, und dividirt man dann noch die ganze Gleichung 1a) durch $\mathfrak{D}$, so nimmt der Coefficient C_1 von z_1 die Form an

$$C_1 = \frac{(\mathfrak{x}\mathfrak{y}_2 - \mathfrak{x}_2\mathfrak{y}) + (\mathfrak{x}_2\mathfrak{y}_3 - \mathfrak{x}_3\mathfrak{y}_2) + (\mathfrak{x}_3\mathfrak{y} - \mathfrak{x}\mathfrak{y}_3)}{\mathfrak{x}_2\mathfrak{y}_3 - \mathfrak{x}_3\mathfrak{y}_2} \cdot \frac{1}{\sqrt{\mathfrak{x}^2 + \mathfrak{y}^2}}$$

$$\cdot \frac{\mathfrak{x}_2\mathfrak{y}_3 - \mathfrak{x}_3\mathfrak{y}_2}{(\mathfrak{x}_1\mathfrak{y}_2 - \mathfrak{x}_2\mathfrak{y}_1) + (\mathfrak{x}_2\mathfrak{y}_3 - \mathfrak{x}_3\mathfrak{y}_2) + (\mathfrak{x}_3\mathfrak{y}_1 - \mathfrak{x}_1\mathfrak{y}_3)} \cdot \sqrt{\mathfrak{x}^2 + \mathfrak{y}^2}$$

Nach Art. 21, 5a) ist aber der aus den beiden ersten Factoren gebildete Ausdruck nichts anderes, als die Höhe, welche in dem von g_2, g_3, p gebildeten Dreiseit $G_1 K_2 K_3$, Fig. 11, von G_1 auf p gefällt ist, oder also die dort mit $\mathfrak{w}_1$ bezeichnete Länge.

Der dritte Bruch ist nach Art. 21, 5a) $\dfrac{1}{h_1 \sqrt{\mathfrak{x}_1^2 + \mathfrak{y}_1^2}}$, wo h_1 die von G_1 auf g_1 gefällte Höhe im Dreieck $G_1 G_2 G_3$ ist; $\dfrac{1}{\sqrt{\mathfrak{x}_1^2 + \mathfrak{y}_1^2}}$ ist aber nach Art. 21, 3a) die von O auf g_1 gefällte Senkrechte r_1, mithin lässt sich der dritte Bruch schreiben: $\dfrac{r_1}{h_1}$. Der letzte Factor $\sqrt{\mathfrak{x}^2 + \mathfrak{y}^2}$ endlich ist nach Art. 23 $\dfrac{1}{r}$, wo r das von O auf p gefällte Loth ist. Es lautet daher der Coefficient C_1

$$C_1 = \mathfrak{w}_1 \cdot \frac{r_1}{h_1} \cdot \frac{1}{r} = \frac{r_1}{h_1} \cdot \frac{\mathfrak{w}_1}{r}$$

oder, nach Art. 23, 1b)

$$C_1 = \frac{r_1}{h_1} \cdot \mathfrak{z}_1$$

und analog die Coefficienten von z_2, z_3. Man kann daher der Gleichung 1a) die Gestalt geben:

$$\frac{r_1}{h_1} \mathfrak{z}_1 z_1 + \frac{r_2}{h_2} \mathfrak{z}_2 z_2 + \frac{r_3}{h_3} \mathfrak{z}_3 z_3 = 0.$$

Erweitert man den ersten Bruch noch mit g_1, den zweiten mit g_2, den dritten mit g_3, bedenkt, dass $g_1 h_1 = g_2 h_2 = g_3 h_3$ der doppelte Inhalt D des Dreiecks $G_1 G_2 G_3$ ist, und multiplicirt die ganze Gleichung mit D, so nimmt sie die Form an:

$$g_1 r_1 \mathfrak{z}_1 z_1 + g_2 r_2 \mathfrak{z}_2 z_2 + g_3 r_3 \mathfrak{z}_3 z_3 = 0. \qquad 2a)$$

Eine andere, mehr geometrische, Ableitung dieser Gleichung ist folgende: In Fig. 11 ist offenbar

$$N_1 N_2 = \sqrt{g_3^2 - (\mathfrak{w}_1 - \mathfrak{w}_2)^2}; \quad N_2 N_3 = \sqrt{g_1^2 - (\mathfrak{w}_2 - \mathfrak{w}_3)^2};$$
$$N_1 N_3 = \sqrt{g_2^2 - (\mathfrak{w}_1 - \mathfrak{w}_3)^2}.$$

Art. 30.]   — 109 —

Da nun $\mathfrak{w}_1 \parallel \mathfrak{w}_2 \parallel \mathfrak{w}_3$ ist, hat man sogleich

$$\left.\begin{aligned}
K_1 N_2 &= \frac{\mathfrak{w}_2}{\mathfrak{w}_2 - \mathfrak{w}_3}\sqrt{g_1{}^2 - (\mathfrak{w}_2 - \mathfrak{w}_3)^2};\ K_2 N_1 = \frac{\mathfrak{w}_1}{\mathfrak{w}_1 - \mathfrak{w}_3}\sqrt{g_2{}^2 - (\mathfrak{w}_1 - \mathfrak{w}_3)^2}; \\
K_3 N_1 &= \frac{\mathfrak{w}_1}{\mathfrak{w}_1 - \mathfrak{w}_2}\sqrt{g_3{}^2 - (\mathfrak{w}_1 - \mathfrak{w}_2)^2}; \\
K_1 N_3 &= \frac{\mathfrak{w}_3}{\mathfrak{w}_2 - \mathfrak{w}_3}\sqrt{g_1{}^2 - (\mathfrak{w}_2 - \mathfrak{w}_3)^2};\ K_2 N_3 = \frac{\mathfrak{w}_3}{\mathfrak{w}_1 - \mathfrak{w}_3}\sqrt{g_2{}^2 - (\mathfrak{w}_1 - \mathfrak{w}_3)^2}; \\
K_3 N_2 &= \frac{\mathfrak{w}_2}{\mathfrak{w}_1 - \mathfrak{w}_2}\sqrt{g_3{}^2 - (\mathfrak{w}_1 - \mathfrak{w}_2)^2}; \\
K_1 G_2 &= \frac{\mathfrak{w}_2}{\mathfrak{w}_2 - \mathfrak{w}_3}\cdot g_1;\ K_2 G_1 = \frac{\mathfrak{w}_1}{\mathfrak{w}_1 - \mathfrak{w}_3}\cdot g_2;\ K_3 G_1 = \frac{\mathfrak{w}_1}{\mathfrak{w}_1 - \mathfrak{w}_2}\cdot g_3; \\
K_1 G_3 &= \frac{\mathfrak{w}_3}{\mathfrak{w}_2 - \mathfrak{w}_3}\cdot g_1;\ K_2 G_3 = \frac{\mathfrak{w}_3}{\mathfrak{w}_1 - \mathfrak{w}_3}\cdot g_2;\ K_3 G_2 = \frac{\mathfrak{w}_2}{\mathfrak{w}_1 - \mathfrak{w}_2}\cdot g_3;
\end{aligned}\right\} \dagger)$$

Nimmt man nun auf p einen Punkt P an, so hat man, weil $\triangle K_1 M_1 P \backsim \triangle K_1 N_2 G_2$ oder $\backsim \triangle K_1 N_3 G_3$, da ferner $\triangle K_2 M_2 P \backsim \triangle K_2 N_1 G_1$ oder $\backsim \triangle K_2 N_3 G_3$, und da $\triangle K_3 M_3 P \backsim \triangle K_3 N_1 G_1$ oder $\backsim \triangle K_3 N_2 G_2$ ist,

$$K_1 P = \frac{g_1}{\mathfrak{w}_2 - \mathfrak{w}_3}\cdot M_1 P;\ K_2 P = \frac{g_2}{\mathfrak{w}_1 - \mathfrak{w}_3} M_2 P;\ K_3 P = \frac{g_3}{\mathfrak{w}_1 - \mathfrak{w}_2}\cdot M_3 P.$$

Nun ist aber $M_1 P = -w_1,\ M_2 P = w_2,\ M_3 P = w_3$, also hat man

$$K_1 P = -\frac{g_1}{\mathfrak{w}_2 - \mathfrak{w}_3}\cdot w_1;\ K_2 P = \frac{g_2}{\mathfrak{w}_1 - \mathfrak{w}_3}\cdot w_2;\ K_3 P = \frac{g_3}{\mathfrak{w}_1 - \mathfrak{w}_2}\cdot w_3.\quad \dagger\dagger)$$

Ferner ist $K_1 P - K_2 P = K_1 N_3 - K_2 N_3,\ K_1 P + K_3 P = K_3 N_2 + K_1 N_2,\ K_3 P + K_2 P = K_2 N_1 + K_3 N_1$, oder nach $\dagger$) und $\dagger\dagger$)

$$\begin{aligned}
-\frac{g_1}{\mathfrak{w}_2 - \mathfrak{w}_3}\cdot w_1 - \frac{g_2}{\mathfrak{w}_1 - \mathfrak{w}_3}\cdot w_2 &= \frac{\mathfrak{w}_3}{\mathfrak{w}_2 - \mathfrak{w}_3}\sqrt{g_1{}^2 - (\mathfrak{w}_2 - \mathfrak{w}_3)^2} \\
&\quad - \frac{\mathfrak{w}_3}{\mathfrak{w}_1 - \mathfrak{w}_3}\sqrt{g_2{}^2 - (\mathfrak{w}_1 - \mathfrak{w}_3)^2};
\end{aligned}$$

$$\begin{aligned}
-\frac{g_1}{\mathfrak{w}_2 - \mathfrak{w}_3}\cdot w_1 + \frac{g_3}{\mathfrak{w}_1 - \mathfrak{w}_2}\cdot w_3 &= \frac{\mathfrak{w}_2}{\mathfrak{w}_1 - \mathfrak{w}_2}\sqrt{g_3{}^2 - (\mathfrak{w}_1 - \mathfrak{w}_2)^2} \\
&\quad + \frac{\mathfrak{w}_2}{\mathfrak{w}_2 - \mathfrak{w}_3}\sqrt{g_1{}^2 - (\mathfrak{w}_2 - \mathfrak{w}_3)^2};
\end{aligned}$$

$$\begin{aligned}
\frac{g_3}{\mathfrak{w}_1 - \mathfrak{w}_2}\cdot w_3 + \frac{g_2}{\mathfrak{w}_1 - \mathfrak{w}_3}\cdot w_2 &= \frac{\mathfrak{w}_1}{\mathfrak{w}_1 - \mathfrak{w}_3}\sqrt{g_2{}^2 - (\mathfrak{w}_1 - \mathfrak{w}_3)^2} \\
&\quad + \frac{\mathfrak{w}_1}{\mathfrak{w}_1 - \mathfrak{w}_2}\sqrt{g_3{}^2 - (\mathfrak{w}_1 - \mathfrak{w}_2)^2}.
\end{aligned}$$

Multiplicirt man die zweite dieser Gleichungen mit $\mathfrak{w}_1$, und subtrahirt von ihr die dritte, nachdem man dieselbe mit $\mathfrak{w}_2$ multiplicirt hat, so erhält man

$$-\frac{\mathfrak{w}_1}{\mathfrak{w}_2-\mathfrak{w}_3}g_1w_1 - \frac{\mathfrak{w}_2}{\mathfrak{w}_1-\mathfrak{w}_3}g_2w_2 + g_3w_3 = \frac{\mathfrak{w}_1\mathfrak{w}_2}{\mathfrak{w}_2-\mathfrak{w}_3}\sqrt{g_1^2-(\mathfrak{w}_2-\mathfrak{w}_3)^2}$$
$$-\frac{\mathfrak{w}_1\mathfrak{w}_2}{\mathfrak{w}_1-\mathfrak{w}_2}\sqrt{g_2^2-(\mathfrak{w}_1-\mathfrak{w}_3)^2};$$

Multiplicirt man diese mit $\mathfrak{w}_3$, und subtrahirt sie von der ersten, nachdem man diese mit $\mathfrak{w}_1\mathfrak{w}_2$ multiplicirt hat, so erhält man

$$-g_1\mathfrak{w}_1w_1 - g_2\mathfrak{w}_2w_2 - g_3\mathfrak{w}_3w_3 = 0,$$

oder, nach Art. 23, 2a), 2b)

$$g_1r_{\mathfrak{z}_1}r_1z_1 + g_2r_{\mathfrak{z}_2}r_2z_2 + g_3r_{\mathfrak{z}_3}r_3z_3 = 0,$$

oder $\quad g_1r_1\mathfrak{z}_1z_1 + g_2r_2\mathfrak{z}_2z_2 + g_3r_3\mathfrak{z}_3z_3 = 0,$

welches die Gleichung 2a) wieder ist.

Ist ferner die Gleichung eines Punktes P

$$P \equiv y\mathfrak{y} + x\mathfrak{x} - 1 = 0,$$

so erhält man, indem man für $\mathfrak{y}$, $\mathfrak{x}$, 1 die Werthe Art. 23, 7b), 8b) einsetzt, die Gleichung:

$$\left.\begin{aligned}&[(xy_2-x_2y)+(x_2y_3-x_3y_2)+(x_3y-xy_3)]\mathfrak{z}_1\\&+[(x_1y-xy_1)+(xy_3-x_3y)+(x_3y_1-x_1y_3)]\mathfrak{z}_2\\&+[(x_1y_2-x_2y_1)+(x_2y-xy_2)+(xy_1-x_1y)]\mathfrak{z}_3 = 0;\end{aligned}\right\} \quad 1b)$$

Auch hier sieht man sogleich, dass die Coefficienten von $\mathfrak{z}_1, \mathfrak{z}_2, \mathfrak{z}_3$ dadurch entstehen, dass man in der Determinante D Art. 23, 4b) bezüglich $x_1, y_1, x_2, y_2, x_3, y_3$ mit x, y vertauscht. Denkt man sich in Fig. 10 P durch gerade Linien mit den Ecken des Dreiecks $G_1G_2G_3$ verbunden, so sieht man aus Art. 21, 6b), dass der Coefficient von $\mathfrak{z}_1$ der doppelte Inhalt des Dreiecks G_2PG_3 ist, dessen Ecken die Coordinaten x_2, y_2, x, y, x_3, y_3 haben, dass ebenso der Coefficient von $\mathfrak{z}_2$ der doppelte Inhalt des Dreiecks G_3PG_1, und der Coefficient von $\mathfrak{z}_3$ der doppelte Inhalt des Dreiecks G_1PG_2 ist. Nun ist aber auch der doppelte Inhalt von $G_2PG_3 = g_1w_1$, der von $G_3PG_1 = g_2w_2$, der von $G_1PG_2 = g_3w_3$. Man kann daher die Gleichung 1b) auch schreiben

$$g_1w_1\mathfrak{z}_1 + g_2w_2\mathfrak{z}_2 + g_3w_3\mathfrak{z}_3 = 0$$

oder, nach Art. 23, 2a)

$$g_1r_1z_1\mathfrak{z}_1 + g_2r_2z_2\mathfrak{z}_2 + g_3r_3z_3\mathfrak{z}_3 = 0. \qquad 2b)$$

Es ist also dieselbe Gleichung 2a), 2b), die einer Geraden in Punkt-Coordinaten, und die eines Punktes in Linien-Coordinaten. Nur sind im ersteren Falle die $\mathfrak{z}$ constant, die z veränderlich, im letzteren Falle die z constant, die $\mathfrak{z}$ veränderlich. Im Folgenden soll stets die als veränderlich zu denkende Grösse zuletzt gesetzt werden, so dass also $g_1 r_1 \mathfrak{z}_1 z_1 + g_2 r_2 \mathfrak{z}_2 z_2 + g_3 r_3 \mathfrak{z}_3 z_3 = 0$ die Gleichung einer Geraden in Punkt-Coordinaten, $g_1 r_1 z_1 \mathfrak{z}_1 + g_2 r_2 z_2 \mathfrak{z}_2 + g_3 r_3 z_3 \mathfrak{z}_3 = 0$ die Gleichung eines Punktes in Linien-Coordinaten bezeichnet.

Da in der Gleichung 2a) $\mathfrak{z}_1, \mathfrak{z}_2, \mathfrak{z}_3$ die homogenen Linien-Coordinaten der Geraden p, Fig. 11, waren, und da in der Gleichung 2b) z_1, z_2, z_3 die homogenen Punkt-Coordinaten des Punktes P, Fig. 10, waren, gilt für erstere natürlich die in Art. 23, 9b), für letztere die daselbst 9a) aufgestellte Gleichung. Setzt man also in der Gleichung der Geraden 2a), und in der Gleichung des Punktes 2b) kurz

$$g_k r_k \mathfrak{z}_k = c_k, \quad 3a) \qquad g_k r_k z_k = \mathfrak{c}_k, \quad 3b)$$

so dass die Gleichung der Geraden lautet

$$c_1 z_1 + c_2 z_2 + c_3 z_3 = 0, \qquad 4a)$$

die des Punktes $\quad \mathfrak{c}_1 \mathfrak{z}_1 + \mathfrak{c}_2 \mathfrak{z}_2 + \mathfrak{c}_3 \mathfrak{z}_3 = 0, \qquad 4b)$

so ist $\quad c_1 + c_2 + c_3 = D, \qquad 5a)$

$\quad \mathfrak{c}_1 + \mathfrak{c}_2 + \mathfrak{c}_3 = D. \qquad 5b)$

Da die rechten Seiten der Gleichungen 2a), 2b), 4a), 4b) Null sind, können die linken je mit einem beliebigen constanten Factor k, $\mathfrak{k}$, multiplicirt werden, so dass sie die Form annehmen

$$k c_1 z_1 + k c_2 z_2 + k c_3 z_3 = 0,$$
$$\mathfrak{k} \mathfrak{c}_1 \mathfrak{z}_1 + \mathfrak{k} \mathfrak{c}_2 \mathfrak{z}_2 + \mathfrak{k} \mathfrak{c}_3 \mathfrak{z}_3 = 0.$$

Dann aber ist die Coefficienten-Summe nicht mehr D, sondern bezüglich kD, $\mathfrak{k}D$. Die obigen Formen 2a), 2b), oder 4a), 4b), wo c_k, $\mathfrak{c}_k$ die in 3a), 3b) gegebene Bedeutung hat, soll jedoch für gewöhnlich angewandt, und als Normal-Form bezeichnet werden. Ist die Gleichung einer Geraden oder eines Punktes gegeben in der Form bezüglich

$$c'_1 z_1 + c'_2 z_2 + c'_3 z_3 = 0, \; 6a) \quad \mathfrak{c}'_1 \mathfrak{z}_1 + \mathfrak{c}'_2 \mathfrak{z}_2 + \mathfrak{c}'_3 \mathfrak{z}_3 = 0, \; 6b)$$

und soll sie auf die Normalform reducirt werden, so stelle man sich jedes c', $\mathfrak{c}'$ vor als c, $\mathfrak{c}$, multiplicirt mit einem noch unbekannten Factor k, $\mathfrak{k}$. Nun ist

$$c'_1 + c'_2 + c'_3 = kD; \qquad c'_1 + c'_2 + c'_3 = \mathfrak{k}D,$$

also $\quad k = \dfrac{c'_1 + c'_2 + c'_3}{D}$, 7a) $\qquad \mathfrak{k} = \dfrac{c'_1 + c'_2 + c'_3}{D}$. 7b)

Mit diesem Factor also ist die gegebene Gleichung bezüglich 6a), 6b) zu dividiren, so dass man erhält

$$\frac{c'_1}{c'_1 + c'_2 + c'_3} Dz_1 + \frac{c'_2}{c'_1 + c'_2 + c'_3} Dz_2 + \frac{c'_3}{c'_1 + c'_2 + c'_3} Dz_3 = 0, \quad 8a)$$

$$\frac{c'_1}{c'_1 + c'_2 + c'_3} D\mathfrak{z}_1 + \frac{c'_1}{c'_1 + c'_2 + c'_3} D\mathfrak{z}_2 + \frac{c'_3}{c'_1 + c'_2 + c'_3} D\mathfrak{z}_3 = 0. \quad 8b)$$

Ist das aus 7a), 7b) sich ergebende k, $\mathfrak{k}$ gleich 1, so besitzt die gegebene Gleichung bereits die Normal-Form.

Soll eine durch die Gleichung 2a) bestimmte Gerade p construirt werden, so hat man offenbar das in Art. 24 angegebene Verfahren zur Construction einer durch die dortige Gleichung 1b) repräsentirten Geraden anzuwenden. Ist die Gerade p durch eine Gleichung von der Form 4a) bestimmt, so berechne man zuvor aus 3a) die Werthe von $\mathfrak{z}_k$, indem sich ergiebt

$$\mathfrak{z}_k = \frac{c_k}{g_k r_k}.$$

Ist die Gleichung der Geraden in der allgemeinen Form 6a) gegeben, so reducire man sie zuvor auf die Normal-Form.

Soll ein durch die Gleichung 2b) bestimmter Punkt P construirt werden, so bediene man sich des in Art. 24 angegebenen Verfahrens zur Construction eines durch die dortige Gleichung 1a) repräsentirten Punktes. Ist P durch eine Gleichung von der Form 4b) bestimmt, so berechne man zuvor aus 3b) die Werthe von $r_k z_k$, indem man hat

$$r_k z_k = \frac{c_k}{g_k}.$$

Ist die Gleichung des Punktes in der allgemeinen Form 6b) gegeben, so reducire man sie erst auf die Normal-Form.

31. Es soll die Gleichung der Geraden p

$$g_1 r_1 \mathfrak{z}_1 z_1 + g_2 r_2 \mathfrak{z}_2 z_2 + g_3 r_3 \mathfrak{z}_3 z_3 = 0$$

auf ein anderes Fundamental-Dreiseit mit den Seiten g'_k, jedoch mit Beibehaltung des Anfangspunktes O der orthogonalen Coordinaten transformirt werden.

Art. 31.]

Zu diesem Zwecke wären für alle z und $\mathfrak{z}$ die in Art. 28, 9a), 9b) gegebenen Werthe einzusetzen. Da jedoch in diesen verschiedenartige Grössen, $\mathfrak{D}'$ und D', vorkommen, sind zunächst entweder alle $\mathfrak{D}'$ durch D', oder alle D' durch $\mathfrak{D}'$ auszudrücken. Wählt man das letztere, so hat man folgende Ueberlegung: D' bezeichnet den doppelten Flächeninhalt des neuen Dreiecks, ausgedrückt durch Punkt-Coordinaten x', y'; derselbe lässt sich aber auch durch orthogonale Linien-Coordinaten ausdrücken, und man hat nach Art. 26, 1a)

$$D' = \frac{\mathfrak{D}'^2}{\mathfrak{X}'_1\mathfrak{Y}'_2 \cdot \mathfrak{X}'_2\mathfrak{Y}'_3 \cdot \mathfrak{X}'_3\mathfrak{Y}'_1}$$

Nun hat jedes $\mathfrak{z}_r$ in Art. 28, 9b) die Form

$$\mathfrak{z}_r = \frac{1}{D'}\left[D'_{rr}\mathfrak{z}'_r + D'_{sr}\mathfrak{z}'_s + D'_{tr}\mathfrak{z}'_t\right],$$

indem r, s, t die Zahlen 1, 2, 3 in cyklischer Aufeinanderfolge bedeuten; vermöge des Werthes von D' ist nun also

$$\mathfrak{z}_r = \frac{\mathfrak{X}'_1\mathfrak{Y}'_2 \cdot \mathfrak{X}'_2\mathfrak{Y}'_3 \cdot \mathfrak{X}'_3\mathfrak{Y}'_1}{\mathfrak{D}'^2}\left[D'_{rr}\mathfrak{z}'_r + D'_{sr}\mathfrak{z}'_s + D'_{tr}\mathfrak{z}'_t\right]. \quad \dagger)$$

Nach Art. 28, 7b) ist aber

$$D'_{tr} = (x'_ry'_s - x'_sy'_r) + (x'_sy_r - x_ry'_s) + (x_ry'_r - x'_ry_r)$$

oder $\quad D'_{tr} = (x'_ry'_s - x'_sy'_r) + x_r(y'_r - y'_s) - y_r(x'_r - x'_s)$.

Bringt man nun in den Gleichungen Art. 21, 2b) die Nenner auf die andere Seite, so sieht man sogleich, dass

$$y'_r - y'_s = -\mathfrak{x}'_t(x'_ry'_s - x'_sy'_r), \quad x'_r - x'_s = \mathfrak{y}'_t(x'_ry'_s - x'_sy'_r)$$

ist. Es lautet also der Ausdruck für D'_{tr} jetzt

$$D'_{tr} = (x'_ry'_s - x'_sy'_r)(1 - x_r\mathfrak{x}'_t - y_r\mathfrak{y}'_t),$$

oder, indem man für x_r, y_r ihre Werthe, ausgedrückt durch $\mathfrak{x}, \mathfrak{y}$ nach Art. 21, 2a) einsetzt,

$$D'_{tr} = (x'_ry'_s - x'_sy'_r)\left(1 + \frac{\mathfrak{y}_s - \mathfrak{y}_t}{\mathfrak{x}_s\mathfrak{y}_t - \mathfrak{x}_t\mathfrak{y}_s}\mathfrak{x}'_t - \frac{\mathfrak{x}_s - \mathfrak{x}_t}{\mathfrak{x}_s\mathfrak{y}_t - \mathfrak{x}_t\mathfrak{y}_s}\mathfrak{y}'_t\right)$$

$$= (x'_ry'_s - x'_sy'_r) \cdot \frac{(\mathfrak{x}'_t\mathfrak{y}_s - \mathfrak{x}_s\mathfrak{y}'_t) + (\mathfrak{x}_s\mathfrak{y}_t - \mathfrak{x}_t\mathfrak{y}_s) + (\mathfrak{x}_t\mathfrak{y}'_t - \mathfrak{x}'_t\mathfrak{y}_t)}{\mathfrak{x}_s\mathfrak{y}_t - \mathfrak{x}_t\mathfrak{y}_s}$$

oder $\quad D'_{tr} = X'_r Y'_s \cdot \dfrac{\mathfrak{x}_s\mathfrak{y}_t + \mathfrak{x}_t\mathfrak{y}'_t - \mathfrak{x}_s\mathfrak{y}'_t}{\mathfrak{x}_s\mathfrak{y}_t}$

oder nach Art. 28, 8a)

$$D'_{tr} = X'_r Y'_s \cdot \frac{\mathfrak{D}_{rt}}{\mathfrak{x}_s\mathfrak{y}_t}. \quad \dagger\dagger)$$

— 114 — [Art. 31.

Nach Art. 26, 2b) ist aber $X'_r Y'_s = g'_t r'_t$, also hat man schliesslich

$$D'_{tr} = g'_t r'_t \cdot \frac{\mathfrak{D}_{rt}}{\mathfrak{X}_s \mathfrak{Y}_t}.$$

Mithin ist nach †)

$$\mathfrak{z}_r = \frac{\mathfrak{X}'_1 \mathfrak{Y}'_2 \cdot \mathfrak{X}'_2 \mathfrak{Y}'_3 \cdot \mathfrak{X}'_3 \mathfrak{Y}'_1}{\mathfrak{D}'^2} \cdot \frac{1}{\mathfrak{X}_s \mathfrak{Y}_t} \left[g'_r r'_r \mathfrak{D}_{rr} \mathfrak{z}'_r + g'_s r'_s \mathfrak{D}_{rs} \mathfrak{z}'_s + g'_t r'_t \mathfrak{D}_{rt} \mathfrak{z}'_t \right].$$

Es lautet daher die Gleichung $g_1 r_1 \mathfrak{z}_1 z_1 + g_2 r_2 \mathfrak{z}_2 z_2 + g_3 r_3 \mathfrak{z}_3 z_3 = 0$, indem man für $g_1 r_1, g_2 r_2, g_3 r_3$ ihre Werthe aus Art. 26, 2a) einsetzt

$$\frac{\mathfrak{D}}{\mathfrak{X}_3 \mathfrak{Y}_1 \cdot \mathfrak{X}_1 \mathfrak{Y}_2} \cdot \frac{\mathfrak{X}'_1 \mathfrak{Y}'_2 \cdot \mathfrak{X}'_2 \mathfrak{Y}'_3 \cdot \mathfrak{X}'_3 \mathfrak{Y}'_1}{\mathfrak{D}'^2} \cdot \frac{1}{\mathfrak{X}_3 \mathfrak{Y}_1} \cdot \left[g'_1 r'_1 \mathfrak{D}_{11} \mathfrak{z}'_1 + g'_2 r'_2 \mathfrak{D}_{12} \mathfrak{z}'_2 + g'_3 r'_3 \mathfrak{D}_{13} \mathfrak{z}'_3 \right]$$
$$\cdot \frac{1}{\mathfrak{D}'} \cdot \left[\mathfrak{D}'_{11} z'_1 + \mathfrak{D}'_{21} z'_2 + \mathfrak{D}'_{31} z'_3 \right]$$
$$+ \frac{\mathfrak{D}}{\mathfrak{X}_1 \mathfrak{Y}_2 \cdot \mathfrak{X}_2 \mathfrak{Y}_3} \cdot \frac{\mathfrak{X}'_1 \mathfrak{Y}'_2 \cdot \mathfrak{X}'_2 \mathfrak{Y}'_3 \cdot \mathfrak{X}'_3 \mathfrak{Y}'_1}{\mathfrak{D}'^2} \cdot \frac{1}{\mathfrak{X}_3 \mathfrak{Y}_1} \cdot \left[g'_1 r'_1 \mathfrak{D}_{21} \mathfrak{z}'_1 + g'_2 r'_2 \mathfrak{D}_{22} \mathfrak{z}'_2 + g'_3 r'_3 \mathfrak{D}_{23} \mathfrak{z}'_3 \right]$$
$$\cdot \frac{1}{\mathfrak{D}'} \cdot \left[\mathfrak{D}'_{12} z'_1 + \mathfrak{D}'_{22} z'_2 + \mathfrak{D}'_{32} z'_3 \right]$$
$$+ \frac{\mathfrak{D}}{\mathfrak{X}_2 \mathfrak{Y}_3 \cdot \mathfrak{X}_3 \mathfrak{Y}_1} \cdot \frac{\mathfrak{X}'_1 \mathfrak{Y}'_2 \cdot \mathfrak{X}'_2 \mathfrak{Y}'_3 \cdot \mathfrak{X}'_3 \mathfrak{Y}'_1}{\mathfrak{D}'^2} \cdot \frac{1}{\mathfrak{X}_1 \mathfrak{Y}_2} \cdot \left[g'_1 r'_1 \mathfrak{D}_{31} \mathfrak{z}'_1 + g'_2 r'_2 \mathfrak{D}_{32} \mathfrak{z}'_2 + g'_3 r'_3 \mathfrak{D}_{33} \mathfrak{z}'_3 \right]$$
$$\frac{1}{\mathfrak{D}'} \cdot \left[\mathfrak{D}'_{13} z'_1 + \mathfrak{D}'_{23} z'_2 + \mathfrak{D}'_{33} z'_3 \right] = 0,$$

oder $\dfrac{\mathfrak{X}'_1 \mathfrak{Y}'_2 \cdot \mathfrak{X}'_2 \mathfrak{Y}'_3 \cdot \mathfrak{X}'_3 \mathfrak{Y}'_1}{\mathfrak{X}_1 \mathfrak{Y}_2 \cdot \mathfrak{X}_2 \mathfrak{Y}_3 \cdot \mathfrak{X}_3 \mathfrak{Y}_1} \cdot \dfrac{\mathfrak{D}}{\mathfrak{D}'^3} \left\{ \left[g'_1 r'_1 \mathfrak{D}_{11} \mathfrak{z}'_1 + g'_2 r'_2 \mathfrak{D}_{12} \mathfrak{z}'_2 + g'_3 r'_3 \mathfrak{D}_{13} \mathfrak{z}'_3 \right] \right.$

$$\cdot \left[\mathfrak{D}'_{11} z'_1 + \mathfrak{D}'_{21} z'_2 + \mathfrak{D}'_{31} z'_3 \right]$$
$$+ \left[g'_1 r'_1 \mathfrak{D}_{21} \mathfrak{z}'_1 + g'_2 r'_2 \mathfrak{D}_{22} \mathfrak{z}'_2 + g'_3 r'_3 \mathfrak{D}_{23} \mathfrak{z}'_3 \right] \left[\mathfrak{D}'_{12} z'_1 + \mathfrak{D}'_{22} z'_2 + \mathfrak{D}'_{32} z'_3 \right]$$
$$+ \left[g'_1 r'_1 \mathfrak{D}_{31} \mathfrak{z}'_1 + g'_2 r'_2 \mathfrak{D}_{32} \mathfrak{z}'_2 + g'_3 r'_3 \mathfrak{D}_{33} \mathfrak{z}'_3 \right] \left[\mathfrak{D}'_{13} z'_1 + \mathfrak{D}'_{23} z'_2 + \mathfrak{D}'_{33} z'_3 \right] \right\} = 0.$$

Multiplicirt man die inneren Klammern aus, so dass man erhält

$$\frac{\mathfrak{X}'_1 \mathfrak{Y}'_2 \cdot \mathfrak{X}'_2 \mathfrak{Y}'_3 \cdot \mathfrak{X}'_3 \mathfrak{Y}'_1}{\mathfrak{X}_1 \mathfrak{Y}_2 \cdot \mathfrak{X}_2 \mathfrak{Y}_3 \cdot \mathfrak{X}_3 \mathfrak{Y}_1} \cdot \frac{\mathfrak{D}}{\mathfrak{D}'^3} \cdot \left\{ g'_1 r'_1 \mathfrak{z}'_1 z'_1 \left[\mathfrak{D}'_{11} \mathfrak{D}_{11} + \mathfrak{D}'_{12} \mathfrak{D}_{21} + \mathfrak{D}'_{13} \mathfrak{D}_{31} \right] \right.$$
$$\left. + g'_1 r'_1 \mathfrak{z}'_1 z'_2 \left[\mathfrak{D}'_{21} \mathfrak{D}_{11} + \mathfrak{D}'_{22} \mathfrak{D}_{21} + \mathfrak{D}'_{23} \mathfrak{D}_{31} \right] + \cdots \right\} = 0$$

und wendet die Sätze Art. 29, IV) von a'_1 bis c'_3 an, so annulliren sich alle Glieder mit Ausnahme der Coefficienten von $g'_1 r'_1 \mathfrak{z}'_1 z'_1, g'_2 r'_2 \mathfrak{z}'_2 z'_2, g'_3 r'_3 \mathfrak{z}'_3 z'_3$, welche den Werth $\mathfrak{D}' \mathfrak{D}$ erhalten. Es lautet also dann die Gleichung:

$$\frac{\mathfrak{D}^2}{\mathfrak{X}_1 \mathfrak{Y}_2 \cdot \mathfrak{X}_2 \mathfrak{Y}_3 \cdot \mathfrak{X}_3 \mathfrak{Y}_1} \cdot \frac{\mathfrak{X}'_1 \mathfrak{Y}'_2 \cdot \mathfrak{X}'_2 \mathfrak{Y}'_3 \cdot \mathfrak{X}'_3 \mathfrak{Y}'_1}{\mathfrak{D}'^2} \left[g'_1 r'_1 \mathfrak{z}'_1 z'_1 + g'_2 r'_2 \mathfrak{z}'_2 z'_2 + g'_3 r'_3 \mathfrak{z}'_3 z'_3 \right] = 0,$$

Art. 31.]

oder nach Art. 26, 1a)
$$\frac{D}{D'} \cdot \left[g'_1 r'_1 \mathfrak{z}'_1 z'_1 + g'_2 r'_2 \mathfrak{z}'_2 z'_2 + g'_3 r'_3 \mathfrak{z}'_3 z'_3 \right] = 0.$$

Drückt man umgekehrt alle $\mathfrak{D}'$ durch D' aus, so lautet die Rechnung folgendermassen. Aus Art. 26, 1a) folgt
$$\mathfrak{D}' = \sqrt{\mathfrak{X}'_r \mathfrak{Y}'_s \cdot \mathfrak{X}'_s \mathfrak{Y}'_t \cdot \mathfrak{X}'_t \mathfrak{Y}'_r} \cdot D'.$$

Nun ist $\quad\mathfrak{X}'_r \mathfrak{Y}'_s = \mathfrak{x}'_r \mathfrak{y}'_s - \mathfrak{x}'_s \mathfrak{y}'_r$

oder nach Art. 21, 2b)
$$\mathfrak{X}'_r \mathfrak{Y}'_s = -\frac{y'_s - y'_t}{x'_s y'_t - x'_t y'_s} \cdot \frac{x'_t - x'_r}{x'_t y'_r - x'_r y'_t} + \frac{y'_t - y'_r}{x'_t y'_r - x'_r y'_t} \cdot \frac{x'_s - x'_t}{x'_s y'_t - x'_t y'_s}$$
$$= \frac{D'}{X'_s Y'_t \cdot X'_t Y'_r}$$

oder nach Art. 26, 2b) $\mathfrak{X}'_r \mathfrak{Y}'_s = \dfrac{D'}{g'_r r'_r \cdot g'_s r'_s}.$ ⎫

Ebenso ist $\mathfrak{X}'_s \mathfrak{Y}'_t = \dfrac{D'}{g'_s r'_s \cdot g'_t r'_t};\quad \mathfrak{X}'_t \mathfrak{Y}'_r = \dfrac{D'}{g'_t r'_t \cdot g'_r r'_r}$ ⎬ ***)

folglich $\quad \mathfrak{D}' = \dfrac{D'^2}{g'_r r'_r \cdot g'_s r'_s \cdot g'_t r'_t}$ ⎭

Nun hat jedes z_r in Art. 28, 9a) die Form
$$z_r = \frac{1}{\mathfrak{D}'} \left[\mathfrak{D}'_{rr} z'_r + \mathfrak{D}'_{sr} z'_s + \mathfrak{D}'_{tr} z'_t \right]$$

oder also, vermöge des Werthes von $\mathfrak{D}'$
$$z_r = \frac{g'_r r'_r \cdot g'_s r'_s \cdot g'_t r'_t}{D'^2} \cdot \left[\mathfrak{D}'_{rr} z'_r + \mathfrak{D}'_{sr} z'_s + \mathfrak{D}'_{tr} z'_t \right] \qquad *)$$

Auf dieselbe Weise wie früher findet man nun mit Hilfe der Gleichungen Art. 28, 7a), Art. 21, 2a), Art. 21, 2b), Art. 28, 8b)
$$\mathfrak{D}'_{tr} = \mathfrak{X}'_r \mathfrak{Y}'_s \cdot \frac{D_{rt}}{X_s Y_t} \qquad **)$$

Man hat also jetzt
$$z_r = \frac{g'_r r'_r \cdot g'_s r'_s \cdot g'_t r'_t}{D'^2} \cdot \frac{1}{X_s Y_t} \cdot \left[\mathfrak{X}'_s \mathfrak{Y}'_t D_{rr} z'_r + \mathfrak{X}'_t \mathfrak{Y}'_r D_{rs} z'_s + \mathfrak{X}'_r \mathfrak{Y}'_s D_{rt} z'_t \right]$$

oder, nach ***)
$$z_r = \frac{g'_r r'_r \cdot g'_s r'_s \cdot g'_t r'_t}{D'^2} \cdot \frac{1}{X_s Y_t} \cdot \Big[\frac{D'}{g'_s r'_s \cdot g'_t r'_t} \cdot D_{rr} z'_r + \frac{D'}{g'_t r'_t \cdot g'_r r'_r} D_{rs} z'_s$$
$$+ \frac{D'}{g'_r r'_r \cdot g'_s r'_s} \cdot D_{rt} z'_t \Big]$$

oder

$$z_r = \frac{1}{D'} \cdot \frac{1}{X_s Y_t} \cdot \left[g'_r r'_r D_{rr} z'_r + g'_s r'_s D_{rs} z'_s + g'_t r'_t D_{rt} z'_t \right]$$

oder endlich nach Art. 26, 2b)

$$z_r = \frac{1}{D'} \cdot \frac{1}{g_r r_r} \cdot \left[g'_r r'_r D_{rr} z'_r + g'_s r'_s D_{rs} z'_s + g'_t r'_t D_{rt} z'_t \right].$$

Es lautet daher die Gleichung $g_1 r_1 \delta_1 z_1 + g_2 r_2 \delta_2 z_2 + g_3 r_3 \delta_3 z_3 = 0$ jetzt,

$$g_1 r_1 \cdot \frac{1}{D'} \cdot \left[D'_{11} \delta'_1 + D'_{21} \delta'_2 + D'_{31} \delta'_3 \right] \cdot \frac{1}{D'} \cdot \frac{1}{g_1 r_1} \cdot \left[g'_1 r'_1 D_{11} z'_1 \right.$$
$$\left. + g'_2 r'_2 D_{12} z'_2 + g'_3 r'_3 D_{13} z'_3 \right]$$
$$+ g_2 r_2 \cdot \frac{1}{D'} \cdot \left[D'_{12} \delta'_1 + D'_{22} \delta'_2 + D'_{32} \delta'_3 \right] \cdot \frac{1}{D'} \cdot \frac{1}{g_2 r_2} \cdot \left[g'_1 r'_1 D_{21} z'_1 \right.$$
$$\left. + g'_2 r'_2 D_{22} z'_2 + g'_3 r'_3 D_{23} z'_3 \right]$$
$$+ g_3 r_3 \cdot \frac{1}{D'} \cdot \left[D'_{13} \delta'_1 + D'_{23} \delta'_2 + D'_{33} \delta'_3 \right] \cdot \frac{1}{D'} \cdot \frac{1}{g_3 r_3} \cdot \left[g'_1 r'_1 D_{31} z'_1 \right.$$
$$\left. + g'_2 r'_2 D_{32} z'_2 + g'_3 r'_3 D_{33} z'_3 \right] = 0;$$

oder

$$\frac{1}{D'^2} \cdot \left\{ \left[D'_{11} \delta'_1 + D'_{21} \delta'_2 + D'_{31} \delta'_3 \right] \left[g'_1 r'_1 D_{11} z'_1 + g'_2 r'_2 D_{12} z'_2 \right.\right.$$
$$\left. + g'_3 r'_3 D_{13} z'_3 \right]$$
$$+ \left[D'_{12} \delta'_1 + D'_{22} \delta'_2 + D'_{32} \delta'_3 \right] \left[g'_1 r'_1 D_{21} z'_1 + g'_2 r'_2 D_{22} z'_2 \right.$$
$$\left. + g'_3 r'_3 D_{23} z'_3 \right]$$
$$+ \left[D'_{13} \delta'_1 + D'_{23} \delta'_2 + D'_{33} \delta'_3 \right] \left[g'_1 r'_1 D_{31} z'_1 + g'_2 r'_2 D_{32} z'_2 \right.$$
$$\left.\left. + g'_3 r'_3 D_{33} z'_3 \right] \right\} = 0.$$

Multiplicirt man hier die inneren Klammern aus, so dass man erhält

$$\frac{1}{D'^2} \left\{ g'_1 r'_1 \delta'_1 z'_1 \left[D'_{11} D_{11} + D'_{12} D_{21} + D'_{13} D_{31} \right] \right.$$
$$\left. + g'_1 r'_1 \delta'_2 z'_1 \left[D'_{21} D_{11} + D'_{22} D_{21} + D'_{23} z'_1 \right] + \cdots \right\} = 0;$$

und wendet wiederum die Sätze Art. 29, IV) von a'_1 bis c'_3 an, so annulliren sich ebenfalls alle Coefficienten mit Ausnahme derer von $g'_1 r'_1 \delta'_1 z'_1$, $g'_2 r'_2 \delta'_2 z'_2$, $g'_3 r'_3 \delta'_3 z'_3$, welche den Werth $D'D$ erhalten. Es lautet also dann die Gleichung:

$$\frac{D}{D'} \left[g'_1 r'_1 \delta'_1 z'_1 + g'_2 r'_2 \delta'_2 z'_2 + g'_3 r'_3 \delta'_3 z'_3 \right] = 0; \quad 1a)$$

welches dieselbe ist, wie die früher gefundene.

Art. 31. 32.]

Soll die Gleichung des Punktes P
$$g_1 r_1 z_1 \delta_1 + g_2 r_2 z_2 \delta_2 + g_3 r_3 z_3 \delta_3 = 0$$
auf ein anderes Fundamental-Dreieck mit den Ecken G'_k, mit Beibehaltung des Anfangspunktes O der orthogonalen Coordinaten, transformirt werden, so erhält man selbstverständlich, man mag alle D' durch $\mathfrak{D}'$, oder alle $\mathfrak{D}'$ durch D' ausdrücken, wieder die Gleichung:
$$\frac{D}{D'}\left[g'_1 r'_1 z'_1 \delta'_1 + g'_2 r'_2 z'_2 \delta'_2 + g'_3 r'_3 z'_3 \delta'_3\right] = 0. \qquad 1b)$$

Man sieht daher: Transformirt man die Gleichung der Geraden, oder des Punktes, Art. 30, 2a), 2b) auf ein anderes Dreieck, ohne während der Rechnung die ganze Gleichung durch einen constanten Factor zu erweitern oder zu kürzen, so erhält man die entsprechende Gleichung für das neue Fundamental-Dreieck, multiplicirt mit dem Quotienten des (doppelten) Inhalts des ursprünglichen und des neuen Dreiecks.

Der Quotient $\frac{D}{D'}$ ist zugleich die Determinante oder der Modulus der linearen Substitution Art. 28, 9b). Heisst nämlich derselbe M, so ist

$$M = \frac{1}{D'^3} \begin{vmatrix} D'_{11} & D'_{21} & D'_{31} \\ D'_{12} & D'_{22} & D'_{32} \\ D'_{13} & D'_{23} & D'_{33} \end{vmatrix}$$

oder
$$M = \frac{1}{D'^3}\Big[D'_{11}(D'_{22}D'_{33} - D'_{23}D'_{32}) + D'_{21}(D'_{32}D'_{13} - D'_{33}D'_{12}) \\ + D'_{31}(D'_{12}D'_{23} - D'_{13}D'_{22})\Big]$$

oder nach Art. 29, III) b'_2, b'_3, b'_1
$$M = \frac{1}{D'^3}\Big[D'_{11} \cdot D' \cdot D_{11} + D'_{21} \cdot D' \cdot D_{12} + D'_{31} \cdot D' \cdot D_{13}\Big]$$
$$= \frac{1}{D'^2}\Big[D_{11}D'_{11} + D_{12}D'_{21} + D_{13}D'_{31}\Big]$$

oder nach Art. 29, IV) a_1
$$M = \frac{1}{D'^2} \cdot D \cdot D'$$

also
$$M = \frac{D}{D'}.$$

32. Sind P_1, P_2 zwei Punkte mit den Coordinaten z_{11}, z_{21}, z_{31}; z_{12}, z_{22}, z_{32}, und soll die Gleichung der Geraden gesucht

werden, welche sie verbindet, so muss dieselbe die Gestalt haben $g_1 r_1 \delta_1 z_1 + g_2 r_2 \delta_2 z_2 + g_3 r_3 \delta_3 z_3 = 0$. In derselben sind die δ_k unbekannt. Um sie zu finden, hat man zu erwägen, dass

$$1)\quad g_1 r_1 \delta_1 + g_2 r_2 \delta_2 + g_3 r_3 \delta_3 = D$$

sein muss (Art. 23), und dass ferner sowohl z_{k1} als z_{k2} der vorausgesetzten Gleichung genügen muss, dass also auch sein muss

$$2)\quad g_1 r_1 \delta_1 z_{11} + g_2 r_2 \delta_2 z_{21} + g_3 r_3 \delta_3 z_{31} = 0;$$
$$3)\quad g_1 r_1 \delta_1 z_{12} + g_2 r_2 \delta_2 z_{22} + g_3 r_3 \delta_3 z_{32} = 0.$$

Sieht man in diesen Gleichungen $g_k r_k \delta_k$ als Unbekannte an, so ergiebt sich, wenn man kurz die Determinante

$$\begin{vmatrix} 1 & 1 & 1 \\ z_{11} & z_{21} & z_{31} \\ z_{12} & z_{22} & z_{32} \end{vmatrix} = E$$

setzt,

$$g_1 r_1 \delta_1 = \frac{D}{E} \begin{vmatrix} z_{21} & z_{31} \\ z_{22} & z_{32} \end{vmatrix}; \quad g_2 r_2 \delta_2 = \frac{D}{E} \begin{vmatrix} z_{31} & z_{11} \\ z_{32} & z_{12} \end{vmatrix}; \quad g_3 r_3 \delta_3 = \frac{D}{E} \begin{vmatrix} z_{11} & z_{21} \\ z_{12} & z_{22} \end{vmatrix};$$

und die Gleichung der Geraden lautet daher

$$\frac{D}{E}(z_{21} z_{32} - z_{31} z_{22}) z_1 + \frac{D}{E}(z_{31} z_{12} - z_{11} z_{32}) z_2 + \frac{D}{E}(z_{11} z_{22} - z_{21} z_{12}) z_3 = 0. \quad 1a$$

Dies ist die gesuchte Gleichung, und zwar wegen 1) in der Normalform. Kürzt man durch $\frac{D}{E}$, so lautet sie

$$(z_{21} z_{32} - z_{31} z_{22}) z_1 + (z_{31} z_{12} - z_{11} z_{32}) z_2 + (z_{11} z_{22} - z_{21} z_{12}) z_3 = 0. \quad 2a)$$

Sind ferner zwei Gerade p_1, p_2 mit den Coordinaten δ_{k1}, δ_{k2} gegeben, und soll die Gleichung ihres Durchschnittspunktes gesucht werden, so weiss man, dass dieselbe die Gestalt haben muss $g_1 r_1 z_1 \delta_1 + g_2 r_2 z_2 \delta_2 + g_3 r_3 z_3 \delta_3 = 0$. In dieser sind die z_k unbekannt. Um sie zu finden hat man die drei Gleichungen

$$1)\quad g_1 r_1 z_1 + g_2 r_2 z_2 + g_3 r_3 z_3 = D;$$
$$2)\quad g_1 r_1 z_1 \delta_{11} + g_2 r_2 z_2 \delta_{21} + g_3 r_3 z_3 \delta_{31} = 0;$$
$$3)\quad g_1 r_1 z_1 \delta_{12} + g_2 r_2 z_2 \delta_{22} + g_3 r_3 z_3 \delta_{32} = 0.$$

Setzt man die Determinante

$$\begin{vmatrix} 1 & 1 & 1 \\ \delta_{11} & \delta_{21} & \delta_{31} \\ \delta_{12} & \delta_{22} & \delta_{32} \end{vmatrix} = \mathfrak{E},$$

[Art. 33.]

so erhält man als gesuchte Gleichung in Normalform

$$\frac{D}{\mathfrak{E}}(\delta_{21}\delta_{32}-\delta_{31}\delta_{22})\delta_1 + \frac{D}{\mathfrak{E}}(\delta_{31}\delta_{12}-\delta_{11}\delta_{32})\delta_2 + \frac{D}{\mathfrak{E}}(\delta_{11}\delta_{22}-\delta_{21}\delta_{12})\delta_3 = 0; \quad 1b)$$

durch $\frac{D}{\mathfrak{E}}$ gekürzt aber,

$$(\delta_{21}\delta_{32}-\delta_{31}\delta_{22})\delta_1 + (\delta_{31}\delta_{12}-\delta_{11}\delta_{32})\delta_2 + (\delta_{11}\delta_{22}-\delta_{21}\delta_{12})\delta_3 = 0. \quad 2b)$$

33. Um die Coordinaten z_k des Durchschnittspunkts zweier Geraden

$$p_1 \equiv g_1 r_1 \delta_{11} z_{11} + g_2 r_2 \delta_{21} z_{21} + g_3 r_3 \delta_{31} z_{31} = 0,$$
$$p_2 \equiv g_1 r_1 \delta_{12} z_{12} + g_2 r_2 \delta_{22} z_{22} + g_3 r_3 \delta_{32} z_{32} = 0$$

zu finden, hat man die Bedingungsgleichungen:

1) $g_1 r_1 z_1 + g_2 r_2 z_2 + g_3 r_3 z_3 = D,$
2) $g_1 r_1 \delta_{11} z_1 + g_2 r_2 \delta_{21} z_2 + g_3 r_3 \delta_{31} z_3 = 0,$
3) $g_1 r_1 \delta_{12} z_1 + g_2 r_2 \delta_{22} z_2 + g_3 r_3 \delta_{32} z_3 = 0,$

aus welchen für irgend eins der drei z, z. B. für z_t folgt

$$z_t = \frac{\delta_{r1}\delta_{s2}-\delta_{s1}\delta_{r2}}{(\delta_{21}\delta_{32}-\delta_{31}\delta_{22})+(\delta_{31}\delta_{12}-\delta_{11}\delta_{32})+(\delta_{11}\delta_{22}-\delta_{21}\delta_{12})} \cdot \frac{D}{g_t r_t}. \quad 1a)$$

Sollen die Coordinaten $\mathfrak{z}_k$ der Verbindungsgeraden zweier Punkte

$$P_1 \equiv g_1 r_1 z_{11} \delta_{11} + g_2 r_2 z_{21} \delta_{21} + g_3 r_3 z_{31} \delta_{31} = 0;$$
$$P_2 \equiv g_1 r_1 z_{12} \delta_{12} + g_2 r_2 z_{22} \delta_{22} + g_3 r_3 z_{32} \delta_{32} = 0$$

gesucht werden, so ergiebt sich aus den Bedingungsgleichungen

1) $g_1 r_1 \delta_1 + g_2 r_2 \delta_2 + g_3 r_3 \delta_3 = D;$
2) $g_1 r_1 z_{11} \delta_1 + g_2 r_2 z_{21} \delta_2 + g_3 r_3 z_{31} \delta_3 = 0;$
3) $g_1 r_1 z_{12} \delta_1 + g_2 r_2 z_{22} \delta_2 + g_3 r_3 z_{32} \delta_3 = 0$

$$\mathfrak{z}_t = \frac{z_{r1} z_{s2} - z_{s1} z_{r2}}{(z_{21} z_{32}-z_{31} z_{22})+(z_{31} z_{12}-z_{11} z_{32})+(z_{11} z_{22}-z_{21} z_{12})} \cdot \frac{D}{g_t r_t}. \quad 1b)$$

Sollen die Geraden p_1, p_2 parallel sein, so müssen die Coordinaten ihres Durchschnittspunkts der Gleichung eines unendlich entfernten Punktes genügen, es tritt daher an die Stelle der Bedingungsgleichung 1) nach Art. 25, 3a) die Gleichung

$$g_1 r_1 z_1 + g_2 r_2 z_2 + g_3 r_3 z_3 = 0,$$

und es muss also der Nenner des Bruches in 1a) Null sein, nämlich es muss sein

$$\begin{vmatrix} 1 & 1 & 1 \\ \delta_{11} & \delta_{21} & \delta_{31} \\ \delta_{12} & \delta_{22} & \delta_{32} \end{vmatrix} = 0. \qquad 2a)$$

Sollen die beiden Punkte P_1, P_2 auf einer durch den Coordinaten-Anfangspunkt gehenden Geraden liegen, so tritt an die Stelle der Bedingungsgleichung $g_1 r_1 \delta_1 + g_2 r_2 \delta_2 + g_3 r_3 \delta_3 = D$ nach Art. 25, 3b) die Gleichung

$$g_1 r_1 \delta_1 + g_2 r_2 \delta_2 + g_3 r_3 \delta_3 = 0.$$

Es muss daher der Nenner des Bruches in 1b), nämlich die Determinante

$$\begin{vmatrix} 1 & 1 & 1 \\ z_{11} & z_{21} & z_{31} \\ z_{12} & z_{22} & z_{32} \end{vmatrix} = 0 \qquad 2b)$$

sein.

34. In Bezug auf die soeben angewandten Gleichungen 3a), 3b) des Art. 25 mag noch Folgendes bemerkt werden: Wie schon in diesem Art. angedeutet ward, hat man stets **verschiedene unendlich entfernte Punkte** sich vorzustellen. Denn es müssen zwar, wenn ein Punkt unendlich entfernt sein soll, die Coordinaten z unendlich gross sein, allein es muss eine oder zwei derselben negativ sein. Stellt man sich nun vor, es sei $z_1 = -\infty$, $z_2 = +\infty$, $z_3 = +\infty$, so hat man nach Art. 24 irgend einen unendlich entfernten Punkt des von g_1 einer- und den Verlängerungen von g_2 und g_3 andererseits gebildeten Theils der Ebene anzunehmen; stellt man sich vor, es sei $z_1 = -\infty$, $z_2 = -\infty$, $z_3 = +\infty$, so hat man irgend einen unendlich entfernten Punkt des vom Scheitelwinkel des Dreieckswinkels G_3 gebildeten Flächenraums anzunehmen, u. s. w. Hingegen hat man nur **eine einzige unendlich entfernte Gerade** anzunehmen, denn nach Art. 25, 2b) tritt eine solche nur dann ein, wenn δ_1, δ_2, δ_3 zugleich den Werth 1, und zugleich alle drei das positive Zeichen besitzen. Aus Art. 24 erhellt, dass man sich diese unendlich entfernte Gerade als irgendwo ausserhalb des Dreiecks in der Ebene desselben in unendlicher Entfernung vorzustellen hat. Ebenso hat man sich **verschiedene** durch O gehende Gerade unter der Gleichung Art. 25, 3b) vorzu-

stellen, denn es ist beliebig, welche zwei Dreiecks-Seiten sie in inneren Punkten, und in welchem Verhältnisse sie dieselben theilt. Dagegen ist der Coordinaten-Anfangspunkt nur einer, denn nach Art. 25, 2a) müssen seine Punkt-Coordinaten z_1, z_2, z_3 den Werth 1, und zugleich das positive Zeichen besitzen.

Es lassen aber die Gleichungen Art. 25, 3a), 3b) noch eine andere Auffassung zu: Setzt man nämlich in der für Punkt-Coordinaten aufgestellten Gleichung der Geraden Art. 30, 2a) $\delta_1 = \delta_2 = \delta_3 = 1$, so erhält man die Gleichung der unendlich entfernten Geraden, und diese lautet $g_1 r_1 z_1 + g_2 r_2 z_2 + g_3 r_3 z_3 = 0$, also ebenso wie die Gleichung eines unendlich entfernten Punktes in Art. 25, 3a). Setzt man ferner in der für Linien-Coordinaten aufgestellten Gleichung des Punktes Art. 30, 2b) $z_1 = z_2 = z_3 = 1$, so erhält man die Gleichung des Punktes O, und diese lautet $g_1 r_1 \delta_1 + g_2 r_2 \delta_2 + g_3 r_3 \delta_3 = 0$, mithin ebenso, wie die Gleichung einer durch O gehenden Geraden in Art. 25, 3b). Man sieht also: Die Gleichung
$$g_1 r_1 z_1 + g_2 r_2 z_2 + g_3 r_3 z_3 = 0 \qquad 1a)$$
kann betrachtet werden sowohl als Gleichung eines Punktes, wie als Gleichung einer Geraden. Im ersteren Falle bezeichnet sie einen unendlich entfernten Punkt, im letzteren die unendlich entfernte Gerade. Die Gleichung
$$g_1 r_1 \delta_1 + g_2 r_2 \delta_2 + g_3 r_3 \delta_3 = 0 \qquad 1b)$$
kann betrachtet werden sowohl als Gleichung einer Geraden, wie als Gleichung eines Punktes. Im ersteren Falle bezeichnet sie eine durch den Coordinaten-Anfangspunkt O gehende Gerade, im letzteren den Coordinaten-Anfangspunkt O.

35. Soll ein Punkt P, dessen Coordinaten z_k sind, mit zwei anderen Punkten P_1', P_2', deren Coordinaten bezüglich z'_{k1}, z'_{k2} sind, auf einer und derselben Geraden δ_k liegen, so muss sein

entweder $\quad z_k = q_1 z'_{k2} + q_2 z'_{k1}, \; q_1 + q_2 = 1;$
oder $\quad\;\; z_k = q'_1 z'_{k2} - q'_2 z'_{k1}, \; q'_1 - q'_2 = 1.$ $\qquad 1a)$

Soll insbesondere P der unendlich entfernte Punkt der Geraden δ_k sein, so muss sein
$$z = q'_1 z'_{k2} - q'_2 z'_{k1}, \; q'_1 - q'_2 = 0. \qquad 2a)$$

Soll eine Gerade p, deren Coordinaten $\mathfrak{z}_k$ sind, mit zwei anderen Geraden p'_1, p'_2, deren Coordinaten bezüglich $\mathfrak{z}'_{k1}$, $\mathfrak{z}'_{k2}$ sind, durch einen und denselben Punkt z_k gehen, so muss sein
entweder $\quad \mathfrak{z}_k = q_1 \mathfrak{z}'_{k2} + q_2 \mathfrak{z}'_{k1}, \; q_1 + q_2 = 1;$
oder $\quad \mathfrak{z}_k = q'_1 \mathfrak{z}'_{k2} - q'_2 \mathfrak{z}'_{k1}, \; q'_1 - q'_2 = 1.$ $\quad 1b)$

Soll insbesondere p durch den Coordinaten-Anfangspunkt O gehen, so muss sein
$$\mathfrak{z}_k = q'_1 \mathfrak{z}'_{k2} - q'_2 \mathfrak{z}'_{k1}, \; q'_1 - q'_2 = 0; \qquad 2b)$$
wo überall q_1, q_2, q'_1, q'_2 absolute, oder wenigstens positive Zahlen sind.

Umgekehrt: Ist eine der Bedingungen 1a), 2a) erfüllt, so liegt P mit P'_1, P'_2 auf derselben Geraden $\mathfrak{z}_k$; ist eine der Bedingungen 1b), 2b) erfüllt, so geht p mit p'_1, p'_2 durch denselben Punkt z_k.

Der Satz 1a) ergiebt sich daraus, dass folgende sechs Bedingungen erfüllt sein müssen:

1) $g_1 r_1 \mathfrak{z}_1 z_1 + g_2 r_2 \mathfrak{z}_2 z_2 + g_3 r_3 \mathfrak{z}_3 z_3 = 0;$
2) $g_1 r_1 \mathfrak{z}_1 z'_{11} + g_2 r_2 \mathfrak{z}_2 z'_{21} + g_3 r_3 \mathfrak{z}_3 z'_{31} = 0;$
3) $g_1 r_1 \mathfrak{z}_1 z'_{12} + g_2 r_2 \mathfrak{z}_2 z'_{22} + g_3 r_3 \mathfrak{z}_3 z'_{32} = 0;$
4) $g_1 r_1 z_1 + g_2 r_2 z_2 + g_3 r_3 z_3 = D;$
5) $g_1 r_1 z'_{11} + g_2 r_2 z'_{21} + g_3 r_3 z'_{31} = D;$
6) $g_1 r_1 z'_{12} + g_2 r_2 z'_{22} + g_3 r_3 z'_{32} = D.$

Die ersten drei Bedingungen erfordern, dass die Determinante
$$\begin{vmatrix} z_1 & z_2 & z_3 \\ z'_{11} & z'_{21} & z'_{31} \\ z'_{12} & z'_{22} & z'_{32} \end{vmatrix} = 0$$
ist. Damit diese Bedingung aber erfüllt ist, muss
entweder $\quad z_k = q_1 z'_{k2} + q_2 z'_{k1};$ oder $z_k = q'_1 z'_{k2} - q'_2 z'_{k1}$
sein, denn dann zerfällt die Determinante in eine Summe oder Differenz zweier Determinanten mit zwei gleichen Horizontal-Reihen. Ferner ist dann, wenn $z_k = q_1 z'_{k2} + q_2 z'_{k1}$ ist,

$$g_1 r_1 z_1 + g_2 r_2 z_2 + g_3 r_3 z_3 = g_1 r_1 (q_1 z'_{12} + q_2 z'_{11}) + g_2 r_2 (q_1 z'_{22} + q_2 z'_{21})$$
$$+ g_3 r_3 (q_1 z'_{32} + q_2 z'_{31})$$
oder
$$g_1 r_1 z_1 + g_2 r_2 z_2 + g_3 r_3 z_3 = q_1 (g_1 r_1 z'_{12} + g_2 r_2 z'_{22} + g_3 r_3 z'_{32})$$
$$+ q_2 (g_1 r_1 z'_{11} + g_2 r_2 z'_{21} + g_3 r_3 z'_{31})$$

Art. 35. 36.]   — 123 —

oder, nach 6) und 5)
$$g_1 r_1 z_1 + g_1 r_2 z_2 + g_3 r_3 z_3 = q_1 D + q_2 D$$
oder
$$g_1 r_1 z_1 + g_2 r_2 z_2 + g_3 r_3 z_3 = (q_1 + q_2) D.$$
Damit nun die Bedingung 4) erfüllt ist, muss
$$q_1 + q_2 = 1$$
sein. Ebenso sieht man, dass, wenn $z_k = q'_1 z'_{k2} - q'_2 z'_{k1}$ ist, $q'_1 - q'_2 = 1$ sein muss. Soll P der unendlich entfernte Punkt der Geraden $\mathfrak{z}_k$ sein, so geht die Bedingungsgleichung 4) über in $g_1 r_1 z_1 + g_2 r_2 z_2 + g_3 r_3 z_3 = 0$, während 5) und 6) ungeändert bleiben, da P'_1, P'_2 in endlicher Entfernung liegende Punkte sein sollen. In diesem Falle muss offenbar $q'_1 - q'_2 = 0$ sein. Die Umkehrung des Satzes ergiebt sich sogleich daraus, dass, wenn die Werthe $z_k = q_1 z_{k2} + q_2 z'_{k1}$ oder $z_k = q'_1 z'_{k2} - q'_2 z'_{k1}$ in die Gleichung Art. 32, 2a) der Verbindungsgeraden $\mathfrak{z}_k$ von P'_1, P'_2 eingesetzt werden, sich Null ergiebt, woraus folgt, dass P mit P'_1, P'_2 auf derselben Geraden $\mathfrak{z}_k$ liegt.

Der Beweis des Satzes 1b) und seiner Umkehrung ist dem des Satzes 1a) und seiner Umkehrung ganz analog.

36. Werden die Coordinaten z_k eines Punktes P aus den Coordinaten z'_{k1}, z'_{k2} zweier Punkte P'_1, P'_2 abgeleitet durch die Beziehungen
$$z_k = q_1 z'_{k2} + q_2 z'_{k1}, \; q_1 + q_2 = 1; \; z_k = q'_1 z'_{k2} - q'_2 z'_{k1}; \; q'_1 - q'_2 = 1 \text{ oder } 0$$
und werden die Coordinaten auf ein anderes Fundamental-Dreiseit transformirt, in welchem die neuen Coordinaten durch Z bezeichnet werden, so ist auch in diesem
$$Z_k = q_1 Z'_{k2} + q_2 Z'_{k1}; \; q_1 + q_2 = 1; \; Z_k = q'_1 Z'_{k2} - q'_2 Z'_{k1}; \; q'_1 - q'_2 = 1 \text{ oder } 0.$$

Werden die Coordinaten $\mathfrak{z}_k$ einer Geraden p aus den Coordinaten $\mathfrak{z}'_{k1}, \mathfrak{z}'_{k2}$ zweier Geraden p'_1, p'_2 abgeleitet durch die Beziehungen
$$\mathfrak{z}_k = q_1 \mathfrak{z}'_{k2} + q_2 \mathfrak{z}'_{k1}; \; q_1 + q_2 = 1; \; \mathfrak{z}_k = q'_1 z'_{k2} - q'_2 \mathfrak{z}'_{k1}; \; q'_1 - q'_2 = 1 \text{ oder } 0$$
und werden die Coordinaten auf ein anderes Fundamental-Dreieck transformirt, in welchem die neuen Coordinaten durch $\mathfrak{Z}$ bezeichnet werden, so ist auch in diesem
$$\mathfrak{Z}_k = q_1 \mathfrak{Z}'_{k2} + q_2 \mathfrak{Z}'_{k1}; \; q_1 + q_2 = 1; \; \mathfrak{Z}_k = q'_1 \mathfrak{Z}'_{k2} - q'_2 \mathfrak{Z}'_{k1}; \; q'_1 - q'_2 = 1 \text{ oder } 0.$$

[Art. 36. 37.

Denn z. B. die Beziehung $z_k = q_1 z'_{k2} + q_2 z'_{k1}$; $q_1 + q_2 = 1$ lautet nach geschehener Transformation vermöge der Transformations-Formeln in Art. 28, 9a) für $k = 1, 2, 3$

$$\frac{1}{\mathfrak{D}}\left[\mathfrak{D}'_{11}Z_1 + \mathfrak{D}'_{21}Z_2 + \mathfrak{D}'_{31}Z_3\right] = q_1 \cdot \frac{1}{\mathfrak{D}'}\left[\mathfrak{D}'_{11}Z'_{12} + \mathfrak{D}'_{21}Z'_{22} + \mathfrak{D}'_{31}Z'_{32}\right]$$
$$+ q_2 \cdot \frac{1}{\mathfrak{D}'}\left[\mathfrak{D}'_{11}Z'_{11} + \mathfrak{D}'_{21}Z'_{21} + \mathfrak{D}'_{31}Z'_{31}\right];$$

$$\frac{1}{\mathfrak{D}}\left[\mathfrak{D}'_{12}Z_1 + \mathfrak{D}'_{22}Z_2 + \mathfrak{D}'_{32}Z_3\right] = q_1 \cdot \frac{1}{\mathfrak{D}'}\left[\mathfrak{D}'_{12}Z'_{12} + \mathfrak{D}'_{22}Z'_{22} + \mathfrak{D}'_{32}Z'_{32}\right]$$
$$+ q_2 \cdot \frac{1}{\mathfrak{D}'}\left[\mathfrak{D}'_{12}Z'_{11} + \mathfrak{D}'_{22}Z'_{21} + \mathfrak{D}'_{32}Z'_{31}\right];$$

$$\frac{1}{\mathfrak{D}}\left[\mathfrak{D}'_{13}Z_1 + \mathfrak{D}'_{23}Z_2 + \mathfrak{D}'_{33}Z_3\right] = q_1 \cdot \frac{1}{\mathfrak{D}'}\left[\mathfrak{D}'_{13}Z'_{12} + \mathfrak{D}'_{23}Z'_{22} + \mathfrak{D}'_{33}Z'_{32}\right]$$
$$+ q_2 \cdot \frac{1}{\mathfrak{D}'}\left[\mathfrak{D}'_{13}Z'_{11} + \mathfrak{D}'_{23}Z'_{21} + \mathfrak{D}'_{33}Z'_{31}\right];$$
$$q_1 + q_2 = 1;$$

oder

$$\mathfrak{D}'_{11}Z_1 + \mathfrak{D}'_{21}Z_2 + \mathfrak{D}'_{31}Z_3 = \mathfrak{D}'_{11}(q_1 Z'_{12} + q_2 Z'_{11}) + \mathfrak{D}'_{21}(q_1 Z'_{22} + q_2 Z'_{21})$$
$$+ \mathfrak{D}'_{31}(q_1 Z'_{32} + q_2 Z'_{31})$$

$$\mathfrak{D}'_{12}Z_1 + \mathfrak{D}'_{22}Z_2 + \mathfrak{D}'_{32}Z_3 = \mathfrak{D}'_{12}(q_1 Z'_{12} + q_2 Z'_{11}) + \mathfrak{D}'_{22}(q_1 Z'_{22} + q_2 Z'_{21})$$
$$+ \mathfrak{D}'_{32}(q_1 Z'_{32} + q_2 Z'_{31})$$

$$\mathfrak{D}'_{13}Z_1 + \mathfrak{D}'_{23}Z_2 + \mathfrak{D}'_{33}Z_3 = \mathfrak{D}'_{13}(q_1 Z'_{12} + q_2 Z'_{11}) + \mathfrak{D}'_{23}(q_1 Z'_{22} + q_2 Z'_{21})$$
$$+ \mathfrak{D}'_{33}(q_1 Z'_{32} + q_2 Z'_{31})$$
$$q_1 + q_2 = 1;$$

aus welchen sofort folgt

$$Z_1 = q_1 Z'_{12} + q_2 Z'_{11};\ Z_2 = q_1 Z'_{22} + q_2 Z'_{21};\ Z_3 = q_1 Z'_{32} + q_2 Z'_{31};\ q_1 + q_2 = 1;$$

oder allgemein:

$$Z_k = q_1 Z'_{k2} + q_2 Z'_{k1};\ q_1 + q_2 = 1.$$

Ebenso ist der Beweis in allen übrigen Fällen. Es müssen daher die constanten Factoren $q_1, q_2; q'_1, q'_2$ eine geometrische Bedeutung besitzen, welche nicht von dem zu Grunde gelegten Coordinaten-System, sondern nur von der Lage des Punktes P im Verhältniss zu derjenigen der Punkte P'_1, P'_2, und von der Lage der Geraden p im Verhältniss zu derjenigen der Geraden p'_1, p'_2 abhängt.

37. Sind z'_{k1}, z'_{k2} die Coordinaten zweier Punkte P'_1, P'_2; z_k, z'_k die Coordinaten zweier anderer Punkte, P, P', und bestehen für diese die Gleichungen, bezüglich:

$$z_k = q_1 z'_{k2} + q_2 z'_{k1},\ q_1 + q_2 = 1;\quad z'_k = q'_1 z'_{k2} - q'_2 z'_{k1},\ q'_1 - q'_2 = 1$$

so liegt P auf der endlichen Strecke $P_1'P_2'$, und theilt dieselbe so, dass sich verhält
$$P_1'P : P_2'P = q_1 : q_2;$$
P' dagegen liegt auf der Verlängerung der genannten Strecke $P_1'P_2'$, und zwar über P_2' hinaus, und theilt dieselbe so, dass sich verhält
$$P_1'P' : P_2'P' = q_1' : q_2'.$$

Sind $\mathfrak{z}_{k1}', \mathfrak{z}_{k2}'$ die Coordinaten zweier Geraden p_1', p_2'; $\mathfrak{z}_k, \mathfrak{z}_k'$ die Coordinaten zweier anderer Geraden p, p', und bestehen für diese die Gleichungen, bezüglich
$$\mathfrak{z}_k = q_1\mathfrak{z}_{k2}' + q_2\mathfrak{z}_{k1}';\ q_1+q_2=1;\ \mathfrak{z}_k' = q_1'\mathfrak{z}_{k2}' - q_2'\mathfrak{z}_{k1}';\ q_1'-q_2'=1;$$
so geht p durch denjenigen von p_1', p_2' gebildeten Winkel $p_1'p_2'$, welcher den Coordinaten-Anfangspunkt O nicht einschliesst, und theilt denselben so, dass sich verhält
$$\sin p_1'p : \sin p_2'p = \frac{q_1}{r_2'} : \frac{q_2}{r_1'};$$
p' aber geht durch denjenigen von p_1', p_2' gebildeten Winkel $p_1'p_2'$, welcher den Coordinaten-Anfangspunkt O einschliesst, und theilt denselben so, dass sich verhält
$$\sin p_1'p' : \sin p_2'p' = \frac{q_1'}{r_2'} : \frac{q_2'}{r_1'},$$
wobei r_1', r_2' die von O bezüglich auf p_1', p_2' gefällten Senkrechten OH_1', OH_2' bezeichnen.

Von dem ersten Satze überzeugt man sich folgendermassen: Man transformire auf ein neues Dreieck, und zwar auf ein solches, in welchem P_1', P_2' Ecken sind, während die dritte Ecke P_3' beliebig ist. P und P' liegen dann nach Art. 35 auf einer Seite des neuen Dreiecks. Die Seiten $P_2'P_3'$, $P_3'P_1'$, $P_1'P_2'$ sollen bezüglich g_1', g_2', g_3', die zugehörigen Höhen bezüglich h_1', h_2', h_3', die von O auf g_1', g_2', g_3' gefällten Lothe bezüglich r_1', r_2', r_3' heissen, die neuen Coordinaten von P_1', P_2', P, P' heissen bezüglich $Z_{k1}', Z_{k2}', Z_k, Z_k'$. Dann ist nach Art. 36
$$Z_k = q_1 Z_{k2}' + q_2 Z_{k1}',\ q_1+q_2=1;\ Z_k' = q_1'Z_{k2}' - q_2'Z_{k1}',\ q_1'-q_2'=1;$$
Nun ist
$$Z_{11}' = \frac{h_1'}{r_1'};\ Z_{21}' = 0;\ Z_{31}' = 0;\ Z_{12}' = 0;\ Z_{22}' = \frac{h_2'}{r_2'};\ Z_{32}' = 0.$$

Es muss also, da q_1, q_2 absolute (positive) Zahlen sind, sowohl Z_1 als Z_2 positiv, aber Z_1' negativ, Z_2' positiv sein. Dies ist aber, wie man sogleich sieht, nur dann möglich, wenn P auf $P_1'P_2'$, P' ausserhalb dieser Strecke liegt. Denn dann ist

Fig. 12.

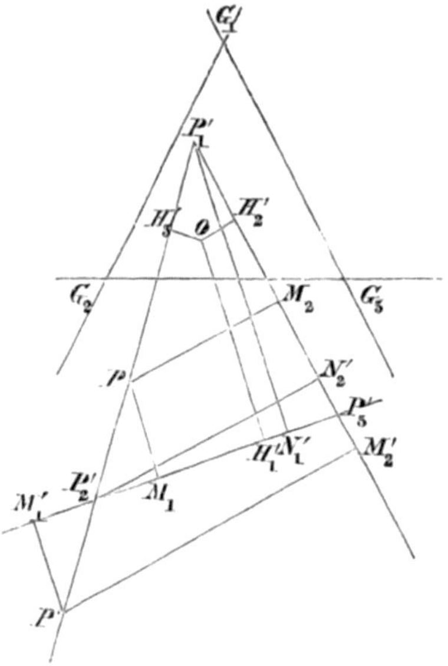

$$Z_1 = \frac{PM_1}{r'_1}; \quad Z_2 = \frac{PM_2}{r'_2}; \quad Z_3 = 0;$$

$$Z_1' = -\frac{P'M_1'}{r'_1}; \quad Z_2' = \frac{P'M_2'}{r'_2}; \quad Z_3' = 0;$$

Es reduciren sich also obige Gleichungen auf folgende:

für P:
$$\frac{PM_1}{r'_1} = q_2 \cdot \frac{h'_1}{r'_1}; \quad \frac{PM_2}{r'_2} = q_1 \cdot \frac{h'_2}{r'_2};$$

für P':
$$-\frac{P'M_1'}{r'_1} = -q_2' \cdot \frac{h'_1}{r'_1}; \quad \frac{P'M_2'}{r'_2} = q_1' \cdot \frac{h'_2}{r'_2};$$

oder für P:
$$PM_1 = q_2 \cdot h'_1; \quad PM_2 = q_1 \cdot h'_2;$$

für P':
$$P'M_1' = q_2' \cdot h'_1; \quad P'M_2' = q_1' \cdot h'_2.$$

Es ist also:
$$q_2 = \frac{PM_1}{h'_1}; \quad q_1 = \frac{PM_2}{h'_2};$$
$$q_2' = \frac{P'M_1'}{h'_1}; \quad q_1' = \frac{P'M_2'}{h'_2};$$

oder $\quad q_2 = \frac{P_2'P}{P_1'P_2'}, \; q_1 = \frac{P_1'P}{P_1'P_2'}; \quad q_2' = \frac{P_2'P'}{P_1'P_2'}, \; q_1' = \frac{P_1'P'}{P_1'P_2'}; \quad$ 1a)

also verhält sich

$\quad q_1 : q_2 = P_1'P : P_2'P; \quad q_1' : q_2' = P_1'P' : P_2'P'.$ \hfill 2a)

Zugleich sieht man aus den Werthen von q_1, q_2, q'_1, q'_2, dass $q_1 + q_2 = 1$; $q'_1 - q'_2 = 1$ ist.

Von dem zweiten Satze überzeugt man sich so: Man transformire auf ein neues Dreiseit, und zwar auf ein solches, in welchem p'_1, p'_2 Seiten sind, während die dritte Seite p'_3 beliebig ist; p_1 und p'_1 gehen dann nach Art. 35 durch eine Ecke des neuen Dreiecks $G_1' G_2' G_3'$. Die Seiten $G_2'G_3'$, $G_3'G_1'$, $G_1'G_2'$ desselben sollen bezüglich g'_1, g'_2, g'_3, die zugehörigen Höhen h'_1, h'_2, h'_3, die von O auf p'_1, p'_2, p, p' gefällten Lothe r'_1, r'_2, r, r', die neuen Coordinaten von p'_1, p'_2, p, p' bezüglich $\mathfrak{Z}_{k1}, \mathfrak{Z}_{k2}, \mathfrak{Z}_k, \mathfrak{Z}_k$ heissen. Dann ist nach Art. 36

Art. 37.]

$\mathfrak{Z}_k = q_1 \mathfrak{Z}_{k2} + q_2 \mathfrak{Z}_{k1}, q_1 + q_2 = 1; \mathfrak{Z}'_k = q'_1 \mathfrak{Z}_{k2} - q'_2 \mathfrak{Z}_{k1}, q'_1 - q'_2 = 1$.
Nun ist
$\mathfrak{Z}'_{11} = \frac{h'_1}{r'_1}; \mathfrak{Z}'_{21} = 0; \mathfrak{Z}'_{31} = 0; \mathfrak{Z}'_{12} = 0; \mathfrak{Z}'_{22} = \frac{h'_2}{r'_2}; \mathfrak{Z}'_{32} = 0.$
Es muss also, da q_1, q_2, q'_1, q'_2 absolut (oder positiv) sind, sowohl $\mathfrak{Z}_1$ als $\mathfrak{Z}_2$ positiv, $\mathfrak{Z}'_1$ negativ, $\mathfrak{Z}'_2$ positiv sein. Dies ist aber, wie man sogleich sieht, nur dann möglich, wenn p durch den Winkel $p'_1 p'_2$ geht, der O ausschliesst, p' aber durch den Winkel $p'_1 p'_2$, der O einschliesst. Denn dann ist

$$\mathfrak{Z}_1 = \frac{G'_1 N_1}{r}; \quad \mathfrak{Z}_2 = \frac{G'_2 N_2}{r}; \quad \mathfrak{Z}_3 = 0;$$
$$\mathfrak{Z}'_1 = -\frac{G'_1 N'_1}{r'}; \quad \mathfrak{Z}'_2 = \frac{G'_2 N'_2}{r'}; \quad \mathfrak{Z}'_3 = 0.$$

Es reduciren sich also obige Gleichungen auf folgende:

für p: $\quad \frac{G'_1 N_1}{r} = q_2 \frac{h'_1}{r'_1}; \quad \frac{G'_2 N_2}{r} = q_1 \frac{h'_2}{r'_2};$

für p': $\quad -\frac{G'_1 N'_1}{r'} = -q'_2 \frac{h'_1}{r'_1}; \quad \frac{G'_2 N'_2}{r'} = q'_1 \frac{h'_2}{r'_2};$

Fig. 13.

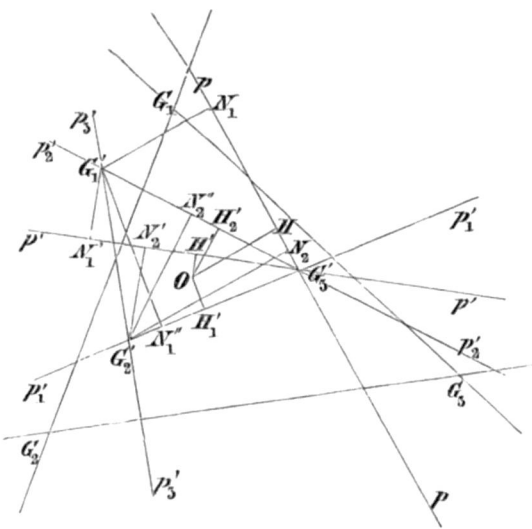

oder

für p: $\quad \frac{g'_2 \sin p'_2 p}{r} = q_2 \frac{g'_2 \sin p'_1 p'_2}{r'_1}; \quad \frac{g'_1 \sin p'_1 p}{r} = q_1 \frac{g'_1 \sin p'_1 p'_2}{r'_2};$

für p': $\quad \frac{g'_2 \sin p'_2 p'}{r'} = q'_2 \frac{g'_2 \sin p'_1 p'_2}{r'_1}; \quad \frac{g'_1 \sin p'_1 p'}{r'} = q'_1 \frac{g'_1 \sin p'_1 p'_2}{r'_2};$

oder

für p: $\dfrac{\sin p'_2 p}{r} = q_2 \dfrac{\sin p'_1 p'_2}{r'_1}$; $\dfrac{\sin p'_1 p}{r} = q_1 \dfrac{\sin p'_1 p'_2}{r'_2}$;

für p': $\dfrac{\sin p'_2 p'}{r'} = q'_2 \dfrac{\sin p'_1 p'_2}{r'_1}$; $\dfrac{\sin p'_1 p'}{r'} = q'_1 \dfrac{\sin p'_1 p'_2}{r'_2}$.

Es ist also

$\sin p'_1 p = \dfrac{q_1}{r'_2} \cdot r \cdot \sin p'_1 p'_2$; $\sin p'_2 p = \dfrac{q_2}{r'_1} \cdot r \cdot \sin p'_1 p'_2$;

$\sin p'_1 p' = \dfrac{q'_1}{r'_2} \cdot r' \cdot \sin p'_1 p'_2$; $\sin p'_2 p' = \dfrac{q'_2}{r'_1} \cdot r' \cdot \sin p'_1 p'_2$.

Es verhält sich also

$\sin p'_1 p : \sin p'_2 p = \dfrac{q_1}{r'_2} : \dfrac{q_2}{r'_1}$; $\sin p'_1 p' : \sin p'_2 p' = \dfrac{q'_1}{r'_2} : \dfrac{q'_2}{r'_1}$. 2b)

Auch hier überzeugt man sich geometrisch, dass $q_1 + q_2 = 1$, $q'_1 - q'_2 = 1$ sein muss. Denn aus obigen Gleichungen folgt

$$q_1 = \dfrac{r'_2}{r} \cdot \dfrac{\sin p'_1 p}{\sin p'_1 p'_2};\ q_2 = \dfrac{r'_1}{r} \cdot \dfrac{\sin p'_2 p}{\sin p'_1 p'_2};$$
$$q'_1 = \dfrac{r'_2}{r'} \cdot \dfrac{\sin p'_1 p'}{\sin p'_1 p'_2};\ q'_2 = \dfrac{r'_1}{r'} \cdot \dfrac{\sin p'_2 p'}{\sin p'_1 p'_2}.$$ 1b)

Also ist

$q_1 + q_2 = \dfrac{r'_2 \sin p'_1 p + r'_1 \sin p'_2 p}{r \sin p'_1 p'_2}$; $q'_1 - q'_2 = \dfrac{r'_2 \sin p'_1 p' - r'_1 \sin p'_2 p'}{r' \sin p'_1 p'_2}$;

oder

$q_1 + q_2 = \dfrac{\dfrac{r'_2}{r} \cdot \sin p'_1 p + \dfrac{r'_1}{r} \sin p'_2 p}{\sin p'_1 p'_2}$; $q'_1 - q'_2 = \dfrac{\dfrac{r'_2}{r'} \cdot \sin p'_1 p' - \dfrac{r'_1}{r'} \sin p'_2 p'}{\sin p'_1 p'_2}$. 3b)

Nun liegen die Fusspunkte H'_1, H'_2, H, H' der Senkrechten offenbar auf dem Umfange eines Kreises, dessen Durchmesser OG'_3 ist. Denkt man sich nun HH'_1, HH'_2; $H'H'_1$, $H'H'_2$ gezogen, so ist in den Dreiecken HH'_2O, HH'_1O; $H'H'_2O$, $H'H'_1O$ bezüglich

$\dfrac{r'_2}{r} = \dfrac{\sin H'_2 HO}{\sin HH'_2 O}$; $\dfrac{r'_1}{r} = \dfrac{\sin H'_1 HO}{\sin HH'_1 O}$; $\dfrac{r'_2}{r'} = \dfrac{\sin H'_2 H'O}{\sin H'H'_2 O}$; $\dfrac{r'_1}{r'} = \dfrac{\sin H'_1 H'O}{\sin H'H'_1 O}$;

ferner ist $\sphericalangle p'_1 p = 180^0 - \sphericalangle H'_1 OH$, $\sphericalangle p'_2 p = \sphericalangle H'_2 OH$, $\sphericalangle p'_1 p' = 180^0 - \sphericalangle H'_1 OH'$, $\sphericalangle p'_2 p' = \sphericalangle H'_2 OH'$. Also ist

$\dfrac{r'_2}{r} \cdot \sin p'_1 p + \dfrac{r'_1}{r} \sin p'_2 p = \dfrac{\sin H'_2 HO}{\sin HH'_2 O} \sin H'_1 OH + \dfrac{\sin H'_1 HO}{\sin HH'_1 O} \sin H'_2 OH$;

$\dfrac{r'_2}{r'} \cdot \sin p'_1 p' - \dfrac{r'_1}{r'} \sin p'_2 p' = \dfrac{\sin H'_2 H'O}{\sin H'H'_2 O} \sin H'_1 OH' - \dfrac{\sin H'_1 H'O}{\sin H'H'_1 O} \sin H'_2 OH'$;

[Art. 37.]

oder, da $\sphericalangle HH_2'O = 180° - \sphericalangle HH_1'O$, $\sphericalangle H'H_2'O = \sphericalangle H'H_1'O$ ist,

$$\frac{r_2'}{r}\sin p_1'p + \frac{r_1'}{r}\sin p_2'p = \frac{\sin H_2'HO}{\sin HH_1'O}\cdot \sin H_1'OH + \frac{\sin H_1'HO}{\sin HH_2'O}\sin H_2'OH;$$

$$\frac{r_2'}{r}\sin p_1'p' - \frac{r_1'}{r}\sin p_2'p' = \frac{\sin H_2'H'O}{\sin H'H_1'O}\sin H_1'OH' - \frac{\sin H_1'H'O}{\sin H'H_2'O}\cdot\sin H_2'OH'.$$

Nun ist in den Dreiecken $H_1'HO$, $H_2'HO$; $H_1'H'O$, $H_2'H'O$ bezüglich $\sin H_1'OH = \sin(HH_1'O + H_1'HO)$, $\sin H_2'OH = \sin(HH_2'O + H_2'HO)$; $\sin H_1'OH' = \sin(H'H_1'O + H_1'H'O)$, $\sin H_2'OH' = \sin(H'H_2'O + H_2'H'O)$. Werden diese Werthe eingesetzt, und zugleich nach der Regel für den Sinus einer Summe von zwei Winkeln entwickelt, so erhält man

$$\frac{r_2'}{r}\sin p_1'p + \frac{r_1'}{r}\sin p_2'p$$

$$= \frac{\sin H_2'HO\cdot\sin HH_1'O\cdot\cos H_1'HO + \sin H_2'HO\cdot\cos HH_1'O\cdot\sin H_1'HO}{\sin HH_1'O}$$

$$+ \frac{\sin H_1'HO\cdot\sin HH_2'O\cdot\cos H_2'HO + \sin H_1'HO\cdot\cos HH_2'O\cdot\sin H_2'HO}{\sin HH_2'O};$$

$$\frac{r_2'}{r}\sin p_1'p' - \frac{r_1'}{r}\sin p_2'p'$$

$$= \frac{\sin H_2'H'O\cdot\sin H'H_1'O\cdot\cos H_1'H'O + \sin H_2'H'O\cdot\cos H'H_1'O\cdot\sin H_1'H'O}{\sin H'H_1'O}$$

$$- \frac{\sin H_1'H'O\cdot\sin H'H_2'O\cdot\cos H_2'H'O + \sin H_1'H'O\cdot\cos H'H_2'O\cdot\sin H_2'H'O}{\sin H'H_2'O}.$$

Da sich die Nenner in die ersten Glieder der Zähler dividiren lassen, und da ferner $\sin HH_2'O = \sin HH_1'O$, $\sin H'H_2'O = \sin H'H_1'O$ ist, hat man also

$$\frac{r_2'}{r}\sin p_1'p + \frac{r_1'}{r}\sin p_2'p = \sin H_2'HO\cdot\cos H_1'HO + \sin H_1'HO\cdot\cos H_2'HO$$
$$+ \frac{\sin H_2'HO\cdot\cos HH_1'O\cdot\sin H_1'HO + \sin H_1'HO\cdot\cos HH_2'O\cdot\sin H_2'HO}{\sin HH_1'O};$$

$$\frac{r_2'}{r}\sin p_1'p' - \frac{r_1'}{r}\sin p_2'p' = \sin H_2'H'O\cdot\cos H_1'H'O - \sin H_1'H'O\cdot\cos H_2'H'O$$
$$+ \frac{\sin H_2'H'O\cdot\cos H'H_1'O\cdot\sin H_1'H'O - \sin H_1'H'O\cdot\cos H'H_2'O\cdot\sin H_2'H'O}{\sin H'H_1'O}.$$

Nun ist wegen $\sphericalangle HH_2'O = 180° - \sphericalangle HH_1'O$ $\cos HH_2'O = -\cos HH_1'O$, daher der Zähler des ersten Bruches Null; und wegen $\sphericalangle H'H_2'O = \sphericalangle H'H_1'O$ ist $\cos H'H_2'O = \cos H'H_1'O$, daher auch der Zähler des zweiten Bruches Null. Man hat also nur

$$\frac{r_2'}{r} \cdot \sin p_1'p + \frac{r_1'}{r} \sin p_2'p = \sin(H_2'HO + H_1'HO);$$

$$\frac{r_2'}{r'} \cdot \sin p_1'p' - \frac{r_1'}{r'} \sin p_2'p' = \sin(H_2'H'O - H_1'H'O)$$

oder $\quad \dfrac{r_2'}{r} \sin p_1'p + \dfrac{r_1'}{r} \sin p_2'p = \sin H_1'HH_2';$

$$\frac{r_2'}{r'} \sin p_1'p' - \frac{r_1'}{r'} \sin p_2'p' = \sin H_1'H'H_2'.$$

Es ist aber $\measuredangle H_1'HH_2' = \measuredangle H_1'G_3'H_2' = \measuredangle p_1'p_2'$, und $\measuredangle H_1'H'H_2' = 180° - \measuredangle H_1'G_3'H_2' = 180° - \measuredangle p_1'p_2'$, folglich

$$\frac{r_2'}{r}\sin p_1'p + \frac{r_1'}{r}\sin p_2'p = \sin p_1'p_2'; \; \frac{r_2'}{r'}\sin p_1'p' - \frac{r_1'}{r'}\sin p_2'p' = \sin p_1'p_2' \quad \dagger)$$

mithin die Werthe $q_1 + q_2$, $q_1' - q_2'$ gleich 1, nach 3b).

Aus 2b) folgt endlich noch: Verhält sich

$$q_1 : q_2 = r_2' : r_1'; \; q_1' : q_2' = r_2' : r_1'$$

so ist $\dfrac{q_1}{r_2'} = \dfrac{q_2}{r_1'}; \dfrac{q_1'}{r_2'} = \dfrac{q_2'}{r_1'},$ also $\measuredangle p_1'p = \measuredangle p_2'p; \measuredangle p_1'p' = \measuredangle p_2'p'$. Es halbirt also dann p denjenigen Winkel $p_1'p_2'$, welcher den Coordinaten-Anfangspunkt nicht einschliesst, p' den den Coordinaten-Anfangspunkt O einschliessenden Nebenwinkel desselben.

Diese Sätze lassen sich nicht ohne Weiteres umkehren, vielmehr gilt folgendes Gesetz:

38. Wird eine Strecke $P_1'P_2'$ durch einen Punkt P, P' bezüglich innerlich oder äusserlich so getheilt, dass sich verhält

$$P_1'P : P_2'P = q_1 : q_2; \; P_1'P' : P_2'P' = q_1' : q_2'$$

und liegt im letzteren Falle P' näher an P_2' als an P_1', so werden für jedes Axen-Dreieck die Coordinaten z_k, z_k' bezüglich von P, P' aus den Coordinaten z_{k1}', z_{k2}' von P_1', P_2' abgeleitet nach dem Gesetze:

$$z_k = \frac{q_1}{q_1+q_2}z_{k2}' + \frac{q_2}{q_1+q_2}z_{k1}'; \; z_k' = \frac{q_1}{q_1'-q_2'}z_{k2}' - \frac{q_2'}{q_1'-q_2'} \cdot z_{k1}'. \quad 1a)$$

Wird ein Winkel $p_1'p_2'$ durch eine Gerade p, p', deren erstere durch den den Coordinaten-Anfangspunkt O nicht einschliessenden, deren letztere durch den ihn einschliessenden Winkel geht, so getheilt, dass sich verhält

$$\sin p_1'p : \sin p_2'p = \frac{q_1}{r_2'} : \frac{q_2}{r_1'}; \; \sin p_1'p' : \sin p_2'p' = \frac{q_1'}{r_2'} : \frac{q_2'}{r_1'},$$

Art. 38.]

wo r_1', r_2' die von O auf p_1', p_2' gefällten Lothe sind, so werden für jedes Axendreieck die Coordinaten $\mathfrak{z}_k$, $\mathfrak{z}_k'$ bezüglich von p, p' aus den Coordinaten $\mathfrak{z}_{k1}'$, $\mathfrak{z}_{k2}'$ von p_1', p_2' abgeleitet nach dem Gesetze:

$$\mathfrak{z}_k = \frac{q_1}{q_1 + q_2}\mathfrak{z}'_{k2} + \frac{q_2}{q_1 + q_2}\mathfrak{z}'_{k1}; \quad \mathfrak{z}_k' = \frac{q_1'}{q_1' - q_2'}\mathfrak{z}'_{k2} - \frac{q_2'}{q_1' - q_2'}\mathfrak{z}'_{k1}. \quad 1b)$$

(Wie man sieht, ist hier in die Voraussetzung $q_1 + q_2 = 1$; $q_1' - q_2' = 1$ nicht aufgenommen.)

Der Beweis des ersten Satzes lautet: Man nehme zunächst ein Axen-Dreieck P_1', P_2', P_3' an, in welchem die gegebenen Punkte P_1', P_2' Ecken, der dritte, P_3' beliebig ist (insofern nur O im Inneren des Dreiecks liegt), und bezeichne die Coordinaten für dieses Dreieck durch Z, Fig. 12. Nun folgt aus $P_1'P : P_2'P = q_1 : q_2$; $P_1'P' : P_2'P' = q_1' : q_2'$;

$$\frac{P_1'P}{P_1'P_2'} = \frac{q_1}{q_1+q_2}; \quad \frac{P_2'P}{P_1'P_2'} = \frac{q_2}{q_1+q_2}; \quad \frac{P_1'P'}{P_1'P_2'} = \frac{q_1'}{q_1'-q_2'}; \quad \frac{P_2'P'}{P_1'P_2'} = \frac{q_2'}{q_1'-q_2'};$$

oder

$$\frac{PM_2}{P_2'N_2'} = \frac{q_1}{q_1+q_2}; \quad \frac{PM_1}{P_1'N_1'} = \frac{q_2}{q_1+q_2}; \quad \frac{P'M_2'}{P_2'N_2'} = \frac{q_1'}{q_1'-q_2'}; \quad \frac{P'M_1'}{P_1'N_1'} = \frac{q_2'}{q_1'-q_2'}.$$

Es ist aber $PM_2 = r_2' \cdot Z_2$; $P_2'N_2' = h_2' = r_2' \cdot Z_{22}'$; $PM_1 = r_1' \cdot Z_1$; $P_1'N_1' = r_1' \cdot Z_{11}'$; $P'M_2' = r_2' \cdot Z_2'$; $P_1'M_1' = -r_1'Z_1'$.

Man hat also

$$Z_2 = \frac{q_1}{q_1+q_2} \cdot Z'_{22}; \quad Z_1 = \frac{q_2}{q_1+q_2} Z'_{11}; \quad Z_2' = \frac{q_1'}{q_1'-q_2'} Z'_{22}; \quad Z_1' = -\frac{q_2'}{q_1'-q_2'} Z'_{11}.$$

Da nun $Z'_{21} = 0$; $Z'_{12} = 0$ ist, so kann man auch sagen: Es ist

$$Z_2 = \frac{q_1}{q_1+q_2} Z'_{22} + \frac{q_2}{q_1+q_2} Z'_{21}; \quad Z_1 = \frac{q_1}{q_1+q_2} Z'_{12} + \frac{q_2}{q_1+q_2} Z'_{11};$$

$$Z_2' = \frac{q_1'}{q_1'-q_2'} Z'_{22} - \frac{q_2'}{q_1'-q_2'} Z'_{21}; \quad Z_1' = \frac{q_1'}{q_1'-q_2'} Z'_{12} - \frac{q_2'}{q_1'-q_2'} Z'_{11}.$$

Es gilt daher die angegebene Regel für das Axen-Dreieck $P_1' P_2' P_3'$. Um nun die Regel $z_k = \frac{q_1}{q_1+q_2} z_{k2} + \frac{q_2}{q_1+q_2} z_{k1}$ für das als das ursprüngliche zu denkende Axen-Dreieck $G_1 G_2 G_3$ zu beweisen, bei welchem die Coordinaten z heissen mögen, transformire man auf dieses Dreieck zurück, nach der Regel Art. 28, 10a). Nach dieser ist

$$Z_k = \frac{1}{\mathfrak{D}}\left[\mathfrak{D}_{1k}z_1 + \mathfrak{D}_{2k}z_2 + \mathfrak{D}_{3k}z_3\right]$$

9*

etc. Es lauten also die drei Gleichungen

$$Z_1 = \frac{q_2}{q_1+q_2} \cdot Z'_{11};\ Z_2 = \frac{q_1}{q_1+q_2} \cdot Z'_{22};\ Z_3 = 0$$

$$\mathfrak{D}_{11} z_1 + \mathfrak{D}_{21} z_2 + \mathfrak{D}_{31} z_3 = \frac{q_2}{q_1+q_2}\left[\mathfrak{D}_{11} z'_{11} + \mathfrak{D}_{21} z'_{21} + \mathfrak{D}_{31} z'_{31}\right];$$

$$\mathfrak{D}_{12} z_1 + \mathfrak{D}_{22} z_2 + \mathfrak{D}_{32} z_3 = \frac{q_1}{q_1+q_2}\left[\mathfrak{D}_{12} z'_{12} + \mathfrak{D}_{22} z'_{22} + \mathfrak{D}_{32} z'_{32}\right];$$

$$\mathfrak{D}_{13} z_1 + \mathfrak{D}_{23} z_2 + \mathfrak{D}_{33} z_3 = 0.$$

Nun ist die Determinante

$$\begin{vmatrix} \mathfrak{D}_{11} & \mathfrak{D}_{21} & \mathfrak{D}_{31} \\ \mathfrak{D}_{12} & \mathfrak{D}_{22} & \mathfrak{D}_{32} \\ \mathfrak{D}_{13} & \mathfrak{D}_{23} & \mathfrak{D}_{33} \end{vmatrix} = \mathfrak{D}_{11}(\mathfrak{D}_{22}\mathfrak{D}_{33} - \mathfrak{D}_{23}\mathfrak{D}_{32}) + \mathfrak{D}_{21}(\mathfrak{D}_{32}\mathfrak{D}_{13} - \mathfrak{D}_{33}\mathfrak{D}_{12}) + \mathfrak{D}_{31}(\mathfrak{D}_{12}\mathfrak{D}_{23} - \mathfrak{D}_{13}\mathfrak{D}_{22})$$

oder nach Art. 29, III) $b_2, b_3, b_1,$

$$= \mathfrak{D}_{11} \cdot \mathfrak{D} \cdot \mathfrak{D}'_{11} + \mathfrak{D}_{21} \cdot \mathfrak{D} \cdot \mathfrak{D}'_{12} + \mathfrak{D}_{31} \cdot \mathfrak{D} \cdot \mathfrak{D}'_{13}$$
$$= \mathfrak{D}(\mathfrak{D}'_{11} \mathfrak{D}_{11} + \mathfrak{D}'_{12} \mathfrak{D}_{21} + \mathfrak{D}'_{13} \mathfrak{D}_{31})$$

oder nach Art. 29, IV) a'_1

$$= \mathfrak{D}^2 \cdot \mathfrak{D}'.$$

Man erhält also aus obigen drei Gleichungen zur Bestimmung von z_1, z_2, z_3 die drei Gleichungen:

$$\mathfrak{D}^2\mathfrak{D}' \cdot z_1 = \begin{vmatrix} \frac{q_2}{q_1+q_2}\left(\mathfrak{D}_{11}z'_{11} + \mathfrak{D}_{21}z'_{21} + \mathfrak{D}_{31}z'_{31}\right) & \mathfrak{D}_{21} & \mathfrak{D}_{31} \\ \frac{q_1}{q_1+q_2}\left(\mathfrak{D}_{12}z'_{12} + \mathfrak{D}_{22}z'_{22} + \mathfrak{D}_{32}z'_{32}\right) & \mathfrak{D}_{22} & \mathfrak{D}_{32} \\ 0 & \mathfrak{D}_{23} & \mathfrak{D}_{33} \end{vmatrix};$$

$$\mathfrak{D}^2\mathfrak{D}' \cdot z_2 = \begin{vmatrix} \mathfrak{D}_{11} & \frac{q_2}{q_1+q_2}\left(\mathfrak{D}_{11}z'_{11} + \mathfrak{D}_{21}z'_{21} + \mathfrak{D}_{31}z'_{31}\right) & \mathfrak{D}_{31} \\ \mathfrak{D}_{12} & \frac{q_1}{q_1+q_2}\left(\mathfrak{D}_{12}z'_{12} + \mathfrak{D}_{22}z'_{22} + \mathfrak{D}_{32}z'_{32}\right) & \mathfrak{D}_{32} \\ \mathfrak{D}_{13} & 0 & \mathfrak{D}_{33} \end{vmatrix};$$

$$\mathfrak{D}^2\mathfrak{D}' \cdot z_3 = \begin{vmatrix} \mathfrak{D}_{11} & \mathfrak{D}_{21} & \frac{q_2}{q_1+q_2}\left(\mathfrak{D}_{11}z'_{11} + \mathfrak{D}_{21}z'_{21} + \mathfrak{D}_{31}z'_{31}\right) \\ \mathfrak{D}_{12} & \mathfrak{D}_{22} & \frac{q_1}{q_1+q_2}\left(\mathfrak{D}_{12}z'_{12} + \mathfrak{D}_{22}z'_{22} + \mathfrak{D}_{32}z'_{32}\right) \\ \mathfrak{D}_{13} & \mathfrak{D}_{23} & 0 \end{vmatrix};$$

oder

$$\mathfrak{D}^2\mathfrak{D}' z_1 = \frac{q_2}{q_1+q_2}\left(\mathfrak{D}_{11}z'_{11} + \mathfrak{D}_{21}z'_{21} + \mathfrak{D}_{31}z'_{31}\right)\left(\mathfrak{D}_{22}\mathfrak{D}_{33} - \mathfrak{D}_{23}\mathfrak{D}_{32}\right)$$
$$+ \frac{q_1}{q_1+q_2}\left(\mathfrak{D}_{12}z'_{12} + \mathfrak{D}_{22}z'_{22} + \mathfrak{D}_{32}z'_{32}\right)\left(\mathfrak{D}_{23}\mathfrak{D}_{31} - \mathfrak{D}_{21}\mathfrak{D}_{33}\right);$$

[Art. 38.]

$$\mathfrak{D}^2\mathfrak{D}'z_2 = \frac{q_2}{q_1+q_2}\left(\mathfrak{D}_{11}z'_{11} + \mathfrak{D}_{21}z'_{21} + \mathfrak{D}_{31}z'_{31}\right)\left(\mathfrak{D}_{32}\mathfrak{D}_{13} - \mathfrak{D}_{33}\mathfrak{D}_{12}\right)$$
$$+ \frac{q_1}{q_1+q_2}\left(\mathfrak{D}_{12}z'_{12} + \mathfrak{D}_{22}z'_{22} + \mathfrak{D}_{32}z'_{32}\right)\left(\mathfrak{D}_{33}\mathfrak{D}_{11} - \mathfrak{D}_{31}\mathfrak{D}_{13}\right);$$

$$\mathfrak{D}^2\mathfrak{D}'z_3 = \frac{q_2}{q_1+q_3}\left(\mathfrak{D}_{11}z'_{11} + \mathfrak{D}_{21}z'_{21} + \mathfrak{D}_{31}z'_{31}\right)\left(\mathfrak{D}_{12}\mathfrak{D}_{23} - \mathfrak{D}_{13}\mathfrak{D}_{22}\right)$$
$$+ \frac{q_1}{q_1+q_2}\left(\mathfrak{D}_{12}z'_{12} + \mathfrak{D}_{22}z'_{22} + \mathfrak{D}_{32}z'_{32}\right)\left(\mathfrak{D}_{13}\mathfrak{D}_{21} - \mathfrak{D}_{11}\mathfrak{D}_{23}\right).$$

Wendet man auf die in den Ausdrücken für z_1, z_2, z_3 als Factoren vorkommenden Differenzen die Sätze bezüglich Art. 29, III) $b_2, c_2; b_3, c_3; b_1, c_1$ an, so erhält man, nachdem man sämmtliche Gleichungen durch $\mathfrak{D}$ gekürzt hat:

$a)$ $\mathfrak{D}\mathfrak{D}'z_1 = \frac{q_2}{q_1+q_2}\left(\mathfrak{D}_{11}z'_{11} + \mathfrak{D}_{21}z'_{21} + \mathfrak{D}_{31}z'_{31}\right)\mathfrak{D}'_{11}$
$\qquad\qquad + \frac{q_1}{q_1+q_2}\left(\mathfrak{D}_{12}z'_{12} + \mathfrak{D}_{22}z'_{22} + \mathfrak{D}_{32}z'_{32}\right)\mathfrak{D}'_{21};$

$b)$ $\mathfrak{D}\mathfrak{D}'z_2 = \frac{q_2}{q_1+q_2}\left(\mathfrak{D}_{11}z'_{11} + \mathfrak{D}_{21}z'_{21} + \mathfrak{D}_{31}z'_{31}\right)\mathfrak{D}'_{12}$
$\qquad\qquad + \frac{q_1}{q_1+q_2}\left(\mathfrak{D}_{12}z'_{12} + \mathfrak{D}_{22}z'_{22} + \mathfrak{D}_{32}z'_{32}\right)\mathfrak{D}'_{22};$

$c)$ $\mathfrak{D}\mathfrak{D}'z_2 = \frac{q_2}{q_1+q_2}\left(\mathfrak{D}_{11}z'_{11} + \mathfrak{D}_{21}z'_{21} + \mathfrak{D}_{31}z'_{31}\right)\mathfrak{D}'_{13}$
$\qquad\qquad + \frac{q_1}{q_1+q_2}\left(\mathfrak{D}_{12}z'_{12} + \mathfrak{D}_{22}z'_{22} + \mathfrak{D}_{32}z'_{32}\right)\mathfrak{D}'_{23}.$

Nun ist aber auch
$$Z'_{21} = 0; \quad Z'_{12} = 0;$$
$$Z'_{31} = 0; \quad Z'_{32} = 0.$$

Man erhält also nach Art. 28, 10a) die zwei Paare von Gleichungen:
$$\mathfrak{D}_{12}z'_{11} + \mathfrak{D}_{22}z'_{21} + \mathfrak{D}_{32}z'_{31} = 0; \quad \mathfrak{D}_{11}z'_{12} + \mathfrak{D}_{21}z'_{22} + \mathfrak{D}_{31}z'_{32} = 0;$$
$$\mathfrak{D}_{13}z'_{11} + \mathfrak{D}_{23}z'_{21} + \mathfrak{D}_{32}z'_{31} = 0; \quad \mathfrak{D}_{13}z'_{12} + \mathfrak{D}_{23}z'_{22} + \mathfrak{D}_{33}z'_{32} = 0.$$

Eliminirt man aus dem Paare Gleichungen links zuerst z'_{31}, dann z'_{21}, dann z'_{11}, und wendet dabei bezüglich die Sätze Art. 28, III) $b_3, b_2; b_1, b_2; b_1, b_3$ an; eliminirt man aus dem Paare Gleichungen rechts zuerst z'_{32}, dann z'_{22}, dann z'_{12}, und wendet dabei bezüglich die Sätze Art. 28, III) $c_3, c_2; c_1, c_2; c_1, c_3$ an, so erhält man die Beziehungen

$$\mathfrak{D}'_{12}z'_{11} = \mathfrak{D}'_{11}z'_{21}; \quad \mathfrak{D}'_{22}z'_{12} = \mathfrak{D}'_{21}z'_{22};$$
$$\mathfrak{D}'_{13}z'_{11} = \mathfrak{D}'_{11}z'_{31}; \quad \mathfrak{D}'_{23}z'_{12} = \mathfrak{D}'_{21}z'_{32};$$
$$\mathfrak{D}'_{13}z'_{21} = \mathfrak{D}'_{12}z'_{31}; \quad \mathfrak{D}'_{23}z'_{22} = \mathfrak{D}'_{22}z'_{32}.$$

Aus ihnen folgt

$a')\ z'_{21} = \frac{\mathfrak{D}'_{12}}{\mathfrak{D}'_{11}} z'_{11};\ z'_{31} = \frac{\mathfrak{D}'_{13}}{\mathfrak{D}'_{11}} z'_{11};\qquad a')\ z'_{22} = \frac{\mathfrak{D}'_{22}}{\mathfrak{D}'_{21}} z'_{12};\ z'_{32} = \frac{\mathfrak{D}'_{23}}{\mathfrak{D}'_{21}} z'_{12};$

$b')\ z'_{11} = \frac{\mathfrak{D}'_{11}}{\mathfrak{D}'_{12}} z'_{21};\ z'_{31} = \frac{\mathfrak{D}'_{13}}{\mathfrak{D}'_{12}} z'_{21};\qquad b')\ z'_{12} = \frac{\mathfrak{D}'_{21}}{\mathfrak{D}'_{22}} z'_{22};\ z'_{32} = \frac{\mathfrak{D}'_{23}}{\mathfrak{D}'_{22}} z'_{22};$

$c')\ z'_{11} = \frac{\mathfrak{D}'_{11}}{\mathfrak{D}'_{13}} z'_{31};\ z'_{21} = \frac{\mathfrak{D}'_{12}}{\mathfrak{D}'_{13}} z'_{31};\qquad c')\ z'_{12} = \frac{\mathfrak{D}'_{21}}{\mathfrak{D}'_{23}} z'_{32};\ z'_{22} = \frac{\mathfrak{D}'_{22}}{\mathfrak{D}'_{23}} z'_{32}.$

Setzt man diese Werthe aus $a')$ in die obige Gleichung $a)$, die Werthe aus $b')$ in die Gleichung $b)$, die Werthe aus $c')$ in die Gleichung $c)$ ein, so erhält man:

$$\mathfrak{D}\cdot\mathfrak{D}'\cdot z_1 = \frac{q_2}{q_1+q_2}\left(\mathfrak{D}_{11}z'_{11} + \mathfrak{D}_{21}\cdot\frac{\mathfrak{D}'_{12}}{\mathfrak{D}'_{11}}z'_{11} + \mathfrak{D}_{31}\cdot\frac{\mathfrak{D}'_{13}}{\mathfrak{D}'_{11}}z'_{11}\right)\mathfrak{D}'_{11}$$
$$+ \frac{q_1}{q_1+q_2}\left(\mathfrak{D}_{12}z'_{12} + \mathfrak{D}_{22}\cdot\frac{\mathfrak{D}'_{22}}{\mathfrak{D}'_{21}}z'_{12} + \mathfrak{D}_{32}\cdot\frac{\mathfrak{D}'_{23}}{\mathfrak{D}'_{21}}z'_{12}\right)\mathfrak{D}'_{21};$$

$$\mathfrak{D}\cdot\mathfrak{D}'\cdot z_2 = \frac{q_2}{q_1+q_2}\left(\mathfrak{D}_{11}\cdot\frac{\mathfrak{D}'_{11}}{\mathfrak{D}'_{12}}z'_{21} + \mathfrak{D}_{21}z'_{21} + \mathfrak{D}_{31}\cdot\frac{\mathfrak{D}'_{13}}{\mathfrak{D}'_{12}}z'_{21}\right)\mathfrak{D}'_{12}$$
$$+ \frac{q_1}{q_1+q_2}\left(\mathfrak{D}_{12}\cdot\frac{\mathfrak{D}'_{21}}{\mathfrak{D}'_{22}}z'_{22} + \mathfrak{D}_{22}z'_{22} + \mathfrak{D}_{32}\cdot\frac{\mathfrak{D}'_{23}}{\mathfrak{D}'_{22}}z'_{22}\right)\mathfrak{D}'_{22};$$

$$\mathfrak{D}\cdot\mathfrak{D}'\cdot z_3 = \frac{q_2}{q_1+q_2}\left(\mathfrak{D}_{11}\cdot\frac{\mathfrak{D}'_{11}}{\mathfrak{D}'_{13}}z'_{31} + \mathfrak{D}_{21}\cdot\frac{\mathfrak{D}'_{12}}{\mathfrak{D}'_{13}}z'_{31} + \mathfrak{D}_{31}z'_{31}\right)\mathfrak{D}'_{13}$$
$$+ \frac{q_1}{q_1+q_2}\left(\mathfrak{D}_{12}\cdot\frac{\mathfrak{D}'_{21}}{\mathfrak{D}'_{23}}z'_{32} + \mathfrak{D}_{22}\cdot\frac{\mathfrak{D}'_{22}}{\mathfrak{D}'_{23}}z'_{32} + \mathfrak{D}_{32}z'_{32}\right)\mathfrak{D}'_{23};$$

oder

$$\mathfrak{D}\cdot\mathfrak{D}'\cdot z_1 = \frac{q_2}{q_1+q_2}\left(\mathfrak{D}'_{11}\mathfrak{D}_{11} + \mathfrak{D}'_{12}\mathfrak{D}_{21} + \mathfrak{D}'_{13}\mathfrak{D}_{31}\right)z'_{11}$$
$$+ \frac{q_1}{q_1+q_2}\left(\mathfrak{D}'_{21}\mathfrak{D}_{12} + \mathfrak{D}'_{22}\mathfrak{D}_{22} + \mathfrak{D}'_{23}\mathfrak{D}_{32}\right)z'_{12};$$

$$\mathfrak{D}\cdot\mathfrak{D}'\cdot z_2 = \frac{q_2}{q_1+q_2}\left(\mathfrak{D}'_{11}\mathfrak{D}_{11} + \mathfrak{D}'_{12}\mathfrak{D}_{21} + \mathfrak{D}'_{13}\mathfrak{D}_{31}\right)z'_{21}$$
$$+ \frac{q_1}{q_1+q_2}\left(\mathfrak{D}'_{21}\mathfrak{D}_{12} + \mathfrak{D}'_{22}\mathfrak{D}_{22} + \mathfrak{D}'_{23}\mathfrak{D}_{32}\right)z'_{22};$$

$$\mathfrak{D}\cdot\mathfrak{D}'\cdot z_3 = \frac{q_2}{q_1+q_2}\left(\mathfrak{D}'_{11}\mathfrak{D}_{11} + \mathfrak{D}'_{12}\mathfrak{D}_{21} + \mathfrak{D}'_{13}\mathfrak{D}_{31}\right)z'_{31}$$
$$+ \frac{q_1}{q_1+q_2}\left(\mathfrak{D}'_{21}\mathfrak{D}_{12} + \mathfrak{D}'_{22}\mathfrak{D}_{22} + \mathfrak{D}'_{23}\mathfrak{D}_{32}\right)z'_{32};$$

oder nach Art. 28, IV) $a_1',\ b_2'$:

$$\mathfrak{D}\mathfrak{D}'z_1 = \frac{q_2}{q_1+q_2}z'_{11}\mathfrak{D}'\mathfrak{D} + \frac{q_1}{q_1+q_2}z'_{12}\mathfrak{D}'\mathfrak{D};$$
$$\mathfrak{D}\mathfrak{D}'z_2 = \frac{q_2}{q_1+q_2}z'_{21}\mathfrak{D}'\mathfrak{D} + \frac{q_1}{q_1+q_2}z'_{22}\mathfrak{D}'\mathfrak{D};$$
$$\mathfrak{D}\mathfrak{D}'z_3 = \frac{q_2}{q_1+q_2}z'_{31}\mathfrak{D}'\mathfrak{D} + \frac{q_1}{q_1+q_2}z'_{32}\mathfrak{D}'\mathfrak{D};$$

oder

Art. 3.]   — 135 —

$$z_1 = \frac{q_1}{q_1+q_2} z'_{12} + \frac{q_2}{q_1+q_2} z'_{11}; \quad z_2 = \frac{q_1}{q_1+q_2} z'_{22} + \frac{q_2}{q_1+q_2} z'_{21};$$

$$z_3 = \frac{q_1}{q_1+q_2} z'_{32} + \frac{q_2}{q_1+q_2} z'_{31};$$

also allgemein

$$z_k = \frac{q_1}{q_1+q_2} z'_{k2} + \frac{q_2}{q_1+q_2} z'_{k1}.$$

Genau ebenso lässt sich zeigen, dass

$$z'_k = \frac{q_1'}{q_1'-q_2'} z'_{k2} - \frac{q_2'}{q_1'-q_2'} z'_{k1}$$

ist.

Der Beweis des letzteren Satzes lautet so: Man nehme zunächst ein Axen-Dreiseit p_1', p_2', p_3' an, in welchem die gegebenen Geraden p_1', p_2' Seiten, die dritte, p_3' beliebig ist (nur muss O innerhalb des Dreiecks liegen), und bezeichne die Coordinaten für dieses Dreiseit mit $\mathfrak{Z}$. Nun soll also sein

$$\sin p_1'p : \sin p_2'p = \frac{q_1}{r_2'} : \frac{q_2}{r_1'}; \qquad \sin p_1'p' : \sin p_2'p' = \frac{q_1'}{r_2'} : \frac{q_2'}{r_1'}.$$

Ferner ist nach Art. 37, †)

$$\frac{r_2'}{r} \cdot \sin p_1'p + \frac{r_1'}{r} \cdot \sin p_2'p = \sin p_1'p_2';$$

$$\frac{r_2'}{r} \cdot \sin p_1'p' - \frac{r_1'}{r} \cdot \sin p_2'p' = \sin p_1'p_2'.$$

Da nun, Fig. 13, $\sin p_1'p = \frac{G_2'N_2}{g_1'} = \frac{r\mathfrak{Z}_2}{g_1'}$; $\sin p_2'p = \frac{G_1'N_1}{g_2'} = \frac{r\mathfrak{Z}_1}{g_2'}$; $\sin p_1'p' = \frac{G_2'N_2'}{g_1'} = \frac{r'\mathfrak{Z}_2'}{g_1'}$; $\sin p_2'p' = \frac{G_1'N_1'}{g_2'} = -\frac{r'\mathfrak{Z}_1'}{g_2'}$

ist, lauten diese zwei Paar Gleichungen:

$$\frac{\mathfrak{Z}_2}{g_1'} : \frac{\mathfrak{Z}_1}{g_2'} = \frac{q_1}{r_2'} : \frac{q_2}{r_1'}; \qquad \frac{\mathfrak{Z}_2'}{g_1'} : -\frac{\mathfrak{Z}_1'}{g_2'} = \frac{q_1'}{r_2'} : \frac{q_2'}{r_1'};$$

$$\frac{r_2'\mathfrak{Z}_2}{g_1'} + \frac{r_1'\mathfrak{Z}_1}{g_2'} = \sin p_1'p_2'; \qquad \frac{r_2'\mathfrak{Z}_2'}{g_1'} + \frac{r_1'\mathfrak{Z}_1'}{g_2'} = \sin p_1'p_2';$$

oder

$$\frac{r_2'\mathfrak{Z}_2}{g_1'} : \frac{r_1'\mathfrak{Z}_1}{g_2'} = q_1 : q_2; \qquad \frac{r_2'\mathfrak{Z}_2'}{g_1'} : -\frac{r_1'\mathfrak{Z}_1'}{g_2'} = q_1' : q_2';$$

$$\frac{r_2'\mathfrak{Z}_2}{g_1'} + \frac{r_1'\mathfrak{Z}_1}{g_2'} = \sin p_1'p_2'; \qquad \frac{r_2'\mathfrak{Z}_2'}{g_1'} + \frac{r_1'\mathfrak{Z}_1'}{g_2'} = \sin p_1'p_2';$$

Aus ihnen folgt:

$$\frac{r_1'\mathfrak{Z}_1}{g_2'} = \frac{q_2}{q_1+q_2} \cdot \sin p_1'p_2'; \qquad \frac{r_1'\mathfrak{Z}_1'}{g_2'} = -\frac{q_2'}{q_1'-q_2'} \cdot \sin p_1'p_2';$$

$$\frac{r_2'\mathfrak{Z}_2}{g_1'} = \frac{q_1}{q_1+q_2} \cdot \sin p_1'p_2'; \qquad \frac{r_2'\mathfrak{Z}_2'}{g_1'} = \frac{q_1'}{q_1'-q_2'} \cdot \sin p_1'p_2';$$

oder

$$r_1'\mathfrak{Z}_1 = \frac{q_2}{q_1+q_2} \cdot g_2' \cdot \sin p_1'p_2'; \quad r_1'\mathfrak{Z}_1' = -\frac{q_2'}{q_1'-q_2'} \cdot g_2' \cdot \sin p_1'p_2';$$

$$r_2'\mathfrak{Z}_2 = \frac{q_1}{q_1+q_2} \cdot g_1' \cdot \sin p_1'p_2'; \quad r_2'\mathfrak{Z}_2' = \frac{q_1'}{q_1'-q_2'} \cdot g_1' \cdot \sin p_1'p_2'.$$

Nun ist aber $g_2' \cdot \sin p_1'p_2' = h_1' = r_1'\mathfrak{Z}'_{11}$; $g_1' \cdot \sin p_1'p_2' = h_2'$ $= r_2'\mathfrak{Z}'_{22}$; also hat man

$$\mathfrak{Z}_1 = \frac{q_2}{q_1+q_2} \cdot \mathfrak{Z}'_{11}; \quad \mathfrak{Z}_1' = -\frac{q_2'}{q_1'-q_2'} \cdot \mathfrak{Z}'_{11};$$

$$\mathfrak{Z}_2 = \frac{q_1}{q_1+q_2} \cdot \mathfrak{Z}'_{22}; \quad \mathfrak{Z}_2' = \frac{q_1'}{q_1'-q_2'} \cdot \mathfrak{Z}'_{22};$$

Da nun $\mathfrak{Z}'_{21} = 0$, $\mathfrak{Z}'_{12} = 0$ ist, kann man auch sagen: Es ist

$$\mathfrak{Z}_2 = \frac{q_1}{q_1+q_2} \cdot \mathfrak{Z}'_{22} + \frac{q_2}{q_1+q_2} \cdot \mathfrak{Z}'_{21}; \quad \mathfrak{Z}_1 = \frac{q_1}{q_1+q_2} \cdot \mathfrak{Z}'_{12} + \frac{q_2}{q_1+q_2} \cdot \mathfrak{Z}'_{11};$$

$$\mathfrak{Z}_2' = \frac{q_1'}{q_1'-q_2'} \cdot \mathfrak{Z}'_{22} - \frac{q_2'}{q_1'-q_2'} \cdot \mathfrak{Z}'_{21}; \quad \mathfrak{Z}_1' = \frac{q_1'}{q_1'-q_2'} \cdot \mathfrak{Z}'_{12} - \frac{q_2'}{q_1'-q_2'} \cdot \mathfrak{Z}'_{11}.$$

Es gilt daher die gegebene Regel 1b) offenbar für das Axen-Dreiseit $p_1' p_2' p_3'$. Um sie nun für das als das ursprüngliche zu denkende Axen-Dreiseit $g_1 g_2 g_3$ zu beweisen, bei welchem die Coordinaten $\mathfrak{z}$ heissen mögen, transformire man auf dieses Dreiseit zurück nach der Regel Art. 28, 10b). Das Verfahren ist buchstäblich dasselbe wie beim Beweise der Regel 1a).

Es ist übrigens sogleich aus 1a) und 1b) ersichtlich, dass die Coordinaten z_k, z_k' von P, P', die Coordinaten $\mathfrak{z}_k$, $\mathfrak{z}_k'$ von p, p', die in Art. 35, 1a), 2a), 1b), 2b) als nothwendig bewiesene Bedingung erfüllen, dass P und P' mit P_1', P_2' auf derselben Geraden liegt, und dass p und p' mit p_1', p_2' durch denselben Punkt gehen, denn es ist

$$\frac{q_1}{q_1+q_2} + \frac{q_2}{q_1+q_2} = 1; \quad \frac{q_1'}{q_1'-q_2'} - \frac{q_2'}{q_1'-q_2'} = 1.$$

Liegt der Punkt P' in unendlicher Entfernung, so werden Z_1', Z_2' unendlich, und die im Vorigen gegebene Ableitung hat dann nicht mehr statt. Gleichwohl ist aber auch dann noch der zweite Satz in 1a) zu gebrauchen. Denn es verhält sich dann $P_1'P : P_2'P' = 1 : 1$, es wird also $q_1' = q_2' =$ irgend einer Grösse q'. Da dies nun bei keiner anderen Lage des Punktes P', als bei der unendlichen Entfernung, stattfinden kann, so ist das Sich-annulliren der Nenner in der zweiten Formel 1a) ein Beweis für die unendliche Entfernung des Punktes P'.

Geht die Gerade p' durch den Coordinaten-Anfangspunkt O, so werden, da $r' = 0$ wird, $\mathfrak{Z}_1'$, $\mathfrak{Z}_2'$ unendlich, und die bisherige Ableitung ist nicht mehr statthaft. An die Stelle der oben angeführten Relation

$$\frac{r_2'}{r'}\sin p_1'p' - \frac{r_1'}{r'}\sin p_2'p' = \sin p_1'p_2'$$

tritt nämlich dann eine andere. Denn denkt man sich in Fig. 13 p' durch O gehend, so hat man sogleich

$$OG_3' = \frac{r_1'}{\sin p_1'p'} = \frac{r_2'}{\sin p_2'p'}.$$

Es ist also

$$\sin p_1'p' : \sin p_2'p' = r_1' : r_2'.$$

Nun soll aber auch sein

$$\sin p_1'p' : \sin p_2'p' = \frac{q_1'}{r_2'} : \frac{q_2'}{r_1'}$$

oder

$$\sin p_1'p' : \sin p_2'p' = q_1'r_1' : q_2'r_2'.$$

Es muss also dann $q_1' = q_2'$ sein. Da dies nun in keinem anderen Falle stattfinden kann, falls p' durch den den Punkt O' einschliessenden Winkel $p_1'p_2'$ geht, und da in diesem Falle die Nenner in der zweiten Formel 1b) sich annulliren, so ist dies Sich-annulliren der Nenner in der zweiten Formel 1b) ein Beweis, dass p' durch den Coordinaten-Anfangspunkt geht.

39. Soll die Strecke $P_1'P_2'$ zwischen zwei Punkten P_1', P_2', deren Coordinaten für ein Axen-Dreieck z_{k1}', z_{k2}' sind, von einem inneren Punkte P, und einem äusseren Punkte P' mit den Coordinaten bezüglich z_k, z_k' harmonisch getheilt werden im Verhältniss $n : m$, so dass also

$$P_1'P : P_2'P = P_1'P' : P_2'P' = n : m$$

ist, so muss sein

$$z_k = \frac{m}{m+n}z_{k1}' + \frac{n}{m+n}z_{k2}'; \quad z_k' = \frac{m}{m-n}z_{k1}' - \frac{n}{m-n}z_{k2}' \quad 1a)$$

und umgekehrt: Werden die Coordinaten z_k, z_k' zweier Punkte P, P' aus den Coordinaten z_{k1}', z_{k2}' zweier anderer Punkte P_1', P_2' durch die genannte Gleichung abgeleitet, so theilen P, P' die Strecke $P_1'P_2'$ harmonisch, und zwar so, dass P der innere, P' der äussere Theilungspunkt ist, und näher an P_2' als an P_1' liegt.

Soll der Winkel $p_1'p_2'$ zwischen zwei Geraden p_1', p_2', deren Coordinaten für ein Axen-Dreieck $\mathfrak{z}_{k1}', \mathfrak{z}_{k2}'$ sind, von einer Geraden p, welche durch den den Coordinaten-Anfangs-punkt O ausschliessenden, und einem Strahle p', welcher durch den den Punkt O einschliessenden Winkel $p_1' p_2'$ geht, und deren Coordinaten bezüglich $\mathfrak{z}_k, \mathfrak{z}_k'$ sind, harmonisch getheilt werden im Verhältniss $n:m$, so dass also

$$\sin p_1' p : \sin p_2' p = \sin p_1' p' : p_2' p' = n : m$$

ist, so muss sein

$$\mathfrak{z}_k = \frac{m r_1'}{m r_1' + n r_2'} \mathfrak{z}_{k1} + \frac{n r_2'}{m r_1' + n r_2'} \mathfrak{z}_{k2};$$
$$\mathfrak{z}_k' = \frac{m r_1'}{m r_1' - n r_2'} \mathfrak{z}_{k1} - \frac{n r_2'}{m r_1' - n r_2'} \mathfrak{z}_{k2}, \qquad 1b)$$

wenn r_1', r_2' die von O auf p_1', p_2' gefällten Lothe sind; und umgekehrt: Werden die Coordinaten $\mathfrak{z}_k, \mathfrak{z}_k'$ zweier Geraden p, p' aus den Coordinaten $\mathfrak{z}_{k1}, \mathfrak{z}_{k2}$ zweier anderer Geraden durch die genannte Gleichung abgeleitet, so theilen p, p' den Winkel $p_1' p_2'$ auf die angegebene Weise harmonisch.

Der erste Satz ergiebt sich sogleich aus Art. 38, wenn man $q_1 = n$, $q_2 = m$ setzt; und auf gleiche Weise die Umkehrung aus Art. 37. Ist $m = n$, so ist nach Art. 38 P' der unendlich entfernte Punkt.

Der zweite Satz folgt sogleich aus Art. 38, wenn man

$$\frac{q_1}{r_2'} = n; \quad \frac{q_2}{r_1'} = m$$

also $\qquad q_1 = n r_2', \quad q_2 = m r_1'$

setzt; die Umkehrung folgt aus Art. 37, indem man gleichfalls diese Werthe für q_1, q_2 einsetzt. Ist $m r_1 = n r_2$, so geht nach Art. 38 p' durch den Punkt O.

Sind also nach Art. 30, 2b)

$$P_1' \equiv g_1 r_1 z_{11}' \mathfrak{z}_1 + g_2 r_2 z_{21}' \mathfrak{z}_2 + g_3 r_3 z_{31}' \mathfrak{z}_3 = 0;$$
$$P_2' \equiv g_1 r_1 z_{12}' \mathfrak{z}_1 + g_2 r_2 z_{22}' \mathfrak{z}_2 + g_3 r_3 z_{32}' \mathfrak{z}_3 = 0;\qquad 2a)$$

die Gleichungen zweier Punkte P_1', P_2', und

$$P \equiv g_1 r_1 \left(\frac{m}{m+n} z_{11}' + \frac{n}{m+n} z_{12}'\right)\mathfrak{z}_1 + g_2 r_2 \left(\frac{m}{m+n} z_{21}' + \frac{n}{m+n} z_{22}'\right)\mathfrak{z}_2$$
$$+ g_3 r_3 \left(\frac{m}{m+n} z_{31}' + \frac{n}{m+n} z_{32}'\right)\mathfrak{z}_3 = 0;$$
$$P' \equiv g_1 r_1 \left(\frac{m}{m-n} z_{11}' - \frac{n}{m-n} z_{12}'\right)\mathfrak{z}_1 + g_2 r_2 \left(\frac{m}{m-n} z_{21}' - \frac{n}{m-n} z_{22}'\right)\mathfrak{z}_2 \qquad 3a)$$
$$+ g_3 r_3 \left(\frac{m}{m-n} z_{31}' - \frac{n}{m-n} z_{32}'\right)\mathfrak{z}_3 = 0;$$

[Art. 39.]

die Gleichungen zweier anderer Punkte P, P', so theilen diese die Strecke $P_1'P_2'$ harmonisch im Verhältniss $n:m$. Sieht man von der in 3a) festgehaltenen Normalform (Art. 30) der Gleichungen der Punkte P, P' ab, so kann man dieselben auch schreiben:

$$\left.\begin{aligned}P &\equiv g_1r_1\,(mz'_{11}+nz'_{12})\,\mathfrak{z}_1 + g_2r_2\,(mz'_{21}+nz'_{22})\,\mathfrak{z}_2 \\ &\quad + g_3r_3\,(mz'_{31}+nz'_{32})\,\mathfrak{z}_3 = 0;\\ P' &\equiv g_1r_1\,(mz'_{11}-nz'_{12})\,\mathfrak{z}_1 + g_2r_2\,(mz'_{21}-nz'_{22})\,\mathfrak{z}_2 \\ &\quad + g_3r_3\,(mz'_{31}-nz'_{32})\,\mathfrak{z}_3 = 0.\end{aligned}\right\}\ 4a)$$

Die Gleichungen 3a) lassen sich auch schreiben:

$$\left.\begin{aligned}P &\equiv \tfrac{m}{m+n}\left(g_1r_1z'_{11}\mathfrak{z}_1 + g_2r_2z'_{21}\mathfrak{z}_2 + g_3r_3z'_{31}\mathfrak{z}_3\right)\\ &\quad + \tfrac{n}{m+n}\left(g_1r_1z'_{12}\mathfrak{z}_1 + g_2r_2z'_{22}\mathfrak{z}_2 + g_3r_3z'_{32}\mathfrak{z}_3\right)=0;\\ P' &\equiv \tfrac{m}{m-n}\left(g_1r_1z'_{11}\mathfrak{z}_1 + g_2r_2z'_{21}\mathfrak{z}_2 + g_3r_3z'_{31}\mathfrak{z}_3\right)\\ &\quad - \tfrac{n}{m-n}\left(g_1r_1z'_{12}\mathfrak{z}_1 + g_2r_2z'_{22}\mathfrak{z}_2 + g_3r_3z'_{32}\mathfrak{z}_3\right)=0.\end{aligned}\right\}\ 5a)$$

Die Gleichungen 4a) lassen sich schreiben:

$$\left.\begin{aligned}P &\equiv m\,(g_1r_1z'_{11}\mathfrak{z}_1 + g_2r_2z'_{21}\mathfrak{z}_2 + g_3r_3z'_{31}\mathfrak{z}_3)\\ &\quad + n\,(g_1r_1z'_{12}\mathfrak{z}_1 + g_2r_2z'_{22}\mathfrak{z}_2 + g_3r_3z'_{32}\mathfrak{z}_3) = 0;\\ P' &\equiv m\,(g_1r_1z'_{11}\mathfrak{z}_1 + g_2r_2z'_{21}\mathfrak{z}_2 + g_3r_3z'_{31}\mathfrak{z}_3)\\ &\quad - n\,(g_1r_1z'_{12}\mathfrak{z}_1 + g_2r_2z'_{22}\mathfrak{z}_2 + g_3r_3z'_{32}\mathfrak{z}_3) = 0.\end{aligned}\right\}\ 6a)$$

Man sagt daher, da die Ausdrücke in Klammern in 5a), 6a), wenn sie gleich Null gesetzt werden, die Gleichungen der Punkte P_1', P_2' in 2a) bilden:

Vier Punkte

$$P_1';\ P_2';\quad P \equiv \tfrac{m}{m+n}P_1' + \tfrac{n}{m+n}P_2';\quad P' \equiv \tfrac{m}{m-n}P_1' - \tfrac{n}{m-n}P_2' \quad 7a)$$

oder

$$P_1';\ P_2';\quad P \equiv mP_1' + nP_2';\qquad P' \equiv mP_1' - nP_2' \qquad 8a)$$

bilden eine harmonische Punktreihe.

Ist insbesondere $m = n$, in welchem Falle sich in 6a) beide heben, sind also die vier Punkte gegeben durch die Beziehungen

$$P_1';\ P_2';\quad P \equiv P_1' + P_2';\quad P' \equiv P_1' - P_2'; \qquad 9a)$$

so bildet P den Halbirungspunkt der Strecke $P_1'P_2'$; P' den unendlich entfernten Punkt.

Sind nach Art. 30, 2a)
$$\left.\begin{aligned}p_1' &\equiv g_1 r_1 \delta'_{11} z_1 + g_2 r_2 \delta'_{21} z_2 + g_3 r_3 \delta'_{31} z_3 = 0;\\ p_2' &\equiv g_1 r_1 \delta'_{12} z_1 + g_2 r_2 \delta'_{22} z_2 + g_3 r_3 \delta'_{32} z_3 = 0;\end{aligned}\right\} \quad 2b)$$

die Gleichungen zweier Geraden p_1', p_2', und

$$\left.\begin{aligned}p \equiv{}& g_1 r_1 \left(\frac{mr_1'}{mr_1'+nr_2'}\delta'_{11} + \frac{nr_2'}{mr_1'+nr_2'}\delta'_{12}\right)z_1 \\ &+ g_2 r_2 \left(\frac{mr_1'}{mr_1'+nr_2'}\delta'_{21} + \frac{nr_2'}{mr_1'+nr_2'}\delta'_{22}\right)z_2 \\ &+ g_3 r_3 \left(\frac{mr_1'}{mr_1'+nr_2'}\delta'_{31} + \frac{nr_2'}{mr_1'+nr_2'}\delta'_{32}\right)z_3 = 0;\\ p' \equiv{}& g_1 r_1 \left(\frac{mr_1'}{mr_1'-nr_2'}\delta'_{11} - \frac{nr_2'}{mr_1'-nr_2'}\delta'_{12}\right)z_1 \\ &+ g_2 r_2 \left(\frac{mr_1'}{mr_1'-nr_2'}\delta'_{21} - \frac{nr_2'}{mr_1'-nr_2'}\delta'_{22}\right)z_2 \\ &+ g_3 r_3 \left(\frac{mr_1'}{mr_1'-nr_2'}\delta'_{31} - \frac{nr_2'}{mr_1'-nr_2'}\delta'_{32}\right)z_3 = 0;\end{aligned}\right\} \quad 3b)$$

die Gleichungen zweier anderer Geraden, so theilen diese den Winkel $p_1' p_2'$ harmonisch im Verhältniss $n:m$.

Sieht man von der in 3b) angewandten Normalform der Gleichungen der Geraden p, p' ab, so kann man dieselben auch schreiben:

$$\left.\begin{aligned}p \equiv{}& g_1 r_1 (mr_1'\delta'_{11}+nr_2'\delta'_{12})z_1 + g_2 r_2 (mr_1'\delta'_{21}+nr_2'\delta'_{22})z_2 \\ &+ g_3 r_3 (mr_1'\delta'_{31}+nr_2'\delta'_{32})z_3 = 0;\\ p' \equiv{}& g_1 r_1 (mr_1'\delta'_{11}-nr_2'\delta'_{12})z_1 + g_2 r_2 (mr_1'\delta'_{21}-nr_2'\delta'_{22})z_2 \\ &+ g_3 r_3 (mr_1'\delta'_{31}-nr_2'\delta'_{32})z_3 = 0.\end{aligned}\right\} \quad 4b)$$

Die Gleichungen 3b) lassen sich auch schreiben:

$$\left.\begin{aligned}p \equiv{}& \frac{mr_1'}{mr_1'+nr_2'}\left(g_1 r_1 \delta'_{11} z_1 + g_2 r_2 \delta'_{21} z_2 + g_3 r_3 \delta'_{31} z_3\right) \\ &+ \frac{nr_2'}{mr_1'+nr_2'}\left(g_1 r_1 \delta'_{12} z_1 + g_2 r_2 \delta'_{22} z_2 + g_3 r_3 \delta'_{32} z_3\right) = 0;\\ p' \equiv{}& \frac{mr_1'}{mr_1'-nr_2'}\left(g_1 r_1 \delta'_{11} z_1 + g_2 r_2 \delta'_{21} z_2 + g_3 r_3 \delta'_{31} z_3\right) \\ &- \frac{nr_2'}{mr_1'-nr_2'}\left(g_1 r_1 \delta'_{12} z_1 + g_2 r_2 \delta'_{22} z_2 + g_3 r_3 \delta'_{32} z_3\right) = 0.\end{aligned}\right\} \quad 5b)$$

Die Gleichungen 4b) lassen sich schreiben:

$$\left.\begin{aligned}p \equiv{}& mr_1' \left(g_1 r_1 \delta'_{11} z_1 + g_2 r_2 \delta'_{21} z_2 + g_3 r_3 \delta'_{31} z_3\right) \\ &+ nr_2' \left(g_1 r_1 \delta'_{12} z_1 + g_2 r_2 \delta'_{22} z_2 + g_3 r_3 \delta'_{32} z_3\right) = 0;\\ p' \equiv{}& mr_1' \left(g_1 r_1 \delta'_{11} z_1 + g_2 r_2 \delta'_{21} z_2 + g_3 r_3 \delta'_{31} z_3\right) \\ &- nr_2' \left(g_1 r_1 \delta'_{12} z_1 + g_2 r_2 \delta'_{22} z_2 + g_3 r_3 \delta'_{32} z_3\right) = 0.\end{aligned}\right\} \quad 6b)$$

Man sagt daher, da die Ausdrücke in Klammern in 5b), 6b), wenn sie gleich Null gesetzt werden, die Gleichungen der Geraden p_1', p_2' in 2b) bilden.

Vier Gerade
$$p_1'; p_2'; \; p \equiv \frac{mr_1'}{mr_1' + nr_2'} p_1' + \frac{nr_2'}{mr_1' + nr_2'} p_2';$$
$$p' \equiv \frac{mr_1'}{mr_1' - nr_2'} p_1' - \frac{nr_2'}{mr_1' - nr_2'} p_2'; \qquad 7b)$$

oder
$$p_1'; p_2'; \; p \equiv mr_1' p_1' + nr_2' p_2'; \; p' \equiv mr_1' p_1' - nr_2' p_2'; \quad 8b)$$
bilden einen harmonischen Strahlbüschel.

Ist insbesondere $mr_1' = nr_2'$, in welchem Falle sich in 6b) beide heben, sind also die vier Geraden gegeben durch die Beziehungen
$$p_1'; p_2'; \; p \equiv p_1' + p_2'; \; p' \equiv p_1' - p_2'; \qquad 9b)$$
so geht p' durch den Coordinaten-Anfangspunkt O, und p ist der ihm zugeordnete harmonische Strahl.

40. Werden durch vier harmonische Punkte P_1', P, P_2', P' beliebige vier Gerade, bezüglich p_1', p', p_2', p gelegt, welche sich in einem und demselben Punkte $\mathfrak{P}$ schneiden, so bilden diese vier Geraden einen harmonischen Strahlbüschel.

Werden auf den vier Strahlen p_1', p, p_2', p' eines harmonischen Strahlbüschels beliebige vier Punkte, bezüglich P_1', P, P_2', P angenommen, welche auf einer und derselben Geraden $\mathfrak{p}$ liegen, so bilden diese vier Punkte eine harmonische Punktreihe.

Die Punkt-Coordinaten von P_1', P, P_2', P' seien $z_{k1}', z_k, z_{k2}', z_k'$, die Linien-Coordinaten von p_1', p, p_2', p' seien $\delta_{k1}', \delta_k, \delta_{k2}', \delta_k'$, die von O auf p_1', p_2' gefällten Senkrechten seien r_1', r_2'.

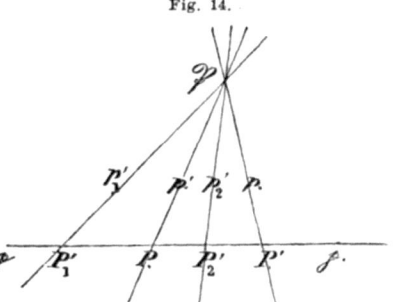

Fig. 14.

Da nun im ersten Falle die Punkte P_1', P, P_2', P' harmonisch sein sollen, so dass $P_1'P : P_2'P = P_1'P' : P_2'P' = n : m$ ist, muss nach Art. 39 sein

$$z_k = \frac{m}{m+n} z_{k1}' + \frac{n}{m+n} z_{k2}'; \quad z_k' = \frac{m}{m-n} z_{k1}' - \frac{n}{m-n} z_{k2}'. \quad \dagger)$$

[Art. 40.

Da ferner p und p' mit p_1', p_2' durch denselben Punkt gehen sollen, muss nach Art. 35, 1b) sein:

$$\mathfrak{z}_k = q_1 \mathfrak{d}_{k2} + q_2 \mathfrak{d}_{k1};\ q_1 + q_2 = 1;\ \mathfrak{d}'_k = q_1' \mathfrak{d}'_{k2} - q_2' \mathfrak{d}'_{k1};\ q_1' - q_2' = 1. \quad \text{††)}$$

Da nun p_1' durch P_1', p_2' durch P_2' gehen soll, müssen ihre Coordinaten die Gleichung von P_1', P_2', Art. 30, 2b) erfüllen. Es muss also sein

$$\left.\begin{array}{l} g_1 r_1 z'_{11} \mathfrak{d}'_{11} + g_2 r_2 z'_{21} \mathfrak{d}'_{21} + g_3 r_3 z'_{31} \mathfrak{d}'_{31} = 0; \\ g_1 r_1 z'_{12} \mathfrak{d}'_{12} + g_2 r_2 z'_{22} \mathfrak{d}'_{22} + g_3 r_3 z'_{32} \mathfrak{d}'_{32} = 0. \end{array}\right\} \quad \text{†††)}$$

Da ferner p' durch P gehen soll, müssen die Coordinaten von p' die Gleichung von P erfüllen. Es muss also nach †) und ††) sein

$$g_1 r_1 \left(\frac{m}{m+n} z'_{11} + \frac{n}{m+n} z'_{12}\right)\left(q_1' \mathfrak{d}'_{12} - q_2' \mathfrak{d}'_{11}\right)$$
$$+ g_2 r_2 \left(\frac{m}{m+n} z'_{21} + \frac{n}{m+n} z'_{22}\right)\left(q_1' \mathfrak{d}'_{22} - q_2' \mathfrak{d}'_{21}\right)$$
$$+ g_3 r_3 \left(\frac{m}{m+n} z'_{31} + \frac{n}{m+n} z'_{32}\right)\left(q_1' \mathfrak{d}'_{32} - q_2' \mathfrak{d}'_{31}\right) = 0;$$

oder

$$q_1' \frac{m}{m+n}\left(g_1 r_1 z'_{11} \mathfrak{d}'_{12} + g_2 r_2 z'_{21} \mathfrak{d}'_{22} + g_3 r_3 z'_{31} \mathfrak{d}'_{32}\right)$$
$$- q_2' \frac{m}{m+n}\left(g_1 r_1 z'_{11} \mathfrak{d}'_{11} + g_2 r_2 z'_{21} \mathfrak{d}'_{21} + g_3 r_3 z'_{31} \mathfrak{d}'_{31}\right)$$
$$+ q_1' \frac{n}{m+n}\left(g_1 r_1 z'_{12} \mathfrak{d}'_{12} + g_2 r_2 z'_{22} \mathfrak{d}'_{22} + g_3 r_3 z'_{32} \mathfrak{d}'_{32}\right)$$
$$- q_2' \frac{n}{m+n}\left(g_1 r_1 z'_{12} \mathfrak{d}'_{11} + g_2 r_2 z'_{22} \mathfrak{d}'_{21} + g_3 r_3 z'_{32} \mathfrak{d}'_{31}\right) = 0.$$

Nach †††) ist aber der Factor von $q_2' \frac{m}{m+n}$ und von $q_1' \frac{n}{m+n}$ Null. Der Factor von $q_1' \frac{m}{m+n}$ ist aber eine von Null verschiedene Grösse, da p_2' nicht durch P_1' geht, und ebenso ist der Factor von $q_2' \frac{n}{m+n}$ eine von Null verschiedene Grösse, da p_1' nicht durch P_2' geht. Setzt man nun kurz diese Grössen

$$\left.\begin{array}{l} g_1 r_1 z'_{11} \mathfrak{d}'_{12} + g_2 r_2 z'_{21} \mathfrak{d}'_{22} + g_3 r_3 z'_{31} \mathfrak{d}'_{32} = k'_{12}; \\ g_1 r_1 z'_{12} \mathfrak{d}'_{11} + g_2 r_2 z'_{22} \mathfrak{d}'_{21} + g_3 r_3 z'_{32} \mathfrak{d}'_{31} = k'_{21}; \end{array}\right\} \quad 1a)$$

so lautet die letzte Gleichung:

$$q_1' \frac{m}{m+n} \cdot k'_{12} - q_2' \frac{n}{m+n} \cdot k'_{21} = 0;$$

oder $\qquad q_1' m k'_{12} - q_2' n k'_{21} = 0.$

Dazu ist nach ††) $\qquad q_1' - q_2' = 1.$

Art. 40.]   — 143 —

Aus beiden Gleichungen folgt aber
$$q_1' = \frac{nk'_{21}}{nk'_{21} - mk'_{12}}; \quad q_2' = \frac{mk'_{12}}{nk'_{21} - mk'_{12}};$$
oder
$$q_1' = -\frac{nk'_{21}}{mk'_{12} - nk'_{21}}; \quad q_2' = -\frac{mk'_{12}}{mk'_{12} - nk'_{21}}.$$
Es ist also nach ††)
$$\mathfrak{z}'_k = \frac{mk'_{12}}{mk'_{12} - nk'_{21}} \mathfrak{z}'_{k1} - \frac{nk'_{21}}{mk'_{12} - nk'_{21}} \mathfrak{z}'_{k2}.$$

Ebenso erhält man aus der Bedingung, dass p durch P' gehen soll, und ††) die zwei Gleichungen
$$q_1 mk'_{12} - q_2 nk'_{21} = 0;$$
$$q_1 + q_2 = 1,$$
aus welchen folgt
$$q_1 = \frac{nk'_{21}}{mk'_{12} + nk'_{21}}; \quad q_2 = \frac{mk'_{12}}{mk'_{12} + nk'_{21}}.$$
Es ist also nach ††)
$$\mathfrak{z}_k = \frac{mk'_{12}}{mk'_{12} + nk'_{21}} \mathfrak{z}_{k1} + \frac{nk'_{21}}{mk'_{12} + nk'_{21}} \mathfrak{z}_{k2}.$$

Es bilden daher die vier Geraden p_1', p, p_2', p', mit den Coordinaten
$$\mathfrak{z}_{k1}, \mathfrak{z}_k = \frac{mk'_{12}}{mk'_{12} + nk'_{21}} \mathfrak{z}_{k1} + \frac{nk'_{21}}{mk'_{12} + nk'_{21}} \mathfrak{z}_{k2};$$
$$\mathfrak{z}_{k2}, \mathfrak{z}'_k = \frac{mk'_{12}}{mk'_{12} - nk'_{21}} \mathfrak{z}_{k1} - \frac{nk'_{21}}{mk'_{12} - nk'_{21}} \mathfrak{z}_{k2};$$
nach Art. 39 einen harmonischen Strahlbüschel, und es verhält sich
$$\sin p_1'p : \sin p_2'p = \sin p_1'p' : \sin p_2'p' = \frac{nk'_{21}}{r_2} : \frac{mk'_{12}}{r_1}; \quad 2a)$$
wo k'_{12}, k'_{21} die in 1a) angegebene Bedeutung haben. Der Coordinaten-Anfangspunkt O und P liegen in demselben Winkelraum $p_1' p_2'$.

Soll im zweiten Falle der Strahlbüschel harmonisch sein, und soll sich verhalten $\sin p_1'p : \sin p_2'p = \sin p_1'p' : \sin p_2'p' = n : m$, so muss nach Art. 39 sein
$$\mathfrak{z}_k = \frac{mr_1'}{mr_1' + nr_2'} \mathfrak{z}_{k1} + \frac{nr_2'}{mr_1' + nr_2'} \mathfrak{z}_{k2};$$
$$\mathfrak{z}'_k = \frac{mr_1'}{mr_1' - nr_2'} \mathfrak{z}_{k1} - \frac{nr_2'}{mr_1' - nr_2'} \mathfrak{z}_{k2}. \quad \text{*})$$
Da ferner P und P' mit P_1', P_2' auf derselben Geraden liegen sollen, muss nach Art. 35, 1a) sein
$$z_k = q_1 z'_{k_2} + q_2 z'_{k1}; \; q_1 + q_2 = 1; \; z'_k = q_1' z'_{k_2} - q_2' z'_{k1}; \; q_1' - q_2' = 1. \quad \text{**})$$

Da nun P_1' auf p_1', P_2' auf p_2' liegen soll, müssen ihre Coordinaten die Gleichung von p_1', p_2', Art. 30, 1a) erfüllen. Es muss daher sein

$$g_1 r_1 \delta'_{11} z'_{11} + g_2 r_2 \delta'_{21} z'_{21} + g_3 r_3 \delta'_{31} z'_{31} = 0; \} \\ g_1 r_1 \delta'_{12} z'_{12} + g_2 r_2 \delta'_{22} z'_{22} + g_3 r_3 \delta'_{32} z'_{32} = 0. \}$$ ***)

Da ferner P' auf p liegen soll, müssen die Coordinaten von P' die Gleichung von p erfüllen. Also muss nach *) und **) sein:

$$g_1 r_1 \left(\frac{mr_1'}{mr_1' + nr_2'} \delta'_{11} + \frac{nr_2'}{mr_1' + nr_2'} \delta'_{12} \right) \left(q_1' z'_{12} - q_2' z'_{11} \right)$$
$$+ g_2 r_2 \left(\frac{mr_1'}{mr_1' + nr_2'} \delta'_{21} + \frac{nr_2'}{mr_1' + nr_2'} \delta'_{22} \right) \left(q_1' z'_{22} - q_2' z'_{21} \right)$$
$$+ g_3 r_3 \left(\frac{mr_1'}{mr_1' + nr_2'} \delta'_{31} + \frac{nr_2'}{mr_1' + nr_2'} \delta'_{32} \right) \left(q_1' z'_{32} - q_2' z'_{31} \right) = 0;$$

oder

$$q_1' \frac{mr_1'}{mr_1' + nr_2'} \left(g_1 r_1 \delta'_{11} z'_{12} + g_2 r_2 \delta'_{21} z'_{22} + g_3 r_3 \delta'_{31} z'_{32} \right)$$
$$- q_2' \frac{mr_1'}{mr_1' + nr_2'} \left(g_1 r_1 \delta'_{11} z'_{11} + g_2 r_2 \delta'_{21} z'_{21} + g_3 r_3 \delta'_{31} z'_{31} \right)$$
$$+ q_1' \frac{nr_2'}{mr_1' + nr_2'} \left(g_1 r_1 \delta'_{12} z'_{12} + g_2 r_2 \delta'_{22} z'_{22} + g_3 r_3 \delta'_{32} z'_{32} \right)$$
$$- q_2' \frac{nr_2'}{mr_1' + nr_2'} \left(g_1 r_1 \delta'_{12} z'_{11} + g_2 r_2 \delta'_{22} z'_{21} + g_3 r_3 \delta'_{32} z'_{31} \right) = 0.$$

Nun ist nach ***) der Coefficient von $q_2' \frac{mr_1'}{mr_1' + nr_2'}$, sowie der von $q_1' \frac{nr_2'}{mr_1' + nr_2'}$ Null. Die Factoren von $q_1' \frac{mr_1'}{mr_1' + nr_2'}$ und von $q_2' \frac{nr_2'}{mr_1' + nr_2'}$ müssen jedoch von Null verschiedene Grössen sein, da weder P_2' auf p_1', noch P_1' auf p_2' liegt. Setzt man nun kurz diese Grössen

$$g_1 r_1 \delta'_{11} z'_{12} + g_2 r_2 \delta'_{21} z'_{22} + g_3 r_3 \delta'_{31} z'_{32} = k'_{12}; \} \\ g_1 r_1 \delta'_{12} z'_{11} + g_2 r_2 \delta'_{22} z'_{21} + g_3 r_3 \delta'_{32} z'_{31} = k'_{21}; \}$$ 1b)

so lautet die letzte Gleichung, da sich dann $mr_1' + nr_2'$ hebt,

$$q_1' m r_1' k'_{12} - q_2' n r_2' k'_{21} = 0.$$

Dazu ist nach **) $q_1' - q_2' = 1.$

Aus beiden Gleichungen folgt

$$q_1' = \frac{nr_2' k'_{21}}{nr_2' k'_{21} - mr_1' k'_{12}}; \quad q_2' = \frac{mr_1' k'_{12}}{nr_2' k'_{21} - mr_1' k'_{12}};$$

oder

$$q_1' = -\frac{nr_2' k'_{21}}{mr_1' k'_{12} - nr_2' k'_{21}}; \quad q_2' = -\frac{mr_1' k'_{12}}{mr_1' k'_{12} - nr_2' k'_{21}}.$$

[Art. 40. 41.]

Es ist also
$$z'_k = \frac{mr'_1 k'_{12}}{mr'_1 k'_{12} - nr'_2 k'_{21}} z'_{k1} - \frac{nr'_2 k'_{21}}{mr'_1 k'_{12} - nr'_2 k'_{21}} z'_{k2}.$$

Ebenso erhält man aus der Bedingung, dass P auf p' liegen soll und aus **) die Gleichungen
$$q_1 m r'_1 k'_{12} - q_2 n r'_2 k'_{21} = 0;$$
$$q_1 + q_2 = 1,$$
aus welchen folgt
$$q_1 = \frac{nr'_2 k'_{21}}{mr'_1 k'_{12} + nr'_2 k'_{21}}; \quad q_2 = \frac{mr'_1 k'_{12}}{mr'_1 k'_{12} + nr'_2 k'_{21}}.$$

Es ist also nach **)
$$z_k = \frac{mr'_1 k'_{12}}{mr'_1 k'_{12} + nr'_2 k'_{21}} z'_{k1} + \frac{nr'_2 k'_{21}}{mr'_1 k'_{12} + nr'_2 k'_{21}} z'_{k2}.$$

Es bilden daher die vier Punkte P'_1, P, P'_2, P' mit den Coordinaten
$$z'_{k1}, \; z_k = \frac{mr'_1 k'_{12}}{mr'_1 k'_{12} + nr'_2 k'_{21}} z'_{k1} + \frac{nr'_2 k'_{21}}{mr'_1 k'_{12} + nr'_2 k'_{21}} z'_{k2};$$
$$z'_{k2}, \; z'_k = \frac{mr'_1 k'_{12}}{mr'_1 k'_{12} - nr'_2 k'_{21}} z'_{k1} - \frac{nr'_2 k'_{21}}{mr'_1 k'_{12} - nr'_2 k'_{21}} z'_{k2}$$

nach Art. 39 eine harmonische Punktreihe, und es verhält sich
$$P'_1 P : P'_2 P = P'_1 P' : P'_2 P' = nr'_2 k'_{21} : mr'_1 k'_{12}, \qquad 2b)$$
wo k'_{12}, k'_{21} die in 1b) angegebene Bedeutung haben.

41. In jedem vollständigen Viereck $P_1 P_2 P_3 P_4$ entsteht auf jeder Seite durch zwei Ecken und die Durchschnittspunkte mit zwei Diagonalen eine harmonische Punktreihe.

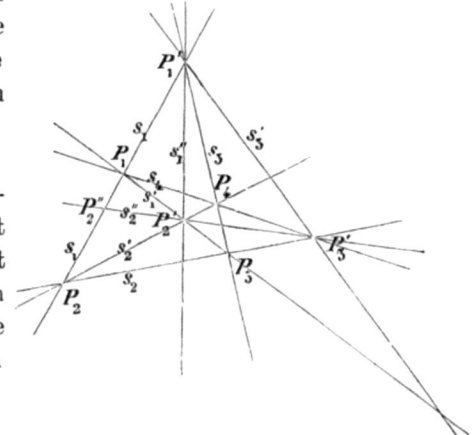

Fig. 15.

In jedem vollständigen Vierseit $p_1 p_2 p_3 p_4$ entsteht an jeder Ecke durch zwei Seiten und die Verbindungsgeraden mit den Durchschnittspunkten zweier Diagonalen ein harmonischer Strahlbüschel.

Die homogenen Coordinaten der vier Eckpunkte des vollständigen Vierecks P_1, P_2, P_3, P_4 seien, bezogen auf irgend ein Axen-Dreiseit, bezüglich $z_{k1}, z_{k2}, z_{k3}, z_{k4}$. Um nun zu zeigen, dass z.B. auf der Vierecks-Seite s_1 durch die Punkte P_1, P_2, P_1', P_2'' eine harmonische Punktreihe gebildet wird, schliesst man so: Da P_1' mit P_1, P_2 auf einer und derselben Geraden liegt, muss, wenn seine Coordinaten durch z_{k1}' bezeichnet werden, nach Art. 35, 1a) die Gleichung gelten: $z_{k1}' = q_{12}' z_{k1} - q_{21}' z_{k2}$; $q_{12}' - q_{21}' = 1$. Es muss aber auch P_1' mit P_4, P_3 auf einer und derselben Geraden liegen; daher muss auch $z_{k1}' = q_{34}' z_{k4} - q_{43}' z_{k3}$, $q_{34}' - q_{43}' = 1$ sein. Analoges gilt für die Punkte P_2', P_3', deren Coordinaten z_{k2}', z_{k3}' sein mögen, und für P_2'', dessen Coordinaten z_{k2}'' heissen. Man hat daher die Gleichungen:

für P_1' $z_{k1}' = q_{12}' z_{k1} - q_{21}' z_{k2}$; $q_{12}' - q_{21}' = 1$;
$z_1' = q_{34}' z_{k4} - q_{43}' z_{k3}$; $q_{34}' - q_{43}' = 1$;

für P_2' $z_{k2}' = q_{13} z_{k1} + q_{31} z_{k3}$; $q_{13} + q_{31} = 1$;
$z_{k2}' = q_{24} z_{k2} + q_{42} z_{k4}$; $q_{24} + q_{42} = 1$;

für P_3' $z_{k3}' = q_{14}' z_{k4} - q_{41}' z_{k1}$; $q_{14}' - q_{41}' = 1$;
$z_{k3}' = q_{23}' z_{k3} - q_{32}' z_{k2}$; $q_{23}' - q_{32}' = 1$;

für P_2'' $z_{k2}'' = q_{12} z_{k1} + q_{21} z_{k2}$; $q_{12} + q_{21} = 1$;
$z_{k2}'' = q_{23}'' z_{k2}' - q_{32}'' z_{k3}'$; $q_{23}'' - q_{32}'' = 1$.

Setzt man in den beiden ersten Gleichungen (nämlich in den Gleichungen für z_{k1}') die aus $q_{12}' - q_{21}' = 1$; $q_{34}' - q_{43}' = 1$ sich ergebenden Werthe $q_{21}' = q_{12}' - 1$; $q_{43}' = q_{34}' - 1$ ein, und setzt beide sich so ergebenden Werthe für z_{k1}' einander gleich, so erhält man die Gleichung

$$q_{12}'(z_{k1} - z_{k2}) - q_{34}'(z_{k4} - z_{k3}) - (z_{k3} - z_{k2}) = 0.$$

Setzt man für k nun $1, 2, 3$, so erhält man zur Bestimmung von q_{12}', q_{34}' die drei Gleichungen

     a. $q_{12}'(z_{11} - z_{12}) - q_{34}'(z_{14} - z_{13}) - (z_{13} - z_{12}) = 0$;
     b. $q_{12}'(z_{21} - z_{22}) - q_{34}'(z_{24} - z_{23}) - (z_{23} - z_{22}) = 0$;
     c. $q_{12}'(z_{31} - z_{32}) - q_{34}'(z_{34} - z_{33}) - (z_{33} - z_{32}) = 0$.

Damit diese drei Gleichungen neben einander bestehen können, oder, damit die aus der Verbindung der ersten und zweiten, der ersten und dritten, der zweiten und dritten, sich ergebenden Werthe für q_{12}', q_{34}' gleich sind, muss die Determinante

$$\begin{vmatrix} (z_{11} - z_{12}) & (z_{14} - z_{13}) & (z_{13} - z_{12}) \\ (z_{21} - z_{22}) & (z_{24} - z_{23}) & (z_{23} - z_{22}) \\ (z_{31} - z_{32}) & (z_{34} - z_{33}) & (z_{33} - z_{32}) \end{vmatrix} = 0$$

[Art. 41.] — 147 —

sein. Bestimmt man nun q'_{12} durch Verbindung der Gleichung a und b, und dann q'_{21} aus der Beziehung $q'_{21} = q'_{12} - 1$, und verfährt man entsprechend mit den Gleichungen für P'_2, P'_3, P''_2, so erhält man folgende Ausdrücke:

$$z'_{k1} = \frac{(z_{23} - z_{24}) z_{12} + (z_{24} - z_{22}) z_{13} + (z_{22} - z_{23}) z_{14}}{(z_{11} - z_{12})(z_{24} - z_{23}) - (z_{14} - z_{13})(z_{21} - z_{22})} \cdot z_{k1}$$
$$- \frac{(z_{23} - z_{24}) z_{11} + (z_{24} - z_{21}) z_{13} + (z_{21} - z_{23}) z_{14}}{(z_{11} - z_{12})(z_{24} - z_{23}) - (z_{14} - z_{13})(z_{21} - z_{22})} \cdot z_{k2};$$

$$z'_{k2} = \frac{(z_{22} - z_{24}) z_{13} + (z_{24} - z_{23}) z_{12} + (z_{23} - z_{22}) z_{14}}{(z_{11} - z_{13})(z_{24} - z_{22}) - (z_{14} - z_{12})(z_{21} - z_{23})} \cdot z_{k1}$$
$$- \frac{(z_{22} - z_{24}) z_{11} + (z_{24} - z_{21}) z_{12} + (z_{21} - z_{22}) z_{14}}{(z_{11} - z_{13})(z_{24} - z_{22}) - (z_{14} - z_{12})(z_{21} - z_{23})} \cdot z_{k3};$$

$$z'_{k3} = \frac{(z_{22} - z_{21}) z_{11} + (z_{23} - z_{21}) z_{12} + (z_{21} - z_{22}) z_{13}}{(z_{14} - z_{11})(z_{23} - z_{22}) - (z_{13} - z_{12})(z_{24} - z_{21})} \cdot z_{k4}$$
$$- \frac{(z_{22} - z_{23}) z_{14} + (z_{23} - z_{24}) z_{12} + (z_{24} - z_{22}) z_{13}}{(z_{14} - z_{11})(z_{23} - z_{22}) - (z_{13} - z_{12})(z_{24} - z_{21})} \cdot z_{k1};$$

$$z''_{k2} = \frac{(z'_{23} - z'_{22}) z_{12} + (z'_{22} - z_{22}) z'_{13} + (z_{22} - z'_{23}) z'_{12}}{(z_{11} - z_{12})(z'_{22} - z'_{23}) - (z'_{12} - z'_{13})(z_{21} - z_{22})} \cdot z_{k1}$$
$$- \frac{(z'_{23} - z'_{22}) z_{11} + (z'_{22} - z_{21}) z'_{13} + (z_{21} - z'_{23}) z'_{12}}{(z_{11} - z_{12})(z'_{22} - z'_{23}) - (z'_{12} - z'_{13})(z_{21} - z_{22})} \cdot z_{k2}.$$

Augenscheinlich entsteht der Ausdruck für z'_{k2} aus dem für z'_{k1} dadurch, dass man überall in z'_{k1} die zweiten Stellenzeiger 2 mit 3, und 3 mit 2 vertauscht; der Ausdruck für z'_{k3} entsteht aus dem für z'_{k1} dadurch, dass man überall die zweiten Stellenzeiger um 1 rückwärts zählt, also 2 mit 1, 3 mit 2, 4 mit 3, 1 mit 4 vertauscht; der Ausdruck für z''_{k2} entsteht dadurch aus dem für z'_{k1}, dass man in allen den zweiten Stellenzeiger 4 und 3 enthaltenden Gliedern z mit z', und zugleich den zweiten Stellenzeiger 4 mit 2 vertauscht.

Es wären nun in dem Ausdrucke für z''_{k2} die aus den Gleichungen für z'_{k2}, z'_{k3} zu berechnenden Werthe von $z'_{12}, z'_{22}, z'_{13}, z'_{23}$ einzusetzen. Stellt man sich aber vor, als Fundamental-Dreiseit sei, was jederzeit möglich ist, das durch die gegebenen Punkte P_1, P_2, P_3 bestimmte Dreiseit angenommen, so vereinfacht sich die Rechnung bedeutend. Es sind nämlich dann

die Coordinaten von P_1 z_{11}; $z_{21} = 0$; $z_{31} = 0$;
„   „   „ P_2 $z_{12} = 0$; z_{22}; $z_{32} = 0$;
„   „   „ P_3 $z_{13} = 0$; $z_{23} = 0$; z_{33},

und die drei ersten der obigen Werthe nehmen die Gestalt an

$$z'_{k1} = \frac{z_{14}z_{22}}{z_{14}z_{22}+z_{11}z_{24}} \cdot z_{k1} + \frac{z_{11}z_{24}}{z_{14}z_{22}+z_{11}z_{24}} \cdot z_{k2};$$

$$z'_{k2} = \frac{z_{14}z_{22}}{z_{11}z_{22}-z_{11}z_{24}} \cdot z_{k1} - \frac{z_{11}z_{24}+z_{14}z_{22}-z_{11}z_{22}}{z_{11}z_{22}-z_{11}z_{24}} \cdot z_{k3};$$

$$z'_{k3} = \frac{z_{11}}{z_{11}-z_{14}} \cdot z_{k4} - \frac{z_{14}}{z_{11}-z_{14}} \cdot z_{k1},$$

wobei zu beachten ist, dass nach der vorausgesetzten Lage des Punktes P_4 z_{14} positiv, z_{24} negativ ist. Aus den beiden letzteren Ausdrücken erhält man, unter Berücksichtigung, dass $z_{13}=0$, $z_{23}=0$; $z_{21}=0$, $z_{31}=0$ ist,

$$z'_{12} = \frac{z_{14}z_{22}}{z_{22}-z_{24}}; \quad z'_{22} = 0;$$

$$z'_{13} = 0; \quad z'_{23} = \frac{z_{11}z_{24}}{z_{11}-z_{14}}.$$

Werden diese Werthe, sowie die: $z_{12}=0$, $z_{21}=0$ in obigen Ausdruck für z''_{k2} eingesetzt, so erhält man, indem sich zuletzt Zähler und Nenner der Brüche durch $z_{11}z_{22}-z_{14}z_{22}-z_{11}z_{24}$ kürzen lassen,

$$z''_{k2} = \frac{z_{14}z_{22}}{z_{14}z_{22}-z_{11}z_{24}} \cdot z_{k1} - \frac{z_{11}z_{24}}{z_{14}z_{22}-z_{11}z_{24}} \cdot z_{k2},$$

wobei wieder zu beachten ist, dass z_{14} positiv, z_{24} negativ ist. Es bilden also
die vier Punkte

$P_2; \qquad\qquad\qquad P''_2;$

mit den Coordinaten

$$z_{k2};\ z''_{k2} = \frac{z_{14}z_{22}}{z_{14}z_{22}-z_{11}z_{24}} \cdot z_{k1} - \frac{z_{11}z_{24}}{z_{14}z_{22}-z_{11}z_{24}} \cdot z_{k2}; \qquad †)$$

$P_1; \qquad\qquad\qquad P'_1$

$$z_{k1};\ z'_{k1} = \frac{z_{14}z_{22}}{z_{14}z_{22}+z_{11}z_{24}} \cdot z_{k1} + \frac{z_{11}z_{24}}{z_{14}z_{22}+z_{11}z_{24}} \cdot z_{k2}$$

eine harmonische Punktreihe nach Art. 39.

Nach Art. 40 ist daher auch der Strahlbüschel $P'_2, s'_2 s''_2 s'_1 s''_1$ harmonisch, also wird nach demselben Art. auch s_3 und s'_3, sowie s_2 und s_4 von demselben harmonisch getheilt. Aus letzterem Grunde folgt, dass auch der Strahlbüschel $P'_1, s_1 s''_1 s''_3 s'_3$ harmonisch ist, und dass mithin auch s''_2 harmonisch getheilt wird. Endlich folgt aus der harmonischen Theilung von s_1, dass auch der Strahlbüschel $P'_3, s_2 s''_2 s_4 s'_3$ harmonisch ist, und dass demnach auch s''_1 durch denselben harmonisch getheilt wird.

Genau auf dieselbe Weise, indem man nur den Buchstaben z mit $\mathfrak{z}$ vertauscht, beweist sich der Satz vom voll-

Art. 41.]   — 149 —

ständigen Vierseit $p_1 p_2 p_3 p_4$. Man braucht nur das Wort „Durchschnittspunkt" mit „Verbindungsgerade" und umgekehrt zu vertauschen, statt der bisherigen grossen Buchstaben kleine,

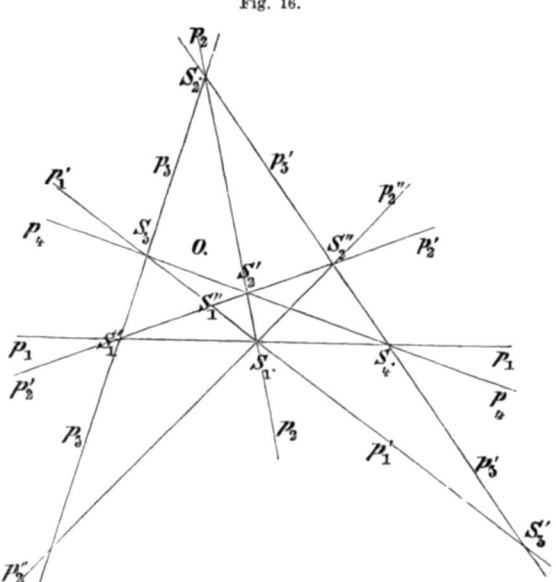

Fig. 16.

und umgekehrt, zu setzen, und endlich die Worte „Punktreihe" und „Strahlbüschel" mit einander zu vertauschen. Man zeigt daher zuerst sowie oben, dass der Strahlbüschel $S_1, p_2 p_2' p_1 p_1'$ harmonisch ist, und schliesst dann nach Art. 40 auf die Harmonie der übrigen in Rede kommenden Strahlbüschel.

Sollen die Coordinaten z. B. der Punkte P_2, P_2'', P_1, P_1' im ersteren Falle auf ein anderes Fundamental-Dreiseit transformirt werden, in welchem nicht gerade P_1, P_2, P_3 Ecken sind, so verfährt man folgendermassen: Die Bezeichnung der neuen Coordinaten bleibe ebenso wie bisher, nur werde überall Z statt z gebraucht. Man hat dann, indem man nach Art. 28, 9a) die bisherigen Coordinaten durch die neuen ausdrückt,

$$z_{14} z_{22} = \frac{1}{\mathfrak{D}'^2}\left[\mathfrak{D}'_{11} Z_{14} + \mathfrak{D}'_{21} Z_{24} + \mathfrak{D}'_{31} Z_{34}\right]\left[\mathfrak{D}'_{12} Z_{12} + \mathfrak{D}'_{22} Z_{22} + \mathfrak{D}'_{32} Z_{32}\right];$$
$$z_{11} z_{24} = \frac{1}{\mathfrak{D}'^2}\left[\mathfrak{D}'_{11} Z_{11} + \mathfrak{D}'_{21} Z_{21} + \mathfrak{D}'_{31} Z_{31}\right]\left[\mathfrak{D}'_{12} Z_{14} + \mathfrak{D}'_{22} Z_{24} + \mathfrak{D}'_{32} Z_{34}\right].$$ ††)

Da nun $z_{21}, z_{31}; z_{12}, z_{32}; z_{13}, z_{23}$ Null ist, so hat man nach Art. 28, 9a) die drei Paare Gleichungen:

$$a_1. \quad \mathfrak{D}'_{12} Z_{11} + \mathfrak{D}'_{22} Z_{21} + \mathfrak{D}'_{32} Z_{31} = 0;$$
$$b_1. \quad \mathfrak{D}'_{13} Z_{11} + \mathfrak{D}'_{23} Z_{21} + \mathfrak{D}'_{33} Z_{31} = 0;$$
$$a_2. \quad \mathfrak{D}'_{11} Z_{12} + \mathfrak{D}'_{21} Z_{22} + \mathfrak{D}'_{31} Z_{32} = 0;$$
$$b_2. \quad \mathfrak{D}'_{13} Z_{12} + \mathfrak{D}'_{23} Z_{22} + \mathfrak{D}'_{33} Z_{32} = 0;$$
$$a_3. \quad \mathfrak{D}'_{11} Z_{13} + \mathfrak{D}'_{21} Z_{23} + \mathfrak{D}'_{31} Z_{33} = 0;$$
$$b_3. \quad \mathfrak{D}'_{12} Z_{13} + \mathfrak{D}'_{22} Z_{23} + \mathfrak{D}'_{32} Z_{33} = 0.$$

Eliminirt man aus den Gleichungen a_1, b_1 Z_{31} und Z_{21} und wendet die Sätze bezüglich Art. 29, III) $b_3', b_2'; b_1', b_2'$ an; eliminirt man aus a_2, b_2 Z_{32} und Z_{12} und wendet die Sätze bezüglich Art. 29, $c_3', c_2'; c_1', c_3'$ an; eliminirt man endlich aus a_3, b_3 Z_{13} und Z_{23} und wendet die Sätze bezüglich Art. 29 $a_1', a_3'; a_1', a_2'$ an, so erhält man die Beziehungen

$$\left.\begin{aligned} Z_{21} &= \frac{\mathfrak{D}_{12}}{\mathfrak{D}_{11}} \cdot Z_{11}; \quad Z_{31} = \frac{\mathfrak{D}_{13}}{\mathfrak{D}_{11}} \cdot Z_{11}; \\ Z_{12} &= \frac{\mathfrak{D}_{21}}{\mathfrak{D}_{22}} \cdot Z_{22}; \quad Z_{32} = \frac{\mathfrak{D}_{23}}{\mathfrak{D}_{22}} \cdot Z_{22}; \\ Z_{23} &= \frac{\mathfrak{D}_{32}}{\mathfrak{D}_{33}} \cdot Z_{33}; \quad Z_{13} = \frac{\mathfrak{D}_{31}}{\mathfrak{D}_{33}} \cdot Z_{33}. \end{aligned}\right\} \quad *)$$

Führt man nun die in ††) angedeuteten Multiplicationen aus, und setzt dann für $Z_{12}, Z_{32}; Z_{21}, Z_{31}$ die Werthe aus *), so erhält man

$$z_{14} z_{22} = \frac{1}{\mathfrak{D}'^2} \cdot \frac{Z_{22}}{\mathfrak{D}_{22}} \cdot \left(\mathfrak{D}_{21}\mathfrak{D}'_{12} + \mathfrak{D}_{22}\mathfrak{D}'_{22} + \mathfrak{D}_{23}\mathfrak{D}'_{32}\right)\left(\mathfrak{D}'_{11} Z_{14} + \mathfrak{D}'_{21} Z_{24} + \mathfrak{D}'_{31} Z_{34}\right);$$

$$z_{11} z_{24} = \frac{1}{\mathfrak{D}'^2} \cdot \frac{Z_{11}}{\mathfrak{D}_{11}} \cdot \left(\mathfrak{D}_{11}\mathfrak{D}'_{11} + \mathfrak{D}_{12}\mathfrak{D}'_{21} + \mathfrak{D}_{13}\mathfrak{D}'_{31}\right)\left(\mathfrak{D}'_{12} Z_{14} + \mathfrak{D}'_{22} Z_{24} + \mathfrak{D}'_{32} Z_{34}\right),$$

oder nach Art. 29, IV) b_2, und a_1

$$\left.\begin{aligned} z_{14} z_{22} &= \frac{\mathfrak{D}}{\mathfrak{D}'} \cdot \frac{Z_{22}}{\mathfrak{D}_{22}} \cdot \left(\mathfrak{D}'_{11} Z_{14} + \mathfrak{D}'_{21} Z_{24} + \mathfrak{D}'_{31} Z_{34}\right); \\ z_{11} z_{24} &= \frac{\mathfrak{D}}{\mathfrak{D}'} \cdot \frac{Z_{11}}{\mathfrak{D}_{11}} \cdot \left(\mathfrak{D}'_{12} Z_{14} + \mathfrak{D}'_{22} Z_{24} + \mathfrak{D}'_{32} Z_{34}\right). \end{aligned}\right\} \quad **)$$

Um nun z. B. die neuen Coordinaten Z'_{k1} des Punktes P_1' zu finden, setze man in dem in †) gegebenen Werthe für z'_{k1} successive $k = 1, 2, 3$, so erhält man, da $z_{12} = 0$, $z_{21} = 0$, $z_{31} = 0$, $z_{32} = 0$ ist,

$$z'_{11} = \frac{z_{14} z_{22}}{z_{14} z_{22} + z_{11} z_{24}} \cdot z_{11}; \quad z'_{21} = \frac{z_{11} z_{24}}{z_{14} z_{22} + z_{11} z_{24}} \cdot z_{22}; \quad z'_{31} = 0.$$

[Art. 41.]

Drückt man nun nach Art. 28, 9a) $z'_{11}, z'_{21}, z'_{31}$ durch die neuen Coordinaten $Z'_{11}, Z'_{21}, Z'_{31}$, und z_{11}, z_{22} durch Z_{11}, Z_{21}, Z_{31}; Z_{12}, Z_{22}, Z_{32} aus, und setzt zugleich für $Z_{21}, Z_{31}; Z_{12}, Z_{32}$ ihre Werthe aus *), für $z_{14}z_{22}, z_{11}z_{24}$ ihre Werthe aus **), so erhält man die drei Gleichungen:

$$\frac{1}{\mathfrak{D}'}\left[\mathfrak{D}'_{11}Z'_{11} + \mathfrak{D}'_{21}Z'_{21} + \mathfrak{D}'_{31}Z'_{31}\right]$$
$$= \frac{\frac{Z_{22}}{\mathfrak{D}_{22}}\left(\mathfrak{D}'_{11}Z_{14} + \mathfrak{D}'_{21}Z_{24} + \mathfrak{D}'_{31}Z_{34}\right)}{\frac{Z_{22}}{\mathfrak{D}_{22}}\left(\mathfrak{D}'_{11}Z_{14} + \mathfrak{D}'_{21}Z_{24} + \mathfrak{D}'_{31}Z_{34}\right) + \frac{Z_{11}}{\mathfrak{D}_{11}}\left(\mathfrak{D}'_{12}Z_{14} + \mathfrak{D}'_{22}Z_{24} + \mathfrak{D}'_{32}Z_{34}\right)} \cdot \frac{1}{\mathfrak{D}'}\left[\mathfrak{D}'_{11}Z_{11} + \frac{\mathfrak{D}'_{21}\mathfrak{D}_{12}}{\mathfrak{D}_{11}}Z_{11} + \frac{\mathfrak{D}'_{31}\mathfrak{D}_{13}}{\mathfrak{D}_{11}}Z_{11}\right];$$

$$\frac{1}{\mathfrak{D}'}\left[\mathfrak{D}'_{12}Z'_{11} + \mathfrak{D}'_{22}Z'_{21} + \mathfrak{D}'_{32}Z'_{31}\right]$$
$$= \frac{\frac{Z_{11}}{\mathfrak{D}_{11}}\left(\mathfrak{D}'_{12}Z_{14} + \mathfrak{D}'_{22}Z_{24} + \mathfrak{D}'_{32}Z_{34}\right)}{\frac{Z_{22}}{\mathfrak{D}_{22}}\left(\mathfrak{D}'_{11}Z_{14} + \mathfrak{D}'_{21}Z_{24} + \mathfrak{D}'_{31}Z_{34}\right) + \frac{Z_{11}}{\mathfrak{D}_{11}}\left(\mathfrak{D}'_{12}Z_{14} + \mathfrak{D}'_{22}Z_{24} + \mathfrak{D}'_{32}Z_{34}\right)} \cdot \frac{1}{\mathfrak{D}'}\left[\frac{\mathfrak{D}'_{12}\mathfrak{D}_{21}}{\mathfrak{D}_{22}}Z_{22} + \mathfrak{D}'_{22}Z_{22} + \frac{\mathfrak{D}'_{32}\mathfrak{D}_{23}}{\mathfrak{D}_{22}}Z_{22}\right];$$

$$\frac{1}{\mathfrak{D}'}\left[\mathfrak{D}'_{13}Z'_{11} + \mathfrak{D}'_{23}Z'_{21} + \mathfrak{D}'_{33}Z'_{31}\right] = 0.$$

Streicht man beiderseits den Divisor $\mathfrak{D}'$, multiplicirt Zähler und Nenner der Doppelbrüche mit $\mathfrak{D}_{11}\mathfrak{D}_{22}$, und wendet wiederum die Sätze Art. 29, IV) a_1, b_2 an, so erhält man zur Bestimmung von $Z'_{11}, Z'_{21}, Z'_{31}$ die drei Gleichungen:

$$\mathfrak{D}'_{11}Z'_{11} + \mathfrak{D}'_{21}Z'_{21} + \mathfrak{D}'_{31}Z'_{31} = \mathfrak{D} \cdot \mathfrak{D}'$$
$$\cdot \frac{(\mathfrak{D}'_{11}Z_{14} + \mathfrak{D}'_{21}Z_{24} + \mathfrak{D}'_{31}Z_{34})Z_{11}Z_{22}}{(\mathfrak{D}'_{11}Z_{14} + \mathfrak{D}'_{21}Z_{24} + \mathfrak{D}'_{31}Z_{34})\mathfrak{D}_{11}Z_{22} + (\mathfrak{D}'_{12}Z_{14} + \mathfrak{D}'_{22}Z_{24} + \mathfrak{D}'_{32}Z_{34})\mathfrak{D}_{22}Z_{11}};$$

$$\mathfrak{D}'_{12}Z'_{11} + \mathfrak{D}'_{22}Z'_{21} + \mathfrak{D}'_{32}Z'_{31} = \mathfrak{D} \cdot \mathfrak{D}'$$
$$\cdot \frac{(\mathfrak{D}'_{12}Z_{14} + \mathfrak{D}'_{22}Z_{24} + \mathfrak{D}'_{32}Z_{34})Z_{11}Z_{22}}{(\mathfrak{D}'_{11}Z_{14} + \mathfrak{D}'_{21}Z_{24} + \mathfrak{D}'_{31}Z_{34})\mathfrak{D}_{11}Z_{22} + (\mathfrak{D}'_{12}Z_{14} + \mathfrak{D}'_{22}Z_{24} + \mathfrak{D}'_{32}Z_{34})\mathfrak{D}_{22}Z_{11}};$$

$$\mathfrak{D}'_{13}Z'_{11} + \mathfrak{D}'_{23}Z'_{21} + \mathfrak{D}'_{33}Z'_{31} = 0.$$

Setzt man einstweilen kurz
$$\mathfrak{D}'_{11}Z_{14} + \mathfrak{D}'_{21}Z_{24} + \mathfrak{D}'_{31}Z_{34} = M_1;$$
$$\mathfrak{D}'_{12}Z_{14} + \mathfrak{D}'_{22}Z_{24} + \mathfrak{D}'_{32}Z_{34} = M_2,$$

so hat man also die drei Gleichungen

$$\begin{vmatrix} \mathfrak{D}'_{11} & \mathfrak{D}'_{21} & \mathfrak{D}'_{31} \\ \mathfrak{D}'_{12} & \mathfrak{D}'_{22} & \mathfrak{D}'_{32} \\ \mathfrak{D}'_{13} & \mathfrak{D}'_{23} & \mathfrak{D}'_{33} \end{vmatrix} Z'_{11} = \frac{\mathfrak{D} \cdot \mathfrak{D}' \cdot Z_{11}Z_{22}}{M_1 \mathfrak{D}_{11}Z_{22} + M_2 \mathfrak{D}_{22}Z_{11}} \cdot \begin{vmatrix} M_1 & \mathfrak{D}'_{21} & \mathfrak{D}'_{31} \\ M_2 & \mathfrak{D}'_{22} & \mathfrak{D}'_{32} \\ 0 & \mathfrak{D}'_{23} & \mathfrak{D}'_{33} \end{vmatrix}$$

$$\begin{vmatrix} \mathfrak{D}'_{11} & \mathfrak{D}'_{21} & \mathfrak{D}'_{31} \\ \mathfrak{D}'_{12} & \mathfrak{D}'_{22} & \mathfrak{D}'_{32} \\ \mathfrak{D}'_{13} & \mathfrak{D}'_{23} & \mathfrak{D}'_{33} \end{vmatrix} Z'_{21} = \frac{\mathfrak{D} \cdot \mathfrak{D}' \cdot Z_{11} Z_{22}}{M_1 \mathfrak{D}_{11} Z_{22} + M_2 \mathfrak{D}_{22} Z_{11}} \cdot \begin{vmatrix} \mathfrak{D}'_{11} & M_1 & \mathfrak{D}'_{31} \\ \mathfrak{D}'_{12} & M_2 & \mathfrak{D}'_{32} \\ \mathfrak{D}'_{13} & 0 & \mathfrak{D}'_{33} \end{vmatrix}$$

$$\begin{vmatrix} \mathfrak{D}'_{11} & \mathfrak{D}'_{21} & \mathfrak{D}'_{31} \\ \mathfrak{D}'_{12} & \mathfrak{D}'_{22} & \mathfrak{D}'_{32} \\ \mathfrak{D}'_{13} & \mathfrak{D}'_{23} & \mathfrak{D}'_{33} \end{vmatrix} Z'_{31} = \frac{\mathfrak{D} \cdot \mathfrak{D}' \cdot Z_{11} Z_{22}}{M_1 \mathfrak{D}_{11} Z_{22} + M_2 \mathfrak{D}_{22} Z_{11}} \cdot \begin{vmatrix} \mathfrak{D}'_{11} & \mathfrak{D}'_{21} & M_1 \\ \mathfrak{D}'_{12} & \mathfrak{D}'_{22} & M_2 \\ \mathfrak{D}'_{13} & \mathfrak{D}'_{23} & 0 \end{vmatrix}$$

Die Determinante links ist nun

$$\begin{vmatrix} \mathfrak{D}'_{11} & \mathfrak{D}'_{21} & \mathfrak{D}'_{31} \\ \mathfrak{D}'_{12} & \mathfrak{D}'_{22} & \mathfrak{D}'_{32} \\ \mathfrak{D}'_{13} & \mathfrak{D}'_{23} & \mathfrak{D}'_{33} \end{vmatrix} = \mathfrak{D}'_{11}(\mathfrak{D}'_{22}\mathfrak{D}'_{33} - \mathfrak{D}'_{23}\mathfrak{D}'_{32}) + \mathfrak{D}'_{21}(\mathfrak{D}'_{32}\mathfrak{D}'_{13} - \mathfrak{D}'_{33}\mathfrak{D}'_{12}) + \mathfrak{D}'_{31}(\mathfrak{D}'_{12}\mathfrak{D}'_{23} - \mathfrak{D}'_{13}\mathfrak{D}'_{22})$$

oder nach Art. 29, III) b_2', b_3', b_1'

$$= (\mathfrak{D}_{11}\mathfrak{D}'_{11} + \mathfrak{D}_{12}\mathfrak{D}'_{21} + \mathfrak{D}_{13}\mathfrak{D}'_{31}) \cdot \mathfrak{D}'$$

oder nach demselben Art. IV) a_1

$$= \mathfrak{D} \cdot \mathfrak{D}'^2.$$

Die Determinanten rechts in den Werthen für $Z'_{11}, Z'_{21}, Z'_{31}$ haben, wie man sich mit Anwendung der Regeln des Art. 29, III) $b_2', c_2'; b_3', c_3'; b_1', c_1'$ überzeugt, die Werthe bezüglich

$$\mathfrak{D}' \cdot (M_1 \mathfrak{D}_{11} + M_2 \mathfrak{D}_{21}); \quad \mathfrak{D}' \cdot (M_1 \mathfrak{D}_{12} + M_2 \mathfrak{D}_{22}); \quad \mathfrak{D}' \cdot (M_1 \mathfrak{D}_{13} + M_2 \mathfrak{D}_{23}).$$

Man erhält daher

$$Z'_{11} = \frac{M_1 \mathfrak{D}_{11} Z_{11} Z_{22}}{M_1 \mathfrak{D}_{11} Z_{22} + M_2 \mathfrak{D}_{22} Z_{11}} + \frac{M_2 \mathfrak{D}_{21} Z_{11} Z_{22}}{M_1 \mathfrak{D}_{11} Z_{22} + M_2 \mathfrak{D}_{22} Z_{11}};$$

$$Z'_{21} = \frac{M_1 \mathfrak{D}_{12} Z_{11} Z_{22}}{M_1 \mathfrak{D}_{11} Z_{22} + M_2 \mathfrak{D}_{22} Z_{11}} + \frac{M_2 \mathfrak{D}_{22} Z_{11} Z_{22}}{M_1 \mathfrak{D}_{11} Z_{22} + M_2 \mathfrak{D}_{22} Z_{11}};$$

$$Z'_{31} = \frac{M_1 \mathfrak{D}_{13} Z_{11} Z_{22}}{M_1 \mathfrak{D}_{11} Z_{22} + M_2 \mathfrak{D}_{22} Z_{11}} + \frac{M_2 \mathfrak{D}_{23} Z_{11} Z_{22}}{M_1 \mathfrak{D}_{11} Z_{22} + M_2 \mathfrak{D}_{22} Z_{11}}.$$

Setzt man im Zähler des zweiten Bruches im Werthe für Z'_{11}, vermöge der aus *) folgenden Gleichung $\mathfrak{D}_{21} Z_{22} = \mathfrak{D}_{22} Z_{12}$, $\mathfrak{D}_{22} Z_{12}$ für $\mathfrak{D}_{21} Z_{22}$; im Zähler des ersten Bruches im Werthe für Z'_{21}, vermöge der aus *) sich ergebenden Gleichung $\mathfrak{D}_{12} Z_{11} = \mathfrak{D}_{11} Z_{21}$, $\mathfrak{D}_{11} Z_{21}$ für $\mathfrak{D}_{12} Z_{11}$; in den beiden Zählern der Brüche für Z'_{31}, vermöge der aus *) folgenden Gleichungen $\mathfrak{D}_{13} Z_{11} = \mathfrak{D}_{11} Z_{31}$; $\mathfrak{D}_{23} Z_{22} = \mathfrak{D}_{22} Z_{32}$, $\mathfrak{D}_{11} Z_{31}$ für $\mathfrak{D}_{13} Z_{11}$, $\mathfrak{D}_{22} Z_{32}$ für $\mathfrak{D}_{23} Z_{22}$ ein, so erhält man

$$Z'_{11} = \frac{M_1 \mathfrak{D}_{11} Z_{22}}{M_1 \mathfrak{D}_{11} Z_{22} + M_2 \mathfrak{D}_{22} Z_{11}} \cdot Z_{11} + \frac{M_2 \mathfrak{D}_{22} Z_{11}}{M_1 \mathfrak{D}_{11} Z_{22} + M_2 \mathfrak{D}_{22} Z_{11}} \cdot Z_{12};$$

$$Z'_{21} = \frac{M_1 \mathfrak{D}_{11} Z_{22}}{M_1 \mathfrak{D}_{11} Z_{22} + M_2 \mathfrak{D}_{22} Z_{11}} \cdot Z_{21} + \frac{M_2 \mathfrak{D}_{22} Z_{11}}{M_1 \mathfrak{D}_{11} Z_{22} + M_2 \mathfrak{D}_{22} Z_{11}} \cdot Z_{22};$$

$$Z'_{31} = \frac{M_1 \mathfrak{D}_{11} Z_{22}}{M_1 \mathfrak{D}_{11} Z_{22} + M_2 \mathfrak{D}_{22} Z_{11}} \cdot Z_{31} + \frac{M_2 \mathfrak{D}_{22} Z_{11}}{M_1 \mathfrak{D}_{11} Z_{22} + M_2 \mathfrak{D}_{22} Z_{11}} \cdot Z_{32}.$$

Ganz ebenso, nur treten an die Stelle der $+$ Zeichen die $-$Zeichen, findet man die Werthe der Coordinaten Z''_{k2} von P_2''. Man sieht also, wie es nicht anders sein kann, auch jetzt, dass
die vier Punkte

$$\left.\begin{array}{l}P_2; \qquad\qquad\qquad\qquad P_2''; \\ \text{mit den Coordinaten} \\ Z_{k2};\; Z''_{k2} = \dfrac{M_1 \mathfrak{D}_{11} Z_{22}}{M_1 \mathfrak{D}_{11} Z_{22} - M_2 \mathfrak{D}_{22} Z_{11}} \cdot Z_{k1} - \dfrac{M_2 \mathfrak{D}_{22} Z_{11}}{M_1 \mathfrak{D}_{11} Z_{22} - M_2 \mathfrak{D}_{22} Z_{11}} \cdot Z_{k2} \\ P_1; \qquad\qquad\qquad\qquad P_1' \\ Z_{k1};\; Z'_{k1} = \dfrac{M_1 \mathfrak{D}_{11} Z_{22}}{M_1 \mathfrak{D}_{11} Z_{22} + M_2 \mathfrak{D}_{22} Z_{11}} \cdot Z_{k1} + \dfrac{M_2 \mathfrak{D}_{22} Z_{11}}{M_1 \mathfrak{D}_{11} Z_{22} + M_2 \mathfrak{D}_{22} Z_{11}} \cdot Z_{k2} \\ M_1 = \mathfrak{D}'_{11} Z_{14} + \mathfrak{D}'_{21} Z_{24} + \mathfrak{D}'_{31} Z_{34};\; M_2 = \mathfrak{D}'_{12} Z_{14} + \mathfrak{D}'_{22} Z_{24} + \mathfrak{D}'_{32} Z_{34} \end{array}\right\} \dagger\dagger\dagger)$$

eine harmonische Punktreihe bilden.

Genau durch dieselben Betrachtungen überzeugt man sich auch aus den auf ein anderes Axen-Dreieck, in welchem p_1, p_2, p_3 nicht Seiten sind, bezogenen Coordinaten der Geraden, welche in dem Satze über das vollständige Vierseit in Betracht kommen, dass die oben von demselben ausgesprochenen Gesetze auch dann noch Gültigkeit haben.

Kap. II.
Die Kegelschnitte.

42. Setzt man in der Gleichung eines Kegelschnitts für orthogonale Punkt- und Linien-Coordinaten $F(x, y) = 0$, $\mathfrak{F}(\mathfrak{x}, \mathfrak{y}) = 0$, Art. 10, 1$a$), 1$b$), um dieselbe in trimetrischen Coordinaten auszudrücken, für x, y und für $\mathfrak{x}, \mathfrak{y}$ ihre Werthe aus Art. 23 bezüglich 8a), 8b), multiplicirt man zugleich die Glieder, welche x und y, $\mathfrak{x}$ und $\mathfrak{y}$ nur in der ersten Potenz enthalten mit 1, das constante Glied mit 1^2, und setzt für 1 seinen Werth aus Art. 23 bezüglich 7a), 7b), so erhält man nach geschehener Zusammenziehung offenbar Gleichungen von der Form:

$$f(z_1, z_2, z_3) = c_{11} z_1^2 + 2 c_{12} z_1 z_2 + 2 c_{13} z_1 z_3 + c_{22} z_2^2 + 2 c_{23} z_2 z_3 + c_{33} z_3^2 = 0;\; 1a)$$
$$\mathfrak{f}(\mathfrak{z}_1, \mathfrak{z}_2, \mathfrak{z}_3) = \mathfrak{c}_{11} \mathfrak{z}_1^2 + 2 \mathfrak{c}_{12} \mathfrak{z}_1 \mathfrak{z}_2 + 2 \mathfrak{c}_{13} \mathfrak{z}_1 \mathfrak{z}_3 + \mathfrak{c}_{22} \mathfrak{z}_2^2 + 2 \mathfrak{c}_{23} \mathfrak{z}_2 \mathfrak{z}_3 + \mathfrak{c}_{33} \mathfrak{z}_3^2 = 0.\; 1b)$$

Man erhält dann also die Gleichungen der Kegelschnitte in homogener Form. Dabei soll wieder, wie in Art. 10 c_{mn} als identisch mit c_{nm}, $\mathfrak{c}_{mn}$ als identisch mit $\mathfrak{c}_{nm}$ angesehen, und es soll je nach den Umständen bald die eine, bald die andere Form angewandt werden. Die Gleichungen 1a), 1b) können auch in der Form geschrieben werden:

$$f(z_1, z_2, z_3) = (c_{11}z_1 + c_{12}z_2 + c_{13}z_3)z_1 + (c_{12}z_1 + c_{22}z_2 + c_{23}z_3)z_2 \\ + (c_{13}z_1 + c_{23}z_2 + c_{33}z_3)z_3 = 0; \quad 2a)$$

$$\mathfrak{f}(\mathfrak{z}_1, \mathfrak{z}_2, \mathfrak{z}_3) = (\mathfrak{c}_{11}\mathfrak{z}_1 + \mathfrak{c}_{12}\mathfrak{z}_2 + \mathfrak{c}_{13}\mathfrak{z}_3)\mathfrak{z}_1 + (\mathfrak{c}_{12}\mathfrak{z}_1 + \mathfrak{c}_{22}\mathfrak{z}_2 + \mathfrak{c}_{23}\mathfrak{z}_3)\mathfrak{z}_2 \\ + (\mathfrak{c}_{13}\mathfrak{z}_1 + \mathfrak{c}_{23}\mathfrak{z}_2 + \mathfrak{c}_{33}\mathfrak{z}_3)\mathfrak{z}_3 = 0. \quad 2b)$$

Selbstverständlich können alle Glieder einer solchen Gleichung wie 1a), 1b), 2a), 2b) noch durch einen und denselben constanten Factor multiplicirt oder dividirt werden.

43. Lässt sich die linke Seite der Gleichung 1a) Art. 42 in ein Produkt von zwei linearen Factoren $m_1 z_1 + m_2 z_2 + m_3 z_3$, $n_1 z_1 + n_2 z_2 + n_3 z_3$ zerlegen, ist also $f(z_1, z_2, z_3) = (m_1 z_1 + m_2 z_2 + m_3 z_3)(n_1 z_1 + n_2 z_2 + n_3 z_3)$, so ist sie Null, wenn

$$m_1 z_1 + m_2 z_2 + m_3 z_3 = 0, \text{ oder } n_1 z_1 + n_2 z_2 + n_3 z_3 = 0$$

ist. Letzteres sind aber nach Art. 30, 6a) die Gleichungen zweier gerader Linien. Da die Coordinaten ihres Durchschnittspunktes beiden genügen müssen, so muss die Gleichung Art. 42, 1a) für z_1, z_2, z_3 gleiche Wurzeln haben, und umgekehrt ist das Auftreten gleicher Wurzeln für z_1, z_2, z_3 ein Beweis, dass sich die Kegelschnittsgleichung in ein Produkt von zwei Gleichungen gerader Linien zerlegen lässt. Ebenso ist das Auftreten gleicher Wurzeln für $\mathfrak{z}_1, \mathfrak{z}_2, \mathfrak{z}_3$ in der Kegelschnittsgleichung 1b) ein Beweis, dass sich dieselbe in ein Produkt zweier Gleichungen von Punkten zerlegen lässt. Soll nun eine Gleichung für z_1, z_2, z_3 gleiche Wurzeln besitzen, so muss ihr Differenzialquotient nach z_1, z_2, z_3 Null sein; es müssen also ausser der Gleichung 1a) auch die Gleichungen bestehen: $c_{11}z_1 + c_{12}z_2 + c_{13}z_3 = 0; \ c_{12}z_1 + c_{22}z_2 + c_{23}z_3 = 0; \ c_{13}z_1 + c_{23}z_2 + c_{33}z_3 = 0$. Sind diese aber erfüllt, so ist dies auch mit der Gleichung 1a), da sie sich in der Form Art. 42, 2a) schreiben lässt, der Fall. Man sieht also:

Die Bedingung dafür, dass die Kegelschnittsgleichung 1a) in ein Produkt zweier Gleichungen je einer Geraden, und dass die Kegelschnittsgleichung 1b) in ein Produkt zweier Gleichungen je eines Punktes zerfällt, ist das gleichzeitige Bestehen der drei Gleichungen bezüglich

Art. 43.]

$$c_{11}z_1 + c_{12}z_2 + c_{13}z_3 = 0; \quad c_{11}\mathfrak{z}_1 + c_{12}\mathfrak{z}_2 + c_{13}\mathfrak{z}_3 = 0;$$
$$c_{12}z_1 + c_{22}z_2 + c_{23}z_3 = 0; \quad c_{12}\mathfrak{z}_1 + c_{22}\mathfrak{z}_2 + c_{23}\mathfrak{z}_3 = 0;$$
$$c_{13}z_1 + c_{23}z_2 + c_{33}z_3 = 0; \quad c_{13}\mathfrak{z}_1 + c_{23}\mathfrak{z}_2 + c_{33}\mathfrak{z}_3 = 0.$$

Es muss demnach die Determinante Null sein, oder es muss sein

$$\begin{vmatrix} c_{11} & c_{12} & c_{13} \\ c_{12} & c_{22} & c_{23} \\ c_{13} & c_{23} & c_{33} \end{vmatrix} = 0; \quad 1a) \qquad \begin{vmatrix} \mathfrak{c}_{11} & \mathfrak{c}_{12} & \mathfrak{c}_{13} \\ \mathfrak{c}_{12} & \mathfrak{c}_{22} & \mathfrak{c}_{23} \\ \mathfrak{c}_{13} & \mathfrak{c}_{23} & \mathfrak{c}_{33} \end{vmatrix} = 0. \quad 1b)$$

Jede dieser symmetrischen Determinanten heisst: Discriminante. Dieselbe soll im Falle 1a) mit C, im Falle 1b) mit $\mathfrak{C}$ bezeichnet werden. Es soll also gesetzt werden

$$\begin{vmatrix} c_{11} & c_{12} & c_{13} \\ c_{12} & c_{22} & c_{23} \\ c_{13} & c_{23} & c_{33} \end{vmatrix} = C; \quad 2a) \qquad \begin{vmatrix} \mathfrak{c}_{11} & \mathfrak{c}_{12} & \mathfrak{c}_{13} \\ \mathfrak{c}_{12} & \mathfrak{c}_{22} & \mathfrak{c}_{23} \\ \mathfrak{c}_{13} & \mathfrak{c}_{23} & \mathfrak{c}_{33} \end{vmatrix} = \mathfrak{C}; \quad 2b)$$

oder, ausgerechnet, und mit Beziehung auf $c_{mn} = c_{nm}$, $\mathfrak{c}_{mn} = \mathfrak{c}_{nm}$ cyklisch geordnet,

$$c_{11}c_{22}c_{33} + 2c_{12}c_{23}c_{31} - c_{11}c_{23}{}^2 - c_{22}c_{31}{}^2 - c_{33}c_{12}{}^2 = C; \quad 3a)$$
$$\mathfrak{c}_{11}\mathfrak{c}_{22}\mathfrak{c}_{33} + 2\mathfrak{c}_{12}\mathfrak{c}_{23}\mathfrak{c}_{31} - \mathfrak{c}_{11}\mathfrak{c}_{23}{}^2 - \mathfrak{c}_{22}\mathfrak{c}_{31}{}^2 - \mathfrak{c}_{33}\mathfrak{c}_{12}{}^2 = \mathfrak{C}; \quad 3b)$$

oder, durch Zerlegung in Partial-Determinanten

$$(c_{22}c_{33} - c_{23}{}^2)c_{11} + (c_{13}c_{23} - c_{12}c_{33})c_{12} + (c_{32}c_{12} - c_{31}c_{22})c_{13} = C; \quad 4a)$$
oder $(c_{13}c_{23} - c_{12}c_{33})c_{21} + (c_{33}c_{11} - c_{31}{}^2)c_{22} + (c_{21}c_{31} - c_{23}c_{11})c_{23} = C; \quad 5a)$
oder $(c_{32}c_{12} - c_{31}c_{22})c_{31} + (c_{21}c_{31} - c_{23}c_{11})c_{32} + (c_{11}c_{22} - c_{12}{}^2)c_{33} = C; \quad 6a)$

und ebenso:

$$(\mathfrak{c}_{22}\mathfrak{c}_{33} - \mathfrak{c}_{23}{}^2)\mathfrak{c}_{11} + (\mathfrak{c}_{13}\mathfrak{c}_{23} - \mathfrak{c}_{12}\mathfrak{c}_{33})\mathfrak{c}_{12} + (\mathfrak{c}_{32}\mathfrak{c}_{12} - \mathfrak{c}_{31}\mathfrak{c}_{22})\mathfrak{c}_{13} = \mathfrak{C}; \quad 4b)$$
oder $(\mathfrak{c}_{13}\mathfrak{c}_{23} - \mathfrak{c}_{12}\mathfrak{c}_{33})\mathfrak{c}_{21} + (\mathfrak{c}_{33}\mathfrak{c}_{11} - \mathfrak{c}_{31}{}^2)\mathfrak{c}_{22} + (\mathfrak{c}_{21}\mathfrak{c}_{31} - \mathfrak{c}_{23}\mathfrak{c}_{11})\mathfrak{c}_{23} = \mathfrak{C}; \quad 5b)$
oder $(\mathfrak{c}_{32}\mathfrak{c}_{12} - \mathfrak{c}_{31}\mathfrak{c}_{22})\mathfrak{c}_{31} + (\mathfrak{c}_{21}\mathfrak{c}_{31} - \mathfrak{c}_{23}\mathfrak{c}_{11})\mathfrak{c}_{32} + (\mathfrak{c}_{11}\mathfrak{c}_{22} - \mathfrak{c}_{12}{}^2)\mathfrak{c}_{33} = \mathfrak{C}. \quad 6b)$

Bezeichnet man die Partial-Determinanten, welche den Coefficienten von c_{mn}, $\mathfrak{c}_{mn}$ bilden, bezüglich mit C_{mn}, $\mathfrak{C}_{mn}$, wobei, da c_{mn} und c_{nm}, $\mathfrak{c}_{mn}$ und $\mathfrak{c}_{nm}$ als identisch betrachtet werden, auch $C_{mn} = C_{nm}$, $\mathfrak{C}_{mn} = \mathfrak{C}_{nm}$ sein muss, so hat man folgende Beziehungen:

$$\left.\begin{array}{l} c_{22}c_{33} - c_{23}{}^2 = C_{11}; \\ c_{33}c_{11} - c_{31}{}^2 = C_{22}; \\ c_{11}c_{22} - c_{12}{}^2 = C_{33}; \end{array}\right\} \quad 7a) \qquad \left.\begin{array}{l} \mathfrak{c}_{22}\mathfrak{c}_{33} - \mathfrak{c}_{23}{}^2 = \mathfrak{C}_{11}; \\ \mathfrak{c}_{33}\mathfrak{c}_{11} - \mathfrak{c}_{31}{}^2 = \mathfrak{C}_{22}; \\ \mathfrak{c}_{11}\mathfrak{c}_{22} - \mathfrak{c}_{12}{}^2 = \mathfrak{C}_{33}; \end{array}\right\} \quad 7b)$$

$$\left.\begin{array}{l} c_{13}c_{23} - c_{12}c_{33} = C_{12}; \\ c_{21}c_{31} - c_{23}c_{11} = C_{23}; \\ c_{32}c_{12} - c_{31}c_{22} = C_{31}; \end{array}\right\} \quad 8a) \qquad \left.\begin{array}{l} \mathfrak{c}_{13}\mathfrak{c}_{23} - \mathfrak{c}_{12}\mathfrak{c}_{33} = \mathfrak{C}_{12}; \\ \mathfrak{c}_{21}\mathfrak{c}_{31} - \mathfrak{c}_{23}\mathfrak{c}_{11} = \mathfrak{C}_{23}; \\ \mathfrak{c}_{32}\mathfrak{c}_{12} - \mathfrak{c}_{31}\mathfrak{c}_{22} = \mathfrak{C}_{31}. \end{array}\right\} \quad 8b)$$

Man sieht auch hier, dass in 7) und 8) jede Gleichung aus der vorhergehenden, und die erste wiederum aus der letzten durch cyklisches Fortrücken der Indices um 1 entsteht. Man hat ferner die Gleichungen:

$$\left.\begin{aligned}
(c_{33}c_{11} - c_{31}^2)(c_{11}c_{22} - c_{12}^2) - (c_{21}c_{31} - c_{23}c_{11})^2 &= c_{11}\,C;\\
(c_{11}c_{22} - c_{12}^2)(c_{22}c_{33} - c_{23}^2) - (c_{32}c_{12} - c_{31}c_{22})^2 &= c_{22}\,C;\\
(c_{22}c_{33} - c_{23}^2)(c_{33}c_{11} - c_{31}^2) - (c_{13}c_{23} - c_{12}c_{33})^2 &= c_{33}\,C;\\
(c_{21}c_{31} - c_{23}c_{11})(c_{32}c_{12} - c_{31}c_{22}) - (c_{13}c_{23} - c_{12}c_{33})(c_{11}c_{22} - c_{12}^2) &= c_{12}\,C;\\
(c_{32}c_{12} - c_{31}c_{22})(c_{13}c_{23} - c_{12}c_{33}) - (c_{21}c_{31} - c_{23}c_{11})(c_{22}c_{33} - c_{23}^2) &= c_{23}\,C;\\
(c_{13}c_{23} - c_{12}c_{33})(c_{21}c_{31} - c_{23}c_{11}) - (c_{32}c_{12} - c_{31}c_{22})(c_{33}c_{11} - c_{31}^2) &= c_{31}\,C;
\end{aligned}\right\}9a)$$

und ebenso:

$$\left.\begin{aligned}
(\mathfrak{c}_{33}\mathfrak{c}_{11} - \mathfrak{c}_{31}^2)(\mathfrak{c}_{11}\mathfrak{c}_{22} - \mathfrak{c}_{12}^2) - (\mathfrak{c}_{21}\mathfrak{c}_{31} - \mathfrak{c}_{23}\mathfrak{c}_{11})^2 &= \mathfrak{c}_{11}\,\mathfrak{C};\\
(\mathfrak{c}_{11}\mathfrak{c}_{22} - \mathfrak{c}_{12}^2)(\mathfrak{c}_{22}\mathfrak{c}_{33} - \mathfrak{c}_{23}^2) - (\mathfrak{c}_{32}\mathfrak{c}_{12} - \mathfrak{c}_{31}\mathfrak{c}_{22})^2 &= \mathfrak{c}_{22}\,\mathfrak{C};\\
(\mathfrak{c}_{22}\mathfrak{c}_{33} - \mathfrak{c}_{23}^2)(\mathfrak{c}_{33}\mathfrak{c}_{11} - \mathfrak{c}_{31}^2) - (\mathfrak{c}_{13}\mathfrak{c}_{23} - \mathfrak{c}_{12}\mathfrak{c}_{33})^2 &= \mathfrak{c}_{33}\,\mathfrak{C};\\
(\mathfrak{c}_{21}\mathfrak{c}_{31} - \mathfrak{c}_{23}\mathfrak{c}_{11})(\mathfrak{c}_{32}\mathfrak{c}_{12} - \mathfrak{c}_{31}\mathfrak{c}_{22}) - (\mathfrak{c}_{13}\mathfrak{c}_{23} - \mathfrak{c}_{12}\mathfrak{c}_{33})(\mathfrak{c}_{11}\mathfrak{c}_{22} - \mathfrak{c}_{12}^2) &= \mathfrak{c}_{12}\,\mathfrak{C};\\
(\mathfrak{c}_{32}\mathfrak{c}_{12} - \mathfrak{c}_{31}\mathfrak{c}_{22})(\mathfrak{c}_{13}\mathfrak{c}_{23} - \mathfrak{c}_{12}\mathfrak{c}_{33}) - (\mathfrak{c}_{21}\mathfrak{c}_{31} - \mathfrak{c}_{23}\mathfrak{c}_{11})(\mathfrak{c}_{22}\mathfrak{c}_{33} - \mathfrak{c}_{23}^2) &= \mathfrak{c}_{23}\,\mathfrak{C};\\
(\mathfrak{c}_{13}\mathfrak{c}_{23} - \mathfrak{c}_{12}\mathfrak{c}_{33})(\mathfrak{c}_{21}\mathfrak{c}_{31} - \mathfrak{c}_{23}\mathfrak{c}_{11}) - (\mathfrak{c}_{32}\mathfrak{c}_{12} - \mathfrak{c}_{31}\mathfrak{c}_{22})(\mathfrak{c}_{33}\mathfrak{c}_{11} - \mathfrak{c}_{31}^2) &= \mathfrak{c}_{31}\,\mathfrak{C};
\end{aligned}\right\}9b)$$

oder, nach 7) und 8)

$$\left.\begin{aligned}
C_{22}C_{33} - C_{23}^2 &= c_{11}\,C;\\
C_{33}C_{11} - C_{31}^2 &= c_{22}\,C;\\
C_{11}C_{22} - C_{12}^2 &= c_{33}\,C;\\
C_{23}C_{31} - C_{12}C_{33} &= c_{12}\,C;\\
C_{31}C_{12} - C_{23}C_{11} &= c_{23}\,C;\\
C_{12}C_{23} - C_{31}C_{22} &= c_{31}\,C;
\end{aligned}\right\}10a) \qquad
\left.\begin{aligned}
\mathfrak{C}_{22}\mathfrak{C}_{33} - \mathfrak{C}_{23}^2 &= \mathfrak{c}_{11}\,\mathfrak{C};\\
\mathfrak{C}_{33}\mathfrak{C}_{11} - \mathfrak{C}_{31}^2 &= \mathfrak{c}_{22}\,\mathfrak{C};\\
\mathfrak{C}_{11}\mathfrak{C}_{22} - \mathfrak{C}_{12}^2 &= \mathfrak{c}_{33}\,\mathfrak{C};\\
\mathfrak{C}_{23}\mathfrak{C}_{31} - \mathfrak{C}_{12}\mathfrak{C}_{33} &= \mathfrak{c}_{12}\,\mathfrak{C};\\
\mathfrak{C}_{31}\mathfrak{C}_{12} - \mathfrak{C}_{23}\mathfrak{C}_{11} &= \mathfrak{c}_{23}\,\mathfrak{C};\\
\mathfrak{C}_{12}\mathfrak{C}_{23} - \mathfrak{C}_{31}\mathfrak{C}_{22} &= \mathfrak{c}_{31}\,\mathfrak{C}.
\end{aligned}\right\}10b)$$

Sowohl bei den drei ersten, als bei den drei letzten Gleichungen in 10) entsteht wiederum jede folgende aus der vorhergehenden durch cyklisches Fortrücken sämmtlicher Indices um 1.

44. Die Gleichung der Tangente in einem Punkte z'_k an einen Kegelschnitt $f(z_1, z_2, z_3)$ lautet

$$f'_1 \cdot z_1 + f'_2 \cdot z_2 + f'_3 \cdot z_3 = 0,$$

wenn f'_k den Werth bezeichnet, welchen der für z_k genommene Differenzialquotient von $f(z_1, z_2, z_3)$ erhält, wenn z'_k für z_k gesetzt wird. Die Gleichung des Berührungspunktes auf einer Geraden $\mathfrak{z}'_k$ mit einem Kegelschnitt $\mathfrak{f}(\mathfrak{z}_1, \mathfrak{z}_2, \mathfrak{z}_3)$ lautet

$$\mathfrak{f}'_1 \cdot \mathfrak{z}_1 + \mathfrak{f}'_2 \cdot \mathfrak{z}_2 + \mathfrak{f}'_3 \cdot \mathfrak{z}_3 = 0,$$

wenn $\mathfrak{f}'_k$ den Werth bezeichnet, welchen der für $\mathfrak{z}_k$ genommene Differenzialquotient von $\mathfrak{f}(\mathfrak{z}_1, \mathfrak{z}_2, \mathfrak{z}_3)$ erhält, wenn $\mathfrak{z}'_k$ für $\mathfrak{z}_k$ gesetzt wird.

Art. 44.]

Der erste Satz ergiebt sich folgendermassen: Es seien z_k' und $z_k' + \triangle z_k'$ zwei benachbarte Punkte des Kegelschnitts, so ist nach Art. 32, 2a), wenn z_k' für das dortige z_{k1}, $z_k' + \triangle z_k'$ für das dortige z_{k2} gesetzt wird, die Gleichung der durch die beiden benachbarten Punkte gehenden Sekante

$$[z_2'(z_3' + \triangle z_3') - z_3'(z_2' + \triangle z_2')]z_1 + [z_3'(z_1' + \triangle z_1') - z_1'(z_3' + \triangle z_3')]z_2 + [z_1'(z_2' + \triangle z_2') - z_2'(z_1' + \triangle z_1')]z_3 = 0,$$

oder

$$(z_2' \triangle z_3' - z_3' \triangle z_2')z_1 + (z_3' \triangle z_1' - z_1' \triangle z_3')z_2 + (z_1' \triangle z_2' - z_2' \triangle z_1')z_3 = 0.$$

Dividirt man diese Gleichung durch $\triangle z_1'$ und geht von den Differenzen auf die Differenziale über, so erhält man

$$\left(z_2' \frac{dz_3'}{dz_1'} - z_3' \frac{dz_2'}{dz_1'}\right) \cdot z_1 + \left(z_3' - z_1' \frac{dz_3'}{dz_1'}\right) \cdot z_2 + \left(z_1' \frac{dz_2'}{dz_1'} - z_2'\right) \cdot z_3 = 0. \quad †)$$

Da nun die beiden Punkte auf dem Kegelschnitte liegen, muss

$$f(z_1' + \triangle z_1', z_2' + \triangle z_2', z_3' + \triangle z_3') = 0; \quad f(z_1', z_2', z_3') = 0$$

sein, also auch

$$f(z_1' + \triangle z_1', z_2' + \triangle z_2', z_3' + \triangle z_3') - f(z_1', z_2', z_3') = 0$$

oder

$$f(z_1' + \triangle z_1', z_2' + \triangle z_2', z_3' + \triangle z_3') - f(z_1', z_2' + \triangle z_2', z_3' + \triangle z_3')$$
$$+ f(z_1', z_2' + \triangle z_2', z_3' + \triangle z_3') - f(z_1', z_2', z_3' + \triangle z_3')$$
$$+ f(z_1', z_2', z_3' + \triangle z_3') - f(z_1', z_2', z_3') = 0;$$

oder

$$\triangle f(z_1', z_2' + \triangle z_2', z_3' + \triangle z_3') + \triangle f(z_1', z_2', z_3' + \triangle z_3') + \triangle f(z_1', z_2', z_3') = 0;$$

oder

$$\frac{\triangle f(z_1', z_2' + \triangle z_2', z_3' + \triangle z_3')}{\triangle z_1'} \cdot \triangle z_1' + \frac{\triangle f(z_1', z_2', z_3' + \triangle z_3')}{\triangle z_2'} \cdot \triangle z_2'$$
$$+ \frac{\triangle f(z_1', z_2', z_3')}{\triangle z_3'} \cdot \triangle z_3' = 0;$$

oder, wenn man durch $\triangle z_1'$ dividirt und auf die Differenziale übergeht, vermöge der oben genannten Bedeutung von f_k'

$$f_1' + f_2' \cdot \frac{dz_2'}{dz_1'} + f_3' \cdot \frac{dz_3'}{dz_1'} = 0. \quad ††)$$

Nach Art. 23, 9a) müssen aber für die beiden Kegelschnittspunkte auch die Gleichungen gelten

$$g_1 r_1 (z_1' + \triangle z_1') + g_2 r_2 (z_2' + \triangle z_2') + g_3 r_3 (z_3' + \triangle z_3') = D;$$
$$g_1 r_1 z_1' + g_2 r_2 z_2' + g_3 r_3 z_3' = D, \quad *)$$

also

$$g_1 r_1 \triangle z_1' + g_2 r_2 \triangle z_2' + g_3 r_3 \triangle z_3' = 0;$$

also auch, wenn man durch $\triangle z_1'$ dividirt, und dann die Differenziale nimmt,

$$g_1 r_1 + g_2 r_2 \frac{dz_2'}{dz_1'} + g_3 r_3 \frac{dz_3'}{dz_1'} = 0. \qquad \text{†††)}$$

Aus den beiden Gleichungen ††) und †††) ergeben sich nun die Werthe

$$\frac{dz_2'}{dz_1'} = \frac{g_3 r_3 f_1' - g_1 r_1 f_3'}{g_2 r_2 f_3' - g_3 r_3 f_2'}; \quad \frac{dz_3'}{dz_1'} = \frac{g_1 r_1 f_2' - g_2 r_2 f_1'}{g_2 r_2 f_3' - g_3 r_3 f_2'}.$$

Werden diese Werthe in die obige Gleichung †) eingesetzt, so nimmt dieselbe die Form an

$$[g_1 r_1 (z_2' f_2' + z_3' f_3') - f_1' (g_2 r_2 z_2' + g_3 r_3 z_3')] z_1$$
$$+ [g_2 r_2 (z_3' f_3' + z_1' f_1') - f_2' (g_3 r_3 z_3' + g_1 r_1 z_1')] z_2$$
$$+ [g_3 r_3 (z_1' f_1' + z_2' f_2') - f_3' (g_1 r_1 z_1' + g_2 r_2 z_2')] z_3 = 0;$$

oder da nach *) $g_2 r_2 z_2' + g_3 r_3 z_3' = D - g_1 r_1 z_1'$; $g_3 r_3 z_3' + g_1 r_1 z_1' = D - g_2 r_2 z_2'$; $g_1 r_1 z_1' + g_2 r_2 z_2' = D - g_3 r_3 z_3'$ ist,

$$[g_1 r_1 (z_1' f_1' + z_2' f_2' + z_3' f_3') - D f_1'] z_1$$
$$+ [g_2 r_2 (z_1' f_1' + z_2' f_2' + z_3' f_3') - D f_2'] z_2$$
$$+ [g_3 r_3 (z_1' f_1' + z_2' f_2' + z_3' f_3') - D f_3'] z_3 = 0;$$

oder

$$(g_1 r_1 z_1 + g_2 r_2 z_2 + g_3 r_3 z_3)(z_1' f_1' + z_2' f_2' + z_3' f_3')$$
$$- D(f_1' z_1 + f_2' z_2 + f_3' z_3) = 0.$$

Da nun die Gleichung *) oder Art. 23, 9a) auch für jeden Punkt z_1, z_2, z_3 der Tangente gilt, lautet die Gleichung auch

$$D(z_1' f_1' + z_2' f_2' + z_3' f_3') - D(f_1' z_1 + f_2' z_2 + f_3' z_3) = 0,$$

oder

$$(z_1' f_1' + z_2' f_2' + z_3' f_3') - (f_1' z_1 + f_2' z_2 + f_3' z_3) = 0. \qquad \text{**})$$

Nun ist, wenn die Differenziation der Funktion f, Art. 42, 1a) nach z_1, z_2, z_3 ausgeführt, und dann z_k' für z_k gesetzt wird,

$$z_1' f_1' + z_2' f_2' + z_3' f_3' = 2 z_1'(c_{11} z_1' + c_{12} z_2' + c_{13} z_3') + 2 z_2'(c_{12} z_1' + c_{22} z_2' + c_{23} z_3')$$
$$+ 2 z_3'(c_{13} z_1' + c_{23} z_2' + c_{33} z_3')$$
$$= 2(c_{11} z_1'^2 + 2 c_{12} z_1' z_2' + 2 c_{13} z_1' z_3' + c_{22} z_2'^2 + 2 c_{23} z_2' z_3' + c_{33} z_3'^2)$$

also

$$z_1' f_1' + z_2' f_2' + z_3' f_3' = 2 \cdot f(z_1', z_2', z_3').$$

Es ist aber, da der Punkt z_k' auf der Curve liegt, $f(z_1', z_2', z_3') = 0$, also hat man auch

$$z_1' f_1' + z_2' f_2' + z_3' f_3' = 0.$$

Es lautet daher die Gleichung der Tangente nach **)
$$-(f_1'z_1 + f_2'z_2 + f_3'z_3) = 0,$$
oder
$$f_1'z_1 + f_2'z_2 + f_3'z_3 = 0.$$

Ebenso ergiebt sich die zweite Regel, wenn man den Durchschnittspunkt zweier benachbarten Tangenten des Kegelschnitts aufsucht, und diese dann in eine einzige zusammenfallen lässt.

45. Werden in der Gleichung der Tangente statt der Coordinaten eines Punktes des Kegelschnittes die Coordinaten eines **nicht** auf der Curve liegenden Punktes P' eingesetzt, so ist die dann entstehende Gleichung
$$p \equiv f_1'z_1 + f_2'z_2 + f_3'z_3 = 0$$
die Gleichung einer solchen Geraden, dass auf jeder durch P' gehenden Geraden r das von P' und p begrenzte Stück von den Durchschnittspunkten S_1, S_2 harmonisch getheilt wird, d. h. p ist die Polare von P' (Art. 18).

Werden in der Gleichung des Berührungspunktes statt der Coordinaten einer Tangente des Kegelschnittes die Coordinaten einer die Curve nicht berührenden Geraden p' eingesetzt, so ist die dann entstehende Gleichung
$$P \equiv \mathfrak{f}_1'\mathfrak{z}_1 + \mathfrak{f}_2'\mathfrak{z}_2 + \mathfrak{f}_3'\mathfrak{z}_3 = 0$$
die Gleichung eines solchen Punktes, dass der im Durchschnittspunkte R jeder durch P gehenden Geraden mit p' gebildete Winkel von den von R an den Kegelschnitt gelegten Tangenten s_1, s_2 harmonisch getheilt wird, d. h. P ist der Pol von p' (Art. 18).

Es seien nämlich im ersten Falle die in den Grössen f_k' enthaltenen Coordinaten z_k' die eines nicht auf dem Kegelschnitte liegenden Punktes P', die Coordinaten des Durchschnittspunktes P'' von r mit p seien z_k'', die der Durchschnittspunkte S_1, S_2 von r mit dem Kegelschnitte seien z_{k1}, z_{k2}, so muss, da S_1 und S_2 mit P' und P'' auf derselben Geraden liegen, nach Art. 35 sein

$$z_{k1} = q_1 z_k'' + q_2 z_k'; \; q_1 + q_2 = 1; \; z_{k2} = q_1 z_k'' - q_2 z_k'; \; q_1 - q_2 = 1.$$

Da aber sowohl S_1 als S_2 auch auf dem Kegelschnitte liegen, muss auch sein $f(z_{11}, z_{21}, z_{31}) = 0$; $f(z_{12}, z_{22}, z_{32}) = 0$, oder also es muss sein
$$f(q_1 z_1'' \pm q_2 z_1', \; q_1 z_2'' \pm q_2 z_2', \; q_1 z_3'' \pm q_2 z_3') = 0.$$

Entwickelt man diesen Ausdruck, indem man die Werthe $z_{k1} = q_1 z_k'' + q_2 z_k'$; $z_{k2} = q_1 z_k'' - q_2 z_k'$ in die Kegelschnittgleichung Art. 42, 1a) einsetzt, so erhält man die Gleichung:

$q_1^2 [c_{11} z_1''^2 + 2 c_{12} z_1'' z_2'' + 2 c_{13} z_1'' z_3'' + c_{22} z_2''^2 + 2 c_{23} z_2'' z_3'' + c_{33} z_3''^2]$
$\pm q_1 q_2 [z_1'' \cdot 2 (c_{11} z_1' + c_{12} z_2' + c_{13} z_3') + z_2'' \cdot 2 (c_{12} z_1' + c_{22} z_2' + c_{23} z_3')$
$\qquad\qquad\qquad\qquad\qquad + z_3'' \cdot 2 (c_{13} z_1' + c_{23} z_2' + c_{33} z_3')]$
$+ q_2^2 [c_{11} z_1'^2 + 2 c_{12} z_1' z_2' + 2 c_{13} z_1' z_3' + c_{22} z_2'^2 + 2 c_{23} z_2' z_3' + c_{33} z_3'^2] = 0.$

Nun ist offenbar $2 (c_{11} z_1' + c_{12} z_2' + c_{13} z_3') = f_1'$; $2 (c_{12} z_1' + c_{22} z_2' + c_{23} z_3') = f_2'$; $2 (c_{13} z_1' + c_{23} z_2' + c_{33} z_3') = f_3'$, also lautet die Gleichung kürzer

$$q_1^2 f(z_1'', z_2'', z_3'') \pm q_1 q_2 (f_1' z_1'' + f_2' z_2'' + f_3' z_3'') + q_2^2 f(z_1', z_2', z_3') = 0.$$

Da nun nach der Voraussetzung der Punkt P'' mit den Coordinaten z_k'' auf der Geraden p liegt, ist

$$f_1' z_1'' + f_2' z_2'' + f_3' z_3'' = 0,$$

und man hat daher nur die Gleichung:

$$q_1^2 f(z_1'', z_2'', z_3'') + q_2^2 f(z_1', z_2', z_3') = 0.$$

Aus derselben folgt

$$\frac{q_1}{q_2} = \sqrt{-\frac{f(z_1', z_2', z_3')}{f(z_1'', z_2'', z_3'')}}$$

wo die Wurzel nur positiv zu nehmen ist, da sowohl q_1 als q_2 als absolute positive Zahlen vorausgesetzt sind. Bezeichnet man den constanten Wurzelausdruck kurz mit w, so hat man für den inneren Theilpunkt S_1 der Strecke $P'P''$, und für den äusseren Theilpunkt S_2 derselben bezüglich die Gleichungen:

$$q_1 + q_2 = 1; \qquad\qquad q_1 - q_2 = 1;$$
$$\frac{q_1}{q_2} = w; \qquad\qquad\qquad \frac{q_1}{q_2} = w.$$

Aus diesen folgt

für S_1: $q_1 = \frac{w}{w+1}$; $q_2 = \frac{1}{w+1}$; für S_2: $q_1 = \frac{w}{w-1}$; $q_2 = \frac{1}{w-1}$.

Es gilt also das Gesetz für die Coordinaten

$\qquad\qquad$ von S_1: $\qquad\qquad\qquad$ von S_2:

$$z_{k1} = \frac{w}{w+1} z_k'' + \frac{1}{w+1} z_k'; \quad z_{k2} = \frac{w}{w-1} z_k'' - \frac{1}{w-1} z_k';$$

oder

$$z_{k1} = \frac{1}{1+w} z_k' + \frac{w}{1+w} z_k''; \quad z_{k2} = \frac{1}{1-w} z_k' - \frac{w}{1-w} z_k''.$$

Es wird daher nach Art. 39 die Strecke $P'P''$ von S_1, S_2 innerlich und äusserlich im Verhältniss $w : 1$ harmonisch getheilt.

Ebenso beweist sich der zweite Satz. Sind $\mathfrak{z}'_k$ die Coordinaten von p', $\mathfrak{z}''_k$ die der Verbindungsgeraden p'' von R mit P, $\mathfrak{z}_{k1}, \mathfrak{z}_{k2}$ die der Tangenten s_1, s_2, so ist

$$\mathfrak{z}_{k1} = \frac{1}{1+w}\mathfrak{z}'_k + \frac{w}{1+w}\mathfrak{z}''_k; \quad \mathfrak{z}_{k2} = \frac{1}{1-w}\mathfrak{z}'_k - \frac{w}{1-w}\mathfrak{z}''_k.$$

Setzt man nun, wenn r'_1, r'_2 die von O auf p', p'' gefällten Perpendikel sind,

$$1 = mr'_1; \quad w = nr'_2,$$

also

$$m = \frac{1}{r'_1}; \quad n = \frac{w}{r'_2},$$

so sieht man nach Art. 39, dass der Winkel $p'p''$ von s_1, s_2 im Verhältnisse $\frac{w}{r'_2} : \frac{1}{r'_1}$, oder $r'_1 w : r'_2$ harmonisch getheilt wird.

46. Liegt ein Punkt P'' auf der Polaren eines Punktes P', so liegt auch P' auf der Polaren von P''. Geht eine Gerade p'' durch den Pol einer Geraden p', so geht auch p' durch den Pol von p''.

Sind nämlich z'_k, z''_k bezüglich die Coordinaten von P', P'', so ist die Gleichung der Polaren von P'

$$f'_1 z_1 + f'_2 z_2 + f'_3 z_3 = 0.$$

Da nun P'' auf dieser Polaren liegen soll, muss auch sein

$$f'_1 z''_1 + f'_2 z''_2 + f'_3 z''_3 = 0,$$

oder

$$2(c_{11}z'_1 + c_{12}z'_2 + c_{13}z'_3)z''_1 + 2(c_{12}z'_1 + c_{22}z'_2 + c_{23}z'_3)z''_2$$
$$+ 2(c_{13}z'_1 + c_{23}z'_2 + c_{33}z'_3)z''_3 = 0.$$

Dieselbe Gleichung aber lässt sich auch schreiben:

$$2(c_{11}z''_1 + c_{12}z''_2 + c_{13}z''_3)z'_1 + 2(c_{12}z''_1 + c_{22}z''_2 + c_{23}z''_3)z'_2$$
$$+ 2(c_{13}z''_1 + c_{23}z''_2 + c_{33}z''_3)z'_3 = 0.$$

Die Coefficienten von z'_k aber sind die partiellen Differenzialquotienten von f nach z_1, z_2, z_3, wenn nach geschehener Differenziation z''_k für z_k eingesetzt wird; sie sind daher mit f''_k zu bezeichnen. Die Gleichung lautet daher auch

$$f''_1 z'_1 + f''_2 z'_2 + f''_3 z'_3 = 0.$$

Da nun $f''_1 z_1 + f''_2 z_2 + f''_3 z_3 = 0$ die Gleichung der Polaren des Punktes P'' ist, so erhellt, dass die Coordinaten von P' dieser Gleichung genügen. Es liegt also P' auf der Polaren von P''.

Ebenso beweist sich der zweite Satz.

Ein solches Dreieck, in welchem jede Ecke der Pol der gegenüberliegenden Seite, und jede Seite die Polare der gegenüberliegenden Ecke ist, heisst ein sich selbst conjugirtes Dreiseit oder ein sich selbst conjugirtes Dreieck.

47. Soll die in orthogonalen Punkt- oder Linien-Coordinaten vorliegende Gleichung $F(x,y) = 0$, $\mathfrak{F}(\mathfrak{x},\mathfrak{y}) = 0$, Art. 10, 1a), 1b) in die Gleichung $f(z_1, z_2, z_3) = 0$, $\mathfrak{f}(\mathfrak{z}_1, \mathfrak{z}_2, \mathfrak{z}_3) = 0$ in homogenen Punkt- oder Linien-Coordinaten transformirt werden, so hat man nach Art. 42 die in Art. 23, 7), 8) aufgestellten Werthe für $x, y; \mathfrak{x}, \mathfrak{y}$, und 1 in der dort angegebenen Weise einzusetzen und zu verwenden. Man erhält dann als Coefficienten von $z_1^2, z_1 z_2$ etc. Brüche, welche sämmtlich den Nenner $\mathfrak{D}^2$ oder D^2 besitzen. Wenn man nun die Gleichung des Kegelschnitts in homogenen Punkt- oder Linien-Coordinaten mit bezüglich $\mathfrak{D}^2$ oder D^2 nicht erweitert, so erhält man als Coefficienten c_{11}, c_{12} etc. von $z_1^2, z_1 z_2$ etc. die Werthe:

$$c_{11} = \frac{1}{\mathfrak{D}^2} \cdot \{a_{11}(\mathfrak{x}_2 - \mathfrak{x}_3)^2 - 2a_{12}(\mathfrak{x}_2 - \mathfrak{x}_3)(\mathfrak{y}_2 - \mathfrak{y}_3) + 2a_{13}\mathfrak{x}_2 \mathfrak{y}_3(\mathfrak{x}_2 - \mathfrak{x}_3)$$
$$+ a_{22}(\mathfrak{y}_2 - \mathfrak{y}_3)^2 - 2a_{23}\mathfrak{x}_2 \mathfrak{y}_3(\mathfrak{y}_2 - \mathfrak{y}_3) + a_{33}\mathfrak{x}_2 \mathfrak{y}_3^2\};$$

$$c_{22} = \frac{1}{\mathfrak{D}^2} \cdot \{a_{11}(\mathfrak{x}_3 - \mathfrak{x}_1)^2 - 2a_{12}(\mathfrak{x}_3 - \mathfrak{x}_1)(\mathfrak{y}_3 - \mathfrak{y}_1) + 2a_{13}\mathfrak{x}_3 \mathfrak{y}_1(\mathfrak{x}_3 - \mathfrak{x}_1)$$
$$+ a_{22}(\mathfrak{y}_3 - \mathfrak{y}_1)^2 - 2a_{23}\mathfrak{x}_3 \mathfrak{y}_1(\mathfrak{y}_3 - \mathfrak{y}_1) + a_{33}\mathfrak{x}_3 \mathfrak{y}_1^2\};$$

$$c_{33} = \frac{1}{\mathfrak{D}^2} \cdot \{a_{11}(\mathfrak{x}_1 - \mathfrak{x}_2)^2 - 2a_{12}(\mathfrak{x}_1 - \mathfrak{x}_2)(\mathfrak{y}_1 - \mathfrak{y}_2) + 2a_{13}\mathfrak{x}_1 \mathfrak{y}_2(\mathfrak{x}_1 - \mathfrak{x}_2)$$
$$+ a_{22}(\mathfrak{y}_1 - \mathfrak{y}_2)^2 - 2a_{23}\mathfrak{x}_1 \mathfrak{y}_2(\mathfrak{y}_1 - \mathfrak{y}_2) + a_{33}\mathfrak{x}_1 \mathfrak{y}_2^2\};$$

$$c_{12} = \frac{1}{\mathfrak{D}^2} \cdot \{a_{11}(\mathfrak{x}_2 - \mathfrak{x}_3)(\mathfrak{x}_3 - \mathfrak{x}_1) - a_{12}[(\mathfrak{x}_2 - \mathfrak{x}_3)(\mathfrak{y}_3 - \mathfrak{y}_1) + (\mathfrak{x}_3 - \mathfrak{x}_1)(\mathfrak{y}_2 - \mathfrak{y}_3)]$$
$$+ a_{13}[\mathfrak{x}_2 \mathfrak{y}_3(\mathfrak{x}_3 - \mathfrak{x}_1) + \mathfrak{x}_3 \mathfrak{y}_1(\mathfrak{x}_2 - \mathfrak{x}_3)] + a_{22}(\mathfrak{y}_2 - \mathfrak{y}_3)(\mathfrak{y}_3 - \mathfrak{y}_1)$$
$$- a_{23}[\mathfrak{x}_2 \mathfrak{y}_3(\mathfrak{y}_3 - \mathfrak{y}_1) + \mathfrak{x}_3 \mathfrak{y}_1(\mathfrak{y}_2 - \mathfrak{y}_3)] + a_{33}\mathfrak{x}_2 \mathfrak{y}_3 \cdot \mathfrak{x}_3 \mathfrak{y}_1\};$$

$$c_{23} = \frac{1}{\mathfrak{D}^2} \cdot \{a_{11}(\mathfrak{x}_3 - \mathfrak{x}_1)(\mathfrak{x}_1 - \mathfrak{x}_2) - a_{12}[(\mathfrak{x}_3 - \mathfrak{x}_1)(\mathfrak{y}_1 - \mathfrak{y}_2) + (\mathfrak{x}_1 - \mathfrak{x}_2)(\mathfrak{y}_3 - \mathfrak{y}_1)]$$
$$+ a_{13}[\mathfrak{x}_3 \mathfrak{y}_1(\mathfrak{x}_1 - \mathfrak{x}_2) + \mathfrak{x}_1 \mathfrak{y}_2(\mathfrak{x}_3 - \mathfrak{x}_1)] + a_{22}(\mathfrak{y}_3 - \mathfrak{y}_1)(\mathfrak{y}_1 - \mathfrak{y}_2)$$
$$- a_{23}[\mathfrak{x}_3 \mathfrak{y}_1(\mathfrak{y}_1 - \mathfrak{y}_2) + \mathfrak{x}_1 \mathfrak{y}_2(\mathfrak{y}_3 - \mathfrak{y}_1)] + a_{33}\mathfrak{x}_3 \mathfrak{y}_1 \cdot \mathfrak{x}_1 \mathfrak{y}_2\};$$

$$c_{31} = \frac{1}{\mathfrak{D}^2} \cdot \{a_{11}(\mathfrak{x}_1 - \mathfrak{x}_2)(\mathfrak{x}_2 - \mathfrak{x}_3) - a_{12}[(\mathfrak{x}_1 - \mathfrak{x}_2)(\mathfrak{y}_2 - \mathfrak{y}_3) + (\mathfrak{x}_2 - \mathfrak{x}_3)(\mathfrak{y}_1 - \mathfrak{y}_2)]$$
$$+ a_{13}[\mathfrak{x}_1 \mathfrak{y}_2(\mathfrak{x}_2 - \mathfrak{x}_3) + \mathfrak{x}_2 \mathfrak{y}_3(\mathfrak{x}_1 - \mathfrak{x}_2)] + a_{22}(\mathfrak{y}_1 - \mathfrak{y}_2)(\mathfrak{y}_2 - \mathfrak{y}_3)$$
$$- a_{23}[\mathfrak{x}_1 \mathfrak{y}_2(\mathfrak{y}_2 - \mathfrak{y}_3) + \mathfrak{x}_2 \mathfrak{y}_3(\mathfrak{y}_1 - \mathfrak{y}_2)] + a_{33}\mathfrak{x}_1 \mathfrak{y}_2 \cdot \mathfrak{x}_2 \mathfrak{y}_3\};$$

1a)

[Art. 47.] — 163 —

$$\begin{aligned}
\mathfrak{c}_{11} &= \frac{1}{D^2} \cdot \Big\{ \mathfrak{a}_{11}(x_2-x_3)^2 - 2\mathfrak{a}_{12}(x_2-x_3)(y_2-y_3) + 2\mathfrak{a}_{13}X_2Y_3(x_2-x_3) \\
&\qquad + \mathfrak{a}_{22}(y_2-y_3)^2 - 2\mathfrak{a}_{23}X_2Y_3(y_2-y_3) + \mathfrak{a}_{33}X_2^2Y_3^2 \Big\}; \\
\mathfrak{c}_{22} &= \frac{1}{D^2} \cdot \Big\{ \mathfrak{a}_{11}(x_3-x_1)^2 - 2\mathfrak{a}_{12}(x_3-x_1)(y_3-y_1) + 2\mathfrak{a}_{13}X_3Y_1(x_3-x_1) \\
&\qquad + \mathfrak{a}_{22}(y_3-y_1)^2 - 2\mathfrak{a}_{23}X_3Y_1(y_3-y_1) + \mathfrak{a}_{33}X_3^2Y_1^2 \Big\}; \\
\mathfrak{c}_{33} &= \frac{1}{D^2} \cdot \Big\{ \mathfrak{a}_{11}(x_1-x_2)^2 - 2\mathfrak{a}_{12}(x_1-x_2)(y_1-y_2) + 2\mathfrak{a}_{13}X_1Y_2(x_1-x_2) \\
&\qquad + \mathfrak{a}_{22}(y_1-y_2)^2 - 2\mathfrak{a}_{23}X_1Y_2(y_1-y_2) + \mathfrak{a}_{33}X_1^2Y_2^2 \Big\}; \\
\mathfrak{c}_{12} &= \frac{1}{D^2} \cdot \Big\{ \mathfrak{a}_{11}(x_2-x_3)(x_3-x_1) - \mathfrak{a}_{12}[(x_2-x_3)(y_3-y_1)+(x_3-x_1)(y_2-y_3)] \\
&\qquad + \mathfrak{a}_{13}[X_2Y_3(x_3-x_1)+X_3Y_1(x_2-x_3)] + \mathfrak{a}_{22}(y_2-y_3)(y_3-y_1) \\
&\qquad - \mathfrak{a}_{23}[X_2Y_3(y_3-y_1)+X_3Y_1(y_2-y_3)] + \mathfrak{a}_{33}X_2Y_3 \cdot X_3Y_1 \Big\}; \\
\mathfrak{c}_{23} &= \frac{1}{D^2} \cdot \Big\{ \mathfrak{a}_{11}(x_3-x_1)(x_1-x_2) - \mathfrak{a}_{12}[(x_3-x_1)(y_1-y_2)+(x_1-x_2)(y_3-y_1)] \\
&\qquad + \mathfrak{a}_{13}[X_3Y_1(x_1-x_2)+X_1Y_2(x_3-x_1)] + \mathfrak{a}_{22}(y_3-y_1)(y_1-y_2) \\
&\qquad - \mathfrak{a}_{23}[X_3Y_1(y_1-y_2)+X_1Y_2(y_3-y_1)] + \mathfrak{a}_{33}X_3Y_1 \cdot X_1Y_2 \Big\}; \\
\mathfrak{c}_{31} &= \frac{1}{D^2} \cdot \Big\{ \mathfrak{a}_{11}(x_1-x_2)(x_2-x_3) - \mathfrak{a}_{12}[(x_1-x_2)(y_2-y_3)+(x_2-x_3)(y_1-y_2)] \\
&\qquad + \mathfrak{a}_{13}[X_1Y_2(x_2-x_3)+X_2Y_3(x_1-x_2)] + \mathfrak{a}_{22}(y_1-y_2)(y_2-y_3) \\
&\qquad - \mathfrak{a}_{23}[X_1Y_2(y_2-y_3)+X_2Y_3(y_1-y_2)] + \mathfrak{a}_{33}X_1Y_2 \cdot X_2Y_3 \Big\}.
\end{aligned} \quad 1b)$$

Man bemerkt sogleich, dass in 1a) die Werthe $c_{11}, c_{22}, c_{33}, c_{11}$ aus einander hervorgehen, indem man die Indices an allen deutschen Buchstaben, grossen wie kleinen, cyklisch um 1 fortrückt; ebenso gehen $c_{12}, c_{23}, c_{31}, c_{12}$ aus einander hervor, indem man, um das folgende c zu erhalten, in dem Werthe des vorhergehenden an allen deutschen Buchstaben die Indices cyklisch um 1 weiter schiebt, also aus 2 statt 1, 3 statt 2, 1 statt 3 setzt. In 1b) entstehen die Werthe von $\mathfrak{c}_{11}, \mathfrak{c}_{22}, \mathfrak{c}_{33}, \mathfrak{c}_{11}$, und von $\mathfrak{c}_{12}, \mathfrak{c}_{23}, \mathfrak{c}_{31}, \mathfrak{c}_{12}$ je aus dem Werthe des vorhergehenden c durch cyklische Erhöhung sämmtlicher Indices an allen lateinischen Buchstaben um 1.

Will man die homogene Gleichung in der einfachsten Form haben, so ist nur der Bruch $\frac{1}{\mathfrak{D}^2}, \frac{1}{D^2}$ wegzulassen.

Es lassen sich ferner die Partial-Determinanten der Discriminante, Art. 43, 7), 8) der transformirten Gleichung durch die Partial-Determinanten der Discriminante der ursprünglichen Gleichung, Art. 12, 7), 8) ausdrücken. Es ist nämlich z. B.
$$C_{33} = c_{11}c_{22} - c_{12}^2.$$

[Art. 47.

Werden hier für c_{11}, c_{22}, c_{12} ihre Werthe aus 1a) eingesetzt, so erhält man nach geschehener Hebung

$$C_{33} = \frac{1}{\mathfrak{D}^4} \cdot \big\{ a_{11}a_{22}[(\mathfrak{x}_2-\mathfrak{x}_3)(\mathfrak{y}_3-\mathfrak{y}_1)-(\mathfrak{x}_3-\mathfrak{x}_1)(\mathfrak{y}_2-\mathfrak{y}_3)]^2$$
$$+ 2a_{11}a_{23}[(\mathfrak{x}_2-\mathfrak{x}_3)(\mathfrak{y}_3-\mathfrak{y}_1)-(\mathfrak{x}_3-\mathfrak{x}_1)(\mathfrak{y}_2-\mathfrak{y}_3)][\mathfrak{X}_2\mathfrak{Y}_3(\mathfrak{x}_3-\mathfrak{x}_1)-\mathfrak{X}_3\mathfrak{Y}_1(\mathfrak{x}_2-\mathfrak{x}_3)]$$
$$+ a_{11}a_{33}[\mathfrak{X}_2\mathfrak{Y}_3(\mathfrak{x}_3-\mathfrak{x}_1)-\mathfrak{X}_3\mathfrak{Y}_1(\mathfrak{x}_2-\mathfrak{x}_3)]^2 - a_{12}{}^2[(\mathfrak{x}_2-\mathfrak{x}_3)(\mathfrak{y}_3-\mathfrak{y}_1)-(\mathfrak{x}_3-\mathfrak{x}_1)(\mathfrak{y}_2-\mathfrak{y}_3)]^2$$
$$- 2a_{12}a_{13}[(\mathfrak{x}_2-\mathfrak{x}_3)(\mathfrak{y}_3-\mathfrak{y}_1)-(\mathfrak{x}_3-\mathfrak{x}_1)(\mathfrak{y}_2-\mathfrak{y}_3)][\mathfrak{X}_2\mathfrak{Y}_3(\mathfrak{x}_3-\mathfrak{x}_1)-\mathfrak{X}_3\mathfrak{Y}_1(\mathfrak{x}_2-\mathfrak{x}_3)]$$
$$- 2a_{12}a_{23}[(\mathfrak{x}_2-\mathfrak{x}_3)(\mathfrak{y}_3-\mathfrak{y}_1)-(\mathfrak{x}_3-\mathfrak{x}_1)(\mathfrak{y}_2-\mathfrak{y}_3)][\mathfrak{X}_2\mathfrak{Y}_3(\mathfrak{y}_3-\mathfrak{y}_1)-\mathfrak{X}_3\mathfrak{Y}_1(\mathfrak{y}_2-\mathfrak{y}_3)]$$
$$- 2a_{12}a_{33}[\mathfrak{X}_2\mathfrak{Y}_3(\mathfrak{x}_3-\mathfrak{x}_1)-\mathfrak{X}_3\mathfrak{Y}_1(\mathfrak{x}_2-\mathfrak{x}_3)][\mathfrak{X}_2\mathfrak{Y}_3(\mathfrak{y}_3-\mathfrak{y}_1)-\mathfrak{X}_3\mathfrak{Y}_1(\mathfrak{y}_2-\mathfrak{y}_3)]$$
$$+ 2a_{13}a_{22}[(\mathfrak{x}_2-\mathfrak{x}_3)(\mathfrak{y}_3-\mathfrak{y}_1)-(\mathfrak{x}_3-\mathfrak{x}_1)(\mathfrak{y}_2-\mathfrak{y}_3)][\mathfrak{X}_2\mathfrak{Y}_3(\mathfrak{y}_3-\mathfrak{y}_1)-\mathfrak{X}_3\mathfrak{Y}_1(\mathfrak{y}_2-\mathfrak{y}_3)]$$
$$+ a_{22}a_{33}[\mathfrak{X}_2\mathfrak{Y}_3(\mathfrak{y}_3-\mathfrak{y}_1)-\mathfrak{X}_3\mathfrak{Y}_1(\mathfrak{y}_2-\mathfrak{y}_3)]^2 - a_{13}{}^2[\mathfrak{X}_2\mathfrak{Y}_3(\mathfrak{x}_3-\mathfrak{x}_1)-\mathfrak{X}_3\mathfrak{Y}_1(\mathfrak{x}_2-\mathfrak{x}_3)]^2$$
$$+ 2a_{13}a_{23}[\mathfrak{X}_2\mathfrak{Y}_3(\mathfrak{x}_3-\mathfrak{x}_1)-\mathfrak{X}_3\mathfrak{Y}_1(\mathfrak{x}_2-\mathfrak{x}_3)][\mathfrak{X}_2\mathfrak{Y}_3(\mathfrak{y}_3-\mathfrak{y}_1)-\mathfrak{X}_3\mathfrak{Y}_1(\mathfrak{y}_2-\mathfrak{y}_3)]$$
$$- a_{23}{}^2[\mathfrak{X}_2\mathfrak{Y}_3(\mathfrak{y}_3-\mathfrak{y}_1)-\mathfrak{X}_3\mathfrak{Y}_1(\mathfrak{y}_2-\mathfrak{y}_3)]^2 \big\};$$

oder, nach Art. 27, 8a), 9a),

$$C_{33} = \frac{1}{\mathfrak{D}^4} \cdot \big\{ a_{11}a_{22}\mathfrak{D}^2 + 2a_{11}a_{23}\mathfrak{D}^2\mathfrak{x}_3 + a_{11}a_{33}\mathfrak{D}^2\mathfrak{x}_3{}^2 - a_{12}{}^2\mathfrak{D}^2 - 2a_{12}a_{13}\mathfrak{D}^2\mathfrak{x}_3$$
$$- 2a_{12}a_{23}\mathfrak{D}^2\mathfrak{y}_3 - 2a_{12}a_{33}\mathfrak{D}^2\mathfrak{x}_3\mathfrak{y}_3$$
$$+ 2a_{13}a_{22}\mathfrak{D}^2\mathfrak{y}_3 + a_{22}a_{33}\mathfrak{D}^2\mathfrak{y}_3{}^2 - a_{13}{}^2\mathfrak{D}^2\mathfrak{x}_3{}^2 + 2a_{13}a_{23}\mathfrak{D}^2\mathfrak{x}_3\mathfrak{y}_3 - a_{23}{}^2\mathfrak{D}^2\mathfrak{y}_3{}^2 \big\}$$

oder

$$C_{33} = \frac{1}{\mathfrak{D}^2} \cdot \big[(a_{22}a_{33}-a_{23}{}^2)\mathfrak{y}_3{}^2 + 2(a_{13}a_{23}-a_{12}a_{33})\mathfrak{x}_3\mathfrak{y}_3 - 2(a_{32}a_{12}-a_{31}a_{22})\mathfrak{y}_3$$
$$+ (a_{33}a_{11}-a_{31}{}^2)\mathfrak{x}_3{}^2 - 2(a_{21}a_{31}-a_{23}a_{11})\mathfrak{x}_3 + (a_{11}a_{22}-a_{12}{}^2) \big];$$

oder nach Art. 12, 7a), 8a)

$$C_{33} = \frac{1}{\mathfrak{D}^2} \cdot \big[A_{11}\mathfrak{y}_3{}^2 + 2A_{12}\mathfrak{x}_3\mathfrak{y}_3 - 2A_{31}\mathfrak{y}_3 + A_{22}\mathfrak{x}_3{}^2 - 2A_{23}\mathfrak{x}_3 + A_{33} \big];$$

oder

$$C_{33} = \frac{1}{\mathfrak{D}^2} \cdot \big[A_{11}\mathfrak{y}_3{}^2 + 2A_{12}\mathfrak{x}_3\mathfrak{y}_3 - 2A_{13}\mathfrak{y}_3 + A_{22}\mathfrak{x}_3{}^2 - 2A_{23}\mathfrak{x}_3 + A_{33} \big].$$

Ebenso findet man C_{11}, C_{22}, einfacher aber dem oben Bemerkten zufolge dadurch, dass man die Indices an den deutschen Buchstaben je um 1 fortrückt.

Ferner ist $C_{23} = c_{21}c_{31} - c_{23}c_{11}$, oder

$$C_{23} = c_{12}c_{13} - c_{23}c_{11}.$$

Setzt man hier für $c_{12}, c_{13}, c_{23}, c_{11}$ ihre obigen Werthe ein, so erhält man nach gehöriger Hebung und Zusammenziehung:

Art. 47.] — 165 —

$$C_{23} = \frac{1}{\mathfrak{D}^4} \cdot \big\{ a_{11}a_{22}\left[(\mathfrak{x}_2-\mathfrak{x}_3)(\mathfrak{y}_3-\mathfrak{y}_1)-(\mathfrak{x}_3-\mathfrak{x}_1)(\mathfrak{y}_2-\mathfrak{y}_3)\right]$$
$$\cdot \left[(\mathfrak{x}_1-\mathfrak{x}_2)(\mathfrak{y}_2-\mathfrak{y}_3)-(\mathfrak{x}_2-\mathfrak{x}_3)(\mathfrak{y}_1-\mathfrak{y}_2)\right]$$
$$+ a_{11}a_{23}\{[(\mathfrak{x}_1-\mathfrak{x}_2)(\mathfrak{y}_2-\mathfrak{y}_3)-(\mathfrak{x}_2-\mathfrak{x}_3)(\mathfrak{y}_1-\mathfrak{y}_2)][\mathfrak{X}_2\mathfrak{Y}_3(\mathfrak{x}_3-\mathfrak{x}_1)-\mathfrak{X}_3\mathfrak{Y}_1(\mathfrak{x}_2-\mathfrak{x}_3)]$$
$$+ [(\mathfrak{x}_2-\mathfrak{x}_3)(\mathfrak{y}_3-\mathfrak{y}_1)-(\mathfrak{x}_3-\mathfrak{x}_1)(\mathfrak{y}_2-\mathfrak{y}_3)][\mathfrak{X}_1\mathfrak{Y}_2(\mathfrak{x}_2-\mathfrak{x}_3)-\mathfrak{X}_2\mathfrak{Y}_3(\mathfrak{x}_1-\mathfrak{x}_2)]\}$$
$$+ a_{11}a_{33}[\mathfrak{X}_1\mathfrak{Y}_2(\mathfrak{x}_2-\mathfrak{x}_3)-\mathfrak{X}_2\mathfrak{Y}_3(\mathfrak{x}_1-\mathfrak{x}_2)][\mathfrak{X}_2\mathfrak{Y}_3(\mathfrak{x}_3-\mathfrak{x}_1)-\mathfrak{X}_3\mathfrak{Y}_1(\mathfrak{x}_2-\mathfrak{x}_3)]$$
$$- a_{12}^2[(\mathfrak{x}_1-\mathfrak{x}_2)(\mathfrak{y}_2-\mathfrak{y}_3)-(\mathfrak{x}_2-\mathfrak{x}_3)(\mathfrak{y}_1-\mathfrak{y}_2)][(\mathfrak{x}_2-\mathfrak{x}_3)(\mathfrak{y}_3-\mathfrak{y}_1)-(\mathfrak{x}_3-\mathfrak{x}_1)(\mathfrak{y}_2-\mathfrak{y}_3)]$$
$$- a_{12}a_{13}\{[(\mathfrak{x}_2-\mathfrak{x}_3)(\mathfrak{y}_3-\mathfrak{y}_1)-(\mathfrak{x}_3-\mathfrak{x}_1)(\mathfrak{y}_2-\mathfrak{y}_3)][\mathfrak{X}_1\mathfrak{Y}_2(\mathfrak{x}_2-\mathfrak{x}_3)-\mathfrak{X}_2\mathfrak{Y}_3(\mathfrak{x}_1-\mathfrak{x}_2)]$$
$$+ [(\mathfrak{x}_1-\mathfrak{x}_2)(\mathfrak{y}_2-\mathfrak{y}_3)-(\mathfrak{x}_2-\mathfrak{x}_3)(\mathfrak{y}_1-\mathfrak{y}_2)][\mathfrak{X}_2\mathfrak{Y}_3(\mathfrak{x}_3-\mathfrak{x}_1)-\mathfrak{X}_3\mathfrak{Y}_1(\mathfrak{x}_2-\mathfrak{x}_3)]\}$$
$$- a_{12}a_{23}\{[(\mathfrak{x}_1-\mathfrak{x}_2)(\mathfrak{y}_2-\mathfrak{y}_3)-(\mathfrak{x}_2-\mathfrak{x}_3)(\mathfrak{y}_1-\mathfrak{y}_2)][\mathfrak{X}_2\mathfrak{Y}_3(\mathfrak{y}_3-\mathfrak{y}_1)-\mathfrak{X}_3\mathfrak{Y}_1(\mathfrak{y}_2-\mathfrak{y}_3)]$$
$$+ [(\mathfrak{x}_2-\mathfrak{x}_3)(\mathfrak{y}_3-\mathfrak{y}_1)-(\mathfrak{x}_3-\mathfrak{x}_1)(\mathfrak{y}_2-\mathfrak{y}_3)][\mathfrak{X}_1\mathfrak{Y}_2(\mathfrak{y}_2-\mathfrak{y}_3)-\mathfrak{X}_2\mathfrak{Y}_3(\mathfrak{y}_1-\mathfrak{y}_2)]\}$$
$$- a_{12}a_{33}\{[\mathfrak{X}_2\mathfrak{Y}_3(\mathfrak{x}_3-\mathfrak{x}_1)-\mathfrak{X}_3\mathfrak{Y}_1(\mathfrak{x}_2-\mathfrak{x}_3)][\mathfrak{X}_1\mathfrak{Y}_2(\mathfrak{y}_2-\mathfrak{y}_3)-\mathfrak{X}_2\mathfrak{Y}_3(\mathfrak{y}_1-\mathfrak{y}_2)]$$
$$+ [\mathfrak{X}_1\mathfrak{Y}_2(\mathfrak{x}_2-\mathfrak{x}_3)-\mathfrak{X}_2\mathfrak{Y}_3(\mathfrak{x}_1-\mathfrak{x}_2)][\mathfrak{X}_2\mathfrak{Y}_3(\mathfrak{y}_3-\mathfrak{y}_1)-\mathfrak{X}_3\mathfrak{Y}_1(\mathfrak{y}_2-\mathfrak{y}_3)]\}$$
$$+ a_{13}a_{22}\{[(\mathfrak{x}_1-\mathfrak{x}_2)(\mathfrak{y}_2-\mathfrak{y}_3)-(\mathfrak{x}_2-\mathfrak{x}_3)(\mathfrak{y}_1-\mathfrak{y}_2)][\mathfrak{X}_2\mathfrak{Y}_3(\mathfrak{y}_3-\mathfrak{y}_1)-\mathfrak{X}_3\mathfrak{Y}_1(\mathfrak{y}_2-\mathfrak{y}_3)]$$
$$+ [(\mathfrak{x}_2-\mathfrak{x}_3)(\mathfrak{y}_3-\mathfrak{y}_1)-(\mathfrak{x}_3-\mathfrak{x}_1)(\mathfrak{y}_2-\mathfrak{y}_3)][\mathfrak{X}_1\mathfrak{Y}_2(\mathfrak{y}_2-\mathfrak{y}_3)-\mathfrak{X}_2\mathfrak{Y}_3(\mathfrak{y}_1-\mathfrak{y}_2)]\}$$
$$+ a_{22}a_{33}[\mathfrak{X}_1\mathfrak{Y}_2(\mathfrak{y}_2-\mathfrak{y}_3)-\mathfrak{X}_2\mathfrak{Y}_3(\mathfrak{y}_1-\mathfrak{y}_2)][\mathfrak{X}_2\mathfrak{Y}_3(\mathfrak{y}_3-\mathfrak{y}_1)-\mathfrak{X}_3\mathfrak{Y}_1(\mathfrak{y}_2-\mathfrak{y}_3)]$$
$$- a_{13}^2[\mathfrak{X}_1\mathfrak{Y}_2(\mathfrak{x}_2-\mathfrak{x}_3)-\mathfrak{X}_2\mathfrak{Y}_3(\mathfrak{x}_1-\mathfrak{x}_2)][\mathfrak{X}_2\mathfrak{Y}_3(\mathfrak{x}_3-\mathfrak{x}_1)-\mathfrak{X}_3\mathfrak{Y}_1(\mathfrak{x}_2-\mathfrak{x}_3)]$$
$$+ a_{13}a_{23}\{[\mathfrak{X}_1\mathfrak{Y}_2(\mathfrak{x}_2-\mathfrak{x}_3)-\mathfrak{X}_2\mathfrak{Y}_3(\mathfrak{x}_1-\mathfrak{x}_2)][\mathfrak{X}_2\mathfrak{Y}_3(\mathfrak{y}_3-\mathfrak{y}_1)-\mathfrak{X}_3\mathfrak{Y}_1(\mathfrak{y}_2-\mathfrak{y}_3)]$$
$$+ [\mathfrak{X}_2\mathfrak{Y}_3(\mathfrak{x}_3-\mathfrak{x}_1)-\mathfrak{X}_3\mathfrak{Y}_1(\mathfrak{x}_2-\mathfrak{x}_3)][\mathfrak{X}_1\mathfrak{Y}_2(\mathfrak{y}_2-\mathfrak{y}_3)-\mathfrak{X}_2\mathfrak{Y}_3(\mathfrak{y}_1-\mathfrak{y}_2)]\}$$
$$- a_{23}^2[\mathfrak{X}_1\mathfrak{Y}_2(\mathfrak{y}_2-\mathfrak{y}_3)-\mathfrak{X}_2\mathfrak{Y}_3(\mathfrak{y}_1-\mathfrak{y}_2)][\mathfrak{X}_2\mathfrak{Y}_3(\mathfrak{y}_3-\mathfrak{y}_1)-\mathfrak{X}_3\mathfrak{Y}_1(\mathfrak{y}_2-\mathfrak{y}_3)]\big\}$$

oder nach Art. 27, 8a), 9a)

$$C_{23} = \frac{1}{\mathfrak{D}^4} \cdot \big\{ a_{11}a_{22}\mathfrak{D}^2 + a_{11}a_{23}\mathfrak{D}^2(\mathfrak{x}_2+\mathfrak{x}_3) + a_{11}a_{33}\mathfrak{D}^2\mathfrak{x}_2\mathfrak{x}_3 - a_{12}^2\mathfrak{D}^2$$
$$- a_{12}a_{13}\mathfrak{D}^2(\mathfrak{x}_2+\mathfrak{x}_3) - a_{12}a_{23}\mathfrak{D}^2(\mathfrak{y}_2+\mathfrak{y}_3) - a_{12}a_{33}\mathfrak{D}^2(\mathfrak{x}_2\mathfrak{y}_3+\mathfrak{x}_3\mathfrak{y}_2)$$
$$+ a_{13}a_{22}\mathfrak{D}^2(\mathfrak{y}_2+\mathfrak{y}_3) + a_{22}a_{33}\mathfrak{D}^2\mathfrak{y}_2\mathfrak{y}_3 - a_{13}^2\mathfrak{D}^2\mathfrak{x}_2\mathfrak{x}_3$$
$$+ a_{13}a_{23}\mathfrak{D}^2(\mathfrak{x}_2\mathfrak{y}_3+\mathfrak{x}_3\mathfrak{y}_2) - a_{23}^2\mathfrak{D}^2\mathfrak{y}_2\mathfrak{y}_3\big\}$$

oder

$$C_{23} = \frac{1}{\mathfrak{D}^2} \cdot \big[(a_{22}a_{33}-a_{23}^2)\mathfrak{y}_2\mathfrak{y}_3 + (a_{13}a_{23}-a_{12}a_{33})(\mathfrak{x}_2\mathfrak{y}_3+\mathfrak{x}_3\mathfrak{y}_2)$$
$$- (a_{32}a_{12}-a_{31}a_{22})(\mathfrak{y}_2+\mathfrak{y}_3) + (a_{33}a_{11}-a_{31}^2)\mathfrak{x}_2\mathfrak{x}_3$$
$$- (a_{21}a_{31}-a_{23}a_{11})(\mathfrak{x}_2+\mathfrak{x}_3) + (a_{11}a_{22}-a_{12}^2)\big]$$

oder nach Art. 12, 7a), 8a)

$$C_{23} = \frac{1}{\mathfrak{D}^2} \cdot \big[A_{11}\mathfrak{y}_2\mathfrak{y}_3 + A_{12}(\mathfrak{x}_2\mathfrak{y}_3+\mathfrak{x}_3\mathfrak{y}_2) - A_{13}(\mathfrak{y}_2+\mathfrak{y}_3) + A_{22}\mathfrak{x}_2\mathfrak{x}_3 - A_{23}(\mathfrak{x}_2+\mathfrak{x}_3) + A_{33}\big].$$

Ebenso findet man C_{31}, C_{12}, oder kürzer durch Fortschreiten der Indices an den deutschen Buchstaben.

Hat man so die Partial-Determinanten bestimmt, so kann man auch die ganze Discriminante C, $\mathfrak{C}$ der transformirten Gleichung $f(z_1,z_2,z_3) = 0$, $\mathfrak{f}(\mathfrak{z}_1,\mathfrak{z}_2,\mathfrak{z}_3) = 0$ durch die Discriminante A, $\mathfrak{A}$ der ursprünglichen Gleichung $F(x,y) = 0$, $\mathfrak{F}(\mathfrak{x},\mathfrak{y}) = 0$ ausdrücken. Es ist nämlich

$$C = c_{11}C_{11} + c_{12}C_{12} + c_{13}C_{13}.$$

Werden hier für $c_{11}, c_{12}, c_{13}, C_{11}, C_{12}, C_{13}$ ihre Werthe eingesetzt, so erhält man, wenn man hebt, was sich heben lässt, die mit dem Coefficienten 4 behafteten Glieder in eine Summe von 4 Gliedern auflöst, und dann die Sätze Art. 27, 2a), 3a), 4a), 10a) anwendet.

$$\begin{aligned}
C = \frac{1}{\mathfrak{D}^4} \big\{ & -a_{11}A_{11}(\mathfrak{x}_2-\mathfrak{x}_3)\mathfrak{y}_1\mathfrak{D} - a_{11}A_{12}(\mathfrak{x}_2-\mathfrak{x}_3)\mathfrak{x}_1\mathfrak{D} + a_{11}A_{13}(\mathfrak{x}_2-\mathfrak{x}_3)\mathfrak{D} \\
& + a_{12}A_{11}(\mathfrak{y}_2-\mathfrak{y}_3)\mathfrak{y}_1\mathfrak{D} - a_{12}A_{12}(\mathfrak{x}-\mathfrak{x}_3)\mathfrak{y}_1\mathfrak{D} + a_{12}A_{12}(\mathfrak{y}_2-\mathfrak{y}_3)\mathfrak{x}_1\mathfrak{D} \\
& - a_{12}A_{13}(\mathfrak{y}_2-\mathfrak{y}_3)\mathfrak{D} - a_{12}A_{22}(\mathfrak{x}_2-\mathfrak{x}_3)\mathfrak{x}_1\mathfrak{D} + a_{12}A_{23}(\mathfrak{x}_2-\mathfrak{x}_3)\mathfrak{D} - a_{13}A_{11}\mathfrak{X}_2\mathfrak{Y}_3\mathfrak{y}_1\mathfrak{D} \\
& - a_{13}A_{12}\mathfrak{X}_2\mathfrak{Y}_3\mathfrak{x}_1\mathfrak{D} - a_{13}A_{13}(\mathfrak{x}_2-\mathfrak{x}_3)\mathfrak{y}_1\mathfrak{D} + a_{13}A_{13}\mathfrak{X}_2\mathfrak{Y}_3\mathfrak{D} \\
& - a_{13}A_{23}(\mathfrak{x}_2-\mathfrak{x}_3)\mathfrak{x}_1\mathfrak{D} + a_{13}A_{33}(\mathfrak{x}_2-\mathfrak{x}_3)\mathfrak{D} + a_{22}A_{12}(\mathfrak{y}_2-\mathfrak{y}_3)\mathfrak{y}_1\mathfrak{D} \\
& + a_{22}A_{22}(\mathfrak{y}_2-\mathfrak{y}_3)\mathfrak{x}_1\mathfrak{D} - a_{22}A_{23}(\mathfrak{y}_2-\mathfrak{y}_3)\mathfrak{D} \\
& - a_{23}A_{12}\mathfrak{X}_2\mathfrak{Y}_3\mathfrak{y}_1\mathfrak{D} + a_{23}A_{13}(\mathfrak{y}_2-\mathfrak{y}_3)\mathfrak{y}_1\mathfrak{D} - a_{23}A_{22}\mathfrak{X}_2\mathfrak{Y}_3\mathfrak{x}_1\mathfrak{D} + a_{23}A_{23}(\mathfrak{y}_2-\mathfrak{y}_3)\mathfrak{x}_1\mathfrak{D} \\
& + a_{23}A_{23}\mathfrak{X}_2\mathfrak{Y}_3\mathfrak{D} - a_{23}A_{33}(\mathfrak{y}_2-\mathfrak{y}_3)\mathfrak{D} \\
& - a_{33}A_{13}\mathfrak{X}_2\mathfrak{Y}_3\mathfrak{y}_1\mathfrak{D} - a_{33}A_{23}\mathfrak{X}_2\mathfrak{Y}_3\mathfrak{x}_1\mathfrak{D} + a_{33}A_{33}\mathfrak{X}_2\mathfrak{Y}_3\mathfrak{D} \big\}
\end{aligned}$$

oder

$$\begin{aligned}
C = \frac{1}{\mathfrak{D}^3} \big\{ & -(\mathfrak{x}_2-\mathfrak{x}_3)\mathfrak{y}_1[a_{11}A_{11}+a_{12}A_{12}+a_{13}A_{13}] + (\mathfrak{y}_2-\mathfrak{y}_3)\mathfrak{x}_1[a_{12}A_{12}+a_{22}A_{22} \\
& + a_{23}A_{23}] + \mathfrak{X}_2\mathfrak{Y}_3[a_{13}A_{13}+a_{23}A_{23}+a_{33}A_{33}] \\
& -(\mathfrak{x}_2-\mathfrak{x}_3)\mathfrak{x}_1[a_{11}A_{12}+a_{12}A_{22}+a_{13}A_{23}] + (\mathfrak{x}_2-\mathfrak{x}_3)[a_{11}A_{13}+a_{12}A_{23}+a_{13}A_{33}] \\
& + (\mathfrak{y}_2-\mathfrak{y}_3)\mathfrak{y}_1[a_{12}A_{11}+a_{22}A_{12}+a_{23}A_{13}] - (\mathfrak{y}_2-\mathfrak{y}_3)[a_{12}A_{13}+a_{22}A_{23}+a_{23}A_{33}] \\
& - \mathfrak{X}_2\mathfrak{Y}_3\mathfrak{x}_1[a_{13}A_{12}+a_{23}A_{22}+a_{33}A_{23}] - \mathfrak{X}_2\mathfrak{Y}_3\mathfrak{y}_1[a_{13}A_{11}+a_{23}A_{12}+a_{33}A_{13}] \big\}.
\end{aligned}$$

Nun ist $a_{11}A_{11} + a_{12}A_{12} + a_{13}A_{13} = a_{12}A_{12} + a_{22}A_{22} + a_{23}A_{23}$ $= a_{13}A_{13} + a_{23}A_{23} + a_{33}A_{33} = A$, der Inhalt aller übrigen eckigen Klammern ist aber Null, also hat man

$$C = \frac{A}{\mathfrak{D}^3} \cdot \big[-(\mathfrak{x}_2-\mathfrak{x}_3)\mathfrak{y}_1 + (\mathfrak{y}_2-\mathfrak{y}_3)\mathfrak{x}_1 + \mathfrak{X}_2\mathfrak{Y}_3 \big]$$

$$= \frac{A}{\mathfrak{D}^3} \cdot \big[-\mathfrak{x}_2\mathfrak{y}_1 + \mathfrak{x}_3\mathfrak{y}_1 + \mathfrak{x}_1\mathfrak{y}_2 - \mathfrak{x}_1\mathfrak{y}_3 + \mathfrak{X}_2\mathfrak{Y}_3 \big]$$

oder

Art. 47.]   — 167 —

$$C = \frac{A}{\mathfrak{D}^3} \cdot \left[(\mathfrak{x}_1 \mathfrak{y}_2 - \mathfrak{x}_2 \mathfrak{y}_1) + \mathfrak{X}_2 \mathfrak{Y}_3 + (\mathfrak{x}_3 \mathfrak{y}_1 - \mathfrak{x}_1 \mathfrak{y}_3) \right]$$
$$= \frac{A}{\mathfrak{D}^3} \cdot \left[\mathfrak{X}_1 \mathfrak{Y}_2 + \mathfrak{X}_2 \mathfrak{Y}_3 + \mathfrak{X}_3 \mathfrak{Y}_1 \right]$$

also nach Art. 23, 6a)

$$C = \frac{1}{\mathfrak{D}^2} \cdot A.$$

Fasst man das Bisherige zusammen, so sieht man also: Wird eine Gleichung $F(x,y) = 0$, $\mathfrak{F}(\mathfrak{x}, \mathfrak{y}) = 0$, Art. 10, 1a), 1b) eines Kegelschnittes für orthogonale Punkt- oder Linien-Coordinaten in eine Gleichung $f(z_1, z_2, z_3) = 0$, $\mathfrak{f}(\mathfrak{z}_1, \mathfrak{z}_2, \mathfrak{z}_3) = 0$, Art. 42, 1a), 1b) für bezüglich homogene Punkt- oder Linien-Coordinaten transformirt, und wird während der Transformation durch keinen Factor gekürzt oder erweitert, so finden zwischen den Discriminanten der ursprünglichen und der neuen Gleichung die Beziehungen statt:

$$C = \frac{1}{\mathfrak{D}^2} \cdot A; \qquad 2a)$$

$$\mathfrak{C} = \frac{1}{D^2} \cdot \mathfrak{A}, \qquad 2b)$$

und zwischen den Partial-Determinanten der Discriminante der ursprünglichen und der neuen Gleichung die Beziehungen:

$$\left.\begin{aligned}
C_{11} &= \frac{1}{\mathfrak{D}^2} \cdot \left[A_{11} \mathfrak{y}_1^2 + 2A_{12} \mathfrak{x}_1 \mathfrak{y}_1 - 2A_{13} \mathfrak{y}_1 + A_{22} \mathfrak{x}_1^2 - 2A_{23} \mathfrak{x}_1 + A_{33} \right]; \\
C_{22} &= \frac{1}{\mathfrak{D}^2} \cdot \left[A_{11} \mathfrak{y}_2^2 + 2A_{12} \mathfrak{x}_2 \mathfrak{y}_2 - 2A_{13} \mathfrak{y}_2 + A_{22} \mathfrak{x}_2^2 - 2A_{23} \mathfrak{x}_2 + A_{33} \right]; \\
C_{33} &= \frac{1}{\mathfrak{D}^2} \cdot \left[A_{11} \mathfrak{y}_3^2 + 2A_{12} \mathfrak{x}_3 \mathfrak{y}_3 - 2A_{13} \mathfrak{y}_3 + A_{22} \mathfrak{x}_3^2 - 2A_{23} \mathfrak{x}_3 + A_{33} \right]; \\
C_{12} &= \frac{1}{\mathfrak{D}^2} \cdot \left[A_{11} \mathfrak{y}_1 \mathfrak{y}_2 + A_{12}(\mathfrak{x}_1 \mathfrak{y}_2 + \mathfrak{x}_2 \mathfrak{y}_1) - A_{13}(\mathfrak{y}_1 + \mathfrak{y}_2) + A_{22} \mathfrak{x}_1 \mathfrak{x}_2 \right. \\
&\qquad\qquad\qquad \left. - A_{23}(\mathfrak{x}_1 + \mathfrak{x}_2) + A_{33} \right]; \\
C_{23} &= \frac{1}{\mathfrak{D}^2} \cdot \left[A_{11} \mathfrak{y}_2 \mathfrak{y}_3 + A_{12}(\mathfrak{x}_2 \mathfrak{y}_3 + \mathfrak{x}_3 \mathfrak{y}_2) - A_{13}(\mathfrak{y}_2 + \mathfrak{y}_3) + A_{22} \mathfrak{x}_2 \mathfrak{x}_3 \right. \\
&\qquad\qquad\qquad \left. - A_{23}(\mathfrak{x}_2 + \mathfrak{x}_3) + A_{33} \right]; \\
C_{13} = C_{31} &= \frac{1}{\mathfrak{D}^2} \cdot \left[A_{11} \mathfrak{y}_3 \mathfrak{y}_1 + A_{12}(\mathfrak{x}_3 \mathfrak{y}_1 + \mathfrak{x}_1 \mathfrak{y}_3) - A_{13}(\mathfrak{y}_3 + \mathfrak{y}_1) + A_{22} \mathfrak{x}_3 \mathfrak{x}_1 \right. \\
&\qquad\qquad\qquad \left. - A_{23}(\mathfrak{x}_3 + \mathfrak{x}_1) + A_{33} \right];
\end{aligned}\right\} 3a)$$

$$\mathfrak{C}_{11} = \tfrac{1}{\mathfrak{D}^2} \cdot \left[\mathfrak{A}_{11} y_1{}^2 + 2\mathfrak{A}_{12} x_1 y_1 - 2\mathfrak{A}_{13} y_1 + \mathfrak{A}_{22} x_1{}^2 - 2\mathfrak{A}_{23} x_1 + \mathfrak{A}_{33} \right];$$

$$\mathfrak{C}_{22} = \tfrac{1}{\mathfrak{D}^2} \cdot \left[\mathfrak{A}_{11} y_2{}^2 + 2\mathfrak{A}_{12} x_2 y_2 - 2\mathfrak{A}_{13} y_2 + \mathfrak{A}_{22} x_2{}^2 - 2\mathfrak{A}_{23} x_2 + \mathfrak{A}_{33} \right];$$

$$\mathfrak{C}_{33} = \tfrac{1}{\mathfrak{D}^2} \cdot \left[\mathfrak{A}_{11} y_3{}^2 + 2\mathfrak{A}_{12} x_3 y_3 - 2\mathfrak{A}_{13} y_3 + \mathfrak{A}_{22} x_3{}^2 - 2\mathfrak{A}_{23} x_3 + \mathfrak{A}_{33} \right];$$

$$\mathfrak{C}_{12} = \tfrac{1}{\mathfrak{D}^2} \cdot \big[\mathfrak{A}_{11} y_1 y_2 + \mathfrak{A}_{12}(x_1 y_2 + x_2 y_1) - \mathfrak{A}_{13}(y_1 + y_2) + \mathfrak{A}_{22} x_1 x_2 \\ - \mathfrak{A}_{23}(x_1 + x_2) + \mathfrak{A}_{33} \big];$$

$$\mathfrak{C}_{23} = \tfrac{1}{\mathfrak{D}^2} \cdot \big[\mathfrak{A}_{11} y_2 y_3 + \mathfrak{A}_{12}(x_2 y_3 + x_3 y_2) - \mathfrak{A}_{13}(y_2 + y_3) + \mathfrak{A}_{22} x_2 x_3 \\ - \mathfrak{A}_{23}(x_2 + x_3) + \mathfrak{A}_{33} \big];$$

$$\mathfrak{C}_{13} = \mathfrak{C}_{31} = \tfrac{1}{\mathfrak{D}^2} \cdot \big[\mathfrak{A}_{11} y_3 y_1 + \mathfrak{A}_{12}(x_3 y_1 + x_1 y_3) - \mathfrak{A}_{13}(y_3 + y_1) + \mathfrak{A}_{22} x_3 x_1 \\ - \mathfrak{A}_{23}(x_3 + x_1) + \mathfrak{A}_{33} \big].$$

$3b)$

Ist bei der Transformation von F in f, von $\mathfrak{F}$ in $\mathfrak{f}$ bezüglich mit $\mathfrak{D}^2, D^2$ erweitert worden, so sind, um dann die neuen Discriminanten zu erhalten die Ausdrücke in 2a), 2b) bezüglich mit $\mathfrak{D}^6, D^6$ zu multipliciren; und um dann die neuen Partial-Determinanten zu erhalten sind die Werthe in 3a), 3b) bezüglich mit $\mathfrak{D}^4, D^4$ zu multipliciren.

48. Soll umgekehrt die homogene Gleichung eines Kegelschnitts in eine orthogonale von der Form $F(x, y) = 0$, $\mathfrak{F}(\mathfrak{x}, \mathfrak{y}) = 0$ transformirt werden, so hat man in den Gleichungen Art. 42, 1a), 1b) nur für $z_k, \mathfrak{z}_k$ die Werthe aus Art. 23, 3a), 3b) einzusetzen. Ordnet man dann nach Potenzen von $y, x; \mathfrak{y}, \mathfrak{x}$, so erhält man eine Gleichung von der Form Art. 10, 1a), 1b), und zwar findet man:

$$\begin{aligned}
a_{11} =\ & [c_{11}\mathfrak{y}_1{}^2 + 2c_{12}\mathfrak{y}_1\mathfrak{y}_2 + 2c_{13}\mathfrak{y}_3\mathfrak{y}_1 + c_{22}\mathfrak{y}_2{}^2 + 2c_{23}\mathfrak{y}_2\mathfrak{y}_3 + c_{33}\mathfrak{y}_3{}^2];\\
a_{12} =\ & [c_{11}\mathfrak{x}_1\mathfrak{y}_1 + c_{12}(\mathfrak{x}_1\mathfrak{y}_2 + \mathfrak{x}_2\mathfrak{y}_1) + c_{13}(\mathfrak{x}_3\mathfrak{y}_1 + \mathfrak{x}_1\mathfrak{y}_3) + c_{22}\mathfrak{x}_2\mathfrak{y}_2 \\
& + c_{23}(\mathfrak{x}_2\mathfrak{y}_3 + \mathfrak{x}_3\mathfrak{y}_2) + c_{33}\mathfrak{x}_3\mathfrak{y}_3];\\
a_{13} =\ & -[c_{11}\mathfrak{y}_1 + c_{12}(\mathfrak{y}_1+\mathfrak{y}_2) + c_{13}(\mathfrak{y}_3+\mathfrak{y}_1) + c_{22}\mathfrak{y}_2 + c_{23}(\mathfrak{y}_2+\mathfrak{y}_3) + c_{33}\mathfrak{y}_3];\\
a_{22} =\ & [c_{11}\mathfrak{x}_1{}^2 + 2c_{12}\mathfrak{x}_1\mathfrak{x}_2 + 2c_{13}\mathfrak{x}_3\mathfrak{x}_1 + c_{22}\mathfrak{x}_2{}^2 + 2c_{23}\mathfrak{x}_2\mathfrak{x}_3 + c_{33}\mathfrak{x}_3{}^2];\\
a_{23} =\ & -[c_{11}\mathfrak{x}_1 + c_{12}(\mathfrak{x}_1+\mathfrak{x}_2) + c_{13}(\mathfrak{x}_3+\mathfrak{x}_1) + c_{22}\mathfrak{x}_2 + c_{23}(\mathfrak{x}_2+\mathfrak{x}_3) + c_{33}\mathfrak{x}_3];\\
a_{33} =\ & [c_{11} + 2c_{12} + 2c_{13} + c_{22} + 2c_{23} + c_{33}];
\end{aligned}$$

$1a)$

Art. 48.] — 169 —

$$\begin{aligned}
\mathfrak{a}_{11} =& \quad [\mathfrak{c}_{11} y_1^2 + 2\mathfrak{c}_{12} y_1 y_2 + 2\mathfrak{c}_{13} y_3 y_1 + \mathfrak{c}_{22} y_2^2 + 2\mathfrak{c}_{23} y_2 y_3 + \mathfrak{c}_{33} y_3^2]; \\
\mathfrak{a}_{12} =& \quad [\mathfrak{c}_{11} x_1 y_1 + \mathfrak{c}_{12}(x_1 y_2 + x_2 y_1) + \mathfrak{c}_{13}(x_3 y_1 + x_1 y_3) + \mathfrak{c}_{22} x_2 y_2 \\
& \quad + \mathfrak{c}_{23}(x_2 y_3 + x_3 y_2) + \mathfrak{c}_{33} x_3 y_3]; \\
\mathfrak{a}_{13} =& -[\mathfrak{c}_{11} y_1 + \mathfrak{c}_{12}(y_1+y_2) + \mathfrak{c}_{13}(y_3+y_1) + \mathfrak{c}_{22} y_2 + \mathfrak{c}_{23}(y_2+y_3) + \mathfrak{c}_{33} y_3]; \\
\mathfrak{a}_{22} =& \quad [\mathfrak{c}_{11} x_1^2 + 2\mathfrak{c}_{12} x_1 x_2 + 2\mathfrak{c}_{13} x_3 x_1 + \mathfrak{c}_{22} x_2^2 + 2\mathfrak{c}_{23} x_2 x_3 + \mathfrak{c}_{33} x_3^2]; \\
\mathfrak{a}_{23} =& -[\mathfrak{c}_{11} x_1 + \mathfrak{c}_{12}(x_1+x_2) + \mathfrak{c}_{13}(x_3+x_1) + \mathfrak{c}_{22} x_2 + \mathfrak{c}_{23}(x_2+x_3) + \mathfrak{c}_{33} x_3]; \\
\mathfrak{a}_{33} =& \quad [\mathfrak{c}_{11} + 2\mathfrak{c}_{12} + 2\mathfrak{c}_{13} + \mathfrak{c}_{22} + 2\mathfrak{c}_{23} + \mathfrak{c}_{33}].
\end{aligned} \right\} 1b)$$

Setzt man in diese Werthe die Werthe für $c_{11}, c_{12}, \ldots \mathfrak{c}_{11}, \mathfrak{c}_{12}, \ldots$ in 1a), 1b) des vorigen Artikels ein, so erhält man unter Anwendung der Regeln in Art. 27 die Gleichungen $F(x,y) = 0$, $\mathfrak{F}(\mathfrak{x},\mathfrak{y}) = 0$ wieder, indem $a_{11} = \frac{\mathfrak{a}_{11} \mathfrak{D}^2}{D^2}$, $a_{12} = \frac{\mathfrak{a}_{12} \mathfrak{D}^2}{D^2}$ etc. wird.

Es sollen jetzt die Partial-Determinanten der Discriminante der transformirten Gleichung durch die Partial-Determinanten der ursprünglichen Gleichung $f(z_1, z_2, z_3) = 0$, $\mathfrak{f}(\mathfrak{z}_1, \mathfrak{z}_2, \mathfrak{z}_3) = 0$ ausgedrückt werden. Nun ist nach Art. 12, 7a)

$$A_{11} = a_{22} a_{33} - a_{23}^2$$

Setzt man für a_{22}, a_{33}, a_{23} ihre Werthe aus 1a) ein, so erhält man nach geschehener Hebung und Zusammenziehung

$$\begin{aligned}
A_{11} =& (c_{11} c_{22} - c_{12}^2) \mathfrak{x}_1^2 + (c_{11} c_{22} - c_{12}^2) \mathfrak{x}_2^2 - 2(c_{21} c_{31} - c_{23} c_{11}) \mathfrak{x}_1^2 \\
& + (c_{33} c_{11} - c_{31}^2) \mathfrak{x}_1^2 - 2(c_{21} c_{31} - c_{23} c_{11}) \mathfrak{x}_2 \mathfrak{x}_3 + (c_{33} c_{11} - c_{31}^2) \mathfrak{x}_3^2 \\
& - 2(c_{11} c_{22} - c_{12}^2) \mathfrak{x}_1 \mathfrak{x}_2 + 2(c_{32} c_{12} - c_{31} c_{22}) \mathfrak{x}_1 \mathfrak{x}_2 + 2(c_{32} c_{12} - c_{31} c_{22}) \mathfrak{x}_2 \mathfrak{x}_3 \\
& + 2(c_{21} c_{31} - c_{23} c_{11}) \mathfrak{x}_1 \mathfrak{x}_2 - 2(c_{32} c_{12} - c_{31} c_{22}) \mathfrak{x}_2^2 \\
& - 2(c_{13} c_{23} - c_{12} c_{33}) \mathfrak{x}_1 \mathfrak{x}_2 + (c_{22} c_{33} - c_{23}^2) \mathfrak{x}_2^2 + 2(c_{21} c_{31} - c_{23} c_{11}) \mathfrak{x}_1 \mathfrak{x}_3 \\
& - 2(c_{32} c_{12} - c_{31} c_{22}) \mathfrak{x}_1 \mathfrak{x}_3 - 2(c_{13} c_{23} - c_{12} c_{33}) \mathfrak{x}_3^2 + (c_{22} c_{33} - c_{23}^2) \mathfrak{x}_3^2 \\
& - 2(c_{33} c_{11} - c_{31}^2) \mathfrak{x}_1 \mathfrak{x}_3 + 2(c_{13} c_{23} - c_{12} c_{33}) \mathfrak{x}_1 \mathfrak{x}_3 + 2(c_{13} c_{23} - c_{12} c_{33}) \mathfrak{x}_2 \mathfrak{x}_3 \\
& - 2(c_{22} c_{33} - c_{23}^2) \mathfrak{x}_2 \mathfrak{x}_3;
\end{aligned}$$

oder nach Art. 43, 7a), 8a)

$$\begin{aligned}
A_{11} =& C_{33} \mathfrak{x}_1^2 + C_{33} \mathfrak{x}_2^2 - 2 C_{23} \mathfrak{x}_1^2 + C_{22} \mathfrak{x}_1^2 - 2 C_{23} \mathfrak{x}_2 \mathfrak{x}_3 + C_{22} \mathfrak{x}_3^2 - 2 C_{33} \mathfrak{x}_1 \mathfrak{x}_2 \\
& + 2 C_{31} \mathfrak{x}_1 \mathfrak{x}_2 + 2 C_{31} \mathfrak{x}_2 \mathfrak{x}_3 + 2 C_{23} \mathfrak{x}_1 \mathfrak{x}_2 - 2 C_{31} \mathfrak{x}_2^2 \\
& - 2 C_{12} \mathfrak{x}_1 \mathfrak{x}_2 + C_{11} \mathfrak{x}_2^2 + 2 C_{23} \mathfrak{x}_1 \mathfrak{x}_3 - 2 C_{31} \mathfrak{x}_1 \mathfrak{x}_3 - 2 C_{12} \mathfrak{x}_3^2 + C_{11} \mathfrak{x}_3^2 - 2 C_{22} \mathfrak{x}_1 \mathfrak{x}_3 \\
& + 2 C_{12} \mathfrak{x}_1 \mathfrak{x}_3 + 2 C_{12} \mathfrak{x}_2 \mathfrak{x}_3 - 2 C_{11} \mathfrak{x}_2 \mathfrak{x}_3
\end{aligned}$$

oder

$$A_{11} = C_{11} (\mathfrak{x}_2 - \mathfrak{x}_3)^2 + 2 C_{12} (\mathfrak{x}_2 - \mathfrak{x}_3)(\mathfrak{x}_3 - \mathfrak{x}_1) + 2 C_{13} (\mathfrak{x}_1 - \mathfrak{x}_2)(\mathfrak{x}_2 - \mathfrak{x}_3) \\
+ C_{22} (\mathfrak{x}_3 - \mathfrak{x}_1)^2 + 2 C_{23} (\mathfrak{x}_3 - \mathfrak{x}_1)(\mathfrak{x}_1 - \mathfrak{x}_2) + C_{33} (\mathfrak{x}_1 - \mathfrak{x}_2)^2 \quad †)$$

— 170 —   [Art. 48.

Ebenso findet sich A_{22}; man hat in dem Werthe für A_{11} nur alle $\mathfrak{x}$ mit $\mathfrak{y}$ zu vertauschen. Für A_{33} hat man
$$A_{33} = a_{11}a_{22} - a_{12}{}^2.$$

Setzt man hier die Werthe aus 1a) ein, so ergiebt sich
$$\begin{aligned}A_{33} =\ & -c_{12}{}^2(\mathfrak{x}_1\mathfrak{y}_2 - \mathfrak{x}_2\mathfrak{y}_1)^2 + c_{11}c_{22}(\mathfrak{x}_1\mathfrak{y}_2 - \mathfrak{x}_2\mathfrak{y}_1)^2 - c_{23}{}^2(\mathfrak{x}_2\mathfrak{y}_3 - \mathfrak{x}_3\mathfrak{y}_2)^2 \\ & + c_{22}c_{33}(\mathfrak{x}_2\mathfrak{y}_3 - \mathfrak{x}_3\mathfrak{y}_2)^2 - c_{13}{}^2(\mathfrak{x}_3\mathfrak{y}_1 - \mathfrak{x}_1\mathfrak{y}_3)^2 + c_{11}c_{33}(\mathfrak{x}_3\mathfrak{y}_1 - \mathfrak{x}_1\mathfrak{y}_3)^2 \\ & - 2c_{13}c_{22}(\mathfrak{x}_1\mathfrak{y}_2 - \mathfrak{x}_2\mathfrak{y}_1)(\mathfrak{x}_2\mathfrak{y}_3 - \mathfrak{x}_3\mathfrak{y}_2) + 2c_{12}c_{23}(\mathfrak{x}_1\mathfrak{y}_2 - \mathfrak{x}_2\mathfrak{y}_1)(\mathfrak{x}_2\mathfrak{y}_3 - \mathfrak{x}_3\mathfrak{y}_2) \\ & - 2c_{12}c_{33}(\mathfrak{x}_2\mathfrak{y}_3 - \mathfrak{x}_3\mathfrak{y}_2)(\mathfrak{x}_3\mathfrak{y}_1 - \mathfrak{x}_1\mathfrak{y}_3) + 2c_{13}c_{23}(\mathfrak{x}_2\mathfrak{y}_3 - \mathfrak{x}_3\mathfrak{y}_2)(\mathfrak{x}_3\mathfrak{y}_1 - \mathfrak{x}_1\mathfrak{y}_3) \\ & - 2c_{11}c_{23}(\mathfrak{x}_3\mathfrak{y}_1 - \mathfrak{x}_1\mathfrak{y}_3)(\mathfrak{x}_1\mathfrak{y}_2 - \mathfrak{x}_2\mathfrak{y}_1) + 2c_{12}c_{13}(\mathfrak{x}_3\mathfrak{y}_1 - \mathfrak{x}_1\mathfrak{y}_3)(\mathfrak{x}_1\mathfrak{y}_2 - \mathfrak{x}_2\mathfrak{y}_1) \\ =\ & (c_{11}c_{22} - c_{12}{}^2)\mathfrak{X}_1\mathfrak{Y}_2{}^2 + (c_{22}c_{33} - c_{23}{}^2)\mathfrak{X}_2\mathfrak{Y}_3{}^2 + (c_{33}c_{11} - c_{31}{}^2)\mathfrak{X}_3\mathfrak{Y}_1{}^2 \\ & + 2(c_{32}c_{12} - c_{31}c_{22})\mathfrak{X}_1\mathfrak{Y}_2 \cdot \mathfrak{X}_2\mathfrak{Y}_3 + 2(c_{13}c_{23} - c_{12}c_{33})\mathfrak{X}_2\mathfrak{Y}_3 \cdot \mathfrak{X}_3\mathfrak{Y}_1 \\ & + 2(c_{21}c_{31} - c_{23}c_{11})\mathfrak{X}_3\mathfrak{Y}_1 \cdot \mathfrak{X}_1\mathfrak{Y}_2;\end{aligned}$$

oder nach Art. 43, 7a), 8a)
$$\begin{aligned}A_{33} =\ & C_{33} \cdot \mathfrak{X}_1\mathfrak{Y}_2{}^2 + C_{11}\mathfrak{X}_2\mathfrak{Y}_3{}^2 + C_{22}\mathfrak{X}_3\mathfrak{Y}_1{}^2 + 2C_{31}\mathfrak{X}_1\mathfrak{Y}_2 \cdot \mathfrak{X}_2\mathfrak{Y}_3 \\ & + 2C_{12}\mathfrak{X}_2\mathfrak{Y}_3 \cdot \mathfrak{X}_3\mathfrak{Y}_1 + 2C_{23}\mathfrak{X}_3\mathfrak{Y}_1 \cdot \mathfrak{X}_1\mathfrak{Y}_2\end{aligned}$$

oder
$$\begin{aligned}A_{33} =\ & C_{11} \cdot \mathfrak{X}_2\mathfrak{Y}_3{}^2 + 2C_{12}\mathfrak{X}_2\mathfrak{Y}_3 \cdot \mathfrak{X}_3\mathfrak{Y}_1 + 2C_{13}\mathfrak{X}_1\mathfrak{Y}_2 \cdot \mathfrak{X}_2\mathfrak{Y}_3 \\ & + C_{22}\mathfrak{X}_3\mathfrak{Y}_1{}^2 + 2C_{23}\mathfrak{X}_3\mathfrak{Y}_1 \cdot \mathfrak{X}_1\mathfrak{Y}_2 + C_{33}\mathfrak{X}_1\mathfrak{Y}_2{}^2. \quad \text{††)}\end{aligned}$$

Ebenso erhält man
$$\begin{aligned}A_{12} = a_{13}a_{23} - a_{12}a_{33} =\ & -\{C_{11}(\mathfrak{x}_2 - \mathfrak{x}_3)(\mathfrak{y}_2 - \mathfrak{y}_3) + C_{12}[(\mathfrak{x}_2 - \mathfrak{x}_3)(\mathfrak{y}_3 - \mathfrak{y}_1) \\ & + (\mathfrak{x}_3 - \mathfrak{x}_1)(\mathfrak{y}_2 - \mathfrak{y}_3)] + C_{13}[(\mathfrak{x}_1 - \mathfrak{x}_2)(\mathfrak{y}_2 - \mathfrak{y}_3) + (\mathfrak{x}_2 - \mathfrak{x}_3)(\mathfrak{y}_1 - \mathfrak{y}_2)] \\ & + C_{22}(\mathfrak{x}_3 - \mathfrak{x}_1)(\mathfrak{y}_3 - \mathfrak{y}_1) + C_{23}[(\mathfrak{x}_3 - \mathfrak{x}_1)(\mathfrak{y}_1 - \mathfrak{y}_2) + (\mathfrak{x}_1 - \mathfrak{x}_2)(\mathfrak{y}_3 - \mathfrak{y}_1)] \\ & + C_{33}(\mathfrak{x}_1 - \mathfrak{x}_2)(\mathfrak{y}_1 - \mathfrak{y}_2)\}\end{aligned}$$

Ferner
$$\begin{aligned}A_{23} = a_{21}a_{31} - a_{23}a_{11} =\ & -\{C_{11}\mathfrak{X}_2\mathfrak{Y}_3(\mathfrak{y}_2 - \mathfrak{y}_3) + C_{12}[\mathfrak{X}_2\mathfrak{Y}_3(\mathfrak{y}_3 - \mathfrak{y}_1) \\ & + \mathfrak{X}_3\mathfrak{Y}_1(\mathfrak{y}_2 - \mathfrak{y}_3)] + C_{13}[\mathfrak{X}_1\mathfrak{Y}_2(\mathfrak{y}_2 - \mathfrak{y}_3) + \mathfrak{X}_2\mathfrak{Y}_3(\mathfrak{y}_1 - \mathfrak{y}_2)] \\ & + C_{22}\mathfrak{X}_3\mathfrak{Y}_1(\mathfrak{y}_3 - \mathfrak{y}_1) + C_{23}[\mathfrak{X}_3\mathfrak{Y}_1(\mathfrak{y}_1 - \mathfrak{y}_2) + \mathfrak{X}_1\mathfrak{Y}_2(\mathfrak{y}_3 - \mathfrak{y}_1)] \\ & + C_{33}\mathfrak{X}_1\mathfrak{Y}_2(\mathfrak{y}_1 - \mathfrak{y}_2)\} \quad \text{†††)}\end{aligned}$$

und endlich
$$\begin{aligned}A_{31} = a_{32}a_{12} - a_{31}a_{22} =\ & \{C_{11}\mathfrak{X}_2\mathfrak{Y}_3(\mathfrak{x}_2 - \mathfrak{x}_3) + C_{12}[\mathfrak{X}_2\mathfrak{Y}_3(\mathfrak{x}_3 - \mathfrak{x}_1) \\ & + \mathfrak{X}_3\mathfrak{Y}_1(\mathfrak{x}_2 - \mathfrak{x}_3)] + C_{13}[\mathfrak{X}_1\mathfrak{Y}_2(\mathfrak{x}_2 - \mathfrak{x}_3) + \mathfrak{X}_2\mathfrak{Y}_3(\mathfrak{x}_1 - \mathfrak{x}_2)] \\ & + C_{22}\mathfrak{X}_3\mathfrak{Y}_1(\mathfrak{x}_3 - \mathfrak{x}_1) + C_{23}[\mathfrak{X}_3\mathfrak{Y}_1(\mathfrak{x}_1 - \mathfrak{x}_2) + \mathfrak{X}_1\mathfrak{Y}_2(\mathfrak{x}_3 - \mathfrak{x}_1)] \\ & + C_{33}\mathfrak{X}_1\mathfrak{Y}_2(\mathfrak{x}_1 - \mathfrak{x}_2)\}. \quad \text{††††)}\end{aligned}$$

Soll endlich noch die Discriminante A der neuen Gleichung aus derjenigen der ursprünglichen abgeleitet werden, so hat man, da z. B.
$$A = A_{31}\,a_{31} + A_{32}\,a_{32} + A_{33}\,a_{33}$$
ist, für A_{31}, A_{32} oder A_{23}, A_{33}, sowie für a_{31}, a_{32}, a_{33} ihre Werthe zu setzen. Man erhält dann

$$\begin{aligned}
A = \mathfrak{D}\,\{ & C_{11}\,c_{11}\,\mathfrak{X}_2\mathfrak{Y}_3 + C_{12}\,c_{11}\,\mathfrak{X}_3\mathfrak{Y}_1 + C_{13}\,c_{11}\,\mathfrak{X}_1\mathfrak{Y}_2 \\
& + C_{11}\,c_{12}\,\mathfrak{X}_2\mathfrak{Y}_3 + C_{12}\,c_{12}\,\mathfrak{X}_2\mathfrak{Y}_3 + C_{12}\,c_{12}\,\mathfrak{X}_3\mathfrak{Y}_1 \\
& + C_{13}\,c_{12}\,\mathfrak{X}_1\mathfrak{Y}_2 + C_{22}\,c_{12}\,\mathfrak{X}_3\mathfrak{Y}_1 + C_{23}\,c_{12}\,\mathfrak{X}_1\mathfrak{Y}_2 \\
& + C_{11}\,c_{13}\,\mathfrak{X}_2\mathfrak{Y}_3 + C_{12}\,c_{13}\,\mathfrak{X}_3\mathfrak{Y}_1 + C_{13}\,c_{13}\,\mathfrak{X}_1\mathfrak{Y}_2 \\
& + C_{13}\,c_{13}\,\mathfrak{X}_2\mathfrak{Y}_3 + C_{23}\,c_{13}\,\mathfrak{X}_3\mathfrak{Y}_1 + C_{33}\,c_{13}\,\mathfrak{X}_1\mathfrak{Y}_2 \\
& + C_{12}\,c_{22}\,\mathfrak{X}_2\mathfrak{Y}_3 + C_{22}\,c_{22}\,\mathfrak{X}_3\mathfrak{Y}_1 + C_{23}\,c_{22}\,\mathfrak{X}_1\mathfrak{Y}_2 \\
& + C_{12}\,c_{23}\,\mathfrak{X}_2\mathfrak{Y}_3 + C_{13}\,c_{23}\,\mathfrak{X}_2\mathfrak{Y}_3 + C_{22}\,c_{23}\,\mathfrak{X}_3\mathfrak{Y}_1 \\
& + C_{23}\,c_{23}\,\mathfrak{X}_3\mathfrak{Y}_1 + C_{23}\,c_{23}\,\mathfrak{X}_1\mathfrak{Y}_2 + C_{33}\,c_{23}\,\mathfrak{X}_1\mathfrak{Y}_2 \\
& + C_{13}\,c_{33}\,\mathfrak{X}_2\mathfrak{Y}_3 + C_{23}\,c_{33}\,\mathfrak{X}_3\mathfrak{Y}_1 + C_{33}\,c_{33}\,\mathfrak{X}_1\mathfrak{Y}_2 \}
\end{aligned}$$

oder

$$\begin{aligned}
A = \mathfrak{D}\,\{ & \mathfrak{X}_2\mathfrak{Y}_3\,[(c_{11}C_{11} + c_{12}C_{12} + c_{13}C_{13}) + (c_{12}C_{11} + c_{22}C_{12} + c_{23}C_{13}) \\
& \qquad + (c_{13}C_{11} + c_{23}C_{12} + c_{33}C_{13})] \\
& + \mathfrak{X}_3\mathfrak{Y}_1\,[(c_{11}C_{12} + c_{12}C_{22} + c_{13}C_{23}) + (c_{12}C_{12} + c_{22}C_{22} + c_{23}C_{23}) \\
& \qquad + (c_{13}C_{12} + c_{23}C_{22} + c_{33}C_{23})] \\
& + \mathfrak{X}_1\mathfrak{Y}_2\,[(c_{11}C_{13} + c_{12}C_{23} + c_{13}C_{33}) + (c_{12}C_{13} + c_{22}C_{23} + c_{23}C_{33}) \\
& \qquad + (c_{13}C_{13} + c_{23}C_{23} + c_{33}C_{33})]\}
\end{aligned}$$

Nach bekannten Sätzen über die Determinanten ist hier in der ersten, zweiten, dritten Zeile bezüglich das erste, zweite, dritte Glied gleich C, alle übrigen sind Null. Man hat also
$$A = \mathfrak{D}\cdot C(\mathfrak{X}_2\mathfrak{Y}_3 + \mathfrak{X}_3\mathfrak{Y}_1 + \mathfrak{X}_1\mathfrak{Y}_2) = \mathfrak{D}\cdot C(\mathfrak{X}_1\mathfrak{Y}_2 + \mathfrak{X}_2\mathfrak{Y}_3 + \mathfrak{X}_3\mathfrak{Y}_1)$$
also nach Art. 23, 6a)
$$A = \mathfrak{D}^2 \cdot C$$
was mit der im Art. 47, 2a) aufgestellten Regel übereinstimmt.

Fasst man das Bisherige zusammen, so sieht man: Wird eine Gleichung $f(z_1, z_2, z_3) = 0$, $\mathfrak{f}(\mathfrak{z}_1, \mathfrak{z}_2, \mathfrak{z}_3) = 0$ eines Kegelschnittes für homogene Punkt- oder Linien-Coordinaten in eine Gleichung $F(x, y) = 0$, $\mathfrak{F}(\mathfrak{x}, \mathfrak{y}) = 0$ für bezüglich orthogonale Punkt- oder Linien-Coordinaten transformirt, so finden zwischen den Discriminanten der ursprünglichen und der neuen Gleichung die Beziehungen statt:

$$A = \mathfrak{D}^2 \cdot C; \qquad 2a)$$
$$\mathfrak{A} = D^2 \cdot \mathfrak{C}, \qquad 2b)$$

und zwischen den Partial-Determinanten der Discriminante der ursprünglichen und der neuen Gleichung hat man, da sich die angegebenen Werthe für $A_{11}, A_{22}, A_{33}, A_{12}, A_{23}, A_{31}$ offenbar noch anders schreiben lassen, die Beziehungen:

$$A_{11} = \{(\mathfrak{x}_2 - \mathfrak{x}_3)[C_{11}(\mathfrak{x}_2 - \mathfrak{x}_3) + C_{12}(\mathfrak{x}_3 - \mathfrak{x}_1) + C_{13}(\mathfrak{x}_1 - \mathfrak{x}_2)] \qquad 3a)$$
$$+ (\mathfrak{x}_3 - \mathfrak{x}_1)[C_{12}(\mathfrak{x}_2 - \mathfrak{x}_3) + C_{22}(\mathfrak{x}_3 - \mathfrak{x}_1) + C_{23}(\mathfrak{x}_1 - \mathfrak{x}_2)]$$
$$+ (\mathfrak{x}_1 - \mathfrak{x}_2)[C_{13}(\mathfrak{x}_2 - \mathfrak{x}_3) + C_{23}(\mathfrak{x}_3 - \mathfrak{x}_1) + C_{33}(\mathfrak{x}_1 - \mathfrak{x}_2)]\};$$

$$A_{22} = \{(\mathfrak{y}_2 - \mathfrak{y}_3)[C_{11}(\mathfrak{y}_2 - \mathfrak{y}_3) + C_{12}(\mathfrak{y}_3 - \mathfrak{y}_1) + C_{13}(\mathfrak{y}_1 - \mathfrak{y}_2)] \qquad 3c)$$
$$+ (\mathfrak{y}_3 - \mathfrak{y}_1)[C_{12}(\mathfrak{y}_2 - \mathfrak{y}_3) + C_{22}(\mathfrak{y}_3 - \mathfrak{y}_1) + C_{23}(\mathfrak{y}_1 - \mathfrak{y}_2)]$$
$$+ (\mathfrak{y}_1 - \mathfrak{y}_2)[C_{13}(\mathfrak{y}_2 - \mathfrak{y}_3) + C_{23}(\mathfrak{y}_3 - \mathfrak{y}_1) + C_{33}(\mathfrak{y}_1 - \mathfrak{y}_2)]\};$$

$$A_{33} = \{\mathfrak{X}_2 \mathfrak{Y}_3 [C_{11} \mathfrak{X}_2 \mathfrak{Y}_3 + C_{12} \mathfrak{X}_3 \mathfrak{Y}_1 + C_{13} \mathfrak{X}_1 \mathfrak{Y}_2] \qquad 3e)$$
$$+ \mathfrak{X}_3 \mathfrak{Y}_1 [C_{12} \mathfrak{X}_2 \mathfrak{Y}_3 + C_{22} \mathfrak{X}_3 \mathfrak{Y}_1 + C_{23} \mathfrak{X}_1 \mathfrak{Y}_2]$$
$$+ \mathfrak{X}_1 \mathfrak{Y}_2 [C_{13} \mathfrak{X}_2 \mathfrak{Y}_3 + C_{23} \mathfrak{X}_3 \mathfrak{Y}_1 + C_{33} \mathfrak{X}_1 \mathfrak{Y}_2]\}$$

$$A_{12} = -\{(\mathfrak{y}_2 - \mathfrak{y}_3)[C_{11}(\mathfrak{x}_2 - \mathfrak{x}_3) + C_{12}(\mathfrak{x}_3 - \mathfrak{x}_1) + C_{13}(\mathfrak{x}_1 - \mathfrak{x}_2)] \qquad 3g)$$
$$+ (\mathfrak{y}_3 - \mathfrak{y}_1)[C_{12}(\mathfrak{x}_2 - \mathfrak{x}_3) + C_{22}(\mathfrak{x}_3 - \mathfrak{x}_1) + C_{23}(\mathfrak{x}_1 - \mathfrak{x}_2)]$$
$$+ (\mathfrak{y}_1 - \mathfrak{y}_2)[C_{13}(\mathfrak{x}_2 - \mathfrak{x}_3) + C_{23}(\mathfrak{x}_3 - \mathfrak{x}_1) + C_{33}(\mathfrak{x}_1 - \mathfrak{x}_2)]\}$$

oder

$$A_{12} = -\{(\mathfrak{x}_2 - \mathfrak{x}_3)[C_{11}(\mathfrak{y}_2 - \mathfrak{y}_3) + C_{12}(\mathfrak{y}_3 - \mathfrak{y}_1) + C_{13}(\mathfrak{y}_1 - \mathfrak{y}_2)] \qquad 3i)$$
$$+ (\mathfrak{x}_3 - \mathfrak{x}_1)[C_{12}(\mathfrak{y}_2 - \mathfrak{y}_3) + C_{22}(\mathfrak{y}_3 - \mathfrak{y}_1) + C_{23}(\mathfrak{y}_1 - \mathfrak{y}_2)]$$
$$+ (\mathfrak{x}_1 - \mathfrak{x}_2)[C_{13}(\mathfrak{y}_2 - \mathfrak{y}_3) + C_{23}(\mathfrak{y}_3 - \mathfrak{y}_1) + C_{33}(\mathfrak{y}_1 - \mathfrak{y}_2)]\}$$

$$A_{23} = -\{(\mathfrak{y}_2 - \mathfrak{y}_3)[C_{11} \mathfrak{X}_2 \mathfrak{Y}_3 + C_{12} \mathfrak{X}_3 \mathfrak{Y}_1 + C_{13} \mathfrak{X}_1 \mathfrak{Y}_2] \qquad 3l)$$
$$+ (\mathfrak{y}_3 - \mathfrak{y}_1)[C_{12} \mathfrak{X}_2 \mathfrak{Y}_3 + C_{22} \mathfrak{X}_3 \mathfrak{Y}_1 + C_{23} \mathfrak{X}_1 \mathfrak{Y}_2]$$
$$+ (\mathfrak{y}_1 - \mathfrak{y}_2)[C_{13} \mathfrak{X}_2 \mathfrak{Y}_3 + C_{23} \mathfrak{X}_3 \mathfrak{Y}_1 + C_{33} \mathfrak{X}_1 \mathfrak{Y}_2]\}$$

oder

$$A_{23} = -\{\mathfrak{X}_2 \mathfrak{Y}_3 [C_{11}(\mathfrak{y}_2 - \mathfrak{y}_3) + C_{12}(\mathfrak{y}_3 - \mathfrak{y}_1) + C_{13}(\mathfrak{y}_1 - \mathfrak{y}_2)] \qquad 3n)$$
$$+ \mathfrak{X}_3 \mathfrak{Y}_1 [C_{12}(\mathfrak{y}_2 - \mathfrak{y}_3) + C_{22}(\mathfrak{y}_3 - \mathfrak{y}_1) + C_{23}(\mathfrak{y}_1 - \mathfrak{y}_2)]$$
$$+ \mathfrak{X}_1 \mathfrak{Y}_2 [C_{13}(\mathfrak{y}_2 - \mathfrak{y}_3) + C_{23}(\mathfrak{y}_3 - \mathfrak{y}_1) + C_{33}(\mathfrak{y}_1 - \mathfrak{y}_2)]\}$$

$$A_{13} = A_{31} = \{(\mathfrak{x}_2 - \mathfrak{x}_3)[C_{11} \mathfrak{X}_2 \mathfrak{Y}_3 + C_{12} \mathfrak{X}_3 \mathfrak{Y}_1 + C_{13} \mathfrak{X}_1 \mathfrak{Y}_2] \qquad 3p)$$
$$+ (\mathfrak{x}_3 - \mathfrak{x}_1)[C_{12} \mathfrak{X}_2 \mathfrak{Y}_3 + C_{22} \mathfrak{X}_3 \mathfrak{Y}_1 + C_{23} \mathfrak{X}_1 \mathfrak{Y}_2]$$
$$+ (\mathfrak{x}_1 - \mathfrak{x}_2)[C_{13} \mathfrak{X}_2 \mathfrak{Y}_3 + C_{23} \mathfrak{X}_3 \mathfrak{Y}_1 + C_{33} \mathfrak{X}_1 \mathfrak{Y}_2]\}$$

oder

[Art. 48.]   — 173 —

$$A_{13} = A_{31} = \{\mathfrak{X}_2 \mathfrak{Y}_3 [C_{11}(\mathfrak{x}_2 - \mathfrak{x}_3) + C_{12}(\mathfrak{x}_3 - \mathfrak{x}_1) + C_{13}(\mathfrak{x}_1 - \mathfrak{x}_2)] \quad 3r)$$
$$+ \mathfrak{X}_3 \mathfrak{Y}_1 [C_{12}(\mathfrak{x}_2 - \mathfrak{x}_3) + C_{22}(\mathfrak{x}_3 - \mathfrak{x}_1) + C_{23}(\mathfrak{x}_1 - \mathfrak{x}_2)]$$
$$+ \mathfrak{X}_1 \mathfrak{Y}_2 [C_{13}(\mathfrak{x}_2 - \mathfrak{x}_3) + C_{28}(\mathfrak{x}_3 - \mathfrak{x}_1) + C_{33}(\mathfrak{x}_1 - \mathfrak{x}_2)]\};$$

und ebenso:

$$\mathfrak{A}_{11} = \{(x_2 - x_3)[\mathfrak{C}_{11}(x_2 - x_3) + \mathfrak{C}_{12}(x_3 - x_1) + \mathfrak{C}_{13}(x_1 - x_2)] \quad 3b)$$
$$+ (x_3 - x_1)[\mathfrak{C}_{12}(x_2 - x_3) + \mathfrak{C}_{22}(x_3 - x_1) + \mathfrak{C}_{23}(x_1 - x_2)]$$
$$+ (x_1 - x_2)[\mathfrak{C}_{13}(x_2 - x_3) + \mathfrak{C}_{23}(x_3 - x_1) + \mathfrak{C}_{33}(x_1 - x_2)]\};$$

$$\mathfrak{A}_{22} = \{(y_2 - y_3)[\mathfrak{C}_{11}(y_2 - y_3) + \mathfrak{C}_{12}(y_3 - y_1) + \mathfrak{C}_{13}(y_1 - y_2)] \quad 3d)$$
$$+ (y_3 - y_1)[\mathfrak{C}_{12}(y_2 - y_3) + \mathfrak{C}_{22}(y_3 - y_1) + \mathfrak{C}_{23}(y_1 - y_2)]$$
$$+ (y_1 - y_2)[\mathfrak{C}_{13}(y_2 - y_3) + \mathfrak{C}_{23}(y_3 - y_1) + \mathfrak{C}_{33}(y_1 - y_2)]\};$$

$$\mathfrak{A}_{33} = \{X_2 Y_3 [\mathfrak{C}_{11} X_2 Y_3 + \mathfrak{C}_{12} X_3 Y_1 + \mathfrak{C}_{13} X_1 Y_2] \quad 3f)$$
$$+ X_3 Y_1 [\mathfrak{C}_{12} X_2 Y_3 + \mathfrak{C}_{22} X_3 Y_1 + \mathfrak{C}_{23} X_1 Y_2]$$
$$+ X_1 Y_2 [\mathfrak{C}_{13} X_2 Y_3 + \mathfrak{C}_{23} Y_3 Y_1 + \mathfrak{C}_{33} X_1 Y_2]\};$$

$$\mathfrak{A}_{12} = -\{(y_2 - y_3)[\mathfrak{C}_{11}(x_2 - x_3) + \mathfrak{C}_{12}(x_3 - x_1) + \mathfrak{C}_{13}(x_1 - x_2)] \quad 3h)$$
$$+ (y_3 - y_1)[\mathfrak{C}_{12}(x_2 - x_3) + \mathfrak{C}_{22}(x_3 - x_1) + \mathfrak{C}_{23}(x_1 - x_2)]$$
$$+ (y_1 - y_2)[\mathfrak{C}_{13}(x_2 - x_3) + \mathfrak{C}_{23}(x_3 - x_1) + \mathfrak{C}_{33}(x_1 - x_2)]\}$$

oder

$$\mathfrak{A}_{12} = -\{(x_2 - x_3)[\mathfrak{C}_{11}(y_2 - y_3) + \mathfrak{C}_{12}(y_3 - y_1) + \mathfrak{C}_{13}(y_1 - y_2)] \quad 3k)$$
$$+ (x_3 - x_1)[\mathfrak{C}_{12}(y_2 - y_3) + \mathfrak{C}_{22}(y_3 - y_1) + \mathfrak{C}_{23}(y_1 - y_2)]$$
$$+ (x_1 - x_2)[\mathfrak{C}_{13}(y_2 - y_3) + \mathfrak{C}_{23}(y_3 - y_1) + \mathfrak{C}_{33}(y_1 - y_2)]\};$$

$$\mathfrak{A}_{23} = -\{(y_2 - y_3)[\mathfrak{C}_{11} X_2 Y_3 + \mathfrak{C}_{12} X_3 Y_1 + \mathfrak{C}_{13} X_1 Y_2] \quad 3m)$$
$$+ (y_3 - y_1)[\mathfrak{C}_{12} X_2 Y_3 + \mathfrak{C}_{22} X_3 Y_1 + \mathfrak{C}_{23} X_1 Y_2]$$
$$+ (y_1 - y_2)[\mathfrak{C}_{13} X_2 Y_3 + \mathfrak{C}_{23} X_3 Y_1 + \mathfrak{C}_{33} X_1 Y_2]\}$$

oder

$$\mathfrak{A}_{23} = -\{X_2 Y_3 [\mathfrak{C}_{11}(y_2 - y_3) + \mathfrak{C}_{12}(y_3 - y_1) + \mathfrak{C}_{13}(y_1 - y_2)] \quad 3o)$$
$$+ X_3 Y_1 [\mathfrak{C}_{12}(y_2 - y_3) + \mathfrak{C}_{22}(y_3 - y_1) + \mathfrak{C}_{23}(y_1 - y_2)]$$
$$+ X_1 Y_2 [\mathfrak{C}_{13}(y_2 - y_3) + \mathfrak{C}_{23}(y_3 - y_1) + \mathfrak{C}_{33}(y_1 - y_2)]\};$$

$$\mathfrak{A}_{13} = \mathfrak{A}_{31} = \{(x_2 - x_3)[\mathfrak{C}_{11} X_2 Y_3 + \mathfrak{C}_{12} X_3 Y_1 + \mathfrak{C}_{13} X_1 Y_2] \quad 3q)$$
$$+ (x_3 - x_1)[\mathfrak{C}_{12} X_2 Y_3 + \mathfrak{C}_{22} X_3 Y_1 + \mathfrak{C}_{23} X_1 Y_2]$$
$$+ (x_1 - x_2)[\mathfrak{C}_{13} X_2 Y_3 + \mathfrak{C}_{23} X_3 Y_1 + \mathfrak{C}_{33} X_1 Y_2]\}$$

oder

$$\mathfrak{A}_{13} = \mathfrak{A}_{31} = \{X_2 Y_3 [\mathfrak{C}_{11}(x_2 - x_3) + \mathfrak{C}_{12}(x_3 - x_1) + \mathfrak{C}_{13}(x_1 - x_2)] \quad 3s)$$
$$+ X_3 Y_1 [\mathfrak{C}_{12}(x_2 - x_3) + \mathfrak{C}_{22}(x_3 - x_1) + \mathfrak{C}_{23}(x_1 - x_2)]$$
$$+ X_1 Y_2 [\mathfrak{C}_{13}(x_2 - x_3) + \mathfrak{C}_{23}(x_3 - x_1) + \mathfrak{C}_{33}(x_1 - x_2)]\}.$$

Vermöge der Werthe von C_{mn} und $\mathfrak{C}_{mn}$ in Art. 43, 7) und 8) lassen sich diese Ausdrücke auch als Summen von Determinanten schreiben. Man hat nämlich offenbar:

$$A_{11} = (\mathfrak{x}_2-\mathfrak{x}_3)\begin{vmatrix}\mathfrak{x}_2-\mathfrak{x}_3 & c_{12} & c_{13}\\ \mathfrak{x}_3-\mathfrak{x}_1 & c_{22} & c_{23}\\ \mathfrak{x}_1-\mathfrak{x}_2 & c_{23} & c_{33}\end{vmatrix} + (\mathfrak{x}_3-\mathfrak{x}_1)\begin{vmatrix}c_{11} & \mathfrak{x}_2-\mathfrak{x}_3 & c_{13}\\ c_{12} & \mathfrak{x}_3-\mathfrak{x}_1 & c_{23}\\ c_{13} & \mathfrak{x}_1-\mathfrak{x}_2 & c_{33}\end{vmatrix} + (\mathfrak{x}_1-\mathfrak{x}_2)\begin{vmatrix}c_{11} & c_{12} & \mathfrak{x}_2-\mathfrak{x}_3\\ c_{12} & c_{22} & \mathfrak{x}_3-\mathfrak{x}_1\\ c_{13} & c_{23} & \mathfrak{x}_1-\mathfrak{x}_2\end{vmatrix}$$

Vertauscht man hier die $\mathfrak{x}$ mit $\mathfrak{y}$, so hat man A_{22}. Ferner ist

$$A_{33} = \mathfrak{X}_2\mathfrak{Y}_3\begin{vmatrix}\mathfrak{X}_2\mathfrak{Y}_3 & c_{12} & c_{13}\\ \mathfrak{X}_3\mathfrak{Y}_1 & c_{22} & c_{23}\\ \mathfrak{X}_1\mathfrak{Y}_2 & c_{23} & c_{33}\end{vmatrix} + \mathfrak{X}_3\mathfrak{Y}_1\begin{vmatrix}c_{11} & \mathfrak{X}_2\mathfrak{Y}_3 & c_{13}\\ c_{12} & \mathfrak{X}_3\mathfrak{Y}_1 & c_{23}\\ c_{13} & \mathfrak{X}_1\mathfrak{Y}_2 & c_{33}\end{vmatrix} + \mathfrak{X}_1\mathfrak{Y}_2\begin{vmatrix}c_{11} & c_{12} & \mathfrak{X}_2\mathfrak{Y}_3\\ c_{12} & c_{22} & \mathfrak{X}_3\mathfrak{Y}_1\\ c_{13} & c_{23} & \mathfrak{X}_1\mathfrak{Y}_2\end{vmatrix}$$

Ferner

$$A_{12} = -\left\{(\mathfrak{y}_2-\mathfrak{y}_3)\begin{vmatrix}\mathfrak{x}_2-\mathfrak{x}_3 & c_{12} & c_{13}\\ \mathfrak{x}_3-\mathfrak{x}_1 & c_{22} & c_{23}\\ \mathfrak{x}_1-\mathfrak{x}_2 & c_{23} & c_{33}\end{vmatrix} + (\mathfrak{y}_3-\mathfrak{y}_1)\begin{vmatrix}c_{11} & \mathfrak{x}_2-\mathfrak{x}_3 & c_{13}\\ c_{12} & \mathfrak{x}_3-\mathfrak{x}_1 & c_{23}\\ c_{13} & \mathfrak{x}_1-\mathfrak{x}_2 & c_{33}\end{vmatrix} + (\mathfrak{y}_1-\mathfrak{y}_2)\begin{vmatrix}c_{11} & c_{12} & \mathfrak{x}_2-\mathfrak{x}_3\\ c_{12} & c_{22} & \mathfrak{x}_3-\mathfrak{x}_1\\ c_{13} & c_{23} & \mathfrak{x}_1-\mathfrak{x}_2\end{vmatrix}\right\}$$

oder

$$A_{12} = -\left\{(\mathfrak{x}_2-\mathfrak{x}_3)\begin{vmatrix}\mathfrak{y}_2-\mathfrak{y}_3 & c_{12} & c_{13}\\ \mathfrak{y}_3-\mathfrak{y}_1 & c_{22} & c_{23}\\ \mathfrak{y}_1-\mathfrak{y}_2 & c_{23} & c_{33}\end{vmatrix} + (\mathfrak{x}_3-\mathfrak{x}_1)\begin{vmatrix}c_{11} & \mathfrak{y}_2-\mathfrak{y}_3 & c_{13}\\ c_{12} & \mathfrak{y}_3-\mathfrak{y}_1 & c_{23}\\ c_{13} & \mathfrak{y}_1-\mathfrak{y}_2 & c_{33}\end{vmatrix} + (\mathfrak{x}_1-\mathfrak{x}_2)\begin{vmatrix}c_{11} & c_{12} & \mathfrak{y}_2-\mathfrak{y}_3\\ c_{12} & c_{22} & \mathfrak{y}_3-\mathfrak{y}_1\\ c_{13} & c_{23} & \mathfrak{y}_1-\mathfrak{y}_2\end{vmatrix}\right\}$$

Vertauscht man in den Determinanten für A_{12} $\mathfrak{x}_2-\mathfrak{x}_3$, $\mathfrak{x}_3-\mathfrak{x}_1$, $\mathfrak{x}_1-\mathfrak{x}_2$ bezüglich mit $\mathfrak{X}_2\mathfrak{Y}_3$, $\mathfrak{X}_3\mathfrak{Y}_1$, $\mathfrak{X}_1\mathfrak{Y}_2$, so hat man A_{23}; vertauscht man $\mathfrak{y}_2-\mathfrak{y}_3$, $\mathfrak{y}_3-\mathfrak{y}_1$, $\mathfrak{y}_1-\mathfrak{y}_2$ mit $\mathfrak{X}_2\mathfrak{Y}_3$, $\mathfrak{X}_3\mathfrak{Y}_1$, $\mathfrak{X}_1\mathfrak{Y}_2$ und nimmt das positive Vorzeichen, so hat man A_{31} oder A_{13}. Analoges findet natürlich bei den Partial-Determinanten $\mathfrak{A}$ statt.

49. Um nun zu entscheiden, welches geometrische Gebilde eine homogene Gleichung $f(z_1, z_2, z_3) = 0$, $\mathfrak{f}(\mathfrak{z}_1, \mathfrak{z}_2, \mathfrak{z}_3) = 0$ darstellt, denke man sich dieselbe nach den Regeln des vorigen Art. in eine heterogene Gleichung $F(x,y) = 0$, $\mathfrak{F}(\mathfrak{x},\mathfrak{y}) = 0$ transformirt, und urtheile dann nach den in Art. 15 gegebenen Sätzen, indem man für $A, A_{33}, A_{11}, A_{22}$ etc. die in Art. 48 gegebenen Werthe setzt, und wo es sich nur um das Vorzeichen handelt, die etwa vorkommenden Factoren $\mathfrak{D}^2, D^2$ als unwesentlich weglässt. Dabei ist Folgendes zu bemerken:

Ist die Discriminante $C, \mathfrak{C}$ gleich Null, so ist nach Art. 48, 2a), 2b) auch $A, \mathfrak{A}$ gleich Null, und umgekehrt.

Art. 49.]

Ferner ist, wenn $A = 0$, und $A_{33} = 0$ ist, nach Art. 13, II auch $A_{23}, A_{31} = 0$, und wenn $\mathfrak{A} = 0$, und $\mathfrak{A}_{33} = 0$ ist, ist auch $\mathfrak{A}_{23}, \mathfrak{A}_{31} = 0$. Sollen aber $A_{33} = A_{23} = A_{31} = 0$, $\mathfrak{A}_{33} = \mathfrak{A}_{23} = \mathfrak{A}_{31} = 0$ sein, so muss nach Art. 48, 3e), 3l), 3p); 3f), 3m), 3q) offenbar bezüglich

$C_{11} \mathfrak{X}_2 \mathfrak{Y}_3 + C_{12} \mathfrak{X}_3 \mathfrak{Y}_1 + C_{13} \mathfrak{X}_1 \mathfrak{Y}_2 = 0;\quad C_{12} \mathfrak{X}_2 \mathfrak{Y}_3 + C_{22} \mathfrak{X}_3 \mathfrak{Y}_1 + C_{23} \mathfrak{X}_1 \mathfrak{Y}_2 = 0;$
$\qquad\qquad\qquad\qquad\qquad\qquad C_{13} \mathfrak{X}_2 \mathfrak{Y}_3 + C_{23} \mathfrak{X}_3 \mathfrak{Y}_1 + C_{33} \mathfrak{X}_1 \mathfrak{Y}_2 = 0;$
$\mathfrak{C}_{11} X_2 Y_3 + \mathfrak{C}_{12} X_3 Y_1 + \mathfrak{C}_{13} X_1 Y_2 = 0;\quad \mathfrak{C}_{12} X_2 Y_3 + \mathfrak{C}_{22} X_3 Y_1 + \mathfrak{C}_{23} X_1 Y_2 = 0;$
$\qquad\qquad\qquad\qquad\qquad\qquad \mathfrak{C}_{13} X_2 Y_3 + \mathfrak{C}_{23} X_3 Y_1 + \mathfrak{C}_{33} X_1 Y_2 = 0;$

sein. Ebenso müssen, wenn $A = 0$, $A_{11} = 0$ ist, auch A_{12}, A_{31}, und wenn $A = 0$, $A_{22} = 0$ ist, auch $A_{12}, A_{23} = 0$ sein. Soll also zugleich $A = 0$, $A_{33} = 0$, $A_{11} = 0$, $A_{22} = 0$ sein, so muss nach Art. 48, 3e), 3l), 3p); 3a), 3g), 3r); 3c), 3i), 3n) Null sein. Dies ist nur möglich, wenn zugleich

$C_{11} \mathfrak{X}_2 \mathfrak{Y}_3 + C_{12} \mathfrak{X}_3 \mathfrak{Y}_1 + C_{13} \mathfrak{X}_1 \mathfrak{Y}_2 = 0;\quad C_{12} \mathfrak{X}_2 \mathfrak{Y}_3 + C_{22} \mathfrak{X}_3 \mathfrak{Y}_1 + C_{23} \mathfrak{X}_1 \mathfrak{Y}_2 = 0;$
$\qquad\qquad\qquad\qquad\qquad\qquad C_{13} \mathfrak{X}_2 \mathfrak{Y}_3 + C_{23} \mathfrak{X}_3 \mathfrak{Y}_1 + C_{33} \mathfrak{X}_1 \mathfrak{Y}_2 = 0;$
$C_{11}(\mathfrak{x}_2-\mathfrak{x}_3)+C_{12}(\mathfrak{x}_3-\mathfrak{x}_1)+C_{13}(\mathfrak{x}_1-\mathfrak{x}_2)=0;\quad C_{12}(\mathfrak{x}_2-\mathfrak{x}_3)+C_{22}(\mathfrak{x}_3-\mathfrak{x}_1)+C_{23}(\mathfrak{x}_1-\mathfrak{x}_2)=0;$
$\qquad\qquad\qquad\qquad\qquad\qquad C_{13}(\mathfrak{x}_2-\mathfrak{x}_3)+C_{23}(\mathfrak{x}_3-\mathfrak{x}_1)+C_{33}(\mathfrak{x}_1-\mathfrak{x}_2)=0;$
$C_{11}(\mathfrak{y}_2-\mathfrak{y}_3)+C_{12}(\mathfrak{y}_3-\mathfrak{y}_1)+C_{13}(\mathfrak{y}_1-\mathfrak{y}_2)=0;\quad C_{12}(\mathfrak{y}_2-\mathfrak{y}_3)+C_{22}(\mathfrak{y}_3-\mathfrak{y}_1)+C_{23}(\mathfrak{y}_1-\mathfrak{y}_2)=0;$
$\qquad\qquad\qquad\qquad\qquad\qquad C_{13}(\mathfrak{y}_2-\mathfrak{y}_3)+C_{23}(\mathfrak{y}_3-\mathfrak{y}_1)+C_{33}(\mathfrak{y}_1-\mathfrak{y}_2)=0$

ist, und diese Bedingungen sind wieder nur dann erfüllt, wenn alle Partial-Determinanten $C_{11}, C_{12}, C_{13}, C_{22}$, etc. Null sind. Dabei ist sogleich einleuchtend, dass die oben genannten zur Erfüllung der Bedingung $A = 0$, $A_{33} = A_{23} = A_{31} = 0$ erforderlichen Gleichungen sich auch in Determinantenform darstellen lassen.

Ferner ist nach Art. 48, 1a), 2a); 1b) 2b)

$a_{11} A = \mathfrak{D}^2 \cdot C \cdot [c_{11} \mathfrak{y}_1^2 + 2 c_{12} \mathfrak{y}_1 \mathfrak{y}_2 + 2 c_{13} \mathfrak{y}_1 \mathfrak{y}_3 + c_{22} \mathfrak{y}_2^2 + 2 c_{23} \mathfrak{y}_2 \mathfrak{y}_3 + c_{33} \mathfrak{y}_3^2];$
$a_{22} A = \mathfrak{D}^2 \cdot C \cdot [c_{11} \mathfrak{x}_1^2 + 2 c_{12} \mathfrak{x}_1 \mathfrak{x}_2 + 2 c_{13} \mathfrak{x}_1 \mathfrak{x}_3 + c_{22} \mathfrak{x}_2^2 + 2 c_{23} \mathfrak{x}_2 \mathfrak{x}_3 + c_{33} \mathfrak{x}_3^2];$
$\mathfrak{a}_{33} \mathfrak{A} = D^2 \cdot \mathfrak{C} \cdot [c_{11} + 2 c_{12} + 2 c_{13} + c_{22} + 2 c_{23} + c_{33}].$

Zur Bestimmung des Vorzeichens kommen, wie erwähnt, die Factoren $\mathfrak{D}^2$, D^2 nicht in Betracht. Die übrigen Produkte lassen sich ebenfalls in Determinantenform schreiben. Denn, multiplicirt man mit C, $\mathfrak{C}$ in die Klammern, und wendet die Sätze Art. 43, 10) an, so hat man

$c_{11} C \mathfrak{y}_1^2 + 2 c_{12} C \mathfrak{y}_1 \mathfrak{y}_2 + 2 c_{13} C \mathfrak{y}_1 \mathfrak{y}_3 + c_{22} C \mathfrak{y}_2^2 + 2 c_{23} C \mathfrak{y}_2 \mathfrak{y}_3 + c_{33} C \mathfrak{y}_3^2$
$= (C_{22} C_{33} - C_{23}^2) \mathfrak{y}_1^2 + 2 (C_{13} C_{23} - C_{12} C_{33}) \mathfrak{y}_1 \mathfrak{y}_2 + 2 (C_{12} C_{23} - C_{13} C_{22}) \mathfrak{y}_1 \mathfrak{y}_3$
$+ (C_{11} C_{33} - C_{13}^2) \mathfrak{y}_2^2 + 2 (C_{12} C_{13} - C_{23} C_{11}) \mathfrak{y}_2 \mathfrak{y}_3 + (C_{11} C_{22} - C_{12}^2) \mathfrak{y}_3^2$

$$= \mathfrak{y}_1 \begin{vmatrix} \mathfrak{y}_1 & C_{12} & C_{13} \\ \mathfrak{y}_2 & C_{22} & C_{23} \\ \mathfrak{y}_3 & C_{23} & C_{33} \end{vmatrix} + \mathfrak{y}_2 \begin{vmatrix} C_{11} & \mathfrak{y}_1 & C_{13} \\ C_{12} & \mathfrak{y}_2 & C_{23} \\ C_{13} & \mathfrak{y}_3 & C_{33} \end{vmatrix} + \mathfrak{y}_3 \begin{vmatrix} C_{11} & C_{12} & \mathfrak{y}_1 \\ C_{12} & C_{22} & \mathfrak{y}_2 \\ C_{13} & C_{23} & \mathfrak{y}_3 \end{vmatrix}.$$

Gleiches hat bei dem Ausdrucke für $a_{22} A$ statt; und ebenso ist

$c_{11} \mathfrak{C} + 2 c_{12} \mathfrak{C} + 2 c_{13} \mathfrak{C} + c_{22} \mathfrak{C} + 2 c_{23} \mathfrak{C} + c_{33} \mathfrak{C}$

$$= \begin{vmatrix} 1 & \mathfrak{C}_{12} & \mathfrak{C}_{13} \\ 1 & \mathfrak{C}_{22} & \mathfrak{C}_{23} \\ 1 & \mathfrak{C}_{23} & \mathfrak{C}_{33} \end{vmatrix} + \begin{vmatrix} \mathfrak{C}_{11} & 1 & \mathfrak{C}_{13} \\ \mathfrak{C}_{12} & 1 & \mathfrak{C}_{23} \\ \mathfrak{C}_{13} & 1 & \mathfrak{C}_{33} \end{vmatrix} + \begin{vmatrix} \mathfrak{C}_{11} & \mathfrak{C}_{12} & 1 \\ \mathfrak{C}_{12} & \mathfrak{C}_{22} & 1 \\ \mathfrak{C}_{13} & \mathfrak{C}_{23} & 1 \end{vmatrix}.$$

Es werden also die Elemente dieser Determinante von den Partial-Determinanten der Discriminante, oder von den Elementen der der Discriminante adjungirten Determinante gebildet.

Man erhält also nach Art. 15 und dem soeben Gesagten als geometrische Gebilde, welche dargestellt werden von der Gleichung

I. a. $f(z_1, z_2, z_3) = c_{11} z_1^2 + 2 c_{12} z_1 z_2 + 2 c_{13} z_1 z_3 + c_{22} z_2^2 + 2 c_{23} z_2 z_3 + c_{33} z_3^2 = 0$

wenn 1. $C = \begin{vmatrix} c_{11} & c_{12} & c_{13} \\ c_{12} & c_{22} & c_{23} \\ c_{13} & c_{23} & c_{33} \end{vmatrix} = 0$

ist und

a. $\mathfrak{X}_2 \mathfrak{Y}_3 [C_{11} \mathfrak{X}_2 \mathfrak{Y}_3 + C_{12} \mathfrak{X}_3 \mathfrak{Y}_1 + C_{13} \mathfrak{X}_1 \mathfrak{Y}_2] + \mathfrak{X}_3 \mathfrak{Y}_1 [C_{12} \mathfrak{X}_2 \mathfrak{Y}_3 + C_{22} \mathfrak{X}_3 \mathfrak{Y}_1 + C_{23} \mathfrak{X}_1 \mathfrak{Y}_2]$
$+ \mathfrak{X}_1 \mathfrak{Y}_2 [C_{13} \mathfrak{X}_2 \mathfrak{Y}_3 + C_{23} \mathfrak{X}_3 \mathfrak{Y}_1 + C_{33} \mathfrak{X}_1 \mathfrak{Y}_2] < 0$

oder

$$\mathfrak{X}_2 \mathfrak{Y}_3 \begin{vmatrix} \mathfrak{X}_2 \mathfrak{Y}_3 & c_{12} & c_{13} \\ \mathfrak{X}_3 \mathfrak{Y}_1 & c_{22} & c_{23} \\ \mathfrak{X}_1 \mathfrak{Y}_2 & c_{23} & c_{33} \end{vmatrix} + \mathfrak{X}_3 \mathfrak{Y}_1 \begin{vmatrix} c_{11} & \mathfrak{X}_2 \mathfrak{Y}_3 & c_{13} \\ c_{12} & \mathfrak{X}_3 \mathfrak{Y}_1 & c_{23} \\ c_{13} & \mathfrak{X}_1 \mathfrak{Y}_2 & c_{33} \end{vmatrix} + \mathfrak{X}_1 \mathfrak{Y}_2 \begin{vmatrix} c_{11} & c_{12} & \mathfrak{X}_2 \mathfrak{Y}_3 \\ c_{12} & c_{22} & \mathfrak{X}_3 \mathfrak{Y}_1 \\ c_{12} & c_{23} & \mathfrak{X}_1 \mathfrak{Y}_2 \end{vmatrix} < 0$$

ist, zwei reelle, sich schneidende Gerade.

b. $C_{11} \mathfrak{X}_2 \mathfrak{Y}_3 + C_{12} \mathfrak{X}_3 \mathfrak{Y}_1 + C_{13} \mathfrak{X}_1 \mathfrak{Y}_2 = 0$; $C_{12} \mathfrak{X}_2 \mathfrak{Y}_3 + C_{22} \mathfrak{X}_3 \mathfrak{Y}_1 + C_{23} \mathfrak{X}_1 \mathfrak{Y}_2 = 0$;
$C_{13} \mathfrak{X}_2 \mathfrak{Y}_3 + C_{23} \mathfrak{X}_3 \mathfrak{Y}_1 + C_{33} \mathfrak{X}_1 \mathfrak{Y}_2 = 0$;

oder

$$\begin{vmatrix} \mathfrak{X}_2 \mathfrak{Y}_3 & c_{12} & c_{13} \\ \mathfrak{X}_3 \mathfrak{Y}_1 & c_{22} & c_{23} \\ \mathfrak{X}_1 \mathfrak{Y}_2 & c_{23} & c_{33} \end{vmatrix} = 0; \quad \begin{vmatrix} c_{11} & \mathfrak{X}_2 \mathfrak{Y}_3 & c_{13} \\ c_{12} & \mathfrak{X}_3 \mathfrak{Y}_1 & c_{23} \\ c_{13} & \mathfrak{X}_1 \mathfrak{Y}_2 & c_{33} \end{vmatrix} = 0; \quad \begin{vmatrix} c_{11} & c_{12} & \mathfrak{X}_2 \mathfrak{Y}_3 \\ c_{12} & c_{22} & \mathfrak{X}_3 \mathfrak{Y}_1 \\ c_{13} & c_{23} & \mathfrak{X}_1 \mathfrak{Y}_2 \end{vmatrix} = 0;$$

und zugleich, in gewöhnlicher oder Determinanten-Form

$$(\mathfrak{y}_2 - \mathfrak{y}_3)[C_{11}(\mathfrak{y}_2 - \mathfrak{y}_3) + C_{12}(\mathfrak{y}_3 - \mathfrak{y}_1) + C_{13}(\mathfrak{y}_1 - \mathfrak{y}_2)]$$
$$+ (\mathfrak{y}_3 - \mathfrak{y}_1)[C_{12}(\mathfrak{y}_2 - \mathfrak{y}_3) + C_{22}(\mathfrak{y}_3 - \mathfrak{y}_1) + C_{23}(\mathfrak{y}_1 - \mathfrak{y}_2)]$$
$$+ (\mathfrak{y}_1 - \mathfrak{y}_2)[C_{13}(\mathfrak{y}_2 - \mathfrak{y}_3) + C_{23}(\mathfrak{y}_3 - \mathfrak{y}_1) + C_{33}(\mathfrak{y}_1 - \mathfrak{y}_2)] \gtreqless 0;$$

$$(\mathfrak{x}_2 - \mathfrak{x}_3)[C_{11}(\mathfrak{x}_2 - \mathfrak{x}_3) + C_{12}(\mathfrak{x}_3 - \mathfrak{x}_1) + C_{13}(\mathfrak{x}_1 - \mathfrak{x}_2)]$$
$$+ (\mathfrak{x}_3 - \mathfrak{x}_1)[C_{12}(\mathfrak{x}_2 - \mathfrak{x}_3) + C_{22}(\mathfrak{x}_3 - \mathfrak{x}_1) + C_{23}(\mathfrak{x}_1 - \mathfrak{x}_2)]$$
$$+ (\mathfrak{x}_1 - \mathfrak{x}_2)[C_{13}(\mathfrak{x}_2 - \mathfrak{x}_3) + C_{23}(\mathfrak{x}_3 - \mathfrak{x}_1) + C_{33}(\mathfrak{x}_1 - \mathfrak{x}_2)] \gtreqless 0;$$

$$(\mathfrak{y}_2-\mathfrak{y}_3)\begin{vmatrix} \mathfrak{y}_2-\mathfrak{y}_3 & c_{12} & c_{13} \\ \mathfrak{y}_3-\mathfrak{y}_1 & c_{22} & c_{23} \\ \mathfrak{y}_1-\mathfrak{y}_2 & c_{23} & c_{33} \end{vmatrix} + (\mathfrak{y}_3-\mathfrak{y}_1)\begin{vmatrix} c_{11} & \mathfrak{y}_2-\mathfrak{y}_3 & c_{13} \\ c_{12} & \mathfrak{y}_3-\mathfrak{y}_1 & c_{23} \\ c_{13} & \mathfrak{y}_1-\mathfrak{y}_2 & c_{33} \end{vmatrix} + (\mathfrak{y}_1-\mathfrak{y}_2)\begin{vmatrix} c_{11} & c_{12} & \mathfrak{y}_2-\mathfrak{y}_3 \\ c_{12} & c_{22} & \mathfrak{y}_3-\mathfrak{y}_1 \\ c_{13} & c_{23} & \mathfrak{y}_1-\mathfrak{y}_2 \end{vmatrix} \gtreqless 0$$

$$(\mathfrak{x}_2-\mathfrak{x}_3)\begin{vmatrix} \mathfrak{x}_2-\mathfrak{x}_3 & c_{12} & c_{13} \\ \mathfrak{x}_3-\mathfrak{x}_1 & c_{22} & c_{23} \\ \mathfrak{x}_1-\mathfrak{x}_2 & c_{23} & c_{33} \end{vmatrix} + (\mathfrak{x}_3-\mathfrak{x}_1)\begin{vmatrix} c_{11} & \mathfrak{x}_2-\mathfrak{x}_3 & c_{13} \\ c_{12} & \mathfrak{x}_3-\mathfrak{x}_1 & c_{23} \\ c_{13} & \mathfrak{x}_1-\mathfrak{x}_2 & c_{33} \end{vmatrix} + (\mathfrak{x}_1-\mathfrak{x}_2)\begin{vmatrix} c_{11} & c_{12} & \mathfrak{x}_2-\mathfrak{x}_3 \\ c_{12} & c_{22} & \mathfrak{x}_3-\mathfrak{x}_1 \\ c_{13} & c_{23} & \mathfrak{x}_1-\mathfrak{x}_2 \end{vmatrix} \gtreqless 0;$$

zwei reelle parallele Gerade.

c. $C_{11} = C_{12} = C_{13} = C_{22} = C_{23} = C_{33} = 0;$

zwei reelle zusammenfallende Gerade.

d. $\mathfrak{X}_2\mathfrak{Y}_3[C_{11}\mathfrak{X}_2\mathfrak{Y}_3 + C_{12}\mathfrak{X}_3\mathfrak{Y}_1 + C_{13}\mathfrak{X}_1\mathfrak{Y}_2] + \mathfrak{X}_3\mathfrak{Y}_1[C_{12}\mathfrak{X}_2\mathfrak{Y}_3 + C_{22}\mathfrak{X}_3\mathfrak{Y}_1 + C_{23}\mathfrak{X}_1\mathfrak{Y}_2]$
$\qquad + \mathfrak{X}_1\mathfrak{Y}_2[C_{13}\mathfrak{X}_2\mathfrak{Y}_3 + C_{23}\mathfrak{X}_3\mathfrak{Y}_1 + C_{33}\mathfrak{X}_1\mathfrak{Y}_2] > 0;$

oder

$$\mathfrak{X}_2\mathfrak{Y}_3\begin{vmatrix} \mathfrak{X}_2\mathfrak{Y}_3 & c_{12} & c_{13} \\ \mathfrak{X}_3\mathfrak{Y}_1 & c_{22} & c_{23} \\ \mathfrak{X}_1\mathfrak{Y}_2 & c_{23} & c_{33} \end{vmatrix} + \mathfrak{X}_3\mathfrak{Y}_1\begin{vmatrix} c_{11} & \mathfrak{X}_2\mathfrak{Y}_3 & c_{13} \\ c_{12} & \mathfrak{X}_3\mathfrak{Y}_1 & c_{23} \\ c_{13} & \mathfrak{X}_1\mathfrak{Y}_2 & c_{33} \end{vmatrix} + \mathfrak{X}_1\mathfrak{Y}_2\begin{vmatrix} c_{11} & c_{12} & \mathfrak{X}_2\mathfrak{Y}_3 \\ c_{12} & c_{22} & \mathfrak{X}_3\mathfrak{Y}_1 \\ c_{13} & c_{23} & \mathfrak{X}_1\mathfrak{Y}_2 \end{vmatrix} > 0;$$

zwei imaginäre, sich in einem reellen Punkte schneidende Gerade.

$$2. \quad C = \begin{vmatrix} c_{11} & c_{12} & c_{13} \\ c_{12} & c_{22} & c_{23} \\ c_{13} & c_{23} & c_{33} \end{vmatrix} \gtreqless 0;$$

a. $\mathfrak{X}_2\mathfrak{Y}_3[C_{11}\mathfrak{X}_2\mathfrak{Y}_3 + C_{12}\mathfrak{X}_3\mathfrak{Y}_1 + C_{13}\mathfrak{X}_1\mathfrak{Y}_2] + \mathfrak{X}_3\mathfrak{Y}_1[C_{12}\mathfrak{X}_2\mathfrak{Y}_3 + C_{22}\mathfrak{X}_3\mathfrak{Y}_1 + C_{23}\mathfrak{X}_1\mathfrak{Y}_2]$
$\qquad + \mathfrak{X}_1\mathfrak{Y}_2[C_{13}\mathfrak{X}_2\mathfrak{Y}_3 + C_{23}\mathfrak{X}_3\mathfrak{Y}_1 + C_{33}\mathfrak{X}_1\mathfrak{Y}_2] < 0;$

oder

$$\mathfrak{X}_2\mathfrak{Y}_3\begin{vmatrix} \mathfrak{X}_2\mathfrak{Y}_3 & c_{12} & c_{13} \\ \mathfrak{X}_3\mathfrak{Y}_1 & c_{22} & c_{23} \\ \mathfrak{X}_1\mathfrak{Y}_2 & c_{23} & c_{33} \end{vmatrix} + \mathfrak{X}_3\mathfrak{Y}_1\begin{vmatrix} c_{11} & \mathfrak{X}_2\mathfrak{Y}_3 & c_{13} \\ c_{12} & \mathfrak{X}_3\mathfrak{Y}_1 & c_{23} \\ c_{13} & \mathfrak{X}_1\mathfrak{Y}_2 & c_{33} \end{vmatrix} + \mathfrak{X}_1\mathfrak{Y}_2\begin{vmatrix} c_{11} & c_{12} & \mathfrak{X}_2\mathfrak{Y}_3 \\ c_{12} & c_{22} & \mathfrak{X}_3\mathfrak{Y}_1 \\ c_{13} & c_{23} & \mathfrak{X}_1\mathfrak{Y}_2 \end{vmatrix} < 0;$$

eine Hyperbel.

$b.\ \mathfrak{X}_2\mathfrak{Y}_3[C_{11}\mathfrak{X}_2\mathfrak{Y}_3+C_{12}\mathfrak{X}_3\mathfrak{Y}_1+C_{13}\mathfrak{X}_1\mathfrak{Y}_2]+\mathfrak{X}_3\mathfrak{Y}_1[C_{12}\mathfrak{X}_2\mathfrak{Y}_3+C_{22}\mathfrak{X}_3\mathfrak{Y}_1+C_{23}\mathfrak{X}_1\mathfrak{Y}_2]$
$\qquad +\mathfrak{X}_1\mathfrak{Y}_2[C_{13}\mathfrak{X}_2\mathfrak{Y}_3+C_{23}\mathfrak{X}_3\mathfrak{Y}_1+C_{33}\mathfrak{X}_1\mathfrak{Y}_2]=0;$
  oder

$$\mathfrak{X}_2\mathfrak{Y}_3\begin{vmatrix}\mathfrak{X}_2\mathfrak{Y}_3 & c_{12} & c_{13}\\ \mathfrak{X}_3\mathfrak{Y}_1 & c_{22} & c_{23}\\ \mathfrak{X}_1\mathfrak{Y}_2 & c_{23} & c_{33}\end{vmatrix} + \mathfrak{X}_3\mathfrak{Y}_1\begin{vmatrix}c_{11} & \mathfrak{X}_2\mathfrak{Y}_3 & c_{13}\\ c_{12} & \mathfrak{X}_3\mathfrak{Y}_1 & c_{23}\\ c_{13} & \mathfrak{X}_1\mathfrak{Y}_2 & c_{33}\end{vmatrix} + \mathfrak{X}_1\mathfrak{Y}_2\begin{vmatrix}c_{11} & c_{12} & \mathfrak{X}_2\mathfrak{Y}_3\\ c_{12} & c_{22} & \mathfrak{X}_3\mathfrak{Y}_1\\ c_{13} & c_{23} & \mathfrak{X}_1\mathfrak{Y}_2\end{vmatrix} = 0;$$

  eine Parabel.

$c.\ \mathfrak{X}_2\mathfrak{Y}_3[C_{11}\mathfrak{X}_2\mathfrak{Y}_3+C_{12}\mathfrak{X}_3\mathfrak{Y}_1+C_{13}\mathfrak{X}_1\mathfrak{Y}_2]+\mathfrak{X}_3\mathfrak{Y}_1[C_{12}\mathfrak{X}_2\mathfrak{Y}_3+C_{22}\mathfrak{X}_3\mathfrak{Y}_1+C_{23}\mathfrak{X}_1\mathfrak{Y}_2]$
$\qquad +\mathfrak{X}_1\mathfrak{Y}_2[C_{13}\mathfrak{X}_2\mathfrak{Y}_3+C_{23}\mathfrak{X}_3\mathfrak{Y}_1+C_{33}\mathfrak{X}_1\mathfrak{Y}_2]>0;$
  oder

$$\mathfrak{X}_2\mathfrak{Y}_3\begin{vmatrix}\mathfrak{X}_2\mathfrak{Y}_3 & c_{12} & c_{13}\\ \mathfrak{X}_3\mathfrak{Y}_1 & c_{22} & c_{23}\\ \mathfrak{X}_1\mathfrak{Y}_2 & c_{23} & c_{33}\end{vmatrix} + \mathfrak{X}_3\mathfrak{Y}_1\begin{vmatrix}c_{11} & \mathfrak{X}_2\mathfrak{Y}_3 & c_{13}\\ c_{12} & \mathfrak{X}_3\mathfrak{Y}_1 & c_{23}\\ c_{13} & \mathfrak{X}_1\mathfrak{Y}_2 & c_{33}\end{vmatrix} + \mathfrak{X}_1\mathfrak{Y}_2\begin{vmatrix}c_{11} & c_{12} & \mathfrak{X}_2\mathfrak{Y}_3\\ c_{12} & c_{22} & \mathfrak{X}_3\mathfrak{Y}_1\\ c_{13} & c_{23} & \mathfrak{X}_1\mathfrak{Y}_2\end{vmatrix} > 0;$$

  und zugleich

$C\cdot[c_{11}\mathfrak{y}_1^2 + 2c_{12}\mathfrak{y}_1\mathfrak{y}_2 + 2c_{13}\mathfrak{y}_1\mathfrak{y}_3 + c_{22}\mathfrak{y}_2^2 + 2c_{23}\mathfrak{y}_2\mathfrak{y}_3 + c_{33}\mathfrak{y}_3^2] < 0;$
$C\cdot[c_{11}\mathfrak{x}_1^2 + 2c_{12}\mathfrak{x}_1\mathfrak{x}_2 + 2c_{13}\mathfrak{x}_1\mathfrak{x}_3 + c_{22}\mathfrak{x}_2^2 + 2c_{23}\mathfrak{x}_2\mathfrak{x}_3 + c_{33}\mathfrak{x}_3^2] < 0;$
  oder

$$\mathfrak{y}_1\begin{vmatrix}\mathfrak{y}_1 & C_{12} & C_{13}\\ \mathfrak{y}_2 & C_{22} & C_{23}\\ \mathfrak{y}_3 & C_{23} & C_{33}\end{vmatrix} + \mathfrak{y}_2\begin{vmatrix}C_{11} & \mathfrak{y}_1 & C_{13}\\ C_{12} & \mathfrak{y}_2 & C_{23}\\ C_{13} & \mathfrak{y}_3 & C_{33}\end{vmatrix} + \mathfrak{y}_3\begin{vmatrix}C_{11} & C_{12} & \mathfrak{y}_1\\ C_{12} & C_{22} & \mathfrak{y}_2\\ C_{13} & C_{23} & \mathfrak{y}_3\end{vmatrix} < 0;$$

$$\mathfrak{x}_1\begin{vmatrix}\mathfrak{x}_1 & C_{12} & C_{13}\\ \mathfrak{x}_2 & C_{22} & C_{23}\\ \mathfrak{x}_3 & C_{23} & C_{33}\end{vmatrix} + \mathfrak{x}_2\begin{vmatrix}C_{11} & \mathfrak{x}_1 & C_{13}\\ C_{12} & \mathfrak{x}_2 & C_{23}\\ C_{13} & \mathfrak{x}_3 & C_{33}\end{vmatrix} + \mathfrak{x}_3\begin{vmatrix}C_{11} & C_{12} & \mathfrak{x}_1\\ C_{12} & C_{22} & \mathfrak{x}_2\\ C_{13} & C_{23} & \mathfrak{x}_3\end{vmatrix} < 0;$$

  eine Ellipse.

$d.\ \mathfrak{X}_2\mathfrak{Y}_3[C_{11}\mathfrak{X}_2\mathfrak{Y}_3+C_{12}\mathfrak{X}_3\mathfrak{Y}_1+C_{13}\mathfrak{X}_1\mathfrak{Y}_2]+\mathfrak{X}_3\mathfrak{Y}_1[C_{12}\mathfrak{X}_2\mathfrak{Y}_3+C_{22}\mathfrak{X}_3\mathfrak{Y}_1+C_{23}\mathfrak{X}_1\mathfrak{Y}_2]$
$\qquad +\mathfrak{X}_1\mathfrak{Y}_2[C_{13}\mathfrak{X}_2\mathfrak{Y}_3+C_{23}\mathfrak{X}_3\mathfrak{Y}_1+C_{33}\mathfrak{X}_1\mathfrak{Y}_2]>0;$
  oder

$$\mathfrak{X}_2\mathfrak{Y}_3\begin{vmatrix}\mathfrak{X}_2\mathfrak{Y}_3 & c_{12} & c_{13}\\ \mathfrak{X}_3\mathfrak{Y}_1 & c_{22} & c_{23}\\ \mathfrak{X}_1\mathfrak{Y}_2 & c_{23} & c_{33}\end{vmatrix} + \mathfrak{X}_3\mathfrak{Y}_1\begin{vmatrix}c_{11} & \mathfrak{X}_2\mathfrak{Y}_3 & c_{13}\\ c_{12} & \mathfrak{X}_3\mathfrak{Y}_1 & c_{23}\\ c_{13} & \mathfrak{X}_1\mathfrak{Y}_2 & c_{33}\end{vmatrix} + \mathfrak{X}_1\mathfrak{Y}_2\begin{vmatrix}c_{11} & c_{12} & \mathfrak{X}_2\mathfrak{Y}_3\\ c_{12} & c_{22} & \mathfrak{X}_3\mathfrak{Y}_1\\ c_{13} & c_{23} & \mathfrak{X}_1\mathfrak{Y}_2\end{vmatrix} > 0;$$

  und zugleich

$C\cdot[c_{11}\mathfrak{y}_1^2 + 2c_{12}\mathfrak{y}_1\mathfrak{y}_2 + 2c_{13}\mathfrak{y}_1\mathfrak{y}_3 + c_{22}\mathfrak{y}_2^2 + 2c_{23}\mathfrak{y}_2\mathfrak{y}_3 + c_{33}\mathfrak{y}_3^2] > 0;$
$C\cdot[c_{11}\mathfrak{x}_1^2 + 2c_{12}\mathfrak{x}_1\mathfrak{x}_2 + 2c_{13}\mathfrak{x}_1\mathfrak{x}_3 + c_{22}\mathfrak{x}_2^2 + 2c_{23}\mathfrak{x}_2\mathfrak{x}_3 + c_{33}\mathfrak{x}_3^2] > 0;$
  oder

Art. 49.]   — 179 —

$$\mathfrak{y}_1 \begin{vmatrix} \mathfrak{y}_1 & C_{12} & C_{13} \\ \mathfrak{y}_2 & C_{22} & C_{23} \\ \mathfrak{y}_3 & C_{23} & C_{33} \end{vmatrix} + \mathfrak{y}_2 \begin{vmatrix} C_{11} & \mathfrak{y}_1 & C_{13} \\ C_{12} & \mathfrak{y}_2 & C_{23} \\ C_{13} & \mathfrak{y}_3 & C_{33} \end{vmatrix} + \mathfrak{y}_3 \begin{vmatrix} C_{11} & C_{12} & \mathfrak{y}_1 \\ C_{12} & C_{22} & \mathfrak{y}_2 \\ C_{13} & C_{23} & \mathfrak{y}_3 \end{vmatrix} > 0;$$

$$\mathfrak{x}_1 \begin{vmatrix} \mathfrak{x}_1 & C_{12} & C_{13} \\ \mathfrak{x}_2 & C_{22} & C_{23} \\ \mathfrak{x}_3 & C_{23} & C_{33} \end{vmatrix} + \mathfrak{x}_2 \begin{vmatrix} C_{11} & \mathfrak{x}_1 & C_{13} \\ C_{12} & \mathfrak{x}_2 & C_{23} \\ C_{13} & \mathfrak{x}_3 & C_{33} \end{vmatrix} + \mathfrak{x}_3 \begin{vmatrix} C_{11} & C_{12} & \mathfrak{x}_1 \\ C_{12} & C_{22} & \mathfrak{x}_2 \\ C_{13} & C_{23} & \mathfrak{x}_3 \end{vmatrix} > 0;$$

etwas Imaginäres.

I. b. $\mathfrak{f}(\mathfrak{z}_1, \mathfrak{z}_2, \mathfrak{z}_3) = c_{11}\mathfrak{z}_1^2 + 2c_{12}\mathfrak{z}_1\mathfrak{z}_2 + 2c_{13}\mathfrak{z}_1\mathfrak{z}_3 + c_{22}\mathfrak{z}_2^2 + 2c_{23}\mathfrak{z}_2\mathfrak{z}_3 + c_{33}\mathfrak{z}_3^2 = 0$

wenn   1. $\mathfrak{C} = \begin{vmatrix} c_{11} & c_{12} & c_{13} \\ c_{12} & c_{22} & c_{23} \\ c_{13} & c_{23} & c_{33} \end{vmatrix} = 0$

ist, und

a. $X_2 Y_3 [\mathfrak{C}_{11} X_2 Y_3 + \mathfrak{C}_{12} X_3 Y_1 + \mathfrak{C}_{13} X_1 Y_2] + X_3 Y_1 [\mathfrak{C}_{12} X_2 Y_3 + \mathfrak{C}_{22} X_3 Y_1 + \mathfrak{C}_{23} X_1 Y_2]$
$\qquad + X_1 Y_2 [\mathfrak{C}_{13} X_2 Y_3 + \mathfrak{C}_{23} X_3 Y_1 + \mathfrak{C}_{33} X_1 Y_2] < 0$

oder

$$X_2 Y_3 \begin{vmatrix} X_2 Y_3 & c_{12} & c_{13} \\ X_3 Y_1 & c_{22} & c_{23} \\ X_1 Y_2 & c_{23} & c_{33} \end{vmatrix} + X_3 Y_1 \begin{vmatrix} c_{11} & X_2 Y_3 & c_{13} \\ c_{12} & X_3 Y_1 & c_{23} \\ c_{13} & X_1 Y_2 & c_{33} \end{vmatrix} + X_1 Y_2 \begin{vmatrix} c_{11} & c_{12} & X_2 Y_3 \\ c_{12} & c_{22} & X_3 Y_1 \\ c_{13} & c_{23} & X_1 Y_2 \end{vmatrix} < 0$$

zwei reelle verschiedene Punkte.

b. $\mathfrak{C}_{11} X_2 Y_3 + \mathfrak{C}_{12} X_3 Y_1 + \mathfrak{C}_{13} X_1 Y_2 = 0;\ \mathfrak{C}_{12} X_2 Y_3 + \mathfrak{C}_{22} X_3 Y_1 + \mathfrak{C}_{23} X_1 Y_2 = 0;$
$\qquad\qquad\qquad \mathfrak{C}_{13} X_2 Y_3 + \mathfrak{C}_{23} X_3 Y_1 + \mathfrak{C}_{33} X_1 Y_2 = 0;$

$$\begin{vmatrix} X_2 Y_3 & c_{12} & c_{13} \\ X_3 Y_1 & c_{22} & c_{23} \\ X_1 Y_2 & c_{23} & c_{33} \end{vmatrix} = 0;\quad \begin{vmatrix} c_{11} & X_2 Y_3 & c_{13} \\ c_{12} & X_3 Y_1 & c_{23} \\ c_{13} & X_1 Y_2 & c_{33} \end{vmatrix} = 0;\quad \begin{vmatrix} c_{11} & c_{12} & X_2 Y_3 \\ c_{12} & c_{22} & X_3 Y_1 \\ c_{13} & c_{23} & X_1 Y_2 \end{vmatrix} = 0;$$

und zugleich

$(y_2 - y_3)[\mathfrak{C}_{11}(y_2 - y_3) + \mathfrak{C}_{12}(y_3 - y_1) + \mathfrak{C}_{13}(y_1 - y_2)]$
$+ (y_3 - y_1)[\mathfrak{C}_{12}(y_2 - y_3) + \mathfrak{C}_{22}(y_3 - y_1) + \mathfrak{C}_{23}(y_1 - y_2)]$
$+ (y_1 - y_2)[\mathfrak{C}_{13}(y_2 - y_3) + \mathfrak{C}_{23}(y_3 - y_1) + \mathfrak{C}_{33}(y_1 - y_2)] \gtreqless 0;$

$(x_2 - x_3)[\mathfrak{C}_{11}(x_2 - x_3) + \mathfrak{C}_{12}(x_3 - x_1) + \mathfrak{C}_{13}(x_1 - x_2)]$
$+ (x_3 - x_1)[\mathfrak{C}_{12}(x_2 - x_3) + \mathfrak{C}_{22}(x_3 - x_1) + \mathfrak{C}_{23}(x_1 - x_2)]$
$+ (x_1 - x_2)[\mathfrak{C}_{13}(x_2 - x_3) + \mathfrak{C}_{23}(x_3 - x_1) + \mathfrak{C}_{33}(x_1 - x_2)] \gtreqless 0;$

oder

$$(y_2 - y_3) \begin{vmatrix} y_2 - y_3 & c_{12} & c_{13} \\ y_3 - y_1 & c_{22} & c_{23} \\ y_1 - y_2 & c_{23} & c_{33} \end{vmatrix} + (y_3 - y_1) \begin{vmatrix} c_{11} & y_2 - y_3 & c_{13} \\ c_{12} & y_3 - y_1 & c_{23} \\ c_{13} & y_1 - y_2 & c_{33} \end{vmatrix} + (y_1 - y_2) \begin{vmatrix} c_{11} & c_{12} & y_2 - y_3 \\ c_{12} & c_{22} & y_3 - y_1 \\ c_{13} & c_{23} & y_1 - y_2 \end{vmatrix} \gtreqless 0;$$

$$(x_2-x_3)\begin{vmatrix} x_2-x_3 & c_{12} & c_{13} \\ x_3-x_1 & c_{22} & c_{23} \\ x_1-x_2 & c_{23} & c_{33} \end{vmatrix} + (x_3-x_1)\begin{vmatrix} c_{11} & x_2-x_3 & c_{13} \\ c_{12} & x_3-x_1 & c_{23} \\ c_{13} & x_1-x_2 & c_{33} \end{vmatrix} + (x_1-x_2)\begin{vmatrix} c_{11} & c_{12} & x_2-x_3 \\ c_{12} & c_{13} & x_3-x_1 \\ c_{13} & c_{23} & x_1-x_2 \end{vmatrix} \gtreqless 0;$$

zwei reelle Punkte auf einer durch O gehenden Geraden.

c. $\mathfrak{C}_{11} = \mathfrak{C}_{12} = \mathfrak{C}_{13} = \mathfrak{C}_{22} = \mathfrak{C}_{23} = \mathfrak{C}_{33} = 0;$

zwei reelle zusammenfallende Punkte.

d. $X_2Y_3[\mathfrak{C}_{11}X_2Y_3 + \mathfrak{C}_{12}X_3Y_1 + \mathfrak{C}_{13}X_1Y_2] + X_3Y_1[\mathfrak{C}_{12}X_2Y_3 + \mathfrak{C}_{22}X_3Y_1 + \mathfrak{C}_{23}X_1Y_2]$
$\qquad + X_1Y_2[\mathfrak{C}_{13}X_2Y_3 + \mathfrak{C}_{23}X_3Y_1 + \mathfrak{C}_{33}X_1Y_2] > 0;$

oder

$$X_2Y_3\begin{vmatrix} X_2Y_3 & c_{12} & c_{13} \\ X_3Y_1 & c_{22} & c_{23} \\ X_1Y_2 & c_{23} & c_{33} \end{vmatrix} + X_3Y_1\begin{vmatrix} c_{11} & X_2Y_3 & c_{13} \\ c_{12} & X_3X_1 & c_{23} \\ c_{13} & X_1Y_2 & c_{33} \end{vmatrix} + X_1Y_2\begin{vmatrix} c_{11} & c_{12} & X_2Y_3 \\ c_{12} & c_{22} & X_3Y_1 \\ c_{13} & c_{23} & X_1Y_2 \end{vmatrix} > 0$$

zwei imaginäre auf einer reellen Geraden liegende Punkte.

2. $\mathfrak{C} = \begin{vmatrix} c_{11} & c_{12} & c_{13} \\ c_{12} & c_{22} & c_{23} \\ c_{13} & c_{23} & c_{33} \end{vmatrix} \gtreqless 0;$

a. $\mathfrak{C} \cdot [c_{11} + 2c_{12} + 2c_{13} + c_{22} + 2c_{23} + c_{33}] < 0;$

oder

$$\begin{vmatrix} 1 & \mathfrak{C}_{12} & \mathfrak{C}_{13} \\ 1 & \mathfrak{C}_{22} & \mathfrak{C}_{23} \\ 1 & \mathfrak{C}_{23} & \mathfrak{C}_{33} \end{vmatrix} + \begin{vmatrix} \mathfrak{C}_{11} & 1 & \mathfrak{C}_{13} \\ \mathfrak{C}_{12} & 1 & \mathfrak{C}_{23} \\ \mathfrak{C}_{13} & 1 & \mathfrak{C}_{33} \end{vmatrix} + \begin{vmatrix} \mathfrak{C}_{11} & \mathfrak{C}_{12} & 1 \\ \mathfrak{C}_{12} & \mathfrak{C}_{22} & 1 \\ \mathfrak{C}_{13} & \mathfrak{C}_{23} & 1 \end{vmatrix} < 0;$$

eine Hyperbel.

b. $\mathfrak{C} \cdot [c_{11} + 2c_{12} + 2c_{13} + c_{22} + 2c_{23} + c_{33}] = 0;$
also $c_{11} + 2c_{12} + 2c_{13} + c_{22} + 2c_{23} + c_{33} = 0;$

oder

$$\begin{vmatrix} 1 & \mathfrak{C}_{12} & \mathfrak{C}_{13} \\ 1 & \mathfrak{C}_{22} & \mathfrak{C}_{23} \\ 1 & \mathfrak{C}_{23} & \mathfrak{C}_{33} \end{vmatrix} + \begin{vmatrix} \mathfrak{C}_{11} & 1 & \mathfrak{C}_{13} \\ \mathfrak{C}_{12} & 1 & \mathfrak{C}_{23} \\ \mathfrak{C}_{13} & 1 & \mathfrak{C}_{33} \end{vmatrix} + \begin{vmatrix} \mathfrak{C}_{11} & \mathfrak{C}_{12} & 1 \\ \mathfrak{C}_{12} & \mathfrak{C}_{22} & 1 \\ \mathfrak{C}_{13} & \mathfrak{C}_{23} & 1 \end{vmatrix} = 0;$$

eine Parabel.

c. $\mathfrak{C} \cdot [c_{11} + 2c_{12} + 2c_{13} + c_{22} + 2c_{23} + c_{33}] > 0;$

oder

$$\begin{vmatrix} 1 & \mathfrak{C}_{12} & \mathfrak{C}_{13} \\ 1 & \mathfrak{C}_{22} & \mathfrak{C}_{23} \\ 1 & \mathfrak{C}_{23} & \mathfrak{C}_{33} \end{vmatrix} + \begin{vmatrix} \mathfrak{C}_{11} & 1 & \mathfrak{C}_{13} \\ \mathfrak{C}_{12} & 1 & \mathfrak{C}_{23} \\ \mathfrak{C}_{13} & 1 & \mathfrak{C}_{33} \end{vmatrix} + \begin{vmatrix} \mathfrak{C}_{11} & \mathfrak{C}_{12} & 1 \\ \mathfrak{C}_{12} & \mathfrak{C}_{22} & 1 \\ \mathfrak{C}_{13} & \mathfrak{C}_{23} & 1 \end{vmatrix} > 0;$$

und zugleich

Art. 49.] — 181 —

$$(y_2 - y_3)[\mathfrak{C}_{11}(y_2 - y_3) + \mathfrak{C}_{12}(y_3 - y_1) + \mathfrak{C}_{13}(y_1 - y_2)]$$
$$+ (y_3 - y_1)[\mathfrak{C}_{12}(y_2 - y_3) + \mathfrak{C}_{22}(y_3 - y_1) + \mathfrak{C}_{23}(y_1 - y_2)]$$
$$+ (y_1 - y_2)[\mathfrak{C}_{13}(y_2 - y_3) + \mathfrak{C}_{23}(y_3 - y_1) + \mathfrak{C}_{33}(y_1 - y_2)] < 0;$$
$$(x_2 - x_3)[\mathfrak{C}_{11}(x_2 - x_3) + \mathfrak{C}_{12}(x_3 - x_1) + \mathfrak{C}_{13}(x_1 - x_2)]$$
$$+ (x_3 - x_1)[\mathfrak{C}_{12}(x_2 - x_3) + \mathfrak{C}_{22}(x_3 - x_1) + \mathfrak{C}_{23}(x_1 - x_2)]$$
$$+ (x_1 - x_2)[\mathfrak{C}_{13}(x_2 - x_3) + \mathfrak{C}_{23}(x_3 - x_1) + \mathfrak{C}_{33}(x_1 - x_2)] < 0;$$

oder

$$(y_2 - y_3)\begin{vmatrix} y_2 - y_3 & c_{12} & c_{13} \\ y_3 - y_1 & c_{22} & c_{23} \\ y_1 - y_2 & c_{23} & c_{33} \end{vmatrix} + (y_3 - y_1)\begin{vmatrix} c_{11} & y_2 - y_3 & c_{13} \\ c_{12} & y_3 - y_1 & c_{23} \\ c_{13} & y_1 - y_2 & c_{33} \end{vmatrix} + (y_1 - y_2)\begin{vmatrix} c_{11} & c_{12} & y_2 - y_3 \\ c_{12} & c_{22} & y_3 - y_1 \\ c_{13} & c_{23} & y_1 - y_2 \end{vmatrix} < 0;$$

$$(x_2 - x_3)\begin{vmatrix} x_2 - x_3 & c_{12} & c_{13} \\ x_3 - x_1 & c_{22} & c_{23} \\ x_1 - x_2 & c_{23} & c_{33} \end{vmatrix} + (x_3 - x_1)\begin{vmatrix} c_{11} & x_2 - x_3 & c_{13} \\ c_{12} & x_3 - x_1 & c_{23} \\ c_{13} & x_1 - x_2 & c_{33} \end{vmatrix} + (x_1 - x_2)\begin{vmatrix} c_{11} & c_{12} & x_2 - x_3 \\ c_{12} & c_{22} & x_3 - x_1 \\ c_{13} & c_{23} & x_1 - x_2 \end{vmatrix} < 0;$$

eine Ellipse.

d. $\mathfrak{C} \cdot [c_{11} + 2c_{12} + 2c_{13} + c_{22} + 2c_{23} + c_{33}] > 0;$

oder

$$\begin{vmatrix} 1 & \mathfrak{C}_{12} & \mathfrak{C}_{13} \\ 1 & \mathfrak{C}_{22} & \mathfrak{C}_{23} \\ 1 & \mathfrak{C}_{23} & \mathfrak{C}_{33} \end{vmatrix} + \begin{vmatrix} \mathfrak{C}_{11} & 1 & \mathfrak{C}_{13} \\ \mathfrak{C}_{12} & 1 & \mathfrak{C}_{23} \\ \mathfrak{C}_{13} & 1 & \mathfrak{C}_{33} \end{vmatrix} + \begin{vmatrix} \mathfrak{C}_{11} & \mathfrak{C}_{12} & 1 \\ \mathfrak{C}_{12} & \mathfrak{C}_{22} & 1 \\ \mathfrak{C}_{13} & \mathfrak{C}_{23} & 1 \end{vmatrix} > 0;$$

und zugleich

$$(y_2 - y_3)[\mathfrak{C}_{11}(y_2 - y_3) + \mathfrak{C}_{12}(y_3 - y_1) + \mathfrak{C}_{13}(y_1 - y_2)]$$
$$+ (y_3 - y_1)[\mathfrak{C}_{12}(y_2 - y_3) + \mathfrak{C}_{22}(y_3 - y_1) + \mathfrak{C}_{23}(y_1 - y_2)]$$
$$+ (y_1 - y_2)[\mathfrak{C}_{13}(y_2 - y_3) + \mathfrak{C}_{23}(y_3 - y_1) + \mathfrak{C}_{33}(y_1 - y_2)] > 0;$$
$$(x_2 - x_3)[\mathfrak{C}_{11}(x_2 - x_3) + \mathfrak{C}_{12}(x_3 - x_1) + \mathfrak{C}_{13}(x_1 - x_2)]$$
$$+ (x_3 - x_1)[\mathfrak{C}_{12}(x_2 - x_3) + \mathfrak{C}_{22}(x_3 - x_1) + \mathfrak{C}_{23}(x_1 - x_2)]$$
$$+ (x_1 - x_2)[\mathfrak{C}_{13}(x_2 - x_3) + \mathfrak{C}_{23}(x_3 - x_1) + \mathfrak{C}_{33}(x_1 - x_2)] > 0;$$

oder

$$(y_2 - y_3)\begin{vmatrix} y_2 - y_3 & c_{12} & c_{13} \\ y_3 - y_1 & c_{22} & c_{23} \\ y_1 - y_2 & c_{23} & c_{33} \end{vmatrix} + (y_3 - y_1)\begin{vmatrix} c_{11} & y_2 - y_3 & c_{13} \\ c_{12} & y_3 - y_1 & c_{23} \\ c_{13} & y_1 - y_2 & c_{33} \end{vmatrix} + (y_1 - y_2)\begin{vmatrix} c_{11} & c_{12} & y_2 - y_3 \\ c_{12} & c_{22} & y_3 - y_1 \\ c_{13} & c_{23} & y_1 - y_2 \end{vmatrix} > 0;$$

$$(x_2 - x_3)\begin{vmatrix} x_2 - x_3 & c_{12} & c_{13} \\ x_3 - x_1 & c_{22} & c_{23} \\ x_1 - x_2 & c_{23} & c_{33} \end{vmatrix} + (x_3 - x_1)\begin{vmatrix} c_{11} & x_2 - x_3 & c_{13} \\ c_{12} & x_3 - x_1 & c_{23} \\ c_{13} & x_1 - x_2 & c_{33} \end{vmatrix} + (y_1 - y_2)\begin{vmatrix} c_{11} & c_{12} & x_2 - x_3 \\ c_{12} & c_{22} & x_3 - x_1 \\ c_{13} & c_{23} & x_1 - x_2 \end{vmatrix} > 0;$$

etwas Imaginäres.

Man sieht also aus dem Fall I. b. 2. b., dass bei der Gleichung $\mathfrak{f}(\mathfrak{z}_1, \mathfrak{z}_2, \mathfrak{z}_3) = 0$ die Gleichung

$$\mathfrak{c}_{11} + 2\mathfrak{c}_{12} + 2\mathfrak{c}_{13} + \mathfrak{c}_{22} + 2\mathfrak{c}_{23} + \mathfrak{c}_{33} = 0$$

das Kennzeichen der Parabel ist. Hingegen bei der Gleichung $f(z_1, z_2, z_3) = 0$ ist die Gleichung

$$c_{11} + 2c_{12} + 2c_{13} + c_{22} + 2c_{23} + c_{33} = 0$$

nur ein Zeichen, dass die Curve durch den Coordinaten-Anfangspunkt O geht. Denn die Curvengleichung $f(z_1, z_2, z_3) = 0$ wird dann durch die Coordinaten des Anfangspunktes O $z_1 = z_2 = z_3 = 1$, Art. 25, 2a) befriedigt. Hiemit stimmt auch überein, dass, wenn diese Gleichung $f(z_1, z_2, z_3) = 0$ in eine Gleichung $F(x, y) = 0$ transformirt wird, nach Art. 48, 1a) $a_{33} = 0$ wird, und also die Gleichung $F(x, y) = 0$ durch $x = 0, y = 0$ befriedigt wird.

Ferner überzeugt man sich sogleich, dass, wenn $C_{11} = C_{12} = C_{13} = C_{22} = C_{23} = C_{33} = 0$ ist (Fall I. a. 1. c), sich verhält

$$c_{11} : c_{12} : c_{13} = c_{12} : c_{22} : c_{23} = c_{13} : c_{23} : c_{33}.$$

Denn, schreibt man die dann aus Art. 43, 7a), 8a) sich ergebenden Gleichungen in Form von Proportionen

$$c_{23} : c_{22} = c_{33} : c_{23}; \qquad c_{12} : c_{23} = c_{13} : c_{33};$$
$$c_{11} : c_{13} = c_{13} : c_{33}; \qquad c_{11} : c_{12} = c_{13} : c_{23};$$
$$c_{11} : c_{12} = c_{12} : c_{22}; \qquad c_{12} : c_{13} = c_{22} : c_{23};$$

so folgt aus der dritten Proportion links und rechts sogleich

$$c_{11} : c_{12} : c_{13} = c_{12} : c_{22} : c_{23};$$

aus der zweiten Proportion rechts und links

$$c_{11} : c_{12} : c_{13} = c_{13} : c_{23} : c_{33};$$

aus der ersten Proportion rechts und links

$$c_{12} : c_{23} : c_{22} = c_{13} : c_{33} : c_{23} \text{ oder } c_{12} : c_{22} : c_{23} = c_{13} : c_{23} : c_{33};$$

mithin

$$c_{11} : c_{12} : c_{13} = c_{12} : c_{22} : c_{23} = c_{13} : c_{23} : c_{33}.$$

Ebenso verhält sich, wenn $\mathfrak{C}_{11} = \mathfrak{C}_{12} = \mathfrak{C}_{13} = \mathfrak{C}_{22} = \mathfrak{C}_{23} = \mathfrak{C}_{33} = 0$ ist (Fall I. b. 1. c)

$$\mathfrak{c}_{11} : \mathfrak{c}_{12} : \mathfrak{c}_{13} = \mathfrak{c}_{12} : \mathfrak{c}_{22} : \mathfrak{c}_{23} = \mathfrak{c}_{13} : \mathfrak{c}_{23} : \mathfrak{c}_{33}.$$

Art. 50.]

50. Soll eine Kegelschnittsgleichung von der Form $f(z_1, z_2, z_3) = 0$ in die Form $\mathfrak{f}(\mathfrak{z}_1, \mathfrak{z}_2, \mathfrak{z}_3) = 0$, und umgekehrt eine Gleichung von der Form $\mathfrak{f}(\mathfrak{z}_1, \mathfrak{z}_2, \mathfrak{z}_3) = 0$ in $f(z_1, z_2, z_3) = 0$ transformirt werden, so verfährt man folgendermassen:

Im ersten Falle sucht man zunächst die Coordinaten z_k des Durchschnittspunktes einer Geraden $\mathfrak{z}_k$ mit dem Kegelschnitt $f = 0$. Man hat für dieselben, da sie offenbar zugleich die Gleichung des Kegelschnitts und der Geraden, sowie die Bedingung Art. 23, 9a) erfüllen müssen, die drei Bestimmungs-Gleichungen:

nach Art. 42, 1a)

1) $c_{11} z_1^2 + 2 c_{12} z_1 z_2 + 2 c_{13} z_1 z_3 + c_{22} z_2^2 + 2 c_{23} z_2 z_3 + c_{33} z_3^2 = 0$;

nach Art. 30, 2a)

2) $g_1 r_1 \mathfrak{z}_1 z_1 + g_2 r_2 \mathfrak{z}_2 z_2 + g_3 r_3 \mathfrak{z}_3 z_3 = 0$;

nach Art. 23, 9a)

3) $g_1 r_1 z_1 + g_2 r_2 z_2 + g_3 r_3 z_3 = D$.

Drückt man aus 2) und 3) z_2 und z_3 durch z_1 aus, so dass man erhält

$$z_2 = \frac{g_1 r_1 (\mathfrak{z}_3 - \mathfrak{z}_1) z_1 - D \mathfrak{z}_3}{g_2 r_2 (\mathfrak{z}_2 - \mathfrak{z}_3)}; \quad z_3 = \frac{g_1 r_1 (\mathfrak{z}_1 - \mathfrak{z}_2) z_1 + D \mathfrak{z}_2}{g_3 r_3 (\mathfrak{z}_2 - \mathfrak{z}_3)},$$

und setzt diese Werthe in 1) ein, multiplicirt die so entstehende Gleichung mit $g_2^2 r_2^2 g_3^2 r_3^2 (\mathfrak{z}_2 - \mathfrak{z}_3)^2$ und ordnet nach Potenzen von z_1, so erhält man

$[(c_{22} g_3^2 r_3^2 - 2 c_{23} g_2 r_2 g_3 r_3 + c_{33} g_2^2 r_2^2) g_1^2 r_1^2 \mathfrak{z}_1^2$
$- 2 (c_{12} g_3^2 r_3^2 - c_{13} g_2 r_2 g_3 r_3 - c_{23} g_1 r_1 g_3 r_3 + c_{33} g_1 r_1 g_2 r_2) g_1 r_1 \mathfrak{z}_1 g_2 r_2 \mathfrak{z}_2$
$+ 2 (c_{12} g_2 r_2 g_3 r_3 - c_{13} g_2^2 r_2^2 - c_{22} g_1 r_1 g_3 r_3 + c_{23} g_1 r_1 g_2 r_2) g_1 r_1 \mathfrak{z}_1 g_3 r_3 \mathfrak{z}_3$
$+ (c_{11} g_3^2 r_3^2 - 2 c_{13} g_1 r_1 g_3 r_3 + c_{33} g_1^2 r_1^2) g_2^2 r_2^2 \mathfrak{z}_2^2$
$- 2 (c_{11} g_2 r_2 g_3 r_3 - c_{12} g_1 r_1 g_3 r_3 - c_{13} g_1 r_1 g_2 r_2 + c_{23} g_1^2 r_1^2) g_2 r_2 \mathfrak{z}_2 g_3 r_3 \mathfrak{z}_3$
$+ (c_{11} g_2^2 r_2^2 - 2 c_{12} g_1 r_1 g_2 r_2 + c_{22} g_1^2 r_1^2) g_3^2 r_3^2 \mathfrak{z}_3^2] z_1^2$
$- 2 [(c_{23} g_3 r_3 - c_{33} g_2 r_2) g_1 r_1 \mathfrak{z}_1 g_2 r_2 \mathfrak{z}_2 - (c_{22} g_3 r_3 - c_{23} g_2 r_2) g_1 r_1 \mathfrak{z}_1 g_3 r_3 \mathfrak{z}_3$
$- (c_{13} g_3 r_3 - c_{33} g_1 r_1) g_2^2 r_2^2 \mathfrak{z}_2^2$
$+ (c_{12} g_3 r_3 + c_{13} g_2 r_2 - 2 c_{23} g_1 r_1) g_2 r_2 \mathfrak{z}_2 g_3 r_3 \mathfrak{z}_3$
$- (c_{12} g_2 r_2 - c_{22} g_1 r_1) g_3^2 r_3^2 \mathfrak{z}_3^2] D z_1$
$+ [c_{33} g_2^2 r_2^2 \mathfrak{z}_2^2 - 2 c_{23} g_2 r_2 \mathfrak{z}_2 g_3 r_3 \mathfrak{z}_3 + c_{22} g_3^2 r_3^2 \mathfrak{z}_3^2] \cdot D^2 = 0$.

Man hat also eine Gleichung von der Form

$$A z_1^2 - 2 B \cdot D z_1 + C \cdot D^2 = 0,$$

aus welcher folgt

$$z_1 = D \cdot \frac{B \pm \sqrt{B^2 - AC}}{A}.$$

Soll nun die Gerade $\mathfrak{z}_k$ den Kegelschnitt berühren, und nicht schneiden, so darf es nur einen einzigen Punkt z_k geben, welchen sie mit ihm gemein hat, es muss also sein

$$B^2 - A \cdot C = 0.$$

Setzt man in diese Gleichung für A den Coefficienten von z_1^2, für B den von $D z_1$, für C den von D^2 ein, so erhält man die verlangte Gleichung in homogenen Linien-Coordinaten $\mathfrak{z}_1, \mathfrak{z}_2, \mathfrak{z}_3$. Man erhält auf diese Weise, wenn man nach Potenzen von $g_1 r_1 \mathfrak{z}_1, g_2 r_2 \mathfrak{z}_2, g_3 r_3 \mathfrak{z}_3$ ordnet

$$[c_{23}^2 - c_{22}c_{33}]g_3^2r_3^2 g_1^2r_1^2\mathfrak{z}_1^2 g_2^2r_2^2\mathfrak{z}_2^2 - 2[c_{23}^2 - c_{22}c_{33}]g_2 r_2 g_3 r_3 g_1^2 r_1^2 \mathfrak{z}_1^2 g_2 r_2 \mathfrak{z}_2 g_3 r_3 \mathfrak{z}_3$$
$$+ [c_{23}^2 - c_{22}c_{33}]g_2^2r_2^2 g_1^2r_1^2\mathfrak{z}_1^2 g_3^2r_3^2\mathfrak{z}_3^2$$
$$- 2[c_{13}c_{23} - c_{12}c_{33}]g_3^2 r_3^2 g_1 r_1 \mathfrak{z}_1 g_3^3 r_3^3 \mathfrak{z}_2^3 + 2 [2 (c_{13}c_{23} - c_{12}c_{33}) g_2 r_2 g_3 r_3$$
$$- (c_{32}c_{12} - c_{31}c_{22}) g_3^2 r_3^2] g_1 r_1 \mathfrak{z}_1 g_2^2 r_2^2 \mathfrak{z}_2^2 g_3 r_3 \mathfrak{z}_3 + [c_{31}^2 - c_{33}c_{11}]g_3^2 r_3^2 g_2^4 r_2^4 \mathfrak{z}_2^4$$
$$- 2[(c_{13}c_{23} - c_{12}c_{33}) g_2^2 r_2^2 - 2 (c_{32}c_{12} - c_{31}c_{22}) g_2 r_2 g_3 r_3] g_1 r_1 \mathfrak{z}_1 g_2 r_2 \mathfrak{z}_2 g_3^2 r_3^3 \mathfrak{z}_3^2$$
$$- 2 [(c_{31}^2 - c_{33}c_{11}) g_2 r_2 g_3 r_3 + (c_{21}c_{31} - c_{23}c_{11}) g_3^2 r_3^2] g_2^3 r_2^3 \mathfrak{z}_2^3 g_3 r_3 \mathfrak{z}_3$$
$$+ [(c_{31}^2 - c_{33}c_{11})g_2^2r_2^2 + 4(c_{21}c_{31} - c_{23}c_{11})g_2 r_2 g_3 r_3 + (c_{12}^2 - c_{11}c_{22})g_3^2 r_3^2]g_2^2 r_2^2 \mathfrak{z}_2^2 g_3^2 r_3^2 \mathfrak{z}_3^2$$
$$- 2 [c_{32}c_{12} - c_{31}c_{22}] g_2^2 r_2^2 g_1 r_1 \mathfrak{z}_1 g_3^3 r_3^3 \mathfrak{z}_3^3$$
$$- 2 [(c_{21}c_{31} - c_{23}c_{11}) g_2^2 r_2^2 + (c_{12}^2 - c_{11}c_{22}) g_2 r_2 g_3 r_3] g_2 r_2 \mathfrak{z}_2 g_3^3 r_3^3 \mathfrak{z}_3^3$$
$$+ [c_{12}^2 - c_{11}c_{22}] g_2^2 r_2^2 g_3^4 r_3^4 \mathfrak{z}_3^4 = 0.$$

Zieht man die Glieder zusammen, in welchen der Factor $g_1^2 r_1^2 \mathfrak{z}_1^2$, ebenso die, in welchen $g_1 r_1 \mathfrak{z}_1 g_2 r_2 \mathfrak{z}_2$, die in denen $g_1 r_1 \mathfrak{z}_1 g_3 r_3 \mathfrak{z}_3$ vorkommen etc., so sieht man, dass sich der Factor $-[g_3 r_3 \cdot g_2 r_2 \mathfrak{z}_2 - g_2 r_2 \cdot g_3 r_3 \mathfrak{z}_3]^2 = -g_2^2 r_2^2 g_3^2 r_3^2 [\mathfrak{z}_2 - \mathfrak{z}_3]^2$ absondern lässt, und erhält alsdann

$$-g_2^2 r_2^2 g_3^2 r_3^2 [\mathfrak{z}_2 - \mathfrak{z}_3]^2 [(c_{22}c_{33} - c_{23}^2)g_1^2 r_1^2 \mathfrak{z}_1^2 + 2(c_{13}c_{23} - c_{12}c_{33}) g_1 r_1 \mathfrak{z}_1 g_2 r_2 \mathfrak{z}_2$$
$$+ 2(c_{32}c_{12} - c_{31}c_{22}) g_1 r_1 \mathfrak{z}_1 g_3 r_3 \mathfrak{z}_3$$
$$+ (c_{33}c_{11} - c_{31}^2) g_2^2 r_2^2 \mathfrak{z}_2^2 + 2 (c_{21}c_{31} - c_{23}c_{11}) g_2 r_2 \mathfrak{z}_2 g_3 r_3 \mathfrak{z}_3$$
$$+ (c_{11}c_{22} - c_{12}^2) g_3^2 r_3^2 \mathfrak{z}_3^2] = 0;$$

Hebt man nun mit $-g_2^2 r_2^2 g_3^2 r_3^2 [\mathfrak{z}_2 - \mathfrak{z}_3]^2$, so erhält man die Gleichung

$$C_{11} g_1^2 r_1^2 \mathfrak{z}_1^2 + 2 C_{12} g_1 r_1 \mathfrak{z}_1 g_2 r_2 \mathfrak{z}_2 + 2 C_{31} g_1 r_1 \mathfrak{z}_1 g_3 r_3 \mathfrak{z}_3$$
$$+ C_{22} g_2^2 r_2^2 \mathfrak{z}_2^2 + 2 C_{23} g_2 r_2 \mathfrak{z}_2 g_3 r_3 \mathfrak{z}_3 + C_{33} g_3^2 r_3^2 \mathfrak{z}_3^2 = 0;$$

oder

Art. 50.]

$$C_{11} g_1^2 r_1^2 \delta_1^2 + 2 C_{12} g_1 r_1 g_2 r_2 \delta_1 \delta_2 + 2 C_{13} g_1 r_1 g_3 r_3 \delta_1 \delta_3$$
$$+ C_{22} g_2^2 r_2^2 \delta_2^2 + 2 C_{23} g_2 r_2 g_3 r_3 \delta_2 \delta_3 + C_{33} g_3^2 r_3^2 \delta_3^2 = 0; \quad 1a)$$

welche sich auch in Determinantenform schreiben lässt

$$\begin{vmatrix} g_1 r_1 \delta_1 & c_{12} & c_{13} \\ g_2 r_2 \delta_2 & c_{22} & c_{23} \\ g_3 r_3 \delta_3 & c_{23} & c_{33} \end{vmatrix} g_1 r_1 \delta_1 + \begin{vmatrix} c_{11} & g_1 r_1 \delta_1 & c_{13} \\ c_{12} & g_2 r_2 \delta_2 & c_{23} \\ c_{13} & g_3 r_3 \delta_3 & c_{33} \end{vmatrix} g_2 r_2 \delta_2 + \begin{vmatrix} c_{11} & c_{12} & g_1 r_1 \delta_1 \\ c_{12} & c_{22} & g_2 r_2 \delta_2 \\ c_{13} & c_{23} & g_3 r_3 \delta_3 \end{vmatrix} g_3 r_3 \delta_3 = 0. \quad 2a)$$

Setzt man endlich für $g_1 r_1, g_2 r_2, g_3 r_3$ ihre Werthe aus Art. 26, 2a) ein, und multiplicirt die Gleichung mit $\dfrac{\mathfrak{X}_1 \mathfrak{Y}_2^2 \cdot \mathfrak{X}_2 \mathfrak{Y}_3^2 \cdot \mathfrak{X}_3 \mathfrak{Y}_1^2}{\mathfrak{D}^2}$, so erhält man aus 1a) und 2a) die Formen

$$C_{11} \mathfrak{X}_2 \mathfrak{Y}_3^2 \delta_1^2 + 2 C_{12} \mathfrak{X}_2 \mathfrak{Y}_3 \cdot \mathfrak{X}_3 \mathfrak{Y}_1 \delta_1 \delta_2 + 2 C_{13} \mathfrak{X}_1 \mathfrak{Y}_2 \cdot \mathfrak{X}_2 \mathfrak{Y}_3 \delta_1 \delta_3$$
$$+ C_{22} \mathfrak{X}_3 \mathfrak{Y}_1^2 \delta_2^2 + 2 C_{23} \mathfrak{X}_3 \mathfrak{Y}_1 \cdot \mathfrak{X}_1 \mathfrak{Y}_2 \delta_2 \delta_3 + C_{33} \mathfrak{X}_1 \mathfrak{Y}_2^2 \delta_3^2 = 0; \quad 3a)$$

oder

$$\begin{vmatrix} \mathfrak{X}_2 \mathfrak{Y}_3 \delta_1 & c_{12} & c_{13} \\ \mathfrak{X}_3 \mathfrak{Y}_1 \delta_2 & c_{22} & c_{23} \\ \mathfrak{X}_1 \mathfrak{Y}_2 \delta_3 & c_{23} & c_{33} \end{vmatrix} \mathfrak{X}_2 \mathfrak{Y}_3 \delta_1 + \begin{vmatrix} c_{11} & \mathfrak{X}_2 \mathfrak{Y}_3 \delta_1 & c_{13} \\ c_{12} & \mathfrak{X}_3 \mathfrak{Y}_1 \delta_2 & c_{23} \\ c_{13} & \mathfrak{X}_1 \mathfrak{Y}_2 \delta_3 & c_{33} \end{vmatrix} \mathfrak{X}_3 \mathfrak{Y}_1 \delta_2 + \begin{vmatrix} c_{11} & c_{12} & \mathfrak{X}_2 \mathfrak{Y}_3 \delta_1 \\ c_{12} & c_{22} & \mathfrak{X}_3 \mathfrak{Y}_1 \delta_2 \\ c_{13} & c_{23} & \mathfrak{X}_1 \mathfrak{Y}_2 \delta_3 \end{vmatrix} \mathfrak{X}_1 \mathfrak{Y}_2 \delta_3 = 0. \quad 4a)$$

Behält man die Form 1a) als die gewöhnliche bei, so bestimmen sich die Coefficienten der Gleichung $\mathfrak{f} = 0$ aus denen der Gleichung $f = 0$ durch die Beziehungen

$$c_{11} = C_{11} g_1^2 r_1^2; \quad c_{12} = C_{12} g_1 r_1 \cdot g_2 r_2; \quad c_{13} = C_{13} g_1 r_1 \cdot g_3 r_3;$$
$$c_{22} = C_{22} g_2^2 r_2^2; \quad c_{23} = C_{23} g_2 r_2 \cdot g_3 r_3; \quad c_{33} = C_{33} g_3^2 r_3^2; \quad 5a)$$

Um die Partial-Determinanten der transformirten Gleichung zu finden, hat man nur die Werthe aus 5a) in die Gleichungen Art. 43, 7b), 8b) einzusetzen. Man erhält so

$$\mathfrak{C}_{11} = C_{22} g_2^2 r_2^2 \cdot C_{33} g_3^2 g_3^2 - C_{23}^2 g_2^2 r_2^2 g_3^2 r_3^2 = (C_{22} C_{33} - C_{23}^2) g_2^2 r_2^2 g_3^2 r_3^2$$

oder nach Art. 43, 10a)

$$\mathfrak{C}_{11} = C \cdot c_{11} g_2^2 r_2^2 g_3^2 r_3^2.$$

Ferner

$$\mathfrak{C}_{12} = C_{13} g_1 r_1 g_3 r_3 \cdot C_{23} g_2 r_2 g_3 r_3 - C_{12} g_1 r_1 g_2 r_2 \cdot C_{33} g_3^2 r_3^2$$
$$= (C_{23} C_{31} - C_{12} C_{33}) g_1 r_1 g_2 r_2 g_3^2 r_3^2$$

oder nach Art. 43, 10a)

$$\mathfrak{C}_{12} = C \cdot c_{12} g_1 r_1 \cdot g_2 r_2 \cdot g_3^2 r_3^2$$

u. s. w. Man erhält also:

$$\left. \begin{array}{ll} \mathfrak{C}_{11} = C \cdot c_{11} \cdot g_2^2 r_2^2 \cdot g_3^2 r_3^2; & \mathfrak{C}_{12} = C \cdot c_{12} \cdot g_1 r_1 \cdot g_2 r_2 \cdot g_3^2 r_3^2; \\ \mathfrak{C}_{22} = C \cdot c_{22} \cdot g_3^2 r_3^2 \cdot g_1^2 r_1^2; & \mathfrak{C}_{23} = C \cdot c_{23} \cdot g_1^2 r_1^2 \cdot g_2 r_2 \cdot g_3 r_3; \\ \mathfrak{C}_{33} = C \cdot c_{33} \cdot g_1^2 r_1^2 \cdot g_2^2 r_2^2; & \mathfrak{C}_{13} = \mathfrak{C}_{31} = C \cdot c_{13} \cdot g_1 r_1 \cdot g_2^2 r_2^2 \cdot g_3 r_3; \end{array} \right\} \quad 6a)$$

Endlich lautet die Discriminante der transformirten Gleichung vermöge der Werthe in 5a) und 6a)

$$\begin{aligned}\mathfrak{C} &= \mathfrak{C}_{11} \cdot c_{11} + \mathfrak{C}_{12} \cdot c_{12} + \mathfrak{C}_{13} \cdot c_{13} \\ &= C \cdot c_{11} g_2{}^2 r_2{}^2 \cdot g_3{}^2 r_3{}^2 \cdot C_{11} g_1{}^2 r_1{}^2 + C \cdot c_{12} g_1 r_1 \cdot g_2 r_2 \cdot g_3{}^2 r_3{}^2 \cdot C_{12} g_1 r_1 \cdot g_2 r_2 \\ &\qquad + C \cdot c_{13} g_1 r_1 \cdot g_2{}^2 r_2{}^2 \cdot g_3 r_3 \cdot C_{13} g_1 r_1 \cdot g_3 r_3 \\ &= C \cdot (C_{11} c_{11} + C_{12} c_{12} + C_{13} c_{13}) g_1{}^2 r_1{}^2 \cdot g_2{}^2 r_2{}^2 \cdot g_3{}^2 r_3{}^2\end{aligned}$$

oder, da der Ausdruck in Parenthese wieder C ist,

$$\mathfrak{C} = C^2 \cdot g_1{}^2 r_1{}^2 \cdot g_2{}^2 r_2{}^2 \cdot g_3{}^2 r_3{}^2. \qquad 7a)$$

Um zweitens eine Gleichung $\mathfrak{f}(\mathfrak{z}_1, \mathfrak{z}_2, \mathfrak{z}_3) = 0$ in die Form $f(z_1, z_2, z_3) = 0$ zu transformiren, verfährt man analog: Man sucht die Coordinaten $\mathfrak{z}_1, \mathfrak{z}_2, \mathfrak{z}_3$ der Tangenten, welche sich von einem durch die Gleichung Art. 30, 2b) bestimmten Punkte z_k an den Kegelschnitt legen lassen, und erforscht dann die Bedingung, welche stattfinden muss, wenn nur eine einzige Tangente möglich sein soll; dann muss der Punkt, von welchem sie ausgeht, ein Curvenpunkt sein. Man erhält so die transformirten Gleichungen

$$\mathfrak{C}_{11} g_1{}^2 r_1{}^2 z_1{}^2 + 2\mathfrak{C}_{12} g_1 r_1 \cdot g_2 r_2 z_1 z_2 + 2\mathfrak{C}_{13} g_1 r_1 \cdot g_3 r_3 z_1 z_3 + \mathfrak{C}_{22} g_2{}^2 r_2{}^2 z_2{}^2$$
$$+ 2\mathfrak{C}_{23} g_2 r_2 \cdot g_3 r_3 z_2 z_3 + \mathfrak{C}_{33} g_3{}^2 r_3{}^2 z_3{}^2 = 0; \qquad 1b)$$

oder in Determinantenform

$$\begin{vmatrix} g_1 r_1 z_1 & c_{12} & c_{13} \\ g_2 r_2 z_2 & c_{22} & c_{23} \\ g_3 r_3 z_3 & c_{23} & c_{33} \end{vmatrix} g_1 r_1 z_1 + \begin{vmatrix} c_{11} & g_1 r_1 z_1 & c_{13} \\ c_{12} & g_2 r_2 z_2 & c_{23} \\ c_{13} & g_3 r_3 z_3 & c_{33} \end{vmatrix} g_2 r_2 z_2 + \begin{vmatrix} c_{11} & c_{12} & g_1 r_1 z_1 \\ c_{12} & c_{22} & g_2 r_2 z_2 \\ c_{13} & c_{23} & g_3 r_3 z_3 \end{vmatrix} g_3 r_3 z_3 = 0. \qquad 2b)$$

Setzt man für $g_1 r_1, g_2 r_2, g_3 r_3$ ihre Werthe aus Art. 26, 2b), so kann man die Gleichungen 1b), 2b) auch schreiben:

$$\mathfrak{C}_{11} X_2 Y_3{}^2 z_1{}^2 + 2\mathfrak{C}_{12} X_2 Y_3 \cdot X_3 Y_1 z_1 z_2 + 2\mathfrak{C}_{13} X_1 Y_2 \cdot X_2 Y_3 z_1 z_3 + \mathfrak{C}_{22} X_3 Y_1{}^2 z_2{}^2$$
$$+ 2\mathfrak{C}_{23} X_3 Y_1 \cdot X_1 Y_2 z_2 z_3 + \mathfrak{C}_{33} X_1 Y_2{}^2 z_3{}^2 = 0; \qquad 3b)$$

$$\begin{vmatrix} X_2 Y_3 z_1 & c_{12} & c_{13} \\ X_3 Y_1 z_2 & c_{22} & c_{23} \\ X_1 Y_2 z_3 & c_{23} & c_{33} \end{vmatrix} X_2 Y_3 z_1 + \begin{vmatrix} c_{11} & X_2 Y_3 z_1 & c_{13} \\ c_{12} & X_3 Y_1 z_2 & c_{23} \\ c_{13} & X_1 Y_2 z_3 & c_{33} \end{vmatrix} X_3 Y_1 z_2 + \begin{vmatrix} c_{11} & c_{12} & X_2 Y_3 z_1 \\ c_{12} & c_{22} & X_3 Y_1 z_2 \\ c_{13} & c_{23} & X_1 Y_2 z_3 \end{vmatrix} X_1 Y_2 z_3 = 0. \qquad 4b)$$

Die Coefficienten der neuen Gleichung bestimmen sich aus denen der ursprünglichen durch die Gleichungen:

$$c_{11} = \mathfrak{C}_{11} g_1{}^2 r_1{}^2; \quad c_{12} = \mathfrak{C}_{12} g_1 r_1 \cdot g_2 r_2; \quad c_{13} = \mathfrak{C}_{13} g_1 r_1 \cdot g_3 r_3;$$
$$c_{22} = \mathfrak{C}_{22} g_2{}^2 r_2{}^2; \quad c_{23} = \mathfrak{C}_{23} g_2 r_2 \cdot g_3 r_3; \quad c_{33} = \mathfrak{C}_{33} g_3{}^2 r_3{}^2; \qquad 5b)$$

wenn man die Form 1b) als die gewöhnliche beibehält. Als Partial-Determinanten der Discriminante der neuen Gleichung erhält man ferner

$$\left.\begin{array}{ll} C_{11} = \mathfrak{C} \cdot \mathfrak{c}_{11} \cdot g_2{}^2 r_2{}^2 \cdot g_3{}^2 r_3{}^2; & C_{12} = \mathfrak{C} \cdot \mathfrak{c}_{12} \cdot g_1 r_1 \cdot g_2 r_2 \cdot g_3{}^2 r_3{}^2; \\ C_{22} = \mathfrak{C} \cdot \mathfrak{c}_{22} \cdot g_3{}^2 r_3{}^2 \cdot g_1{}^2 r_1{}^2; & C_{23} = \mathfrak{C} \cdot \mathfrak{c}_{23} \cdot g_1{}^2 r_1{}^2 \cdot g_2 r_2 \cdot g_3 r_3; \\ C_{33} = \mathfrak{C} \cdot \mathfrak{c}_{33} \cdot g_1{}^2 r_1{}^2 \cdot g_2{}^2 r_2{}^2; & C_{13} = C_{31} = \mathfrak{C} \cdot \mathfrak{c}_{13} \cdot g_1 r_1 \cdot g_2{}^2 r_2{}^2 \cdot g_3 r_3; \end{array}\right\} \ 6b)$$

und als Discriminante erhält man

$$C = \mathfrak{C}^2 \cdot g_1{}^2 r_1{}^2 \cdot g_2{}^2 r_2{}^2 \cdot g_3{}^2 r_3{}^2. \qquad 7b)$$

Transformirt man eine Gleichung $f = 0$ nach 1a) in eine Gleichung $\mathfrak{f} = 0$, und diese wieder nach 1b) in die Form $f = 0$ zurück, so hat man in 1b) für $\mathfrak{C}_{11}, \mathfrak{C}_{12}, \mathfrak{C}_{22}$ etc. die Werthe aus 6a) einzusetzen. Man erhält dann

$$C \cdot c_{11} \cdot g_1{}^2 r_1{}^2 \cdot g_2{}^2 r_2{}^2 \cdot g_3{}^2 r_3{}^2 z_1{}^2 + 2 C \cdot c_{12} \cdot g_1{}^2 r_1{}^2 \cdot g_2{}^2 r_2{}^2 \cdot g_3{}^2 r_3{}^2 z_1 z_2$$
$$+ 2 C \cdot c_{13} \cdot g_1{}^2 r_1{}^2 \cdot g_2{}^2 r_2{}^2 \cdot g_3{}^2 r_3{}^2 z_1 z_3$$
$$+ C \cdot c_{22} \cdot g_1{}^2 r_1{}^2 \cdot g_2{}^2 r_2{}^2 \cdot g_3{}^2 r_3{}^2 z_2{}^2 + 2 C \cdot c_{23} \cdot g_1{}^2 r_1{}^2 \cdot g_2{}^2 r_2{}^2 \cdot g_3{}^2 r_3{}^2 z_2 z_3$$
$$+ C \cdot c_{33} \cdot g_1{}^2 r_1{}^2 \cdot g_2{}^2 r_2{}^2 \cdot g_3{}^2 r_3{}^2 = 0;$$

oder, da $g_1 r_1, g_2 r_2, g_3 r_3$ nicht Null sein kann, weil jedes die Fläche eines Dreiecks bezeichnet,

$$C \cdot (c_{11} z_1{}^2 + 2 c_{12} z_1 z_2 + 2 c_{13} z_1 z_3 + c_{22} z_2{}^2 + 2 c_{23} z_2 z_3 + c_{33} z_3{}^2) = 0. \quad 8a)$$

Ebenso erhält man, wenn man eine Gleichung $\mathfrak{f} = 0$ nach 1b) in eine Gleichung $f = 0$, und diese wieder nach 1a) in die Form $\mathfrak{f} = 0$ zurücktransformirt,

$$\mathfrak{C} \cdot (\mathfrak{c}_{11} \mathfrak{z}_1{}^2 + 2 \mathfrak{c}_{12} \mathfrak{z}_1 \mathfrak{z}_2 + 2 \mathfrak{c}_{13} \mathfrak{z}_1 \mathfrak{z}_3 + \mathfrak{c}_{22} \mathfrak{z}_2{}^2 + 2 \mathfrak{c}_{23} \mathfrak{z}_2 \mathfrak{z}_3 + \mathfrak{c}_{33} \mathfrak{z}_3{}^2) = 0. \quad 8b)$$

Man erhält also die ursprüngliche Gleichung wieder, multiplicirt mit ihrer Discriminante. Ist diese nun von Null verschieden, so hebt sie sich; ist sie aber selbst Null, so erhält man das nichtssagende Resultat $0 = 0$. Man sieht daher:

Eine Gleichung $f = 0$ und eine Gleichung $\mathfrak{f} = 0$ lässt sich in eine solche Gleichung $f = 0$, $\mathfrak{f} = 0$ transformiren, dass beim Rückwärts-Transformiren die ursprüngliche Gleichung wieder erscheint; jedoch nur dann, wenn die Discriminante der ursprünglichen Gleichung von Null verschieden ist. (Vergl. Art. 17.)

51. Stellt man diejenigen Gleichungen eines Kegelschnittes, welche im Bisherigen betrachtet worden sind, übersichtlich zusammen, in der Form

$F(x,y) = 0;$	$\mathfrak{F}(\mathfrak{x},\mathfrak{y}) = 0;$
$f(z_1, z_2, z_3) = 0;$	$\mathfrak{f}(\mathfrak{z}_1, \mathfrak{z}_2, \mathfrak{z}_3) = 0;$

indem die beiden oberen die Gleichung in heterogenen, die beiden unteren in homogenen, die beiden linken in Punkt-, die beiden rechten in Linien-Coordinaten darstellen, und bezeichnet man diese vier Formen der Kegelschnittsgleichung durch F, $\mathfrak{F}$, f, $\mathfrak{f}$, so sieht man aus dem Bisherigen: Es kann die Form F in $\mathfrak{F}$, und umgekehrt $\mathfrak{F}$ in F transformirt werden, nach Art. 17; es kann die Form F in f, und umgekehrt f in F transformirt werden, nach Art. 47, 48; es kann die Form $\mathfrak{F}$ in $\mathfrak{f}$, und umgekehrt $\mathfrak{f}$ in $\mathfrak{F}$ transformirt werden, nach Art. 47, 48; es kann die Form f in $\mathfrak{f}$, und umgekehrt $\mathfrak{f}$ in f transformirt werden, nach Art. 50. Während also jede Form in eine benachbarte direkt transformirt werden kann, ist dies bei den diagonal sich gegenüberstehenden, F und $\mathfrak{f}$, $\mathfrak{F}$ und f nicht der Fall. Soll z. B. f in $\mathfrak{F}$ umgestaltet werden, so kann dies nur mittelbar geschehen, indem man erst auf F oder $\mathfrak{f}$, und von dieser auf $\mathfrak{F}$ übergeht, u. s. w.

Es ist nicht ohne Interesse, einmal alle vier Transformationen zu durchlaufen, um zu sehen, ob schliesslich die ursprüngliche Gleichung wieder zu Tage kommt, und es soll zu diesem Zwecke f zunächst in F, dieses in $\mathfrak{F}$, dieses in $\mathfrak{f}$, und endlich wieder $\mathfrak{f}$ in f transformirt werden. Um von f auf F überzugehen, hat man nach Art. 48 die dort unter 1a) angegebenen Werthe einzusetzen. Um von F auf $\mathfrak{F}$ überzugehen, hat man nach Art. 17, 4a) den Grössen $\mathfrak{y}^2, \mathfrak{x}\mathfrak{y}, \mathfrak{y}, \mathfrak{x}^2, \mathfrak{x}, 1$ die Partial-Determinanten $A_{11}, 2A_{12}, -2A_{13}, A_{22}, -2A_{23}, A_{33}$ der Gleichung F bezüglich als Factoren beizugeben. Dies sind aber die in Art. 48, 3a) — 3r) gegebenen Werthe. Man erhält dann, indem man dieselben lieber in der für das Folgende geeigneteren ursprünglichen Form Art. 48, †) — ††††) schreibt, die Gleichung:

$$\{C_{11}(\mathfrak{x}_2-\mathfrak{x}_3)^2+2\,C_{12}(\mathfrak{x}_2-\mathfrak{x}_3)(\mathfrak{x}_3-\mathfrak{x}_1)+2\,C_{13}(\mathfrak{x}_1-\mathfrak{x}_2)(\mathfrak{x}_2-\mathfrak{x}_3)+C_{22}(\mathfrak{x}_3-\mathfrak{x}_1)^2$$
$$+2\,C_{23}(\mathfrak{x}_3-\mathfrak{x}_1)(\mathfrak{x}_1-\mathfrak{x}_2)+C_{33}(\mathfrak{x}_1-\mathfrak{x}_2)^2\}\,\mathfrak{y}^2$$
$$-2\{C_{11}(\mathfrak{x}_2-\mathfrak{x}_3)(\mathfrak{y}_2-\mathfrak{y}_3)+C_{12}[(\mathfrak{x}_2-\mathfrak{x}_3)(\mathfrak{y}_3-\mathfrak{y}_1)+(\mathfrak{x}_3-\mathfrak{x}_1)(\mathfrak{y}_2-\mathfrak{y}_3)]$$
$$+C_{13}[(\mathfrak{x}_1-\mathfrak{x}_2)(\mathfrak{y}_2-\mathfrak{y}_3)+(\mathfrak{x}_2-\mathfrak{x}_3)(\mathfrak{y}_1-\mathfrak{y}_2)]$$
$$+C_{22}(\mathfrak{x}_3-\mathfrak{x}_1)(\mathfrak{y}_3-\mathfrak{y}_1)+C_{23}[(\mathfrak{x}_3-\mathfrak{x}_1)(\mathfrak{y}_1-\mathfrak{y}_2)+(\mathfrak{x}_1-\mathfrak{x}_2)(\mathfrak{y}_3-\mathfrak{y}_1)]$$
$$+C_{33}(\mathfrak{x}_1-\mathfrak{x}_2)(\mathfrak{y}_1-\mathfrak{y}_2)\}\,\mathfrak{x}\mathfrak{y}$$
$$-2\{C_{11}\mathfrak{X}_2\mathfrak{Y}_3(\mathfrak{x}_2-\mathfrak{x}_3)+C_{12}[\mathfrak{X}_2\mathfrak{Y}_3(\mathfrak{x}_3-\mathfrak{x}_1)+\mathfrak{X}_3\mathfrak{Y}_1(\mathfrak{x}_2-\mathfrak{x}_3)]+C_{13}[\mathfrak{X}_1\mathfrak{Y}_2(\mathfrak{x}_2-\mathfrak{x}_3)$$
$$+\mathfrak{X}_2\mathfrak{Y}_3(\mathfrak{x}_1-\mathfrak{x}_2)]$$
$$+C_{22}\mathfrak{X}_3\mathfrak{Y}_1(\mathfrak{x}_3-\mathfrak{x}_1)+C_{23}[\mathfrak{X}_3\mathfrak{Y}_1(\mathfrak{x}_1-\mathfrak{x}_2)+\mathfrak{X}_1\mathfrak{Y}_2(\mathfrak{x}_3-\mathfrak{x}_1)]+C_{33}\mathfrak{X}_1\mathfrak{Y}_2(\mathfrak{x}_1-\mathfrak{x}_2)\}\,\mathfrak{y}$$
$$+\{C_{11}(\mathfrak{y}_2-\mathfrak{y}_3)^2+2\,C_{12}(\mathfrak{y}_2-\mathfrak{y}_3)(\mathfrak{y}_3-\mathfrak{y}_1)+2\,C_{13}(\mathfrak{y}_1-\mathfrak{y}_2)(\mathfrak{y}_2-\mathfrak{y}_3)+C_{22}(\mathfrak{y}_3-\mathfrak{y}_1)^2$$
$$+2\,C_{23}(\mathfrak{y}_3-\mathfrak{y}_1)(\mathfrak{y}_1-\mathfrak{y}_2)+C_{33}(\mathfrak{y}_1-\mathfrak{y}_2)^2\}\,\mathfrak{x}^2$$
$$+2\{C_{11}\mathfrak{X}_2\mathfrak{Y}_3(\mathfrak{y}_2-\mathfrak{y}_3)+C_{12}[\mathfrak{X}_2\mathfrak{Y}_3(\mathfrak{y}_3-\mathfrak{y}_1)+\mathfrak{X}_3\mathfrak{Y}_1(\mathfrak{y}_2-\mathfrak{y}_3)]+C_{13}[\mathfrak{X}_1\mathfrak{Y}_2(\mathfrak{y}_2-\mathfrak{y}_3)$$
$$+\mathfrak{X}_2\mathfrak{Y}_3(\mathfrak{y}_1-\mathfrak{y}_2)]$$
$$+C_{22}\mathfrak{X}_3\mathfrak{Y}_1(\mathfrak{y}_3-\mathfrak{y}_1)+C_{23}[\mathfrak{X}_3\mathfrak{Y}_1(\mathfrak{y}_1-\mathfrak{y}_2)+\mathfrak{X}_1\mathfrak{Y}_2(\mathfrak{y}_3-\mathfrak{y}_1)]+C_{33}\mathfrak{X}_1\mathfrak{Y}_2(\mathfrak{y}_1-\mathfrak{y}_2)\}\,\mathfrak{x}$$
$$+\{C_{11}\mathfrak{X}_2\mathfrak{Y}_3{}^2+2\,C_{12}\mathfrak{X}_2\mathfrak{Y}_3\cdot\mathfrak{X}_3\mathfrak{Y}_1+2\,C_{13}\mathfrak{X}_1\mathfrak{Y}_2\cdot\mathfrak{X}_2\mathfrak{Y}_3+C_{22}\mathfrak{X}_3\mathfrak{Y}_1{}^2$$
$$+2\,C_{23}\mathfrak{X}_3\mathfrak{Y}_1\cdot\mathfrak{X}_1\mathfrak{Y}_2+C_{33}\mathfrak{X}_1\mathfrak{Y}_2{}^2\}=0.$$

Um nun diese Gleichung $\mathfrak{F}$ in $\mathfrak{f}$ umzusetzen, hätte man nach Art. 47, 1b) für $\mathfrak{a}_{11}, \mathfrak{a}_{12}$, etc., die hier erscheinenden Coefficienten von $\mathfrak{y}^2, \mathfrak{x}\mathfrak{y}$, etc. einzusetzen. Es würden jedoch in der dann entstehenden Gleichung Linien- und Punkt-Coordinaten, $\mathfrak{x}_k, \mathfrak{y}_k; x_k, y_k$ vermischt erscheinen. Um dies zu vermeiden, sind erst die einen durch die anderen auszudrücken (vergl. Art. 31), und zwar sollen alle x_k, y_k durch $\mathfrak{x}_k, \mathfrak{y}_k$, sowie durch $g_k r_k$ ausgedrückt werden. Nach Art. 26, 2b) ist nun

$$X_2 Y_3 = g_1 r_1; \quad X_3 Y_1 = g_2 r_2; \quad X_1 Y_2 = g_3 r_3 \qquad \dagger)$$

Ferner folgt aus den Gleichungen Art. 21, 2a), indem man für die Nenner die abgekürzte Bezeichnung anwendet,

$$x_2 - x_3 = \frac{\mathfrak{X}_3\mathfrak{Y}_1(\mathfrak{y}_1-\mathfrak{y}_2)-\mathfrak{X}_1\mathfrak{Y}_2(\mathfrak{y}_3-\mathfrak{y}_1)}{\mathfrak{X}_3\mathfrak{Y}_1\cdot\mathfrak{X}_1\mathfrak{Y}_2};$$

$$y_2 - y_3 = -\frac{\mathfrak{X}_3\mathfrak{Y}_1(\mathfrak{x}_1-\mathfrak{x}_2)-\mathfrak{X}_1\mathfrak{Y}_2(\mathfrak{x}_3-\mathfrak{x}_1)}{\mathfrak{X}_3\mathfrak{Y}_1\cdot\mathfrak{X}_1\mathfrak{Y}_2};$$

oder nach Art. 27, 9a)

$$x_2 - x_3 = \frac{\mathfrak{D}}{\mathfrak{X}_3\mathfrak{Y}_1\cdot\mathfrak{X}_1\mathfrak{Y}_2}\cdot\mathfrak{y}_1; \qquad y_2 - y_3 = -\frac{\mathfrak{D}}{\mathfrak{X}_3\mathfrak{Y}_1\cdot\mathfrak{X}_1\mathfrak{Y}_2}\cdot\mathfrak{x}_1$$

oder endlich nach Art. 26, 2a)

$$x_2 - x_3 = g_1 r_1 \cdot \mathfrak{y}_1; \qquad y_2 - y_3 = -g_1 r_1 \cdot \mathfrak{x}_1.$$

Ebenso erhält man die anderen Differenzen, und hat also:

$$\left.\begin{array}{l}x_2-x_3=g_1r_1\mathfrak{y}_1;\ x_3-x_1=g_2r_2\mathfrak{y}_2;\ x_1-x_2=g_3r_3\mathfrak{y}_3;\\ y_2-y_3=-g_1r_1\mathfrak{x}_1;\ y_3-y_1=-g_2r_2\mathfrak{x}_2;\ y_1-y_2=-g_3r_3\mathfrak{x}_3;\end{array}\right\}\dagger\dagger)$$

Folglich hat man nach ††)

$$(x_2-x_3)(y_3-y_1)+(x_3-x_1)(y_2-y_3) = -g_1r_1 \cdot g_2r_2 \cdot \mathfrak{x}_1\mathfrak{y}_2 - g_1r_1 \cdot g_2r_2 \cdot \mathfrak{x}_2\mathfrak{y}_1;$$
$$(x_3-x_1)(y_1-y_2)+(x_1-x_2)(y_3-y_1) = -g_2r_2 \cdot g_3r_3 \cdot \mathfrak{x}_2\mathfrak{y}_3 - g_2r_2 \cdot g_3r_3 \cdot \mathfrak{x}_3\mathfrak{y}_2;$$
$$(x_1-x_2)(y_2-y_3)+(x_2-x_3)(y_1-y_2) = -g_3r_3 \cdot g_1r_1 \cdot \mathfrak{x}_3\mathfrak{y}_1 - g_3r_3 \cdot g_1r_1 \cdot \mathfrak{x}_1\mathfrak{y}_3;$$
†††)

Ferner ist nach †) und ††)

$$X_2Y_3(x_3-x_1) + X_3Y_1(x_2-x_3) = g_1r_1 \cdot g_2r_2 \cdot \mathfrak{y}_1 + g_1r_1 \cdot g_2r_2 \cdot \mathfrak{y}_2;$$
$$X_3Y_1(x_1-x_2) + X_1Y_2(x_3-x_1) = g_2r_2 \cdot g_3r_3 \cdot \mathfrak{y}_2 + g_2r_2 \cdot g_3r_3 \cdot \mathfrak{y}_3;$$
$$X_1Y_2(x_2-x_3) + X_2Y_3(x_1-x_2) = g_3r_3 \cdot g_1r_1 \cdot \mathfrak{y}_3 + g_3r_3 \cdot g_1r_1 \cdot \mathfrak{y}_1;$$
$$X_2Y_3(y_3-y_1) + X_3Y_1(y_2-y_3) = -g_1r_1 \cdot g_2r_2 \cdot \mathfrak{x}_1 - g_1r_1 \cdot g_2r_2 \cdot \mathfrak{x}_2;$$
$$X_3Y_1(y_1-y_2) + X_1Y_2(y_3-y_1) = -g_2r_2 \cdot g_3r_3 \cdot \mathfrak{x}_2 - g_2r_2 \cdot g_3r_3 \cdot \mathfrak{x}_3;$$
$$X_1Y_2(y_2-y_3) + X_2Y_3(y_1-y_2) = -g_3r_3 \cdot g_1r_1 \cdot \mathfrak{x}_3 - g_3r_3 \cdot g_1r_1 \cdot \mathfrak{x}_1;$$
††††)

Setzt man nun in den Art. 47, 1b) gegebenen Werthen für $\mathfrak{c}_{11}$, $\mathfrak{c}_{12}$, etc. die Ausdrücke aus †), ††), †††), ††††), und für $\mathfrak{a}_{11}$, $\mathfrak{a}_{12}$, etc. die Coefficienten von $\mathfrak{y}^2$, $\mathfrak{x}\mathfrak{y}$, etc. aus obiger Gleichung ein, so erhält man eine Gleichung von der Form $\mathfrak{f}(\mathfrak{z}_1, \mathfrak{z}_2, \mathfrak{z}_3) = 0$. In derselben geht, wie man sogleich bemerkt, der Coefficient von $\mathfrak{z}_2^2$ aus dem von $\mathfrak{z}_1^2$ dadurch hervor, dass man sämmtliche Indices, an C, $\mathfrak{X}\mathfrak{Y}$, gr, $\mathfrak{x}$, $\mathfrak{y}$, cyklisch um 1 erhöht, also z. B. C_{22} statt C_{11}, C_{33} statt C_{22}, C_{11} statt C_{33}, C_{23} statt C_{12}, C_{31} oder C_{13} statt C_{23}, C_{12} statt C_{31} oder C_{13}, $\mathfrak{X}_2\mathfrak{Y}_3$ statt $\mathfrak{X}_1\mathfrak{Y}_2$, etc., setzt. Auf dieselbe Weise geht der Coefficient von $\mathfrak{z}_3^2$ aus dem von $\mathfrak{z}_2^2$, und der von $\mathfrak{z}_1^2$ wieder aus dem von $\mathfrak{z}_3^2$ hervor. Ebenso geht auf gleiche Weise der Coefficient von $\mathfrak{z}_2\mathfrak{z}_3$ aus dem von $\mathfrak{z}_1\mathfrak{z}_2$, der von $\mathfrak{z}_3\mathfrak{z}_1$ oder $\mathfrak{z}_1\mathfrak{z}_3$ aus dem von $\mathfrak{z}_2\mathfrak{z}_3$, und wieder der von $\mathfrak{z}_1\mathfrak{z}_2$ aus dem von $\mathfrak{z}_3\mathfrak{z}_1$ oder $\mathfrak{z}_1\mathfrak{z}_3$ hervor. Man braucht daher nur den Coefficienten $\mathfrak{c}_{11}$ von $\mathfrak{z}_1^2$, und den Coefficienten $2\mathfrak{c}_{12}$ von $\mathfrak{z}_1\mathfrak{z}_2$ zu berechnen. Nun lässt sich nach einigen Umformungen $\mathfrak{c}_{11}$ schreiben:

$$\mathfrak{c}_{11} = \frac{1}{D^2}\Big\{C_{11}[(\mathfrak{x}_2-\mathfrak{x}_3)\mathfrak{y}_1-(\mathfrak{y}_2-\mathfrak{y}_3)\mathfrak{x}_1-\mathfrak{X}_2\mathfrak{Y}_3]^2 + C_{22}[(\mathfrak{x}_3-\mathfrak{x}_1)\mathfrak{y}_1-(\mathfrak{y}_3-\mathfrak{y}_1)\mathfrak{x}_1-\mathfrak{X}_3\mathfrak{Y}_1]^2$$
$$+ C_{33}[(\mathfrak{x}_1-\mathfrak{x}_2)\mathfrak{y}_1-(\mathfrak{y}_1-\mathfrak{y}_2)\mathfrak{x}_1-\mathfrak{X}_1\mathfrak{Y}_2]^2$$
$$+ 2C_{12}\{[(\mathfrak{x}_2-\mathfrak{x}_3)\mathfrak{y}_1-(\mathfrak{y}_2-\mathfrak{y}_3)\mathfrak{x}_1][(\mathfrak{x}_3-\mathfrak{x}_1)\mathfrak{y}_1-(\mathfrak{y}_3-\mathfrak{y}_1)\mathfrak{x}_1] - \mathfrak{X}_2\mathfrak{Y}_3[(\mathfrak{x}_3-\mathfrak{x}_1)\mathfrak{y}_1-(\mathfrak{y}_3-\mathfrak{y}_1)\mathfrak{x}_1]$$
$$- \mathfrak{X}_3\mathfrak{Y}_1[(\mathfrak{x}_2-\mathfrak{x}_3)\mathfrak{y}_1-(\mathfrak{y}_2-\mathfrak{y}_3)\mathfrak{x}_1] + \mathfrak{X}_2\mathfrak{Y}_3 \cdot \mathfrak{X}_3\mathfrak{Y}_1\}$$
$$+ 2C_{23}\{[(\mathfrak{x}_3-\mathfrak{x}_1)\mathfrak{y}_1-(\mathfrak{y}_3-\mathfrak{y}_1)\mathfrak{x}_1][(\mathfrak{x}_1-\mathfrak{x}_2)\mathfrak{y}_1-(\mathfrak{y}_1-\mathfrak{y}_2)\mathfrak{x}_1] - \mathfrak{X}_3\mathfrak{Y}_1[(\mathfrak{x}_1-\mathfrak{x}_2)\mathfrak{y}_1-(\mathfrak{y}_1-\mathfrak{y}_2)\mathfrak{x}_1]$$
$$- \mathfrak{X}_1\mathfrak{Y}_2[(\mathfrak{x}_3-\mathfrak{x}_1)\mathfrak{y}_1-(\mathfrak{y}_3-\mathfrak{y}_1)\mathfrak{x}_1] + \mathfrak{X}_3\mathfrak{Y}_1 \cdot \mathfrak{X}_1\mathfrak{Y}_2\}$$
$$+ 2C_{31}\{[(\mathfrak{x}_1-\mathfrak{x}_2)\mathfrak{y}_1-(\mathfrak{y}_1-\mathfrak{y}_2)\mathfrak{x}_1][(\mathfrak{x}_2-\mathfrak{x}_3)\mathfrak{y}_1-(\mathfrak{y}_2-\mathfrak{y}_3)\mathfrak{x}_1] - \mathfrak{X}_1\mathfrak{Y}_2[(\mathfrak{x}_2-\mathfrak{x}_3)\mathfrak{y}_1-(\mathfrak{y}_2-\mathfrak{y}_3)\mathfrak{x}_1]$$
$$- \mathfrak{X}_2\mathfrak{Y}_3[(\mathfrak{x}_1-\mathfrak{x}_2)\mathfrak{y}_1-(\mathfrak{y}_1-\mathfrak{y}_2)\mathfrak{x}_1] + \mathfrak{X}_1\mathfrak{Y}_2 \cdot \mathfrak{X}_2\mathfrak{Y}_3\}\Big\}g_1^2r_1^2;$$

oder, da

Art. 51.]

$$(\mathfrak{x}_2-\mathfrak{x}_3)\mathfrak{y}_1-(\mathfrak{y}_2-\mathfrak{y}_3)\mathfrak{x}_1 = -\mathfrak{X}_1\mathfrak{Y}_2-\mathfrak{X}_3\mathfrak{Y}_1;\quad (\mathfrak{x}_3-\mathfrak{x}_1)\mathfrak{y}_1-(\mathfrak{y}_3-\mathfrak{y}_1)\mathfrak{x}_1 = \mathfrak{X}_3\mathfrak{Y}_1;$$
$$(\mathfrak{x}_1-\mathfrak{x}_2)\mathfrak{y}_1-(\mathfrak{y}_1-\mathfrak{y}_2)\mathfrak{x}_1 = \mathfrak{X}_1\mathfrak{Y}_2$$

ist, und sich demnach die Coefficienten aller C mit Ausnahme von C_{11} heben,

$$\mathfrak{c}_{11} = \frac{1}{\mathfrak{D}^2}\cdot C_{11}\left[-\mathfrak{X}_1\mathfrak{Y}_2-\mathfrak{X}_3\mathfrak{Y}_1-\mathfrak{X}_2\mathfrak{Y}_3\right]^2\cdot g_1^{\ 2}r_1^{\ 2}$$

oder

$$\mathfrak{c}_{11} = \frac{\mathfrak{D}^2}{D^2}\cdot C_{11}\cdot g_1^{\ 2}r_1^{\ 2}.$$

Nach dem oben Bemerkten hat man also sogleich auch

$$\mathfrak{c}_{22} = \frac{\mathfrak{D}^2}{D^2}\cdot C_{22}\cdot g_2^{\ 2}r_2^{\ 2};$$

$$\mathfrak{c}_{33} = \frac{\mathfrak{D}^2}{D^2}\cdot C_{33}\cdot g_3^{\ 2}r_3^{\ 2}.$$

Der Coefficient $2\mathfrak{c}_{12}$ von $\mathfrak{z}_1\mathfrak{z}_2$ lässt sich schreiben:

$$2\mathfrak{c}_{12} = 2\cdot\frac{1}{D^2}\cdot\bigl\{C_{11}[-\mathfrak{X}_2\mathfrak{Y}_3(\mathfrak{X}_3\mathfrak{Y}_1+\mathfrak{X}_1\mathfrak{Y}_2)+\mathfrak{X}_2\mathfrak{Y}_3(\mathfrak{X}_3\mathfrak{Y}_1+\mathfrak{X}_1\mathfrak{Y}_2)]$$
$$+C_{22}[-\mathfrak{X}_3\mathfrak{Y}_1(\mathfrak{X}_1\mathfrak{Y}_2+\mathfrak{X}_2\mathfrak{Y}_3)+\mathfrak{X}_3\mathfrak{Y}_1(\mathfrak{X}_1\mathfrak{Y}_2+\mathfrak{X}_2\mathfrak{Y}_3)]+C_{33}[\mathfrak{X}_1\mathfrak{Y}_2^{\ 2}-\mathfrak{X}_1\mathfrak{Y}_2^{\ 2}]$$
$$+C_{12}[(\mathfrak{X}_3\mathfrak{Y}_1+\mathfrak{X}_1\mathfrak{Y}_2)(\mathfrak{X}_1\mathfrak{Y}_2+\mathfrak{X}_2\mathfrak{Y}_3)+\mathfrak{X}_2\mathfrak{Y}_3\cdot\mathfrak{X}_3\mathfrak{Y}_1+\mathfrak{X}_2\mathfrak{Y}_3(\mathfrak{X}_1\mathfrak{Y}_2+\mathfrak{X}_2\mathfrak{Y}_3)$$
$$+\mathfrak{X}_3\mathfrak{Y}_1(\mathfrak{X}_3\mathfrak{Y}_1+\mathfrak{X}_1\mathfrak{Y}_2)]$$
$$+C_{23}[(\mathfrak{X}_1\mathfrak{Y}_2+\mathfrak{X}_2\mathfrak{Y}_3)\mathfrak{X}_1\mathfrak{Y}_2+\mathfrak{X}_3\mathfrak{Y}_1\cdot\mathfrak{X}_1\mathfrak{Y}_2-(\mathfrak{X}_1\mathfrak{Y}_2+\mathfrak{X}_2\mathfrak{Y}_3)\mathfrak{X}_1\mathfrak{Y}_2-\mathfrak{X}_3\mathfrak{Y}_1\cdot\mathfrak{X}_1\mathfrak{Y}_2]$$
$$+C_{31}[(\mathfrak{X}_3\mathfrak{Y}_1+\mathfrak{X}_1\mathfrak{Y}_2)\mathfrak{X}_1\mathfrak{Y}_2+\mathfrak{X}_1\mathfrak{Y}_2\cdot\mathfrak{X}_2\mathfrak{Y}_3-(\mathfrak{X}_3\mathfrak{Y}_1+\mathfrak{X}_1\mathfrak{Y}_2)\mathfrak{X}_1\mathfrak{Y}_2-\mathfrak{X}_1\mathfrak{Y}_2\cdot\mathfrak{X}_2\mathfrak{Y}_3]\bigr\}g_1r_1\cdot g_2r_2;$$

oder, da sich alle Coefficienten ausser dem von C_{12} annulliren,

$$2\mathfrak{c}_{12} = 2\cdot\frac{1}{D^2}\cdot C_{12}\bigl[(\mathfrak{X}_3\mathfrak{Y}_1+\mathfrak{X}_1\mathfrak{Y}_2)(\mathfrak{X}_1\mathfrak{Y}_2+\mathfrak{X}_2\mathfrak{Y}_3+\mathfrak{X}_3\mathfrak{Y}_1)$$
$$+\mathfrak{X}_2\mathfrak{Y}_3(\mathfrak{X}_3\mathfrak{Y}_1+\mathfrak{X}_1\mathfrak{Y}_2+\mathfrak{X}_2\mathfrak{Y}_3)\bigr]g_1r_1\cdot g_2r_2;$$

oder

$$2\mathfrak{c}_{12} = 2\cdot\frac{1}{D^2}\cdot C_{12}\bigl[\mathfrak{X}_1\mathfrak{Y}_2+\mathfrak{X}_2\mathfrak{Y}_3+\mathfrak{X}_3\mathfrak{Y}_1\bigr]^2\cdot g_1r_1\cdot g_2r_2;$$

oder

$$2\mathfrak{c}_{12} = 2\cdot\frac{1}{D^2}\cdot C_{12}\cdot\mathfrak{D}^2\cdot g_1r_1\cdot g_2r_2.$$

Man hat also

$$2\mathfrak{c}_{12} = 2\cdot\frac{\mathfrak{D}^2}{D^2}\cdot C_{12}\cdot g_1r_1\cdot g_2r_2;$$

und daher

$$2\mathfrak{c}_{23} = 2\cdot\frac{\mathfrak{D}^2}{D^2}\cdot C_{23}\cdot g_2r_2\cdot g_3r_3;$$

$$2\mathfrak{c}_{31} = 2\cdot\frac{\mathfrak{D}^2}{D^2}\cdot C_{31}\cdot g_3r_3\cdot g_1r_1.$$

Es lautet daher die Gleichung $\mathfrak{f}$

$$\frac{\mathfrak{D}^2}{D^2}\cdot\left[C_{11}\,g_1^2r_1^2\,\mathfrak{z}_1^2 + 2\,C_{12}\,g_1r_1\cdot g_2r_2\,\mathfrak{z}_1\mathfrak{z}_2 + 2\,C_{13}\,g_1r_1\cdot g_3r_3\,\mathfrak{z}_1\mathfrak{z}_3\right.$$
$$\left.+ C_{22}\,g_2^2r_2^2\,\mathfrak{z}_2^2 + 2\,C_{23}\,g_2r_2\cdot g_3r_3\,\mathfrak{z}_2\mathfrak{z}_3 + C_{33}\,g_3^2r_3^2\,\mathfrak{z}_3^2\right] = 0;$$

oder, da weder $\mathfrak{D}$ noch D Null sein kann:

$$C_{11}\,g_1^2r_1^2\,\mathfrak{z}_1^2 + 2\,C_{12}\,g_1r_1\cdot g_2r_2\,\mathfrak{z}_1\mathfrak{z}_2 + 2\,C_{13}\,g_1r_1\cdot g_3r_3\,\mathfrak{z}_1\mathfrak{z}_3$$
$$+ C_{22}\,g_2^2r_2^2\,\mathfrak{z}_2^2 + 2\,C_{23}\,g_2r_2\cdot g_3r_3\,\mathfrak{z}_2\mathfrak{z}_3 + C_{33}\,g_3^2r_3^2\,\mathfrak{z}_3^2 = 0.$$

Transformirt man diese Gleichung $\mathfrak{f}$ nach Art. 50 wieder nach f, so erhält man, da sie mit der dortigen 1a) identisch ist, die dortige Gleichung 8a), und also, wenn $C \gtreqless 0$ ist, die ursprüngliche Gleichung wieder.

Endlich mag noch bemerkt werden, dass, wenn man zwei Gleichungen derselben Horizontalreihe in dem Anfangs dieses Artikels aufgestellten Schema in einander transformirt, sich die Coefficienten der neu entstandenen Gleichung durch die Partial-Determinanten der Discriminante der ursprünglichen Gleichung ausdrücken lassen, Art. 17, 50; dass aber, wenn man zwei Gleichungen derselben Verticalreihe in einander transformirt, dies nicht der Fall ist, Art. 47, 48.

52. Es sollen nun die Regeln des Art. 15 und 49 an einigen concreten Beispielen erläutert, und ihre Uebereinstimmung nachgewiesen werden. Es sei zunächst gegeben die Gleichung

$$F(x,y) = a^2y^2 + b^2x^2 - a^2b^2 = 0;$$

so ist $a_{11} = a^2$, $a_{22} = b^2$, $a_{33} = -a^2b^2$, $a_{12} = a_{13} = a_{23} = 0$, also hat man die Partial-Determinanten nach Art. 12, 7a), 8a)

$$A_{11} = -a^2b^4;\ A_{12} = 0;\ A_{13} = 0;\ A_{22} = -a^4b^2;\ A_{23} = 0;\ A_{33} = a^2b^2$$

und also

$$A = A_{11}a_{11} + A_{12}a_{12} + A_{13}a_{13} = -a^2b^4\cdot a^2$$

oder

$$A = -a^4b^4.$$

Ferner

$$a_{11}A = -a^6b^4;\quad a_{22}A = -a^4b^6.$$

Es ist also

$$A_{33} > 0;\ a_{11}A < 0,\ a_{22}A < 0,$$

mithin nach Art. 15 die Curve eine Ellipse.

[Art. 52.]

Wird die Gleichung $F(x,y) = a^2 y^2 + b^2 x^2 - a^2 b^2 = 0$ in eine Gleichung f transformirt, und giebt man ihr durch Multiplication mit $\mathfrak{D}^2$ die einfachste Form, so lautet nach Art. 47, 1a) die transformirte Gleichung:

$$[a^2(\mathfrak{x}_2-\mathfrak{x}_3)^2 + b^2(\mathfrak{y}_2-\mathfrak{y}_3)^2 - a^2 b^2 \mathfrak{X}_2 \mathfrak{Y}_3{}^2] z_1{}^2$$
$$+ 2[a^2(\mathfrak{x}_2-\mathfrak{x}_3)(\mathfrak{x}_3-\mathfrak{x}_1) + b^2(\mathfrak{y}_2-\mathfrak{y}_3)(\mathfrak{y}_3-\mathfrak{y}_1) - a^2 b^2 \mathfrak{X}_2 \mathfrak{Y}_3 \cdot \mathfrak{X}_3 \mathfrak{Y}_1] z_1 z_2$$
$$+ 2[a^2(\mathfrak{x}_1-\mathfrak{x}_2)(\mathfrak{x}_2-\mathfrak{x}_3) + b^2(\mathfrak{y}_1-\mathfrak{y}_2)(\mathfrak{y}_2-\mathfrak{y}_3) - a^2 b^2 \mathfrak{X}_1 \mathfrak{Y}_2 \cdot \mathfrak{X}_2 \mathfrak{Y}_3] z_1 z_3$$
$$+ [a^2(\mathfrak{x}_3-\mathfrak{x}_1)^2 + b^2(\mathfrak{y}_3-\mathfrak{y}_1)^2 - a^2 b^2 \mathfrak{X}_3 \mathfrak{Y}_1{}^2] z_2{}^2$$
$$+ 2[a^2(\mathfrak{x}_3-\mathfrak{x}_1)(\mathfrak{x}_1-\mathfrak{x}_2) + b^2(\mathfrak{y}_3-\mathfrak{y}_1)(\mathfrak{y}_1-\mathfrak{y}_2) - a^2 b^2 \mathfrak{X}_3 \mathfrak{Y}_1 \cdot \mathfrak{X}_1 \mathfrak{Y}_2] z_2 z_3$$
$$+ [a^2(\mathfrak{x}_1-\mathfrak{x}_2)^2 + b^2(\mathfrak{y}_1-\mathfrak{y}_2)^2 - a^2 b^2 \mathfrak{X}_1 \mathfrak{Y}_2{}^2] z_3{}^2 = 0.$$

Ferner ist (wegen Multiplication mit $\mathfrak{D}^2$) nach Art. 47, 2a)

$$C = -\mathfrak{D}^4 \cdot a^4 b^4;$$

und nach 3a), und vermöge der Werthe von A_{11}, A_{22}, A_{33}, etc., und von a_{11}, a_{22}, a_{33}

$$C_{11} = \mathfrak{D}^2[-a^2 b^4 \mathfrak{y}_1{}^2 - a^4 b^2 \mathfrak{x}_1{}^2 + a^2 b^2] = -\mathfrak{D}^2 a^2 b^2 [b^2 \mathfrak{y}_1{}^2 + a^2 \mathfrak{x}_1{}^2 - 1];$$
$$C_{12} = \mathfrak{D}^2[-a^2 b^4 \mathfrak{y}_1 \mathfrak{y}_2 - a^4 b^2 \mathfrak{x}_1 \mathfrak{x}_2 + a^2 b^2] = -\mathfrak{D}^2 a^2 b^2 [b^2 \mathfrak{y}_1 \mathfrak{y}_2 + a^2 \mathfrak{x}_1 \mathfrak{x}_2 - 1];$$
$$C_{13} = \mathfrak{D}^2[-a^2 b^4 \mathfrak{y}_3 \mathfrak{y}_1 - a^4 b^2 \mathfrak{x}_3 \mathfrak{x}_1 + a^2 b^2] = -\mathfrak{D}^2 a^2 b^2 [b^2 \mathfrak{y}_3 \mathfrak{y}_1 + a^2 \mathfrak{x}_3 \mathfrak{x}_1 - 1];$$
$$C_{22} = \mathfrak{D}^2[-a^2 b^4 \mathfrak{y}_2{}^2 - a^4 b^2 \mathfrak{x}_2{}^2 + a^2 b^2] = -\mathfrak{D}^2 a^2 b^2 [b^2 \mathfrak{y}_2{}^2 + a^2 \mathfrak{x}_2{}^2 - 1];$$
$$C_{23} = \mathfrak{D}^2[-a^2 b^4 \mathfrak{y}_2 \mathfrak{y}_3 - a^4 b^2 \mathfrak{x}_2 \mathfrak{x}_3 + a^2 b^2] = -\mathfrak{D}^2 a^2 b^2 [b^2 \mathfrak{y}_2 \mathfrak{y}_3 + a^2 \mathfrak{x}_2 \mathfrak{x}_3 - 1];$$
$$C_{33} = \mathfrak{D}^2[-a^2 b^4 \mathfrak{y}_3{}^2 - a^4 b^2 \mathfrak{x}_3{}^2 + a^2 b^2] = -\mathfrak{D}^2 a^2 b^2 [b^2 \mathfrak{y}_3{}^2 + a^2 \mathfrak{x}_3{}^2 - 1].$$

Folglich hat man

$$\mathfrak{X}_2 \mathfrak{Y}_3 [C_{11} \mathfrak{X}_2 \mathfrak{Y}_3 + C_{12} \mathfrak{X}_3 \mathfrak{Y}_1 + C_{13} \mathfrak{X}_1 \mathfrak{Y}_2] + \mathfrak{X}_3 \mathfrak{Y}_1 [C_{12} \mathfrak{X}_2 \mathfrak{Y}_3 + C_{22} \mathfrak{X}_3 \mathfrak{Y}_1 + C_{23} \mathfrak{X}_1 \mathfrak{Y}_2]$$
$$+ \mathfrak{X}_1 \mathfrak{Y}_2 [C_{13} \mathfrak{X}_2 \mathfrak{Y}_3 + C_{23} \mathfrak{X}_3 \mathfrak{Y}_1 + C_{33} \mathfrak{X}_1 \mathfrak{Y}_2]$$
$$= C_{11} \mathfrak{X}_2 \mathfrak{Y}_3{}^2 + 2 C_{12} \mathfrak{X}_2 \mathfrak{Y}_3 \cdot \mathfrak{X}_3 \mathfrak{Y}_1 + 2 C_{13} \mathfrak{X}_1 \mathfrak{Y}_2 \cdot \mathfrak{X}_2 \mathfrak{Y}_3$$
$$+ C_{22} \mathfrak{X}_3 \mathfrak{Y}_1{}^2 + 2 C_{23} \mathfrak{X}_3 \mathfrak{Y}_1 \cdot \mathfrak{X}_1 \mathfrak{Y}_2 + C_{33} \mathfrak{X}_1 \mathfrak{Y}_2{}^2$$
$$= -\mathfrak{D}^2 a^2 b^2 \{ b^2 [\mathfrak{X}_2 \mathfrak{Y}_3{}^2 \mathfrak{y}_1{}^2 + 2 \mathfrak{X}_2 \mathfrak{Y}_3 \cdot \mathfrak{X}_3 \mathfrak{Y}_1 \mathfrak{y}_1 \mathfrak{y}_2 + 2 \mathfrak{X}_1 \mathfrak{Y}_2 \cdot \mathfrak{X}_2 \mathfrak{Y}_3 \mathfrak{y}_3 \mathfrak{y}_1 + \mathfrak{X}_3 \mathfrak{Y}_1{}^2 \mathfrak{y}_2{}^2$$
$$+ 2 \mathfrak{X}_3 \mathfrak{Y}_1 \cdot \mathfrak{X}_1 \mathfrak{Y}_2 \mathfrak{y}_2 \mathfrak{y}_3 + \mathfrak{X}_1 \mathfrak{Y}_2{}^2 \mathfrak{y}_3{}^2]$$
$$+ a^2 [\mathfrak{X}_2 \mathfrak{Y}_3{}^2 \mathfrak{x}_1{}^2 + 2 \mathfrak{X}_2 \mathfrak{Y}_3 \cdot \mathfrak{X}_3 \mathfrak{Y}_1 \mathfrak{x}_1 \mathfrak{x}_2 + 2 \mathfrak{X}_1 \mathfrak{Y}_2 \cdot \mathfrak{X}_2 \mathfrak{Y}_3 \mathfrak{x}_3 \mathfrak{x}_1 + \mathfrak{X}_3 \mathfrak{Y}_1{}^2 \mathfrak{x}_2{}^2$$
$$+ 2 \mathfrak{X}_3 \mathfrak{Y}_1 \cdot \mathfrak{X}_1 \mathfrak{Y}_2 \mathfrak{x}_2 \mathfrak{x}_3 + \mathfrak{X}_1 \mathfrak{Y}_2{}^2 \mathfrak{x}_3{}^2]$$
$$- [\mathfrak{X}_2{}^2 \mathfrak{Y}_3{}^2 + 2 \mathfrak{X}_2 \mathfrak{Y}_3 \cdot \mathfrak{X}_3 \mathfrak{Y}_1 + 2 \mathfrak{X}_1 \mathfrak{Y}_2 \cdot \mathfrak{X}_2 \mathfrak{Y}_3 + \mathfrak{X}_3 \mathfrak{Y}_1{}^2$$
$$+ 2 \mathfrak{X}_3 \mathfrak{Y}_1 \cdot \mathfrak{X}_1 \mathfrak{Y}_2 + \mathfrak{X}_1 \mathfrak{Y}_2{}^2] \}$$
$$= -\mathfrak{D}^2 a^2 b^2 \{ b^2 [\mathfrak{X}_2 \mathfrak{Y}_3 \mathfrak{y}_1 + \mathfrak{X}_3 \mathfrak{Y}_1 \mathfrak{y}_2 + \mathfrak{X}_1 \mathfrak{Y}_2 \mathfrak{y}_3]^2 + a^2 [\mathfrak{X}_2 \mathfrak{Y}_3 \mathfrak{x}_1 + \mathfrak{X}_3 \mathfrak{Y}_1 \mathfrak{x}_2 + \mathfrak{X}_1 \mathfrak{Y}_2 \mathfrak{x}_3]^2$$
$$- [\mathfrak{X}_1 \mathfrak{Y}_2 + \mathfrak{X}_2 \mathfrak{Y}_3 + \mathfrak{X}_3 \mathfrak{Y}_1]^2 \}$$

nach Art. 27, 10a)
$$= - \mathfrak{D}^2 \cdot a^2 b^2 \cdot [-\mathfrak{D}^2]$$
$$= + \mathfrak{D}^4 \cdot a^2 b^2.$$

Ferner ist

$C(c_{11} \mathfrak{y}_1{}^2 + 2 c_{12} \mathfrak{y}_1 \mathfrak{y}_2 + 2 c_{13} \mathfrak{y}_1 \mathfrak{y}_3 + c_{22} \mathfrak{y}_2{}^2 + 2 c_{23} \mathfrak{y}_2 \mathfrak{y}_3 + c_{33} \mathfrak{y}_3{}^2)$
$= -\mathfrak{D}^4 a^4 b^4 \{ a^2 [(\mathfrak{x}_2 - \mathfrak{x}_3)^2 \mathfrak{y}_1{}^2 + 2(\mathfrak{x}_2 - \mathfrak{x}_3)(\mathfrak{x}_3 - \mathfrak{x}_1) \mathfrak{y}_1 \mathfrak{y}_2 + 2(\mathfrak{x}_1 - \mathfrak{x}_2)(\mathfrak{x}_2 - \mathfrak{x}_3) \mathfrak{y}_1 \mathfrak{y}_3$
$\qquad + (\mathfrak{x}_3 - \mathfrak{x}_1)^2 \mathfrak{y}_2{}^2 + 2(\mathfrak{x}_3 - \mathfrak{x}_1)(\mathfrak{x}_1 - \mathfrak{x}_2) \mathfrak{y}_2 \mathfrak{y}_3 + (\mathfrak{x}_1 - \mathfrak{x}_2)^2 \mathfrak{y}_3{}^2]$
$\qquad + b^2 [(\mathfrak{y}_2 - \mathfrak{y}_3)^2 \mathfrak{y}_1{}^2 + 2(\mathfrak{y}_2 - \mathfrak{y}_3)(\mathfrak{y}_3 - \mathfrak{y}_1) \mathfrak{y}_1 \mathfrak{y}_2 + 2(\mathfrak{y}_1 - \mathfrak{y}_2)(\mathfrak{y}_2 - \mathfrak{y}_3) \mathfrak{y}_1 \mathfrak{y}_3$
$\qquad + (\mathfrak{y}_3 - \mathfrak{y}_1)^2 \mathfrak{y}_2{}^2 + 2(\mathfrak{y}_3 - \mathfrak{y}_1)(\mathfrak{y}_1 - \mathfrak{y}_2) \mathfrak{y}_2 \mathfrak{y}_3 + (\mathfrak{y}_1 - \mathfrak{y}_2)^2 \mathfrak{y}_3{}^2]$
$\qquad - a^2 b^2 [\mathfrak{X}_2 \mathfrak{Y}_3{}^2 \mathfrak{y}_1{}^2 + 2 \mathfrak{X}_2 \mathfrak{Y}_3 \cdot \mathfrak{X}_3 \mathfrak{Y}_1 \mathfrak{y}_1 \mathfrak{y}_2 + 2 \mathfrak{X}_1 \mathfrak{Y}_2 \cdot \mathfrak{X}_2 \mathfrak{Y}_3 \mathfrak{y}_1 \mathfrak{y}_3$
$\qquad + \mathfrak{X}_3 \mathfrak{Y}_1{}^2 \mathfrak{y}_2{}^2 + 2 \mathfrak{X}_3 \mathfrak{Y}_1 \cdot \mathfrak{X}_1 \mathfrak{Y}_2 \mathfrak{y}_2 \mathfrak{y}_3 + \mathfrak{X}_1 \mathfrak{Y}_2{}^2 \mathfrak{y}_3{}^2] \}$
$= -\mathfrak{D}^4 a^4 b^4 \{ a^2 [(\mathfrak{x}_2 - \mathfrak{x}_3) \mathfrak{y}_1 + (\mathfrak{x}_3 - \mathfrak{x}_1) \mathfrak{y}_2 + (\mathfrak{x}_1 - \mathfrak{x}_2) \mathfrak{y}_3]^2 + b^2 [(\mathfrak{y}_2 - \mathfrak{y}_3) \mathfrak{y}_1$
$\qquad + (\mathfrak{y}_3 - \mathfrak{y}_1) \mathfrak{y}_2 + (\mathfrak{y}_1 - \mathfrak{y}_2) \mathfrak{y}_3]^2 - a^2 b^2 [\mathfrak{X}_2 \mathfrak{Y}_3 \mathfrak{y}_1 + \mathfrak{X}_3 \mathfrak{Y}_1 \mathfrak{y}_2 + \mathfrak{X}_1 \mathfrak{Y}_2 \mathfrak{y}_3]^2 \}$

nach Art. 27, 4a), 3a), 10a)
$$= - \mathfrak{D}^4 \cdot a^4 b^4 \cdot [a^2(-\mathfrak{D})^2]$$
$$= - \mathfrak{D}^6 \cdot a^6 b^4.$$

Ebenso ist

$C(c_{11} \mathfrak{x}_1{}^2 + 2 c_{12} \mathfrak{x}_1 \mathfrak{x}_2 + 2 c_{13} \mathfrak{x}_1 \mathfrak{x}_3 + c_{22} \mathfrak{x}_2{}^2 + 2 c_{23} \mathfrak{x}_2 \mathfrak{x}_3 + c_{33} \mathfrak{x}_3{}^2)$
$$= - \mathfrak{D}^4 \cdot a^4 b^4 \cdot [b^2 (+\mathfrak{D})^2]$$
$$= - \mathfrak{D}^6 \cdot a^4 b^6.$$

Man hat also den Fall Art. 49, I. a., 2. c., und sieht auch hieraus, dass die Curve eine Ellipse ist.

Transformirt man die ursprüngliche Gleichung $F(x,y) = 0$ auf die Form $\mathfrak{F}(\mathfrak{x}, \mathfrak{y}) = 0$, so hat man nach Art. 17, 4a), vermöge der Werthe von A_{11} etc.
$$- a^2 b^4 \mathfrak{y}^2 - a^4 b^2 \mathfrak{x}^2 + a^2 b^2 = 0;$$
und nach Art. 17, 5a) ist die neue Discriminante
$$\mathfrak{A} = A^2 = a^8 b^8.$$

Kürzt man die Curvengleichung aber durch $-a^2 b^2$, also die Discriminante durch $-a^6 b^6$, so erhält man die einfacheren Formen
$$b^2 \mathfrak{y}^2 + a^2 \mathfrak{x}^2 - 1 = 0; \qquad \qquad \dagger)$$
$$\mathfrak{A} = -a^2 b^2.$$

Es ist also, wenn man diese Formen beibehält, $\mathfrak{a}_{11} = b^2$; $\mathfrak{a}_{22} = a^2$, $\mathfrak{a}_{33} = -1$; $\mathfrak{a}_{12} = \mathfrak{a}_{13} = \mathfrak{a}_{23} = 0$, also

Art. 52.]

$$\mathfrak{a}_{33}\mathfrak{A} = a^2b^2; \quad \mathfrak{A}_{11} = -a^2; \quad \mathfrak{A}_{22} = -b^2; \quad \mathfrak{A}_{33} = a^2b^2;$$
$$\mathfrak{A}_{12} = \mathfrak{A}_{13} = \mathfrak{A}_{23} = 0;$$

folglich hat man nach Art. 15 eine Ellipse.

Transformirt man endlich die Gleichung †) auf die Form $\mathfrak{f}(\mathfrak{z}_1, \mathfrak{z}_2, \mathfrak{z}_3) = 0$, so hat man nach Art. 47, 1b) die Gleichung; wenn man mit $\mathfrak{D}^2$ multiplicirt

$$[b^2(x_2-x_3)^2 + a^2(y_2-y_3)^2 - X_2Y_3^2]\mathfrak{z}_1^2 + 2[b^2(x_2-x_3)(x_3-x_1)$$
$$+ a^2(y_2-y_3)(y_3-y_1) - X_2Y_3 \cdot X_3Y_1]\mathfrak{z}_1\mathfrak{z}_2$$
$$+ 2[b^2(x_1-x_2)(x_2-x_3) + a^2(y_1-y_2)(y_2-y_3) - X_1Y_2 \cdot X_2Y_3]\mathfrak{z}_1\mathfrak{z}_3$$
$$+ [b^2(x_3-x_1)^2 + a^2(y_3-y_1)^2 - X_3Y_1^2]\mathfrak{z}_2^2$$
$$+ 2[b^2(x_3-x_1)(x_1-x_2) + a^2(y_3-y_1)(y_1-y_2) - X_3Y_1 \cdot X_1Y_2]\mathfrak{z}_2\mathfrak{z}_3$$
$$+ [b^2(x_1-x_2)^2 + a^2(y_1-y_2)^2 - X_1Y_2^2]\mathfrak{z}_3^2 = 0.$$

Ferner ist (wegen der Multiplication mit $\mathfrak{D}^2$) nach Art. 47, 2b)

$$\mathfrak{C} = -D^4 a^2 b^2;$$

und vermöge der Werthe von $\mathfrak{A}_{11}$ etc., nach Art. 47, 3b)

$$\mathfrak{C}_{11} = D^2[-a^2 y_1^2 - b^2 x_1^2 + a^2 b^2] = -D^2[a^2 y_1^2 + b^2 x_1^2 - a^2 b^2];$$
$$\mathfrak{C}_{12} = D^2[-a^2 y_1 y_2 - b^2 x_1 x_2 + a^2 b^2] = -D^2[a^2 y_1 y_2 + b^2 x_1 x_2 - a^2 b^2];$$
$$\mathfrak{C}_{13} = D^2[-a^2 y_3 y_1 - b^2 x_3 x_1 + a^2 b^2] = -D^2[a^2 y_3 y_1 + b^2 x_3 x_1 - a^2 b^2];$$
$$\mathfrak{C}_{22} = D^2[-a^2 y_2^2 - b^2 x_2^2 + a^2 b^2] = -D^2[a^2 y_2^2 + b^2 x_2^2 - a^2 b^2];$$
$$\mathfrak{C}_{23} = D^2[-a^2 y_2 y_3 - b^2 x_2 x_3 + a^2 b^2] = -D^2[a^2 y_2 y_3 + b^2 x_2 x_3 - a^2 b^2];$$
$$\mathfrak{C}_{33} = D^2[-a^2 y_3^2 - b^2 x_3^2 + a^2 b^2] = -D^2[a^2 y_3^2 + b^2 x_3^2 - a^2 b^2].$$

Folglich hat man

$$\mathfrak{C}[\mathfrak{c}_{11} + 2\mathfrak{c}_{12} + 2\mathfrak{c}_{13} + \mathfrak{c}_{22} + 2\mathfrak{c}_{23} + \mathfrak{c}_{33}]$$
$$= -D^4 a^2 b^2 \{b^2[(x_2-x_3)^2 + 2(x_2-x_3)(x_3-x_1) + 2(x_1-x_2)(x_2-x_3)$$
$$+ (x_3-x_1)^2 + 2(x_3-x_1)(x_1-x_2) + (x_1-x_2)^2]$$
$$+ a^2[(y_2-y_3)^2 + 2(y_2-y_3)(y_3-y_1) + 2(y_1-y_2)(y_2-y_3)$$
$$+ (y_3-y_1)^2 + 2(y_3-y_1)(y_1-y_2) + (y_1-y_2)^2]$$
$$- [X_2Y_3^2 + 2X_2Y_3 \cdot X_3Y_1 + 2X_1Y_2 \cdot X_2Y_3 + X_3Y_1^2$$
$$+ 2X_3Y_1 \cdot X_1Y_2 + X_1Y_2^2]\}$$
$$= -D^4 a^2 b^2 \{b^2[(x_1-x_2)+(x_2-x_3)+(x_3-x_1)]^2 + a^2[(y_1-y_2)+(y_2-y_3)$$
$$+ (y_3-y_1)]^2 - [X_2Y_3 + X_3Y_1 + X_1Y_2]^2\}$$

oder nach Art. 27, 2b)

$$= -D^4 a^2 b^2 [-D^2]$$
$$= +D^6 a^2 b^2.$$

Ferner ist
$$(y_2 - y_3) [\mathfrak{C}_{11} (y_2 - y_3) + \mathfrak{C}_{12} (y_3 - y_1) + \mathfrak{C}_{13} (y_1 - y_2)]$$
$$+ (y_3 - y_1) [\mathfrak{C}_{12} (y_2 - y_3) + \mathfrak{C}_{22} (y_3 - y_1) + \mathfrak{C}_{23} (y_1 - y_2)]$$
$$+ (y_1 - y_2) [\mathfrak{C}_{13} (y_2 - y_3) + \mathfrak{C}_{23} (y_3 - y_1) + \mathfrak{C}_{33} (y_1 - y_2)]$$
$$= \mathfrak{C}_{11} (y_2 - y_3)^2 + 2\mathfrak{C}_{12} (y_2 - y_3)(y_3 - y_1) + 2\mathfrak{C}_{13} (y_1 - y_2)(y_2 - y_3)$$
$$+ \mathfrak{C}_{22} (y_3 - y_1)^2 + 2\mathfrak{C}_{23} (y_3 - y_1)(y_1 - y_2) + \mathfrak{C}_{33} (y_1 - y_2)^2$$
$$= -D^2 \{ a^2 [(y_2 - y_3)^2 y_1^2 + 2(y_2 - y_3)(y_3 - y_1) y_1 y_2 + 2(y_1 - y_2)(y_2 - y_3) y_1 y_3$$
$$+ (y_3 - y_1)^2 y_2^2 + 2(y_3 - y_1)(y_1 - y_2) y_2 y_3 + (y_1 - y_2)^2 y_3^2]$$
$$+ b^2 [(y_2 - y_3)^2 x_1^2 + 2(y_2 - y_3)(y_3 - y_1) x_1 x_2 + 2(y_1 - y_2)(y_2 - y_3) x_1 x_3$$
$$+ (y_3 - y_1)^2 x_2^2 + 2(y_3 - y_1)(y_1 - y_2) x_2 x_3 + (y_1 - y_2)^2 x_3^2]$$
$$- a^2 b^2 [(y_2 - y_3)^2 + 2(y_2 - y_3)(y_3 - y_1) + 2(y_1 - y_2)(y_2 - y_3) + (y_3 - y_1)^2$$
$$+ 2(y_3 - y_1)(y_1 - y_2) + (y_1 - y_2)^2]\}$$
$$= -D^2 \{ a^2 [(y_2 - y_3) y_1 + (y_3 - y_1) y_2 + (y_1 - y_2) y_3]^2 + b^2 [(y_2 - y_3) x_1$$
$$+ (y_3 - y_1) x_2 + (y_1 - y_2) x_3]^2 - a^2 b^2 [(y_1 - y_2) + (y_2 - y_3) + (y_3 - y_1)]^2 \}$$

oder nach Art. 27, 3b), 4b), 2b)
$$= -D^2 \cdot b^2 \cdot D^2$$
$$= -D^4 \cdot b^2.$$

Ebenso ist
$$(x_2 - x_3) [\mathfrak{C}_{11} (x_2 - x_3) + \mathfrak{C}_{12} (x_3 - x_1) + \mathfrak{C}_{13} (x_1 - x_2)]$$
$$+ (x_3 - x_1) [\mathfrak{C}_{12} (x_2 - x_3) + \mathfrak{C}_{22} (x_3 - x_1) + \mathfrak{C}_{23} (x_1 - x_2)]$$
$$+ (x_1 - x_2) [\mathfrak{C}_{13} (x_2 - x_3) + \mathfrak{C}_{23} (x_3 - x_1) + \mathfrak{C}_{33} (x_1 - x_2)]$$
$$= -D^2 \cdot a^2 \cdot (-D)^2$$
$$= -D^4 \cdot a^2.$$

Man hat also den Fall Art. 49, I. b. 2. c., und sieht auch hier, dass die Curve eine Ellipse ist.

Ebenso überzeugt man sich in allen Fällen, dass die Gleichung $F(x, y) = a^2 y^2 + b^2 x^2 + a^2 b^2 = 0$ etwas Imaginäres, die Gleichung $F(x, y) = a^2 y^2 - b^2 x^2 + a^2 b^2 = 0$ eine Hyperbel, die Gleichung $y^2 - 2px = 0$ eine Parabel bezeichnet.

53. Soll die Gleichung $f(z_1, z_2, z_3) = 0$, $\mathfrak{f}(\mathfrak{z}_1, \mathfrak{z}_2, \mathfrak{z}_3) = 0$ eines Kegelschnitts auf ein anderes Dreiseit oder Dreieck (mit Beibehaltung des Coordinaten-Anfangspunkts) transformirt werden, so erhält man durch Einsetzen der Werthe Art. 28, 9a), 9b) in die Kegelschnittsgleichung als Coefficienten in der neuen Kegelschnittsgleichung

Art. 53.]

$$c'_{11}=\frac{1}{\mathfrak{D}'^2}\cdot\left[c_{11}\,\mathfrak{D}'_{11}{}^2 + 2\,c_{12}\,\mathfrak{D}'_{11}\mathfrak{D}'_{12} + 2\,c_{13}\,\mathfrak{D}'_{11}\mathfrak{D}'_{13} + c_{22}\,\mathfrak{D}'_{12}{}^2\right.$$
$$\left. + 2\,c_{23}\,\mathfrak{D}'_{12}\mathfrak{D}'_{13} + c_{33}\,\mathfrak{D}'_{13}{}^2\right];$$

$$c'_{22}=\frac{1}{\mathfrak{D}'^2}\cdot\left[c_{11}\,\mathfrak{D}'_{21}{}^2 + 2\,c_{12}\,\mathfrak{D}'_{21}\mathfrak{D}'_{22} + 2\,c_{13}\,\mathfrak{D}'_{21}\mathfrak{D}'_{23} + c_{22}\,\mathfrak{D}'_{22}{}^2\right.$$
$$\left. + 2\,c_{23}\,\mathfrak{D}'_{22}\mathfrak{D}'_{23} + c_{33}\,\mathfrak{D}'_{23}{}^2\right];$$

$$c'_{33}=\frac{1}{\mathfrak{D}'^2}\cdot\left[c_{11}\,\mathfrak{D}'_{31}{}^2 + 2\,c_{12}\,\mathfrak{D}'_{31}\mathfrak{D}'_{32} + 2\,c_{13}\,\mathfrak{D}'_{31}\mathfrak{D}'_{33} + c_{22}\,\mathfrak{D}'_{32}{}^2\right.$$
$$\left. + 2\,c_{23}\,\mathfrak{D}'_{32}\mathfrak{D}'_{33} + c_{33}\,\mathfrak{D}'_{33}{}^2\right];$$

$$c'_{12}=\frac{1}{\mathfrak{D}'^2}\cdot\left[c_{11}\mathfrak{D}'_{11}\mathfrak{D}'_{21}+c_{12}(\mathfrak{D}'_{11}\mathfrak{D}'_{22}+\mathfrak{D}'_{21}\mathfrak{D}'_{12})+c_{13}(\mathfrak{D}'_{11}\mathfrak{D}'_{23}+\mathfrak{D}'_{21}\mathfrak{D}'_{13})\right.$$
$$\left.+c_{22}\mathfrak{D}'_{12}\mathfrak{D}'_{22}+c_{23}(\mathfrak{D}'_{12}\mathfrak{D}'_{23}+\mathfrak{D}'_{22}\mathfrak{D}'_{13})+c_{33}\mathfrak{D}'_{13}\mathfrak{D}'_{23}\right];$$

$$c'_{23}=\frac{1}{\mathfrak{D}'^2}\cdot\left[c_{11}\mathfrak{D}'_{21}\mathfrak{D}'_{31}+c_{12}(\mathfrak{D}'_{21}\mathfrak{D}'_{32}+\mathfrak{D}'_{31}\mathfrak{D}'_{22})+c_{13}(\mathfrak{D}'_{21}\mathfrak{D}'_{33}+\mathfrak{D}'_{31}\mathfrak{D}'_{23})\right.$$
$$\left.+c_{22}\mathfrak{D}'_{22}\mathfrak{D}'_{32}+c_{23}(\mathfrak{D}'_{22}\mathfrak{D}'_{33}+\mathfrak{D}'_{32}\mathfrak{D}'_{23})+c_{33}\mathfrak{D}'_{23}\mathfrak{D}'_{33}\right];$$

$$c'_{31}=\frac{1}{\mathfrak{D}'^2}\cdot\left[c_{11}\mathfrak{D}'_{31}\mathfrak{D}'_{11}+c_{12}(\mathfrak{D}'_{31}\mathfrak{D}'_{12}+\mathfrak{D}'_{11}\mathfrak{D}'_{32})+c_{13}(\mathfrak{D}'_{31}\mathfrak{D}'_{13}+\mathfrak{D}'_{11}\mathfrak{D}'_{33})\right.$$
$$\left.+c_{22}\mathfrak{D}'_{32}\mathfrak{D}'_{12}+c_{23}(\mathfrak{D}'_{32}\mathfrak{D}'_{13}+\mathfrak{D}'_{12}\mathfrak{D}'_{33})+c_{33}\mathfrak{D}'_{33}\mathfrak{D}'_{13}\right];$$

$1a)$

$$c'_{11}=\frac{1}{D'^2}\cdot\left[\mathfrak{c}_{11}\,D'_{11}{}^2 + 2\,\mathfrak{c}_{12}\,D'_{11}D'_{12} + 2\,\mathfrak{c}_{13}\,D'_{11}D'_{13} + \mathfrak{c}_{22}\,D'_{12}{}^2\right.$$
$$\left. + 2\,\mathfrak{c}_{23}\,D'_{12}D'_{13} + \mathfrak{c}_{33}\,D'_{13}{}^2\right];$$

$$c'_{22}=\frac{1}{D'^2}\cdot\left[\mathfrak{c}_{11}\,D'_{21}{}^2 + 2\,\mathfrak{c}_{12}\,D'_{21}D'_{22} + 2\,\mathfrak{c}_{13}\,D'_{21}D'_{23} + \mathfrak{c}_{22}\,D'_{22}{}^2\right.$$
$$\left. + 2\,\mathfrak{c}_{23}\,D'_{22}D'_{23} + \mathfrak{c}_{33}\,D'_{23}{}^2\right];$$

$$c'_{33}=\frac{1}{D'^2}\left[\mathfrak{c}_{11}\,D'_{31}{}^2 + 2\,\mathfrak{c}_{12}\,D'_{31}D'_{32} + 2\,\mathfrak{c}_{13}\,D'_{31}D'_{33} + \mathfrak{c}_{22}\,D'_{32}{}^2\right.$$
$$\left. + 2\,\mathfrak{c}_{23}\,D'_{32}D'_{33} + \mathfrak{c}_{33}\,D'_{33}{}^2\right];$$

$$c'_{12}=\frac{1}{D'^2}\cdot\left[\mathfrak{c}_{11}D'_{11}D'_{21}+\mathfrak{c}_{12}(D'_{11}D'_{22}+D'_{21}D'_{12})+\mathfrak{c}_{13}(D'_{11}D'_{23}+D'_{21}D'_{13})\right.$$
$$\left.+\mathfrak{c}_{22}D'_{12}D'_{22}+\mathfrak{c}_{23}(D'_{12}D'_{23}+D'_{22}D'_{13})+\mathfrak{c}_{33}D'_{13}D'_{23}\right];$$

$$c'_{23}=\frac{1}{D'^2}\cdot\left[\mathfrak{c}_{11}D'_{21}D'_{31}+\mathfrak{c}_{12}(D'_{21}D'_{32}+D'_{31}D'_{22})+\mathfrak{c}_{13}(D'_{21}D'_{33}+D'_{31}D'_{23})\right.$$
$$\left.+\mathfrak{c}_{22}D'_{22}D'_{32}+\mathfrak{c}_{23}(D'_{22}D'_{33}+D'_{32}D'_{23})+\mathfrak{c}_{33}D'_{23}D'_{33}\right];$$

$$c'_{31}=\frac{1}{D'^2}\cdot\left[\mathfrak{c}_{11}D'_{31}D'_{11}+\mathfrak{c}_{12}(D'_{31}D'_{12}+D'_{11}D'_{32})+\mathfrak{c}_{13}(D'_{31}D'_{13}+D'_{11}D'_{33})\right.$$
$$\left.+\mathfrak{c}_{22}D'_{32}D'_{12}+\mathfrak{c}_{23}(D'_{32}D'_{13}+D'_{12}D'_{33})+\mathfrak{c}_{33}D'_{33}D'_{13}\right].$$

$1b)$

Man bemerkt auch hier sogleich, dass von den Werthen

$c'_{11}, c'_{22}, c'_{33}, c'_{11}$, und von den Werthen $c'_{12}, c'_{23}, c'_{33}, c'_{12}$, jeder folgende aus dem vorhergehenden hervorgeht, indem man die ersten Indices aller $\mathfrak{D}$ in cyklischer Reihenfolge je um 1 fortschiebt. Gleiches findet mit den Werthen für $c'_{11}, c'_{22}, c'_{33} c'_{11}$; und $c'_{12}, c'_{23}, c'_{31}, c'_{12}$ statt.

Um nun die Partial-Determinanten $C'_{11}, C'_{22}, C'_{33}, C'_{12}, C'_{23}, C'_{31}$ der Discriminante der neuen Gleichung zu finden, hat man, da nach Art. 43, 7a), 8a) von den Werthen der drei ersten, und von den Werthen der drei letzten jeder folgende durch Fortrücken der Stellenzeiger im vorhergehenden hervorgeht, nur einen Werth, etwa C'_{11} der ersten, und einen Werth, etwa C'_{23} der drei letzten zu berechnen, und findet dann durch Fortschieben der ersten Indices an den $\mathfrak{D}$ die übrigen. Setzt man nun in der Gleichung

$$C'_{11} = c'_{22} c'_{33} - c'^2_{23}$$

für $c'_{11}, c'_{22}, c'_{23}$ ihre Werthe aus 1a) ein, so ergiebt sich nach einigen Zusammenziehungen:

$$C'_{11} = \frac{1}{\mathfrak{D}'^4} \cdot \big\{ C_{33}[\mathfrak{D}'_{21}\mathfrak{D}'_{32} - \mathfrak{D}'_{22}\mathfrak{D}'_{31}]^2 + 2C_{23}[\mathfrak{D}'_{21}\mathfrak{D}'_{32} - \mathfrak{D}'_{22}\mathfrak{D}'_{31}]$$
$$\cdot [\mathfrak{D}'_{23}\mathfrak{D}'_{31} - \mathfrak{D}'_{21}\mathfrak{D}'_{33}] + C_{22}[\mathfrak{D}'_{23}\mathfrak{D}'_{31} - \mathfrak{D}'_{21}\mathfrak{D}'_{33}]^2$$
$$+ 2C_{31}[\mathfrak{D}'_{22}\mathfrak{D}'_{33} - \mathfrak{D}'_{23}\mathfrak{D}'_{32}][\mathfrak{D}'_{21}\mathfrak{D}'_{32} - \mathfrak{D}'_{22}\mathfrak{D}'_{31}]$$
$$+ 2C_{12}[\mathfrak{D}'_{23}\mathfrak{D}'_{31} - \mathfrak{D}'_{21}\mathfrak{D}'_{33}][\mathfrak{D}'_{22}\mathfrak{D}'_{33} - \mathfrak{D}'_{23}\mathfrak{D}'_{32}]$$
$$+ C_{11}[\mathfrak{D}'_{22}\mathfrak{D}'_{33} - \mathfrak{D}'_{23}\mathfrak{D}'_{32}]^2 \big\};$$

oder nach Art. 29, III) a'_2, b'_2, c'_2

$$C'_{11} = \frac{1}{\mathfrak{D}'^2} \cdot \big[C_{33}\mathfrak{D}_{31}^2 + 2C_{23}\mathfrak{D}_{31}\mathfrak{D}_{21} + C_{22}\mathfrak{D}_{21}^2 + 2C_{31}\mathfrak{D}_{11}\mathfrak{D}_{31}$$
$$+ 2C_{12}\mathfrak{D}_{21}\mathfrak{D}_{11} + C_{11}\mathfrak{D}_{11}^2 \big].$$

Da nun, wie man sogleich sieht, in Art. 29, III) die linke Seite der Gleichung a'_2 aus der linken Seite der Gleichung a'_1 durch Fortschieben der ersten Indices an den $\mathfrak{D}'$, die rechte Seite aber durch Fortschieben der zweiten Indices an den $\mathfrak{D}$ hervorgeht, so hat man, um C'_{22}, C'_{33} zu finden, im Werthe von C'_{11} nur die zweiten Indices der $\mathfrak{D}$ fortzurücken, wobei zugleich dem Werthe von C'_{11} die Form gegeben werden soll

$$C'_{11} = \frac{1}{\mathfrak{D}'^2} \cdot \big[C_{11}\mathfrak{D}_{11}^2 + 2C_{12}\mathfrak{D}_{11}\mathfrak{D}_{21} + 2C_{13}\mathfrak{D}_{11}\mathfrak{D}_{31} + C_{22}\mathfrak{D}_{21}^2$$
$$+ 2C_{23}\mathfrak{D}_{21}\mathfrak{D}_{31} + C_{33}\mathfrak{D}_{31}^2 \big].$$

[Art. 53.]

Setzt man ebenso in der Gleichung
$$C'_{23} = c'_{21} c'_{31} - c'_{23} c'_{11}$$
für $c'_{21} = c'_{12}$, $c'_{31} = c'_{31}$; c'_{23}, c'_{11} ihre Werthe aus 1a) ein, so erhält man nach gehöriger Vereinfachung und Zusammenziehung:

$$\begin{aligned}
C'_{23} = \frac{1}{\mathfrak{D}'^4} \cdot \big\{ &C_{11}[\mathfrak{D}'_{32}\mathfrak{D}'_{13} - \mathfrak{D}'_{33}\mathfrak{D}'_{12}][\mathfrak{D}'_{12}\mathfrak{D}'_{23} - \mathfrak{D}'_{13}\mathfrak{D}'_{22}] \\
&+ C_{12}[(\mathfrak{D}'_{32}\mathfrak{D}'_{13} - \mathfrak{D}'_{33}\mathfrak{D}'_{12})(\mathfrak{D}'_{13}\mathfrak{D}'_{21} - \mathfrak{D}'_{11}\mathfrak{D}'_{23}) \\
&\quad + (\mathfrak{D}'_{33}\mathfrak{D}'_{11} - \mathfrak{D}'_{31}\mathfrak{D}'_{13})(\mathfrak{D}'_{12}\mathfrak{D}'_{23} - \mathfrak{D}'_{13}\mathfrak{D}'_{22})] \\
&+ C_{31}[(\mathfrak{D}'_{32}\mathfrak{D}'_{13} - \mathfrak{D}'_{33}\mathfrak{D}'_{12})(\mathfrak{D}'_{11}\mathfrak{D}'_{22} - \mathfrak{D}'_{12}\mathfrak{D}'_{21}) \\
&\quad + (\mathfrak{D}'_{31}\mathfrak{D}'_{12} - \mathfrak{D}'_{32}\mathfrak{D}'_{11})(\mathfrak{D}'_{12}\mathfrak{D}'_{23} - \mathfrak{D}'_{13}\mathfrak{D}'_{22})] \\
&+ C_{22}[\mathfrak{D}'_{33}\mathfrak{D}'_{11} - \mathfrak{D}'_{31}\mathfrak{D}'_{13}][\mathfrak{D}'_{13}\mathfrak{D}'_{21} - \mathfrak{D}'_{11}\mathfrak{D}'_{23}] \\
&+ C_{23}[(\mathfrak{D}'_{33}\mathfrak{D}'_{11} - \mathfrak{D}'_{31}\mathfrak{D}'_{13})(\mathfrak{D}'_{11}\mathfrak{D}'_{22} - \mathfrak{D}'_{12}\mathfrak{D}'_{21}) \\
&\quad + (\mathfrak{D}'_{31}\mathfrak{D}'_{12} - \mathfrak{D}'_{32}\mathfrak{D}'_{11})(\mathfrak{D}'_{13}\mathfrak{D}'_{21} - \mathfrak{D}'_{11}\mathfrak{D}'_{23})] \\
&+ C_{33}[\mathfrak{D}'_{31}\mathfrak{D}'_{12} - \mathfrak{D}'_{32}\mathfrak{D}'_{11}][\mathfrak{D}'_{11}\mathfrak{D}'_{22} - \mathfrak{D}'_{12}\mathfrak{D}'_{21}] \big\}
\end{aligned}$$

oder nach Art. 29, III) a'_1, b'_1, c'_1; a'_3, b'_3, c'_3

$$C'_{23} = \frac{1}{\mathfrak{D}'^2} \cdot \big[C_{11}\mathfrak{D}_{12}\mathfrak{D}_{13} + C_{12}(\mathfrak{D}_{12}\mathfrak{D}_{23} + \mathfrak{D}_{22}\mathfrak{D}_{13}) + C_{13}(\mathfrak{D}_{12}\mathfrak{D}_{33} + \mathfrak{D}_{32}\mathfrak{D}_{13}) \\
+ C_{22}\mathfrak{D}_{22}\mathfrak{D}_{23} + C_{23}(\mathfrak{D}_{22}\mathfrak{D}_{33} + \mathfrak{D}_{32}\mathfrak{D}_{23}) + C_{33}\mathfrak{D}_{32}\mathfrak{D}_{33} \big]$$

oder

$$C'_{23} = \frac{1}{\mathfrak{D}'^2} \cdot \big[C_{11}\mathfrak{D}_{12}\mathfrak{D}_{13} + C_{12}(\mathfrak{D}_{12}\mathfrak{D}_{23} + \mathfrak{D}_{13}\mathfrak{D}_{22}) + C_{13}(\mathfrak{D}_{12}\mathfrak{D}_{33} + \mathfrak{D}_{13}\mathfrak{D}_{32}) \\
+ C_{22}\mathfrak{D}_{22}\mathfrak{D}_{23} + C_{23}(\mathfrak{D}_{22}\mathfrak{D}_{33} + \mathfrak{D}_{23}\mathfrak{D}_{32}) + C_{33}\mathfrak{D}_{32}\mathfrak{D}_{33} \big].$$

Durch Fortschieben des zweiten Index an den $\mathfrak{D}$ findet man C'_{31} und C'_{12}. Man erhält also:

$$\left. \begin{aligned}
C'_{11} &= \frac{1}{\mathfrak{D}'^2} \cdot \big[C_{11}\mathfrak{D}_{11}^2 + 2C_{12}\mathfrak{D}_{11}\mathfrak{D}_{21} + 2C_{13}\mathfrak{D}_{11}\mathfrak{D}_{31} + C_{22}\mathfrak{D}_{21}^2 \\
&\qquad + 2C_{23}\mathfrak{D}_{21}\mathfrak{D}_{31} + C_{33}\mathfrak{D}_{31}^2 \big]; \\
C'_{22} &= \frac{1}{\mathfrak{D}'^2} \cdot \big[C_{11}\mathfrak{D}_{12}^2 + 2C_{12}\mathfrak{D}_{12}\mathfrak{D}_{22} + 2C_{13}\mathfrak{D}_{12}\mathfrak{D}_{32} + C_{22}\mathfrak{D}_{22}^2 \\
&\qquad + 2C_{23}\mathfrak{D}_{22}\mathfrak{D}_{32} + C_{33}\mathfrak{D}_{32}^2 \big]; \\
C'_{33} &= \frac{1}{\mathfrak{D}'^2} \cdot \big[C_{11}\mathfrak{D}_{13}^2 + 2C_{12}\mathfrak{D}_{13}\mathfrak{D}_{23} + 2C_{13}\mathfrak{D}_{13}\mathfrak{D}_{33} + C_{22}\mathfrak{D}_{23}^2 \\
&\qquad + 2C_{23}\mathfrak{D}_{23}\mathfrak{D}_{33} + C_{33}\mathfrak{D}_{33}^2 \big]; \\
C'_{12} &= \frac{1}{\mathfrak{D}'^2} \cdot \big[C_{11}\mathfrak{D}_{11}\mathfrak{D}_{12} + C_{12}(\mathfrak{D}_{11}\mathfrak{D}_{22} + \mathfrak{D}_{12}\mathfrak{D}_{21}) + C_{13}(\mathfrak{D}_{11}\mathfrak{D}_{32} + \mathfrak{D}_{12}\mathfrak{D}_{31}) \\
&\qquad + C_{22}\mathfrak{D}_{21}\mathfrak{D}_{22} + C_{23}(\mathfrak{D}_{21}\mathfrak{D}_{32} + \mathfrak{D}_{22}\mathfrak{D}_{31}) + C_{33}\mathfrak{D}_{31}\mathfrak{D}_{32} \big];
\end{aligned} \right\} 2a)$$

$$\left.\begin{aligned}C'_{23} &= \tfrac{1}{\mathfrak{D}'^2}\cdot\Big[C_{11}\mathfrak{D}_{12}\mathfrak{D}_{13}+C_{12}(\mathfrak{D}_{12}\mathfrak{D}_{23}+\mathfrak{D}_{13}\mathfrak{D}_{22})+C_{13}(\mathfrak{D}_{12}\mathfrak{D}_{33}+\mathfrak{D}_{13}\mathfrak{D}_{32})\\ &\qquad +C_{22}\mathfrak{D}_{22}\mathfrak{D}_{23}+C_{23}(\mathfrak{D}_{22}\mathfrak{D}_{33}+\mathfrak{D}_{23}\mathfrak{D}_{32})+C_{33}\mathfrak{D}_{32}\mathfrak{D}_{33}\Big];\\ C'_{31} &= \tfrac{1}{\mathfrak{D}'^2}\cdot\Big[C_{11}\mathfrak{D}_{13}\mathfrak{D}_{11}+C_{12}(\mathfrak{D}_{13}\mathfrak{D}_{21}+\mathfrak{D}_{11}\mathfrak{D}_{23})+C_{13}(\mathfrak{D}_{13}\mathfrak{D}_{31}+\mathfrak{D}_{11}\mathfrak{D}_{33})\\ &\qquad +C_{22}\mathfrak{D}_{23}\mathfrak{D}_{21}+C_{23}(\mathfrak{D}_{23}\mathfrak{D}_{31}+\mathfrak{D}_{21}\mathfrak{D}_{33})+C_{33}\mathfrak{D}_{33}\mathfrak{D}_{31}\Big];\end{aligned}\right\}$$

und ebenso hat man

$$\left.\begin{aligned}\mathfrak{C}'_{11} &= \tfrac{1}{D'^2}\cdot\Big[\mathfrak{C}_{11}\,D_{11}^{\,2}+2\,\mathfrak{C}_{12}\,D_{11}D_{21}+2\,\mathfrak{C}_{13}\,D_{11}D_{31}+\mathfrak{C}_{22}\,D_{21}^{\,2}\\ &\qquad +2\,\mathfrak{C}_{23}\,D_{21}D_{31}+\mathfrak{C}_{33}\,D_{31}^{\,2}\Big];\\ \mathfrak{C}'_{22} &= \tfrac{1}{D'^2}\cdot\Big[\mathfrak{C}_{11}\,D_{12}^{\,2}+2\,\mathfrak{C}_{12}\,D_{12}D_{22}+2\,\mathfrak{C}_{13}\,D_{12}D_{32}+\mathfrak{C}_{22}\,D_{22}^{\,2}\\ &\qquad +2\,\mathfrak{C}_{23}\,D_{22}D_{32}+\mathfrak{C}_{33}\,D_{32}^{\,2}\Big];\\ \mathfrak{C}'_{33} &= \tfrac{1}{D'^2}\cdot\Big[\mathfrak{C}_{11}\,D_{13}^{\,2}+2\,\mathfrak{C}_{12}\,D_{13}D_{23}+2\,\mathfrak{C}_{13}\,D_{13}D_{33}+\mathfrak{C}_{22}\,D_{23}^{\,2}\\ &\qquad +2\,\mathfrak{C}_{23}\,D_{23}D_{33}+\mathfrak{C}_{33}\,D_{33}^{\,2}\Big];\\ \mathfrak{C}'_{12} &= \tfrac{1}{D'^2}\cdot\Big[\mathfrak{C}_{11}D_{11}D_{12}+\mathfrak{C}_{12}(D_{11}D_{22}+D_{12}D_{21})+\mathfrak{C}_{13}(D_{11}D_{32}+D_{12}D_{31})\\ &\qquad +\mathfrak{C}_{22}D_{21}D_{22}+\mathfrak{C}_{23}(D_{21}D_{32}+D_{22}D_{31})+\mathfrak{C}_{33}D_{31}D_{32}\Big];\\ \mathfrak{C}'_{23} &= \tfrac{1}{D'^2}\cdot\Big[\mathfrak{C}_{11}D_{12}D_{13}+\mathfrak{C}_{12}(D_{12}D_{23}+D_{13}D_{22})+\mathfrak{C}_{13}(D_{12}D_{33}+D_{13}D_{32})\\ &\qquad +\mathfrak{C}_{22}D_{22}D_{23}+\mathfrak{C}_{23}(D_{22}D_{33}+D_{23}D_{32})+\mathfrak{C}_{33}D_{32}D_{33}\Big];\\ \mathfrak{C}'_{31} &= \tfrac{1}{D'^2}\cdot\Big[\mathfrak{C}_{11}D_{13}D_{11}+\mathfrak{C}_{12}(D_{13}D_{21}+D_{11}D_{23})+\mathfrak{C}_{13}(D_{13}D_{31}+D_{11}D_{33})\\ &\qquad +\mathfrak{C}_{22}D_{23}D_{21}+\mathfrak{C}_{23}(D_{23}D_{31}+D_{21}D_{33})+\mathfrak{C}_{33}D_{33}D_{31}\Big];\end{aligned}\right\} 2b)$$

Man bemerkt sogleich die Analogie dieser Ausdrücke mit den in 1a), 1b) aufgestellten für c'_{11}, c'_{12}, etc., $\mathfrak{c}'_{11}, \mathfrak{c}'_{12}$, etc.

Um die Discriminante C' der neuen Gleichung zu finden, halten wir uns an die Regel

$$C' = C'_{11}\,c'_{11} + C'_{12}\,c'_{12} + C'_{13}\,c'_{13}.$$

Werden hier für $C'_{11}, C'_{12}, C'_{13}$ die Werthe aus 2a), für $c'_{11}, c'_{12}, c'_{13}$ die Werthe aus 1a) eingesetzt, so erhält man nach einigen Umformungen:

Art. 53.] — 201 —

$$C' = \tfrac{1}{\mathfrak{D}'^4} \cdot \big\{ [(C_{11}\mathfrak{D}_{11}+C_{12}\mathfrak{D}_{21}+C_{13}\mathfrak{D}_{31})(c_{11}\mathfrak{D}'_{11}+c_{12}\mathfrak{D}'_{12}+c_{13}\mathfrak{D}'_{13})$$
$$+ (C_{11}\mathfrak{D}_{12}+C_{12}\mathfrak{D}_{22}+C_{13}\mathfrak{D}_{32})(c_{11}\mathfrak{D}'_{21}+c_{12}\mathfrak{D}'_{22}+c_{13}\mathfrak{D}'_{23})$$
$$+ (C_{11}\mathfrak{D}_{13}+C_{12}\mathfrak{D}_{23}+C_{13}\mathfrak{D}_{33})(c_{11}\mathfrak{D}'_{31}+c_{12}\mathfrak{D}'_{32}+c_{13}\mathfrak{D}'_{33})]\,\mathfrak{D}_{11}\mathfrak{D}'_{11}$$
$$+ [(C_{11}\mathfrak{D}_{11}+C_{12}\mathfrak{D}_{21}+C_{13}\mathfrak{D}_{31})(c_{21}\mathfrak{D}'_{11}+c_{22}\mathfrak{D}'_{12}+c_{23}\mathfrak{D}'_{13})$$
$$+ (C_{11}\mathfrak{D}_{12}+C_{12}\mathfrak{D}_{22}+C_{13}\mathfrak{D}_{32})(c_{21}\mathfrak{D}'_{21}+c_{22}\mathfrak{D}'_{22}+c_{23}\mathfrak{D}'_{23})$$
$$+ (C_{11}\mathfrak{D}_{13}+C_{12}\mathfrak{D}_{23}+C_{13}\mathfrak{D}_{33})(c_{21}\mathfrak{D}'_{31}+c_{22}\mathfrak{D}'_{32}+c_{23}\mathfrak{D}'_{33})]\,\mathfrak{D}_{11}\mathfrak{D}'_{12}$$
$$+ [(C_{11}\mathfrak{D}_{11}+C_{12}\mathfrak{D}_{21}+C_{13}\mathfrak{D}_{31})(c_{31}\mathfrak{D}'_{11}+c_{32}\mathfrak{D}'_{12}+c_{33}\mathfrak{D}'_{13})$$
$$+ (C_{11}\mathfrak{D}_{12}+C_{12}\mathfrak{D}_{22}+C_{13}\mathfrak{D}_{32})(c_{31}\mathfrak{D}'_{21}+c_{32}\mathfrak{D}'_{22}+c_{33}\mathfrak{D}'_{23})$$
$$+ (C_{11}\mathfrak{D}_{13}+C_{12}\mathfrak{D}_{23}+C_{13}\mathfrak{D}_{33})(c_{31}\mathfrak{D}'_{31}+c_{32}\mathfrak{D}'_{32}+c_{33}\mathfrak{D}'_{33})]\,\mathfrak{D}_{11}\mathfrak{D}'_{13}$$
$$+ [(C_{21}\mathfrak{D}_{11}+C_{22}\mathfrak{D}_{21}+C_{23}\mathfrak{D}_{31})(c_{11}\mathfrak{D}'_{11}+c_{12}\mathfrak{D}'_{12}+c_{13}\mathfrak{D}'_{13})$$
$$+ (C_{21}\mathfrak{D}_{12}+C_{22}\mathfrak{D}_{22}+C_{23}\mathfrak{D}_{32})(c_{11}\mathfrak{D}'_{21}+c_{12}\mathfrak{D}'_{22}+c_{13}\mathfrak{D}'_{23})$$
$$+ (C_{21}\mathfrak{D}_{13}+C_{22}\mathfrak{D}_{23}+C_{23}\mathfrak{D}_{33})(c_{11}\mathfrak{D}'_{31}+c_{12}\mathfrak{D}'_{32}+c_{13}\mathfrak{D}'_{33})]\,\mathfrak{D}_{21}\mathfrak{D}'_{11}$$
$$+ [(C_{21}\mathfrak{D}_{11}+C_{22}\mathfrak{D}_{21}+C_{23}\mathfrak{D}_{31})(c_{21}\mathfrak{D}'_{11}+c_{22}\mathfrak{D}'_{12}+c_{23}\mathfrak{D}'_{13})$$
$$+ (C_{21}\mathfrak{D}_{12}+C_{22}\mathfrak{D}_{22}+C_{23}\mathfrak{D}_{32})(c_{21}\mathfrak{D}'_{21}+c_{22}\mathfrak{D}'_{22}+c_{23}\mathfrak{D}'_{23})$$
$$+ (C_{21}\mathfrak{D}_{13}+C_{22}\mathfrak{D}_{23}+C_{23}\mathfrak{D}_{33})(c_{21}\mathfrak{D}'_{31}+c_{22}\mathfrak{D}'_{32}+c_{23}\mathfrak{D}'_{33})]\,\mathfrak{D}_{21}\mathfrak{D}'_{12}$$
$$+ [(C_{21}\mathfrak{D}_{11}+C_{22}\mathfrak{D}_{21}+C_{23}\mathfrak{D}_{31})(c_{31}\mathfrak{D}'_{11}+c_{32}\mathfrak{D}'_{12}+c_{33}\mathfrak{D}'_{13})$$
$$+ (C_{21}\mathfrak{D}_{12}+C_{22}\mathfrak{D}_{22}+C_{23}\mathfrak{D}_{32})(c_{31}\mathfrak{D}'_{21}+c_{32}\mathfrak{D}'_{22}+c_{33}\mathfrak{D}'_{23})$$
$$+ (C_{21}\mathfrak{D}_{13}+C_{22}\mathfrak{D}_{23}+C_{23}\mathfrak{D}_{33})(c_{31}\mathfrak{D}'_{31}+c_{32}\mathfrak{D}'_{32}+c_{33}\mathfrak{D}'_{33})]\,\mathfrak{D}_{21}\mathfrak{D}'_{13}$$
$$+ [(C_{31}\mathfrak{D}_{11}+C_{32}\mathfrak{D}_{21}+C_{33}\mathfrak{D}_{31})(c_{11}\mathfrak{D}'_{11}+c_{12}\mathfrak{D}'_{12}+c_{13}\mathfrak{D}'_{13})$$
$$+ (C_{31}\mathfrak{D}_{12}+C_{32}\mathfrak{D}_{22}+C_{33}\mathfrak{D}_{32})(c_{11}\mathfrak{D}'_{21}+c_{12}\mathfrak{D}'_{22}+c_{13}\mathfrak{D}'_{23})$$
$$+ (C_{31}\mathfrak{D}_{13}+C_{32}\mathfrak{D}_{23}+C_{33}\mathfrak{D}_{33})(c_{11}\mathfrak{D}'_{31}+c_{12}\mathfrak{D}'_{32}+c_{13}\mathfrak{D}'_{33})]\,\mathfrak{D}_{31}\mathfrak{D}'_{11}$$
$$+ [(C_{31}\mathfrak{D}_{11}+C_{32}\mathfrak{D}_{21}+C_{33}\mathfrak{D}_{31})(c_{21}\mathfrak{D}'_{11}+c_{22}\mathfrak{D}'_{12}+c_{23}\mathfrak{D}'_{13})$$
$$+ (C_{31}\mathfrak{D}_{12}+C_{32}\mathfrak{D}_{22}+C_{33}\mathfrak{D}_{32})(c_{21}\mathfrak{D}'_{21}+c_{22}\mathfrak{D}'_{22}+c_{23}\mathfrak{D}'_{23})$$
$$+ (C_{31}\mathfrak{D}_{13}+C_{32}\mathfrak{D}_{23}+C_{33}\mathfrak{D}_{33})(c_{21}\mathfrak{D}'_{31}+c_{22}\mathfrak{D}'_{32}+c_{23}\mathfrak{D}'_{33})]\,\mathfrak{D}_{31}\mathfrak{D}'_{12}$$
$$+ [(C_{31}\mathfrak{D}_{11}+C_{32}\mathfrak{D}_{21}+C_{33}\mathfrak{D}_{31})(c_{31}\mathfrak{D}'_{11}+c_{32}\mathfrak{D}'_{12}+c_{33}\mathfrak{D}'_{13})$$
$$+ (C_{31}\mathfrak{D}_{12}+C_{32}\mathfrak{D}_{22}+C_{33}\mathfrak{D}_{32})(c_{31}\mathfrak{D}'_{21}+c_{32}\mathfrak{D}'_{22}+c_{33}\mathfrak{D}'_{23})$$
$$+ (C_{31}\mathfrak{D}_{13}+C_{32}\mathfrak{D}_{23}+C_{33}\mathfrak{D}_{33})(c_{31}\mathfrak{D}'_{31}+c_{32}\mathfrak{D}'_{32}+c_{33}\mathfrak{D}'_{33})]\,\mathfrak{D}_{31}\mathfrak{D}'_{13} \big\}$$

Man hat also einen Ausdruck von der Form
$$C' = \tfrac{1}{\mathfrak{D}'^4} \cdot \big\{ M_{11}\,\mathfrak{D}_{11}\mathfrak{D}'_{11} + M_{12}\,\mathfrak{D}_{11}\mathfrak{D}'_{12} + M_{13}\,\mathfrak{D}_{11}\mathfrak{D}'_{13}$$
$$+ M_{21}\,\mathfrak{D}_{21}\mathfrak{D}'_{11} + M_{22}\,\mathfrak{D}_{21}\mathfrak{D}'_{12} + M_{23}\,\mathfrak{D}_{21}\mathfrak{D}'_{13}$$
$$+ M_{31}\,\mathfrak{D}_{31}\mathfrak{D}'_{11} + M_{32}\,\mathfrak{D}_{31}\mathfrak{D}'_{12} + M_{33}\,\mathfrak{D}_{31}\mathfrak{D}'_{13} \big\}$$

und man bemerkt sogleich, dass der Coefficient M_{12} aus M_{11},

M_{13} aus M_{12}, M_{22} aus M_{21}, M_{23} aus M_{22}, M_{32} aus M_{31}, M_{33} aus M_{32} dadurch hervorgeht, dass man die ersten Indices an den kleinen c je um 1 fortrückt, dass aber M_{21} aus M_{11}, M_{31} aus M_{21}, M_{22} aus M_{12}, M_{32} aus M_{22}, M_{23} aus M_{13}, M_{33} aus M_{23} dadurch hervorgeht, dass man die ersten Indices an den grossen C je um 1 fortrückt. Hat man also M_{11}, so hat man auch alle übrigen. Nun lässt sich M_{11} auch in der Form schreiben:

$$\begin{aligned}
M_{11} = \ & C_{11}\,c_{11}\,(\mathfrak{D}_{11}\mathfrak{D}'_{11} + \mathfrak{D}_{12}\mathfrak{D}'_{21} + \mathfrak{D}_{13}\mathfrak{D}'_{31}) \\
& + C_{11}\,c_{12}\,(\mathfrak{D}_{11}\mathfrak{D}'_{12} + \mathfrak{D}_{12}\mathfrak{D}'_{22} + \mathfrak{D}_{13}\mathfrak{D}'_{32}) \\
& + C_{11}\,c_{13}\,(\mathfrak{D}_{11}\mathfrak{D}'_{13} + \mathfrak{D}_{12}\mathfrak{D}'_{23} + \mathfrak{D}_{13}\mathfrak{D}'_{33}) \\
& + C_{12}\,c_{11}\,(\mathfrak{D}_{21}\mathfrak{D}'_{11} + \mathfrak{D}_{22}\mathfrak{D}'_{21} + \mathfrak{D}_{23}\mathfrak{D}'_{31}) \\
& + C_{12}\,c_{12}\,(\mathfrak{D}_{21}\mathfrak{D}'_{12} + \mathfrak{D}_{22}\mathfrak{D}'_{22} + \mathfrak{D}_{23}\mathfrak{D}'_{32}) \\
& + C_{12}\,c_{13}\,(\mathfrak{D}_{21}\mathfrak{D}'_{13} + \mathfrak{D}_{22}\mathfrak{D}'_{23} + \mathfrak{D}_{23}\mathfrak{D}'_{33}) \\
& + C_{13}\,c_{11}\,(\mathfrak{D}_{31}\mathfrak{D}'_{11} + \mathfrak{D}_{32}\mathfrak{D}'_{21} + \mathfrak{D}_{33}\mathfrak{D}'_{31}) \\
& + C_{13}\,c_{12}\,(\mathfrak{D}_{31}\mathfrak{D}'_{12} + \mathfrak{D}_{32}\mathfrak{D}'_{22} + \mathfrak{D}_{33}\mathfrak{D}'_{32}) \\
& + C_{13}\,c_{13}\,(\mathfrak{D}_{31}\mathfrak{D}'_{13} + \mathfrak{D}_{32}\mathfrak{D}'_{23} + \mathfrak{D}_{33}\mathfrak{D}'_{33})
\end{aligned}$$

oder nach Art. 29, IV), a_1 bis c_3

$$M_{11} = C_{11}\,c_{11}\,\mathfrak{D} \cdot \mathfrak{D}' + C_{12}\,c_{12}\,\mathfrak{D} \cdot \mathfrak{D}' + C_{13}\,c_{13}\,\mathfrak{D} \cdot \mathfrak{D}'.$$

Man hat demnach:

$$\begin{aligned}
M_{11} &= \mathfrak{D}\mathfrak{D}' \cdot [C_{11}\,c_{11} + C_{12}\,c_{12} + C_{13}\,c_{13}]; \\
M_{12} &= \mathfrak{D}\mathfrak{D}' \cdot [C_{11}\,c_{21} + C_{12}\,c_{22} + C_{13}\,c_{23}]; \\
M_{13} &= \mathfrak{D}\mathfrak{D}' \cdot [C_{11}\,c_{31} + C_{12}\,c_{32} + C_{13}\,c_{33}]; \\
M_{21} &= \mathfrak{D}\mathfrak{D}' \cdot [C_{21}\,c_{11} + C_{22}\,c_{12} + C_{23}\,c_{13}]; \\
M_{22} &= \mathfrak{D}\mathfrak{D}' \cdot [C_{21}\,c_{21} + C_{22}\,c_{22} + C_{23}\,c_{23}]; \\
M_{23} &= \mathfrak{D}\mathfrak{D}' \cdot [C_{21}\,c_{31} + C_{22}\,c_{32} + C_{23}\,c_{33}]; \\
M_{31} &= \mathfrak{D}\mathfrak{D}' \cdot [C_{31}\,c_{11} + C_{32}\,c_{12} + C_{33}\,c_{13}]; \\
M_{32} &= \mathfrak{D}\mathfrak{D}' \cdot [C_{31}\,c_{21} + C_{32}\,c_{22} + C_{33}\,c_{23}]; \\
M_{33} &= \mathfrak{D}\mathfrak{D}' \cdot [C_{31}\,c_{31} + C_{32}\,c_{32} + C_{33}\,c_{33}].
\end{aligned}$$

Nun sind alle M Null mit Ausnahme von M_{11}, M_{22}, M_{33}, welche je den Werth C haben. Man hat daher

$$C' = \frac{1}{\mathfrak{D}'^4} \cdot C \cdot \mathfrak{D}\mathfrak{D}' \cdot (\mathfrak{D}_{11}\mathfrak{D}'_{11} + \mathfrak{D}_{21}\mathfrak{D}'_{12} + \mathfrak{D}_{31}\mathfrak{D}'_{13})$$

oder

$$C' = \frac{1}{\mathfrak{D}'^4} \cdot C \cdot \mathfrak{D}\mathfrak{D}' \cdot (\mathfrak{D}'_{11}\mathfrak{D}_{11} + \mathfrak{D}'_{12}\mathfrak{D}_{21} + \mathfrak{D}'_{13}\mathfrak{D}_{31})$$

oder nach Art. 29, IV), a_1'

$$C' = \frac{1}{\mathfrak{D}'^4} \cdot C \cdot \mathfrak{D}^2 \cdot \mathfrak{D}'^2$$

also

Art. 53.]

$$C' = \frac{\mathfrak{D}^2}{\mathfrak{D}'^2} \cdot C; \qquad 3a)$$

und ebenso

$$\mathfrak{C}' = \frac{\mathfrak{D}^2}{\mathfrak{D}'^2} \cdot \mathfrak{C}. \qquad 3b)$$

Bringt man die transformirte Gleichung durch Multiplication mit $\mathfrak{D}'^2, D'^2$ auf die einfachste Form, so sind die Ausdrücke in 1a), 1b) mit $\mathfrak{D}'^2, D'^2$, die in 2a), 2b) mit $\mathfrak{D}'^4, D'^4$, die in 3a), 3b) mit $\mathfrak{D}'^6, D'^6$ zu multipliciren.

Ferner lässt sich, wenn man für C'_{11}, C'_{12} etc. ihre Werthe aus 2a) einsetzt, der bei der Beurtheilung der Natur des Kegelschnitts in Betracht kommende Ausdruck schreiben:

$$\mathfrak{X}_2'\mathfrak{Y}_3'\,[C'_{11}\mathfrak{X}_2'\mathfrak{Y}_3' + C'_{12}\mathfrak{X}_3'\mathfrak{Y}_1' + C'_{13}\mathfrak{X}_1'\mathfrak{Y}_2']$$
$$+ \mathfrak{X}_3'\mathfrak{Y}_1'\,[C'_{12}\mathfrak{X}_2'\mathfrak{Y}_3' + C'_{22}\mathfrak{X}_3'\mathfrak{Y}_1' + C'_{23}\mathfrak{X}_1'\mathfrak{Y}_2']$$
$$+ \mathfrak{X}_1'\mathfrak{Y}_2'\,[C'_{13}\mathfrak{X}_2'\mathfrak{Y}_3' + C'_{23}\mathfrak{X}_3'\mathfrak{Y}_1' + C'_{33}\mathfrak{X}_1'\mathfrak{Y}_2']$$
$$= C'_{11}\mathfrak{X}_2'\mathfrak{Y}_3'^2 + 2C'_{12}\mathfrak{X}_2'\mathfrak{Y}_3' \cdot \mathfrak{X}_3'\mathfrak{Y}_1' + 2C'_{13}\mathfrak{X}_1'\mathfrak{Y}_2' \cdot \mathfrak{X}_2'\mathfrak{Y}_3'$$
$$+ C'_{22}\mathfrak{X}_3'\mathfrak{Y}_1'^2 + 2C'_{23}\mathfrak{X}_3'\mathfrak{Y}_1' \cdot \mathfrak{X}_1'\mathfrak{Y}_2' + C'_{33}\mathfrak{X}_1'\mathfrak{Y}_2'^2$$
$$= \frac{1}{\mathfrak{D}'^2}\big\{C_{11}\,[\mathfrak{X}_2'\mathfrak{Y}_3'\,\mathfrak{D}_{11} + \mathfrak{X}_3'\mathfrak{Y}_1'\,\mathfrak{D}_{12} + \mathfrak{X}_1'\mathfrak{Y}_2'\,\mathfrak{D}_{13}]^2$$
$$+ 2C_{12}\,[\mathfrak{X}_2'\mathfrak{Y}_3'\,\mathfrak{D}_{11} + \mathfrak{X}_3'\mathfrak{Y}_1'\,\mathfrak{D}_{12} + \mathfrak{X}_1'\mathfrak{Y}_2'\,\mathfrak{D}_{13}]$$
$$\cdot\,[\mathfrak{X}_2'\mathfrak{Y}_3'\,\mathfrak{D}_{21} + \mathfrak{X}_3'\mathfrak{Y}_1'\,\mathfrak{D}_{22} + \mathfrak{X}_1'\mathfrak{Y}_2'\,\mathfrak{D}_{23}]$$
$$+ 2C_{13}\,[\mathfrak{X}_2'\mathfrak{Y}_3'\,\mathfrak{D}_{11} + \mathfrak{X}_3'\mathfrak{Y}_1'\,\mathfrak{D}_{12} + \mathfrak{X}_1'\mathfrak{Y}_2'\,\mathfrak{D}_{13}]$$
$$\cdot\,[\mathfrak{X}_2'\mathfrak{Y}_3'\,\mathfrak{D}_{31} + \mathfrak{X}_3'\mathfrak{Y}_1'\,\mathfrak{D}_{32} + \mathfrak{X}_1'\mathfrak{Y}_2'\,\mathfrak{D}_{33}]$$
$$+ C_{22}\,[\mathfrak{X}_2'\mathfrak{Y}_3'\,\mathfrak{D}_{21} + \mathfrak{X}_3'\mathfrak{Y}_1'\,\mathfrak{D}_{22} + \mathfrak{X}_1'\mathfrak{Y}_2'\,\mathfrak{D}_{23}]^2$$
$$+ 2C_{23}\,[\mathfrak{X}_2'\mathfrak{Y}_3'\,\mathfrak{D}_{21} + \mathfrak{X}_3'\mathfrak{Y}_1'\,\mathfrak{D}_{22} + \mathfrak{X}_1'\mathfrak{Y}_2'\,\mathfrak{D}_{23}]$$
$$\cdot\,[\mathfrak{X}_2'\mathfrak{Y}_3'\,\mathfrak{D}_{31} + \mathfrak{X}_3'\mathfrak{Y}_1'\,\mathfrak{D}_{32} + \mathfrak{X}_1'\mathfrak{Y}_2'\,\mathfrak{D}_{33}]$$
$$+ C_{33}\,[\mathfrak{X}_2'\mathfrak{Y}_3'\,\mathfrak{D}_{31} + \mathfrak{X}_3'\mathfrak{Y}_1'\,\mathfrak{D}_{32} + \mathfrak{X}_1'\mathfrak{Y}_2'\,\mathfrak{D}_{33}]^2\big\}$$

oder nach Art. 29, VI, a_1', b_1', c_1'

$$= \frac{1}{\mathfrak{D}'^2}\big\{C_{11}\mathfrak{X}_2\mathfrak{Y}_3^2\mathfrak{D}'^2 + 2C_{12}\mathfrak{X}_2\mathfrak{Y}_3 \cdot \mathfrak{X}_3\mathfrak{Y}_1\mathfrak{D}'^2 + 2C_{13}\mathfrak{X}_2\mathfrak{Y}_3 \cdot \mathfrak{X}_1\mathfrak{Y}_2\mathfrak{D}'^2$$
$$+ C_{22}\mathfrak{X}_3\mathfrak{Y}_1^2\mathfrak{D}'^2 + 2C_{23}\mathfrak{X}_3\mathfrak{Y}_1 \cdot \mathfrak{X}_1\mathfrak{Y}_2\mathfrak{D}'^2 + C_{33}\mathfrak{X}_1\mathfrak{Y}_2^2\mathfrak{D}'^2\big\}$$
$$= C_{11}\mathfrak{X}_2\mathfrak{Y}_3^2 + 2C_{12}\mathfrak{X}_2\mathfrak{Y}_3 \cdot \mathfrak{X}_3\mathfrak{Y}_1 + 2C_{13}\mathfrak{X}_2\mathfrak{Y}_3 \cdot \mathfrak{X}_1\mathfrak{Y}_2$$
$$+ C_{22}\mathfrak{X}_3\mathfrak{Y}_1^2 + 2C_{23}\mathfrak{X}_3\mathfrak{Y}_1 \cdot \mathfrak{X}_1\mathfrak{Y}_2 + C_{33}\mathfrak{X}_1\mathfrak{Y}_2^2$$
$$= \mathfrak{X}_2\mathfrak{Y}_3\,[C_{11}\mathfrak{X}_2\mathfrak{Y}_3 + C_{12}\mathfrak{X}_3\mathfrak{Y}_1 + C_{13}\mathfrak{X}_1\mathfrak{Y}_2]$$
$$+ \mathfrak{X}_3\mathfrak{Y}_1\,[C_{12}\mathfrak{X}_2\mathfrak{Y}_3 + C_{22}\mathfrak{X}_3\mathfrak{Y}_1 + C_{23}\mathfrak{X}_1\mathfrak{Y}_2]$$
$$+ \mathfrak{X}_1\mathfrak{Y}_2\,[C_{13}\mathfrak{X}_2\mathfrak{Y}_3 + C_{23}\mathfrak{X}_3\mathfrak{Y}_1 + C_{33}\mathfrak{X}_1\mathfrak{Y}_2].$$

Man hat also

$$\left.\begin{array}{l}\mathfrak{X}_2'\mathfrak{Y}_3' \, [C'_{11}\,\mathfrak{X}_2'\mathfrak{Y}_3' + C'_{12}\,\mathfrak{X}_3'\mathfrak{Y}_1' + C'_{13}\,\mathfrak{X}_1'\mathfrak{Y}_2'] \\ + \mathfrak{X}_3'\mathfrak{Y}_1' \, [C'_{12}\,\mathfrak{X}_2'\mathfrak{Y}_3' + C'_{22}\,\mathfrak{X}_3'\mathfrak{Y}_1' + C'_{23}\,\mathfrak{X}_1'\mathfrak{Y}_2'] \\ + \mathfrak{X}_1'\mathfrak{Y}_2' \, [C'_{13}\,\mathfrak{X}_2'\mathfrak{Y}_3' + C'_{23}\,\mathfrak{X}_3'\mathfrak{Y}_1' + C'_{33}\,\mathfrak{X}_1'\mathfrak{Y}_2'] \\ = \mathfrak{X}_2\mathfrak{Y}_3 \, [C_{11}\,\mathfrak{X}_2\mathfrak{Y}_3 + C_{12}\,\mathfrak{X}_3\mathfrak{Y}_1 + C_{13}\,\mathfrak{X}_1\mathfrak{Y}_2] \\ + \mathfrak{X}_3\mathfrak{Y}_1 \, [C_{12}\,\mathfrak{X}_2\mathfrak{Y}_3 + C_{22}\,\mathfrak{X}_3\mathfrak{Y}_1 + C_{23}\,\mathfrak{X}_1\mathfrak{Y}_2] \\ + \mathfrak{X}_1\mathfrak{Y}_2 \, [C_{13}\,\mathfrak{X}_2\mathfrak{Y}_3 + C_{23}\,\mathfrak{X}_3\mathfrak{Y}_1 + C_{33}\,\mathfrak{X}_1\mathfrak{Y}_2]\end{array}\right\} \quad 4a)$$

und ebenso

$$\left.\begin{array}{l}X_2' Y_3' \, [\mathfrak{C}'_{11}\,X_2'Y_3' + \mathfrak{C}'_{12}\,X_3'Y_1' + \mathfrak{C}'_{13}\,X_1'Y_2'] \\ + X_3' Y_1' \, [\mathfrak{C}'_{12}\,X_2'Y_3' + \mathfrak{C}'_{22}\,X_3'Y_1' + \mathfrak{C}'_{23}\,X_1'Y_2'] \\ + X_1' Y_2' \, [\mathfrak{C}'_{13}\,X_2'Y_3' + \mathfrak{C}'_{23}\,X_3'Y_1' + \mathfrak{C}'_{33}\,X_1'Y_2'] \\ = X_2 Y_3 \, [\mathfrak{C}_{11}\,X_2 Y_3 + \mathfrak{C}_{12}\,X_3 Y_1 + \mathfrak{C}_{13}\,X_1 Y_2] \\ + X_3 Y_1 \, [\mathfrak{C}_{12}\,X_2 Y_3 + \mathfrak{C}_{22}\,X_3 Y_1 + \mathfrak{C}_{23}\,X_1 Y_2] \\ + X_1 Y_2 \, [\mathfrak{C}_{13}\,X_2 Y_3 + \mathfrak{C}_{23}\,X_3 Y_1 + \mathfrak{C}_{33}\,X_1 Y_2].\end{array}\right\} \quad 4b)$$

Ferner hat man durch Einsetzung der Werthe für C'_{11}, etc.

$$(\mathfrak{y}_2' - \mathfrak{y}_3')[C'_{11}(\mathfrak{y}_2' - \mathfrak{y}_3') + C'_{12}(\mathfrak{y}_3' - \mathfrak{y}_1') + C'_{13}(\mathfrak{y}_1' - \mathfrak{y}_2')]$$
$$+ (\mathfrak{y}_3' - \mathfrak{y}_1')[C'_{12}(\mathfrak{y}_2' - \mathfrak{y}_3') + C'_{22}(\mathfrak{y}_3' - \mathfrak{y}_1') + C'_{23}(\mathfrak{y}_1' - \mathfrak{y}_2')]$$
$$+ (\mathfrak{y}_1' - \mathfrak{y}_2')[C'_{13}(\mathfrak{y}_2' - \mathfrak{y}_3') + C'_{23}(\mathfrak{y}_3' - \mathfrak{y}_1') + C'_{33}(\mathfrak{y}_1' - \mathfrak{y}_2')]$$
$$= C'_{11}(\mathfrak{y}_2' - \mathfrak{y}_3')^2 + 2C'_{12}(\mathfrak{y}_2' - \mathfrak{y}_3')(\mathfrak{y}_3' - \mathfrak{y}_1') + 2C'_{13}(\mathfrak{y}_1' - \mathfrak{y}_2')(\mathfrak{y}_2' - \mathfrak{y}_3')$$
$$+ C'_{22}(\mathfrak{y}_3' - \mathfrak{y}_1')^2 + 2C'_{23}(\mathfrak{y}_3' - \mathfrak{y}_1')(\mathfrak{y}_1' - \mathfrak{y}_2') + C'_{33}(\mathfrak{y}_1' - \mathfrak{y}_2')^2$$
$$= \frac{1}{\mathfrak{D}'^2} \cdot \bigl\{ C_{11}[(\mathfrak{y}_2' - \mathfrak{y}_3')\mathfrak{D}_{11} + (\mathfrak{y}_3' - \mathfrak{y}_1')\mathfrak{D}_{12} + (\mathfrak{y}_1' - \mathfrak{y}_2')\mathfrak{D}_{13}]^2$$
$$+ 2C_{12}[(\mathfrak{y}_2' - \mathfrak{y}_3')\mathfrak{D}_{11} + (\mathfrak{y}_3' - \mathfrak{y}_1')\mathfrak{D}_{12} + (\mathfrak{y}_1' - \mathfrak{y}_2')\mathfrak{D}_{13}]$$
$$\cdot [(\mathfrak{y}_2' - \mathfrak{y}_3')\mathfrak{D}_{21} + (\mathfrak{y}_3' - \mathfrak{y}_1')\mathfrak{D}_{22} + (\mathfrak{y}_1' - \mathfrak{y}_2')\mathfrak{D}_{23}]$$
$$+ 2C_{13}[(\mathfrak{y}_2' - \mathfrak{y}_3')\mathfrak{D}_{11} + (\mathfrak{y}_3' - \mathfrak{y}_1')\mathfrak{D}_{12} + (\mathfrak{y}_1' - \mathfrak{y}_2')\mathfrak{D}_{13}]$$
$$\cdot [(\mathfrak{y}_2' - \mathfrak{y}_3')\mathfrak{D}_{31} + (\mathfrak{y}_3' - \mathfrak{y}_1')\mathfrak{D}_{32} + (\mathfrak{y}_1' - \mathfrak{y}_2')\mathfrak{D}_{33}]$$
$$+ C_{22}[(\mathfrak{y}_2' - \mathfrak{y}_3')\mathfrak{D}_{21} + (\mathfrak{y}_3' - \mathfrak{y}_1')\mathfrak{D}_{22} + (\mathfrak{y}_1' - \mathfrak{y}_2')\mathfrak{D}_{23}]^2$$
$$+ 2C_{23}[(\mathfrak{y}_2' - \mathfrak{y}_3')\mathfrak{D}_{21} + (\mathfrak{y}_3' - \mathfrak{y}_1')\mathfrak{D}_{22} + (\mathfrak{y}_1' - \mathfrak{y}_2')\mathfrak{D}_{23}]$$
$$\cdot [(\mathfrak{y}_2' - \mathfrak{y}_3')\mathfrak{D}_{31} + (\mathfrak{y}_3' - \mathfrak{y}_1')\mathfrak{D}_{32} + (\mathfrak{y}_1' - \mathfrak{y}_2')\mathfrak{D}_{33}]$$
$$+ C_{33}[(\mathfrak{y}_2' - \mathfrak{y}_3')\mathfrak{D}_{31} + (\mathfrak{y}_3' - \mathfrak{y}_1')\mathfrak{D}_{32} + (\mathfrak{y}_1' - \mathfrak{y}_2')\mathfrak{D}_{33}]^2 \bigr\}$$

oder nach Art. 29, VII), $a_2'\,b_2'\,c_2'$

$$= \frac{1}{\mathfrak{D}'^2}\bigl\{ C_{11}(\mathfrak{y}_2 - \mathfrak{y}_3)^2\mathfrak{D}'^2 + 2C_{12}(\mathfrak{y}_2 - \mathfrak{y}_3)(\mathfrak{y}_3 - \mathfrak{y}_1)\mathfrak{D}'^2 + 2C_{13}(\mathfrak{y}_1 - \mathfrak{y}_2)(\mathfrak{y}_2 - \mathfrak{y}_3)\mathfrak{D}'^2$$
$$+ C_{22}(\mathfrak{y}_3 - \mathfrak{y}_1)^2\mathfrak{D}'^2 + 2C_{23}(\mathfrak{y}_3 - \mathfrak{y}_1)(\mathfrak{y}_1 - \mathfrak{y}_2)\mathfrak{D}'^2 + C_{33}(\mathfrak{y}_1 - \mathfrak{y}_2)^2\mathfrak{D}'^2 \bigr\}$$
$$= C_{11}(\mathfrak{y}_2 - \mathfrak{y}_3)^2 + 2C_{12}(\mathfrak{y}_2 - \mathfrak{y}_3)(\mathfrak{y}_3 - \mathfrak{y}_1) + 2C_{13}(\mathfrak{y}_1 - \mathfrak{y}_2)(\mathfrak{y}_2 - \mathfrak{y}_3)$$
$$+ C_{22}(\mathfrak{y}_3 - \mathfrak{y}_1)^2 + 2C_{23}(\mathfrak{y}_3 - \mathfrak{y}_1)(\mathfrak{y}_1 - \mathfrak{y}_2) + C_{33}(\mathfrak{y}_1 - \mathfrak{y}_2)^2$$
$$= (\mathfrak{y}_2 - \mathfrak{y}_3)\,[C_{11}(\mathfrak{y}_2 - \mathfrak{y}_3) + C_{12}(\mathfrak{y}_3 - \mathfrak{y}_1) + C_{13}(\mathfrak{y}_1 - \mathfrak{y}_2)]$$
$$+ (\mathfrak{y}_3 - \mathfrak{y}_1)\,[C_{12}(\mathfrak{y}_2 - \mathfrak{y}_3) + C_{22}(\mathfrak{y}_3 - \mathfrak{y}_1) + C_{23}(\mathfrak{y}_1 - \mathfrak{y}_2)]$$
$$+ (\mathfrak{y}_1 - \mathfrak{y}_2)\,[C_{13}(\mathfrak{y}_2 - \mathfrak{y}_3) + C_{23}(\mathfrak{y}_3 - \mathfrak{y}_1) + C_{33}(\mathfrak{y}_1 - \mathfrak{y}_2)].$$

[Art. 53.] — 205 —

Mit Hilfe von Art. 29, VII), a_1', b_1', c_1' überzeugt man sich auch sogleich von der Richtigkeit des analogen Satzes für $\mathfrak{x}$. Man hat also

$$
\left.\begin{aligned}
&(\mathfrak{y}_2'-\mathfrak{y}_3')[C'_{11}(\mathfrak{y}_2'-\mathfrak{y}_3') + C'_{12}(\mathfrak{y}_3'-\mathfrak{y}_1') + C'_{13}(\mathfrak{y}_1'-\mathfrak{y}_2')] \\
&+ (\mathfrak{y}_3'-\mathfrak{y}_1')[C'_{12}(\mathfrak{y}_2'-\mathfrak{y}_3') + C'_{22}(\mathfrak{y}_3'-\mathfrak{y}_1') + C'_{23}(\mathfrak{y}_1'-\mathfrak{y}_2')] \\
&+ (\mathfrak{y}_1'-\mathfrak{y}_2')[C'_{13}(\mathfrak{y}_2'-\mathfrak{y}_3') + C'_{23}(\mathfrak{y}_3'-\mathfrak{y}_1') + C'_{33}(\mathfrak{y}_1'-\mathfrak{y}_2')] \\
&= (\mathfrak{y}_2-\mathfrak{y}_3)[C_{11}(\mathfrak{y}_2-\mathfrak{y}_3) + C_{12}(\mathfrak{y}_3-\mathfrak{y}_1) + C_{13}(\mathfrak{y}_1-\mathfrak{y}_2)] \\
&+ (\mathfrak{y}_3-\mathfrak{y}_1)[C_{12}(\mathfrak{y}_2-\mathfrak{y}_3) + C_{22}(\mathfrak{y}_3-\mathfrak{y}_1) + C_{23}(\mathfrak{y}_1-\mathfrak{y}_2)] \\
&+ (\mathfrak{y}_1-\mathfrak{y}_2)[C_{13}(\mathfrak{y}_2-\mathfrak{y}_3) + C_{23}(\mathfrak{y}_3-\mathfrak{y}_1) + C_{33}(\mathfrak{y}_1-\mathfrak{y}_2)]; \\
&(\mathfrak{x}_2'-\mathfrak{x}_3')[C'_{11}(\mathfrak{x}_2'-\mathfrak{x}_3') + C'_{12}(\mathfrak{x}_3'-\mathfrak{x}_1') + C'_{13}(\mathfrak{x}_1'-\mathfrak{x}_2')] \\
&+ (\mathfrak{x}_3'-\mathfrak{x}_1')[C'_{12}(\mathfrak{x}_2'-\mathfrak{x}_3') + C'_{22}(\mathfrak{x}_3'-\mathfrak{x}_1') + C'_{23}(\mathfrak{x}_1'-\mathfrak{x}_2')] \\
&+ (\mathfrak{x}_1'-\mathfrak{x}_2')[C'_{13}(\mathfrak{x}_2'-\mathfrak{x}_3') + C'_{23}(\mathfrak{x}_3'-\mathfrak{x}_1') + C'_{33}(\mathfrak{x}_1'-\mathfrak{x}_2')] \\
&= (\mathfrak{x}_2-\mathfrak{x}_3)[C_{11}(\mathfrak{x}_2-\mathfrak{x}_3) + C_{12}(\mathfrak{x}_3-\mathfrak{x}_1) + C_{13}(\mathfrak{x}_1-\mathfrak{x}_2)] \\
&+ (\mathfrak{x}_3-\mathfrak{x}_1)[C_{12}(\mathfrak{x}_2-\mathfrak{x}_3) + C_{22}(\mathfrak{x}_3-\mathfrak{x}_1) + C_{23}(\mathfrak{x}_1-\mathfrak{x}_2)] \\
&+ (\mathfrak{x}_1-\mathfrak{x}_2)[C_{13}(\mathfrak{x}_2-\mathfrak{x}_3) + C_{23}(\mathfrak{x}_3-\mathfrak{x}_1) + C_{33}(\mathfrak{x}_1-\mathfrak{x}_2)];
\end{aligned}\right\} 5a)
$$

$$
\left.\begin{aligned}
&(y_2'-y_3')[\mathfrak{C}'_{11}(y_2'-y_3') + \mathfrak{C}'_{12}(y_3'-y_1') + \mathfrak{C}'_{13}(y_1'-y_2')] \\
&+ (y_3'-y_1')[\mathfrak{C}'_{12}(y_2'-y_3') + \mathfrak{C}'_{22}(y_3'-y_1') + \mathfrak{C}'_{23}(y_1'-y_2')] \\
&+ (y_1'-y_2')[\mathfrak{C}'_{13}(y_2'-y_3') + \mathfrak{C}'_{23}(y_3'-y_1') + \mathfrak{C}'_{33}(y_1'-y_2')] \\
&= (y_2-y_3)[\mathfrak{C}_{11}(y_2-y_3) + \mathfrak{C}_{12}(y_3-y_1) + \mathfrak{C}_{13}(y_1-y_2)] \\
&+ (y_3-y_1)[\mathfrak{C}_{12}(y_2-y_3) + \mathfrak{C}_{22}(y_3-y_1) + \mathfrak{C}_{23}(y_1-y_2)] \\
&+ (y_1-y_2)[\mathfrak{C}_{13}(y_2-y_3) + \mathfrak{C}_{23}(y_3-y_1) + \mathfrak{C}_{33}(y_1-y_2)]; \\
&(x_2'-x_3')[\mathfrak{C}'_{11}(x_2'-x_3') + \mathfrak{C}'_{12}(x_3'-x_1') + \mathfrak{C}'_{13}(x_1'-x_2')] \\
&+ (x_3'-x_1')[\mathfrak{C}'_{12}(x_2'-x_3') + \mathfrak{C}'_{22}(x_3'-x_1') + \mathfrak{C}'_{23}(x_1'-x_2')] \\
&+ (x_1'-x_2')[\mathfrak{C}'_{13}(x_2'-x_3') + \mathfrak{C}'_{23}(x_3'-x_1') + \mathfrak{C}'_{33}(x_1'-x_2')] \\
&= (x_2-x_3)[\mathfrak{C}_{11}(x_2-x_3) + \mathfrak{C}_{12}(x_3-x_1) + \mathfrak{C}_{13}(x_1-x_2)] \\
&+ (x_3-x_1)[\mathfrak{C}_{12}(x_2-x_3) + \mathfrak{C}_{22}(x_3-x_1) + \mathfrak{C}_{23}(x_1-x_2)] \\
&+ (x_1-x_2)[\mathfrak{C}_{13}(x_2-x_3) + \mathfrak{C}_{23}(x_3-x_1) + \mathfrak{C}_{33}(x_1-x_2)].
\end{aligned}\right\} 5b)
$$

Ferner ist vermöge der Werthe von c'_{11}, c'_{12} etc. in 1a), und von C' in 3a)

$$
\begin{aligned}
&C'(c'_{11} + 2c'_{12} + 2c'_{13} + c'_{22} + 2c'_{23} + c'_{33}) \\
&= \frac{\mathfrak{D}^2}{\mathfrak{D}'^4} \cdot C \cdot \big\{ c_{11}[\mathfrak{D}'_{11} + \mathfrak{D}'_{21} + \mathfrak{D}'_{31}]^2 + 2c_{12}[\mathfrak{D}'_{11}(\mathfrak{D}'_{12} + \mathfrak{D}'_{22} + \mathfrak{D}'_{32}) \\
&\qquad + \mathfrak{D}'_{21}(\mathfrak{D}'_{12} + \mathfrak{D}'_{22} + \mathfrak{D}'_{32}) + \mathfrak{D}'_{31}(\mathfrak{D}'_{12} + \mathfrak{D}'_{22} + \mathfrak{D}'_{32})] \\
&\qquad + 2c_{13}[\mathfrak{D}'_{11}(\mathfrak{D}'_{13} + \mathfrak{D}'_{23} + \mathfrak{D}'_{33}) + \mathfrak{D}'_{21}(\mathfrak{D}'_{13} + \mathfrak{D}'_{23} + \mathfrak{D}'_{33}) \\
&\qquad + \mathfrak{D}'_{31}(\mathfrak{D}'_{13} + \mathfrak{D}'_{23} + \mathfrak{D}'_{33})] \\
&\qquad + c_{22}[\mathfrak{D}'_{12} + \mathfrak{D}'_{22} + \mathfrak{D}'_{32}]^2 + 2c_{23}[\mathfrak{D}'_{12}(\mathfrak{D}'_{13} + \mathfrak{D}'_{23} + \mathfrak{D}'_{33}) \\
&\qquad + \mathfrak{D}'_{22}(\mathfrak{D}'_{13} + \mathfrak{D}'_{23} + \mathfrak{D}'_{33}) + \mathfrak{D}'_{32}(\mathfrak{D}'_{13} + \mathfrak{D}'_{23} + \mathfrak{D}'_{33})] \\
&\qquad + c_{33}[\mathfrak{D}'_{13} + \mathfrak{D}'_{23} + \mathfrak{D}'_{33}]^2 \big\}
\end{aligned}
$$

$$= \frac{\mathfrak{D}^2}{\mathfrak{D}'^4} \cdot C \cdot \big\{ c_{11} (\mathfrak{D}'_{11} + \mathfrak{D}'_{21} + \mathfrak{D}'_{31})^2$$
$$+ 2\, c_{12} (\mathfrak{D}'_{11} + \mathfrak{D}'_{21} + \mathfrak{D}'_{31})(\mathfrak{D}'_{12} + \mathfrak{D}'_{22} + \mathfrak{D}'_{23})$$
$$+ 2\, c_{13} (\mathfrak{D}'_{11} + \mathfrak{D}'_{21} + \mathfrak{D}'_{31})(\mathfrak{D}'_{13} + \mathfrak{D}'_{23} + \mathfrak{D}'_{33})$$
$$+ c_{22} (\mathfrak{D}'_{12} + \mathfrak{D}'_{22} + \mathfrak{D}'_{23})^2$$
$$+ 2\, c_{23} (\mathfrak{D}'_{12} + \mathfrak{D}'_{22} + \mathfrak{D}'_{32})(\mathfrak{D}'_{13} + \mathfrak{D}'_{23} + \mathfrak{D}'_{33})$$
$$+ c_{33} (\mathfrak{D}'_{13} + \mathfrak{D}'_{23} + \mathfrak{D}'_{33})^2 \big\}$$

oder nach Art. 29, I), a_1', b_1', c_1'

$$= \frac{\mathfrak{D}^2}{\mathfrak{D}'^4} \cdot C \cdot \big\{ c_{11} \mathfrak{D}'^2 + 2\, c_{12} \mathfrak{D}'^2 + 2\, c_{13} \mathfrak{D}'^2 + c_{22} \mathfrak{D}'^2 + 2\, c_{23} \mathfrak{D}'^2 + c_{33} \mathfrak{D}'^2 \big\}$$
$$= \frac{\mathfrak{D}^2}{\mathfrak{D}'^2} \cdot C \cdot (c_{11} + 2\, c_{12} + 2\, c_{13} + c_{22} + 2\, c_{23} + c_{33}).$$

Man hat also

$$C' \cdot (c'_{11} + 2\, c'_{12} + 2\, c'_{13} + c'_{22} + 2\, c'_{23} + c'_{33})$$
$$= \frac{\mathfrak{D}^2}{\mathfrak{D}'^2} \cdot C \cdot (c_{11} + 2\, c_{12} + 2\, c_{13} + c_{22} + 2\, c_{23} + c_{33}); \quad 6a)$$

$$\mathfrak{C}' \cdot (\mathfrak{c}'_{11} + 2\, \mathfrak{c}'_{12} + 2\, \mathfrak{c}'_{13} + \mathfrak{c}'_{22} + 2\, \mathfrak{c}'_{23} + \mathfrak{c}'_{33})$$
$$= \frac{D^2}{D'^2} \cdot \mathfrak{C} \cdot (\mathfrak{c}_{11} + 2\, \mathfrak{c}_{12} + 2\, \mathfrak{c}_{13} + \mathfrak{c}_{22} + 2\, \mathfrak{c}_{23} + \mathfrak{c}_{33}); \quad 6b)$$

und offenbar nach 3a), 3b)

$$c'_{11} + 2c'_{12} + 2c'_{13} + c'_{22} + 2c'_{23} + c'_{33} = c_{11} + 2c_{12} + 2c_{13} + c_{22} + 2c_{23} + c_{33}; \; 7a)$$
$$\mathfrak{c}'_{11} + 2\mathfrak{c}'_{12} + 2\mathfrak{c}'_{13} + \mathfrak{c}'_{22} + 2\mathfrak{c}'_{23} + \mathfrak{c}'_{33} = \mathfrak{c}_{11} + 2\mathfrak{c}_{12} + 2\mathfrak{c}_{13} + \mathfrak{c}_{22} + 2\mathfrak{c}_{23} + \mathfrak{c}_{33}. \; 7b)$$

Endlich ist nach 3a) und 1a)

$$C' \cdot (c'_{11} \mathfrak{y}_1'^2 + 2\, c'_{12} \mathfrak{y}_1' \mathfrak{y}_2' + 2\, c'_{13} \mathfrak{y}_1' \mathfrak{y}_3' + c'_{22} \mathfrak{y}_2'^2 + 2\, c'_{23} \mathfrak{y}_2' \mathfrak{y}_3' + c'_{33} \mathfrak{y}_3'^2)$$
$$= \frac{\mathfrak{D}^2}{\mathfrak{D}'^4} \cdot C \cdot \big\{ c_{11} [\mathfrak{y}_1' \mathfrak{D}'_{11} + \mathfrak{y}_2' \mathfrak{D}'_{21} + \mathfrak{y}_3' \mathfrak{D}'_{31}]^2$$
$$+ 2\, c_{12} [\mathfrak{y}_1' \mathfrak{D}'_{11} + \mathfrak{y}_2' \mathfrak{D}'_{21} + \mathfrak{y}_3' \mathfrak{D}'_{31}][\mathfrak{y}_1' \mathfrak{D}'_{12} + \mathfrak{y}_2' \mathfrak{D}'_{22} + \mathfrak{y}_3' \mathfrak{D}'_{32}]$$
$$+ 2\, c_{13} [\mathfrak{y}_1' \mathfrak{D}'_{11} + \mathfrak{y}_2' \mathfrak{D}'_{21} + \mathfrak{y}_3' \mathfrak{D}'_{31}][\mathfrak{y}_1' \mathfrak{D}'_{13} + \mathfrak{y}_2' \mathfrak{D}'_{23} + \mathfrak{y}_3' \mathfrak{D}'_{33}]$$
$$+ c_{22} [\mathfrak{y}_1' \mathfrak{D}'_{12} + \mathfrak{y}_2' \mathfrak{D}'_{22} + \mathfrak{y}_3' \mathfrak{D}'_{32}]^2$$
$$+ 2\, c_{23} [\mathfrak{y}_1' \mathfrak{D}'_{12} + \mathfrak{y}_2' \mathfrak{D}'_{22} + \mathfrak{y}_3' \mathfrak{D}'_{32}][\mathfrak{y}_1' \mathfrak{D}'_{13} + \mathfrak{y}_2' \mathfrak{D}'_{23} + \mathfrak{y}_3' \mathfrak{D}'_{33}]$$
$$+ c_{33} [\mathfrak{y}_1' \mathfrak{D}'_{13} + \mathfrak{y}_2' \mathfrak{D}'_{23} + \mathfrak{y}_3' \mathfrak{D}'_{33}]^2 \big\}$$

oder nach Art. 29, V), a_2', b_2', c_2'

$$= \frac{\mathfrak{D}^2}{\mathfrak{D}'^4} \cdot C \cdot \big\{ c_{11} \mathfrak{y}_1^2 \mathfrak{D}'^2 + 2\, c_{12} \mathfrak{y}_1 \mathfrak{y}_2 \mathfrak{D}'^2 + 2\, c_{13} \mathfrak{y}_1 \mathfrak{y}_3 \mathfrak{D}'^2$$
$$+ c_{22} \mathfrak{y}_2^2 \mathfrak{D}'^2 + 2\, c_{23} \mathfrak{y}_2 \mathfrak{y}_3 \mathfrak{D}'^2 + c_{33} \mathfrak{y}_3^2 \mathfrak{D}'^2 \big\}$$
$$= \frac{\mathfrak{D}^2}{\mathfrak{D}'^2} \cdot C \cdot (c_{11} \mathfrak{y}_1^2 + 2\, c_{12} \mathfrak{y}_1 \mathfrak{y}_2 + 2\, c_{13} \mathfrak{y}_1 \mathfrak{y}_3 + c_{22} \mathfrak{y}_2^2 + 2\, c_{23} \mathfrak{y}_2 \mathfrak{y}_3 + c_{33} \mathfrak{y}_3^2).$$

Ebenso findet man den analogen Satz für $\mathfrak{x}$ mit Hilfe von Art. 29, V) a_1', b_1', c_1'. Man hat also:

[Art. 53. 54.]

$$C' \cdot (c'_{11} \mathfrak{y}_1'^2 + 2 c'_{12} \mathfrak{y}_1' \mathfrak{y}_2' + 2 c'_{13} \mathfrak{y}_1' \mathfrak{y}_3' + c'_{22} \mathfrak{y}_2'^2 + 2 c'_{23} \mathfrak{y}_2' \mathfrak{y}_3' + c'_{33} \mathfrak{y}_3'^2)$$
$$= \frac{\mathfrak{D}^2}{\mathfrak{D}'^2} \cdot C \cdot (c_{11} \mathfrak{y}_1^2 + 2 c_{12} \mathfrak{y}_1 \mathfrak{y}_2 + 2 c_{13} \mathfrak{y}_1 \mathfrak{y}_3 + c_{22} \mathfrak{y}_2^2 + 2 c_{23} \mathfrak{y}_2 \mathfrak{y}_3 + c_{33} \mathfrak{y}_3^2);$$
$$C' \cdot (c'_{11} \mathfrak{x}_1'^2 + 2 c'_{12} \mathfrak{x}_1' \mathfrak{x}_2' + 2 c'_{13} \mathfrak{x}_1' \mathfrak{x}_3' + c'_{22} \mathfrak{x}_2'^2 + 2 c'_{23} \mathfrak{x}_2' \mathfrak{x}_3' + c'_{33} \mathfrak{x}_3'^2)$$
$$= \frac{\mathfrak{D}^2}{\mathfrak{D}'^2} \cdot C \cdot (c_{11} \mathfrak{x}_1^2 + 2 c_{12} \mathfrak{x}_1 \mathfrak{x}_2 + 2 c_{13} \mathfrak{x}_1 \mathfrak{x}_3 + c_{22} \mathfrak{x}_2^2 + 2 c_{23} \mathfrak{x}_2 \mathfrak{x}_3 + c_{33} \mathfrak{x}_3^2); \quad \Big\} 8a)$$

$$\mathfrak{C}' \cdot (\mathfrak{c}'_{11} y_1'^2 + 2 \mathfrak{c}'_{12} y_1' y_2' + 2 \mathfrak{c}'_{13} y_1' y_3' + \mathfrak{c}'_{22} y_2'^2 + 2 \mathfrak{c}'_{23} y_2' y_3' + \mathfrak{c}'_{33} y_3'^2)$$
$$= \frac{D^2}{D'^2} \cdot \mathfrak{C} \cdot (\mathfrak{c}_{11} y_1^2 + 2 \mathfrak{c}_{12} y_1 y_2 + 2 \mathfrak{c}_{13} y_1 y_3 + \mathfrak{c}_{22} y_2^2 + 2 \mathfrak{c}_{23} y_2 y_3 + \mathfrak{c}_{33} y_3^2);$$
$$\mathfrak{C}' \cdot (\mathfrak{c}'_{11} x_1'^2 + 2 \mathfrak{c}'_{12} x_1' x_2' + 2 \mathfrak{c}'_{13} x_1' x_3' + \mathfrak{c}'_{22} x_2'^2 + 2 \mathfrak{c}'_{23} x_2' x_3' + \mathfrak{c}'_{33} x_3'^2)$$
$$= \frac{D^2}{D'^2} \cdot \mathfrak{C} \cdot (\mathfrak{c}_{11} x_1^2 + 2 \mathfrak{c}_{12} x_1 x_2 + 2 \mathfrak{c}_{13} x_1 x_3 + \mathfrak{c}_{22} x_2^2 + 2 \mathfrak{c}_{23} x_2 x_3 + \mathfrak{c}_{33} x_3^2); \quad \Big\} 8b)$$

Hat man die transformirte Gleichung durch Multiplication mit $\mathfrak{D}'^2, D'^2$ auf die einfachste Form gebracht, so sind die rechten Seiten der Gleichungen 4a), 4b); 5a), 5b); 6a), 6b); 7a), 7b); 8a), 8b) noch bezüglich mit $\mathfrak{D}'^4, D'^4; \mathfrak{D}'^4, D'^4; \mathfrak{D}'^8, D'^8; \mathfrak{D}'^2, D'^2; \mathfrak{D}'^8, D'^8$ zu multipliciren.

Man ersieht aus 3a), 3b), dass, wenn die Discriminante der ursprünglichen Kegelschnittsgleichung Null oder von Null verschieden ist, ein Gleiches auch mit der Discriminante der neuen Gleichung der Fall ist, man mag in der Gleichung mit $\mathfrak{D}'^2, D'^2$ multiplicirt haben oder nicht. Multiplicirt man nicht, so bleiben nach 4a), 4b); 5a), 5b) die betreffenden Ausdrücke in der neuen Gleichung dieselben, wie in der ursprünglichen. Ueberhaupt bleiben nach 4) — 8) die Vorzeichen aller Ausdrücke, welche nach Art. 49 die Natur der Curve bestimmen, unter allen Umständen unverändert, da alle, zu den ursprünglichen etwa hinzutretenden Factoren Potenzen von geraden Exponenten sind. Aus 2a), 2b) ist zugleich ersichtlich, dass, wenn die Partial-Determinanten der Discriminante in der ursprünglichen Gleichung Null sind, dies auch mit denen in der neuen Gleichung stattfindet.

54. Endlich erhält man aus Art. 53, 7a), 7b) den Satz: Wird die Gleichung $f = 0$, $\mathfrak{f} = 0$ eines Kegelschnitts auf ein anderes Dreiseit oder Dreieck transformirt, und wird während der Transformation mit keinem Ausdrucke gekürzt oder erweitert, so bleibt die Coefficienten-Summe unverändert.

Es lässt sich dieser Satz auch noch auf andere Weise begründen: Denkt man sich eine orthogonale Gleichung $F(x,y) = 0$, $\mathfrak{F}(\mathfrak{x},\mathfrak{y}) = 0$ in eine homogene transformirt, so erhält man, wenn man weder kürzt noch erweitert, die in Art. 47, 1a), 1b) aufgestellten Werthe für die Coefficienten $c, \mathfrak{c}$. Aus diesen erhält man

$$c_{11} + 2c_{12} + 2c_{13} + c_{22} + 2c_{23} + c_{33}$$
$$= \frac{1}{\mathfrak{D}'^2} \{a_{11}[(\mathfrak{x}_2 - \mathfrak{x}_3) + (\mathfrak{x}_3 - \mathfrak{x}_1) + (\mathfrak{x}_1 - \mathfrak{x}_2)]^2$$
$$- 2a_{12}\{[(\mathfrak{x}_2 - \mathfrak{x}_3) + (\mathfrak{x}_3 - \mathfrak{x}_1) + (\mathfrak{x}_1 - \mathfrak{x}_2)](\mathfrak{y}_2 - \mathfrak{y}_3)$$
$$+ [(\mathfrak{x}_2 - \mathfrak{x}_3) + (\mathfrak{x}_3 - \mathfrak{x}_1) + (\mathfrak{x}_1 - \mathfrak{x}_2)](\mathfrak{y}_3 - \mathfrak{y}_1)$$
$$+ [(\mathfrak{x}_2 - \mathfrak{x}_3) + (\mathfrak{x}_3 - \mathfrak{x}_1) + (\mathfrak{x}_1 - \mathfrak{x}_2)](\mathfrak{y}_1 - \mathfrak{y}_2)\}$$
$$+ 2a_{13}\{[(\mathfrak{x}_2 - \mathfrak{x}_3) + (\mathfrak{x}_3 - \mathfrak{x}_1) + (\mathfrak{x}_1 - \mathfrak{x}_2)]\mathfrak{X}_2\mathfrak{Y}_3$$
$$+ [(\mathfrak{x}_2 - \mathfrak{x}_3) + (\mathfrak{x}_3 - \mathfrak{x}_1) + (\mathfrak{x}_1 - \mathfrak{x}_2)]\mathfrak{X}_3\mathfrak{Y}_1$$
$$+ [(\mathfrak{x}_2 - \mathfrak{x}_3) + (\mathfrak{x}_3 - \mathfrak{x}_1) + (\mathfrak{x}_1 - \mathfrak{x}_2)]\mathfrak{X}_1\mathfrak{Y}_2\}$$
$$+ a_{22}[(\mathfrak{y}_2 - \mathfrak{y}_3) + (\mathfrak{y}_3 - \mathfrak{y}_1) + (\mathfrak{y}_1 - \mathfrak{y}_2)]^2$$
$$- 2a_{23}\{[(\mathfrak{y}_2 - \mathfrak{y}_3) + (\mathfrak{y}_3 - \mathfrak{y}_1) + (\mathfrak{y}_1 - \mathfrak{y}_2)]\mathfrak{X}_2\mathfrak{Y}_3$$
$$+ [(\mathfrak{y}_2 - \mathfrak{y}_3) + (\mathfrak{y}_3 - \mathfrak{y}_1) + (\mathfrak{y}_1 - \mathfrak{y}_2)]\mathfrak{X}_3\mathfrak{Y}_1$$
$$+ [(\mathfrak{y}_2 - \mathfrak{y}_3) + (\mathfrak{y}_3 - \mathfrak{y}_1) + (\mathfrak{y}_1 - \mathfrak{y}_2)]\mathfrak{X}_1\mathfrak{Y}_2\}$$
$$+ a_{33}[\mathfrak{X}_2\mathfrak{Y}_3 + \mathfrak{X}_3\mathfrak{Y}_1 + \mathfrak{X}_1\mathfrak{Y}_2]^2\}$$

oder nach Art. 27, 2a)

$$= \frac{1}{\mathfrak{D}'^2} \cdot a_{33}[\mathfrak{X}_1\mathfrak{Y}_2 + \mathfrak{X}_2\mathfrak{Y}_3 + \mathfrak{X}_3\mathfrak{Y}_1]^2$$
$$= \frac{1}{\mathfrak{D}'^2} \cdot a_{33} \cdot \mathfrak{D}^2$$
$$= a_{33}.$$

Man hat also:
$$c_{11} + 2c_{12} + 2c_{13} + c_{22} + 2c_{23} + c_{33} = a_{33}; \qquad 1a)$$
und ebenso
$$\mathfrak{c}_{11} + 2\mathfrak{c}_{12} + 2\mathfrak{c}_{13} + \mathfrak{c}_{22} + 2\mathfrak{c}_{23} + \mathfrak{c}_{33} = \mathfrak{a}_{33}. \qquad 1b)$$

Man sieht daher: Transformirt man eine orthogonale Kegelschnittsgleichung in eine homogene, ohne zu kürzen oder zu erweitern, so ist die Summe der Coefficienten in der neuen, homogenen, Gleichung gleich dem constanten Gliede in der ursprünglichen, orthogonalen; und aus Art. 48, 1a), 1b) ergiebt sich das Umgekehrte: Transformirt man eine homogene Kegelschnittsgleichung in eine orthogonale, so wird das constante Glied der neuen, orthogonalen, Gleichung von der Coefficienten-Summe der ursprünglichen, homogenen, gebildet.

55. Ueberblickt man nochmals die durch die verschiedenen Transformationen erhaltenen Resultate, so bemerkt man Folgendes:

Nach Art. 47 geht eine Gleichung $F=0$, $\mathfrak{F}=0$ in eine Gleichung $f=0$, $\mathfrak{f}=0$ über, wenn man für $1, x, y$; $1, \mathfrak{x}, \mathfrak{y}$ die Werthe aus Art. 23, 7), 8) einsetzt, also bei der Transformation von F in f die Werthe

$$1 = \frac{\mathfrak{X}_2 \mathfrak{Y}_3}{\mathfrak{D}} z_1 + \frac{\mathfrak{X}_3 \mathfrak{Y}_1}{\mathfrak{D}} z_2 + \frac{\mathfrak{X}_1 \mathfrak{Y}_2}{\mathfrak{D}} z_3;$$

$$x = -\frac{\mathfrak{y}_2 - \mathfrak{y}_3}{\mathfrak{D}} z_1 - \frac{\mathfrak{y}_3 - \mathfrak{y}_1}{\mathfrak{D}} z_2 - \frac{\mathfrak{y}_1 - \mathfrak{y}_2}{\mathfrak{D}} z_3;$$

$$y = \frac{\mathfrak{x}_2 - \mathfrak{x}_3}{\mathfrak{D}} z_1 + \frac{\mathfrak{x}_3 - \mathfrak{x}_1}{\mathfrak{D}} z_2 + \frac{\mathfrak{x}_1 - \mathfrak{x}_2}{\mathfrak{D}} z_3.$$

Heisst nun M der Modulus dieser linearen Substitution, so hat man offenbar

$$M = -\frac{1}{\mathfrak{D}^3} \begin{vmatrix} \mathfrak{X}_2 \mathfrak{Y}_3 & \mathfrak{X}_3 \mathfrak{Y}_1 & \mathfrak{X}_1 \mathfrak{Y}_2 \\ \mathfrak{y}_2 - \mathfrak{y}_3 & \mathfrak{y}_3 - \mathfrak{y}_1 & \mathfrak{y}_1 - \mathfrak{y}_2 \\ \mathfrak{x}_2 - \mathfrak{x}_3 & \mathfrak{x}_3 - \mathfrak{x}_1 & \mathfrak{x}_1 - \mathfrak{x}_2 \end{vmatrix}$$

$$= \frac{1}{\mathfrak{D}^3} \{ \mathfrak{X}_2 \mathfrak{Y}_3 [(\mathfrak{x}_3 - \mathfrak{x}_1)(\mathfrak{y}_1 - \mathfrak{y}_2) - (\mathfrak{x}_1 - \mathfrak{x}_2)(\mathfrak{y}_3 - \mathfrak{y}_1)]$$
$$+ \mathfrak{X}_3 \mathfrak{Y}_1 [(\mathfrak{x}_1 - \mathfrak{x}_2)(\mathfrak{y}_2 - \mathfrak{y}_3) - (\mathfrak{x}_2 - \mathfrak{x}_3)(\mathfrak{y}_1 - \mathfrak{y}_2)]$$
$$+ \mathfrak{X}_1 \mathfrak{Y}_2 [(\mathfrak{x}_2 - \mathfrak{x}_3)(\mathfrak{y}_3 - \mathfrak{y}_1) - (\mathfrak{x}_3 - \mathfrak{x}_1)(\mathfrak{y}_2 - \mathfrak{y}_3)] \}$$

oder nach Art. 27, 8a)

$$M = \frac{1}{\mathfrak{D}^3} \left[\mathfrak{X}_2 \mathfrak{Y}_3 \mathfrak{D} + \mathfrak{X}_3 \mathfrak{Y}_1 \mathfrak{D} + \mathfrak{X}_1 \mathfrak{Y}_2 \mathfrak{D} \right]$$
$$= \frac{1}{\mathfrak{D}^2} \left[\mathfrak{X}_1 \mathfrak{Y}_2 + \mathfrak{X}_2 \mathfrak{Y}_3 + \mathfrak{X}_3 \mathfrak{Y}_1 \right]$$

oder endlich

$$M = \frac{1}{\mathfrak{D}};$$

Es ist also $\frac{1}{\mathfrak{D}}$ der Modulus der linearen Substitution aus Art. 23, 7a), 8a); und ebenso ist $\frac{1}{D}$ der Modulus der linearen Substitution aus Art. 23, 7b), 8b). Nach Art. 47, 2a), 2b) erhält man daher die Discriminante der neuen Gleichung, indem man die Discriminante der ursprünglichen mit dem Quadrate des Modulus der linearen Substitution multiplicirt.

Nach Art. 48 geht eine Gleichung von der Form $f=0$, $\mathfrak{f}=0$ in eine Gleichung $F=0$, $\mathfrak{F}=0$ über, wenn man für

z_1, z_2, z_3; $\mathfrak{z}_1, \mathfrak{z}_2, \mathfrak{z}_3$ die Werthe aus Art. 23, 3a), 3b) einsetzt. Der Modulus dieser Substitution ist aber nach Art. 23, 4a), 4b) $\mathfrak{D}$, D. Nach Art. 48, 2a) 2b) erhält man daher wieder die Discriminante der neuen Gleichung, indem man die Discriminante der ursprünglichen mit dem Quadrate des Modulus der linearen Substitution multiplicirt.

Nach Art. 53 erhält man die Gleichung $f = 0$, $\mathfrak{f} = 0$ für ein neues Axen-Dreiseit oder Axen-Dreieck, wenn man die linearen Ausdrücke Art. 28, 9a), 9b) für die Veränderlichen einsetzt. Im Falle der Transformation der Gleichung $f = 0$ hat man daher als Modulus der Substitution:

$$M = \frac{1}{\mathfrak{D}'^3} \begin{vmatrix} \mathfrak{D}'_{11} & \mathfrak{D}'_{21} & \mathfrak{D}'_{31} \\ \mathfrak{D}'_{12} & \mathfrak{D}'_{22} & \mathfrak{D}'_{32} \\ \mathfrak{D}'_{13} & \mathfrak{D}'_{23} & \mathfrak{D}'_{33} \end{vmatrix}$$

$$= \frac{1}{\mathfrak{D}'^3}\big[\mathfrak{D}'_{11}(\mathfrak{D}'_{22}\mathfrak{D}'_{33} - \mathfrak{D}'_{23}\mathfrak{D}'_{32}) + \mathfrak{D}'_{21}(\mathfrak{D}'_{32}\mathfrak{D}'_{13} - \mathfrak{D}'_{33}\mathfrak{D}'_{12})$$
$$+ \mathfrak{D}'_{31}(\mathfrak{D}'_{12}\mathfrak{D}'_{23} - \mathfrak{D}'_{13}\mathfrak{D}'_{22})\big]$$

oder nach Art. 29, III) b_2', b_3', b_1'

$$= \frac{1}{\mathfrak{D}'^3}\big[\mathfrak{D}'_{11}\mathfrak{D}'\mathfrak{D}_{11} + \mathfrak{D}'_{21}\mathfrak{D}'\mathfrak{D}_{12} + \mathfrak{D}'_{31}\mathfrak{D}'\mathfrak{D}_{13}\big]$$

$$= \frac{1}{\mathfrak{D}'^2}\big[\mathfrak{D}_{11}\mathfrak{D}'_{11} + \mathfrak{D}_{12}\mathfrak{D}'_{21} + \mathfrak{D}_{13}\mathfrak{D}'_{31}\big]$$

oder nach Art. 29, IV), a_1

$$= \frac{1}{\mathfrak{D}'^2} \cdot \mathfrak{D} \cdot \mathfrak{D}'.$$

Man hat also

$$M = \frac{\mathfrak{D}}{\mathfrak{D}'}.$$

Es ist mithin $\frac{\mathfrak{D}}{\mathfrak{D}'}$ der Modulus der linearen Substitution aus Art. 28, 9a), und ebenso $\frac{D}{D'}$ der Modulus der linearen Substitution aus Art. 29, 9b), (vergl. Art. 31). Nach Art. 53, 3a), 3b) erhält man daher ebenfalls die Discriminante der neuen Gleichung $f = 0$, $\mathfrak{f} = 0$, indem man die Discriminante der ursprünglichen mit dem Quadrate des Modulus der Substitution multiplicirt, wie dies nach den Gesetzen der Lehre von den Determinanten sein muss. Zugleich bemerkt man, dass die Ausdrücke Art. 47, 48, 2a), 2b), Art. 53, 3) — 8) einen **invarianten Charakter** besitzen.

Art. 56.]   — 211 —

56. Wird die Gleichung eines Kegelschnitts $f = 0$, $\mathfrak{f} = 0$ auf ein sich selbst conjugirtes Dreiseit oder Dreieck transformirt, so annulliren sich in der neuen Gleichung die Coefficienten von $z_1 z_2, z_1 z_3, z_2 z_3; \mathfrak{z}_1 \mathfrak{z}_2, \mathfrak{z}_1 \mathfrak{z}_3, \mathfrak{z}_2 \mathfrak{z}_3$, und die Gleichung nimmt die Form an:

$c_1 z_1^2 + c_2 z_2^2 + c_3 z_3^2 = 0;$ 1a) $\mathfrak{c}_1 \mathfrak{z}_1^2 + \mathfrak{c}_2 \mathfrak{z}_2^2 + \mathfrak{c}_3 \mathfrak{z}_3^2 = 0.$ 1b)

Um dies für $f = 0$ zu beweisen, bezeichne man die Coordinaten des neuen (sich selbst conjugirten) Dreiseits mit $\mathfrak{x}'_k, \mathfrak{y}'_k$; so lautet die Gleichung der Seite g_1' des neuen Dreiseits, bezogen auf das ursprüngliche Dreiseit, nach Art. 30, 1a)

$[(\mathfrak{x}_1' \mathfrak{y}_2 - \mathfrak{x}_2 \mathfrak{y}_1') + (\mathfrak{x}_2 \mathfrak{y}_3 - \mathfrak{x}_3 \mathfrak{y}_2) + (\mathfrak{x}_3 \mathfrak{y}_1' - \mathfrak{x}_1' \mathfrak{y}_3)] z_1$
$+ [(\mathfrak{x}_1 \mathfrak{y}_1' - \mathfrak{x}_1' \mathfrak{y}_1) + (\mathfrak{x}_1' \mathfrak{y}_3 - \mathfrak{x}_3 \mathfrak{y}_1') + (\mathfrak{x}_3 \mathfrak{y}_1 - \mathfrak{x}_1 \mathfrak{y}_3)] z_2$
$+ [(\mathfrak{x}_1 \mathfrak{y}_2 - \mathfrak{x}_2 \mathfrak{y}_1) + (\mathfrak{x}_2 \mathfrak{y}_1' - \mathfrak{x}_1' \mathfrak{y}_2) + (\mathfrak{x}_1' \mathfrak{y}_1 - \mathfrak{x}_1 \mathfrak{y}_1')] z_3 = 0;$

oder

$[\mathfrak{X}_2 \mathfrak{Y}_3 + \mathfrak{X}_3 \mathfrak{Y}_1' - \mathfrak{X}_2 \mathfrak{Y}_1'] z_1 + [\mathfrak{X}_3 \mathfrak{Y}_1 + \mathfrak{X}_1 \mathfrak{Y}_1' - \mathfrak{X}_3 \mathfrak{Y}_1'] z_2$
$+ [\mathfrak{X}_1 \mathfrak{Y}_2 + \mathfrak{X}_2 \mathfrak{Y}_1' - \mathfrak{X}_1 \mathfrak{Y}_1'] z_3 = 0;$

oder nach der Art. 28, 8a) eingeführten Bezeichnung:

$\mathfrak{D}_{11} z_1 + \mathfrak{D}_{21} z_2 + \mathfrak{D}_{31} z_3 = 0;$

und analog bei g_2', g_3', so dass die Gleichungen der neuen Dreiecksseiten lauten:

$g_1' \equiv \mathfrak{D}_{11} z_1 + \mathfrak{D}_{21} z_2 + \mathfrak{D}_{31} z_3 = 0;$
$g_2' \equiv \mathfrak{D}_{12} z_1 + \mathfrak{D}_{22} z_2 + \mathfrak{D}_{32} z_3 = 0;$
$g_3' \equiv \mathfrak{D}_{13} z_1 + \mathfrak{D}_{23} z_2 + \mathfrak{D}_{33} z_3 = 0.$

Bringt man dieselben auf die Normalform, so lauten sie nach Art. 30, 8a), mit Berücksichtigung von Art. 29, I), a_1, b_1, c_1:

$$\left.\begin{array}{ll} a. & g_1' \equiv \frac{D}{\mathfrak{D}} \mathfrak{D}_{11} z_1 + \frac{D}{\mathfrak{D}} \mathfrak{D}_{21} z_2 + \frac{D}{\mathfrak{D}} \mathfrak{D}_{31} z_3 = 0; \\ b. & g_2' \equiv \frac{D}{\mathfrak{D}} \mathfrak{D}_{12} z_1 + \frac{D}{\mathfrak{D}} \mathfrak{D}_{22} z_2 + \frac{D}{\mathfrak{D}} \mathfrak{D}_{32} z_3 = 0; \\ c. & g_3' \equiv \frac{D}{\mathfrak{D}} \mathfrak{D}_{13} z_1 + \frac{D}{\mathfrak{D}} \mathfrak{D}_{23} z_2 + \frac{D}{\mathfrak{D}} \mathfrak{D}_{33} z_3 = 0. \end{array}\right\} \text{2a)}$$

Sind $z_{k_1}, z_{k_2}, z_{k_3}$ bezüglich die auf das ursprüngliche Dreiseit bezogenen Coordinaten der Ecken G_1', G_2', G_3' des neuen Dreiseits, so müssen z. B. z_{11}, z_{21}, z_{31} den Gleichungen genügen

$g_1 r_1 z_{11} + g_2 r_2 z_{21} + g_3 r_3 z_{31} = D;$
$\frac{D}{\mathfrak{D}} \mathfrak{D}_{12} z_{11} + \frac{D}{\mathfrak{D}} \mathfrak{D}_{22} z_{21} + \frac{D}{\mathfrak{D}} \mathfrak{D}_{32} z_{31} = 0;$
$\frac{D}{\mathfrak{D}} \mathfrak{D}_{13} z_{11} + \frac{D}{\mathfrak{D}} \mathfrak{D}_{23} z_{21} + \frac{D}{\mathfrak{D}} \mathfrak{D}_{33} z_{31} = 0.$

14*

Eliminirt man aus den beiden letzten Gleichungen z_{31}, so erhält man

$$-\frac{D}{\mathfrak{D}}(\mathfrak{D}_{32}\mathfrak{D}_{13}-\mathfrak{D}_{33}\mathfrak{D}_{12})z_{11}+\frac{D}{\mathfrak{D}}(\mathfrak{D}_{22}\mathfrak{D}_{33}-\mathfrak{D}_{23}\mathfrak{D}_{32})z_{21}=0;$$

oder nach Art. 29, III), b_3, b_2

$$-D\,\mathfrak{D}'_{12}\,z_{11}+D\,\mathfrak{D}'_{11}\,z_{21}=0;$$

also $\qquad z_{21}=\dfrac{\mathfrak{D}'_{12}}{\mathfrak{D}'_{11}}z_{11}.$

Eliminirt man aus den beiden letzten Gleichungen z_{21}, so erhält man

$$\frac{D}{\mathfrak{D}}(\mathfrak{D}_{12}\mathfrak{D}_{23}-\mathfrak{D}_{13}\mathfrak{D}_{22})z_{11}-\frac{D}{\mathfrak{D}}(\mathfrak{D}_{22}\mathfrak{D}_{33}-\mathfrak{D}_{23}\mathfrak{D}_{32})z_{31}=0;$$

oder nach Art. 29, III), b_1, b_2

$$D\,\mathfrak{D}'_{13}\,z_{11}-D\,\mathfrak{D}'_{11}\,z_{31}=0;$$

also $\qquad z_{31}=\dfrac{\mathfrak{D}'_{13}}{\mathfrak{D}'_{11}}z_{11}.$

Setzt man diese Werthe für z_{21}, z_{31} in die erste Gleichung ein, so erhält man

$$z_{11}=\frac{D\cdot\mathfrak{D}'_{11}}{g_1r_1\,\mathfrak{D}'_{11}+g_2r_2\,\mathfrak{D}'_{12}+g_3r_3\,\mathfrak{D}'_{13}};$$

$$z_{21}=\frac{D\cdot\mathfrak{D}'_{12}}{g_1r_1\,\mathfrak{D}'_{11}+g_2r_2\,\mathfrak{D}'_{12}+g_3r_3\,\mathfrak{D}'_{13}};$$

$$z_{31}=\frac{D\cdot\mathfrak{D}'_{13}}{g_1r_1\,\mathfrak{D}'_{11}+g_2r_2\,\mathfrak{D}'_{12}+g_3r_3\,\mathfrak{D}'_{13}}.$$

Verfährt man, um die Coordinaten der Punkte G_2', G_3' zu finden, welche den Bedingungen genügen müssen

$$g_1r_1\,z_{12}+g_2r_2\,z_{22}+g_3r_3\,z_{32}=D;$$

$$\frac{D}{\mathfrak{D}}\mathfrak{D}_{13}\,z_{12}+\frac{D}{\mathfrak{D}}\mathfrak{D}_{23}\,z_{22}+\frac{D}{\mathfrak{D}}\mathfrak{D}_{33}\,z_{32}=0;$$

$$\frac{D}{\mathfrak{D}}\mathfrak{D}_{11}\,z_{12}+\frac{D}{\mathfrak{D}}\mathfrak{D}_{21}\,z_{22}+\frac{D}{\mathfrak{D}}\mathfrak{D}_{31}\,z_{32}=0;$$

$$g_1r_1\,z_{13}+g_2r_2\,z_{23}+g_3r_3\,z_{33}=D;$$

$$\frac{D}{\mathfrak{D}}\mathfrak{D}_{11}\,z_{13}+\frac{D}{\mathfrak{D}}\mathfrak{D}_{21}\,z_{23}+\frac{D}{\mathfrak{D}}\mathfrak{D}_{31}\,z_{33}=0;$$

$$\frac{D}{\mathfrak{D}}\mathfrak{D}_{12}\,z_{13}+\frac{D}{\mathfrak{D}}\mathfrak{D}_{22}\,z_{23}+\frac{D}{\mathfrak{D}}\mathfrak{D}_{32}\,z_{33}=0;$$

ebenso mit Anwendung von Art. 29, III), c_3, c_2, c_1; a_3, a_2, a_1, so erhält man

Art. 56.]   — 213 —

$$z_{12} = \frac{D \cdot \mathfrak{D}'_{21}}{g_1 r_1 \mathfrak{D}'_{21} + g_2 r_2 \mathfrak{D}'_{22} + g_3 r_3 \mathfrak{D}'_{23}};$$

$$z_{22} = \frac{D \cdot \mathfrak{D}'_{22}}{g_1 r_1 \mathfrak{D}'_{21} + g_2 r_2 \mathfrak{D}'_{22} + g_3 r_3 \mathfrak{D}'_{23}};$$

$$z_{32} = \frac{D \cdot \mathfrak{D}'_{23}}{g_1 r_1 \mathfrak{D}'_{21} + g_2 r_2 \mathfrak{D}'_{22} + g_3 r_3 \mathfrak{D}'_{23}};$$

$$z_{13} = \frac{D \cdot \mathfrak{D}'_{31}}{g_1 r_1 \mathfrak{D}'_{31} + g_2 r_2 \mathfrak{D}'_{32} + g_3 r_3 \mathfrak{D}'_{33}};$$

$$z_{23} = \frac{D \cdot \mathfrak{D}'_{32}}{g_1 r_1 \mathfrak{D}'_{31} + g_2 r_2 \mathfrak{D}'_{32} + g_3 r_3 \mathfrak{D}'_{33}};$$

$$z_{33} = \frac{D \cdot \mathfrak{D}'_{33}}{g_1 r_1 \mathfrak{D}'_{31} + g_2 r_2 \mathfrak{D}'_{32} + g_3 r_3 \mathfrak{D}'_{33}}.$$

Setzt man nun in den Ausdrücken für $z_{11}, z_{21}, z_{31}; z_{12}$, etc. für $g_1 r_1, g_2 r_2, g_3 r_3$ die Werthe aus Art. 26, 2a) ein, so erhält man

$$z_{11} = \frac{\mathfrak{X}_1 \mathfrak{Y}_2 \cdot \mathfrak{X}_2 \mathfrak{Y}_3 \cdot \mathfrak{X}_3 \mathfrak{Y}_1 \cdot D \cdot \mathfrak{D}'_{11}}{\mathfrak{D}(\mathfrak{X}_2 \mathfrak{Y}_3 \mathfrak{D}'_{11} + \mathfrak{X}_3 \mathfrak{Y}_1 \mathfrak{D}'_{12} + \mathfrak{X}_1 \mathfrak{Y}_2 \mathfrak{D}'_{13})};$$

$$z_{21} = \frac{\mathfrak{X}_1 \mathfrak{Y}_2 \cdot \mathfrak{X}_2 \mathfrak{Y}_3 \cdot \mathfrak{X}_3 \mathfrak{Y}_1 \cdot D \cdot \mathfrak{D}'_{12}}{\mathfrak{D}(\mathfrak{X}_2 \mathfrak{Y}_3 \mathfrak{D}'_{11} + \mathfrak{X}_3 \mathfrak{Y}_1 \mathfrak{D}'_{12} + \mathfrak{X}_1 \mathfrak{Y}_2 \mathfrak{D}'_{13})};$$

$$z_{31} = \frac{\mathfrak{X}_1 \mathfrak{Y}_2 \cdot \mathfrak{X}_2 \mathfrak{Y}_3 \cdot \mathfrak{X}_3 \mathfrak{Y}_1 \cdot D \cdot \mathfrak{D}'_{13}}{\mathfrak{D}(\mathfrak{X}_2 \mathfrak{Y}_3 \mathfrak{D}'_{11} + \mathfrak{X}_3 \mathfrak{Y}_1 \mathfrak{D}'_{12} + \mathfrak{X}_1 \mathfrak{Y}_2 \mathfrak{D}'_{13})};$$

oder nach Art. 29, VI), a.

$$z_{11} = \frac{\mathfrak{X}_1 \mathfrak{Y}_2 \cdot \mathfrak{X}_2 \mathfrak{Y}_3 \cdot \mathfrak{X}_3 \mathfrak{Y}_1 \cdot D \cdot \mathfrak{D}'_{11}}{\mathfrak{D}^2 \cdot \mathfrak{X}_2' \mathfrak{Y}_3'}; \quad z_{21} = \frac{\mathfrak{X}_1 \mathfrak{Y}_2 \cdot \mathfrak{X}_2 \mathfrak{Y}_3 \cdot \mathfrak{X}_3 \mathfrak{Y}_1 \cdot D \cdot \mathfrak{D}'_{12}}{\mathfrak{D}^2 \cdot \mathfrak{X}_2' \mathfrak{Y}_3'};$$

$$z_{31} = \frac{\mathfrak{X}_1 \mathfrak{Y}_2 \cdot \mathfrak{X}_2 \mathfrak{Y}_3 \cdot \mathfrak{X}_3 \mathfrak{Y}_1 \cdot D \cdot \mathfrak{D}'_{13}}{\mathfrak{D}^2 \cdot \mathfrak{X}_2' \mathfrak{Y}_3'};$$

oder nach Art. 26, 1a)

$$z_{11} = \frac{\mathfrak{D}'_{11}}{\mathfrak{X}_2' \mathfrak{Y}_3'}; \quad z_{21} = \frac{\mathfrak{D}'_{12}}{\mathfrak{X}_2' \mathfrak{Y}_3'}; \quad z_{31} = \frac{\mathfrak{D}'_{13}}{\mathfrak{X}_2' \mathfrak{Y}_3'}.$$

Verfährt man, unter Anwendung von Art. 29, VI), b., c. ebenso mit z_{k2}, z_{k3}, so erhält man als

Coordinaten von G_1':

$$z_{11} = \frac{\mathfrak{D}'_{11}}{\mathfrak{X}_2' \mathfrak{Y}_3'}; \quad z_{21} = \frac{\mathfrak{D}'_{12}}{\mathfrak{X}_2' \mathfrak{Y}_3'}; \quad z_{31} = \frac{\mathfrak{D}'_{13}}{\mathfrak{X}_2' \mathfrak{Y}_3'};$$

Coordinaten von G_2':

$$z_{12} = \frac{\mathfrak{D}'_{21}}{\mathfrak{X}_3' \mathfrak{Y}_1'}; \quad z_{22} = \frac{\mathfrak{D}'_{22}}{\mathfrak{X}_3' \mathfrak{Y}_1'}; \quad z_{32} = \frac{\mathfrak{D}'_{23}}{\mathfrak{X}_3' \mathfrak{Y}_1'};$$

Coordinaten von G_3':

$$z_{13} = \frac{\mathfrak{D}'_{31}}{\mathfrak{X}_1' \mathfrak{Y}_2'}; \quad z_{23} = \frac{\mathfrak{D}'_{32}}{\mathfrak{X}_1' \mathfrak{Y}_2'}; \quad z_{33} = \frac{\mathfrak{D}'_{33}}{\mathfrak{X}_1' \mathfrak{Y}_2'}.$$

$\left.\begin{array}{r}\\\\\\\\\\\\\end{array}\right\}$ 3a)

Nach Art. 45 müssen nun, um die Gleichung der Polaren von G_1', G_2', G_3' zu finden, die Coordinaten dieser Punkte in die nach z_1, z_2, z_3 differenzirte Kegelschnittsgleichung für z_1, z_2, z_3 eingesetzt werden. Man erhält also als Gleichungen der Polaren von G_1', G_2', G_3'

$$a.\ 2\cdot\frac{c_{11}\mathfrak{D}'_{11}+c_{12}\mathfrak{D}'_{12}+c_{13}\mathfrak{D}'_{13}}{\mathfrak{X}_2'\mathfrak{Y}_3'}\cdot z_1 + 2\cdot\frac{c_{12}\mathfrak{D}'_{11}+c_{22}\mathfrak{D}'_{12}+c_{23}\mathfrak{D}'_{13}}{\mathfrak{X}_2'\mathfrak{Y}_3'}\cdot z_2$$
$$+ 2\cdot\frac{c_{13}\mathfrak{D}'_{11}+c_{23}\mathfrak{D}'_{12}+c_{33}\mathfrak{D}'_{13}}{\mathfrak{X}_2'\mathfrak{Y}_3'}\cdot z_3 = 0;$$

$$b.\ 2\cdot\frac{c_{11}\mathfrak{D}'_{21}+c_{12}\mathfrak{D}'_{22}+c_{13}\mathfrak{D}'_{23}}{\mathfrak{X}_3'\mathfrak{Y}_1'}\cdot z_1 + 2\cdot\frac{c_{12}\mathfrak{D}'_{21}+c_{22}\mathfrak{D}'_{22}+c_{23}\mathfrak{D}'_{23}}{\mathfrak{X}_3'\mathfrak{Y}_1'}\cdot z_2$$
$$+ 2\cdot\frac{c_{13}\mathfrak{D}'_{21}+c_{23}\mathfrak{D}'_{22}+c_{33}\mathfrak{D}'_{23}}{\mathfrak{X}_3'\mathfrak{Y}_1'}\cdot z_3 = 0;$$

$$c.\ 2\cdot\frac{c_{11}\mathfrak{D}'_{31}+c_{12}\mathfrak{D}'_{32}+c_{13}\mathfrak{D}'_{33}}{\mathfrak{X}_1'\mathfrak{Y}_2'}\cdot z_1 + 2\cdot\frac{c_{12}\mathfrak{D}'_{31}+c_{22}\mathfrak{D}'_{32}+c_{23}\mathfrak{D}'_{33}}{\mathfrak{X}_1'\mathfrak{Y}_2'}\cdot z_2$$
$$+ 2\cdot\frac{c_{13}\mathfrak{D}'_{31}+c_{23}\mathfrak{D}'_{32}+c_{33}\mathfrak{D}'_{33}}{\mathfrak{X}_1'\mathfrak{Y}_2'}\cdot z_3 = 0.$$

$\quad 4a)$

Nun soll aber auch g_1' die Polare von G_1', g_2' die von G_2', g_3' die von G_3' sein. Es müssen daher die Gleichungen 4a), wenn sie ebenfalls auf die Normalform reducirt sind, identisch sein mit den Gleichungen 2a). Reducirt man also z. B. die Gleichung a. in 4a) auf die Normalform nach Art. 30, 8a), und vergleicht die Coefficienten von z_1, z_2, z_3 mit den Coefficienten von z_1, z_2, z_3 in a. der Gleichungen 2a), indem man zugleich in letzterer wieder $\mathfrak{D}_{11}+\mathfrak{D}_{21}+\mathfrak{D}_{31}$ für $\mathfrak{D}$ schreibt, so erhält man die Gleichungen:

$$D\cdot 2\cdot\frac{c_{11}\mathfrak{D}'_{11}+c_{12}\mathfrak{D}'_{12}+c_{13}\mathfrak{D}'_{13}}{\mathfrak{X}_2'\mathfrak{Y}_3'}$$
$$:\left[2\cdot\frac{c_{11}\mathfrak{D}'_{11}+c_{12}\mathfrak{D}'_{12}+c_{13}\mathfrak{D}'_{13}}{\mathfrak{X}_2'\mathfrak{Y}_3'} + 2\cdot\frac{c_{12}\mathfrak{D}'_{11}+c_{22}\mathfrak{D}'_{12}+c_{23}\mathfrak{D}'_{13}}{\mathfrak{X}_2'\mathfrak{Y}_3'}\right.$$
$$\left.+ 2\cdot\frac{c_{13}\mathfrak{D}'_{11}+c_{23}\mathfrak{D}'_{12}+c_{33}\mathfrak{D}'_{13}}{\mathfrak{X}_2'\mathfrak{Y}_3'}\right] = \frac{D\cdot\mathfrak{D}_{11}}{\mathfrak{D}_{11}+\mathfrak{D}_{21}+\mathfrak{D}_{31}};$$

$$D\cdot 2\cdot\frac{c_{12}\mathfrak{D}'_{11}+c_{22}\mathfrak{D}'_{12}+c_{23}\mathfrak{D}'_{13}}{\mathfrak{X}_2'\mathfrak{Y}_3'}$$
$$:\left[2\cdot\frac{c_{11}\mathfrak{D}'_{11}+c_{12}\mathfrak{D}'_{12}+c_{13}\mathfrak{D}'_{13}}{\mathfrak{X}_2'\mathfrak{Y}_3'} + 2\cdot\frac{c_{12}\mathfrak{D}'_{11}+c_{22}\mathfrak{D}'_{12}+c_{23}\mathfrak{D}'_{13}}{\mathfrak{X}_2'\mathfrak{Y}_3'}\right.$$
$$\left.+ 2\cdot\frac{c_{13}\mathfrak{D}'_{11}+c_{23}\mathfrak{D}'_{12}+c_{33}\mathfrak{D}'_{13}}{\mathfrak{X}_2'\mathfrak{Y}_3'}\right] = \frac{D\cdot\mathfrak{D}_{21}}{\mathfrak{D}_{11}+\mathfrak{D}_{21}+\mathfrak{D}_{31}};$$

$$D\cdot 2\cdot\frac{c_{13}\mathfrak{D}'_{11}+c_{23}\mathfrak{D}'_{12}+c_{33}\mathfrak{D}'_{13}}{\mathfrak{X}_2'\mathfrak{Y}_3'}$$
$$:\left[2\cdot\frac{c_{11}\mathfrak{D}'_{11}+c_{12}\mathfrak{D}'_{12}+c_{13}\mathfrak{D}'_{13}}{\mathfrak{X}_2'\mathfrak{X}_3'} + 2\cdot\frac{c_{12}\mathfrak{D}'_{11}+c_{22}\mathfrak{D}'_{12}+c_{23}\mathfrak{D}'_{13}}{\mathfrak{X}_2'\mathfrak{Y}_3'}\right.$$
$$\left.+ 2\cdot\frac{c_{13}\mathfrak{D}'_{11}+c_{23}\mathfrak{D}'_{12}+c_{33}\mathfrak{D}'_{13}}{\mathfrak{X}_2'\mathfrak{Y}_3'}\right] = \frac{D\cdot\mathfrak{D}_{31}}{\mathfrak{D}_{11}+\mathfrak{D}_{21}+\mathfrak{D}_{31}}.$$

[Art. 56.]

Aus diesen Gleichungen aber folgt, wenn k_1 eine unbestimmte Constante bezeichnet,

$$2 \cdot \frac{c_{11}\mathfrak{D}'_{11} + c_{12}\mathfrak{D}'_{12} + c_{13}\mathfrak{D}'_{13}}{\mathfrak{X}_2' \mathfrak{Y}_3'} = k_1 \cdot \mathfrak{D}_{11};$$

$$2 \cdot \frac{c_{12}\mathfrak{D}'_{11} + c_{22}\mathfrak{D}'_{12} + c_{23}\mathfrak{D}'_{13}}{\mathfrak{X}_2' \mathfrak{Y}_3'} = k_1 \cdot \mathfrak{D}_{21};$$

$$2 \cdot \frac{c_{13}\mathfrak{D}'_{11} + c_{23}\mathfrak{D}'_{12} + c_{33}\mathfrak{D}'_{13}}{\mathfrak{X}_2' \mathfrak{Y}_3'} = k_1 \cdot \mathfrak{D}_{31}.$$

Analoges erhält man, wenn man die Gleichung b. in 4a) mit b. in 2a) vergleicht, und $\mathfrak{D}_{12} + \mathfrak{D}_{22} + \mathfrak{D}_{32}$ für $\mathfrak{D}$ schreibt; die dann eingehende Constante soll k_2 heissen; und wenn man die Gleichung c. in 4a) mit c. in 2a) vergleicht, und $\mathfrak{D}_{13} + \mathfrak{D}_{23} + \mathfrak{D}_{33}$ für $\mathfrak{D}$ schreibt; die dann eingehende Constante soll k_3 genannt werden. Man erhält dann die Beziehungen:

$$\left. \begin{aligned} a_1.\ & c_{11}\mathfrak{D}'_{11} + c_{12}\mathfrak{D}'_{12} + c_{13}\mathfrak{D}'_{13} = \tfrac{1}{2} k_1 \, \mathfrak{X}_2' \mathfrak{Y}_3' \, \mathfrak{D}_{11}; \\ a_2.\ & c_{12}\mathfrak{D}'_{11} + c_{22}\mathfrak{D}'_{12} + c_{23}\mathfrak{D}'_{13} = \tfrac{1}{2} k_1 \, \mathfrak{X}_2' \mathfrak{Y}_3' \, \mathfrak{D}_{21}; \\ a_3.\ & c_{13}\mathfrak{D}'_{11} + c_{23}\mathfrak{D}'_{12} + c_{33}\mathfrak{D}'_{13} = \tfrac{1}{2} k_1 \, \mathfrak{X}_2' \mathfrak{Y}_3' \, \mathfrak{D}_{31}; \\ b_1.\ & c_{11}\mathfrak{D}'_{21} + c_{12}\mathfrak{D}'_{22} + c_{13}\mathfrak{D}'_{23} = \tfrac{1}{2} k_2 \, \mathfrak{X}_3' \mathfrak{Y}_1' \, \mathfrak{D}_{12}; \\ b_2.\ & c_{12}\mathfrak{D}'_{21} + c_{22}\mathfrak{D}'_{22} + c_{23}\mathfrak{D}'_{23} = \tfrac{1}{2} k_2 \, \mathfrak{X}_3' \mathfrak{Y}_1' \, \mathfrak{D}_{22}; \\ b_3.\ & c_{13}\mathfrak{D}'_{21} + c_{23}\mathfrak{D}'_{22} + c_{33}\mathfrak{D}'_{23} = \tfrac{1}{2} k_2 \, \mathfrak{X}_3' \mathfrak{Y}_1' \, \mathfrak{D}_{32}; \\ c_1.\ & c_{11}\mathfrak{D}'_{31} + c_{12}\mathfrak{D}'_{32} + c_{13}\mathfrak{D}'_{33} = \tfrac{1}{2} k_3 \, \mathfrak{X}_1' \mathfrak{Y}_2' \, \mathfrak{D}_{13}; \\ c_2.\ & c_{12}\mathfrak{D}'_{31} + c_{22}\mathfrak{D}'_{32} + c_{23}\mathfrak{D}'_{33} = \tfrac{1}{2} k_3 \, \mathfrak{X}_1' \mathfrak{Y}_2' \, \mathfrak{D}_{23}; \\ c_3.\ & c_{13}\mathfrak{D}'_{31} + c_{23}\mathfrak{D}'_{32} + c_{33}\mathfrak{D}'_{33} = \tfrac{1}{2} k_3 \, \mathfrak{X}_1' \mathfrak{Y}_2' \, \mathfrak{D}_{33}. \end{aligned} \right\} \quad 5a)$$

Transformirt man nun die Gleichung $f = 0$ auf das neue (sich selbst conjugirte) Dreieck, so erhält man als Coefficienten die in Art. 53, 1a) angegebenen Werthe. Man erhält also, indem man dieselben in etwas anderer Form und wieder z_k statt z_k' schreibt, die Gleichung:

$$\frac{1}{\mathfrak{D}'^2} \cdot \Big[(c_{11} \mathfrak{D}'_{11} + c_{12} \mathfrak{D}'_{12} + c_{13} \mathfrak{D}'_{13}) \mathfrak{D}'_{11}$$
$$+ (c_{12} \mathfrak{D}'_{11} + c_{22} \mathfrak{D}'_{12} + c_{23} \mathfrak{D}'_{13}) \mathfrak{D}'_{12}$$
$$+ (c_{13} \mathfrak{D}'_{11} + c_{23} \mathfrak{D}'_{12} + c_{33} \mathfrak{D}'_{13}) \mathfrak{D}'_{13} \Big] z_1^2$$
$$+ 2 \cdot \frac{1}{\mathfrak{D}'^2} \cdot \Big[(c_{11} \mathfrak{D}'_{21} + c_{12} \mathfrak{D}'_{22} + c_{13} \mathfrak{D}'_{23}) \mathfrak{D}'_{11}$$
$$+ (c_{12} \mathfrak{D}'_{21} + c_{22} \mathfrak{D}'_{22} + c_{23} \mathfrak{D}'_{23}) \mathfrak{D}'_{12}$$
$$+ (c_{13} \mathfrak{D}'_{21} + c_{23} \mathfrak{D}'_{22} + c_{33} \mathfrak{D}'_{23}) \mathfrak{D}'_{13} \Big] z_1 z_2$$
$$+ 2 \cdot \frac{1}{\mathfrak{D}'^2} \cdot \Big[(c_{11} \mathfrak{D}'_{31} + c_{12} \mathfrak{D}'_{32} + c_{13} \mathfrak{D}'_{33}) \mathfrak{D}'_{11}$$
$$+ (c_{12} \mathfrak{D}'_{31} + c_{22} \mathfrak{D}'_{32} + c_{23} \mathfrak{D}'_{33}) \mathfrak{D}'_{12}$$
$$+ (c_{13} \mathfrak{D}'_{31} + c_{23} \mathfrak{D}'_{32} + c_{33} \mathfrak{D}'_{33}) \mathfrak{D}'_{13} \Big] z_1 z_3$$
$$+ \frac{1}{\mathfrak{D}'^2} \cdot \Big[(c_{11} \mathfrak{D}'_{21} + c_{12} \mathfrak{D}'_{22} + c_{13} \mathfrak{D}'_{23}) \mathfrak{D}'_{21}$$
$$+ (c_{12} \mathfrak{D}'_{21} + c_{22} \mathfrak{D}'_{22} + c_{23} \mathfrak{D}'_{23}) \mathfrak{D}'_{22}$$
$$+ (c_{13} \mathfrak{D}'_{21} + c_{23} \mathfrak{D}'_{22} + c_{33} \mathfrak{D}'_{23}) \mathfrak{D}'_{23} \Big] z_2^2$$
$$+ 2 \cdot \frac{1}{\mathfrak{D}'^2} \cdot \Big[(c_{11} \mathfrak{D}'_{31} + c_{12} \mathfrak{D}'_{32} + c_{13} \mathfrak{D}'_{33}) \mathfrak{D}'_{21}$$
$$+ (c_{12} \mathfrak{D}'_{31} + c_{22} \mathfrak{D}'_{32} + c_{23} \mathfrak{D}'_{33}) \mathfrak{D}'_{22}$$
$$+ (c_{13} \mathfrak{D}'_{31} + c_{23} \mathfrak{D}'_{32} + c_{33} \mathfrak{D}'_{33}) \mathfrak{D}'_{23} \Big] z_2 z_3$$
$$+ \frac{1}{\mathfrak{D}'^2} \cdot \Big[(c_{11} \mathfrak{D}'_{31} + c_{12} \mathfrak{D}'_{32} + c_{13} \mathfrak{D}'_{33}) \mathfrak{D}'_{31}$$
$$+ (c_{12} \mathfrak{D}'_{31} + c_{22} \mathfrak{D}'_{32} + c_{23} \mathfrak{D}'_{33}) \mathfrak{D}'_{32}$$
$$+ (c_{13} \mathfrak{D}'_{31} + c_{23} \mathfrak{D}'_{32} + c_{33} \mathfrak{D}'_{33}) \mathfrak{D}'_{33} \Big] z_3^2 = 0;$$

oder nach 5a)

$$\frac{1}{\mathfrak{D}'^2} \cdot \frac{1}{2} k_1 \mathfrak{X}'_2 \mathfrak{Y}'_3 (\mathfrak{D}'_{11} \mathfrak{D}_{11} + \mathfrak{D}'_{12} \mathfrak{D}_{21} + \mathfrak{D}'_{13} \mathfrak{D}_{31}) z_1^2$$
$$+ \frac{1}{\mathfrak{D}'^2} \cdot k_2 \mathfrak{X}'_3 \mathfrak{Y}'_1 (\mathfrak{D}'_{11} \mathfrak{D}_{12} + \mathfrak{D}'_{12} \mathfrak{D}_{22} + \mathfrak{D}'_{13} \mathfrak{D}_{32}) z_1 z_2$$
$$+ \frac{1}{\mathfrak{D}'^2} \cdot k_3 \mathfrak{X}'_1 \mathfrak{Y}'_2 (\mathfrak{D}'_{11} \mathfrak{D}_{13} + \mathfrak{D}'_{12} \mathfrak{D}_{23} + \mathfrak{D}'_{13} \mathfrak{D}_{33}) z_1 z_3$$
$$+ \frac{1}{\mathfrak{D}'^2} \cdot \frac{1}{2} k_2 \mathfrak{X}'_3 \mathfrak{Y}'_1 (\mathfrak{D}'_{21} \mathfrak{D}_{12} + \mathfrak{D}'_{22} \mathfrak{D}_{22} + \mathfrak{D}'_{23} \mathfrak{D}_{32}) z_2^2$$
$$+ \frac{1}{\mathfrak{D}'^2} \cdot k_3 \mathfrak{X}'_1 \mathfrak{Y}'_2 (\mathfrak{D}'_{21} \mathfrak{D}_{13} + \mathfrak{D}'_{22} \mathfrak{D}_{23} + \mathfrak{D}'_{23} \mathfrak{D}_{33}) z_2 z_3$$
$$+ \frac{1}{\mathfrak{D}'^2} \cdot \frac{1}{2} k_3 \mathfrak{X}'_1 \mathfrak{Y}'_2 (\mathfrak{D}'_{31} \mathfrak{D}_{13} + \mathfrak{D}'_{32} \mathfrak{D}_{23} + \mathfrak{D}'_{33} \mathfrak{D}_{33}) z_3^2 = 0;$$

Art. 56.]

oder nach Art. 29, IV), a_1', a_2', a_3', b_2', b_3', c_3'

$$\frac{\mathfrak{D}}{\mathfrak{D}'} \cdot \frac{1}{2} k_1 \, \mathfrak{X}_2' \mathfrak{Y}_3' \, z_1^2 + \frac{\mathfrak{D}}{\mathfrak{D}'} \cdot \frac{1}{2} k_2 \, \mathfrak{X}_3' \mathfrak{Y}_1' \, z_2^2 + \frac{\mathfrak{D}}{\mathfrak{D}'} \cdot \frac{1}{2} k_3 \, \mathfrak{X}_1' \mathfrak{Y}_2' \, z_3^2 = 0. \quad 6a)$$

Man kann diese Gleichung noch anders schreiben. Addirt man nämlich in 5a) alle drei je mit a, mit b, mit c bezeichneten Gleichungen, wodurch man nach Art. 29, I), a, b, c auf der rechten Seite den Factor $\mathfrak{D}$ erhält, und dividirt dann durch $\mathfrak{D}$, so erhält man die Gleichungen:

$$\frac{1}{2} k_1 \, \mathfrak{X}_2' \mathfrak{Y}_3' = \frac{1}{\mathfrak{D}} \cdot \left[(c_{11}\mathfrak{D}'_{11} + c_{12}\mathfrak{D}'_{12} + c_{13}\mathfrak{D}'_{13}) + (c_{12}\mathfrak{D}'_{11} + c_{22}\mathfrak{D}'_{12} + c_{23}\mathfrak{D}'_{13}) \right.$$
$$\left. + (c_{13}\mathfrak{D}'_{11} + c_{23}\mathfrak{D}'_{12} + c_{33}\mathfrak{D}'_{13}) \right];$$

$$\frac{1}{2} k_2 \, \mathfrak{X}_3' \mathfrak{Y}_1' = \frac{1}{\mathfrak{D}} \cdot \left[(c_{11}\mathfrak{D}'_{21} + c_{12}\mathfrak{D}'_{22} + c_{13}\mathfrak{D}'_{23}) + (c_{12}\mathfrak{D}'_{21} + c_{22}\mathfrak{D}'_{22} + c_{23}\mathfrak{D}'_{23}) \right.$$
$$\left. + (c_{13}\mathfrak{D}'_{21} + c_{23}\mathfrak{D}'_{22} + c_{33}\mathfrak{D}'_{23}) \right];$$

$$\frac{1}{2} k_3 \, \mathfrak{X}_1' \mathfrak{Y}_2' = \frac{1}{\mathfrak{D}} \cdot \left[(c_{11}\mathfrak{D}'_{31} + c_{12}\mathfrak{D}'_{32} + c_{13}\mathfrak{D}'_{33}) + (c_{12}\mathfrak{D}'_{31} + c_{22}\mathfrak{D}'_{32} + c_{23}\mathfrak{D}'_{33}) \right.$$
$$\left. + (c_{13}\mathfrak{D}'_{31} + c_{23}\mathfrak{D}'_{32} + c_{33}\mathfrak{D}'_{33}) \right].$$

Setzt man diese Werthe in 6a) ein, so erhält man die Gleichung:

$$\left. \begin{aligned} &\frac{1}{\mathfrak{D}'} \cdot \left[(c_{11}\mathfrak{D}'_{11} + c_{12}\mathfrak{D}'_{12} + c_{13}\mathfrak{D}'_{13}) + (c_{12}\mathfrak{D}'_{11} + c_{22}\mathfrak{D}'_{12} + c_{23}\mathfrak{D}'_{13}) \right. \\ &\qquad\left. + (c_{13}\mathfrak{D}'_{11} + c_{23}\mathfrak{D}'_{12} + c_{33}\mathfrak{D}'_{13}) \right] z_1^2 \\ &+ \frac{1}{\mathfrak{D}'} \cdot \left[(c_{11}\mathfrak{D}'_{21} + c_{12}\mathfrak{D}'_{22} + c_{13}\mathfrak{D}'_{23}) + (c_{12}\mathfrak{D}'_{21} + c_{22}\mathfrak{D}'_{22} + c_{23}\mathfrak{D}'_{23}) \right. \\ &\qquad\left. + (c_{13}\mathfrak{D}'_{21} + c_{23}\mathfrak{D}'_{22} + c_{33}\mathfrak{D}'_{23}) \right] z_2^2 \\ &+ \frac{1}{\mathfrak{D}'} \cdot \left[(c_{11}\mathfrak{D}'_{31} + c_{12}\mathfrak{D}'_{32} + c_{13}\mathfrak{D}'_{33}) + (c_{12}\mathfrak{D}'_{31} + c_{22}\mathfrak{D}'_{32} + c_{23}\mathfrak{D}'_{33}) \right. \\ &\qquad\left. + (c_{13}\mathfrak{D}'_{31} + c_{23}\mathfrak{D}'_{32} + c_{33}\mathfrak{D}'_{33}) \right] z_3^2 = 0; \end{aligned} \right\} \quad 7a)$$

eine Gleichung, in welcher die Glieder mit $z_1 z_2$, $z_1 z_3$, $z_2 z_3$ verschwunden sind.

Um den Satz für $\mathfrak{f} = 0$ zu beweisen, bezeichne man die Coordinaten der Ecken G_1', G_2', G_3' des neuen (sich selbst conjugirten) Dreiecks mit x'_k, y'_k, dann lauten nach Art. 30, 1b) und Art. 28, 8b) die Gleichungen der Ecken des neuen Dreiecks:

$$\left. \begin{aligned} G_1' &\equiv D_{11}\mathfrak{z}_1 + D_{21}\mathfrak{z}_2 + D_{31}\mathfrak{z}_3 = 0; \\ G_2' &\equiv D_{12}\mathfrak{z}_1 + D_{22}\mathfrak{z}_2 + D_{32}\mathfrak{z}_3 = 0; \\ G_3' &\equiv D_{13}\mathfrak{z}_1 + D_{23}\mathfrak{z}_2 + D_{33}\mathfrak{z}_3 = 0. \end{aligned} \right\} \quad 2b)$$

Da nach Art. 29, a_1, b_1, c_1 $D_{11}+D_{21}+D_{31}=D$, $D_{12}+D_{22}+D_{32}=D$, $D_{13}+D_{23}+D_{33}=D$ ist, so besitzen diese bereits die Normalform. Sind $\delta_{k1}, \delta_{k2}, \delta_{k3}$ die Coordinaten bezüglich der Seiten g_1', g_2', g_3', so müssen für g_1' die Gleichungen gelten

$$g_1 r_1\, \delta_{11} + g_2 r_2\, \delta_{21} + g_3 r_3\, \delta_{31} = D;$$
$$D_{12}\, \delta_{11} + D_{22}\, \delta_{21} + D_{32}\, \delta_{31} = 0;$$
$$D_{13}\, \delta_{11} + D_{23}\, \delta_{21} + D_{33}\, \delta_{31} = 0.$$

Eliminirt man aus den beiden letzten δ_{31}, so erhält man nach Art. 29, III), b_3, b_2

$$- D \cdot D'_{12}\, \delta_{11} + D \cdot D'_{11}\, \delta_{21} = 0$$

also
$$\delta_{21} = \frac{D'_{12}}{D'_{11}} \delta_{11}.$$

Eliminirt man δ_{21}, so erhält man nach Art. 29, b_1, b_2
$$D \cdot D'_{13}\, \delta_{11} - D \cdot D'_{11}\, \delta_{31} = 0$$

also
$$\delta_{31} = \frac{D'_{13}}{D'_{11}} \delta_{11};$$

u. s. w., und man erhält so die Gleichungen:

$$\delta_{11} = \frac{D \cdot D'_{11}}{g_1 r_1\, D'_{11} + g_2 r_2\, D'_{12} + g_3 r_3\, D'_{13}};$$
$$\delta_{21} = \frac{D \cdot D'_{12}}{g_1 r_1\, D'_{11} + g_2 r_2\, D'_{12} + g_3 r_3\, D'_{13}};$$
$$\delta_{31} = \frac{D \cdot D'_{13}}{g_1 r_1\, D'_{11} + g_2 r_2\, D'_{12} + g_3 r_3\, D'_{13}};$$
$$\delta_{12} = \frac{D \cdot D'_{21}}{g_1 r_1\, D'_{21} + g_2 r_2\, D'_{22} + g_3 r_3\, D'_{23}};$$
$$\delta_{22} = \frac{D \cdot D'_{22}}{g_1 r_1\, D'_{21} + g_2 r_2\, D'_{22} + g_3 r_3\, D'_{23}};$$
$$\delta_{32} = \frac{D \cdot D'_{23}}{g_1 r_1\, D'_{21} + g_2 r_2\, D'_{22} + g_3 r_3\, D'_{23}};$$
$$\delta_{13} = \frac{D \cdot D'_{31}}{g_1 r_1\, D'_{31} + g_2 r_2\, D'_{32} + g_3 r_3\, D'_{33}};$$
$$\delta_{23} = \frac{D \cdot D'_{32}}{g_1 r_1\, D'_{31} + g_2 r_2\, D'_{32} + g_3 r_3\, D'_{33}};$$
$$\delta_{33} = \frac{D \cdot D'_{33}}{g_1 r_1\, D'_{31} + g_2 r_2\, D'_{32} + g_3 r_3\, D'_{33}}.$$

Setzt man hier für $g_1 r_1, g_2 r_2, g_3 r_3$ aus Art. 26, 2b) ihre Werthe ein, so wird der Nenner aller δ_{k1} nach Art. 29, VI), a. $X_2' Y_3' \cdot D$, der Nenner aller δ_{k2} nach b. $X_3' Y_1' \cdot D$, der aller δ_{k3} nach c. $X_1' Y_2' \cdot D$. Man erhält also als

[Art. 56.] — 219 —

Coordinaten von g_1':
$$\delta_{11} = \frac{D'_{11}}{X_2'Y_3'}; \quad \delta_{21} = \frac{D'_{12}}{X_2'Y_3'}; \quad \delta_{31} = \frac{D'_{13}}{X_2'Y_3'};$$

Coordinaten von g_2':
$$\delta_{12} = \frac{D'_{21}}{X_3'Y_1'}; \quad \delta_{22} = \frac{D'_{22}}{X_3'Y_1'}; \quad \delta_{32} = \frac{D'_{23}}{X_3'Y_1'}; \quad \quad 3b)$$

Coordinaten von g_3':
$$\delta_{13} = \frac{D'_{31}}{X_1'Y_2'}; \quad \delta_{23} = \frac{D'_{32}}{X_1'Y_2'}; \quad \delta_{33} = \frac{D'_{33}}{X_1'Y_2'}.$$

Die Gleichungen des Pols von g_1', g_2', g_3' lauten nun nach Art. 45

$a.\ 2 \cdot \dfrac{c_{11}D'_{11}+c_{12}D'_{12}+c_{13}D'_{13}}{X_2'Y_3'} \cdot \delta_1 + 2 \cdot \dfrac{c_{12}D'_{11}+c_{22}D'_{12}+c_{23}D'_{13}}{X_2'Y_3'} \cdot \delta_2$
$\quad + 2 \cdot \dfrac{c_{13}D'_{11}+c_{23}D'_{12}+c_{33}D'_{13}}{X_2'Y_3'} \cdot \delta_3 = 0;$

$b.\ 2 \cdot \dfrac{c_{11}D'_{21}+c_{12}D'_{22}+c_{13}D'_{23}}{X_3'Y_1'} \cdot \delta_1 + 2 \cdot \dfrac{c_{12}D'_{21}+c_{22}D'_{22}+c_{23}D'_{23}}{X_3'Y_1'} \cdot \delta_2 \quad \Big\} 4b)$
$\quad + 2 \cdot \dfrac{c_{13}D'_{21}+c_{23}D'_{22}+c_{33}D'_{23}}{X_3'Y_1'} \cdot \delta_3 = 0;$

$c.\ 2 \cdot \dfrac{c_{11}D'_{31}+c_{12}D'_{32}+c_{13}D'_{33}}{X_1'Y_2'} \cdot \delta_1 + 2 \cdot \dfrac{c_{12}D'_{31}+c_{22}D'_{32}+c_{23}D'_{33}}{X_1'Y_2'} \cdot \delta_2$
$\quad + 2 \cdot \dfrac{c_{13}D'_{31}+c_{23}D'_{32}+c_{33}D'_{33}}{X_1'Y_2'} \cdot \delta_3 = 0.$

Reducirt man diese auf die Normalform und vergleicht die Gleichung a, b, c in 4b) bezüglich mit a, b, c in 2b), welchen man auch die Form geben kann:

$a.\quad \dfrac{D}{D} \cdot D_{11}\delta_1 + \dfrac{D}{D} \cdot D_{21}\delta_2 + \dfrac{D}{D} \cdot D_{31}\delta_3 = 0$

$b.\quad \dfrac{D}{D} \cdot D_{12}\delta_1 + \dfrac{D}{D} \cdot D_{22}\delta_2 + \dfrac{D}{D} \cdot D_{32}\delta_3 = 0$

$c.\quad \dfrac{D}{D} \cdot D_{13}\delta_1 + \dfrac{D}{D} \cdot D_{23}\delta_2 + \dfrac{D}{D} \cdot D_{33}\delta_3 = 0$

und schreibt für das D im Nenner in $a.$ $D_{11} + D_{21} + D_{31}$, in $b.$ $D_{12} + D_{22} + D_{32}$, in $c.$ $D_{13} + D_{23} + D_{33}$, so erhält man mit Vertauschung der deutschen und lateinischen Buchstaben dieselben Gleichungen wie in 5a), und findet ganz wie bisher als Gleichung des Kegelschnitts, wenn auch hier k_1, k_2, k_3 unbestimmte Constante bezeichnen:

$$\frac{D}{D} \cdot \frac{1}{2} k_1 \cdot X_2'Y_3' \cdot \delta_1^2 + \frac{D}{D'} \cdot \frac{1}{2} k_2 \cdot X_3'Y_1' \cdot \delta_2^2 + \frac{D}{D'} \cdot \frac{1}{2} k_3 \cdot X_1'Y_2' \cdot \delta_3^2 = 0; \quad 6b)$$

oder

$$\left.\begin{aligned}&\frac{1}{D'}\cdot\big[(c_{11}D'_{11}+c_{12}D'_{12}+c_{13}D'_{13})+(c_{12}D'_{11}+c_{22}D'_{12}+c_{23}D'_{13})\\&\qquad+(c_{13}D'_{11}+c_{23}D'_{12}+c_{33}D'_{13})\big]\mathfrak{z}_1{}^2\\&+\frac{1}{D'}\cdot\big[(c_{11}D'_{21}+c_{12}D'_{22}+c_{13}D'_{23})+(c_{12}D'_{21}+c_{22}D'_{22}+c_{23}D'_{23})\\&\qquad+(c_{13}D'_{21}+c_{23}D'_{22}+c_{33}D'_{23})\big]\mathfrak{z}_2{}^2\\&+\frac{1}{D'}\cdot\big[(c_{11}D'_{31}+c_{12}D'_{32}+c_{13}D'_{33})+(c_{12}D'_{31}+c_{22}D'_{32}+c_{23}D'_{33})\\&\qquad+(c_{13}D'_{31}+c_{23}D'_{32}+c_{33}D'_{33})\big]\mathfrak{z}_3{}^2=0.\end{aligned}\right\}\ 7b)$$

Es verschwinden also auch hier die mit $\mathfrak{z}_1\mathfrak{z}_2$, $\mathfrak{z}_1\mathfrak{z}_3$, $\mathfrak{z}_2\mathfrak{z}_3$ behafteten Glieder.

Uebrigens überzeugt man sich auch hier leicht, dass die Coefficienten-Summe der neuen Gleichung dieselbe ist, wie die der ursprünglichen, falls die neue Gleichung durch keinen Factor erweitert oder gekürzt worden ist. Denn addirt man die Coefficienten in 7a) und nennt die Summe S, so erhält man

$$\begin{aligned}S=\frac{1}{\mathfrak{D}'}\big[&(\mathfrak{D}'_{11}+\mathfrak{D}'_{21}+\mathfrak{D}'_{31})\,c_{11}+(\mathfrak{D}'_{11}+\mathfrak{D}'_{21}+\mathfrak{D}'_{31})\,c_{12}\\&+(\mathfrak{D}'_{12}+\mathfrak{D}'_{22}+\mathfrak{D}'_{32})\,c_{12}+(\mathfrak{D}'_{11}+\mathfrak{D}'_{21}+\mathfrak{D}'_{31})\,c_{13}\\&+(\mathfrak{D}'_{13}+\mathfrak{D}'_{23}+\mathfrak{D}'_{33})\,c_{13}+(\mathfrak{D}'_{12}+\mathfrak{D}'_{22}+\mathfrak{D}'_{32})\,c_{22}\\&+(\mathfrak{D}'_{12}+\mathfrak{D}'_{22}+\mathfrak{D}'_{32})\,c_{23}+(\mathfrak{D}'_{13}+\mathfrak{D}'_{23}+\mathfrak{D}'_{33})\,c_{23}\\&+(\mathfrak{D}'_{13}+\mathfrak{D}'_{23}+\mathfrak{D}'_{33})\,c_{33}\big]\end{aligned}$$

oder nach Art. 29, I), a_1', b_1', c_1'

$$S=\frac{1}{\mathfrak{D}'}\big[\mathfrak{D}'c_{11}+\mathfrak{D}'c_{12}+\mathfrak{D}'c_{12}+\mathfrak{D}'c_{13}+\mathfrak{D}'c_{13}+\mathfrak{D}'c_{22}+\mathfrak{D}'c_{23}+\mathfrak{D}'c_{23}+\mathfrak{D}'c_{33}\big]$$

oder

$$S=c_{11}+2c_{12}+2c_{13}+c_{22}+2c_{23}+c_{33}.$$

Ein Gleiches geht auch aus 7b) hervor.

57. Soll die orthogonale Kegelschnittsgleichung $F(x,y)=0$, $\mathfrak{F}(\mathfrak{x},\mathfrak{y})=0$ in eine homogene auf ein sich selbst conjugirtes Dreieck bezogene transformirt werden, so kann dies auf zwei verschiedene Arten geschehen:

Um nämlich die Aufgabe zunächst für $F=0$ zu lösen, kann man 1) die gegebene Gleichung $F=0$ nach Art. 47 auf ein beliebiges Dreiseit, dessen Seiten die Coordinaten $\mathfrak{x}_k$, $\mathfrak{y}_k$ haben, und die so erhaltene Gleichung dann nach Art. 56

[Art. 57.]

auf ein sich selbst conjugirtes Dreieck, dessen Seiten die Coordinaten $\mathfrak{x}'_k, \mathfrak{y}'_k$ haben, transformiren. Man hat also zunächst nach Art. 47, 1a) die Werthe von c_{11}, c_{12}, etc. aufzustellen, und diese Werthe dann in die Gleichung Art. 56, 7a) einzusetzen, welche zu diesem Zwecke in der Form geschrieben werden soll:

$$\frac{1}{\mathfrak{D}'} \cdot \big[c_{11}\,\mathfrak{D}'_{11} + c_{12}(\mathfrak{D}'_{11}+\mathfrak{D}'_{12}) + c_{13}(\mathfrak{D}'_{11}+\mathfrak{D}'_{13})$$
$$+ c_{22}\,\mathfrak{D}'_{12} + c_{23}(\mathfrak{D}'_{12}+\mathfrak{D}'_{13}) + c_{33}\,\mathfrak{D}'_{13}\big]z_1^2$$
$$+ \frac{1}{\mathfrak{D}'} \cdot \big[c_{11}\,\mathfrak{D}'_{21} + c_{12}(\mathfrak{D}'_{21}+\mathfrak{D}'_{22}) + c_{13}(\mathfrak{D}'_{21}+\mathfrak{D}'_{23})$$
$$+ c_{22}\,\mathfrak{D}'_{22} + c_{23}(\mathfrak{D}'_{22}+\mathfrak{D}'_{23}) + c_{33}\,\mathfrak{D}'_{23}\big]z_2^2$$
$$+ \frac{1}{\mathfrak{D}'} \cdot \big[c_{11}\,\mathfrak{D}'_{31} + c_{12}(\mathfrak{D}'_{31}+\mathfrak{D}'_{32}) + c_{13}(\mathfrak{D}'_{31}+\mathfrak{D}'_{33})$$
$$+ c_{22}\,\mathfrak{D}'_{32} + c_{23}(\mathfrak{D}'_{32}+\mathfrak{D}'_{33}) + c_{33}\,\mathfrak{D}'_{33}\big]z_3^2 = 0.$$

Heisst der Coefficient von z_1^2, z_2^2, z_3^2 bezüglich c_1, c_2, c_3, und ordnet man nach den Coefficienten a_{11}, a_{12}, a_{13}, etc. der ursprünglichen Gleichung, so erscheinen die Grössen c_1, c_2, c_3 unter der Form

$$c_1 = \frac{1}{\mathfrak{D}'} \cdot \big[a_{11}N'_{11} + a_{12}N'_{12} + a_{13}N'_{13} + a_{22}N'_{22} + a_{23}N'_{23} + a_{33}N'_{33}\big];$$
$$c_2 = \frac{1}{\mathfrak{D}'} \cdot \big[a_{11}N''_{11} + a_{12}N''_{12} + a_{13}N''_{13} + a_{22}N''_{22} + a_{23}N''_{23} + a_{33}N''_{33}\big];$$
$$c_3 = \frac{1}{\mathfrak{D}'} \cdot \big[a_{11}N'''_{11} + a_{12}N'''_{12} + a_{13}N'''_{13} + a_{22}N'''_{22} + a_{23}N'''_{23} + a_{33}N'''_{33}\big].$$

Nun ist offenbar

$$N'_{11} = \frac{1}{\mathfrak{D}^2} \cdot \big\{(\mathfrak{x}_2-\mathfrak{x}_3)^2 \mathfrak{D}'_{11} + (\mathfrak{x}_2-\mathfrak{x}_3)(\mathfrak{x}_3-\mathfrak{x}_1)\mathfrak{D}'_{11} + (\mathfrak{x}_2-\mathfrak{x}_3)(\mathfrak{x}_3-\mathfrak{x}_1)\mathfrak{D}'_{12}$$
$$+ (\mathfrak{x}_1-\mathfrak{x}_2)(\mathfrak{x}_2-\mathfrak{x}_3)\mathfrak{D}'_{11} + (\mathfrak{x}_1-\mathfrak{x}_2)(\mathfrak{x}_2-\mathfrak{x}_3)\mathfrak{D}'_{13} + (\mathfrak{x}_3-\mathfrak{x}_1)^2\mathfrak{D}'_{12}$$
$$+ (\mathfrak{x}_3-\mathfrak{x}_1)(\mathfrak{x}_1-\mathfrak{x}_2)\mathfrak{D}'_{12} + (\mathfrak{x}_3-\mathfrak{x}_1)(\mathfrak{x}_1-\mathfrak{x}_2)\mathfrak{D}'_{13} + (\mathfrak{x}_1-\mathfrak{x}_2)^2\mathfrak{D}'_{13}\big\}$$
$$= \frac{1}{\mathfrak{D}^2} \cdot \big\{(\mathfrak{x}_2-\mathfrak{x}_3)\,\mathfrak{D}'_{11}[(\mathfrak{x}_2-\mathfrak{x}_3)+(\mathfrak{x}_3-\mathfrak{x}_1)+(\mathfrak{x}_1-\mathfrak{x}_2)]$$
$$+ (\mathfrak{x}_3-\mathfrak{x}_1)\,\mathfrak{D}'_{12}[(\mathfrak{x}_2-\mathfrak{x}_3)+(\mathfrak{x}_3-\mathfrak{x}_1)+(\mathfrak{x}_1-\mathfrak{x}_2)]$$
$$+ (\mathfrak{x}_1-\mathfrak{x}_2)\,\mathfrak{D}'_{13}[(\mathfrak{x}_2-\mathfrak{x}_3)+(\mathfrak{x}_3-\mathfrak{x}_1)+(\mathfrak{x}_1-\mathfrak{x}_2)]\big\}$$
$$= 0$$

nach Art. 27, 2a), a).

Ferner ist
$$N'_{12} = -\frac{1}{\mathfrak{D}^2} \cdot \big\{ (\mathfrak{y}_2 - \mathfrak{y}_3) \, \mathfrak{D}'_{11} \, [(\mathfrak{x}_2 - \mathfrak{x}_3) + (\mathfrak{x}_3 - \mathfrak{x}_1) + (\mathfrak{x}_1 - \mathfrak{x}_2)]$$
$$+ (\mathfrak{y}_3 - \mathfrak{y}_1) \, \mathfrak{D}'_{12} \, [(\mathfrak{x}_2 - \mathfrak{x}_3) + (\mathfrak{x}_3 - \mathfrak{x}_1) + (\mathfrak{x}_1 - \mathfrak{x}_2)]$$
$$+ (\mathfrak{y}_1 - \mathfrak{y}_2) \, \mathfrak{D}'_{13} \, [(\mathfrak{x}_2 - \mathfrak{x}_3) + (\mathfrak{x}_3 - \mathfrak{x}_1) + (\mathfrak{x}_1 - \mathfrak{x}_2)]$$
$$+ (\mathfrak{x}_2 - \mathfrak{x}_3) \, \mathfrak{D}'_{11} \, [(\mathfrak{y}_2 - \mathfrak{y}_3) + (\mathfrak{y}_3 - \mathfrak{y}_1) + (\mathfrak{y}_1 - \mathfrak{y}_2)]$$
$$+ (\mathfrak{x}_3 - \mathfrak{x}_1) \, \mathfrak{D}'_{12} \, [(\mathfrak{y}_2 - \mathfrak{y}_3) + (\mathfrak{y}_3 - \mathfrak{y}_1) + (\mathfrak{y}_1 - \mathfrak{y}_2)]$$
$$+ (\mathfrak{x}_1 - \mathfrak{x}_2) \, \mathfrak{D}'_{13} \, [(\mathfrak{y}_2 - \mathfrak{y}_3) + (\mathfrak{y}_3 - \mathfrak{y}_1) + (\mathfrak{y}_1 - \mathfrak{y}_2)] \big\}$$

also auch
$$N'_{12} = 0.$$

Ferner ist
$$N'_{13} = \frac{1}{\mathfrak{D}^2} \cdot \big\{ \mathfrak{X}_2 \mathfrak{Y}_3 \, \mathfrak{D}'_{11} \, [(\mathfrak{x}_2 - \mathfrak{x}_3) + (\mathfrak{x}_3 - \mathfrak{y}_1) + (\mathfrak{x}_1 - \mathfrak{x}_2)]$$
$$+ \mathfrak{X}_3 \mathfrak{Y}_1 \, \mathfrak{D}'_{12} \, [(\mathfrak{x}_2 - \mathfrak{x}_3) + (\mathfrak{x}_3 - \mathfrak{x}_1) + (\mathfrak{x}_1 - \mathfrak{x}_2)]$$
$$+ \mathfrak{X}_1 \mathfrak{Y}_2 \, \mathfrak{D}'_{13} \, [(\mathfrak{x}_2 - \mathfrak{x}_3) + (\mathfrak{x}_3 - \mathfrak{x}_1) + (\mathfrak{x}_1 - \mathfrak{x}_2)]$$
$$+ (\mathfrak{x}_2 - \mathfrak{x}_3) \, \mathfrak{D}'_{11} \, [\mathfrak{X}_2 \mathfrak{Y}_3 + \mathfrak{X}_3 \mathfrak{Y}_1 + \mathfrak{X}_1 \mathfrak{Y}_2]$$
$$+ (\mathfrak{x}_3 - \mathfrak{x}_1) \, \mathfrak{D}'_{12} \, [\mathfrak{X}_2 \mathfrak{Y}_3 + \mathfrak{X}_3 \mathfrak{Y}_1 + \mathfrak{X}_1 \mathfrak{Y}_2]$$
$$+ (\mathfrak{x}_1 - \mathfrak{x}_2) \, \mathfrak{D}'_{13} \, [\mathfrak{X}_2 \mathfrak{Y}_3 + \mathfrak{X}_3 \mathfrak{Y}_1 + \mathfrak{X}_1 \mathfrak{Y}_2] \big\}$$
$$= \frac{\mathfrak{D}}{\mathfrak{D}^2} \cdot \big[(\mathfrak{x}_2 - \mathfrak{x}_3) \, \mathfrak{D}'_{11} + (\mathfrak{x}_3 - \mathfrak{x}_1) \, \mathfrak{D}'_{12} + (\mathfrak{x}_1 - \mathfrak{x}_2) \, \mathfrak{D}'_{13} \big]$$

oder nach Art. 29, VII), a_1
$$N'_{13} = \frac{\mathfrak{D}^2}{\mathfrak{D}^2} \cdot (\mathfrak{x}_2' - \mathfrak{x}_3') = (\mathfrak{x}_2' - \mathfrak{x}_3').$$

N'_{22} ergiebt sich sofort, da es aus den $\mathfrak{y}$ ebenso entsteht wie N'_{11} aus den $\mathfrak{x}$; es ist also
$$N'_{22} = 0.$$

Desgleichen entsteht N'_{23} ebenso aus den $\mathfrak{y}$, wie N'_{13} aus den $\mathfrak{x}$, nur hat es das Minuszeichen; es ist daher
$$N'_{23} = -\frac{\mathfrak{D}^2}{\mathfrak{D}^2} \cdot (\mathfrak{y}_2' - \mathfrak{y}_3') = -(\mathfrak{y}_2' - \mathfrak{y}_3').$$

Endlich ist
$$N'_{33} = \frac{1}{\mathfrak{D}^2} \cdot \big\{ \mathfrak{X}_2 \mathfrak{Y}_3 \, \mathfrak{D}'_{11} \, [\mathfrak{X}_2 \mathfrak{Y}_3 + \mathfrak{X}_3 \mathfrak{Y}_1 + \mathfrak{X}_1 \mathfrak{Y}_2]$$
$$+ \mathfrak{X}_3 \mathfrak{Y}_1 \, \mathfrak{D}'_{12} \, [\mathfrak{X}_2 \mathfrak{Y}_3 + \mathfrak{X}_3 \mathfrak{Y}_1 + \mathfrak{X}_1 \mathfrak{Y}_2]$$
$$+ \mathfrak{X}_1 \mathfrak{Y}_2 \, \mathfrak{D}'_{13} \, [\mathfrak{X}_2 \mathfrak{Y}_3 + \mathfrak{X}_3 \mathfrak{Y}_1 + \mathfrak{X}_1 \mathfrak{Y}_2] \big\}$$
$$= \frac{\mathfrak{D}}{\mathfrak{D}^2} \cdot \big[\mathfrak{X}_2 \mathfrak{Y}_3 \, \mathfrak{D}'_{11} + \mathfrak{X}_3 \mathfrak{Y}_1 \, \mathfrak{D}'_{12} + \mathfrak{X}_1 \mathfrak{Y}_2 \, \mathfrak{D}'_{13} \big]$$

also nach Art. 29, VI), a.

Art. 57.] — 223 —

$$N'_{33} = \frac{\mathfrak{D}^2}{\mathfrak{D}^2} \cdot \mathfrak{X}_2' \mathfrak{Y}_3' = \mathfrak{X}_2' \mathfrak{Y}_3'.$$

Die Coefficienten N'' gehen aus den N' dadurch hervor, dass an den $\mathfrak{D}'$ der erste Index je um 1 erhöht wird, und ebenso entstehen die N''' aus den N''. Man hat daher nach Art. 29, VII) und VI)

$$N_{11}'' = 0; \quad N_{12}'' = 0; \quad N_{13}'' = (\mathfrak{x}_3' - \mathfrak{x}_1'); \quad N_{22}'' = 0;$$
$$N_{23}'' = -(\mathfrak{y}_3' - \mathfrak{y}_1'); \quad N_{33}'' = \mathfrak{X}_3' \mathfrak{Y}_1';$$
$$N_{11}''' = 0; \quad N_{12}''' = 0; \quad N_{13}''' = (\mathfrak{x}_1' - \mathfrak{x}_2'); \quad N_{22}''' = 0;$$
$$N_{23}''' = -(\mathfrak{y}_1' - \mathfrak{y}_2'); \quad N_{33}''' = \mathfrak{X}_1' \mathfrak{Y}_2'.$$

Es lautet demnach die transformirte Gleichung:

$$\left. \begin{array}{l} \frac{1}{\mathfrak{D}'} \cdot \left[a_{13}(\mathfrak{x}_2' - \mathfrak{x}_3') - a_{23}(\mathfrak{y}_2' - \mathfrak{y}_3') + a_{33} \mathfrak{X}_2' \mathfrak{Y}_3' \right] z_1^2 \\ + \frac{1}{\mathfrak{D}'} \cdot \left[a_{13}(\mathfrak{x}_3' - \mathfrak{x}_1') - a_{23}(\mathfrak{y}_3' - \mathfrak{y}_1') + a_{33} \mathfrak{X}_3' \mathfrak{Y}_1' \right] z_2^2 \\ + \frac{1}{\mathfrak{D}'} \cdot \left[a_{13}(\mathfrak{x}_1' - \mathfrak{x}_2') - a_{23}(\mathfrak{y}_1' - \mathfrak{y}_2') + a_{33} \mathfrak{X}_1' \mathfrak{Y}_2' \right] z_3^2 = 0; \end{array} \right\} 1a)$$

und ebenso erhält man, wenn man auf gleiche Weise $\mathfrak{F}(\mathfrak{x}, \mathfrak{y}) = 0$ auf ein sich selbst conjugirtes Dreieck transformirt,

$$\left. \begin{array}{l} + \frac{1}{D'} \cdot \left[\mathfrak{a}_{13}(x_2' - x_3') - \mathfrak{a}_{23}(y_2' - y_3') + \mathfrak{a}_{33} X_2' Y_3' \right] \mathfrak{z}_1^2 \\ + \frac{1}{D'} \cdot \left[\mathfrak{a}_{13}(x_3' - x_1') - \mathfrak{a}_{23}(y_3' - y_1') + \mathfrak{a}_{33} X_3' Y_1' \right] \mathfrak{z}_2^2 \\ + \frac{1}{D'} \cdot \left[\mathfrak{a}_{13}(x_1' - x_2') - \mathfrak{a}_{23}(y_1' - y_2') + \mathfrak{a}_{33} X_1' Y_2' \right] \mathfrak{z}_3^2 = 0. \end{array} \right\} 1b)$$

Diese Gleichungen haben das Eigenthümliche, dass in ihnen die Coefficienten $a_{11}, a_{12}, a_{22}; \mathfrak{a}_{11}, \mathfrak{a}_{12}, \mathfrak{a}_{22}$ gar nicht mehr vorkommen, obschon bei orthogonalen Punkt-Coordinaten diese Coefficienten die Partial-Determinante A_{33}, und mithin nach Art. 15 wesentlich die Gestalt der Curve bestimmen.

Man kann jedoch 2) auch so verfahren: Man bestimmt erst die Coordinaten der Seiten oder Ecken des sich selbst conjugirten Dreiseits oder Dreiecks, und transformirt dann die Gleichungen $F(x, y) = 0$, $\mathfrak{F}(\mathfrak{x}, \mathfrak{y}) = 0$ auf dasselbe. Heissen nun, um wieder den Fall der Transformation von $F(x, y)$ zu behandeln, die Coordinaten der Seiten des sich selbst conjugirten Dreiseits $\mathfrak{x}_k, \mathfrak{y}_k$, sind also ihre Gleichungen die in Art. 21, 1a) gegebenen, so müssen die Coordinaten der Ecken des Dreiseits Art. 21, 2a) identisch sein mit den Coordinaten des Poles je von g_1, g_2, g_3. Man hat also nach Art. 19, 1a) und Art. 21, 2a) die Beziehungen (vergl. Art. 12).

$$\left.\begin{aligned}\frac{\mathfrak{x}_2 - \mathfrak{x}_3}{\mathfrak{X}_2 \mathfrak{Y}_3} &= \frac{A_{11}\mathfrak{y}_1 + A_{12}\mathfrak{x}_1 - A_{13}}{A_{13}\mathfrak{y}_1 + A_{23}\mathfrak{x}_1 - A_{33}}; & -\frac{\mathfrak{y}_2 - \mathfrak{y}_3}{\mathfrak{X}_2 \mathfrak{Y}_3} &= \frac{A_{12}\mathfrak{y}_1 + A_{22}\mathfrak{x}_1 - A_{23}}{A_{13}\mathfrak{y}_1 + A_{23}\mathfrak{x}_1 - A_{33}};\\ \frac{\mathfrak{x}_3 - \mathfrak{x}_1}{\mathfrak{X}_3 \mathfrak{Y}_1} &= \frac{A_{11}\mathfrak{y}_2 + A_{12}\mathfrak{x}_2 - A_{13}}{A_{13}\mathfrak{y}_2 + A_{23}\mathfrak{x}_2 - A_{33}}; & -\frac{\mathfrak{y}_3 - \mathfrak{y}_1}{\mathfrak{X}_3 \mathfrak{Y}_1} &= \frac{A_{12}\mathfrak{y}_2 + A_{22}\mathfrak{x}_2 - A_{23}}{A_{13}\mathfrak{y}_2 + A_{23}\mathfrak{x}_2 - A_{33}};\\ \frac{\mathfrak{x}_1 - \mathfrak{x}_2}{\mathfrak{X}_1 \mathfrak{Y}_2} &= \frac{A_{11}\mathfrak{y}_3 + A_{12}\mathfrak{x}_3 - A_{13}}{A_{13}\mathfrak{y}_3 + A_{23}\mathfrak{x}_3 - A_{33}}; & -\frac{\mathfrak{y}_1 - \mathfrak{y}_2}{\mathfrak{X}_1 \mathfrak{Y}_2} &= \frac{A_{12}\mathfrak{y}_3 + A_{22}\mathfrak{x}_3 - A_{23}}{A_{13}\mathfrak{y}_3 + A_{23}\mathfrak{x}_3 - A_{33}}.\end{aligned}\right\} 2a)$$

Hieraus folgt sogleich

$$\left.\begin{aligned}\mathfrak{x}_2 - \mathfrak{x}_3 &= \frac{A_{11}\mathfrak{y}_1 + A_{12}\mathfrak{x}_1 - A_{13}}{A_{13}\mathfrak{y}_1 + A_{23}\mathfrak{x}_1 - A_{33}} \cdot \mathfrak{X}_2\mathfrak{Y}_3; & \mathfrak{y}_2 - \mathfrak{y}_3 &= -\frac{A_{12}\mathfrak{y}_1 + A_{22}\mathfrak{x}_1 - A_{23}}{A_{13}\mathfrak{y}_1 + A_{23}\mathfrak{x}_1 - A_{33}} \cdot \mathfrak{X}_2\mathfrak{Y}_3;\\ \mathfrak{x}_3 - \mathfrak{x}_1 &= \frac{A_{11}\mathfrak{y}_2 + A_{12}\mathfrak{x}_2 - A_{13}}{A_{13}\mathfrak{y}_2 + A_{23}\mathfrak{x}_2 - A_{33}} \cdot \mathfrak{X}_3\mathfrak{Y}_1; & \mathfrak{y}_3 - \mathfrak{y}_1 &= -\frac{A_{12}\mathfrak{y}_2 + A_{22}\mathfrak{x}_2 - A_{23}}{A_{13}\mathfrak{y}_2 + A_{23}\mathfrak{x}_2 - A_{33}} \cdot \mathfrak{X}_3\mathfrak{Y}_1;\\ \mathfrak{x}_1 - \mathfrak{x}_2 &= \frac{A_{11}\mathfrak{y}_3 + A_{12}\mathfrak{x}_3 - A_{13}}{A_{13}\mathfrak{y}_3 + A_{23}\mathfrak{x}_3 - A_{33}} \cdot \mathfrak{X}_1\mathfrak{Y}_2; & \mathfrak{y}_1 - \mathfrak{y}_2 &= -\frac{A_{12}\mathfrak{y}_3 + A_{22}\mathfrak{x}_3 - A_{23}}{A_{13}\mathfrak{y}_3 + A_{23}\mathfrak{x}_3 - A_{33}} \cdot \mathfrak{X}_1\mathfrak{Y}_2.\end{aligned}\right\} 3a)$$

Man sieht aus diesen Gleichungen dass, was auch von selbst einleuchtend ist, nicht alle drei $\mathfrak{x}$ und alle drei $\mathfrak{y}$ beliebig sein können, dass vielmehr, wenn zwei $\mathfrak{x}$ und zwei $\mathfrak{y}$ willkürlich angenommen sind, das dritte $\mathfrak{x}$ und das dritte $\mathfrak{y}$ durch sie bestimmt ist. Denn, aus den beiden ersten Gleichungen von 3a) lässt sich $\mathfrak{x}_1, \mathfrak{y}_1$, aus den beiden mittleren $\mathfrak{x}_2, \mathfrak{y}_2$, aus den beiden letzten $\mathfrak{x}_3, \mathfrak{y}_3$ je durch die zwei übrigen $\mathfrak{x}$ und die zwei übrigen $\mathfrak{y}$ ausdrücken. Es folgt nämlich aus den beiden ersten Gleichungen in 3a), nämlich aus der ersten Gleichung links und rechts:

$$[A_{13}(\mathfrak{x}_2 - \mathfrak{x}_3) - A_{11}\mathfrak{X}_2\mathfrak{Y}_3]\mathfrak{y}_1 + [A_{23}(\mathfrak{x}_2 - \mathfrak{x}_3) - A_{12}\mathfrak{X}_2\mathfrak{Y}_3]\mathfrak{x}_1$$
$$= A_{33}(\mathfrak{x}_2 - \mathfrak{x}_3) - A_{13}\mathfrak{X}_2\mathfrak{Y}_3;$$
$$[A_{13}(\mathfrak{y}_2 - \mathfrak{y}_3) + A_{12}\mathfrak{X}_2\mathfrak{Y}_3]\mathfrak{y}_1 + [A_{23}(\mathfrak{y}_2 - \mathfrak{y}_3) + A_{22}\mathfrak{X}_2\mathfrak{Y}_3]\mathfrak{x}_1$$
$$= A_{33}(\mathfrak{y}_2 - \mathfrak{y}_3) + A_{23}\mathfrak{X}_2\mathfrak{Y}_3;$$

folglich

$$[(A_{12}A_{23} - A_{31}A_{22})\mathfrak{X}_2\mathfrak{Y}_3(\mathfrak{x}_2 - \mathfrak{x}_3) - (A_{31}A_{12} - A_{23}A_{11})\mathfrak{X}_2\mathfrak{Y}_3(\mathfrak{y}_2 - \mathfrak{y}_3)$$
$$+ (A_{11}A_{22} - A_{12}^2)\mathfrak{X}_2\mathfrak{Y}_3^2]\mathfrak{y}_1$$
$$= -(A_{22}A_{33} - A_{23}^2)\mathfrak{X}_2\mathfrak{Y}_3(\mathfrak{x}_2 - \mathfrak{x}_3) + (A_{23}A_{31} - A_{12}A_{33})\mathfrak{X}_2\mathfrak{Y}_3(\mathfrak{y}_2 - \mathfrak{y}_3)$$
$$- (A_{12}A_{23} - A_{31}A_{22})\mathfrak{X}_2\mathfrak{Y}_3^2;$$
$$[(A_{12}A_{23} - A_{31}A_{22})\mathfrak{X}_2\mathfrak{Y}_3(\mathfrak{x}_2 - \mathfrak{x}_3) - (A_{31}A_{12} - A_{23}A_{11})\mathfrak{X}_2\mathfrak{Y}_3(\mathfrak{y}_2 - \mathfrak{y}_3)$$
$$+ (A_{11}A_{22} - A_{12}^2)\mathfrak{X}_2\mathfrak{Y}_3^2]\mathfrak{x}_1$$
$$= -(A_{23}A_{31} - A_{12}A_{33})\mathfrak{X}_2\mathfrak{Y}_3(\mathfrak{x}_2 - \mathfrak{x}_3) + (A_{33}A_{11} - A_{31}^2)\mathfrak{X}_2\mathfrak{Y}_3(\mathfrak{y}_2 - \mathfrak{y}_3)$$
$$- (A_{31}A_{12} - A_{23}A_{11})\mathfrak{X}_2\mathfrak{Y}_3^2;$$

[Art. 57.]

oder nach Division mit $\mathfrak{X}_2 \mathfrak{Y}_3$ und mit Berücksichtigung von Art. 12, 10a)

$$[a_{31} A (\mathfrak{x}_2 - \mathfrak{x}_3) - a_{23} A (\mathfrak{y}_2 - \mathfrak{y}_3) + a_{33} A \cdot \mathfrak{X}_2 \mathfrak{Y}_3] \mathfrak{y}_1$$
$$= -[a_{11} A (\mathfrak{x}_2 - \mathfrak{x}_3) - a_{12} A (\mathfrak{y}_2 - \mathfrak{y}_3) + a_{31} A \cdot \mathfrak{X}_2 \mathfrak{Y}_3];$$
$$[a_{31} A (\mathfrak{x}_2 - \mathfrak{x}_3) - a_{23} A (\mathfrak{y}_2 - \mathfrak{y}_3) + a_{33} A \cdot \mathfrak{X}_2 \mathfrak{Y}_3] \mathfrak{x}_1$$
$$= -[a_{12} A (\mathfrak{x}_2 - \mathfrak{x}_3) - a_{22} A (\mathfrak{y}_2 - \mathfrak{y}_3) + a_{23} A \cdot \mathfrak{X}_2 \mathfrak{Y}_3];$$

also nach Division mit A

$$\left.\begin{aligned}
\mathfrak{y}_1 &= -\frac{a_{11}(\mathfrak{x}_2-\mathfrak{x}_3)-a_{12}(\mathfrak{y}_2-\mathfrak{y}_3)+a_{13}\mathfrak{X}_2\mathfrak{Y}_3}{a_{13}(\mathfrak{x}_2-\mathfrak{x}_3)-a_{23}(\mathfrak{y}_2-\mathfrak{y}_3)+a_{33}\mathfrak{X}_2\mathfrak{Y}_3}; \\
\mathfrak{x}_1 &= -\frac{a_{12}(\mathfrak{x}_2-\mathfrak{x}_3)-a_{22}(\mathfrak{y}_2-\mathfrak{y}_3)+a_{23}\mathfrak{X}_2\mathfrak{Y}_3}{a_{13}(\mathfrak{x}_2-\mathfrak{x}_3)-a_{23}(\mathfrak{y}_2-\mathfrak{y}_3)+a_{33}\mathfrak{X}_2\mathfrak{Y}_3}; \\
\text{ebenso } \mathfrak{y}_2 &= -\frac{a_{11}(\mathfrak{x}_3-\mathfrak{x}_1)-a_{12}(\mathfrak{y}_3-\mathfrak{y}_1)+a_{13}\mathfrak{X}_3\mathfrak{Y}_1}{a_{13}(\mathfrak{x}_3-\mathfrak{x}_1)-a_{23}(\mathfrak{y}_3-\mathfrak{y}_1)+a_{33}\mathfrak{X}_3\mathfrak{Y}_1}; \\
\mathfrak{x}_2 &= -\frac{a_{12}(\mathfrak{x}_3-\mathfrak{x}_1)-a_{22}(\mathfrak{y}_3-\mathfrak{y}_1)+a_{23}\mathfrak{X}_3\mathfrak{Y}_1}{a_{13}(\mathfrak{x}_3-\mathfrak{x}_1)-a_{23}(\mathfrak{y}_3-\mathfrak{y}_1)+a_{33}\mathfrak{X}_3\mathfrak{Y}_1}; \\
\mathfrak{y}_3 &= -\frac{a_{11}(\mathfrak{x}_1-\mathfrak{x}_2)-a_{12}(\mathfrak{y}_1-\mathfrak{y}_2)+a_{13}\mathfrak{X}_1\mathfrak{Y}_2}{a_{13}(\mathfrak{x}_1-\mathfrak{x}_2)-a_{23}(\mathfrak{y}_1-\mathfrak{y}_2)+a_{33}\mathfrak{X}_1\mathfrak{Y}_2}; \\
\mathfrak{x}_3 &= -\frac{a_{12}(\mathfrak{x}_1-\mathfrak{x}_2)-a_{22}(\mathfrak{y}_1-\mathfrak{y}_2)+a_{23}\mathfrak{X}_1\mathfrak{Y}_2}{a_{13}(\mathfrak{x}_1-\mathfrak{x}_2)-a_{23}(\mathfrak{y}_1-\mathfrak{y}_2)+a_{33}\mathfrak{X}_1\mathfrak{Y}_2}
\end{aligned}\right\} \quad 4a)$$

Aus diesen Gleichungen also bestimmt sich, wenn zwei Paare von $\mathfrak{x}, \mathfrak{y}$ willkürlich angenommen sind, das dritte Paar. Nun setze man die Werthe aus 3a) in die Transformationsformeln Art. 47, 1a) ein, so erhält man, wenn man den Ausdruck für c_{11} in der Form

$$c_{11} = (\mathfrak{x}_2 - \mathfrak{x}_3)[a_{11}(\mathfrak{x}_2-\mathfrak{x}_3) - a_{12}(\mathfrak{y}_2-\mathfrak{y}_3) + a_{13}\mathfrak{X}_2\mathfrak{Y}_3]$$
$$- (\mathfrak{y}_2 - \mathfrak{y}_3)[a_{12}(\mathfrak{x}_2-\mathfrak{x}_3) - a_{22}(\mathfrak{y}_2-\mathfrak{y}_3) + a_{23}\mathfrak{X}_2\mathfrak{Y}_3]$$
$$+ \mathfrak{X}_2\mathfrak{Y}_3[a_{13}(\mathfrak{x}_2-\mathfrak{x}_3) - a_{23}(\mathfrak{y}_2-\mathfrak{y}_3) + a_{33}\mathfrak{X}_2\mathfrak{Y}_3]$$

schreibt, folgendes Resultat:

$$c_{11} = \frac{1}{\mathfrak{D}^2} \cdot \Bigg\{ \frac{A_{11}\mathfrak{y}_1 + A_{12}\mathfrak{x}_1 - A_{13}}{A_{13}\mathfrak{y}_1 + A_{23}\mathfrak{x}_1 - A_{33}} \cdot \mathfrak{X}_2\mathfrak{Y}_3 \cdot \Big[a_{11} \cdot \frac{A_{11}\mathfrak{y}_1 + A_{12}\mathfrak{x}_1 - A_{13}}{A_{13}\mathfrak{y}_1 + A_{23}\mathfrak{x}_1 - A_{33}} \cdot \mathfrak{X}_2\mathfrak{Y}_3$$
$$+ a_{12} \cdot \frac{A_{12}\mathfrak{y}_1 + A_{22}\mathfrak{x}_1 - A_{23}}{A_{13}\mathfrak{y}_1 + A_{23}\mathfrak{x}_1 - A_{33}} \cdot \mathfrak{X}_2\mathfrak{Y}_3 + a_{13} \cdot \mathfrak{X}_2\mathfrak{Y}_3\Big]$$
$$+ \frac{A_{12}\mathfrak{y}_1 + A_{22}\mathfrak{x}_1 - A_{23}}{A_{13}\mathfrak{y}_1 + A_{23}\mathfrak{x}_1 - A_{33}} \cdot \mathfrak{X}_2\mathfrak{Y}_3 \cdot \Big[a_{12} \cdot \frac{A_{11}\mathfrak{y}_1 + A_{12}\mathfrak{x}_1 - A_{13}}{A_{13}\mathfrak{y}_1 + A_{23}\mathfrak{x}_1 - A_{33}} \cdot \mathfrak{X}_2\mathfrak{Y}_3$$
$$+ a_{22} \cdot \frac{A_{12}\mathfrak{y}_1 + A_{22}\mathfrak{x}_1 - A_{23}}{A_{13}\mathfrak{y}_1 + A_{23}\mathfrak{x}_1 - A_{33}} \cdot \mathfrak{X}_2\mathfrak{Y}_3 + a_{23} \cdot \mathfrak{X}_2\mathfrak{Y}_3\Big]$$
$$+ \mathfrak{X}_2\mathfrak{Y}_3 \cdot \Big[a_{13} \cdot \frac{A_{11}\mathfrak{y}_1 + A_{12}\mathfrak{x}_1 - A_{13}}{A_{13}\mathfrak{y}_1 + A_{23}\mathfrak{x}_1 - A_{33}} \cdot \mathfrak{X}_2\mathfrak{Y}_3$$
$$+ a_{23} \cdot \frac{A_{12}\mathfrak{y}_1 + A_{22}\mathfrak{x}_1 - A_{23}}{A_{13}\mathfrak{y}_1 + A_{23}\mathfrak{x}_1 - A_{33}} \cdot \mathfrak{X}_2\mathfrak{Y}_3 + a_{33} \cdot \mathfrak{X}_2\mathfrak{Y}_3\Big]\Bigg\}$$

$$= \frac{1}{\mathfrak{D}^2} \cdot \left\{ \frac{A_{11}\mathfrak{y}_1 + A_{12}\mathfrak{x}_1 - A_{13}}{(A_{13}\mathfrak{y}_1 + A_{23}\mathfrak{x}_1 - A_{33})^2} \cdot \mathfrak{X}_2\mathfrak{Y}_3{}^2 \cdot \big[a_{11}(A_{11}\mathfrak{y}_1 + A_{12}\mathfrak{x}_1 - A_{13}) \right.$$
$$+ a_{12}(A_{12}\mathfrak{y}_1 + A_{22}\mathfrak{x}_1 - A_{23}) + a_{13}(A_{13}\mathfrak{y}_1 + A_{23}\mathfrak{x}_1 - A_{33}) \big]$$
$$+ \frac{A_{12}\mathfrak{y}_1 + A_{22}\mathfrak{x}_1 - A_{23}}{(A_{13}\mathfrak{y}_1 + A_{23}\mathfrak{x}_1 - A_{33})^2} \cdot \mathfrak{X}_2\mathfrak{Y}_3{}^2 \cdot \big[a_{12}(A_{11}\mathfrak{y}_1 + A_{12}\mathfrak{x}_1 - A_{13})$$
$$+ a_{22}(A_{12}\mathfrak{y}_1 + A_{22}\mathfrak{x}_1 - A_{23}) + a_{23}(A_{13}\mathfrak{y}_1 + A_{23}\mathfrak{x}_1 - A_{33}) \big]$$
$$+ \frac{1}{A_{13}\mathfrak{y}_1 + A_{23}\mathfrak{x}_1 - A_{33}} \cdot \mathfrak{X}_2\mathfrak{Y}_3{}^2 \cdot \big[a_{13}(A_{11}\mathfrak{y}_1 + A_{12}\mathfrak{x}_1 - A_{13})$$
$$\left. + a_{23}(A_{12}\mathfrak{y}_1 + A_{22}\mathfrak{x}_1 - A_{23}) + a_{33}(A_{13}\mathfrak{y}_1 + A_{23}\mathfrak{x}_1 - A_{33}) \big] \right\}$$

$$= \frac{1}{\mathfrak{D}^2} \cdot \left\{ \frac{A_{11}\mathfrak{y}_1 + A_{12}\mathfrak{x}_1 - A_{13}}{(A_{13}\mathfrak{y}_1 + A_{23}\mathfrak{x}_1 - A_{33})^2} \cdot \mathfrak{X}_2\mathfrak{Y}_3{}^2 \cdot \big[(a_{11}A_{11} + a_{12}A_{12} + a_{13}A_{13})\mathfrak{y}_1 \right.$$
$$+ (a_{11}A_{12} + a_{12}A_{22} + a_{13}A_{23})\mathfrak{x}_1 - (a_{11}A_{13} + a_{12}A_{23} + a_{13}A_{33}) \big]$$
$$+ \frac{A_{12}\mathfrak{y}_1 + A_{22}\mathfrak{x}_1 - A_{23}}{(A_{13}\mathfrak{y}_1 + A_{23}\mathfrak{x}_1 - A_{33})^2} \cdot \mathfrak{X}_2\mathfrak{Y}_3{}^2 \cdot \big[(a_{12}A_{11} + a_{22}A_{12} + a_{23}A_{13})\mathfrak{y}_1$$
$$+ (a_{12}A_{12} + a_{22}A_{22} + a_{23}A_{23})\mathfrak{x}_1 - (a_{12}A_{13} + a_{22}A_{23} + a_{23}A_{33}) \big]$$
$$+ \frac{1}{A_{13}\mathfrak{y}_1 + A_{23}\mathfrak{x}_1 - A_{33}} \cdot \mathfrak{X}_2\mathfrak{Y}_3{}^2 \cdot \big[(a_{13}A_{11} + a_{23}A_{12} + a_{33}A_{13})\mathfrak{y}_1$$
$$\left. + (a_{13}A_{12} + a_{23}A_{22} + a_{33}A_{23})\mathfrak{x}_1 - (a_{13}A_{13} + a_{23}A_{23} + a_{33}A_{33}) \big] \right\}.$$

Nun ist in der ersten Klammer das erste, in der zweiten das zweite, in der dritten das dritte Glied gleich A, alle übrigen sind Null. Man hat also:

$$c_{11} = \frac{1}{\mathfrak{D}^2} \cdot \frac{\mathfrak{X}_2\mathfrak{Y}_3{}^2}{A_{13}\mathfrak{y}_1 + A_{23}\mathfrak{x}_1 - A_{33}} \cdot A$$
$$\left[\frac{A_{11}\mathfrak{y}_1 + A_{12}\mathfrak{x}_1 - A_{13}}{A_{13}\mathfrak{y}_1 + A_{23}\mathfrak{x}_1 - A_{33}} \mathfrak{y}_1 + \frac{A_{12}\mathfrak{y}_1 + A_{22}\mathfrak{x}_1 - A_{23}}{A_{13}\mathfrak{y}_1 + A_{23}\mathfrak{x}_1 - A_{33}} \mathfrak{x}_1 - 1 \right]$$

oder, wenn man für die Brüche in der Klammer ihre Werthe aus 2a) einsetzt,

$$c_{11} = \frac{1}{\mathfrak{D}^2} \cdot \frac{\mathfrak{X}_2\mathfrak{Y}_3{}^2}{A_{13}\mathfrak{y}_1 + A_{23}\mathfrak{x}_1 - A_{33}} \cdot A \cdot \left[\frac{\mathfrak{x}_2 - \mathfrak{x}_3}{\mathfrak{X}_2\mathfrak{Y}_3} \mathfrak{y}_1 - \frac{\mathfrak{y}_2 - \mathfrak{y}_3}{\mathfrak{X}_2\mathfrak{Y}_3} \mathfrak{x}_1 - 1 \right]$$
$$= \frac{1}{\mathfrak{D}^2} \cdot \frac{\mathfrak{X}_2\mathfrak{Y}_3}{A_{13}\mathfrak{y}_1 + A_{23}\mathfrak{x}_1 - A_{33}} \cdot A \cdot \left[\mathfrak{x}_2\mathfrak{y}_1 - \mathfrak{x}_3\mathfrak{y}_1 - \mathfrak{x}_1\mathfrak{y}_2 + \mathfrak{x}_1\mathfrak{y}_3 - \mathfrak{X}_2\mathfrak{Y}_3 \right]$$
$$= -\frac{1}{\mathfrak{D}^2} \cdot \frac{\mathfrak{X}_2\mathfrak{Y}_3}{A_{13}\mathfrak{y}_1 + A_{23}\mathfrak{x}_1 - A_{33}} \cdot A \cdot \left[\mathfrak{X}_1\mathfrak{Y}_2 + \mathfrak{X}_2\mathfrak{Y}_3 + \mathfrak{X}_3\mathfrak{Y}_1 \right]$$
$$= -\frac{1}{\mathfrak{D}^2} \cdot \frac{\mathfrak{X}_2\mathfrak{Y}_3}{A_{13}\mathfrak{y}_1 + A_{23}\mathfrak{x}_1 - A_{33}} \cdot A \cdot \mathfrak{D}$$

oder endlich

$$c_{11} = -\frac{A}{\mathfrak{D}} \cdot \frac{\mathfrak{X}_2\mathfrak{Y}_3}{A_{13}\mathfrak{y}_1 + A_{23}\mathfrak{x}_1 - A_{33}}.$$

Da nach Art. 47 c_{22} und c_{23} durch Fortschieben der Indices an allen deutschen Buchstaben entstehen, und dasselbe in den Gleichungen 2a), 3a) stattfindet, braucht man, um c_{22}, c_{33} zu bekommen, im Werthe für c_{11} nur ein Gleiches zu thun.

Schreibt man den Ausdruck für c_{12} in Art. 47, 1a) in der Form

$$c_{12} = \frac{1}{\mathfrak{D}^2} \cdot \Big\{ (\mathfrak{x}_2 - \mathfrak{x}_3)[a_{11}(\mathfrak{x}_3 - \mathfrak{x}_1) - a_{12}(\mathfrak{y}_3 - \mathfrak{y}_1) + a_{13}\mathfrak{x}_3\mathfrak{y}_1]$$
$$- (\mathfrak{y}_2 - \mathfrak{y}_3)[a_{12}(\mathfrak{x}_3 - \mathfrak{x}_1) - a_{22}(\mathfrak{y}_3 - \mathfrak{y}_1) + a_{23}\mathfrak{x}_3\mathfrak{y}_1]$$
$$+ \mathfrak{X}_2\mathfrak{Y}_3[a_{13}(\mathfrak{x}_3 - \mathfrak{x}_1) - a_{23}(\mathfrak{y}_3 - \mathfrak{y}_1) + a_{33}\mathfrak{x}_3\mathfrak{y}_1]\Big\}$$

so erhält man durch Einsetzen der Werthe aus 3a) auf dieselbe Weise wie bisher:

$$c_{12} = \frac{1}{\mathfrak{D}^2} \cdot \Big\{ \frac{\mathfrak{x}_2 - \mathfrak{x}_3}{A_{13}\mathfrak{y}_2 + A_{23}\mathfrak{x}_2 - A_{33}} \cdot \mathfrak{X}_3\mathfrak{Y}_1 \cdot \big[(a_{11}A_{11} + a_{12}A_{12} + a_{13}A_{13})\mathfrak{y}_2$$
$$+ (a_{11}A_{12} + a_{12}A_{22} + a_{13}A_{23})\mathfrak{x}_2 - (a_{11}A_{13} + a_{12}A_{23} + a_{13}A_{33})\big]$$
$$- \frac{\mathfrak{y}_2 - \mathfrak{y}_3}{A_{13}\mathfrak{y}_2 + A_{23}\mathfrak{x}_2 - A_{33}} \cdot \mathfrak{X}_3\mathfrak{Y}_1 \cdot \big[(a_{12}A_{11} + a_{22}A_{12} + a_{23}A_{13})\mathfrak{y}_2$$
$$+ (a_{12}A_{12} + a_{22}A_{22} + a_{23}A_{23})\mathfrak{x}_2 - (a_{12}A_{13} + a_{22}A_{23} + a_{23}A_{33})\big]$$
$$+ \frac{\mathfrak{X}_2\mathfrak{Y}_3}{A_{13}\mathfrak{y}_2 + A_{23}\mathfrak{x}_2 - A_{33}} \cdot \mathfrak{X}_3\mathfrak{Y}_1 \cdot \big[(a_{13}A_{11} + a_{23}A_{12} + a_{33}A_{13})\mathfrak{y}_2$$
$$+ (a_{13}A_{12} + a_{23}A_{22} + a_{33}A_{23})\mathfrak{x}_2 - (a_{13}A_{13} + a_{23}A_{23} + a_{33}A_{33})\big]\Big\}$$

oder also, da der erste, zweite, dritte Coefficient bezüglich in der ersten, zweiten, dritten Klammer gleich A, alle übrigen Null sind,

$$c_{12} = \frac{1}{\mathfrak{D}^2} \cdot \frac{\mathfrak{X}_3\mathfrak{Y}_1}{A_{13}\mathfrak{y}_2 + A_{23}\mathfrak{x}_2 - A_{33}} \cdot A \cdot \big[(\mathfrak{x}_2 - \mathfrak{x}_3)\mathfrak{y}_2 - (\mathfrak{y}_2 - \mathfrak{y}_3)\mathfrak{x}_2 - \mathfrak{X}_2\mathfrak{Y}_3\big]$$
$$= \frac{1}{\mathfrak{D}^2} \cdot \frac{\mathfrak{X}_3\mathfrak{Y}_1}{A_{13}\mathfrak{y}_2 + A_{23}\mathfrak{x}_2 - A_{33}} \cdot A \cdot \big[\mathfrak{x}_2\mathfrak{y}_3 - \mathfrak{x}_3\mathfrak{y}_2 - \mathfrak{X}_2\mathfrak{Y}_3\big]$$
$$= \frac{1}{\mathfrak{D}^2} \cdot \frac{\mathfrak{X}_3\mathfrak{Y}_1}{A_{13}\mathfrak{y}_2 + A_{23}\mathfrak{x}_2 - A_{33}} \cdot A \cdot \big[\mathfrak{X}_2\mathfrak{Y}_3 - \mathfrak{X}_2\mathfrak{Y}_3\big]$$

also $\quad c_{12} = 0.$

Nach der oben gemachten Bemerkung über das Fortrücken der Stellenzeiger ist daher auch $c_{23} = 0$, und $c_{31} = c_{13} = 0$, wie es nach Art. 56 sein muss. Man erhält demnach als Gleichung:

$$-\frac{A}{\mathfrak{D}} \cdot \frac{\mathfrak{X}_2\mathfrak{Y}_3}{A_{13}\mathfrak{y}_1 + A_{23}\mathfrak{x}_1 - A_{33}} \cdot z_1^2 - \frac{A}{\mathfrak{D}} \cdot \frac{\mathfrak{X}_3\mathfrak{Y}_1}{A_{13}\mathfrak{y}_2 + A_{23}\mathfrak{x}_2 - A_{33}} \cdot z_2^2$$
$$-\frac{A}{\mathfrak{D}} \cdot \frac{\mathfrak{X}_1\mathfrak{Y}_2}{A_{13}\mathfrak{y}_3 + A_{23}\mathfrak{x}_3 - A_{33}} \cdot z_3^2 = 0. \qquad 5a)$$

— 228 — [Art. 57.

Diese Gleichung erscheint auf den ersten Anblick von der oben 1a) aufgestellten völlig verschieden, bei genauerer Betrachtung aber ergiebt sich, dass beide Resultate, 1a) und 5a) identisch sind. Bei einer Vergleichung beider sind jedoch die gestrichenen Buchstaben in 1a), $\mathfrak{D}', \mathfrak{x}'_k, \mathfrak{y}'_k$ mit ungestrichenen $\mathfrak{D}, \mathfrak{x}_k, \mathfrak{y}_k$ zu vertauschen, weil bei der Ableitung der Gleichung 5a) vorausgesetzt war, dass die Coordinaten der Seiten des sich selbst conjugirten Dreiecks $\mathfrak{x}_k, \mathfrak{y}_k$ sein sollten (während bei 1a) in Folge der dort vorausgesetzten zweimaligen Transformation, erst auf ein Dreiseit $\mathfrak{x}_k, \mathfrak{y}_k$, dann auf ein Dreiseit $\mathfrak{x}'_k, \mathfrak{y}'_k$ diese Coordinaten eben $\mathfrak{x}'_k, \mathfrak{y}'_k$ genannt worden waren). Berücksichtigt man dieses, so hat man nach 3a)

$$\frac{1}{\mathfrak{D}} \cdot \left[a_{13}(\mathfrak{x}_2 - \mathfrak{x}_3) - a_{23}(\mathfrak{y}_2 - \mathfrak{y}_3) + a_{33}\mathfrak{x}_2\mathfrak{y}_3 \right] = \frac{1}{\mathfrak{D}} \cdot \frac{\mathfrak{x}_2\mathfrak{y}_3}{A_{13}\mathfrak{y}_1 + A_{23}\mathfrak{x}_1 - A_{33}}$$

$$\cdot \left[a_{13}(A_{11}\mathfrak{y}_1 + A_{12}\mathfrak{x}_1 - A_{13}) + a_{23}(A_{12}\mathfrak{y}_1 + A_{22}\mathfrak{x}_1 - A_{23}) + a_{33}(A_{13}\mathfrak{y}_1 + A_{23}\mathfrak{x}_1 - A_{33}) \right]$$

$$= \frac{1}{\mathfrak{D}} \cdot \frac{\mathfrak{x}_2\mathfrak{y}_3}{A_{13}\mathfrak{y}_1 + A_{23}\mathfrak{x}_1 - A_{33}}$$

$$\cdot \left[(a_{13}A_{11} + a_{23}A_{12} + a_{33}A_{13})\mathfrak{y}_1 + (a_{13}A_{12} + a_{23}A_{22} + a_{33}A_{23})\mathfrak{x}_1 - (a_{13}A_{13} + a_{23}A_{23} + a_{33}A_{33}) \right]$$

$$= -\frac{A}{\mathfrak{D}} \cdot \frac{\mathfrak{x}_2\mathfrak{y}_3}{A_{13}\mathfrak{y}_1 + A_{23}\mathfrak{x}_1 - A_{33}};$$

$$\frac{1}{\mathfrak{D}} \cdot \left[a_{13}(\mathfrak{x}_3 - \mathfrak{x}_1) - a_{23}(\mathfrak{y}_3 - \mathfrak{y}_1) + a_{33}\mathfrak{x}_3\mathfrak{y}_1 \right] = \frac{1}{\mathfrak{D}} \cdot \frac{\mathfrak{x}_3\mathfrak{y}_1}{A_{13}\mathfrak{y}_2 + A_{23}\mathfrak{x}_2 - A_{33}}$$

$$\cdot \left[a_{13}(A_{11}\mathfrak{y}_2 + A_{12}\mathfrak{x}_2 - A_{13}) + a_{23}(A_{12}\mathfrak{y}_2 + A_{22}\mathfrak{x}_2 - A_{23}) + a_{33}(A_{13}\mathfrak{y}_2 + A_{23}\mathfrak{x}_2 - A_{33}) \right]$$

$$= \frac{1}{\mathfrak{D}} \cdot \frac{\mathfrak{x}_3\mathfrak{y}_1}{A_{13}\mathfrak{y}_2 + A_{23}\mathfrak{x}_2 - A_{33}}$$

$$\cdot \left[(a_{13}A_{11} + a_{23}A_{12} + a_{33}A_{13})\mathfrak{y}_2 + (a_{13}A_{12} + a_{23}A_{22} + a_{33}A_{23})\mathfrak{x}_2 - (a_{13}A_{13} + a_{23}A_{23} + a_{33}A_{33}) \right]$$

$$= -\frac{A}{\mathfrak{D}} \cdot \frac{\mathfrak{x}_3\mathfrak{y}_1}{A_{13}\mathfrak{y}_2 + A_{23}\mathfrak{x}_2 - A_{33}};$$

$$\frac{1}{\mathfrak{D}} \cdot \left[a_{13}(\mathfrak{x}_1 - \mathfrak{x}_2) - a_{23}(\mathfrak{y}_1 - \mathfrak{y}_2) + a_{33}\mathfrak{x}_1\mathfrak{y}_2 \right] = \frac{1}{\mathfrak{D}} \cdot \frac{\mathfrak{x}_1\mathfrak{y}_2}{A_{13}\mathfrak{y}_3 + A_{23}\mathfrak{x}_3 - A_{33}}$$

$$\cdot \left[a_{13}(A_{11}\mathfrak{y}_3 + A_{12}\mathfrak{x}_3 - A_{13}) + a_{23}(A_{12}\mathfrak{y}_3 + A_{22}\mathfrak{x}_3 - A_{23}) + a_{33}(A_{13}\mathfrak{y}_3 + A_{23}\mathfrak{x}_3 - A_{33}) \right]$$

$$= \frac{1}{\mathfrak{D}} \cdot \frac{\mathfrak{x}_1\mathfrak{y}_2}{A_{13}\mathfrak{y}_3 + A_{23}\mathfrak{x}_3 - A_{33}}$$

$$\cdot \left[(a_{13}A_{11} + a_{23}A_{12} + a_{33}A_{13})\mathfrak{y}_3 + (a_{13}A_{12} + a_{23}A_{22} + a_{33}A_{23})\mathfrak{x}_3 - (a_{13}A_{13} + a_{23}A_{23} + a_{33}A_{33}) \right]$$

$$= -\frac{A}{\mathfrak{D}} \cdot \frac{\mathfrak{x}_1\mathfrak{y}_2}{A_{13}\mathfrak{y}_3 + A_{23}\mathfrak{x}_3 - A_{33}}.$$

Es sind also beide Formen 1a), 5a) identisch. Wenn man sie auf die einfachste Form bringt, lauten sie

[Art. 57.]

$$[a_{13}(\mathfrak{x}_2 - \mathfrak{x}_3) - a_{23}(\mathfrak{y}_2 - \mathfrak{y}_3) + a_{33}\mathfrak{X}_2\mathfrak{Y}_3]z_1^2$$
$$+ [a_{13}(\mathfrak{x}_3 - \mathfrak{x}_1) - a_{23}(\mathfrak{y}_3 - \mathfrak{y}_1) + a_{33}\mathfrak{X}_3\mathfrak{Y}_1]z_2^2$$
$$+ [a_{13}(\mathfrak{x}_1 - \mathfrak{x}_2) - a_{23}(\mathfrak{y}_1 - \mathfrak{y}_2) + a_{33}\mathfrak{X}_1\mathfrak{Y}_2]z_3^2 = 0; \quad 6a)$$

$$\frac{\mathfrak{X}_2\mathfrak{Y}_3}{A_{13}\mathfrak{y}_1 + A_{23}\mathfrak{x}_1 - A_{33}} \cdot z_1^2 + \frac{\mathfrak{X}_3\mathfrak{Y}_1}{A_{13}\mathfrak{y}_2 + A_{23}\mathfrak{x}_2 - A_{33}} \cdot z_2^2$$
$$+ \frac{\mathfrak{X}_1\mathfrak{Y}_2}{A_{13}\mathfrak{y}_3 + A_{23}\mathfrak{x}_3 - A_{33}} \cdot z_3^2 = 0; \quad 7a)$$

und diese sind ebenfalls identisch.

Man überzeugt sich auf dieselbe Weise, dass, wenn bei der Transformation der Gleichung $\mathfrak{F}(\mathfrak{x}, \mathfrak{y}) = 0$ das neue Dreieck sich selbst conjugirt, also die Seiten des Dreiecks die Polaren der gegenüberliegenden Ecken sein sollen, nach Art. 21, 2b) zwischen den Coordinaten der Ecken die Gleichungen statt haben müssen:

$$\left.\begin{aligned}\frac{x_2 - x_3}{X_2 Y_3} &= \frac{\mathfrak{A}_{11}y_1 + \mathfrak{A}_{12}x_1 - \mathfrak{A}_{13}}{\mathfrak{A}_{13}y_1 + \mathfrak{A}_{23}x_1 - \mathfrak{A}_{33}}; \quad -\frac{y_2 - y_3}{X_2 Y_3} = \frac{\mathfrak{A}_{12}y_1 + \mathfrak{A}_{22}x_1 - \mathfrak{A}_{23}}{\mathfrak{A}_{13}y_1 + \mathfrak{A}_{23}x_1 - \mathfrak{A}_{33}};\\ \frac{x_3 - x_1}{X_3 Y_1} &= \frac{\mathfrak{A}_{11}y_2 + \mathfrak{A}_{12}x_2 - \mathfrak{A}_{13}}{\mathfrak{A}_{13}y_2 + \mathfrak{A}_{23}x_2 - \mathfrak{A}_{33}}; \quad -\frac{y_3 - y_1}{X_3 Y_1} = \frac{\mathfrak{A}_{12}y_2 + \mathfrak{A}_{22}x_2 - \mathfrak{A}_{23}}{\mathfrak{A}_{13}y_2 + \mathfrak{A}_{23}x_2 - \mathfrak{A}_{33}};\\ \frac{x_1 - x_2}{X_1 Y_2} &= \frac{\mathfrak{A}_{11}y_3 + \mathfrak{A}_{12}x_3 - \mathfrak{A}_{13}}{\mathfrak{A}_{13}y_3 + \mathfrak{A}_{23}x_3 - \mathfrak{A}_{33}}; \quad -\frac{y_1 - y_2}{X_1 Y_2} = \frac{\mathfrak{A}_{12}y_3 + \mathfrak{A}_{22}x_3 - \mathfrak{A}_{23}}{\mathfrak{A}_{13}y_3 + \mathfrak{A}_{23}x_3 - \mathfrak{A}_{33}};\end{aligned}\right\} 2b)$$

oder:

$$\left.\begin{aligned}x_2 - x_3 &= \frac{\mathfrak{A}_{11}y_1 + \mathfrak{A}_{12}x_1 - \mathfrak{A}_{13}}{\mathfrak{A}_{13}y_1 + \mathfrak{A}_{23}x_1 - \mathfrak{A}_{33}} \cdot X_2 Y_3; \quad y_2 - y_3 = -\frac{\mathfrak{A}_{12}y_1 + \mathfrak{A}_{22}x_1 - \mathfrak{A}_{23}}{\mathfrak{A}_{13}y_1 + \mathfrak{A}_{23}x_1 - \mathfrak{A}_{33}} \cdot X_2 Y_3;\\ x_3 - x_1 &= \frac{\mathfrak{A}_{11}y_2 + \mathfrak{A}_{12}x_2 - \mathfrak{A}_{13}}{\mathfrak{A}_{13}y_2 + \mathfrak{A}_{23}x_2 - \mathfrak{A}_{33}} \cdot X_3 Y_1; \quad y_3 - y_1 = -\frac{\mathfrak{A}_{12}y_2 + \mathfrak{A}_{22}x_2 - \mathfrak{A}_{23}}{\mathfrak{A}_{13}y_2 + \mathfrak{A}_{23}x_2 - \mathfrak{A}_{33}} \cdot X_3 Y_1;\\ x_1 - x_2 &= \frac{\mathfrak{A}_{11}y_3 + \mathfrak{A}_{12}x_3 - \mathfrak{A}_{13}}{\mathfrak{A}_{13}y_3 + \mathfrak{A}_{23}x_3 - \mathfrak{A}_{33}} \cdot X_1 Y_2; \quad y_1 - y_2 = -\frac{\mathfrak{A}_{12}y_3 + \mathfrak{A}_{22}x_3 - \mathfrak{A}_{23}}{\mathfrak{A}_{13}y_3 + \mathfrak{A}_{23}x_3 - \mathfrak{A}_{33}} \cdot X_1 Y_2.\end{aligned}\right\} 3b)$$

Ferner finden zwischen den Coordinaten des Dreiecks die Gleichungen statt:

$$\left.\begin{aligned}y_1 &= -\frac{\mathfrak{a}_{11}(x_2 - x_3) - \mathfrak{a}_{12}(y_2 - y_3) + \mathfrak{a}_{13}X_2 Y_3}{\mathfrak{a}_{13}(x_2 - x_3) - \mathfrak{a}_{23}(y_2 - y_3) + \mathfrak{a}_{33}X_2 Y_3};\\ x_1 &= -\frac{\mathfrak{a}_{12}(x_2 - x_3) - \mathfrak{a}_{22}(y_2 - y_3) + \mathfrak{a}_{23}X_2 Y_3}{\mathfrak{a}_{13}(x_2 - x_3) - \mathfrak{a}_{23}(y_2 - y_3) + \mathfrak{a}_{33}X_2 Y_3};\\ y_2 &= -\frac{\mathfrak{a}_{11}(x_3 - x_1) - \mathfrak{a}_{12}(y_3 - y_1) + \mathfrak{a}_{13}X_3 Y_1}{\mathfrak{a}_{13}(x_3 - x_1) - \mathfrak{a}_{23}(y_3 - y_1) + \mathfrak{a}_{33}X_3 Y_1};\\ x_2 &= -\frac{\mathfrak{a}_{12}(x_3 - x_1) - \mathfrak{a}_{22}(y_3 - y_1) + \mathfrak{a}_{23}X_3 Y_1}{\mathfrak{a}_{13}(x_3 - x_1) - \mathfrak{a}_{23}(y_3 - y_1) + \mathfrak{a}_{33}X_3 Y_1};\\ y_3 &= -\frac{\mathfrak{a}_{11}(x_1 - x_2) - \mathfrak{a}_{12}(y_1 - y_2) + \mathfrak{a}_{13}X_1 Y_2}{\mathfrak{a}_{13}(x_1 - x_2) - \mathfrak{a}_{23}(y_1 - y_2) + \mathfrak{a}_{33}X_1 Y_2};\\ x_3 &= -\frac{\mathfrak{a}_{12}(x_1 - x_2) - \mathfrak{a}_{22}(y_1 - y_2) + \mathfrak{a}_{23}X_1 Y_2}{\mathfrak{a}_{13}(x_1 - x_2) - \mathfrak{a}_{23}(y_1 - y_2) + \mathfrak{a}_{33}X_1 Y_2};\end{aligned}\right\} 4b)$$

Man findet dann die Gleichung

$$-\frac{\mathfrak{A}}{D} \cdot \frac{X_2 Y_3}{\mathfrak{A}_{13} y_1 + \mathfrak{A}_{23} x_1 - \mathfrak{A}_{33}} \cdot \mathfrak{z}_1{}^2 - \frac{\mathfrak{A}}{D} \cdot \frac{X_3 Y_1}{\mathfrak{A}_{13} y_2 + \mathfrak{A}_{23} x_2 - \mathfrak{A}_{33}} \cdot \mathfrak{z}_2{}^2$$
$$- \frac{\mathfrak{A}}{D} \cdot \frac{X_1 Y_2}{\mathfrak{A}_{13} y_3 + \mathfrak{A}_{23} x_3 - \mathfrak{A}_{33}} \cdot \mathfrak{z}_3{}^2 = 0. \qquad 5b)$$

Die auf die einfachsten Formen gebrachten Gleichungen 1b), 5b) lauten

$$[\mathfrak{a}_{13}(x_2 - x_3) - \mathfrak{a}_{23}(y_2 - y_3) + \mathfrak{a}_{33} X_2 Y_3]\mathfrak{z}_1{}^2$$
$$+ [\mathfrak{a}_{13}(x_3 - x_1) - \mathfrak{a}_{23}(y_3 - y_1) + \mathfrak{a}_{33} X_3 Y_1]\mathfrak{z}_2{}^2$$
$$+ [\mathfrak{a}_{13}(x_1 - x_2) - \mathfrak{a}_{23}(y_1 - y_2) + \mathfrak{a}_{33} X_1 Y_2]\mathfrak{z}_3{}^2 = 0; \qquad 6b)$$

$$\frac{X_2 Y_3}{\mathfrak{A}_{13} y_1 + \mathfrak{A}_{23} x_1 - \mathfrak{A}_{33}} \cdot \mathfrak{z}_1{}^2 + \frac{X_3 Y_1}{\mathfrak{A}_{13} y_2 + \mathfrak{A}_{23} x_2 - \mathfrak{A}_{33}} \cdot \mathfrak{z}_2{}^2$$
$$+ \frac{X_1 Y_2}{\mathfrak{A}_{13} y_3 + \mathfrak{A}_{23} x_3 - \mathfrak{A}_{33}} \cdot \mathfrak{z}_3{}^2 = 0; \qquad 7b)$$

und sind ebenfalls, wie 1b) und 5b) identisch.

Aus 4a), 4b) ist zugleich ersichtlich, dass, wenn auch in 1a), 1b) die Coefficienten $a_{11}, a_{22}, a_{12}, \mathfrak{a}_{11}, \mathfrak{a}_{22}, \mathfrak{a}_{12}$ nicht vorkommen, dennoch die Coefficienten von $z_k{}^2, \mathfrak{z}_k{}^2$ indirekt von ihnen abhängen, da sich aus zwei Paaren der $\mathfrak{x}, \mathfrak{y}; x, y$ das dritte Paar mit Hilfe aller Coefficienten $a, \mathfrak{a}$ bestimmt.

58. Die Durchschnittspunkte der Gegenseiten eines einem Kegelschnitte eingeschriebenen Sechsseits liegen auf einer und derselben Geraden. (Pascal'scher Satz.)

Die Verbindungsgeraden der Gegenecken eines einem Kegelschnitte umgeschriebenen Sechsecks schneiden sich in einem und demselben Punkte. (Brianchon'scher Satz.)

Um den ersten Satz zu beweisen hat man Folgendes zu bedenken: Geht ein Kegelschnitt $f(z_1, z_2, z_3) = 0$ durch eine Ecke, z. B. G_1, des Dreiseits, so ist $c_{11} = 0$. Denn die Coordinaten von G_1 müssen dann der Kegelschnittsgleichung genügen; diese Coordinaten sind aber

$$z_1 = \frac{h_1}{r_1}; \quad z_2 = 0; \quad z_3 = 0.$$

Durch Einsetzen dieser Werthe in die Kegelschnittsgleichung erhält man

$$c_{11} \frac{h_1}{r_1} = 0.$$

Da nun $\frac{h_1}{r_1}$ nicht Null ist, muss $c_{11} = 0$ sein. Ebenso muss, wenn der Kegelschnitt durch G_2, G_3 geht, bezüglich c_{22}, c_{33} Null sein. Es lautet also die Gleichung des Kegelschnitts, der dem Dreiseit umgeschrieben, oder dem das Dreiseit eingeschrieben ist,

$$c_{12} z_1 z_2 + c_{13} z_1 z_3 + c_{23} z_2 z_3 = 0.$$

Nimmt man ein solches Dreiseit $g_1 g_2 g_3$ als das ursprüngliche an, und transformirt die Kegelschnittsgleichung auf ein anderes, ebenfalls dem Kegelschnitt eingeschriebenes Dreiseit $g_1' g_2' g_3'$, dessen Seiten, bezogen auf das ursprüngliche, und in Normalform, die Gleichungen haben (vergl. Art. 56, 2a)

$$g_1' \equiv \frac{D}{\mathfrak{D}} \cdot \mathfrak{D}_{11} z_1 + \frac{D}{\mathfrak{D}} \cdot \mathfrak{D}_{21} z_2 + \frac{D}{\mathfrak{D}} \cdot \mathfrak{D}_{31} z_3 = 0;$$

$$g_2' \equiv \frac{D}{\mathfrak{D}} \cdot \mathfrak{D}_{12} z_1 + \frac{D}{\mathfrak{D}} \cdot \mathfrak{D}_{22} z_2 + \frac{D}{\mathfrak{D}} \cdot \mathfrak{D}_{32} z_3 = 0;$$

$$g_3' \equiv \frac{D}{\mathfrak{D}} \cdot \mathfrak{D}_{13} z_1 + \frac{D}{\mathfrak{D}} \cdot \mathfrak{D}_{23} z_2 + \frac{D}{\mathfrak{D}} \cdot \mathfrak{D}_{33} z_3 = 0;$$

so hat man in den Formeln Art. 53, 1a) $c_{11} = c_{22} = c_{33} = 0$ zu setzen. Da nun auch das neue Dreiseit dem Kegelschnitt eingeschrieben sein soll, müssen die Coefficienten $c_{11}', c_{22}', c_{33}'$ Null sein. Es müssen also die Gleichungen bestehen

$$c_{12} \mathfrak{D}'_{11} \mathfrak{D}'_{12} + c_{13} \mathfrak{D}'_{11} \mathfrak{D}'_{13} + c_{23} \mathfrak{D}'_{12} \mathfrak{D}'_{13} = 0;$$
$$c_{12} \mathfrak{D}'_{21} \mathfrak{D}'_{22} + c_{13} \mathfrak{D}'_{21} \mathfrak{D}'_{23} + c_{23} \mathfrak{D}'_{22} \mathfrak{D}'_{23} = 0;$$
$$c_{12} \mathfrak{D}'_{31} \mathfrak{D}'_{32} + c_{13} \mathfrak{D}'_{31} \mathfrak{D}'_{33} + c_{23} \mathfrak{D}'_{32} \mathfrak{D}'_{33} = 0.$$

Mithin muss die Determinante Null sein, also

$$\begin{vmatrix} \mathfrak{D}'_{11} \mathfrak{D}'_{12} & \mathfrak{D}'_{11} \mathfrak{D}'_{13} & \mathfrak{D}'_{12} \mathfrak{D}'_{13} \\ \mathfrak{D}'_{21} \mathfrak{D}'_{22} & \mathfrak{D}'_{21} \mathfrak{D}'_{23} & \mathfrak{D}'_{22} \mathfrak{D}'_{23} \\ \mathfrak{D}'_{31} \mathfrak{D}'_{32} & \mathfrak{D}'_{31} \mathfrak{D}'_{33} & \mathfrak{D}'_{32} \mathfrak{D}'_{33} \end{vmatrix} = 0. \qquad 1a)$$

Verbindet man nun die Ecken G_1, G_2, G_3 des ursprünglichen mit den Ecken $G_1', G_2' G_3'$ des neuen Dreiseits zu einem Sechsseit $G_1 G_1' G_2 G_2' G_3 G_3'$, so sind

$$G_1 G_1' \text{ und } G_2' G_3$$
$$G_1' G_2 \text{ und } G_3 G_3'$$
$$G_2 G_2' \text{ und } G_3' G_1$$

je ein Paar gegenüberliegende Seiten. Nun sind

Man gelangt so zu dem Schlusse, dass, wenn sich die Verbindungsgeraden der Gegenecken in einem und demselben Punkte schneiden sollen, die Determinante

$$\begin{vmatrix} D'_{21}D'_{12} & D'_{12}D'_{22} & D'_{22}D'_{13} \\ D'_{11}D'_{31} & D'_{11}D'_{32} & D'_{31}D'_{13} \\ D'_{21}D'_{32} & D'_{32}D'_{23} & D'_{23}D'_{33} \end{vmatrix} = 0 \qquad 2b)$$

sein muss. Entwickelt man dieselbe, so erkennt man, dass sie mit der in 1b) aufgestellten identisch ist. Da nun letztgenannte Null sein muss, muss auch die Bedingung 2b) erfüllt sein, und die Verbindungsgeraden der Gegenecken des Sechsecks gehen mithin durch einen und denselben Punkt.

Verbesserungen.

Auf p. 21 in 3b) lies $2\,a_{12}\,a_{23}\,a_{31}$ statt $2\,a_{12}\,a_{22}\,a_{31}$.
Auf p. 208 ist überall $\mathfrak{D}$ statt $\mathfrak{D}'$ zu setzen.